"十四五"时期国家重点出版物出版专项规划项目

新基建核心技术与融合应用丛书

数据中心供配电技术与设计

U0193113

主　编　郭　武
参　编　叶　荣　叶正宁　王海东　吴　江
　　　　林明球　李海滨　胡曼丽　王学军　刘宝昌
　　　　李玉昇　张　瑜　王启凡
主　审　井　辉

机械工业出版社

本书系统地对数据中心供配电系统的相关标准、市电电源引入、负荷统计计算、元器件选择、设备介绍及分析、系统设计、设备选择、机房设备布置、机房土建要求、电源馈线选择及敷设、接地系统、监控系统、抗震设计等内容进行了论述和介绍，从标准规范、基础理论、工程设计实践等方面都进行了详细的讲解与描述，是数据中心工程项目的供配电设计人员和维护人员理想的设计教科书、参考书及工具书，也可作为从事通信电源工程的相关技术人员的参考用书。

图书在版编目（CIP）数据

数据中心供配电技术与设计 / 郭武主编 . —北京：机械工业出版社，2022.5（2025.1 重印）
ISBN 978-7-111-70206-1

Ⅰ．①数…　Ⅱ．①郭…　Ⅲ．①供电系统 ②配电系统　Ⅳ．①TM72

中国版本图书馆 CIP 数据核字（2022）第 029994 号

机械工业出版社（北京市百万庄大街 22 号　邮政编码 100037）
策划编辑：吕　潇　　　　　　责任编辑：吕　潇　杨　琼
责任校对：樊钟英　王明欣　　封面设计：马精明
责任印制：常天培
北京机工印刷厂有限公司印刷
2025 年 1 月第 1 版第 4 次印刷
184mm×260mm · 32.25 印张 · 799 千字
标准书号：ISBN 978-7-111-70206-1
定价：178.00 元

电话服务　　　　　　网络服务
客服电话：010-88361066　机 工 官 网：www.cmpbook.com
　　　　　010-88379833　机 工 官 博：weibo.com/cmp1952
　　　　　010-68326294　金 书 网：www.golden-book.com
封底无防伪标均为盗版　机工教育服务网：www.cmpedu.com

前　言

随着科技进步、社会发展和生活方式的转变，过去的十年和未来的十年都是大型和超大型数据中心建设的黄金时期。如何设计一个科学、合理、高效、实用，并且造价适当的供电系统，是数据中心建设方的期望，也是每一个设计工作者的追求。

本书完整地论述和介绍了从110kV专用变电站到ICT（Information Communications Technology, 信息通信技术）设备内PSU（Power Supply Unit, 供电单元）的供电体系、供电架构和相关设备的应用，完整地给出了各个子系统的相关设计思路和要点。书中有大量翔实的数据、图表，也有编者们几十年工作的心得体会，特别是对一些业界长期争论和困惑的地方也给出了自己的研究心得。

由于通信行业的特点和要求，本书编写团队一直从事着全国通信枢纽的通信电源的设计工作，涵盖了变配电系统、发电机组、直流电源系统、UPS系统、接地系统和监控系统等设计。近十年来，团队完成了数十个大型、超大型数据中心的设计任务，因此积累了大量实践经验，在实战中解决问题方面有着丰富的对策及方案。

我相信，本书可以成为各行业数据中心设计工作者难得的工具书和解疑释惑的好助手，也可以成为大中院校通信电源工程专业的教学参考书。

由于编者受行业习惯和技术水平的限制，书中难免存在不规范和疏漏之处，敬请各位读者批评指正。

井辉

2021.1

目　　录

第1章 供电设计标准与规范

1.1 数据中心建设

数据中心（Data Center，DC）的前身是数据机房，随着信息通信网络的发展，数据机房逐步变成了数据中心。数据中心通常是指在一个物理空间内实现信息的集中处理、存储、传输、交换、管理的系统，而计算机设备、服务器设备、网络设备、存储设备等通常被认为是数据中心的关键设备。

关键设备运行所需要的环境因素，如供配电系统、制冷系统、机柜系统、消防系统、监控系统等通常被认为是关键物理基础设施。

1.1.1 关于数据中心建设布局的指导意见

2013年，工业和信息化部、国家发展改革委、国土资源部、国家电力监管委员会、国家能源局联合发布了《关于数据中心建设布局的指导意见》（工信部联通〔2013〕13号，以下称指导意见）。内容摘录如下[⊖]。

1. 指导思想

数据中心的建设和布局应以科学发展为主题，以加快转变发展方式为主线，以提升可持续发展能力为目标，以市场为导向，以节约资源和保障安全为着力点，遵循产业发展规律，发挥区域比较优势，引导市场主体合理选址、长远规划、按需设计、按标建设，逐渐形成技术先进、结构合理、协调发展的数据中心新格局。

2. 基本原则

1）市场需求导向原则：以应用为牵引，从市场需求出发，合理规划建设数据中心。

2）资源环境优先原则：充分考虑资源环境条件，引导大型数据中心优先在能源相对富集、气候条件良好、自然灾害较少的地区建设，推进"绿色数据中心"建设。

3）区域统筹协调原则：统筹考虑建设规模和应用定位，结合不同区域优势，分工协调、因地制宜建设各类型数据中心。

4）多方要素兼顾原则：在重点考虑市场需求、能源供给和自然环境基础上，兼顾用地保障、产业环境、人才支撑等多方因素，紧密结合基础网络布局，采用绿色节能等先进技术合理规划建设数据中心。

5）发展与安全并重原则：数据中心选址要避开地质灾害多发地区，在同一城市不宜集中建设过多的超大型数据中心；在数据中心设计、建设和运营等环节，要满足相关行业

⊖ 下文1~4引自指导意见。

主管部门的安全管理要求。

3. 布局导向

1）新建超大型数据中心，重点考虑气候环境、能源供给等要素。鼓励超大型数据中心，特别是以灾备等实时性要求不高的应用为主的超大型数据中心，优先在气候寒冷、能源充足的一类地区建设，也可在气候适宜、能源充足的二类地区建设。

2）新建大型数据中心，重点考虑气候环境、能源供给等要素。鼓励大型数据中心，特别是以灾备等实时性要求不高的应用为主的大型数据中心，优先在一类和二类地区建设，也可在气候适宜、靠近能源富集地区的三类地区建设。

3）新建中小型数据中心，重点考虑市场需求、能源供给等要素。鼓励中小型数据中心，特别是面向当地、以实时应用为主的中小型数据中心，在靠近用户所在地、能源获取便利的地区，依市场需求灵活部署。

4）针对已建数据中心，鼓励企业利用云计算、绿色节能等先进技术进行整合、改造和升级。

4. 保障措施

1）强化政策引导。符合大工业用电条件要求的可执行大工业用电电价。对满足布局导向要求，PUE（PUE=数据中心总设备能耗/IT设备能耗）在1.5以下的新建数据中心，以及整合、改造和升级达到相关标准要求（暂定PUE降低到2.0以下）的已建数据中心，在电力设施建设、电力供应及服务等方面给予重点支持；支持其参加大用户直供电试点。地方政府相关部门应合理安排上述数据中心的用地规模，在市政配套设施方面予以保障，在资金、人才、网络建设等方面给予支持。特殊情况下，不满足布局导向要求的新建超大型、大型数据中心，如果达到相关标准要求（PUE在1.5以下），经过工业和信息化部、国家发展和改革委员会等部门组织的专家评审，认为符合特定需要和国家支持发展方向的，也可以享受上述支持政策。

2）加强应用引领。在保障安全的前提下，鼓励行政机关带头使用专业机构提供的云服务，逐步减少政府自建数据中心的数量；引导企事业单位逐步将相关应用向专业机构提供的云服务上迁移。

3）夯实网络能力。结合"宽带中国"战略，加快推动宽带网络建设，进一步优化互联网架构，提升互联网骨干网间互联互通水平，重点加强一类和二类地区的高速骨干网络建设和扩容力度，全面提升基础网络的能力和服务质量，满足各类数据中心建设和发展的需要。

4）落实安全保障。加快数据中心安全技术研发，加强数据中心网络与信息安全管理。数据中心的设计、建设和运营要按照行业主管部门的政策标准，在网络安全、应用系统安全、业务安全、管理安全等方面落实安全措施和要求，制定和完善应急预案，健全运行安全保障机制，提高突发事件应急处置能力。

5）发挥示范作用。加强数据中心标准化工作，研究制定能源效率、服务质量、安全保障等方面的标准及相应测评方法，探索开展评测工作。通过对数据中心优秀案例的总结宣传，推广先进经验，发挥优秀企业的示范带动作用。

5. 数据中心分类

指导意见从建设规模上把数据中心分为超大型数据中心、大型数据中心、中小型数据中心。超大型数据中心是指规模大于等于10000个标准机架的数据中心；大型数据中心是指规模大于等于3000个标准机架小于10000个标准机架的数据中心；中小型数据中心是指规模小于 3000 个标准机架的数据中心。而上述的标准机架的平均功耗是按 2.5kW/ 台计列的。

6. 地区分类

指导意见根据各地区气候条件把不同地区分为一类地区、二类地区、三类地区和其他地区。

1）一类地区：气候寒冷（最冷月平均温度 ≤ -10℃，日平均温度 ≤ 5℃ 的天数大于等于 145 天）、能源充足（发电量大于用电量）、地质灾害较少。

2）二类地区：气候适宜（最冷月平均温度为 -10 ~ 0℃，日平均温度 ≤ 5℃ 的天数在 90 到 145 天之间；或最冷月平均温度为 -13 ~ 0℃，最热月平均温度为 18 ~ 25℃，日平均温度 ≤ 5℃ 的天数在 0 ~ 90 天）、能源充足（发电量大于用电量）、地质灾害较少。

3）三类地区：气候适宜、靠近能源（紧邻能源富集地区）、地质灾害较少。

4）其他地区：除上述三类以外的地区。

进入 21 世纪以来，由于信息通信及数据业务飞速发展，互联网数据中心、金融数据中心、通信行业数据中心、企业数据中心等各类数据中心犹如雨后春笋般地出现。数据中心的机架数量不断扩大，最大规模的数据中心所拥有的机架数已达数万架，单机架的平均功耗也越来越大，从 2kW 到十几千瓦不等。目前，国内建设的数据中心，无论从机架数，还是单机架功耗已经与指导意见中所规定的数据中心分类变化甚大，而且，还出现由多栋数据中心建筑组成的基地型数据中心，也有几十到几百个机架的小型数据中心（以下称为微型数据中心）。

1.1.2 关于加强绿色数据中心建设的指导意见

2019 年 1 月 21 日，工业和信息化部、国家机关事务管理局、国家能源局联合印发《关于加强绿色数据中心建设的指导意见》（工信部联节〔2019〕24 号），明确提出要建立健全绿色数据中心标准评价体系和能源资源监管体系，打造一批绿色数据中心先进典型，形成一批具有创新性的绿色技术产品、解决方案，培育一批专业第三方绿色服务机构。提出到 2022 年，数据中心平均能耗基本达到国际先进水平，新建大型、超大型数据中心的电能使用效率值达到 1.4 以下，高能耗老旧设备基本淘汰，水资源利用效率和清洁能源应用比例大幅提升，废旧电器电子产品得到有效回收利用。该意见全文如下。

工业和信息化部 国家机关事务管理局 国家能源局
关于加强绿色数据中心建设的指导意见
工信部联节〔2019〕24 号

各省、自治区、直辖市及计划单列市、新疆生产建设兵团工业和信息化、机关事务、能源主管部门，各省、自治区、直辖市通信管理局，有关行业组织，有关单位：

建设绿色数据中心是构建新一代信息基础设施的重要任务，是保障资源环境可持续的基本要求，是深入实施制造强国、网络强国战略的有力举措。为贯彻落实《工业绿色发展规划（2016-2020 年）》（工信部规〔2016〕225 号）、《工业和信息化部关于加强 "十三五" 信息通信业节能减排工作的指导意见》（工信部节〔2017〕77 号），加快绿色数据中心建设，现提出以下意见。

一、总体要求

（一）指导思想

以习近平新时代中国特色社会主义思想为指导，全面贯彻党的十九大和十九届二中、三中全会精神，坚持新发展理念，按照高质量发展要求，以提升数据中心绿色发展水平为目标，以加快技术产品创新和应用为路径，以建立完善绿色标准评价体系等长效机制为保障，大力推动绿色数据中心创建、运维和改造，引导数据中心走高效、清洁、集约、循环的绿色发展道路，实现数据中心持续健康发展。

（二）基本原则

政策引领、市场主导。充分发挥市场配置资源的决定性作用，调动各类市场主体的积极性、创造性。更好发挥政府在规划、政策引导和市场监管中的作用，着力构建有效激励约束机制，激发绿色数据中心建设活力。

改造存量、优化增量。建立绿色运维管理体系，加快现有数据中心节能挖潜与技术改造，提高资源能源利用效率。强化绿色设计、采购和施工，全面实现绿色增量。

创新驱动、服务先行。大力培育市场创新主体，加快建立绿色数据中心服务平台，完善标准和技术服务体系，推动关键技术、服务模式的创新，引导绿色水平提升。

（三）主要目标

建立健全绿色数据中心标准评价体系和能源资源监管体系，打造一批绿色数据中心先进典型，形成一批具有创新性的绿色技术产品、解决方案，培育一批专业第三方绿色服务机构。到 2022 年，数据中心平均能耗基本达到国际先进水平，新建大型、超大型数据中心的电能使用效率值达到 1.4 以下，高能耗老旧设备基本淘汰，水资源利用效率和清洁能源应用比例大幅提升，废旧电器电子产品得到有效回收利用。

二、重点任务

（一）提升新建数据中心绿色发展水平

1. 强化绿色设计

加强对新建数据中心在 IT 设备、机架布局、制冷和散热系统、供配电系统以及清洁能源利用系统等方面的绿色化设计指导。鼓励采用液冷、分布式供电、模块化机房以及虚拟化、云化 IT 资源等高效系统设计方案，充分考虑动力环境系统与 IT 设备运行状态的精准适配；鼓励在自有场所建设自然冷源、自有系统余热回收利用或可再生能源发电等清洁能源利用系统；鼓励应用数值模拟技术进行热场仿真分析，验证设计冷量及机房流场特性。**引导大型和超大型数据中心设计电能使用效率值不高于 1.4。**

2. 深化绿色施工和采购

引导数据中心在新建及改造工程建设中实施绿色施工，在保证质量、安全基本要求的同时，最大限度地节约能源资源，减少对环境负面影响，实现节能、节地、节水、节材和环境保护。严格执行《电器电子产品有害物质限制使用管理办法》和《电子电气产品中限用物质的限量要求》（GB/T 26572）等规范要求，鼓励数据中心使用绿色电力和满足绿色设计产品评价等要求的绿色产品，并逐步建立健全绿色供应链管理制度。

（二）加强在用数据中心绿色运维和改造

1. 完善绿色运行维护制度

指导数据中心建立绿色运维管理体系，明确节能、节水、资源综合利用等方面发展目标，制定相应工作计划和考核办法；结合气候环境和自身负载变化、运营成本等因素科学制定运维策略；建立能源资源信息化管控系统，强化对电能使用效率值等绿色指标的设置和管理，并对能源资源消耗进行实时分析和智能化调控，力争实现机械制冷与自然冷源高效协同；在保障安全、可靠、稳定的基础上，确保实际能源资源利用水平不低于设计水平。

2. 有序推动节能与绿色化改造

有序推动数据中心开展节能与绿色化改造工程，特别是能源资源利用效率较低的在用老旧数据中心。加强在设备布局、制冷架构、外围护结构（密封、遮阳、保温等）、供配电方式、单机柜功率密度以及各系统的智能运行策略等方面的技术改造和优化升级。鼓励对改造工程进行绿色测评。力争通过改造使既有大型、超大型数据中心电能使用效率值不高于 1.8。

3. 加强废旧电器电子产品处理

加快高耗能设备淘汰，指导数据中心科学制定老旧设备更新方案，建立规范化、可追溯的产品应用档案，并与产品生产企业、有相应资质的回收企业共同建立废旧电器电子产品回收体系。在满足可靠性要求的前提下，试点梯次利用动力电池作为数据中心削峰填谷的储能电池。推动产品生产、回收企业加快废旧电器电子产品资源化利用，推行产品源头控制、绿色生产，在产品全生命周期中最大限度提升资源利用效率。

（三）加快绿色技术产品创新推广

1. 加快绿色关键和共性技术产品研发创新

鼓励数据中心骨干企业、科研院所、行业组织等加强技术协同创新与合作，构建产学研用、上下游协同的绿色数据中心技术创新体系，推动形成绿色产业集群发展。重点加快能效水效提升、有毒有害物质使用控制、废弃设备及电池回收利用、信息化管控系统、仿真模拟热管理和可再生能源、分布式供能、微电网利用等领域新技术、新产品的研发与创新，研究制定相关技术产品标准规范。

2. 加快先进适用绿色技术产品推广应用

加快绿色数据中心先进适用技术产品推广应用，重点包括：一是高效 IT 设备，包括液冷服务器、高密度集成 IT 设备、高转换率电源模块、模块化机房等；二是高效制冷系统，包括热管背板、间接式蒸发冷却、行级空调、自动喷淋等；三是高效供配电系统，包括分布式供能、市电直供、高压直流供电、不间断供电系统 ECO 模式、模块化 UPS 等；四是高效辅助系统，包括分布式光伏、高效照明、储能电池管理、能效环境集成监控等。

（四）提升绿色支撑服务能力

1. 完善标准体系

充分发挥标准对绿色数据中心建设的支撑作用，促进绿色数据中心提标升级。建立健全覆盖设计、建设、运维、测评和技术产品等方面的绿色数据中心标准体系，加强标准宣贯，强化标准配套衔接。加强国际标准话语权，积极推动与国际标准的互信互认。以相关测评标准为基础，建立自我评价、社会评价和政府引导相结合的绿色数据中心评价机制，探索形成公开透明的评价结果发布渠道。

2. 培育第三方服务机构

加快培育具有公益性质的第三方服务机构，鼓励其创新绿色评价及服务模式，向数据中心提供咨询、检测、评价、审计等服务。鼓励数据中心自主利用第三方服务机构开展绿色评测，并依据评测结果开展有实效的绿色技术改造和运维优化。依托高等院校、科研院所、第三方服务等机构建立多元化绿色数据中心人才培训体系，强化对绿色数据中心人才的培养。

（五）探索与创新市场推动机制

鼓励数据中心和节能服务公司拓展合同能源管理，研究节能量交易机制，探索绿色数据中心融资租赁等金融服务模式。鼓励数据中心直接与可再生能源发电企业开展电力交易，购买可再生能源绿色电力证书。探索建立绿色数据中心技术创新和推广应用的激励机制和融资平台，完善多元化投融资体系。

三、保障措施

（一）加强组织领导。工业和信息化部、国家机关事务管理局、国家能源局建立协调机制，强化在政策、标准、行业管理等方面的沟通协作，加强对地方相关工作的指导。各地工业和信息化、机关事务、能源主管部门要充分认识绿色数据中心建设的重要意义，结合实际制定相关政策措施，充分发挥行业协会、产业联盟等机构的桥梁纽带作用，切实推动绿色数据中心建设。

（二）加强行业监管。在数据中心重点应用领域和地区，了解既有数据中心绿色发展水平，研究数据中心绿色发展现状。将重点用能数据中心纳入工业和通信业节能监察范围，督促开展节能与绿色化改造工程。推动建立数据中心节能降耗承诺、信息依法公示、社会监督和违规惩戒制度。遴选绿色数据中心优秀典型，定期发布《国家绿色数据中心名单》。充分发挥公共机构特别是党政机关在绿色数据中心建设的示范引领作用，率先在公共机构组织开展数据中心绿色测评、节能与绿色化改造等工作。

（三）加强政策支持。充分利用绿色制造、节能减排等现有资金渠道，发挥节能节水、环境保护专用设备所得税优惠政策和绿色信贷、首台（套）重大技术装备保险补偿机制支持各领域绿色数据中心创建工作。优先给予绿色数据中心直供电、大工业用电、多路市电引入等用电优惠和政策支持。加大政府采购政策支持力度，引导国家机关、企事业单位优先采购绿色数据中心所提供的机房租赁、云服务、大数据等方面服务。

（四）加强公共服务。整合行业现有资源，建立集政策宣传、技术交流推广、人才培训、数据分析诊断等服务于一体的国家绿色数据中心公共服务平台。加强专家库建设和管理，发挥专家在决策建议、理论指导、专业咨询等方面的积极作用。持续发布《绿色数据中心先进适用技术产品目录》，加快创新成果转化应用和产业化发展。鼓励相关企事业单位、行业组织积极开展技术产品交流推广活动，鼓励有条件的企业、高校、科研院所针对绿色数据中心关键和共性技术产品建立实验室或者工程中心。

（五）加强国际交流合作。充分利用现有国际合作交流机制和平台，加强在绿色数据中心技术产品、标准制定、人才培养等方面的交流与合作，举办专业培训、技术和政策研讨会、论坛等活动，打造一批具有国际竞争力的绿色数据中心，形成相关技术产品整体解决方案。结合"一带一路"倡议等国家重大战略，加快开拓国际市场，推动优势技术和服务走出去。

1.2　数据中心标准规范

1.2.1　数据中心相关标准规范

数据中心电源建设相关的标准及规范见表 1-1。

表 1-1　数据中心电源建设相关的标准及规范

序号	标准编号	标准名称	发布单位
1	GB 50174	《数据中心设计规范》	中华人民共和国住房和城乡建设部
2	YD/T 1818	《电信数据中心电源系统》	中华人民共和国工业和信息化部
3	TIA-942	《数据中心电信基础设施标准》	国外标准

GB 50174—2017《数据中心设计规范》主要对数据中心的分级、选址及设备布置、环境要求、建筑与结构、空气调节、供配电、电磁屏蔽、网络与布线系统、智能化系统、给水排水、消防与安全等内容进行了规范。这个标准将数据中心分为 A、B、C 三个等级，其中 A 为最高等级，C 等级最低。

YD/T 1818—2018《电信数据中心电源系统》规定了电信数据中心电源系统的组成、分级、外市电系统、高压配电系统、变压器、低压配电系统、备用发电机系统、交流不间断电源（Uninterruptible Power Supply, UPS）系统、直流电源系统、蓄电池组、预装式供电系统、高压输电系统危险影响防护、防雷与接地系统、动力及环境监控管理系统、自动控制要求等。这个标准将数据中心分为 T4、T3、T2、T1 四个等级，其中 T4 为最高等级，T1 等级最低。

TIA-942《数据中心电信基础设施标准》是由美国电信产业协会（TIA）、TIA 技术工程委员会（TR42）和美国国家标准学会（ANSI）批准的美国标准。这个标准将数据中心分为 T4、T3、T2、T1 四个等级，其中 T4 为最高等级，T1 等级最低。

除了上述国内、国际标准和规范外，国际上还有 Uptime Institute 发布的数据中心基础设施相关认证标准和规定。Uptime Institute 是由数据中心标准组织和第三方认证机构发布，数据中心基础设施中的相关规定是国际上关于数据中心认证的重要标准依据。Uptime Tier 数据中心等级认证体系分为 Tier Ⅰ—Tier Ⅳ四个等级，其中 Tier Ⅳ为最高。Uptime Tier 等级认证针对数据中心的电气参数、冗余、地板承载、电源、冷却装备，甚至造价等都进行了规定。

Uptime Institute 发布的数据中心基础设施是基于美国本土客观环境条件制定的数据中心建设的标准和规定，其中部分内容并不适合我国的客观环境条件，国内建设方在数据中心的建设中应避免照搬硬套。国内数据中心建设应遵循国内标准规范的相关要求，以及用户对基础设施的个性要求，除非来自国际用户对数据中心有 Uptime 等级认证需求。

1.2.2　相关标准中供配电系统的主要内容

1.《数据中心设计规范》

（1）分级与要求

《数据中心设计规范》把数据中心划分为 A、B、C 三个等级。A 级为"容错"系统，可靠性和可用性等级最高；B 级为"冗余"系统，可靠性和可用性等级居中；C 级用于满足基本需要，可靠性和可用性等级最低。

衡量一个数据中心在所处的行业或领域内的重要性，最主要的标准是由于基础设施故障造成网络信息中断或重要数据丢失在经济和社会上造成的损失或影响程度。数据中心按照哪个等级标准进行建设，应由建设单位根据数据丢失或网络中断在经济或社会上造成的损失或影响程度确定，同时还应综合考虑建设投资。数据中心的等级越高，供电可靠性就越高，但投资也相应增加。

三个等级的数据中心是根据数据中心的使用性质、数据丢失或网络中断在经济或社会上造成的损失或影响程度确定等级的，具体如下。

1）A级数据中心：

① 电子信息系统运行中断将造成重大的经济损失。

② 电子信息系统运行中断将造成公共场所秩序严重混乱。

A级数据中心举例：金融行业、国家气象台、国家级信息中心、重要的军事部门、交通指挥调度中心、广播电台、电视台、应急指挥中心、邮政、电信等行业的数据中心及企业认为重要的数据中心。

2）B级数据中心：

① 电子信息系统运行中断将造成较大的经济损失。

② 电子信息系统运行中断将造成公共场所秩序混乱。

B级数据中心举例：科研院所、高等院校、博物馆、档案馆、会展中心、国际体育比赛场馆、政府办公楼等的数据中心。

C级数据中心则指那些不属于A级或B级的数据中心。

其他企事业单位、国际公司、国内公司应按照机房分级与性能要求，结合自身需求与投资能力确定本单位数据中心的建设等级和技术要求。

在同城或异地建立灾备数据中心时，灾备数据中心宜与主用数据中心等级相同。当灾备数据中心与主用数据中心数据实时传输备份，业务满足连续性要求时，灾备数据中心的等级可与主用数据中心等级相同，也可低于主用数据中心的等级。

基础设施由建筑、结构、空调、供电、网络、布线、给水排水等部分组成，当各组成部分按照不同等级进行设计时，数据中心的等级按照其中最低等级部分确定。例如：供电系统按照A级技术要求进行设计，而空调按照B级技术要求进行设计，则此数据中心的等级为B级。

A级数据中心涵盖B级和C级数据中心的性能要求，且比B级和C级数据中心的性能要求更高。意外事故包括操作失误、设备故障、正常市电电源中断等，一般按照发生一次意外事故做设计，不考虑多个意外事故同时发生。设备维护或检修也只考虑同时维修一个系统的设备，不考虑多系统的设备同时维修。在一次意外事故发生后或单系统设备维护或检修时，基础设施能够满足电子信息设备基本运行需求。

当A级数据中心同时满足下列要求时，电子信息设备的供电可采用UPS系统和市电电源系统相结合的供电方式，即市电直供/不间断电源混供方式。

1）设备或线路维护时，应保证电子信息设备正常运行。

2）市电直接供电的电源质量应满足电子信息设备正常运行的要求。

3）市电接入处的功率因数应符合当地供电部门的要求。

4）柴油发电机系统应能够承受电子信息设备类容性负载的影响。

5）向电网注入的总电流谐波含量不应超过 10%。

在第 5 条中，电子信息设备产生的电流谐波超过 10% 时，应进行谐波治理。

当两个或两个以上地处不同区域的云计算数据中心或互联网数据中心同时建设，互为备份，且数据实时传输、业务满足连续性要求时，由于数据中心之间已实现容错功能，因此数据中心的基础设施可根据实际情况，按容错或冗余系统进行配置。

B 级数据中心的基础设施应按冗余要求配置，B 级数据中心涵盖 C 级数据中心的性能要求，且比 C 级数据中心的性能要求更高。在电子信息系统运行期间，基础设施在冗余能力范围内，不应因设备故障而导致电子信息系统运行中断。

C 级数据中心的基础设施应按基本需求配置，在基础设施正常运行情况下，应保证电子信息系统运行不间断。

（2）变配电

1）基本要求：A 级数据中心的供电电源应按国家标准 GB 50052—2009《供配电系统设计规范》里的一级负荷中特别重要的负荷（当中断供电将造成重大设备损坏或发生中毒、爆炸和火灾等情况的负荷，以及特别重要场所的不允许中断供电的负荷）考虑；B 级数据中心的供电电源按一级负荷考虑；C 级数据中心的供电电源按二级负荷考虑。

在工程设计时，数据中心的供配电系统应该兼顾数据中心终期发展，系统要具备可扩展性，并在高压系统和低压系统预留容量，用于数据中心设备今后的扩容。

数据中心外市电电源线不宜采用架空方式引入，宜采用直接埋地、排管、电缆沟或电缆隧道敷设方式。

数据中心供电可靠性要求较高，为防止其他负荷干扰，当数据中心用电容量较大时，应设置专用配电变压器供电；数据中心用电容量较小时，可由专用低压馈电线路供电。

变压器宜采用干式变压器，变压器宜靠近负荷布置。

数据中心低压配电系统的接地型式宜采用 TN 系统。采用交流电源的电子信息设备，其配电系统应采用 TN-S 系统。

2）配置要求：具体参见后面的表 1-4。

（3）备用电源

1）基本要求：A 级数据中心必须设置备用电源。备用电源宜采用独立于正常电源的柴油发电机组，也可采用供电网络中独立于正常电源的专用馈电线路（如第三路市电电源）。当两路正常电源均发生故障时，备用电源应能承担数据中心正常运行所需要的用电负荷。

B 级数据中心宜采用两路市电电源引入。当 B 级数据中心有两路市电电源引入时，不需要再设置柴油发电机组作为备用电源；当只有一路市电电源引入时，应设置柴油发电机组作为备用电源。

备用柴油发电机组的性能等级不应低于 G3 级。

A 级数据中心的备用柴油发电机组应考虑连续和不限时运行，发电机组的输出功率应满足数据中心最大平均负荷的需要。最大平均负荷是指按需要系数法对电子信息设备、空调和制冷设备、照明等所有保证负载进行负荷计算得出的数值。确定发电机组的输出功率还应考虑负载产生谐波对发电机组的影响。

按 A 级标准建设的金融行业数据中心，发电机组的输出功率可按持续功率选择。综合考虑 B 级数据中心的负荷性质、市电的可靠性和投资的经济性，发电机组输出功率中的限时运行功率能够满足 B 级数据中心的使用要求。

这里需要注意的是,《数据中心设计规范》中对备用柴油发电机组的输出功率定义与以往柴油发电机组的主用功率、备用功率的定义不同。

配置备用柴油发电机组的数据中心应在发电机房设置燃油箱,燃油箱应具备燃油补充装置。当外部供油时间有保障时,燃油箱储存的柴油的供应时间宜大于外部供油时间。当外部供油时间没有保障时,数据中心应设置其他(储油罐)储油装置来保证储油时间。

2)配置要求:具体参见后面的表1-4。

(4)市电电源与备用发电机组的转换

市电电源与备用柴油发电机组之间采用自动转换开关时,自动转换开关电器宜具有旁路功能,或采取(组合电器)其他方式,在自动转换开关电器检修时,不应影响两个电源之间的转换。

(5)UPS 系统

电子信息设备供电电源质量应根据数据中心的等级,按照表1-4的要求执行。当电子信息设备采用48V、240V、336V 直流电源供电时,供电电压应符合电子信息设备的要求。

A 级数据中心同时满足下列要求时,电子信息设备的供电可采用 UPS 系统和市电电源系统相结合(市电/UPS 混供系统)的供电方式。

1)设备或线路维护时,应保证电子信息设备正常运行。

2)市电直接供电的电源质量应满足电子信息设备正常运行的要求。

3)市电接入处的功率因数应符合当地供电部门的要求。

4)柴油发电机系统应能够承受容性负载的影响。

5)向公用电网注入的谐波电流分量(方均根值)不应超过现行国家标准 GB/T 14549—1993《电能质量 公用电网谐波》规定的谐波电流允许值。

当两个或两个以上地处不同区域的数据中心同时建设,互为备份,且数据实时传输、业务满足连续性要求时,数据中心的基础设施可按容错系统配置,UPS 系统也可按冗余 (N+1)系统配置。

UPS 系统应为电子信息系统的可扩展性预留备用容量。

电子信息设备宜由 UPS 系统供电。UPS 系统应有自动和手动旁路装置,避免在 UPS 设备发生故障或进行维修时中断电源。确定 UPS 系统的基本容量时应留有余量。

当市电电源质量能够满足电子信息设备的使用要求时,也可由市电直接供电。辅助区宜单独设置 UPS 系统,以避免辅助区的人员误操作而影响主机房电子信息设备的正常运行。

数据中心内采用 UPS 系统供电的空调设备和电子信息设备不应由同一组 UPS 系统供电,以减少对电子信息设备的干扰;测试电子信息设备的电源和电子信息设备的正常工作电源应采用不同的 UPS 系统。

2.《电信数据中心电源系统》

(1)分级与要求

《电信数据中心电源系统》把电信数据中心划分为 T4、T3、T2、T1 四个等级。T4 级为容错型,可靠性和可用性等级最高;T3 级为在线可维护型,可靠性和可用性次于 T4 级;T2 级为部分冗余型,可靠性和可用性等级再次之;T1 级为基本型,可靠性和可用性等级最低。

T4 级：在系统运行期间，其场地设备不应因操作失误、设备故障、外电源中断、维护和检修而导致运行中断。满足下列情况之一时，数据中心（机房）应为 T4 级。

1）设备运行中断将造成重大的经济损失。

2）设备运行中断将造成公共场所秩序严重混乱。

3）使用方需要提供 T4 级机房服务。

T3 级：在系统运行期间，其场地设备不应因设备故障、外电源中断、维护和检修而导致运行中断。满足下列情况之一时，数据中心（机房）应为 T3 级。

1）设备运行中断将造成较重大的经济损失。

2）设备运行中断将造成公共场所秩序较严重混乱。

3）使用方需要提供 T3 级机房服务。

T2 级：在系统运行期间，其场地设备在冗余能力范围内，不应因设备故障而导致运行中断。满足下列情况之一时，数据中心（机房）应为 T2 级。

1）设备运行中断将造成较大的经济损失。

2）设备运行中断将造成公共场所秩序混乱。

3）使用方需要提供 T2 级机房服务。

T1 级：满足基本用电要求，没有冗余，为场地内的数据设备在供电、制冷、网络等各方面提供基本的工作环境，在场地设施正常运行情况下，应保证电子信息系统运行不中断。

（2）变配电

当数据中心市电电源采用 2N 或 N+1 供电方式引入时，每套高压配电系统之间可完全独立。作为主备用的两路市电进线断路器宜采用备用市电自动投入装置，同时还应具备手动操作功能。直流操作电源应采用两路电源输入。

变压器宜选用干式变压器。而且，ICT（Information Communication Technology，信息通信技术）设备负荷应该使用专用变压器或专用回路供电。

低压配电系统应按照近期负荷的需求进行配置，同时还要考虑扩容方便。从变压器输出端开始，至用电设备的输入侧的配电不应多于 4 级。低压配电系统中上级断路器和下级断路器的容量及参数应设置合理，并可实现选择性保护。

当低压配电系统中的总电流谐波含量超过 10% 时，应在系统中配置有源滤波器进行谐波治理。

（3）备用电源

数据中心的备用电源可使用往复式柴油发电机组或燃气轮发电机组作为备用电源系统，燃气轮发电机组宜选择使用柴油作为燃料。

负荷较大的电信数据中心应优先选用 10kV 高压发电机组，高压发电机组的中性点宜采用小电阻接地方式。备用发电机组应具有良好的抗谐波能力。

当两个数据机房的市电来自不同的上级变电站时，经过技术经济分析以及风险分析论证合理时，这两个数据机房之间可采用备用发电机组复用的方式。当备用发电机组复用时，宜在低安全等级的机房之间复用，或在高安全等级机房和低安全等级机房之间复用。当采用备用发电机组复用时，必须提前确定一旦出现两路主用市电电源同时故障时，需要优先保证的负荷。对于优先保证的负荷，其机房等级按备用发电机组未复用时确定。

在经济技术合理或市电电源取得困难时，数据中心可以使用长期运行的天然气机组作为主用电源。当使用天然气机组作为主用电源时，最好采用冷热电三联供的方式运行。若采用冷热电三联供运行方式时，数据中心应根据其等级另外配置容量满足要求的备用电源。

（4）市电电源与备用发电机组的转换

市电电源与备用发电机组之间应该采用自动切换方式，并应具有电气联锁装置。

（5）交流 UPS 系统

根据数据中心的等级、负荷规模等条件，应使用在线式 UPS 系统。在并机方式运行时，UPS 设备的并机台数不宜超过四台，不宜设置并机总输出断路器或通过总并机柜输出。

模块化 UPS 系统每机架内的功率模块应按 $N+X$（$X \geqslant 1$）进行冗余。

UPS 系统的主路输入和静态旁路的输入宜分别引自不同的输入开关。

UPS 系统应有自动和手动旁路装置。

（6）直流 UPS 系统

直流 UPS 系统包括 −48V 开关电源系统和 240V、336V 直流供电系统。

模块配置根据系统最大输出电流采用 $N+1$ 冗余配置，其中 N 个主用。当 $N \leqslant 10$ 个时，1 个备用模块；当 $N > 10$ 个时，每 10 个备用一个模块。

240V、336V 直流供电系统容量宜在 1200A 以下，不应超过 1600A，系统应采用悬浮方式供电，并应具备绝缘监察功能。

直流电源系统宜采用分散供电，尽量接近负荷中心。

（7）蓄电池组

蓄电池组并联组数不应超过 4 组；不同厂家、不同容量、不同型号的蓄电池组不应并联使用。

3. Uptime Tier 标准

根据 Uptime Institute 最新中文版对数据中心四级 Tier 的定义，其标准下的数据中心分级见表 1-2。

表 1-2　数据中心分级表

分级	名称	定义
Tier Ⅰ	基本容量	进行维护或维修工作时，须关闭机房内所有设备，容量或配电故障会对机房造成影响
Tier Ⅱ	冗余容量组件	进行维护工作时，须关闭机房内所有设备。容量故障可能会对机房造成影响
Tier Ⅲ	可并行维护	可有计划地移除机房中的所有容量组件和配电路径，以便在不影响运营的情况下进行维护或更换，机房仍然容易出现设备故障或操作错误
Tier Ⅳ	容错	个别设备故障或配电路径中断不影响运营，容错机房可并行维护

4.《数据中心电信基础设施标准》

根据 TIA-942《数据中心电信基础设施标准》，考量基础设施的"可用性""稳定性"和"安全性"，将数据中心分为四个等级（见表 1-3）：Ⅰ、Ⅱ、Ⅲ、Ⅳ。Ⅳ级机房为级别最高的机房，最大的特色在于可以提供容灾服务。

表 1-3　数据中心分级表

分级	名称	定义
Ⅰ	最基本	易受有计划和计划外活动影响。有单系统 UPS 或发电机，有许多单点故障，基础设施每年预防性维护和维修时应完全关闭。紧急情况下可能需要频繁停机。机房基础设施组件的操作错误或自发故障将导致数据中心中断
Ⅱ	部件冗余	较 Ⅰ 级数据中心 Ⅱ 级数据中心有冗余组件，不易受计划内外活动影响而遭受破坏，具有 UPS 和柴油发电机，容量按 "N+1" 设计，从始端到末端只有一个配电回路，关键供电线路和场地内其他基础设施的维护需要关闭中断
Ⅲ	可在线维护	任何有计划的机房基础设施活动不会中断计算机硬件运行，计划活动包括预防性和程序性的维护、维修和更换组件，添加或调整部件容量，组件和系统的测试等。在维护和测试一个回路时，另一回路应该有足够的容量。计划外活动如操作错误和基础设施组件的自发故障仍可能导致数据中心运行中断
Ⅳ	故障容错	提供基础设施容错能力，允许任何计划活动的关键负荷不中断，容错功能提供了网络基础设施至少承受一种最不利情况下的计划外的故障能力，并且不影响关键负荷

5. 数据中心建设标准技术要求对比表

根据前文所述的不同标准，列出数据中心建设标准要求对比表，见表 1-4。

1.2.3　数据中心建设的一般要求

1. 供配电要求

1）供配电系统应为电子信息系统的可扩展性预留备用容量。

2）户外供电线路不宜采用架空方式敷设。

3）数据中心应由专用配电变压器或专用回路供电，变压器宜采用干式变压器，变压器宜靠近负荷布置。

4）数据中心低压配电系统的接地型式宜采用 TN 系统。采用交流电源的电子信息设备，其配电系统应采用 TN-S 系统。

5）电子信息设备宜由 UPS 供电。UPS 系统应有自动和手动旁路装置。确定 UPS 系统的基本容量时，应留有余量。UPS 系统的基本容量一般可按式（1-1）计算：

$$E \geqslant 1.1P \tag{1-1}$$

式中，E 为 UPS 系统的基本容量，不包括备份 UPS 系统设备（kW 或 kV·A）；P 为电子信息设备的计算负荷（kW 或 kV·A）。

应注意，具体留有多少余量，应由设计人员根据相关设计规范及用户要求确定。

6）数据中心内采用 UPS 系统供电的空调设备和电子信息设备不应由同一组 UPS 系统供电，测试电子信息设备的电源和电子信息设备的正常工作电源应采用不同的 UPS 系统。

7）电子信息设备的配电宜采用配电列头柜或专用配电母线。采用配电列头柜时，配电列头柜应靠近用电（ICT）设备安装；采用专用配电母线时，其专用配电母线的接线应具有灵活性。

表1-4　数据中心建设标准技术要求对比表

建设标准		GB 50174—2017			YD/T 1818—2018				TIA-942（2014）				Uptime Tier			
等级划分		A级	B级	C级	T4	T3	T2	T1	4	3	2	1	Tier IV	Tier III	Tier II	Tier I
总体描述		根据数据中心的使用性质、数据丢失或网络中断在经济和社会上造成的损失或影响程度分A/B/C三级			容错	在线可维护	冗余	基本	容错	可在线维护	部件冗余	基本	容错	可在线维护	部件冗余	基本
建筑																
	抗震设防分类	不应低于乙类	不应低于丙类	不宜低于丙类	—				—				—			
	屋面的防水等级	I	I	II	—				—				—			
	建筑荷载	主机房根据机柜密度确定16kN/m²，机房吊挂荷载1.2kN/m²		主机房根据机柜密度确定，电池室，机房吊挂荷载1.2kN/m²	—				—				—			
空调系统																
	机柜进风区域温度	18~27℃			—				20~25℃				18~27℃			
	相对湿度	进风区域相对湿度不大于60%，停机时8%~80%，不应结露			—				40%~55%				相对湿度不大于60%			
	冷水机组、水泵、冷却塔	N+X冗余（X=1~N）		N	—				2N	1主1备	N+1	N	N任何故障后	N+1	N+1	N
	机房专用空调	N+X冗余（X=1~N），主机房每个区域冗余X台	N+1冗余，主机房每个区域冗余1台	N	—											
	冷冻水管网	双供双回，环形布置		单一路径	—				—				2个同时活动	1主1备	1	1
	连续冷却	蓄冷时间不应小于UPS设备的供电时间			—				—				是	否	否	否

（续）

建设标准	GB 50174—2017			YD/T 1818—2018				TIA-942（2014）				Uptime Tier			
等级划分	A 级	B 级	C 级	T4	T3	T2	T1	4	3	2	1	Tier Ⅳ	Tier Ⅲ	Tier Ⅱ	Tier Ⅰ
空调系统															
采用 UPS 系统供电的设备及要求	空调末端风机、控制系统、冷冻水泵	控制系统	—	—				—				要求实现连续冷却	—		
冷却水补水	12h，当外部供水时间有保障时，水存储量仅需大于外部供水时间	—		—				—				12h			
供电系统															
市电	应用双重电源供电	宜由双重电源供电	两回线路供电	N（任一故障后）	N+1	N	N	2N 冗余（从不同变电站接入，或发电机组）	N+1 路冗余	单路市电	单路市电	—			
变压器	2N，也可采用其他单点故障免单点故障配置的系统配置	N+1	N	N（任一故障后）	2N	N+1	N	2N	N+1	—		—			
柴油发电机	(N+X) 冗余 (X=1~N)	N+1 当供电只有一路时需设置后备柴油发电机系统	UPS 系统的供电时间储存信息满足要求时，可不设置柴油发电机系统	N（任一故障后）	N	N	N	2N	N+1	N	N	N+1/2N	N+1	N+1	N

（续）

建设标准	GB 50174—2017			YD/T 1818—2018				TIA-942（2014）				Uptime Tier			
等级划分	A级	B级	C级	T4	T3	T2	T1	4	3	2	1	Tier IV	Tier III	Tier II	Tier I
供电系统															
后备柴油发电机基本容量	应包括UPS系统的基本容量、空调和制冷设备的基本容量		—	全部负荷	全部负荷	全部重要负荷	只考虑UPS和必要空调								
储油时间	12h，当外部供油时间有保障时，燃料存储量仅需大于外部供油时间		—	12h	8h	8h	8h	—				12h			
UPS系统配置	2N或M（N+1）（M=2、3、4…）　一路（N+1）UPS和一路市电供电　可以2N，也可以（N+1）	N+1	N	2N	1路（N+1）+1路保证电源	N+1	N	2N	N+1	N	N	2N	N+1	N+1	N
蓄电池后备时间	15min（柴油发电机作为后备电源时）	7min（柴油发电机作为后备电源时）	根据实际需要确定	15min	10min	7min	5min	15min	10min	7min	5min	—			
蓄电池机房	—			独立	独立	非独立	非独立	—				—			

（续）

建设标准	GB 50174—2017			YD/T 1818—2018				TIA-942 (2014)				Uptime Tier			
等级划分	A级	B级	C级	T4	T3	T2	T1	4	3	2	1	Tier IV	Tier III	Tier II	Tier I
供电系统															
机房空调配电	双路电源（其中至少一路为应急电源），末端切换，采用放射式配电系统	双路电源，末端切换，采用放射式配电系统	采用放射式配电系统	双路供电，末端切换	双路供电，末端切换	单路	单路	多路主用	一路主用＋一路备用	单路	单路	多路主用	一路主用＋一路备用	单路	单路
环境和设备监控系统															
空气质量	粒子浓度监测，温度、露点，压差	温度、露点，压差		—	—	—	—	—	—	—	—				
漏水检测报警	装设漏水感应器	装设漏水感应器	—	—	—	—	—		有漏水监测	—	—				
蓄电池监测	监控每一个蓄电池的电压、内阻、故障和环境温度	监控每组蓄电池的电压、故障和环境温度	—	—	—	—	—		—						
柴油发电机系统	油箱（罐）油位、柴油机转速、输出功率、电压、频率、功率因数	油箱（罐）油位、柴油机转速、频率、电压、功率、功率因数	—	—	—	—	—								
安防系统															
视频监控系统	视频监控	视频监控	视频监控					视频监控	视频监控	视频监控	—				
出入口控制系统	出入控制（识读设备采用读卡器或人体生物特征识别）	机械锁	机械锁					普通读卡器或生物识别读卡器	普通读卡器或生物识别读卡器	人侵探测器	机械锁				

8）交流配电列头柜和交流专用配电母线宜配备瞬态电压浪涌保护器和电源监测装置，并应提供远程通信接口。当输出端中性线与 PE 线之间的电位差不能满足电子信息设备使用要求时，配电系统可装设隔离变压器。

9）电子信息设备的电源连接点应与其他设备的电源连接点严格区别，并应有明显标识。

2. 数据中心基础设施要求

1）高等级数据中心的基础设施宜按容错系统配置，在电子信息系统运行期间，基础设施应在一次意外事故后或单系统设备维护或检修时仍能保证电子信息系统正常运行。如 A 级数据中心涵盖 B 级和 C 级数据中心的性能要求，且比 B 级和 C 级数据中心的性能要求更高。意外事故包括操作失误、设备故障、正常电源中断等，一般按照发生一次意外事故做设计，不考虑多个意外事故同时发生。设备维护或检修也只考虑同时维修一个系统的设备，不考虑多系统的设备同时维修。在一次意外事故发生后或单系统设备维护或检修时，基础设施能够满足电子信息设备基本运行需求。

2）数据中心同时满足下列要求时，电子信息设备的供电可采用 UPS 系统和市电电源系统相结合的供电方式。

① 设备或线路维护时，应保证电子信息设备正常运行。

② 市电直接供电的电源质量应满足电子信息设备正常运行的要求。

③ 市电接入处的功率因数应符合当地供电部门的要求。

④ 柴油发电机系统应能够承受容性负载的影响。

⑤ 向电网注入的总电流谐波含量不应超过 10%。

此条规定的主要目的是在保证可用性的前提下，降低数据中心总体拥有成本（Total Cost of Ownership, TCO）。电子信息设备属于容性负载，柴油发电机系统应能够承担容性负载的影响；当电子信息设备产生的电流谐波超过 10% 时，应进行谐波治理。

3）当两个或两个以上地处不同区域的数据中心同时建设，互为备份，且数据实时传输、业务满足连续性要求时，数据中心的基础设施宜按容错系统配置，也可按冗余系统配置。这是 A 级数据中心的一种情况，主要适用于云计算数据中心、互联网数据中心等。当两个或两个以上在同城或异地同时建立的数据中心互为备份，且数据实时传输备份、业务满足连续性要求时，由于数据中心之间已实现容错功能，因此其基础设施可根据实际情况，按容错或冗余系统进行配置。

3. 数据中心选址要求

1）电力供给应充足可靠，通信应快速畅通，交通应便捷。

2）采用水蒸发冷却方式制冷的数据中心，水源应充足。

3）自然环境应清洁，环境温度应有利于节约能源。

4）应远离产生粉尘、油烟、有害气体以及生产或贮存具有腐蚀性、易燃、易爆物品的场所。

5）应远离水灾、火灾和自然灾害隐患区域。

6）应远离强振源和强噪声源。

7）应避开强电磁场干扰。

8）A 级数据中心不宜建在公共停车库的正上方。

9）大中型数据中心不宜建在住宅小区和商业区内。

在保证电力供给、通信畅通、交通便捷的前提下，数据中心的建设应选择气候环境温度相对较低的地区，这样有利于降低能耗。

电子信息系统受粉尘、有害气体、振动冲击、电磁场干扰等因素影响时，将导致运算差错、误动作、机械部件磨损、腐蚀、缩短使用寿命等。数据中心位置选择应尽可能远离产生粉尘、有害气体、强振源、强噪声源等场所，避开强电磁场干扰。

水灾隐患区域主要是指江、河、湖、海岸边，A 级数据中心的防洪标准应按 100 年重现期考虑；B 级数据中心的防洪标准应按 50 年重现期考虑。在园区内选址时，数据中心不应设置在园区低洼处。

从安全角度考虑，A 级数据中心不宜建在公共停车库的正上方，当只能将数据中心建在停车库的正上方时，应对停车库采取防撞防爆措施。

空调系统的冷却塔或室外机组工作时噪声较大，若数据中心位于居民小区内或距离住宅太近，噪声将对居民生活造成影响。居民小区和商业区内人员密集，不利于数据中心的安全运行。

4. 灾备数据中心相关要求

灾备数据中心的组成应根据安全需求、使用功能和人员类别划分为限制区域、普通区域和专用区域。限制区域宜包括主机房、辅助区和支持区等，普通区域宜包括应急指挥中心、外援工作区、媒体发布区、休息室、储物室、医疗室、停车场等，专用区域包括集合区域、等候区域和中间整备区域等。

限制区域是指根据安全需要，限制不同类别人员进入的场所。人员类别主要分为灾备数据中心工作人员、用户、设备材料供应商、参观人员。

普通区域是用于灾备恢复和日常训练、办公的场所。应急指挥中心对灾备数据中心进行集中监控和运营管理，当灾难发生时，灾备恢复人员从该中心发出灾备恢复指令、协调各种资源、联络客户和执行灾备恢复流程。应急指挥中心应设置专线电话、获取外部信息的设备及专用会议室。外援工作区是为用户和设备通信供应商提供灾备恢复或日常测试需要的办公区域。媒体发布区是用于同新闻机构和外部人员交流的区域，该区域应设置在远离限制区域和应急指挥中心的位置，并应确保只有被邀请的媒体或外部人员才能进入。休息室应设置卫生间、更衣室、淋浴等设施，以满足灾备人员短期生活要求。储存室用于短期生活用品的储存。医疗室可为灾备人员提供紧急医疗援助。

专用区域是提供给用户在恢复期间使用及放置设备的场所。集合区域是集合所有灾难恢复人员并下达命令的场所，集合区域可以是一个开放的空间、大厅或礼堂，能够容纳所有灾难恢复人员，该区域应设置广播扩音系统。等候区域是灾难恢复人员装卸和检查相关设备的场所。中间整备区域用以测试电子信息设备。

5. 数据中心温度要求

根据电子信息设备技术的发展、国外相关标准的变化以及节能要求，数据中心主机房的温度等参数提出要求。主机房和辅助区内的温度、露点温度和相对湿度应满足电子信息设备的使用要求；无特殊要求时，应按照表 1-5 执行。

表 1-5　数据中心温度等参数要求

	环境温度	露点温度和相对湿度
推荐值	18～27℃	5.5～15℃，同时相对湿度不大于 60%
允许值	15～32℃	20%～80%，同时露点温度不大于 17℃

当机柜或机架采用冷热通道分离方式布置时，主机房的环境温度和露点温度应以冷通道的测量参数为准；当电子信息设备未采用冷热通道分离方式布置时，主机房的环境温度和露点温度应以送风区域的测量参数为准。主机房的环境温度、相对湿度和露点温度有推荐值和允许值，按推荐值设计的主机房，对电子信息设备在可靠性、能耗、使用性能、寿命等方面更有利。当电子信息设备对环境温度和相对湿度可以放宽要求时，主机房环境温度、相对湿度和露点温度可采用允许值进行设计。

1.3　能效限值概念及计算

能效指标是衡量一个数据中心电能利用效率指标，表示数据中心在信息设备实际运行时的数据中心总的耗电量与信息设备耗电量的比值中的最大值，能效限值即数据中心电能比的最大允许值。英文中表示能效指标的为 PUE（Power Usage Effectiveness）。PUE 是 2007 年由美国绿色网格组织（The Green Grid，TGG）提出的用于评价数据中心能源利用效率的一种指标，目前已被国内外数据中心行业广泛使用。

能效指标的计算公式为 $PUE=E_D/E_{ICT}$，其中 E_D 为数据中心全年总耗电量，单位是 $kW \cdot h$；E_{ICT} 为数据中心的 ICT 设备全年耗电量，单位是 $kW \cdot h$。数据中心 ICT 设备的耗电量是包含在数据中心总耗电量内的，所以能效指标是一个大于 1 的数值，PUE 越接近 1，说明数据中心用于 ICT 设备以外的能耗越低，即节能效果越好，能源利用率也就越高，能效指标越好。

这里需要说明的是，能效指标并不是一个瞬时测试计算得出的电能利用效率值，而是经过一段时间内多次测试计算出的平均值。用瞬时功耗的比值来计算一个数据中心的能效指标是不科学的，它不能体现数据中心的能耗水平。如果在测试中出现备用发电机组带载运行时，E_D 为市电的源耗电量与备用发电机组的发电量之和，但数据中心的备用发电机组接线系统中一般不会出现计量装置，所以，在进行能效指标测量时，不建议将备用发电机组发电时间计算进去，尤其那些具有多台低压发电机组的数据中心。

一个数据中心尤其是超大型和大型数据中心，要想准确地测算出它的能效值其实非常困难，其涉及的因素有很多。测算一个数据机房或数据中心主要考虑以下几点：

1）确定要测算的数据机房或数据中心的全部耗电设备。

2）确定测试计算方法。

3）区分哪些用电设备属于 ICT 设备，哪些用电设备不属于 ICT 设备。

4）确定测量点位置、测试设备和测试时段。

5）统计计算。

数据中心的能效指标测量和计算有三种测量采集方法，其中数据机房或数据中心的总耗电量是其市电电源总输入电量。如果数据中心所在的建筑物是多用途的，则必须对数据中心的总耗能进行甄别，必要时需要核减非数据中心（如办公区域）的用电。ICT 设备总耗电量 E_{ICT} 的采集点有三种：第 1 级是基本级别，采集点是 UPS 系统的输出端；第 2 级是中级级别，采集点是 ICT 机房内配电柜的输出端；第 3 级是高级级别，采集点是 ICT 机柜内电源插座的输出，也就是 ICT 设备的输入端。这三种计算方法的采集点对电力使用的功耗或电量的采集的颗粒度要求逐级提高。目前，我国多数数据中心采用的是第 1 级的采集和计算方式，得到的 PUE 也比第 2 级和第 3 级数值更低。由于上述三种方法的测量点数量相差非常大，三种方法以第 3 级测量最为困难，也难以实现。

　　事实上，因为数据中心的 PUE 与数据中心的很多因素相关，数据中心的 PUE 只是一个关键指标，它自有局限性。PUE 并不能全面反映不同的数据中心之间电能利用综合水平的高低。在数据中心供配电系统设计时，不能唯 PUE 论，应把数据中心供配电系统的节能措施做到最优即可，只要数据中心的供配电系统的节能措施最有效，其供配电系统对数据中心应用时的能效指标（PUE）的贡献也就是最优了。

　　目前，我国现有的数据中心的 PUE 差距很大，最高的 PUE 超过 2，最低的 PUE 接近 1.1。

第2章　数据中心设计文件编制

供配电系统是数据中心基础设施的重要组成部分之一。一个数据中心建设项目咨询设计部分一般分为决策阶段、设计阶段、施工阶段和竣工验收阶段。决策阶段即为可行性研究报告阶段；设计阶段又分为一阶段设计和两阶段设计，一阶段设计又可称为施工图设计，常见于规模较小的建设项目，两阶段设计即为初步设计和施工图设计常见于规模较大的建设项目；施工阶段是施工单位根据会审后的施工图设计或一阶段设计进行项目建设阶段，在施工中必须按照工程设计和施工组织设计以及施工验收规范的要求，保证质量如期完工；竣工验收阶段是指当工程项目全部完成，符合设计要求，并具备竣工图表、竣工决算、工程总结等必要文件资料时，项目主管部门或建设单位向负责验收的单位提出竣工验收申请报告。

现实中，从严格的意义上说，很难找到两个完全一样的数据中心，所以说，每个数据中心的供配电设计都应该根据其特点及发展规划进行规划设计，要避免简单复制。

2.1　数据中心供配电系统设计依据

数据中心供配电系统设计依据可参考但不限于表2-1的相关设计标准及规范。

表2-1　数据中心供配电系统设计相关依据表

序号	标准编号	标准名称	发布单位
1	GB 50174	《数据中心设计规范》	中华人民共和国住房和城乡建设部
2	YD/T 1818	《电信数据中心电源系统》	中华人民共和国工业和信息化部
3	GB 51348	《民用建筑电气设计标准》	中华人民共和国住房和城乡建设部
4	GB 50059	《35kV～110kV变电站设计规范》	中华人民共和国住房和城乡建设部
5	GB 50053	《20kV及以下变电所设计规范》	中华人民共和国住房和城乡建设部
6	GB 50054	《低压配电设计规范》	中华人民共和国住房和城乡建设部
7	GB 50052	《供配电系统设计规范》	中华人民共和国住房和城乡建设部
8	GB 50217	《电力工程电缆设计规范》	中华人民共和国住房和城乡建设部
9	GB 50689	《通信局（站）防雷与接地工程设计规范》	中华人民共和国住房和城乡建设部
10	GB 51215	《通信高压直流电源设备工程设计规范》	中华人民共和国住房和城乡建设部
11	GB 3096	《声环境质量标准》	中华人民共和国住房和城乡建设部
12	GB 50016	《建筑设计防火规范》	中华人民共和国住房和城乡建设部
13	GB 51199	《通信电源设备安装工程验收规范》	中华人民共和国住房和城乡建设部
14	GB/T 50001	《房屋建筑制图统一标准》	中华人民共和国住房和城乡建设部
15	YD 5201	《通信建设工程安全生产操作规范》	中华人民共和国工业和信息化部
16	YD 5039	《通信工程建设环境保护技术暂行规定》	中华人民共和国工业和信息化部
17	YD 5003	《通信建筑工程设计规范》	中华人民共和国工业和信息化部
18	YD 5059	《电信设备安装抗震设计规范》	中华人民共和国信息产业部
19	YD/T 5015	《电信工程制图与图形符号规定》	中华人民共和国工业和信息化部
20	YD/T 5211	《通信工程设计文件编制规定》	中华人民共和国工业和信息化部

2.2　一般要求

工程设计文件的编制应满足各设计阶段的技术要求，内容完整齐全，文字表达应逻辑严谨、简练明确、准确无误，应能指导下一阶段的工作。

工程设计文件应采用法定计量单位，所采用的图形符号应符合相应的国家标准或行业标准，自制的图形符号应附有说明。

工程设计文件应采用规范的简化汉字。用词应使用中文，必要时可在中文词汇后加注相应的外文词汇，在确需使用无相应中文词汇的外文词汇时，应在第一次出现时加以说明。

工程设计文件所使用的基本术语应采用有关国家标准、行业标准、国际标准以及国际、国内的通用术语。对理解设计文件有重要影响的非通用术语，应做出定义，同一概念应始终采用同一术语或符号。

除了可行性研究阶段，数据中心的供配电系统设计阶段目前一般按初步设计和施工图设计两个阶段进行。对于规模较小、技术成熟，或可套用标准设计的数据中心工程也可按一阶段设计完成。初步设计到施工图设计是逐步深入和具体化的过程，初步设计阶段完成并经上级部门批准后，才能进行下一阶段施工图设计。

2.3　设计原则

数据中心供配电系统是数据中心基础设施投资最多，最为重要的一部分，它主要包括变配电系统、备用发电机组系统、UPS 系统等。数据中心供电系统要求做到安全可靠、技术先进、经济合理、绿色节能。

数据中心供配电系统设计应遵循以下原则：

1）应着眼于全局，统筹规划，兼顾长远，根据数据中心负荷特性、用电容量、工程特点和当地供电环境，合理制定设计方案。

2）根据用户需求，制定合适的数据中心设计依据的标准规范以及负荷等级。

3）在供配电系统运行安全上，供配电系统应符合防雷、防火、抗震、设计等标准规范的强制条款的要求。

4）以近期为主，根据业务发展规划，结合远期规划，为今后的发展预留合理发展空间。

5）数据中心 ICT 设备对供配电系统的基本要求是提供不间断而稳定的电源，供配电系统设计必须保证供电安全可靠，但安全可靠是相对的，不同等级的数据中心对安全可靠的理解必定是不同的。

6）各个电力机房建筑面积及相对位置要规划合理，要兼顾建设用地规划，业务远期发展，进出的电力线的走线路由应顺畅简洁。

7）机房承重和沟槽孔洞应满足供电系统安装需求，并满足数据中心今后的增容。

8）数据中心用供配电系统用的设备应为技术成熟、性能稳定、高效节能的产品。

9）数据中心的变配电系统、备用发电机系统、UPS 系统要优选自动化和智能化程度高、运行维护方便的供电方案。

10）供电架构要与数据中心的等级相匹配，应避免出现过度规划、过度冗余，不能向上越级匹配。

11）在满足电子信息系统要求的供电可靠率指标的前提下，数据中心的供电架构应尽可能简洁。

12）对于高等级数据中心，在供配电系统设计中，应避免出现因发生一次意外事故而影响电子信息设备正常运行的情况发生。

13）各电力机房应合理进行设备布置，充分利用机房空间。

14）数据中心的基础设施应建设相应的智能化运维管控系统。

15）要充分利用当地的自然资源、可再生资源，并最大限度地降低对周围环境的影响。

16）数据中心供配电系统应根据业务发展和需求逐步建设和完善，要与时偕行，切不可盲目追求一步到位。

2.4　咨询设计阶段

2.4.1　可行性研究

1. 概述

可行性研究是数据中心建设项目前期工程的重要内容，是数据中心建设流程中的组成部分之一。可行性研究阶段是通过对数据中心建设项目的主要内容和配套条件，如市场需求、资源供应、建设规模、技术方案、设备选型、环境影响、资金筹措等，从技术、经济、工程等方面进行调查研究和分析比较，并对项目建成以后可能取得的财务、经济效益及社会影响进行预测，从而提出该项目是否值得投资和如何进行建设的咨询意见，为项目决策提供依据的一种综合性的分析方法。

首先必须站在客观公正的立场进行调查研究，做好基础资料的收集工作。对于收集的基础资料，要按照客观实际情况进行论证评价，如实反映客观实际，从客观数据出发，通过科学分析，得出项目是否可行的结论。可行性研究报告的内容深度必须达到用户要求和相关标准要求，基本内容要完整，应尽可能多地依据数据资料，避免粗制滥造，搞形式主义。在做法上要掌握好以下四个要点：

1）先论证，后决策。

2）处理好项目建议书、可行性研究、评估这三个阶段的关系，哪一个阶段发现不可行都应当停止研究。

3）要将调查研究贯彻始终，一定要掌握切实可靠的资料，以保证资料选取的全面性、重要性、客观性和连续性。

4）多方案比较，择优选取，对于涉外数据中心项目，或者在加入 WTO 等外在因素的压力下必须与国外接轨的项目，可行性研究的内容及深度还应尽可能符合国外相关标准与规范。

2. 可行性研究报告

一个可行性研究报告是项目立项阶段最重要的核心文件。可行性研究报告具有相当大的信息量和工作量，是项目决策的主要依据。数据中心供电部分的项目可行性研究报告应包括可研说明和投资估算两部分。内容应对项目进行全面、系统的分析，以经济效益为核心，围绕影响项目的各种因素，运用合理的方案和数据资料论证拟建项目是否可行，为项目决策提供技术服务。

工程可行性研究报告的编制，必须符合国家有关法律法规和相关工程建设标准规范的规定，其中工程建设强制性标准必须严格执行。当咨询设计合同对工程可行性研究报告编制深度另有要求时，工程可行性研究报告编制深度应同时满足与用户签订的咨询设计合同的要求。

不同行业的数据中心可行性研究报告的内容差别很大，但其主要包含四个可行性的内容，即政策可行性、市场可行性、方案可行性、经济可行性。

1）政策可行性：主要根据行业或用户的相关产业政策，论证项目投资建设的必要性。

2）市场可行性：主要根据市场调查及预测的结果，确定项目的市场定位。

3）方案可行性：主要从项目实施的技术角度及相关设计规范，合理设计满足项目（用户）要求的技术方案，并进行方案比较。

4）经济可行性：主要从项目及投资人的角度，设计合理投资估算，从企业理财的角度进行资本预算，评价项目的财务盈利能力，进行投资决策。

可行性研究报告的主要内容如下：

1）项目建设背景。

2）项目建设必要性及可行性。

3）编制依据。

4）外市电电源供电方式和引入方案。

5）预测用电负荷规模容量。

6）供配电系统现状（扩容项目）。

7）提出交直流供电系统和配置原则。

8）提出交直流供电系统及设备配置方案。

9）监控系统。

10）防雷与接地系统。

11）环境保护。

12）节能措施。

13）劳动保护。

14）项目建设进度安排。

15）投资估算。

16）项目的效益及风险分析。

17）其他需要说明的事项。

2.4.2　初步设计文件

1. 概述

初步设计文件应根据相关单位部门批准的上一阶段的咨询文件（可行性研究报告）和委托文件，以及相关设计标准规范，并通过初步设计现场查勘工作而收集的设计基础资料后进行编制。数据中心的初步设计阶段的主要作用是按照相关单位的设计委托书载明的工程内容和规模确定数据中心供电系统的建设方案，以及对主要设备进行选型方案、相关图纸和建设项目的工程概算。

初步设计阶段如果发现建设条件与上一阶段设计相比已有变化，经论证认为有必要对上一阶段的咨询设计进行修正，应通过建设单位向下达委托书的主管部门提出书面报告，经批复后，设计单位才能按修正后的文件要求进行初步设计的编制工作。

2. 初步设计文件的内容

初步设计文件中的供电系统设计方案及重大的技术措施应通过技术经济分析，进行多方案比选，比选情况应在初步设计文件中进行说明。初步设计文件的内容应满足初步设计审批的需要，也应满足编制项目施工图设计文件的需要。初步设计文件包括说明、概算和图纸等部分。

数据中心供配电系统工程初步设计的主要内容如下：

（1）设计说明部分

1）设计依据：包括建设方的设计委托文件及设计要求、项目上一阶段设计文件及批复文件、建设方提供的供电部门认定的工程设计资料及其他相关资料、设计所执行的主要法规和所采用的主要标准（包括标准的名称、编号、年号或版本号）、相关专业提供本专业的工程设计基础资料和经建设单位认可的现场查勘资料。

2）设计范围及分工：根据设计任务书和有关设计资料说明本专业的设计内容、本专业与其他相关专业、单位、设备生产厂家的设计分工与分工界面。

3）供电系统建设方案：市电引入方案、各种用电设备的负荷统计及计算、供电系统方案、系统运行方式、多方案比选。

变配电和发电设备的位置、数量、容量及型式（室内、室外或混合安装），设备技术条件和选型要求，电气设备的环境特点。

功率因数补偿及谐波治理方式和措施。

选用导线、电缆、母线的材质、型号及敷设方式。

4）原有电源设备的利旧及处理，电源设备或系统割接方案（只针对改、扩建工程）。

5）节能与环保：初步设计中采用的节能和环保措施，节能产品的应用情况，电源设备的运行是否对周围环境有不利的影响，能否满足环境保护的相关规定。

6）接地要求。

7）运维管控系统：管控系统的设计原则，确定系统的监控对象、监控测点。

8）建筑结构要求：耐火等级、楼板荷载、抗震、机房净高、墙面、地面、顶棚、沟槽孔洞、预埋管件等要求，空调、采暖及通风要求，照明要求。

9）抗震加固：所有设备抗震设防等级及措施。

10）负荷计算表：用电设备负荷、补偿容量及变压器容量计算。

（2）初步设计概算部分

1）概算编制说明：工程投资概况，主要技术经济指标；编制依据；概算编制范围；有关费用及费率的取定；其他特殊问题的说明。

2）概算表格：通信行业的设计概算表格通常由建设项目总概算表（汇总表）、工程概算总表（表一）、建筑安装工程费用概算表（表二）、建筑安装工程量概算表（表三）甲、建筑安装工程机械使用费概算表（表三）乙、建筑安装工程仪器仪表使用费概算表（表三）丙、国内器材概算表（表四）甲、工程建设其他费用概算表（表五）甲等组成。

非通信行业的设计概算表格应符合相关行业规定及规程，或委托书要求。

（3）初步设计图纸部分

1）总平面图：标示建筑物、构筑物名称、比例、指北针；室外高低压线路走向、回路编号；室外油罐的位置，油路的走向等。

2）设备平面布置图：包括高压开关柜、低压开关柜、变压器、备用发电机组、交流 UPS 系统、直流 UPS 系统、控制设备、直流操作电源、信号屏、燃油箱及附属设备等设备平面布置和主要尺寸，图样应有比例。

3）供电系统图：一次接线图，并注明设备编号、型号、设备容量、补偿容量、负荷名称。

4）接地系统图：本工程相关的接地网、接地引入线、接地汇流排、接地连接线、保护接地线、工作接地线和需接地的电源设备及装置所组成的接地系统。

5）供油系统图：包括储油设备、油泵型号、主要材料型号规格等。

2.4.3　施工图设计文件

1. 概述

施工图设计是设计的最后一个阶段，是根据批准的初步设计文件编制的。施工图设计即是对施工单位提出技术要求及施工图样。这一阶段主要通过图样，把设计者的意图和全部设计结果表达出来，作为施工制作的依据，施工图设计应能达到指导项目施工过程中各种设备及配件的安装，以及各种构件的安装，是指导施工工作的桥梁。施工图设计不能随意改变已批准的初步设计方案及规定，如果因条件变化必须改变时，需要建设单位征求初步设计编制单位的意见，并在施工图说明中加以说明。

施工图预算是确定工程预算造价、签订安装合同、实行建设单位和施工单位投资包干和办理工程结算的依据。

2. 施工图设计文件的内容

（1）设计说明部分

1）设计依据：委托方设计任务书及设计要求；项目上一阶段设计文件及批复意见；委托方提供的供电部门认定的工程设计资料及其他相关资料；设计所执行的主要法规和所采用的主要标准（包括标准的名称、编号、年号和版本号）；相关专业提供本专业的工程设计资料；经建设单位认可的现场查勘资料。

2）设计范围及分工：根据设计委托书和有关设计资料说明本专业的设计内容；本专业与其他相关专业、建设单位、设备生产厂家的设计分工与分工界面。

3）工程概况：土建设计概况，包括建筑类别、性质、结构类型、面积、层数、高度等；供电系统设计概况，包括主要电源设备配置的数量、容量、运行方式等；供电系统工程设计预算投资额。

4）初步设计的修改说明（必要时）。

5）主要电源设备及材料表：应注明设备及材料名称、型号、规格、单位、数量等。

6）原有电源设备的利旧及处理（只针对改、扩建工程）。

7）割接（只针对改、扩建工程）：设备割接原则及方案。

8）节能与环保：拟采用的节能和环保措施；节能产品的应用情况；供电设备的运行是否对周围环境有不利的影响，能否满足环境保护的相关规定。

9）接地要求。

10）智能运维管控系统。

11）抗震加固：供电设备抗震设防等级及措施。

12）施工说明。

（2）施工图预算部分

1）预算编制说明：工程投资概况，主要技术经济指标；编制依据；预算编制范围；有关费用及费率的取定；其他特殊问题的说明。

2）预算表格：通信行业的设计预算表格通常由建设项目总预算表（汇总表）、工程预算总表（表一）、建筑安装工程费用预算表（表二）、建筑安装工程量预算表（表三）甲、建筑安装工程机械使用费预算表（表三）乙、建筑安装工程仪器仪表使用费预算表（表三）丙、国内器材预算表（表四）甲、工程建设其他费用预算表（表五）甲等组成。

非通信行业的设计概算表格应符合相关行业施工及验收规范，或委托方的要求。

（3）施工图设计图样部分

1）总平面图：标注建筑物、构筑物名称或编号，层数或标高，道路等，标注变、配、发电站位置、室外油罐的位置；市电引入线、室外高低压线路走向、回路编号、敷设方式、人（手）孔位置和型号，标注油路的走向、敷设方式等；必要的说明，包括市电引入方式及路数、变压器台数和容量、发电机台数和容量、室外油罐的容量等。

2）高低压变配电系统方框图：用方框图表示高压市电引入、高压配电设备、变压器、低压配电设备、备用发电机组及其配电设备之间的关系和连接线路；必要的说明。

3）设备布置平面图：电源机房建筑平面、主要土建尺寸及房间名称，与电源专业相关的过墙洞、楼板洞的位置；按比例绘制电源设备的平面布置位置及尺寸标注；电源设备明细表，通常包括设备编号、设备名称、单位、数量、设备厂家、规格型号、外形尺寸和备注等内容，变压器需标注单台重量；图例及说明。

4）系统图（一次接线图）：图中应标明开关柜编号、用途，变压器编号、型号、容量，断路器、互感器的规格；进出线缆编号；必要的说明。

5）燃油供给系统图：由储油设备、油泵、管路及供电四部分组成；表明备用发电机组供电系统的储油设备、油泵、进油管路、供油管路、回油管路、溢油管路、排污管路和供电部分之间的连接关系；注明油管编号；设备材料表，表中应包括发电机组燃油供给系统设备和材料的编号、名称、规格型号、单位和数量等；必要的说明。

6）直流UPS系统图：绘制直流供电系统中交流配电屏、整流器柜、直流配电屏的主电路，绘制交流配电屏、整流器柜、直流配电屏、蓄电池组、电源列头柜之间的连接线路；标注电缆编号；图例及说明。

7）交流UPS系统图：绘制UPS供电系统中电源输入屏、UPS、UPS输出屏、蓄电池开关柜的主电路，绘制电源输入屏、UPS、电源输出屏、蓄电池开关柜、蓄电池组、UPS电源列头柜之间的连接线路；标注电缆编号；必要的说明。

8）接地系统图：表明与本工程相关的接地网、接地引入线、接地汇流排、接地连接线、保护接地线、工作接地线和需接地的电源设备及装置所组成的接地系统；注明线缆编号；必要的说明。

9）线缆明细表：列出每路母线、电缆的编号、起止点、设计电压、设计电流、敷设方式、规格型号、数量、长度及电缆颜色等；汇总各种规格型号母线、电缆的长度；其他必要的说明。

10）走线架布置平面图：机房建筑平面、主要土建尺寸及房间名称，与电源专业相关的过墙洞、楼板洞的位置；按比例绘制机房内走线架平面布置位置及新安装走线架的尺寸标注；走线架安装工作量表。通常包括走线架的规格、安装高度、长度等内容；图例及说明。

11）线缆路由示意图：机房建筑平面、主要土建尺寸及房间名称，与电源专业相关的过墙洞、楼板洞的位置；绘制母线、电缆起止设备及路由；注明母线、电缆编号，对于在线槽或保护管内敷设的电缆要注明线槽或保护管的规格；跨楼层母线、电缆和有特殊安装要求电缆的标注；注明必须标出的相关安装、加固尺寸；图例及说明。

12）高压开关柜一次线路图及元件规格表（高压开关柜订货图）：应标明开关柜的编号、型号、用途、设备容量，母线的规格型号，一次元器件及主要二次元器件的规格型号、数量；图中应标明二次原理图方案号、柜体外形尺寸等。

13）高压开关柜二次原理图、连接图：通常采用高压开关柜生产厂家提供的专用图。

14）低压柜一次线路图及元件规格表（低压柜订货图）：图中应标明开关柜的编号、型号、用途、设备容量，母线的规格型号，一次元器件及主要二次元器件的规格型号、数量、整定值；图中应标明馈电回路负荷名称、回路编号、负荷容量、二次原理图方案号、柜体外形尺寸等。

15）低压柜二次原理图、连接图：通常采用低压开关柜生产厂家提供的专用图。

16）直流电源柜原理图：通常采用直流电源柜生产厂家提供的专用图。

17）信号屏二次原理图：通常采用信号屏生产厂家提供的专用图。

18）设备安装及加固图：包括所有高压设备、低压设备、发电机组、UPS 系统安装的必要立面图、剖面图、加固及大样图等。

19）标准通用图：必须采用的标准安装通用图样。

2.5　供配电系统设计资料

2.5.1　建设单位需要提供的资料

1）数据中心建设项目设计委托文件。

2）如果是改扩建工程项目，需要提供数据中心原有的供配电系统的施工图设计文件资料，包括：变配电机房、发电机房、UPS 机房等平面图、系统图、走线路由图、设备安装图等。

3）数据中心建设规划。

4）如果是改扩建工程项目，需要提供近三年最大运行负荷。

2.5.2　土建设计咨询专业提供的资料

1）数据中心总平面图。

2）相关建筑平面图。

3）建筑用电负荷。

2.5.3　信息通信咨询专业提供的资料

1）数据中心建设等级。

2）各级各类信息通信负荷。

3）各机房负荷分布，以及各机房负荷、等级。

4）信息通信机房平面图。

2.5.4　供电部门需要提供的资料

1）当地供电部门的相关规定（引电、用电）。

2）供电相关信息及参数，包括周边变电站系统现状、继电保护时限等。

3）供电线路路由。

4）变电站出口断路器相关参数。

2.5.5　需要向供电部门提供的资料

（1）可行性报告阶段

用电申请报告，包括：

1）数据中心用电负荷的容量，用电设备的特性。

2）进线电压等级。

3）用电负荷保证等级。

（2）初步设计阶段

1）数据中心用电负荷的容量，用电设备的特性。

2）进线电压等级。

3）用电负荷保证等级。

4）供电系统接线图。

5）供电系统运行方式，市电电源与备用发电机组转换方式。

第3章　市电电源及引入

3.1　公共电网供电及可靠性

3.1.1　公共电网供电现状

我国在 2002 年 12 月成立了国家电网公司和中国南方电网公司两家公共电网服务公司，它们以建设和运营电网为核心业务，承担着保障更安全、更经济、更清洁、可持续的电力供应的基本使命。国家电网经营区覆盖全国 26 个省（自治区、直辖市），覆盖国土面积的 88%，供电人口超过 11 亿人；南方电网经营区覆盖广东、广西、云南、贵州和海南 5 个省（区），供电人口超过 2.5 亿人。

根据中国电力企业联合会发布的数据，截至 2020 年年底，全国全口径发电装机容量约 22 亿 kW。在新能源装机高增速的带动下，2020 年全国新增装机容量实现了近 2 亿 kW 的大幅增长，并保持连续八年新增装机容量过亿 kW。在全国全口径各类能源发电装机容量中，火电装机容量 12.5 亿 kW；水电装机容量 3.7 亿 kW；核电装机容量 4989 万 kW；并网风电装机容量 2.8 亿 kW；并网太阳能发电装机容量 2.5 亿 kW；生物质发电装机容量 2952 万 kW。

2020 年年底全国全口径发电装机容量结构数据分析如图 3-1 所示。

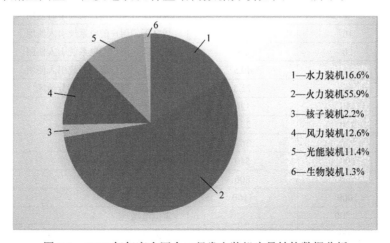

图 3-1　2020 年年底全国全口径发电装机容量结构数据分析

2020 年，全国发电量约为 79119 亿 kW·h，同比增长 3.7%。根据国家统计局及中国电力企业联合会的数据统计显示，2020 年全国水电发电量 13552.1 亿 kW·h，同比增长 3.9%；

火电发电量 53302.5 亿 kW·h，同比增长 2.1%；核电发电量 3662.5 亿 kW·h，同比增长 5.1%；风电发电量 4665 亿 kW·h，同比增长 15.1%；太阳能发电量 2611 亿 kW·h，同比增长 16.6%；生物质发电量 1326 亿 kW·h，同比增长 19.4%。

2020 年年底全国全口径各类能源发电量数据分析如图 3-2 所示。

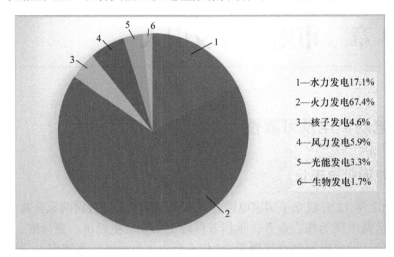

图 3-2　2020 年年底全国全口径各类能源发电量数据分析

根据 GB/T 156—2017《标准电压》的规定，目前我国交流市电标称电压共分为四档，共 18 个电压等级，见表 3-1。

表 3-1　交流标准电压

档号	系统标称电压 /kV	设备最高电压 /kV	备注
第一档	0.22/0.38		末端设备用电电压
	0.38/0.66		末端设备用电电压
	1（1.14）		1.14kV 仅限于某些行业内部系统使用
第二档	3（3.3）	3.6	线电压，个别用户有要求时使用
	6	7.2	线电压，个别用户有要求时使用
	10	12	线电压，用户配电系统引入使用
	20	24	线电压，用户配电系统引入使用
	35	40.5	线电压，用户配电系统引入使用
第三档	66	72.5	线电压，仅限于东北部分地区
	110	126	线电压
	220	252	线电压
第四档	330	363	线电压
	500	550	线电压
	750	800	线电压
	1000	1100	线电压
	± 500		直流电压
	± 800		直流电压
	± 1100		直流电压

表 3-1 中第一档标准电压为用户使用电压等级，第二档为用户引入电压等级，第三档为城市区域供电电压等级，第四档为长距离输配电电压等级。

　　截至 2018 年年底，全国电网 35kV 及以上输电线路回路长度为 189 万 km，比上年增长 3.7%。其中，220kV 及以上输电线路回路长度为 73 万 km，比上年增长 7.0%。其主要输电型式均为远距离、大容量、超高压输电，输电型式为交直流混合运行方式。长距离输电线路的电压等级以 ±1100kV 特高压直流、±800kV 特高压直流、±500kV 高压直流、750kV 高压交流和 500kV 高压交流为主。

　　我国 1000kV 输电电压等级的长治—荆门线于 2008 年 12 月 30 日投入运行，它是当时我国最高等级的交流输电电压。

　　我国现阶段最高直流电压等级的输电线路为 ±1000kV（新疆昌吉—安徽宣城），另外还有 ±500kV（葛洲坝—上海南桥线、天生桥—广州线、贵州—广东线、三峡—广东线），南方电网公司已建成 ±800kV 特高压直流输电线——云广特高压直流输电线路，国家电网公司已建成两条 ±800kV 特高压直流线路，分别为向家坝—上海的 ±800kV 特高压直流线路及锦屏—苏南的 ±800kV 特高压直流线路。

　　目前，我国常用的电压等级有 380V（220V）、10kV、35kV、110kV、220kV、330kV、500kV 和 1000kV，由于历史原因，66kV 电压等级仅在我国东北部分地区存在。在电力供配电线路中，通常将 35kV 以上的电压线路称为送电线路；将 35kV 及其以下的电压线路称为配电线路。

　　我国城市电网电压等级分为 500kV、330kV、220kV、110kV（66kV）、35kV、10kV（20kV）、380V/220V 七个等级。其中大、中城市的城市电网电压等级宜为 4～5 级、四个变压层次；小城市宜为 3～4 级、三个变压层次。

　　500kV 作为城市电网最高一级电压等级，其电网容量是根据城市电网的远期规划负荷量和地区电力系统的连接方式确定，并附建一定数量的 500kV 公共变电站。环网结构（环型结构和网格型结构）为 500kV 电网普遍采用的结构型式，它的特点是环网上的 500kV 变电站间相互支援能力强，当其中一个变电站发生故障时，便于从多个方向调动电力资源。每个 500kV 变电站下端设有几个 220kV 变电站，并分为不同电压等级向用户电压等级逐级变电。最常见的四次变压为由 500kV 变 220kV—220kV 变 110kV（66kV）—110kV（66kV）变 10kV（35kV、20kV），最终为用户提供 10kV（35kV、20kV）可用的市电电源，除此之外，也有 220kV 变 10kV 和 35kV 变 10kV 的变电站，如图 3-3 所示。

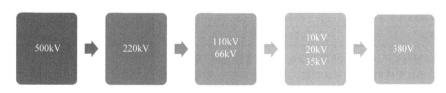

图 3-3　大、中城市市电变压层次图

　　在电力系统中，对于交流电压等级，通常将 1kV 及以下称为低压，1kV 以上、35kV 及以下称为中压，110kV 及以上、330kV 以下称为高压，330kV 及以上、1000kV 以下称为超高压，1000kV 及以上称为特高压。对于直流电压等级，±800kV 以下称为高压，±800kV 及以上称为特高压。

　　在通信行业供配电设计中，通常把市电电压等级分为低压和高压，将 380V/220V 称为低压，将 10kV、20kV、35kV 及以上统称为高压。

3.1.2　公共电网供电可靠性

电网供电可靠性是指供电系统持续供电的能力，是考核供电系统电能质量的重要指标，反映了电力工业对国民经济电能需求的满足程度，已经成为衡量一个国家经济发达程度的标准之一。

反映供电可靠性最重要的一个指标是**供电可靠率，供电可靠率 RS** 是在统计期间内，对用户有效供电时间总小时数与统计期间小时数的比值。

$$RS = \left(1 - \frac{系统用户平均停电小时数}{8760}\right) \times 100\%$$

RS-1：考虑所有因素时，电网的供电可靠率，即 RS；

$$RS\text{-}2 = \left(1 - \frac{系统用户平均停电小时数 - 系统平均受外部影响停电小时数}{8760}\right) \times 100\%$$

RS-2：不考虑一切外部影响因素时，电网的供电可靠率；

$$RS\text{-}3 = \left(1 - \frac{系统用户平均停电小时数 - 系统平均限电停电小时数}{8760}\right) \times 100\%$$

RS-3：不考虑系统电源容量不足限电的影响。

当电网可靠性水平达到一定程度时，供电需求达到平衡，或供电网络容量大于需求量时，且没有发生不可抗拒外力，系统发生外部影响而停电的事件可能性极低，供电系统也不会发生限电，这时，RS-2、RS-3 和 RS-1 相近或相等。

我国的供电可靠率指标，可靠率达 99.7% 为达标标准；可靠率达 99.96% 为一流标准；若供电可靠率达到 99.99% 为国际一流标准。我国城市高压用户供电可靠率指标见表 3-2。

表 3-2　我国城市高压用户供电可靠率指标

供电区类别	供电可靠率 （RS-3）（%）	累计平均停电次数 /（次/年·户）	累计平均停电时间 /（h/年·户）
中心城区	99.90	3	9
一般城区	99.85	5	13
郊区	99.80	8	18

注：1. RS-3 是指按不计系统电源不足限电引起停电的供电可靠率；
　　2. 工业园区形成初期可按郊区对待，成熟以后可按一般城区对待。

电力体制改革后全国主要电力企业成立以来，我国电力可靠性水平总体上不断进步，各类主要设施和系统的等效可用系数逐步提高，非计划停运次数持续下降，10kV 用户平均供电可靠率显著提高。

2011 年，全国城市（市中心 + 市区）10kV 用户平均供电可靠率 RS-1 为 99.945%，同比上升了 0.003%，相当于同级用户年平均停电时间由 2010 年的 5.07h 下降到 4.79h。2011 年全国农村 10kV 用户供电可靠率为 99.7897%，同比提高了 0.757%，相当于我国农村用户的年平均停电时间由 25.06h 减少到 18.43h。

2012 年，全国城区（市中心 + 市区）用户平均供电可靠率 RS-1 为 99.968%。2012 年全国农村用户平均供电可靠率 RS-1 为 99.839%。

2013 年，全国城市用户平均供电可靠率 RS-1 为 99.958%，同比上升了 0.009%，相当于我国城市用户年平均停电时间由 2012 年的 4.53h/ 户下降到 3.68h/ 户；全国城区（市中心＋市区）用户平均供电可靠率 RS-1 为 99.969%，同比上升了 0.001%，相当于用户年平均停电时间由 2012 年的 2.86h/ 户下降到 2.72h/ 户。

2013 年全国农村用户平均供电可靠率 RS-1 为 99.905%，第一次突破了三个 9，同比上升了 0.066%，相当于我国农村用户年平均停电时间由 2012 年的 14.16h/ 户下降到 8.3h/ 户。

2013 年以来，全国城市用户的供电可靠性保持平稳，供电可靠率在 99.95% 左右，用户平均停电时间在 4～5h，用户平均停电频率低于 2 次，基本满足了经济社会对电力安全可靠供应的需求。与城市相比，农村用户的供电可靠性起伏较大，平均停电时间在 20h 左右，平均停电频率超过了 4 次。

2013 年以来全国供电系统供电可靠率和用户平均停电频率变化图分别如图 3-4 和图 3-5 所示。

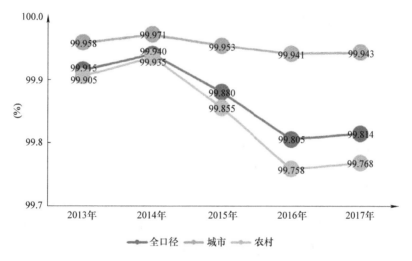

图 3-4　2013 年以来全国供电系统供电可靠率变化图

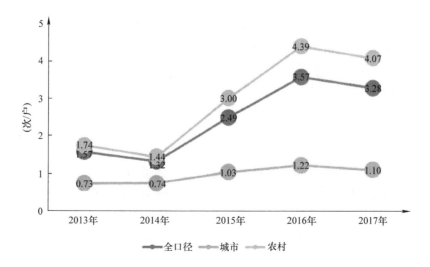

图 3-5　2013 年以来全国供电系统用户平均停电频率变化图

根据 GB 51194—2016《通信电源设备安装工程设计规范》对市电类别的规定，一类市电的供电可靠率不低于 99.9315%，年平均停电时间不超过 6h；二类市电的供电可靠率不低于 97.1233%，年平均停电时间不超过 252h。

从上述可以看出，2013 年以来全国城市用户平均供电可靠率 RS-1 指标已经高于现行规范规定的一类市电供电可靠率 99.9315% 的要求，也就是说 2013 年以来全国城市用户平均停电时间远低于 6h，降为 4.38h 左右，而且，上述数据只是全国城市用户供电系统可靠率的平均值，而全国各类数据中心的供电系统基本采用的是一类市电，其供电可靠率的平均值应远高于上述数据。

3.1.3 数据中心的电压等级

GB 50613—2010《城市配电网规划设计规范》2.01 条规定，城市配电网通常是指 110kV 及以下的电网。其中 35kV、66kV、110kV 电压为高压配电网，10kV、20kV 电压为中压配电网，0.38kV 电压为低压配电网。

GB 26860—2011《电力安全工作规程 发电厂和变电站电气部分》3.6 条和 3.7 条规定，用于配电交流系统中 1000V 及其以下的电压等级为低压（Low Voltage, LV）；超过低压的电压等级为高压（High Voltage, HV）。

因 GB 50613—2010 中的电压等级的规定通常应用于供电部门，数据中心供配电中所涉及的供电电压等级应按 GB 26860—2011 中的规定，0.38kV 及以下为低压，10kV 及以上统称为高压。

3.1.4 市电电源分类

根据 GB 51194—2016《通信电源设备安装工程设计规范》的相关条款，通信局站的市电电源可分为四个类别：

一类市电应从两个稳定可靠的独立电源各引一路供电线路。两路供电线路的市电电源不应同时出现检修停电，平均每月停电次数不应大于 1 次，平均每次故障时间不应大于 0.5h，两路市电电源宜配置备用市电电源自动投入装置。一类市电又可称为双重市电。

二类市电为由两个以上独立电源构成稳定可靠的环形网上引入一路供电线路或由一个稳定可靠的独立电源或从稳定可靠的输电线路引入一路供电线路。二类市电供电线路可有计划检修停电，平均每月停电次数不应大于 3.5 次，平均每次故障时间不应大于 6h。

三类市电为从一个电源引入一路供电线路。

四类市电为由一个电源引入一路供电线路，经常昼夜停电，供电无保证，达不到第三类市电要求或有季节性长时间停电。

数据中心引入的市电电源类别为一类市电或二类市电。

因目前我国城市公共市电网络的供电质量已经达到很高水平，一般情况下，从两个稳定可靠的独立电源各引一路供电线路的两路电源即可称为一类市电；两个以上独立电源构成稳定可靠的环形网上引入一路供电线路，或从一个稳定可靠的独立电源引入一路供电线路，或从稳定可靠的输电线路引入一路供电线路，均可称为二类市电。

3.2　电力设施

3.2.1　变电站与开关站

数据中心 10kV 及以上的市电均由变电站或开关站引接。

变电站，顾名思义，变电站内设有变压器设备，它是电力系统中对电压和电流进行变换，接受电能及分配电能的场所。变电站有升压变电站和降压变电站，数据中心所需的变电站通常为降压变电站。不同电压等级、不同功能、不同容量的变电站又称为变电所、变电室。变电站容量的大小取决于主变压器的容量。

根据 GB 50613—2010《城市配电网规划设计规范》的规定，每个城市变电站的进线至少应有两路电源接入。

开关站，又称开闭所，用于接受并分配电力的供配电设施，高压配电网中的开关站一般用于 10kV 或 20kV 电力的接受与分配。它是通过开关装置将公共电网及其用户的用电设备有选择地连接或切断的电力设施，开关站内不设置变压装置，主要设置断路器、隔离开关、电流互感器、电压互感器等。开关站设在用户侧一级高压配电系统的前端。目前，10kV 开关站转供容量一般在 10 ~ 20MV·A；20kV 开关站可达到 20 ~ 40MV·A。

开关站（开闭所）是供电部门的电力设施之一，一般由供电部门管理，通常设在末端用户的建筑内。设有专用变电站的数据中心一般不设置开关站（开闭所）。

3.2.2　专用变电站

我国大、中城市都规划建有一定容量及数量的各级公共变电站。

一个变电站的主变压器台数宜为 2 ~ 4 台。不同电压等级的变电站的单台变压器常见的最大容量见表 3-3 中的数值。

表 3-3　各类变电站单台变压器最大容量

序号	变电站电压等级 /kV	单台主变压器容量 /MV·A	备注
1	500	500、750、1000、1200、1500	
2	330	120、150、180、240、360、500、750	
3	220	63、90、120、150、180、240、360	
4	110	20、31.5、40、50、63	
5	66	10、20、31.5、40、50	仅存在于东北地区
6	35	3.15、6.3、10、20、31.5	

根据《国家电网公司城市电力网规划设计导则》的相关规定，公共变电站的供电安全均采用 N-1 准则，即：

1）变电站中失去任何一回进线或一台降压变压器时，不损失负荷。

2）高压配电网中一条架空线，或一条电缆，或变电站中一台降压变压器发生故障停运时：

① 在正常情况下，不损失负荷。

② 在计划停运的条件下又发生故障停运时，允许部分停电，但应在规定时间内恢复

供电。

即变电站的主变压器为多台运行供电，在正常情况下，即使变电站出现一个回路、一台变压器出现问题，变电站也是能够保证用电负荷供电的。

随着我国电网建设的发展，在正常情况下，尤其是中心城市的公共电网限电概率越来越小，电网会维持高供电可靠率的供电状态，单回路供电的用户遇到的是有限的正常检修停电。影响电网供电可靠率的是外部影响因素，外部影响因素主要有以下几个方面：

1）电抗器。

2）系统断路器。

3）架空线路、电缆线路。

4）隔离开关。

5）母线。

6）电力变压器。

7）自然灾害等其他不可抗拒外力。

其中1）~6）为可修复元件，它们一般只会影响一个回路、一台变压器的正常供电，不会造成整个变电站的全站停电，除非变电站遭遇自然灾害等其他不可抗拒外力。

我国地域广阔，南北、东西距离很长，加之地区经济、供电网络差别较大，不同省份、不同地区的供电部门的相关规定也不尽相同。如有些地区的供电部门规定超过一定容量的用户需自己建设110kV（66kV）或220kV变电站。

城市公共变电站主要有220kV/110kV变电站、220kV/35kV（10kV）变电站和110kV（66kV）/10kV（20kV）变电站，而用户端的上一级变电站为110kV（66kV）变电站或220kV变电站，110kV变电站的供电容量一般在20000~126000kV·A之间。

一个110kV（66kV）变电站的建设费用与变电站所在地有关，一般一个110kV（66kV）变电站的建设费用在3000万~7000万元之间，但上一级变电站的输电线建设费用则是不定的，它跟输电线路的长度、路由、赔偿费及其他城市建设费用相关，少则上千万元，多则数亿元。

为减少外市电引入的投资，数据中心的外市电引入应优选从公共变电站引接。当数据中心用电容量已经超过当地供电部门允许引接公共变电站的最大容量，其用电需求已影响到当地的供电网络规划，且供电部门要求建设数据中心110kV（66kV）自用变电站，数据中心可视情况建设其110kV（66kV）自用变电站。

若数据中心终期用电负荷达到建设专用变电站的要求，但数据中心的建设采取分期实施建设，在具备一定的条件下，其外市电引入也可采用分期申请从公共变电站引接市电电源。这样既能充分利用公共变电站的市电，节省专用变电站的建设费用，又能减少数据中心的土地占用面积，但这需要具备以下条件：

1）公共变电站距离数据中心较近。

2）公共变电站现有剩余容量可满足数据中心近期用电需求。

3）公共变电站终期供电容量可满足数据中心未来的用电需求。

在未来数据中心建设中供电系统扩容时，还需要考虑未来公共变电站是否有足够的容量为数据中心提供可用的市电电源，所以说，这种引接公共变电站的市电电源供电还是有一定的隐患。

在自建110kV（66kV）变电站站址选择中，自建变电站站址宜选在数据中心建设用地相邻或建筑红线内。变电站站址应利于 110kV（66kV）高压输电线路的进出，且严禁 110kV（66kV）输电线在数据中心建设用地内架空穿越。自建变电站应独立建设，不应与数据中心机房处于同一建筑内。

变电站及进出线的电磁场对环境的影响应符合现行国家标准 GB 8702—2014《电磁环境控制限值》和 GB/T 15707—2017《高压交流架空输电线路无线电干扰限值》等的有关规定。实际上，各种电压等级的变电站对周边的影响范围都十分有限。因为不论何种电压等级、何种供电容量的变电站，变电站建筑红线边界处的工频电磁场水平很低，且工频电磁场有随距离增加而迅速衰减的规律，所以，只要变电站与数据中心不是共址建设，即使变电站临近数据中心，通常也可使得变电站对数据中心建筑物的工频电磁场水平趋于数据中心当地环境背景值。

根据国家标准 GB/T 50293—2014《城市电力规划规范》有关规定，城市变电站的用地面积应按变电站终期容量预留。规划新建的 35～500kV 变电站规划用地面积控制指标宜符合表 3-4 的规定。

表 3-4　35～500kV 变电站规划用地面积控制指标

序号	变压等级 /kV（一次电压 / 二次电压）	主变压器容量/（MV·A/ 台）	变电站用地面积 /m²		
			户外式用地面积	半户内式用地面积	户内式用地面积
1	500/220	750～1500/2～4	25000～75000	12000～60000	10500～40000
2	330/220 及 330/110	120～360/2～4	22000～45000	8000～30000	4000～20000
3	220/110（66、35、10）	63～240/2～4	6000～30000	5000～12000	2000～8000
4	110（66）/10（35、20）	31.5～63/2～4	2000～5500	1500～5000	800～4500
5	35/10	5～31.5/2～3	2000～3500	1000～2600	800～2000

变电站有建筑形式和电气设备布置方式，分为户外式、半户内式、户内式变电站三种。户外式变电站的变压器、配电装置均为户外布置；半户内式变电站的变压器为户外布置，配电装置为户内布置；户内式变电站的变压器、配电装置均为户内布置。其中，相同容量的全户外式变电站占地面积最大，一般适合于建设在城市中心区以外的土地资源宽松的地区；半户外式变电站占地面积次之，一般用于用地相对宽松的地区；户内式变电站占地面积最小。数据中心专用变电站宜采用户内式变电站，条件允许也可以采用模块化预装式变电站。

从数据中心用电规模上看，数据中心的用电负荷可能从几百 kV·A 到几十万 kV·A。数据中心建设专用 110kV（66kV）变电站的策略见表 3-5。

表 3-5　不同用电负荷的数据中心专用变电站建设

序号	用电负荷/kV·A	变电站	用户电压等级 /kV			备注
1	<5000		10	—	—	
2	5000～10000		10	—	—	
3	10000～15000		10	—	—	
4	15000～25000	不宜建设	10	20	35	
5	25000～40000	可建设一个	10	20	35	

（续）

序号	用电负荷 /kV·A	变电站	用户电压等级 /kV			备注
6	40000 ~ 60000	可建设一个	10	20	35	
7	60000 ~ 100000	宜建设一个	10	20	35	
8	100000 ~ 200000	宜建设两个	10	20	35	
9	200000 ~ 300000	宜建设三个	10	20	35	
10	300000 ~ 450000	宜建设四个	10	20	35	

注：若数据中心采用 10kV 备用发电机组时，专用变电站应选择 10kV 作为用户电压等级。

目前，我国数据中心供电结构多为四个变压层次，如图 3-6 所示。

图 3-6　数据中心四级变电站

3.2.3　变电站接线方式

各个省、自治区及直辖市的电网公司变电站技术要求各有差异，即变电站所采用的接线方式有所不同。

公共变电站和自用变电站的接线方式通常有以下几种：

1. 线路变压器组接线方式

线路变压器组接线就是一路市电进线只与一台变压器直接相连，而且在无发展的情况下一般采用线路变压器组接线。它是一种最简单的接线方式，其特点是设备少、投资省、操作简便、宜于扩建，但灵活性和可靠性较低。当一路进线线路失电时，与之连接的主变压器停止供电；当主变压器故障时，该路市电进线线路就停止供电。

采用线路变压器组接线方式的变电站通常设置一台或两台主变压器，如图 3-7 和图 3-8 所示。

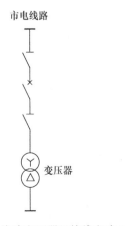

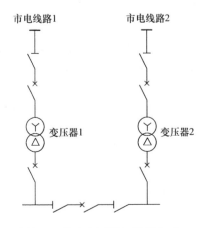

图 3-7　线路变压器组接线方式 1　　　　图 3-8　线路变压器组接线方式 2

如主变压器容量为低负载率运行状态（两台主变压器负载率为 0.5 ~ 0.65），系统发生故障时，恢复供电操作十分方便。当一台主变压器或一条线路故障退出运行，只需在变电所中的低压侧作转移负荷操作，由另一路进线电源的主变压器承担本主变电所范围内的全部用电负荷，或保证全部一、二级用电负荷的正常用电。

2. 内桥接线方式

内桥接线是指在两个线路的两台变压器高压侧断路器的内侧（靠近变压器侧），通过一组断路器将两个线路连在一起称为内桥式接线方式。

内桥接线的任一个线路投入、断开、检修或故障时，都不会影响另一回路的正常运行。由于变电站的变压器运行可靠，很少进行变压器的投入、断开、检修等操作，因此内桥接线的应用较广泛。

内桥接线具有设备比较简单，引出线的切除和投入比较方便，运行灵活性好，还可采用备用电源自投装置的优点。但也有不足之处，即当变压器检修或故障时，要停掉一路电源和桥断路器，并且把变压器两侧隔离开关拉开，然后再根据需要投入线路断路器，这样的操作步骤较多，继电保护装置也较复杂。所以，内桥接线一般适用于变压器不需要经常切换的运行环境。

内桥接线方式图如图 3-9 所示。

3. 外桥接线方式

外桥接线是指在两个线路的两台变压器高压侧断路器的外侧（靠近市电线路侧），即连接桥设置在断路器和市电电源之间，通过一组连接桥将两个线路连在一起称为外桥式接线方式。

外桥接线的变压器投入、断开、检修或故障时，不会影响其他回路的正常运行。但当市电线路投入、断开、检修或故障时，则会影响一台变压器的正常运行。因此，外桥接线仅适用于变压器按照经济运行需要经常投入或断开的情况。

外桥接线的优点是：变压器在检修时，操作较为简便，继电保护回路也较为简单。其缺点是：当主变压器断路器的电气设备发生故障时，将造成系统大面积停电；此外，变压器倒电源操作时，需先停变压器，对电力系统而言，运行的灵活性差。因此，外桥接线适用于线路较短和变压器需要经常切换的地方。

外桥接线方式图如图 3-10 所示。

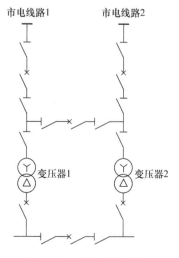

图 3-9　内桥接线方式图

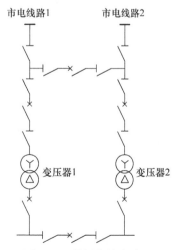

图 3-10　外桥接线方式图

4. 扩大内桥接线方式

扩大内桥接线是指在内桥接线的两台变压器的中间加了一台变压器，在该变压器的两侧各有一个联络用断路器，即通过两组断路器将两个线路连在一起。

扩大内桥接线配置一般为：两回进线、三台变压器、四个断路器（高压侧），如图 3-11 所示。

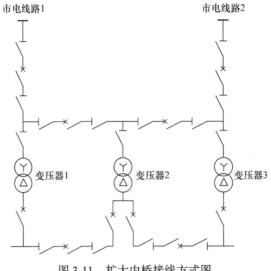

图 3-11 扩大内桥接线方式图

5. 内桥 + 线路变压器组接线方式

内桥 + 线路变压器组接线方式是在一个内桥接线的一侧，再增加一个线路变压器组回路。

内桥 + 线路变压器组接线方式配置一般为三个市电线路、三台变压器、四个断路器（高压侧），如图 3-12 所示。

内桥 + 线路变压器组接线方式的任一个线路投入、断开、检修或故障时，都不会影响另一回路的正常运行。而且，当任意一路供电线路断开、检修或故障时，都不影响变电站的供电容量。

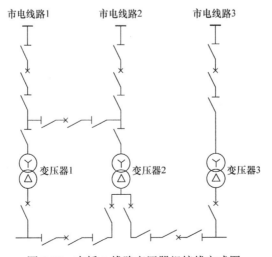

图 3-12 内桥 + 线路变压器组接线方式图

3.2.4　变电站设备组成

变电站作为电力系统不可或缺的部分，也是数据中心变配电系统上级供电场所。变电站内的电气设备分为一次设备和二次设备，其中一次设备是指直接生产、输送、分配和使用电能的设备；二次设备是指对一次设备和系统的运行工况进行测量、监视、控制和保护的设备。

1. 一次设备

主要包括主变压器、高压断路器、隔离开关、互感器（电流互感器、电压互感器）、站用变压器、接地刀闸、避雷器、电容器、电抗器等。

主变压器：变换电压的作用，将变电站输入电压等级降低至用户所需要的电压等级。变电站主变压器单台容量范围见表 3-6。

表 3-6　变电站主变压器单台容量范围

变电站最高电压等级 /kV	主变压器电压比 /kV	单台主变压器容量 /MV·A
110	110/35/10	31.5、50、63
	110/20	40、50、63
	110/10	31.5、40、50、63
66	66/20	40、50、63
	66/10	31.5、40、50
35	35/10	5、6.3、10、20、31.5

高压断路器：接通和分断正常线路负荷电流，在线路发生故障时与继电保护及自动装置配合迅速切除故障，防止故障扩大等。

隔离开关：在检修时造成明显断开点，隔离开关的分合可灵活改变结线运行方式。

站用变压器：供站内测控装置、保护装置、远动装置、后台机、直流系统、通信设备等用电。

接地刀闸：在设备或线路检修时防止送电至工作地点造成工作人员触电而使用的。

电流互感器：取其二次值用电流计量、保护等。

电压互感器：取其二次值用电压计量、保护等。

避雷器：防止过电压及雷电进行波而损坏设备用。

电容器：补偿无功功率，提高市电。

电抗器：压制无功降低电压。

2. 二次设备

主要包括继电保护装置、自动装置、测控装置、计量装置、自动化系统以及为二次设备提供电源的直流设备。

数据中心的公共电网引入最常见的变电站是 110kV 变电站，典型的 110kV 变电站的主变压器规模为 2~4 台变压器。变电站在建设期间应根据供电负荷的发展规划其近期规模和远期规模。变电站的进线一般与变压器的台数对应，即 2 台主变压器的变电站的进线分别接入 2 座 220kV 变电站；3~5 台变压器的变电站的进线分别由 2 座或 3 座 220kV 变电站接入市电电源。

变电站设置 2 台主变压器可提高变电站的供电可靠性，接线简单，占地面积也较小，但供电容量一般限制在 63MV·A。而设置 3~4 台主变压器的变电站，可靠性会得到更大的保障,供电容量可达 126MV·A 及以上,但占地面积和配电的设置增多了不少,变电站的接线网络也会变得复杂。因此,在数据中心变电站设置上应综合考虑近远期用电负荷,合理设置变电站容量和数量。

专用变电站在建设规划时,需要考虑数据中心终期市电引入回路数,合理设置变电站低压侧供电回路,满足数据中心未来市电引入需求。

3.3 市电电源引入

3.3.1 市电引入类别

数据中心作为重要的通信建筑,根据供电保证等级,其外市电引入类别应为一类市电或二类市电。其中一类市电是两路独立市电电源引入,即数据中心负荷的电源是由两路市电电源提供的,这两路市电电源就安全供电而言被认为是互相独立的,通常两路市电电源供电容量相同,互为备用,GB 50052—2009《供配电系统设计规范》标准中称为双重电源;二类市电是一路独立市电电源引入。

从近年来国家电网和南方电网的统计数据看,我国主要城市的供电质量越来越好,供电可靠率越来越高。实际上,两路市电引入和单路市电引入的平均供电可靠率均高于上述市电类别所要求的数据。

3.3.2 市电引入等级和容量

数据中心引入的外市电电压等级有 35kV、20kV、10kV,微型数据中心也有 380V(0.4kV)电压等级引入的,数据中心以 10kV 市电引入最为广泛。

1. 不同电压等级市电供电半径

供电半径是指从某一个电压等级的电源到其供电的最远负荷设备之间的直线距离。由于市电引入电缆或电线通常不是直线传输,所以,供电半径实际指的是变压器到最远用电设备的供电线路的距离,而不是空间直线距离。

供电半径与其供电电压等级、电缆截面、负荷密度相关,供电电压等级越高,供电半径相对较大;相同的供电容量,电缆截面越大,供电半径相对越大;负荷密度越高的地区,供电半径越小。

不同电压等级的电源供电半径见表 3-7。

表 3-7　不同电压等级的电源供电半径

序号	电压等级 /kV	合理距离 /km	最大距离 /km	备注
1	500	150	850	
2	330	200	600	
3	220	100	300	
4	110	30	150	
5	66	30	100	
6	35	≤ 10	50	
7	20	≤ 10	20	
8	10	≤ 5	10	
9	0.4	≤ 0.3	0.5	

　　表 3-7 中只是一般用电负荷的输电距离，在数据中心供配电设计中，数据中心是高密度负荷区域，供电半径应考虑线路压降，还要考虑其市电引入的经济性，对于数据中心的供电线路，它的供电半径应小于表 3-7 中的数据。

　　高、低压配电网的供电半径应满足末端电压质量的要求，高压配电线路的电压损失不宜超过 4%，低压配电线路的电压损失不宜超过 6%。

2. 数据中心市电引入的电压等级

　　一个数据中心的市电引入电压等级是根据其总的用电负荷及当地供电网络决定的，大中小型规模的数据中心的市电电压等级通常不小于 10kV（10kV、20kV、35kV），以 10kV 电压等级的市电引入居多。用电负荷在几十至几百千瓦的微型数据中心可根据实际情况采用 0.4kV 市电引入。若数据中心的备用发电机组采用 10kV 发电机组时，数据中心应优先采用 10kV 电压等级的市电引入。

3. 市电引入容量及回路数

　　数据中心市电单回路引入容量及回路数是根据数据中心负荷计算容量（近期、远期）和数据中心当地供电部门的相关规定确定的，引入容量及回路数需要当地供电部门的书面认可或批准。不同地区的供电部门对于本地区的用户规定的单回路市电电源供电容量有所不同，以 10kV 市电单回路供电容量为例，其单回路供电容量较小的为几千千伏安，最大可达两万千伏安。

　　单回路市电电源容量一般指的是所带主变压器容量，不是实际负荷容量。由于不同地区的供电部门对单回路市电电源容量规定不同，有的供电部门规定单回路市电电源容量包含备用变压器容量，这就需要设计人员在数据中心设计时，需要与当地供电部门了解确定单回路市电电源容量所包括的范围。在确定单回路市电电源引入容量所包括的范围后，应根据数据中心申报的用电容量，尽可能按单回路最大供电容量引入市电电源，以尽量减少引入市电电源回路数。

　　数据中心一般选用市电作为主用电源，当客观条件成熟时，也可运用其他能源进行转换作为主用电源，如：天然气或其他可再生能源等。数据中心建设时应充分考虑其建设等级来决定市电引入方案。

　　目前建设的重要的数据中心多采用双重市电电源引入，两路引入的市电电源同时工作，当其中一路市电电源中断供电时，另一路市电电源容量应能承担两路市电共同承担的全部负荷用电。

　　双重市电电源即一个负荷的电源是由两个市电电源提供的，这两个市电电源就安全供电而言被认为是互相独立的，其市电等级为一类市电电源。

　　数据中心的市电电源引入路数与数据中心的等级有关，也与用电负荷容量有关。相同用电负荷不同保证等级的两个数据中心的市电电源引入路数一般不相同；依据不同的标准，但地位同等重要的两个数据中心的市电电源引入路数也可能不相同。

　　表 3-8 和表 3-9 是依据 GB 50174 和 YD/T 1818 两个标准规范的数据中心单体建筑的用电负荷与市电电源推荐引入路数的关系表。

　　表 3-8 和表 3-9 中的数据是数据中心市电电源引入的推荐路数，市电电源引入的实际路数应根据数据中心项目的当地供电部门的相关规定执行。

表 3-8　数据中心用电负荷与市电引入推荐路数表（GB 50174）

用电负荷 （kV·A）	A 级		B 级		C 级
	无备用发电机	有备用发电机	无备用发电机	有备用发电机	无备用发电机
$Q \leqslant 15000$	3	2	2	1	1
$15000 \leqslant Q \leqslant 30000$	3 或 6	2 或 4	2 或 4	2	—
$30000 \leqslant Q \leqslant 45000$	6 或 9	4 或 6	4 或 6	3	—
$45000 \leqslant Q \leqslant 60000$	9 或 12	6 或 8	6 或 8	4	—

表 3-9　数据中心用电负荷与市电引入推荐路数表（YD/T 1818）

用电负荷（kV·A）	T4 级	T3 级	T2 级	T1 级
$Q \leqslant 15000$	2	1+1	1	1
$15000 \leqslant Q \leqslant 30000$	2 或 4	2+1	2	—
$30000 \leqslant Q \leqslant 45000$	4 或 6	3+1	—	—
$45000 \leqslant Q \leqslant 60000$	6 或 8	4+1	—	—

3.3.3　市电电源线敷设方案

1. 一般要求

1）电缆室外敷设方式应根据工程条件、环境特点和电缆类型、数量等因素，按照满足运行可靠、便于维护、技术经济合理的原则进行选择。敷设方式分为直埋、电缆沟、排管、隧道四种。

2）数据中心市电引入电缆不推荐采用直埋敷设方式引入，可选择采用隧道、电缆沟、电缆排管等敷设方式引入。对于两路市电引入的数据中心的市电引入可采用不同路由引入，若采用同隧道或同沟敷设时，应分别敷设在两侧。

3）电缆敷设应考虑各种敷设方式所适合的电缆根数。敷设转向时，电缆构筑物应充分考虑电缆允许的弯曲半径，各种电缆敷设方式所适用的电缆根数以及 35kV 及以下电缆所允许的最小弯曲半径见表 3-10 和表 3-11。

表 3-10　电缆敷设方式所适用的电缆根数

敷设方式	直埋	排管或电缆沟	隧道
敷设电缆根数	6 根及以下	24 根及以下	18 根及以上

表 3-11　35kV 及以下电缆所允许的最小弯曲半径

项目	单芯电缆		三芯电缆	
	无铠装	有铠装	无铠装	有铠装
敷设时	20D	15D	15D	12D
运行时	15D	12D	12D	10D

注：D 表示成品电缆标称外径。

2. 直埋敷设

1）把电缆放入开挖的壕沟内，在电缆上下敷设一定厚度的砂土或细土，其上覆盖预制钢筋混凝土保护板，最后回填土并夯实至与地面齐平。也可以把电缆放入预制钢筋混凝土槽盒内，之后填满砂土或细土，最后封盖槽盒。

2）浅埋敷设的电缆以及穿越道路或铁路的电缆应采取保护措施，在电缆线路路径上有可能使电缆遭受机械性损伤、化学腐蚀、杂散电流腐蚀、白蚁、虫鼠等危害的地段，应采用相应的外护套并采取适当的保护措施。

3）直埋敷设适用于电缆根数较少、城区通往城郊或远距离设施的地段，城镇人行道下易于翻修的地段、道路边缘或公共建筑间的边缘也可采用直埋敷设。

4）在化学腐蚀或杂散电流腐蚀的土壤范围，不得采用直埋敷设，严禁在地下管道的正上方或下方直埋敷设电缆，直埋电力电缆之间及直埋电力电缆与控制电缆、通信电缆、地下管沟、道路、建筑物、构筑物、树木之间的安全距离，不应小于表 3-12 中的规定。

表 3-12　电缆与电缆、地下管沟、道路、构筑物、树木等之间的容许最小距离　　　（单位：m）

电缆直埋敷设时的设置情况		平行	交叉
控制电缆之间		—	0.5[①]
电力电缆之间或与控制电缆之间	10kV 及以下电力电缆	0.1	0.5[①]
	10kV 及以上电力电缆	0.25[②]	0.5[①]
不同专业使用的电缆		0.5[②]	0.5[①]
电缆与地下管沟	热力管沟	2[③]	0.5[①]
	油管或易（可）燃气管道	1	0.5[①]
	其他管道	0.5	0.5[①]
电缆与建筑物基础		0.6[③]	—
电缆与公路边		1.0[③]	
电缆与排水沟		1.0[③]	
电缆与树木的主干		0.7	

① 用隔板分隔或电缆穿管时不得小于 0.25m。
② 用隔板分隔或电缆穿管时不得小于 0.1m。
③ 特殊情况时，减小值不得小于 50%。

3. 电缆沟敷设

1）把电缆置于封闭式不通行的电缆构筑物（电缆沟）内，电缆沟具有可开启的盖板，敷设后，盖板应与地坪相齐或稍有上下。

2）电缆沟应排水畅通，沟内纵向排水坡度不宜小于 0.3%；宜在排水方向的标高最低部位设置集水坑。

3）电缆沟敷设适用于不能直埋于地下、且无重载机动车通过的通道；在工厂厂区、变电站或建筑物内电缆数量较多但尚不需采用隧道的场合。有化学腐蚀液体或高温熔化金属溢流的场所，不得用电缆沟，经常有工业水溢流、可燃粉尘弥漫的场所，不宜用电缆沟。

4. 排管敷设

1）电缆敷设于按规划电缆根数开挖壕沟、一次建成多孔管道的地下电缆构筑物（排管）内。排管的孔数应留有适当的备用。

2）排管管材用于敷设单芯电缆时，应选用符合环保要求的非磁性管材。用于敷设 3 芯电缆时，还可使用内壁光滑的钢筋混凝土管或镀锌钢管。

3）排管敷设适用于电缆数多、且有重载机动车通过的地段。

5. 隧道敷设

1）电缆敷设于全封闭的、设有安装、巡视通道、可容纳较多电缆的地下电缆构筑物（隧道）内。隧道容量应满足规划电缆数量的要求，并有适当的备用，隧道内每档支架敷设的电力电缆不宜超过 3 根。

2）隧道敷设适用于电缆数量多，有不同电压等级多回电缆平行通过城市主要道路或地段的情况，例如变电站电缆引出，城市主、次干道电缆通道宜采用隧道敷设方式。

第4章 负荷统计及无功功率补偿

本章主要介绍数据中心 ICT 设备用电负荷、建筑负荷及其他负荷的计算方法,包括负荷计算的意义和目的,数据中心供配电系统负荷统计及计算、无功功率补偿计算,以及数据中心负荷特性及计算。

4.1 负荷计算的意义及目的

建设一个符合用户要求的数据中心离不开一个优良设计,一个优良设计可以实现用户的数据中心需求目标。无论是可行性研究报告,还是初步设计或施工图设计,负荷统计计算都是数据中心供配电系统设计的基础。如果在数据中心工程设计的负荷计算这方面出现问题,直接体现在 ICT 设备实际运行负荷远低于设计中计算负荷,造成的后果就是不间断电源(UPS)系统的冗余配置过大,进而造成备用发电机组供电系统容量、储能系统容量,乃至市电引入容量的冗余过大,甚至空调系统也受到影响。

数据中心用电负荷按电压等级分,有 10kV 高压设备用电负荷和 380V 低压设备用电负荷;按负荷性质分,有建筑设备用电负荷和电子信息设备用电负荷;按负荷等级分,有一级负荷、二级负荷和三级负荷。数据中心用电负荷最大的是 ICT 设备负荷,由于一般数据中心三个级别负荷的供电保障等级不同,所以,若出现不同级别的负荷同时存在,需分别计算。

4.2 设备用电负荷计算

数据中心工程设计中的负荷计算常用的两个方法有单位指标法和需要系数法。根据 GB 51348—2019《民用建筑电气设计标准》对工程负荷计算方法的相关规定,在一个数据中心建设中,工程可行性研究阶段或方案设计阶段的负荷统计计算采用单位指标法;工程初步设计阶段和施工图设计阶段(含一阶段设计阶段)则采用需要系数法。

4.2.1 单位指标法

单位指标法分为单位面积功率法(又称负荷密度估算法)和单位设备指标法两种,在数据中心工程可行性研究或方案设计阶段中,用来对数据中心各建筑物的所有负荷进行估算。建筑用电负荷宜采用单位面积功率法计算;电子信息设备用电负荷宜采用单位设备指标法计算。

1. 单位面积功率法

单位面积功率又称为单位面积负荷密度,是指负荷在数据中心单位建筑面积上的需求容量,此功率为有功功率,它是指一个数据中心建筑物的所有建筑负荷在单位面积的平均需求容量。不同建筑类型的建筑负荷在单位面积上的需求容量也不相同，其估算某一建筑物的所有建筑用电负荷 P_c 的计算公式为

$$P_c = \frac{P_0 A}{1000}(\text{kW}) \qquad (4\text{-}1)$$

式中　P_0——建筑物单位面积功率，即负荷密度（W/m^2）；

　　　A——建筑面积（m^2）。

采用单位面积功率法计算出的负荷应该为估算负荷，其估算的准确度取决于单位面积功率 P_0 的准确程度，一般数据中心工程设计中，P_0 由建筑电气专业负责提出。由于我国南北气候差异很大，南方和北方两个同一类型的数据中心建筑物的单位面积建筑用功率有所不同，在选择确定一个建筑物单位面积功率时，应综合考虑多方面的因素。

在数据中心建筑负荷采用单位面积功率法计算时，其一般建筑负荷密度指标按 30 ~ 70W/m² 计算；车库的建筑负荷密度指标按 8 ~ 15W/m² 计算。

2. 单位设备指标法

单位设备指标法可用来估算数据中心的电子信息设备用电负荷，即已知某类电子信息设备平均有功功率，乘以此类电子信息设备安装台数得到其用电负荷量。多台电子信息设备总的有功功率 P 的计算公式为

$$P = \frac{\sum P_{e均} N}{1000}(\text{kW}) \qquad (4\text{-}2)$$

式中　$P_{e均}$——某类设备平均有功功率（W）；

　　　N——设备台数。

在电子信息设备功率估算时，设备平均有功功率应为设备平均运行有功功率。

数据中心的电子信息设备的平均有功功率一般在 3 ~ 10kW/ 柜范围之间选取。

4.2.2　需要系数法

需要系数法适用于数据中心工程项目的初步设计阶段和施工图（一阶段）设计阶段的负荷计算，是数据中心变压器、备用发电机组、无功补偿容量计算的重要步骤，也是数据中心供配电系统的配置依据。

1. 需要系数

一台设备或一个设备组的用电负荷计算不能简单地以一台设备或一组设备的每一台设备的额定功率之和计算，一台设备或一个设备组的需要系数与以下几个因素有关：

1）设备组的所有设备不可能同时运行。

2）每台设备的运行功率小于或等于额定功率。

3）各设备运行时产生的功率损耗。

4）配电线路产生的功率损耗。

这里需要说明的是，在数据中心各类用电设备中，常常出现备用设备。备用设备分为冷备用和热备用，冷备用设备是指那些系统正常运行时，备用设备不工作，又称为明备用；热备用是指那些系统正常运行时，也投入运行的备用设备，又称为暗备用，暗备用实际上是两个工作电源的互为备用，双重市电电源就是热备用市电电源或暗备用市电电源。

在计算变压器负荷时，冷备用设备功率不参与计算，热备用设备参与计算，但它的需要系数应合理取定。

当一台设备或一个设备组的需要系数在这台设备或这个设备组的每一台设备全部同时连续运转且以额定功率运行时才为 1。实际上，数据中心每台设备或每个设备组的需要系数均小于 1。由于需要系数是设备运行功率的真实反映，因此，需要系数的取值是否准确对于一个工程项目来说非常重要。

在数据中心供电系统设计中，ICT 设备组的功率及需要系数由 ICT 设备专业提交给供配电专业。ICT 设备功率通常有以下两种功率，一是铭牌功率（即额定功率），二是典型运行功率，而典型运行功率一般为铭牌功率的 0.65 ~ 0.68，所以，如果提供给电源专业的 ICT 设备功率为铭牌功率时，其设备组的需要系数应合理设置为 0.65 ~ 0.68；若提供的 ICT 设备功率为典型运行功率时，其功率已经考虑了需要系数，在负荷计算时，其设备组的需要系数应设置为 1。现网很多数据中心配置的 UPS 系统出现的低带载率现象多数是由于 ICT 设备负荷计算偏差过大，需要系数选择不合理造成的，ICT 设备的需要系数的科学取值对于数据中心用电负荷计算是非常重要的。

数据中心空调（主用）设备的需要系数应符合相关专业的负荷要求。

2. 设备功率确定与计算

采用需要系数法计算设备用电负荷，首先要知道系统中的一台设备或一个设备组的额定功率（P_e），但设备在实际运行中所消耗的功率并不一定是额定功率。设备实际运行功率和额定功率之间的关系，取决于设备的工作状态、环境条件、设备是否有附加元件（即附加损耗）等因素。一台设备或一个设备组的功率和需要系数确定后，即可确定该设备或设备组的实际运行功率。一台设备或设备组的实际运行功率的计算公式为

$$P_{运行} = K_d \sum P_e \qquad (4\text{-}3)$$

式中　$P_{运行}$——设备或设备组的运行功率（kW）；

　　　K_d——设备或设备组的需要系数；

　　　$\sum P_e$——设备或设备组的额定功率之和（kW）。

4.2.3　同时系数

同时系数与需要系数的性质类似，但它们所用之处不同。一般来说，同时系数是在单台变压器容量计算时或整个建筑总负荷计算时使用；需要系数一般是在单台设备或一个设备组负荷计算时使用。

在数据中心设计时，同时系数通常是指多类多种设备用电的最大值不会同时出现，同时系数一般小于 1.0。在数据中心供配电设计中，根据变压器所带负荷类别，变压器容量计算中的同时系数的取值范围为 0.5 ~ 1。

数据中心用单台变压器容量计算时的同时系数取值原则如下：

1）变压器所带设备均为电子信息设备时，同时系数取 0.9 ~ 1。

2）变压器所带设备为空调设备时，同时系数取 0.85 ~ 0.9。

3）变压器所带设备为建筑用电设备时，同时系数取 0.5 ~ 0.75。

4）变压器所带设备为混合设备时，同时系数取 0.75 ~ 0.95。

4.3　可行性研究报告的项目负荷计算

在可行性研究或方案设计阶段中，项目的交流负荷估算是项目的市电引入方案论证、供配电系统建设方案评估、建设投资估算的必要基础数据。

采用单位面积功率法可计算出建筑负荷，采用单位设备指标法可计算出电子信息设备用电负荷，再根据项目当地的供电部门要求的功率因数，计算出项目总的用电容量（kV·A）。

在估算建设项目总的负荷时，除了考虑建筑负荷和通信负荷外，还需要考虑一些其他负荷，这其中以通信用 UPS 系统蓄电池组的充电功率为主，充电功率可按通信负荷的 10% ~ 15% 进行估算，其余负荷一般可忽略不计。设定建筑负荷为 P_1（kW），电子信息设备用电负荷为 P_2（kW），充电功率为 P_3（kW），机房保证空调用电负荷为 P_4（kW），供电部门要求的功率因数为 $\cos\phi$，则项目总的用电容量 S（kV·A）的计算公式为

$$S=(P_1+P_2+P_3+P_4)/\cos\phi \tag{4-4}$$

在一台备用发电机组容量估算中，应考虑电子信息设备用电负荷 P_2（kW）、充电功率 P_3（kW）、机房保证空调用电负荷 P_4（kW）及建筑用保证负荷 P_5（kW），其中建筑用保证负荷可按建筑负荷的 10% ~ 20% 估算，式（4-4）中的 $\cos\phi$ 可按 0.95 取值。

在可行性研究报告设计阶段，设计人可以根据项目具体情况考虑是否计取同时系数。

4.4　初步设计和施工图设计中的负荷计算

数据中心建设项目的交流负荷计算是初步设计和施工图设计中非常重要的阶段。负荷计算的目的是：

1）根据高低压设备负荷，计算高低压设备功率及无功补偿容量，作为选择高低压补偿装置的依据。

2）计算供配电系统中变压器的负荷电流及视在功率，作为选择变压器容量的依据。

3）计算数据中心保证负荷电流及有功功率，作为选择一台或多台备用发电机组容量的依据。

4）计算流过各主要电气设备（断路器、隔离开关、母线、熔断器等）的负荷电流，作为选择这些设备的依据。

5）计算流过各条线路（电源进线、高低压配电线路等）的负荷电流，作为选择这些供电线路电缆或导线截面的依据。

6）计算尖峰负荷，用于保护电气的整定计算和校验电动机的起动条件。

7）为数据中心供配电设计提供技术依据。

4.4.1　变压器负荷计算

在计算出单台设备或一个设备组实际运行功率 P_e 后，可以根据其功率因数（$\cos\phi$）计算出它的有功功率和无功功率，再计算出变压器所带的全部设备的有功功率和无功功率之和。

$$P_c=\sum P_e \tag{4-5}$$

$$Q_e=P_e\tan\phi \tag{4-6}$$

$$Q_c = \sum Q_e \qquad (4\text{-}7)$$

$$S_c = \sqrt{P_c^2 + Q_c^2} \qquad (4\text{-}8)$$

$$I_c = \frac{S_c}{\sqrt{3}U_N} \qquad (4\text{-}9)$$

式中　P_c——变压器所带设备的有功功率之和（kW）；

$\quad\quad Q_e$——一台设备或一个设备组的无功功率（kvar）；

$\quad\tan\phi$——一台设备或一个设备组的功率因数；

$\quad\quad Q_c$——变压器所带设备的无功功率之和（kvar）；

$\quad\quad S_c$——变压器所带设备的补偿前视在功率（kV·A）；

$\quad\quad I_c$——变压器计算电流（A）；

$\quad\quad U_N$——市电电压（V）。

4.4.2　无功补偿容量计算

在数据中心用电设备中，除了电加热设备外，基本都不是纯阻性负载，即它们的功率因数均小于 1。功率因数及补偿容量计算如下：

$$\cos\phi = P_c / S_c \qquad (4\text{-}10)$$

$$\cos\phi' = P_c / \sqrt{P_c^2 + (Q_c - Q_{N\cdot c})^2} \qquad (4\text{-}11)$$

式中　$\cos\phi$——变压器所带设备的综合功率因数；

$\quad\quad P_c$——变压器所带设备的有功功率之和（kW）；

$\quad\quad S_c$——变压器所带设备的视在功率之和（kV·A）；

$\quad\cos\phi'$——补偿后的变压器所带设备的平均功率因数；

$\quad\quad Q_c$——补偿前的变压器所带设备的无功功率之和（kvar）；

$\quad Q_{N\cdot c}$——达到供电部门要求的功率因数所需补偿的无功功率（kvar）。

4.4.3　蓄电池组充电功率计算

蓄电池组是数据中心 UPS 系统中的最为重要的设备，它是维系通信持续不断供电的根本。在市电恢复后或一台备用发电机组起动时，数据中心供配电系统都会对蓄电池组进行补充充电。在计算外市电引入容量、变压器容量和发电机组容量时需要考虑蓄电池组的充电功率。蓄电池组的充电功率一般都以通信负荷为基数进行计算，但直流 UPS 系统和交流 UPS 系统的计算方法不同，不同的放电时间配置的蓄电池组的充电功率计算方法也不同。

数据中心直流供电系统的充电功率与电子信息设备功率、充电时间和蓄电池组的放电时间相关。数据中心直流供电系统（−48V、240V、336V）的蓄电池组的充电功率可按如下公式计算：

15min 放电率的蓄电池组的充电功率：$P_充 = (0.1 \sim 0.2) P_通$；

30min 放电率的蓄电池组的充电功率：$P_充 = (0.12 \sim 0.25) P_通$；

60min 放电率的蓄电池组的充电功率：$P_充 = (0.2 \sim 0.3) P_通$。

数据中心交流 UPS 系统的充电功率与交流 UPS 设备容量和充电时间相关。交流 UPS 系统的蓄电池组的充电功率按下式计算：

$$P_充 = (0.1 \sim 0.15)P \tag{4-12}$$

式中　$P_充$——蓄电池组的充电功率（kW）；

　　　　$P_通$——电子信息设备最大运行功率（kW）；

　　　　P——UPS 额定容量（kW）。

数据中心交直流 UPS 系统配套蓄电池组的充电功率系数取值见表 4-1。

表 4-1　数据中心交直流 UPS 系统配套蓄电池组的充电功率系数取值表

序号	UPS 系统	20h 充电率	10h 充电率	备注
直流供电系统				
1	15min 放电率的蓄电池组	$0.1P_通$	$0.2P_通$	
2	30min 放电率的蓄电池组	$0.12P_通$	$0.25P_通$	
3	60min 放电率的蓄电池组	$0.2P_通$	$0.3P_通$	
交流供电系统				
1	UPS 系统	$0.1P$	$0.15P$	

在变压器容量计算时，应充分考虑市电电源供电可靠率与蓄电池组充电容量之间、变压器容量与蓄电池组容量之间、市电电源引入容量与变压器容量之间的关系。数据中心引入的市电电源往往都具备较高供电可靠率这一特点，即每年市电电源停电次数少，蓄电池组放电次数少，单次停电时间也较短，而且，重要的数据中心还配有备用发电机组。**当市电电源停电时，备用发电机组往往在 1 ~ 3min 之内就能带载运行，由于蓄电池组放电时间较短，蓄电池组放出的容量也较少，很多 UPS 设备均不会转入充电模式。如果将蓄电池组最大充电功率全部计入变压器容量计算中，其结果会造成变压器长时间处于低负载率运行，这会降低市电电源容量的利用率和变压器的利用率。**为了更科学地计算变压器容量，蓄电池组的充电功率应选择合理的需要系数，其充电功率计入变压器容量可按以下原则计算：

1）变压器采用 2N 配置时，蓄电池组充电功率的需要系数建议取 0.1 ~ 0.3，这是因为供配电系统正常工作时，变压器的负载率不大于 50%，即使这时所有蓄电池组均进行充电，变压器的负载率也能控制在 60% 以下。

2）变压器采用 N+1 配置时，主用变压器计入蓄电池组充电功率时，需要系数建议取 0.2 ~ 0.4，备用变压器可不计入蓄电池组充电功率。

3）变压器采用 N 配置时，蓄电池组充电功率的需要系数为 0.2 ~ 0.4。

4.4.4　尖峰电流计算

尖峰电流是数据中心供电系统中可能出现的瞬态的高幅值的电流信号，它可能是各类电动机起动造成的，也可能是其他干扰造成的。尖峰电流是指单台或多台用电设备持续 1 ~ 2s 的短时最大负荷电流，尖峰电流一般出现在电动机起动过程中。尖峰电流主要用来计算电压波动、选择熔断器和低压断路器、整定继电保护装置及检验电动机自起动条件等。

单台电动机的尖峰电流计算公式如下:

$$I_{jf} = KI_N \tag{4-13}$$

式中 I_{jf}——尖峰电流(A);

       K——起动电流倍数,即起动电流与额定电流之比,笼型电动机可按 $5\sim7$ 倍计取,绕线转子电动机可按 $2\sim2.5$ 倍计取,直流电动机可按 $1.5\sim2$ 倍计取;

       I_N——电动机一次侧额定电流。

多台电动机供电回路的尖峰电流是最大一台电动机的起动电流与其余电动机的额定电流之和。

4.4.5 高压进线端负荷计算

数据中心建设项目的外市电进线端的总用电负荷包括高压用电设备负荷之和、低压用电设备总用电负荷、变压器设备的功率损耗、线路损耗等,用 kV·A 表示。在统计低压侧的总用电负荷时,应不包括消防用负荷,但包括平时与火灾兼用的消防用电设备,如长明的应急照明与疏散指示灯源、疏散标志、地下室的进风机、地下室的排风机、消防水泵等。

数据中心变配电系统的高压线路一般距离较短,其线路损耗非常小,在数据中心负荷计算时可以忽略不计。

4.4.6 高压用电设备负荷计算

在数据中心建设项目中存在的高压用电设备是 10kV 冷水机组设备,在计算其总用电负荷和无功功率补偿容量时,可采用负荷表进行统计计算,以表 4-2 为例。

表 4-2   高压用电设备交流负荷汇总表

负荷名称	设备功率 /kW	需要系数	设备运行功率 /kW	功率因数	市电电源功率		发电机功率		备注
					有功 /kW	无功 /kvar	有功 /kW	无功 /kvar	
××××设备 1	P_{e1}	K_1	P_{c1}	$\cos\phi_1$	P_{c1}	Q_{c1}	P_{c1}	Q_{c1}	
××××设备 2	P_{e2}	K_2	P_{c2}	$\cos\phi_2$	P_{c2}	Q_{c2}	P_{c2}	Q_{c2}	
…	…	…	…	…	…	…	…	…	
××××设备 n	P_{en}	K_n	P_{cn}	$\cos\phi_n$	P_{cn}	Q_{cn}	P_{cn}	Q_{cn}	
小计					P_c	Q_c	P'_c	Q'_c	
补偿前设备容量 /kV·A					S	—			
功率因数为 0.95 时需补偿电容器容量 /kvar					$Q_补$	—			
补偿后设备容量 /kV·A					S_n	—			
同时系数					K	—			
考虑同时系数后设备容量 /kV·A					$S_{市电}$	—			
发电机组容量 /kW					—		P'		

表 4-2 中 P_{en} 为一台或一组设备的额定功率,表 4-2 中所有数据的计算方法详见式(4-14)~式(4-24)。

每台或每组高压用电设备的高压市电电源和高压发电机组的有功功率和无功功率的计算公式如下：

$$P_{c1}=P_{e1}K_1 \ (\text{kW})$$
$$P_{c2}=P_{e2}K_2 \ (\text{kW})$$
$$P_{cn}=P_{en}K_n \ (\text{kW})$$
$$Q_{c1}=P_{c1}\tan(\arccos\phi_1) \ (\text{kvar})$$
$$Q_{c2}=P_{c2}\tan(\arccos\phi_2) \ (\text{kvar}) \tag{4-14}$$

高压用电设备的综合功率因数 Q_{cn} 如下：

$$Q_{cn}=P_{cn}\tan\phi_n \ (\text{kvar}) \tag{4-15}$$

高压用电设备总的有功功率和无功功率如下：

$$P_c=\sum_{i=1}^n P_{ci} \ (\text{kW}) \tag{4-16}$$
$$Q_c=\sum_{i=1}^n Q_{ci} \ (\text{kvar}) \tag{4-17}$$

当每台或每组高压用电设备均为备用发电机组保证设备，则：

$$P_c=P'_c \tag{4-18}$$
$$Q_c=Q'_c \tag{4-19}$$

补偿前的高压市电容量（视在功率）S 如下：

$$S=\sqrt{P_c^2+Q_c^2} \ (\text{kV}\cdot\text{A}) \tag{4-20}$$

高压市电补偿容量 $Q_补$ 如下，式（4-21）中的 $\tan\phi_{补前}$ 为补偿前的高压用电设备的综合功率因数的正切值：

$$Q_补=P_c(\tan\phi_{补前}-\tan\phi_{补后})$$
$$=P_c(\tan(\arccos(P_c/S))-\tan(\arccos\phi_{补后}))$$
$$=P_c(\tan(\arccos(P_c/S))-\tan(\arccos(0.95))) \tag{4-21}$$

补偿后的高压市电容量 S_n 如下：

$$S_n=\sqrt{P_c^2+(Q_c-Q_补)^2} \ (\text{kV}\cdot\text{A}) \tag{4-22}$$

考虑同时系数 K 的高压市电容量 $S_{市电}$ 如下：

$$S_{市电}=KS_n \ (\text{kV}\cdot\text{A}) \tag{4-23}$$

高压保证负荷（备用发电机组保证负荷）P' 如下：

$$P'=P'_c \ (\text{kW}) \tag{4-24}$$

式中　$\tan\phi_{补后}$——供电部门要求的功率因数的正切值，一般 $\cos\phi_{补后}$ 按 0.95 取值。

4.4.7　变压器负荷计算

目前有部分大型数据中心建设项目的绝大部分的用电设备都是低压设备，高压设备只是一些 10kV 冷水机组，也有不少中小型的各等级数据中心的用电设备全部都是低压用电设备。数据中心的规模有大有小，小到一个微型数据机房，大到十几栋数据机房单电流体建筑，变压器的数量从一台到上百台。在进行各数据中心的负荷计算时，应以单台变压器容量和无功功率补偿容量计算为单位，首先要确定数据中心所有变压器供电系统架构和每台变压器的供电范围和供电对象。每台变压器负荷可采用负荷表进行统计计算，以表 4-3 为例。

表 4-3　变压器交流负荷汇总表

负荷名称	设备功率 /kW	需要系数	设备运行功率 /kW	功率因数	变压器功率		发电机功率		备注
					有功 /kW	无功 /kvar	有功 /kW	无功 /kvar	
××××设备 1	P_{e1}	K_1	P_{c1}	$\cos\phi_1$	P_{c1}	Q_{c1}	P_{c1}	Q_{c1}	
××××设备 2	P_{e2}	K_2	P_{c2}	$\cos\phi_2$	P_{c2}	Q_{c2}	P_{c2}	Q_{c2}	
…	…	…	…	…	…	…	…	…	
××××设备 n	P_{en}	K_n	P_{cn}	$\cos\phi_n$	P_{cn}	Q_{cn}	P_{cn}	Q_{cn}	
小计					P_c	Q_c	P'_c	Q'_c	
补偿前变压器容量 /kV·A					S		—		
功率因数为 0.95 时需补偿电容器容量 /kvar					$Q_补$		—		
补偿后变压器容量 /kV·A					S_n		—		
同时系数					K				
考虑同时系数后变压器容量 /kV·A					$S_变$				
发电机组容量 /kW					—		P'		

表 4-3 中各数据可参照高压用电设备负荷计算公式计算，$S_变$ 为补偿后的变压器容量，功率因数补偿容量 $Q_补$ 也可引用无功补偿率值 q_c 运用式（4-32）计算得出。

相对于整个工业用电设备，数据中心的用电设备与其他工业用电设备有很大不同，数据中心用电设备的需要系数、功率因数和运行效率整体较高，超大型和大型数据中心的绝大多数用电设备都属于一级负荷，它们的供电等级相对较高，而且，大多数用电设备的输入功率因数接近 1。在数据中心初步设计和施工图设计中的交流负荷汇总（计算）表中有三个重要数据，即需要系数、功率因数、同时系数，数据中心常用用电设备和设备组的需要系数及功率因数可参考表 4-4 中的数据，同时系数可参考表 4-5 中的数据。

表 4-4　数据中心常用用电设备和设备组的需要系数及功率因数表

序号	用电设备	需要系数	功率因数 $\cos\phi$	备注
1	电子信息设备	0.65 ~ 1	0.9 ~ 1	
2	UPS	0.95 ~ 1	0.95 ~ 1	
3	充电功率	0.1 ~ 0.4	0.95 ~ 1	
4	冷水机组、泵	0.65 ~ 0.95	0.85	
5	机房专用空调	0.65 ~ 0.95	0.8	
6	风机	0.7 ~ 0.8	0.8	
7	电热器	0.3 ~ 0.5	1	
8	各种水泵	0.6 ~ 0.8	0.8	

（续）

序号	用电设备	需要系数	功率因数 cos φ	备注
9	电梯（交流）	0.2 ~ 0.6	0.5 ~ 0.6	
10	锅炉房用电	0.85 ~ 0.9	0.8 ~ 0.9	
11	室外照明	0.3 ~ 0.9	0.9	
12	应急照明	0.95	0.95	
13	消防报警系统	0.95	0.8	
14	智能化系统	0.95	0.8	
15	计算机房	0.6 ~ 0.7	0.8	
16	照明	0.35 ~ 0.45	0.9 ~ 0.95	
17	厨房动力	0.35 ~ 0.45	0.75	
18	机房动力	0.6 ~ 0.9	0.9	
19	变配电室空调	0.95	0.8	

注：表中需要系数和功率因数的值应根据每组或每台设备负荷特性计取。

表 4-5　数据中心交流用电负荷计算用同时系数参考表

序号	负荷类别	同时系数	备注
1	机房楼（电子信息设备）	0.90 ~ 1	
2	机房楼（混合设备）	0.75 ~ 0.95	
3	动力中心	0.6 ~ 1	配电机房、发电机房
4	仓库	0.65 ~ 0.7	
5	锅炉房	0.9	
6	综合服务楼	0.75 ~ 0.85	
7	宿舍楼	0.6 ~ 0.8	
8	食堂、餐厅	0.65 ~ 0.8	

注：表中同时系数为每台变压器所带负荷的综合系数。

4.4.8　变压器功率损耗计算

变压器的功率损耗包括有功功率损耗和无功功率损耗。

1. 有功功率损耗

变压器的有功功率损耗由变压器的空载损耗（铁损）和短路损耗（铜损）两部分组成。

$$\Delta P_{\mathrm{T}} = \Delta P_0 + \Delta P_{\mathrm{k}} (S_{\mathrm{c}} / S_{\mathrm{r}})^2 \tag{4-25}$$

式中　ΔP_{T}——变压器的有功功率损耗（kW）；

　　　ΔP_0——变压器的空载有功功率损耗（kW）；

　　　ΔP_{k}——变压器的满载（短路）有功功率损耗（kW）；

　　　S_{c}——变压器视在计算负荷（kV·A）；

　　　S_{r}——变压器的额定容量（kV·A）。

ΔP_0、ΔP_{k} 均可在变压器产品说明书中查出，其中绝缘等级为 F 级的变压器取运行温度为 120℃（绝缘系统温度为 155℃）的负载损耗值；绝缘等级为 H 级的变压器取运行温度为 145℃（绝缘系统温度为 180℃）的负载损耗值。

2. 无功功率损耗

变压器的无功功率损耗由变压器的空载无功损耗和额定负载下的无功损耗两部分组成。

$$\Delta Q_T = \Delta Q_0 + \Delta Q_k (S_c / S_r)^2 \tag{4-26}$$

其中

$$\Delta Q_0 = (I_0\%/100) S_r \tag{4-27}$$

$$\Delta Q_k = (\Delta U_k\%)/100) S_r \tag{4-28}$$

式中　ΔQ_T——变压器的无功功率损耗（kvar）；

ΔQ_0——变压器的空载无功功率损耗（kvar）；

ΔQ_k——变压器的满载无功功率损耗（kvar）；

$I_0\%$——变压器空载电流占额定电流百分数；

$\Delta U_k\%$——变压器阻抗电压占额定电压百分数。

其中 $I_0\%$、$\Delta U_k\%$ 均可在变压器产品说明书中查出。

当变压器负载率不大于 85%，在需要进行变压器损耗计算时，变压器的功率损耗可按下式进行估算。

$$\Delta P_T = 0.01 S_c \tag{4-29}$$

$$\Delta Q_T = 0.05 S_c \tag{4-30}$$

4.5　无功功率补偿

4.5.1　补偿容量计算

功率因数是衡量供配电系统电能利用程度及用电设备使用状况的一个重要参数，随着负荷和电源电压的变动而变动。根据 2008 年 8 月 1 日发布的《国务院关于进一步加强节油节电工作的通知》（国发〔2008〕23 号）相关规定"变压器总容量在 100 千伏安以上的高电压等级用电企业的功率因数要达到 0.95 以上"的要求，数据中心供配电系统的功率因数原则上应不低于 0.95。

如果用户侧供配电系统功率因数过低，将对供配电系统产生下列影响：

1）设备及供电线路的有功功率损耗增大。

2）系统中的电压损失增大。

3）系统中电气元件容量增大。

4）同时也使发电厂设备输出能力降低。

所以，对于供配电系统功率因数低于供电部门要求的 10kV、20kV、35kV 用户，应优先采取措施提高功率因数以满足供电部门要求，即提高用电设备的输入功率因数，当采用提高用电设备的输入功率因数措施后仍达不到要求时，应进行无功功率补偿。

数据中心的用电设备的功率因数相对于其他民用建筑用电设备的功率因数要高，其中用电占比最高的是电子信息设备用电和空调设备用电，另外最大用电占比电子信息设备一般由 UPS 系统供电，而 UPS 系统的输入功率因数接近于 1，可达 0.99 以上；第二大用电占比的是空调设备，一般功率因数为 0.85。对于市电直接为电子信息设备供电回路的功率因数需要根据电子信息设备电源输入功率因数的大小来决定是否需要进行无功功率补偿。

若数据中心有 10kV 高压用电设备，则这个数据中心供配电系统需要设置高压无功功率补偿设备。数据中心的无功功率补偿装置均采用分母线段集中补偿方式，高压系统的无功功率按系统集中补偿，低压系统的无功功率按变压器集中补偿。

根据无功功率补偿容量计算公式：

$$Q_c = P_c(\tan\phi_1 - \tan\phi_2) \tag{4-31}$$

设定 $(\tan\phi_1 - \tan\phi_2)$ 为无功补偿率 q_c（kvar/kW），不同的补偿前功率因数和不同的补偿后功率因数对应着相应的 q_c，即

$$Q_c = P_c q_c \text{（kvar）} \tag{4-32}$$

$$Q_补 = P_c(\tan\phi_1 - \tan\phi_2) = P_c q_c$$

无功补偿率 q_c 值见表 4-6。

表 4-6 无功补偿率 q_c 值

$\cos\phi_1$	$\cos\phi_2$					
	0.90	0.91	0.92	0.93	0.94	0.95
0.80	0.266	0.294	0.324	0.355	0.387	0.421
0.81	0.240	0.268	0.298	0.329	0.361	0.395
0.82	0.214	0.242	0.272	0.303	0.335	0.369
0.83	0.188	0.216	0.246	0.277	0.309	0.343
0.84	0.162	0.190	0.220	0.251	0.283	0.317
0.85	0.135	0.164	0.194	0.225	0.257	0.291
0.86	0.109	0.138	0.167	0.198	0.230	0.265
0.87	0.082	0.111	0.141	0.172	0.204	0.238
0.88	0.055	0.084	0.114	0.145	0.177	0.211
0.89	0.028	0.057	0.086	0.117	0.149	0.184
0.90	0.000	0.029	0.058	0.089	0.121	0.156
0.91	—	0.000	0.030	0.060	0.093	0.127
0.92	—	—	0.000	0.031	0.063	0.097
0.93	—	—	—	0.000	0.032	0.067
0.94	—	—	—	—	0.000	0.034
0.95	—	—	—	—	—	0.000

如果数据中心的某一台变压器所接的都是功率因数不低于 0.95 的 UPS 系统，则这台变压器的低压母线段可不设置无功功率电容补偿装置，除非数据中心所在地区供电部门有特殊要求。

4.5.2 电容器补偿

电容器补偿就是高压用电设备或变压器无功功率补偿或者功率因数补偿。数据中心高

低压供电系统的用电设备在使用时会产生无功功率。若负载为感性负载时，通过在高压配电系统和低压配电系统中适当配置电容器的方式进行无功功率（功率因数）补偿，从而改善系统的功率因数。

在数据中心设计中，应根据无功功率补偿容量公式来计算高压用电设备和每一台变压器低压系统的补偿容量来配置高压和低压电容器容量。

4.5.3　SVG 补偿

SVG 又称为静止型动态无功补偿装置，它采用并联方式向 380V 低压电网注入补偿无功电流，以抵消负荷所产生无功电流的主动型无功补偿装置，可补偿双向无功电流，但 SVG 不具备补偿谐波的能力。SVG 可以电源模块形式配置，可对高压或低压母线进行无功补偿，补偿后的功率因数可达 0.98 以上。SVG 补偿是目前较为先进的无功功率电力补偿技术，可替代电容补偿器。

SVG 容量计算与电容器容量计算相同。

4.5.4　SVG+APF 补偿

当某台变压器的低压配电系统母线段上含有一定的谐波含量时，且谐波含量超过 GB/T 14549—1993《电能质量公用电网谐波》中相关规定的谐波电流允许值，在无法降低用电设备的输入谐波指标的前提下，可根据系统中的谐波量，在低压供配电系统中配置静止型动态无功补偿装置（SVG）和有源滤波装置（APF），SVG 和 APF 的容量应满足低压母线段的无功补偿和谐波消除要求。

APF 容量计算按下式计算：

$$I_a = K \times S \times T_d \times 1000 / (U \times \sqrt{3} \times \sqrt{1+T_d^2}) \tag{4-33}$$

式中　I_a——有源滤波器容量（谐波电流）（A）；

　　　K——负载率（%）；

　　　S——设备容量（kV·A（交流）或 kW（直流））；

　　　T_d——设备或系统电流谐波分量（谐波畸变率）（%）；

　　　U——系统标称电压，取 380V。

【例】某数据中心有 1 台输入额定电压为 380V 的 400kV·A UPS，其输入电流谐波分量为 12%，计算这台 UPS 输入侧谐波电流（负载率取 100%）。

解：根据式（4-33）

$$\begin{aligned}I_a &= K \times S \times T_d \times 1000 / (U \times \sqrt{3} \times \sqrt{1+T_d^2}) \\ &= 1 \times 400\text{kV·A} \times 12\% \times 1000 / (380\text{V} \times 1.732 \times \sqrt{1+12\%^2}) \\ &= 72.41\text{A}\end{aligned}$$

公式里的 $\sqrt{1+T_d^2}$ 一般接近于 1，有源滤波装置的容量计算也可采用式（4-34）简单计算。

$$I_a = K \times S \times T_d \times 1000 / (U \times \sqrt{3}) \tag{4-34}$$

数据中心负载中重要的谐波源有变频装置、节能灯等，除了上述负载外，换流设备也是一个重要的谐波源，它包括整流设备和 UPS 设备。

在数据中心实际设计中，设备或系统的谐波分量只有在 ICT 设备实际运行时才能获得实际数据。在项目设计阶段，若计算有源滤波装置的配置容量，可根据实际采购的设备参数进行低压线路的谐波分量的估算，有源滤波装置应采用模块化配置。当 ICT 设备实际运行时，再根据低压线路的谐波分量实际值对有源滤波装置容量进行校验，对容量不满足要求的有源滤波装置进行扩容。

4.6　ICT 设备负荷特性

ICT 设备主要包括服务器、交换机、路由器、存储磁阵、防火墙设备等，ICT 设备负荷是整个数据中心供配电系统设计的出发点和归宿点，了解 ICT 设备负荷特性及负荷计算，对于合理设计、运营管理数据中心具有十分重要的意义。

4.6.1　ICT 设备电源和设备运行负荷

1. ICT 设备电源

（1）ICT 设备电源结构

ICT 设备电源（Power Supply Unit, PSU）是一种开关电源模块，独立插入 ICT 设备内，将外部输入电源转换成直流 12V 电源为 ICT 设备供电，ICT 设备电源拓扑示意图如图 4-1 所示。

为提升 ICT 设备供电可靠性，PSU 模块主要按 N+N 冗余配置，ICT 设备冗余电源实例图如图 4-2 所示。

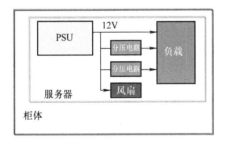

图 4-1　ICT 设备电源拓扑示意图　　　　图 4-2　ICT 设备冗余电源实例图

根据输入电源的电压类型不同，PSU 分为交流 PSU 和直流 PSU 两种类型。

交流 PSU 输入电源主要以 220V 交流为主，220V 交流电源输入先经过 EMI、整流、PFC 电路，变换成 380V 左右的直流，然后再将 380V 直流经过 DC/DC 电路变换成 12V 直流，12V 直流通过分压电路获得 0.8V、3.3V、5.0V 等直流电压提供给 ICT 设备负载使用，220V 交流 PSU 拓扑结构图如图 4-3 所示。

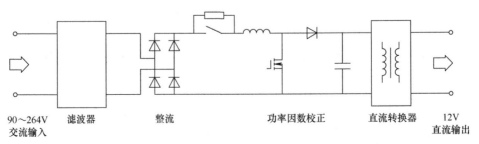

图 4-3　220V 交流 PSU 拓扑结构图

直流 PSU 输入电源主要以 336V 直流为主，336V 直流电压输入先经过稳压，然后再将 400V 直流经过 DC/DC 电路变换成 12V 直流，12V 直流通过分压电路获得 0.8V、3.3V、5.0V 等直流电压提供给 ICT 设备负载使用，336V 直流 PSU 拓扑结构图如图 4-4 所示。

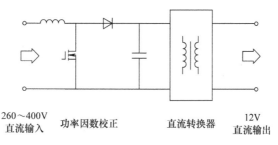

260～400V   功率因数校正   直流转换器   12V
直流输入   直流输出

图 4-4 336V 直流 PSU 拓扑结构图

相比交流 PSU，直流 PSU 省去了 AC/DC 整流电路，直接将 336V 直流经过稳压、DC/DC 电路变换成 12V 直流。因变换环节减少和电路简化，336V 直流 PSU 比交流 PSU 的可靠性、效率更高。

由于各 ICT 设备厂家提供的 ICT 设备的内部结构均有各自的特点，其输入接口、散热通道、安装空间都不相同，全球主要 ICT 设备厂家配套的 PSU 大多为定制产品，但 PSU 模块的基本电路结构是相同的，仅在细节上有些差异。

（2）ICT 设备电源能效

交流 PSU 电源的能效指标主要按照美国能源署发布的 80 PLUS 标准对 ICT 设备交流电源能效进行设计与认证。该标准主要根据 PSU 电源半载运行效率不同分为白牌、铜牌、银牌、金牌、铂金和钛金等级别。

80 PLUS 对 ICT 设备交流电源效率要求见表 4-7。

表 4-7 80 PLUS 对 ICT 设备交流电源效率要求

80 PLUS 认证	115V 不冗余				230V 冗余			
额定负载（%）	10%	20%	50%	100%	10%	20%	50%	100%
白牌	—	80%	80%	80%	N/A			
铜牌	—	82%	85%	82%	—	81%	85%	81%
银牌	—	85%	88%	85%	—	85%	89%	81%
金牌	—	87%	90%	87%	—	88%	92%	88%
铂金	—	90%	92%	89%	—	90%	94%	91%
钛金	—	—	—	—	90%	94%	96%	91%

直流 PSU 电源的能效指标主要按照中国通信行业标准发布的 YD/T 3319—2018《通信用 240V/336V 输入直流 - 直流电源模块》标准对 ICT 设备直流电源能效进行设计与认证。该标准根据不同负载率的效率，分为 1 级、2 级和 3 级。

YD/T 3319—2018 标准对 ICT 设备直流电源效率要求见表 4-8。

表 4-8　ICT 设备直流电源效率要求

负载率	1 级	2 级	3 级
100% 负载	≥ 95%	≥ 93%	≥ 88%
50% 负载	≥ 96%	≥ 94%	≥ 92%
20% 负载	≥ 93%	≥ 91%	≥ 89%

各级能效的 PSU 成本存在一定的差异，效率越高，成本越高，目前 ICT 设备厂家选择交流 PSU 的主要以金牌和铂金为主，选择直流 PSU 的主要以 2 级为主。

2. ICT 设备运行负荷

（1）ICT 设备电源铭牌功率

关于 ICT 设备电源的铭牌，一般不会直接贴在 ICT 设备的外壳，而是贴在 PSU 电源模块外壳上，只有从 ICT 设备内取出电源模块后才能看到。

以业界某厂商的一款 1U 标准服务器电源的铭牌为例，如图 4-5 所示。

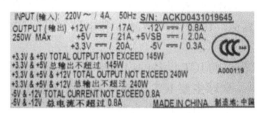

图 4-5　服务器电源铭牌

铭牌中 INPUT（输入）中 220V 是服务器电源额定输入电压，4A 指的是最大额定输入电流能力，表征电源模块在最低输入工作电压时的最大输入电流能力，因此，直接用输入额定电压 × 输入额定最大电流来表征额定输入功率是不正确的。

OUTPUT（输出）250W MAX，这个参数才是该服务器电源最大输出功率，这个参数通常只有在服务器电源铭牌上才能看到，因此这个参数也被称为铭牌功率，这个参数对设计才具有确实的意义。

（2）ICT 设备负荷特性

以服务器运行负荷为例，随着服务器内部的 CPU、内存、硬盘等设备负载率不同而变化，服务器电源容量与效率曲线如图 4-6 所示。

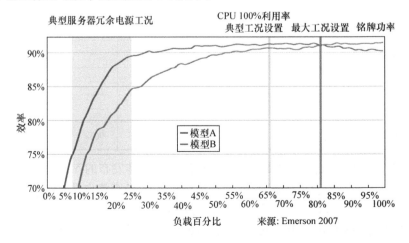

图 4-6　服务器电源容量与效率曲线

图 4-6 中从右至左有三根垂直的直线，对应服务器的三种工况：

铭牌功率：指的是服务器电源铭牌功率。

最大工况设置：指的是服务器系统工作在最大用电负荷时耗电功率。

CPU 100% 利用率典型工况：CPU 工作在 100% 利用率时耗电功率。

从图 4-6 中可以注意到，服务器最大的功率消耗是铭牌额定值的 80%，这是因为服务器厂家在选择电源时也宽放了大致 20% 的裕量。而 CPU 100% 利用率典型工况是铭牌额定值的 67%。事实上服务器正常工作时的能耗还小于该值。

绝大多数的 ICT 设备在运行时，ICT 设备中的 PSU 的输入端都含有一定量的谐波电流分量。当 ICT 设备供电回路为市电直供回路时，其功率因数和谐波电流分量都会影响数据中心低压配电系统母线的供电质量。表 4-9 为市电 /UPS 混合供电回路相关参数。

表 4-9　市电 /UPS 混合供电回路相关参数

	项目	输出功率 /kW	服务器 负载率（%）	效率 （%）	电源 负载率（%）	功率因数	THDu （%）	THDi （%）
1	市电直供回路	5.1	66	98.6	36	0.92（超前）	3.7	31
	UPS 供电回路	4.1	66	86.8	2	0.95（超前）	1.2	9
2	市电直供回路	6.2	44	98.8	22	0.82（超前）	3.6	55
	240V/336V 直流供电回路	5.97	44	87.5	6	0.9（超前）	1	8

从表 4-9 中的数据可以看出，由于 ICT 设备中的 PSU 技术标准尚不能达到 −48V、240V、336V 及 UPS 设备的输入谐波的标准要求，市电直供回路的谐波电流分量与交直流 UPS 系统的输入侧的谐波电流分量还有相当大的差距。

4.6.2　ICT 设备负荷计算

在工程设计阶段，ICT 设备负荷计算主要依据厂家提供的 ICT 设备额定功率进行，但厂家提供的 ICT 设备额定功率就是 ICT 设备电源的铭牌功率，如果依据这个功率参数进行数据中心基础设施设计，将会造成数据中心基础设施与 ICT 设备实际需求不匹配，造成投资浪费，同时电源、空调等设备长期工作在低负载率，系统运行效率低，增加运营成本。

因此，ICT 设备负荷计算不能直接根据 ICT 设备额定功率进行相关计算，应根据 ICT 设备负荷特性，科学取定需要系数，采用准确计算 ICT 设备的运行功率。

目前 ICT 设备一般按 70% 利用率进行设计，通过对常用类型的服务器进行功耗测试，部分 ICT 设备在 30%~70% 利用率的工况下的功耗测试数据见表 4-10。

表 4-10　部分 ICT 设备在 30%~70% 利用率的工况下的功耗测试数据

序号	设备名称	铭牌功率 /W	CPU 70% 使用率功耗		CPU 30% 使用率功耗	
1	SPARC T5120	800	442W	55.25%	251W	31.38%
2	p5-505	500	289W	57.80%	172W	34.40%
3	Fire T1000	300	145W	48.33%	90W	30.00%

（续）

序号	设备名称	铭牌功率 /W	CPU 70%使用率功耗		CPU 30%使用率功耗	
4	SPARC T1000	300	144W	48.00%	88W	29.33%
5	RH1288 V2	400	234W	58.50%	150W	37.50%
6	RH2485 V2	500	312W	62.40%	167W	33.40%
7	E9000	2500	1620W	64.80%	987W	39.48%
8	S6900	300	112W	37.33%	75W	25.00%

　　从表 4-10 的测试数据可以看出，ICT 设备在 70% 利用率工况下，运行功耗平均为铭牌功率的 54.05%。

　　因此，ICT 设备实际运行负荷一般为厂家提供的 ICT 设备额定功率的 65% ~ 70%（考虑了一定的裕量）。

第5章 短路电流计算及元器件选择与校验

为保证数据中心供配电系统可靠运行，在数据中心供配电设计中，对于电气设备，尤其是系统中的保护器件（如断路器、负荷开关等），不仅要考虑它们在正常运行状态下的情况，还要考虑系统发生极端情况下可能对其产生的影响。数据中心供配电系统所发生的最极端的情况是系统某处发生三相短路故障，也是对数据中心供配电系统危害最为严重的一种。本章根据数据中心供配电系统的特点，主要介绍数据中心供配电系统的短路电流计算及主要元器件的选择与校验。

5.1 短路电流及计算

5.1.1 短路的原因及危害

数据中心短路的类型主要有以下几种：三相短路、两相短路、两相接地短路及单相接地短路。三相短路时，由于被短路的三相阻抗相等，因此三相短路电流和电压仍是对称的，又称为对称短路。其余的几种短路，因系统的三相对称结构遭到破坏，供电网络中的三相电压和电流不再对称，故又称为不对称短路。

对于上述四种短路类型及短路电流如图 5-1 所示。

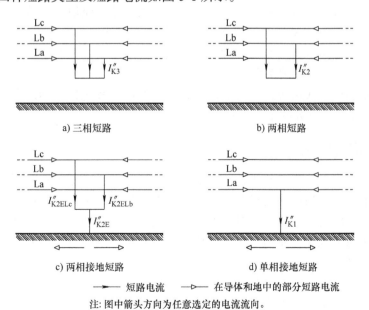

a) 三相短路　　　　　　　　　　　　　b) 两相短路

c) 两相接地短路　　　　　　　　　　　d) 单相接地短路

———→ 短路电流　　⇢ 在导体和地中的部分短路电流

注：图中箭头方向为任意选定的电流流向。

图 5-1　短路类型及短路电流

数据中心的短路故障类型中以单相接地短路所占的比例最高。

数据中心供配电系统发生短路的主要原因如下：

1）电气设备载流部分的绝缘损坏。

2）维护人员违反安全规程的误操作。

3）电器设备因设计、安装及维护不良所导致的设备缺陷引发的短路。

短路发生时，强大的短路电流将对电气设备和供配电系统的正常运行产生很大的危害。主要体现在以下几个方面：

1）短路电流的热效应会使设备发热急剧增加，可能导致设备过热而损坏甚至烧毁。

2）短路电流将在电气设备的导体间产生很大的电动力，可引起设备机械变形、扭曲甚至损坏。

3）不对称短路产生的不平衡磁场会对通信系统及弱电设备产生电磁干扰，影响其正常工作，甚至危及设备和人身安全。

5.1.2　短路计算的目的

为减少短路故障对数据中心供配电系统的危害，将发生短路的部分与供配电系统的其他部分迅速隔离开，使未发生故障的部分保持正常运行状态，这都离不开对短路电流的计算。短路电流的计算有以下目的：

1）为选择和校验各种电气设备的机械（动）稳定、热稳定及分断能力提供依据，如：断路器、电流互感器、电压互感器等。

2）合理配置系统中各种继电保护和自动装置，并正确整定其参数，提供可靠的设计和整定依据，如：过电流保护、速断保护、灵敏系数校验等。

在配置高压配电系统中的继电保护和自动装置，以及其整定计算和灵敏系数的校验时，应考虑配电系统的最大运行方式和最小运行方式下的短路计算结果。最大运行方式是指系统投入的电源容量最大时，系统具有最小的短路阻抗值，发生短路后产生的短路电流最大的一种运行方式。一般根据系统最大运行方式的短路电流值来校验所选用的开关电器的稳定性。最小运行方式是指系统投入的电源容量最小时，系统具有最大的短路阻抗值，发生短路后产生的短路电流最小的一种运行方式。一般根据系统最小运行方式的短路电流值来校验继电保护装置的灵敏系数。

最大、最小运行方式用等值电抗表示时，分别对应于系统最小和最大电抗。系统最小和最大电抗是短路电流计算的重要参数。

5.1.3　短路电流的计算

在供配电系统中，发生单相短路的可能性最大，而发生三相短路的可能性最小，但从短路电流大小来看，三相短路的短路电流最大，造成的危害也最为严重。三相短路属于对称性短路，而其他形式的短路为不对称性短路。为使数据中心供配电系统中的电气设备在最严格的短路状态下也能可靠地工作，在作为选择和校验电气设备用的短路计算中，应以三相短路计算为主。

在短路电流计算时，首先要引入无穷大功率电源这个概念。

无穷大功率电源是指供电容量相对于用户供电系统容量大得多的电力系统。即如果电力系统的电源总阻抗不超过短路电路总阻抗的 5%～10%，或者电力系统容量超过用户供电系统容量的 50 倍时，可将电力系统视为无穷大功率电源。对于数据中心供配电系统来说，其容量远小于市政供电网络总容量，而阻抗又较市政供电网络大得多，因此，当数据中心供配电系统内发生短路时，数据中心一级高压配电系统上一级的公共变电站或数据中心专用变电站的配电母线上的电压几乎维持不变，也就是说可将市政供电网络视为无穷大功率的电源。

无穷大功率电源的特征为：当用户供电系统的负荷变动甚至发生短路时，电力系统变电所配电母线上的电压能基本保持不变。

在一个无穷大功率电源供电系统中发生三相短路时，其对称短路电流初始值按下式计算。

$$I_k = U_{av} / (\sqrt{3}|Z_\Sigma|) \tag{5-1}$$

$$I_k = U_{av} / (\sqrt{3}\sqrt{R_\Sigma^2 + X_\Sigma^2}) \tag{5-2}$$

式中　I_k——对称短路电流初始值（kA）；

　　U_{av}——短路点的短路计算电压（0.4kV、10.5kV、21kV、37kV）；

　　Z_Σ——短路电路的总阻抗；

　　R_Σ——短路电路的总电阻值（Ω）；

　　X_Σ——短路电路的总电抗值（Ω）。

当数据中心高压侧发生短路时，在短路计算中，通常总电抗远比总电阻大，所以一般只计总电抗值，不计总电阻值。当数据中心低压侧发生短路时，也只有当总电阻值大于总电抗值的三分之一时才需计入电阻值。

如果不计总电阻值，即 R_Σ 远小于 X_Σ，则：

$$Z_\Sigma \approx X_\Sigma \tag{5-3}$$

式（5-2）则变为

$$I_k = U_{av} / (\sqrt{3}X_\Sigma) \tag{5-4}$$

在无穷大功率电源的供电系统中，系统母线电压可以看作是不变的，其短路电流周期分量有效值 I_k 在短路全过程中维持不变。在校验高低压电气设备时还有两个重要的物理量，即短路冲击电流 i_{sh} 和短路冲击电流有效值 I_{sh}。

短路冲击电流是指短路全电流中的最大瞬时值，可由下式计算：

$$i_{sh} = \sqrt{2}K_{sh}I_k \tag{5-5}$$

短路冲击电流有效值是短路后第一个周期的短路电流有效值，又称为短路全电流的最大有效值，可由下式计算：

$$I_{sh} = \sqrt{1 + 2(K_{sh}-1)^2}\,I_k \tag{5-6}$$

式（5-5）和式（5-6）中的 K_{sh} 为短路电流冲击系数，在高压电路发生短路时，一般取 $K_{sh}=1.8$，则有

$$i_{sh} = \sqrt{2}K_{sh}I'' = 2.55I_k \tag{5-7}$$

$$I_{sh} = \sqrt{1 + 2(K_{sh} - 1)^2} I'' = 1.51 I_k \qquad (5\text{-}8)$$

在低压电路发生短路时，即数据中心变压器低压侧及低压电路中发生三相短路时，一般取 $K_{sh}=1.3$，则有

$$i_{sh} = \sqrt{2} K_{sh} I'' = 1.84 I_k \qquad (5\text{-}9)$$

$$I_{sh} = \sqrt{1 + 2(K_{sh} - 1)^2} I'' = 1.09 I_k \qquad (5\text{-}10)$$

供电电路的短路点的短路容量是短路点所在供电网络的平均额定电压与短路电流稳态值的乘积，例如三相短路容量（S_k）为

$$S_k = \sqrt{3} U_{av} I_k \qquad (5\text{-}11)$$

由式（5-4）可见，求三相短路电流周期分量有效值的关键是要求出短路回路总电抗值。在数据中心供配电系统中，母线、电流互感器一次绕组、低压断路器过电流脱扣器线圈等阻抗及开关触头的接触电阻均相对较小，在一般短路计算中都可以忽略不计，而只考虑电力系统（市电引入电源）、变压器设备和电力线路的阻抗计算。在略去上述阻抗后，计算所得的短路电流会略比实际值偏大，但用略有偏大的短路电流来选择和校验诸如断路器、熔断器、负荷开关等电气设备，却可以使其运行的安全性更有保证。

在计算数据中心供配电系统某一点的短路电流时，应考虑短路点前端的总电抗值。图 5-2 中供电系统过的总电抗由变电站、电缆 1、高压开关柜、电缆 2、变压器、母线和低压开关柜组成，因高压开关柜、电缆 2、母线、低压开关柜的阻抗值很小，在 K_1、K_2 点的短路电流计算时可忽略不计。

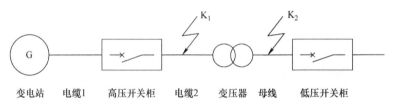

图 5-2　数据中心供电系统短路计算电路图

如果在供配电系统设计中，需要对断路器、电流互感器、负荷开关等元器件进行校验时，则需要对图 5-2 中 K_1、K_2 两点进行短路电流计算。

1. 电力系统的短路电流计算

为了取得合理的经济效益，电力网络的各级电压的短路容量从网络设计、电压等级、变压器容量、阻抗选择、运行方式等方面进行控制，使各级电压断路器的开断电流以及设备的动热稳定电流相配合。在变电站内的系统母线，一般不超过表 5-1 中的数值。

建议在 220kV 及以上变电站的低压侧选取表 5-1 中较高的数值，110kV 及以下变电站的低压侧选取表 5-1 中较低的数值；一般高压配电线路上的短路容量将沿线路递减，因此沿线挂接的配电设备的短路容量可再适当降低标准；若单路市电供电回路容量超过一般情况，必要时经过技术经济论证可超过表 5-1 中规定的数值。

表 5-1　各电压等级电力网络的短路电流

电压等级 /kV	短路电流 /kA
500	50、63
330	50、63
220	40、50
110	31.5、40
66	31.5
35	25
20	16、20
10	16、20

在数据中心设计中，电力系统就是数据中心一级高压配电系统的上一级变电站配电系统。变电站配电系统的电阻相对于电抗来说很小，可以不予考虑。配电系统的电抗可用变电站配电系统的馈电线出口断路器的短路容量 S_∞（MV·A）来估算。将 S_∞ 看作变电站配电系统的极限短路容量 S_k，则变电站配电系统的电抗为

$$X_s = (U_{av}^2) / S_\infty \tag{5-12}$$

为了便于短路回路总阻抗的计算，免去阻抗换算的麻烦，式（5-12）中的 U_{av} 可直接采用短路计算电压（短路点的计算电压，单位为 V）；S_∞ 为系统出口断路器的断流容量，可查有关手册或产品样本得出。如果只有断路器的开断电流 I_∞ 数据，则其断流容量 $S_\infty = \sqrt{3} I_\infty U_N$，根据数据中心市电引入电压等级，$U_N = U_{av}$ 为出口断路器的额定电压（10.5kV或21kV或37kV）。

数据中心用电力系统断流容量和电抗与断路器开断电流的关系见表5-2。

表 5-2　数据中心用电力系统断流容量和电抗与断路器开断电流的关系

市电电压等级 /kV	类别	断路器开断电流 /kA				
		16	25	31.5	40	50
10	断流容量 /MV·A	291	455	573	727	909
	电抗 /Ω	0.379	0.242	0.192	0.152	0.121
20	断流容量 /MV·A	582	909	1146	1455	1819
	电抗 /Ω	0.758	0.485	0.385	0.303	0.242
35	断流容量 /MV·A	1025	1602	2019	2563	3204
	电抗 /Ω	1.335	0.855	0.678	0.534	0.427

城市高、低压配电网的短路电流水平见表5-3。

表 5-3　城市高、低压配电网的短路电流水平

电压等级 /kV	110	66	35	20	10
短路电流控制水平 /kA	31.5、40	31.5	25	16、20	16、20

2. 变压器的阻抗计算

变压器的阻抗 Z_T 由电阻 R_T 和电抗 X_T 组成。

（1）变压器的电阻

变压器的电阻 R_T 可由变压器的短路损耗近似计算，因为

$$\Delta P_k \approx 3I_N^2 R_T = 3\left(\frac{S_N}{\sqrt{3}U_{av}}\right)^2 R_T = \left(\frac{S_N}{U_{av}}\right)^2 R_T \qquad (5\text{-}13)$$

则有

$$R_T = \Delta P_k \left(\frac{U_{av}}{S_N}\right)^2 \qquad (5\text{-}14)$$

式中　S_N——变压器的额定容量（kV·A）；

ΔP_k——变压器的短路损耗（负荷损耗）（kW）；

U_{av}——短路点的计算电压，400V。

变压器的短路损耗可在有关产品手册中查询。

（2）变压器的电抗

变压器的电抗 X_T 可由变压器的短路电压 $U_k\%$ 近似计算。

$$U_k\% \approx \frac{\sqrt{3}I_N X_T}{U_{av}} \times 100\% \approx \frac{S_N X_T}{U_{av}^2} \times 100\% \qquad (5\text{-}15)$$

则有

$$X_T \approx \frac{U_k\%}{100} \times \frac{U_{av}^2}{S_N} \qquad (5\text{-}16)$$

式中　$U_k\%$——变压器的短路电压（或称阻抗电压）百分值，可查阅有关产品手册。

【例】表 5-2 中 1600kV·A 变压器 S_N 为 1600kV·A；ΔP_k 为 11730W；U_{av} 为 0.4kV；$U_k\%$ 为 6%，求电阻 R_T 和电抗 X_T。

解：已知变压器的 S_N、ΔP_k、$U_k\%$，U_{av} 为 400V

根据电阻计算公式，计算如下

$$R_T = \Delta P_k \left(\frac{U_{av}}{S_N}\right)^2 = \left[11730 \times \left(\frac{400}{1600 \times 1000}\right)^2\right]\Omega = 0.00073\Omega$$

根据电抗计算公式，计算如下

$$X_T \approx \frac{U_k\%}{100} \times \frac{U_{av}^2}{S_N} = \left(\frac{6\%}{100} \times \frac{400 \times 400}{1600 \times 1000}\right)\Omega = 0.006\Omega$$

表 5-4 ~ 表 5-7 中的数据可供设计人员参考。

表 5-4　10kV/0.4kV 干式变压器技术指标与电阻及电抗关系表

额定容量 /kV·A	电压组合 /kV			联结组标号	空载损耗 /W	负载损耗 /W	短路阻抗（%）	电阻 R_T /mΩ	电抗 X_T /mΩ
	高压 /kV	分接（%）	低压 /kV						
200					495	2275		10.12	32.00
250					575	2485		7.07	25.60
315					705	3125		5.59	20.32
400					785	3590	4	3.99	16.00
500					930	4390		3.12	12.80
630					1070	5290		2.40	10.16
630	10	±5 ±2×2.5	0.4	Dyn11	1040	5365		2.40	15.24
800					1215	6265		1.74	12.00
1000					1415	7315		1.30	9.60
1250					1670	8720	6	0.99	7.68
1600					1960	10555		0.73	6.00
2000					2440	13005		0.58	4.80
2500					2880	15455		0.44	3.84

注：表中变压器损耗数据为节能型变压器能耗数据（F 绝缘等级，120°）。

表 5-5　20kV/0.4kV 干式变压器技术指标与电阻及电抗关系表

额定容量 /kV·A	电压组合 /kV			联结组标号	空载损耗 /W	负载损耗 /W	短路阻抗（%）	电阻 R_T /mΩ	电抗 X_T /mΩ
	高压 /kV	分接（%）	低压 /kV						
200					640	2930		11.72	48.00
250					730	3400		8.70	38.40
315					840	4060		6.55	30.48
400					1000	4820		4.82	24.00
500					1170	5760		3.69	19.20
630	20	±5 ±2×2.5	0.4	Dyn11	1320	6800	6	2.74	15.24
800					1520	8220		2.06	12.00
1000					1790	9730		1.56	9.60
1250					2060	11480		1.18	7.68
1600					2410	13790		0.86	6.00
2000					2800	16290		0.65	4.80
2500					3340	19270		0.49	3.84

表 5-6　35kV/10kV 干式变压器技术指标与电阻及电抗关系表

额定容量 /kV·A	电压组合 /kV			联结组标号	空载损耗 /W	负载损耗 /W	短路阻抗 (%)	电阻 R_T /mΩ	电抗 X_T /mΩ
	高压 /kV	分接 (%)	低压 /kV						
800					2500	9900		1.71	8.27
1000					2970	11500	6	1.27	6.62
1250					3081	12064		0.85	5.29
1600					3623	14301		0.62	4.13
2000					4205	16982	7	0.47	3.86
2500					4792	19958		0.35	3.09
3150					5811	23437		0.26	2.80
4000	35	±5 ±2×2.5	10	Dyn11 Yyn0	6936	29298	8	0.20	2.21
5000					7922	33627		0.15	1.76
6300					9817	40600		0.11	1.40
8000					11072	47116		0.08	1.24
10000					12400	53700	9	0.06	0.99
12500					14800	56500		0.04	0.79
16000					18000	65100		0.03	0.62
20000					21600	74000	10	0.02	0.55

表 5-7　35kV/0.4kV 干式变压器技术指标与电阻及电抗关系表

额定容量 /kV·A	电压组合 /kV			联结组标号	空载损耗 /W	负载损耗 /W	短路阻抗 (%)	电阻 R_T /mΩ	电抗 X_T /mΩ
	高压 /kV	分接 (%)	低压 /kV						
200					880	2900		11.60	48.00
250					990	3250		8.32	38.40
315					1180	3900		6.29	30.48
400					1380	4700		4.70	24.00
500					1620	5700		3.65	19.20
630					1860	6600		2.66	15.24
800	35	±5 ±2×2.5	0.4	Dyn11 Yyn0	2160	7800	6	1.95	12.00
1000					2430	9100		1.46	9.60
1250					2840	11000		1.13	7.68
1600					3240	13400		0.84	6.00
2000					3825	15928		0.64	4.80
2500					4460	18641		0.48	3.84
3150					6219	22180		0.36	3.05

　　从表 5-4 ~ 表 5-7 中数据看，变压器的电抗 X_T 远大于变压器的电阻 R_T，这有利于设计人员对高低压断路器的短路电流的简化计算和校验。

　　设计人员也可根据表 5-4 ~ 表 5-7 中的 R_T 和 X_T 估算变压器的最大短路电流值（见 6.6.3 小节）。

3. 电力线路的阻抗计算

1）电力线路的电阻。

电力线路的电阻 R_{WL} 可用导线或电缆的单位长度电阻 r_0 值求得，即

$$R_{WL} = r_0 l \qquad (5-17)$$

式中　r_0——导线或电缆单位长度电阻（Ω/km），可查阅有关产品手册；

　　　　l——线路长度（km）。

2）电力线路的电抗。

电力线路的电抗 X_{WL} 可用导线或电缆的单位长度电抗 x_0 值求得，即

$$X_{WL} = x_0 l \qquad (5-18)$$

式中　x_0——导线或电缆单位长度电抗（Ω/km），可查阅有关产品手册；

　　　　l——线路长度（km）。

如果线路的结构数据不详时，x_0 可按表 5-8 取其电抗平均值。

表 5-8　电力线路每相的单位长度电抗平均值参考表　　　（单位：Ω/km）

线路结构	线路电压			
	35kV	20kV	10kV	220V/380V
架空线路	0.40	0.39	0.38	0.32
电缆线路	0.12	0.1	0.08	0.066

需要注意的是，在计算架空线路或电缆线路的阻抗时，若此段线路含有变压器时，则电路内各段线路的阻抗都应统一换算到短路点的短路计算电压中去。阻抗等效换算的条件是线路功率损耗不变。即在计算数据中心变压器低压侧电缆线路的阻抗时，需要对由变电站来的所有电缆线路的阻抗进行换算，也就是说将变压器高压侧的电缆线路阻抗折算到短路点（变压器低压侧）。

根据线路的阻抗值与电压平方成正比的原则，换算公式如下：

$$R' = R \left(\frac{U'_{av}}{U_{av}} \right)^2 \qquad (5-19)$$

$$X' = X \left(\frac{U'_{av}}{U_{av}} \right)^2 \qquad (5-20)$$

式中　R、X、U_{av}——换算前线路的电阻（Ω）、电抗（Ω）、变压器高压侧电压（kV）；

　　　　R'、X'、U'_{av}——换算后的电阻（Ω）、电抗（Ω）、变压器低压侧电压（kV）。

4. 数据中心供配电系统主要点的短路电流计算

短路电流计算是一个比较复杂的过程，为了简化短路电流的计算，且保证有效地选择和校验各种电气设备的机械（动）稳定、热稳定及分断能力，可以采用最常用的欧姆法进行短路电流的计算。从式（5-2）中可以看出，若要准确地计算系统某点的短路电流，主要取决于这点以上供电部分的阻抗的取定。

$$I_k = U_{av} / (\sqrt{3} \sqrt{R_\Sigma^2 + X_\Sigma^2}) \qquad (5-21)$$

（1）高压配电系统市电电源输入端短路电流计算

若计算数据中心市电输入端的短路电流需要已知以下条件：

1）市电引入电压等级（10kV、20kV、35kV）。

2）上级变电站（所）的出口断路器的断流容量 S_∞（MV·A），其断流容量由供电部门给出，若供电部门不能给出断流容量，则需要了解出口断路器的开断电流 I_∞（kA）。

3）市电引入架空线的长度（km）。

4）市电引入电缆的长度（km）。

则总阻抗等于变电站配电系统的阻抗和市电电源引入线路阻抗之和，再根据式（5-21）计算出高压配电系统市电电源输入端短路电流。

（2）变压器输出侧短路电流计算

若计算数据中心变压器低压输出侧的短路电流需要已知以下条件：

1）上级变电站（所）配电系统电抗 X_s。

2）市电引入架空线的长度（km），计算其电抗（折算后的）。

3）市电引入电缆的长度（km），计算其电抗（折算后的）。

4）变压器电抗。

5）变压器输出线阻抗，一般可以忽略。

则总阻抗等于电力系统电抗、市电电源引入线路电抗、变压器阻抗及变压器输出线阻抗之和，再根据式（5-21）计算出变压器低压输出侧短路电流。

5.2　主要电气设备选择与校验

数据中心变配电系统不同于一般的民用建筑的变配电系统，更不同于大多数工业企业中的变配电系统，数据中心往往在变配电系统的主要元器件选择上对其质量有更高的要求。本节将介绍数据中心变配电系统中主要电气设备的具体选择和校验方法。

在数据中心变配电设计中，由于在高低压断路器的选用上要求很高，所以，很多设计人员往往都不对系统配置的诸如高压断路器、低压断路器的开断电流及短路电流进行校验，而只是凭经验根据容量及分断能力的选择。本节将介绍数据中心用高压断路器和低压断路器的选择条件和校验方法。

5.2.1　电气设备选择与校验的一般原则

在一般民用建筑工程项目中，电力系统的各种电气设备的作用和工作条件都不同，不同行业的电力系统的要求也不同。在数据中心电气设备的选择上，应按正常工作条件及环境条件进行选择，并按短路电流计算来校验。

为了保证高压电器的可靠运行，高压元器件应按以下几个条件进行选择：

1）按正常工作条件包括电压、电流、开断电流等选择。

2）按短路条件包括动稳定、热稳定和持续时间校验。

3）按环境条件如温度、湿度、海拔、介质状态等选择。

4）按各类高压元器件的不同特点，如断路器的操作性能、互感器的二次侧负载和准确等级，熔断器的上下级选择性配合等进行选择。

常用高低压电气设备选择校验项目见表5-9。

表 5-9　常用高低压电气设备选择校验项目表

设备名称	额定电压 /kV	额定电流 /A	额定开断电流 /kA	短路电流校验		环境条件	其他
				动稳定	热稳定		
断路器	√	√	○	○	○	√	操作性能
负荷开关	√	√	○	○	○	√	操作性能
隔离开关	√	√		○	○	√	操作性能
熔断器	√	√	○			√	上下级间配合
电流互感器	√	√		○	○	√	二次负荷，准确等级
电压互感器	√					√	二次负荷，准确等级

表 5-9 中设备的额定电压、额定电流和环境条件为选择项目；额定开断电流、动稳定和热稳定为校验项目。

5.2.2　按工作电压和工作电流选择

表 5-9 中设备的额定电压和额定电流应按它们的正常工作条件来选择。设额定电压为 U_e，那么 U_e 应符合设备装设点供电网络的额定电压，并应不小于正常工作时可能出现的最大工作电压 U_g（不包括供电网络出现的瞬变电压），即

$$U_e \geq U_g \tag{5-22}$$

表 5-9 中设备的额定电流 I_e 应不小于正常工作时的可能出现的最大持续工作电流 I_g，即

$$I_e \geq I_g \tag{5-23}$$

数据中心采用室外箱式变电站时，当电气设备的额定环境温度与实际环境温度不一致时，其最大允许工作电流按表 5-10 进行修正。

表 5-10　高压一次元器件工作电流选择修正表

项目		隔离开关	断路器	电流互感器	负荷开关	熔断器	电压互感器
最高工作电流	当 $\theta \leq \theta_e$ 时	环境温度每降低 1℃，可增加 0.5%I_e，但最大不得超过 20%I_e			I_e		—
	当 $\theta_e < \theta \leq 60℃$ 时	环境温度每增高 1℃，应减少 1.8%I_e					—

注：I_e——高压元器件额定电流（A）；

　　θ——实际环境温度（℃）；

　　θ_e——额定环境温度，普通型和湿热带型为 + 40℃，干热带型为 + 45℃。

1. 高压断路器

根据全国供用电规则，受电端的电压波动不应超过如下范围：35kV 及以下供电和对电压质量有特殊要求的用户为额定电压的 ±5%；10kV 及以下高压供电和低电力用户为额定电压的 ±7%。数据中心外市电电压等级分别有 10kV、20kV 和 35kV，其采用的高压开关柜及高压断路器的额定电压分别为 12kV（10kV）、24kV（20kV）和 40.5kV（35kV），所以，数据中心所选择的高压开关柜和高压断路器的额定电压均高于全国供用电规则所规定的公共电网可能出现的最高运行电压。

　　数据中心用 10kV 高压发电机组的输出电压整定范围为 ±5%，其电压波动范围更小（不包括瞬态变化），故数据中心所选择的高压开关柜和高压断路器的额定电压均高于数据中心用柴油发电机组可能出现的最高运行电压。

　　数据中心高压开关柜和高压断路器常用的额定电流为 630A、1250A，当单回路市电引入容量很大时，可能在个别情况下会出现额定电流为 1600A 的高压断路器。

　　高压断路器分为进线断路器、联络断路器和馈电断路器，其中进线断路器的容量应根据单回路市电电源最大持续工作电流进行选择，即该套高压开关柜所带全部用电设备的最大持续工作电流；联络断路器的容量应根据两段母线中较大的用电设备的最大持续工作电流（即所接变压器容量较大的母线段最大工作电流）进行选择；馈电断路器的容量应根据该回路所接的用电设备的最大持续工作电流进行选择。如果馈电断路器的用电设备为变压器，则馈电断路器的容量应根据变压器额定容量进行选择。

　　例如：某数据中心的变压器总容量为 7 台 2000kV·A 变压器，两个 10kV 高压母线段分别接 3 台变压器和 4 台变压器，求流过它的馈电断路器和联络断路器的每相最大工作电流（不计变压器的损耗）。

　　1）馈电断路器的每相最大工作电流按下式计算

$$I = \left(\frac{2000}{10000 \times 1.732} \times 1000 \right) A = 115A$$

　　2）联络用断路器的每相最大工作电流按下式计算

$$I = \left(\frac{4 \times 2000}{10000 \times 1.732} \times 1000 \right) A = 462A$$

　　数据中心用单台 10/0.4kV 变压器设备最大容量为 2500kV·A，其 10kV 额定电压时的额定电流（含变压器损耗）为 146A 左右，而高压断路器最小容量为 630A，在以往数据中心工程设计中，变压器出线柜的高压断路器均选择 630A 高压断路器，对此，设计人员均无需做高压断路器的电流校验计算。

　　数据中心高压配电系统进线断路器的额定电流最常见的是 630A 和 1250A，在设计时，设计人员可根据公共电网引入容量来选择进线断路器容量。其公共电网单回路供电容量及额定电流见表 5-11。

表 5-11　公共电网单回路供电容量及额定电流表

供电容量 /kV·A	公共电网额定电流 /A			供电容量 /kV·A	公共电网额定电流 /A		
	10kV	20kV	35kV		10kV	20kV	35kV
1000	58	29	16	9000	520	260	148
2000	115	58	33	10000	577	289	165
3000	173	87	49	11000	635	318	181
4000	231	115	66	12000	693	346	198
5000	289	144	82	13000	751	375	214
6000	346	173	99	14000	808	404	231
7000	404	202	115	15000	866	433	247
8000	462	231	132	16000	924	462	264

（续）

供电容量 /kV·A	公共电网额定电流 /A			供电容量 /kV·A	公共电网额定电流 /A		
	10kV	20kV	35kV		10kV	20kV	35kV
17000	982	491	280	29000	—	837	478
18000	1039	520	297	30000	—	866	495
19000	1097	548	313	31000	—	—	511
20000	1155	577	330	32000	—	—	528
21000	—	606	346	33000	—	—	544
22000	—	635	363	34000	—	—	561
23000	—	664	379	35000	—	—	577
24000	—	693	396	36000	—	—	594
25000	—	722	412	37000	—	—	610
26000	—	751	429	38000	—	—	627
27000	—	779	445	39000	—	—	643
28000	—	808	462	40000	—	—	660

2. 低压断路器

根据全国供用电规则，低压受电端的电压波动不应超过额定电压的 ±7%。数据中心采用的低压开关柜及断路器的额定电压不低于 600V，远高于数据中心低压设备额定工作电压，也高于低压发电机组额定电压。

低压断路器分为进线断路器、馈电断路器、联络断路器等，其中变压器低压侧进线断路器是一个数据中心容量最大的低压断路器，它的容量一般是根据变压器额定容量进行选择；二级配电系统及三级配电系统是根据各级配电系统所接全部用电设备的最大持续工作电流进行选择；馈电断路器是根据所接用电设备最大工作电流进行选择；联络断路器是根据两段低压母线中较大容量的最大持续工作电流进行选择。

变压器低压侧进线断路器容量与变压器额定容量成正比，不同容量变压器的低压侧额定电流见表 5-12。

表 5-12　变压器额定容量、低压侧额定电流及进线断路器容量表

序号	变压器容量 /kV·A	0.38kV 侧额定电流 /A	断路器选定容量 /A	备注
1	200	303.9	400	
2	250	379.8	630	
3	315	478.6	630	
4	400	607.8	800	
5	500	759.7	1000	
6	630	957.2	1250	
7	800	1215.5	1600	
8	1000	1519.4	2000	
9	1250	1899.2	2500	
10	1600	2431.0	3200	
11	2000	3038.8	4000	
12	2500	3798.5	5000（4000）	

3. 其他电气设备

除了高低压开关设备及高低压断路器外，其他诸如高压熔断器、电流互感器、电压互感器、负荷开关、隔离开关等设备，其最高电压均不小于所在回路的系统最高电压。当选择上述设备的额定电流时，应保证其额定电流不小于该回路的最大持续工作电流。

5.2.3　按开断电流选择

数据中心高低压配电系统中最重要的设备就是高低压断路器，其短路开断能力（分断能力）应使用计算短路点最大短路电流进行校验。

1. 高压断路器

数据中心用高压断路器最常见的参数指标见表 5-13。

表 5-13　高压断路器参数

电压等级	内容	单位	参数	备注
10kV	额定电流	A	630、1250	
	额定短路开断电流	kA	25、31.5	
20kV	额定电流	A	630、1250	
	额定短路开断电流	kA	25、31.5	
35kV	额定电流	A	630、1250	
	额定短路开断电流	kA	25、31.5	

每个数据中心都设有一级高压配电系统，它的外市电引入通常由公共电网变电站引接。在计算和校验一级高压配电系统中进线断路器的开断能力时，需要知道数据中心外市电引接的电力系统出口断流容量（供电部门提供）和电力线路的电抗，再根据公式计算出短路电流和短路容量，并对所选择的高压断路器（10kV、20kV、35kV）的开断能力进行校验。

【例】某数据中心供电系统如图 5-3 所示，已知变电站电力系统的出口断路器的断流容量 S_∞=500MV·A，供电电压等级为 10kV，从出口断路器至数据中心高压开关进线柜采用 0.5km 电力电缆引入，市电引入容量为 12000kV·A。数据中心高压进线侧采用 1250A 的 VD4 真空断路器，该断路器的额定短路开断电流及额定短路关合电流（峰值）分别为 25kA 和 63kA，请计算外市电引入 10kV 线路上 K_1 点短路和变压器低压侧线路上 K_2 点短路的三相短路电流和短路容量。

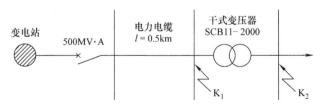

图 5-3　数据中心供电系统

解：（1）先计算短路电路中各元件的电抗及总电抗

根据公式：

$$X_s = U_{av}^2/S_\infty$$

变电站电力系统的电抗 $X_s = (10.5^2 / 500)\Omega = 0.22\Omega$。

根据公式与查表 5-6 计算，电力线路的电抗如下：

$$X_x = X_0 l = (0.08 \times 0.5)\Omega = 0.04\Omega$$

总电抗 X_Σ 为

$$X_\Sigma = X_s + X_x = (0.22 + 0.04)\Omega = 0.26\Omega$$

（2）计算三相短路电流和短路容量

根据公式：

$$I_{k1} = U / \sqrt{3}X_\Sigma = (10.5 / (\sqrt{3} \times 0.26))kA = 23.3kA$$

短路容量为

$$S_{k1} = \sqrt{3}UI_{k1} = (\sqrt{3} \times 10.5 \times 23.3)MV \cdot A = 423.73MV \cdot A$$

（3）三相冲击电流计算

$$i_{sh} = 1.8 \times \sqrt{2}I_{k1} = 2.55I_{k1} = (2.55 \times 23.3)kA = 59.42kA$$

（4）断路器额定电流计算

$$I = \left(\frac{12000}{10000 \times 1.732} \times 1000\right)A = 693A$$

（5）断路器选择与校验

根据 VD4 真空断路器技术数据，对选定的真空断路器进行校验，见表 5-14。

表 5-14　高压断路器的选择校验表

序号	项目	断路器装置地点的电气条件	VD4 真空断路器	结论
		数据	数据	
1	U	10kV	12kV	合格
2	I	693A	1250A	合格
3	I_k	23.3kA	25kA	合格
4	i_{sh}	59.42kA	63kA	合格

K_2 点短路的三相短路电流和短路容量见低压断路器部分。

数据中心的外市电通常是由公共电网变电站直接引入，其变电站出口断路器的开断电流一般选用 25kA 和 31.5kA。设出口断路器开断电流为 I'_k，数据中心外市电引入端开断电流为 I_k，根据三相短路电流计算公式 $I_k = U_{av}(\sqrt{3}X_\Sigma)$，$X_\Sigma$ 为变电站电抗和电力电缆电抗之和，因电力电缆电抗大于 0，所以

$$I'_k > I_k$$

31.5kA 和 25kA 相差 6.5kA，我们可以计算折合到电缆电抗的差值，设数据中心外市电引入端开断电流为 31.5kA 时，变电站电力系统电抗和市电引入线路之和的理论电抗为 X_1，25kA 时变电站电力系统电抗和市电引入线路之和的理论电抗为 X_2，X_1 和 X_2 之差为 X'，则

$$X_1 < X_2$$

$$31.5\text{kA} = U_{av} / (\sqrt{3}\, X_1)$$

$$X_1 = 0.192\,\Omega$$

$$25\text{kA} = U_{av} / (\sqrt{3}\, X_2)$$

$$X_2 = 0.242\,\Omega$$

$$X' = X_2 - X_1 = (0.242 - 0.192)\,\Omega = 0.05\,\Omega$$

即使上述计算为简化计算，我们也能得出以下结论：

1）当变电站出口断路器的开断电流选用 25kA 时，数据中心一级高压配电系统选用开断电流为 25kA 的进线断路器。

2）当变电站出口断路器至数据中心一级高压配电系统市电接线端的线路电抗不小于 0.05（用表 5-8 相关数据计算线路电抗），且变电站出口断路器的开断电流选用 31.5kA 时，数据中心一级高压配电系统可选用开断电流为 25kA 的进线断路器。

3）简便选择方法为数据中心一级高压配电系统进线断路器的开断电流不低于其上一级变电站的出口断路器的开断电流。

另外，由图 5-2 可以看出，设 10kV 侧系统短路容量无穷大时，其变压器低压侧短路电流最大，在设置继电保护时，需要变压器最大短路电流。

2. 低压断路器

对于数据中心的低压配电系统，进出线保护器件均采用断路器保护。

为了保证低压元器件的可靠运行，低压断路器开断电流（分断能力）能力选择见表 5-15。

表 5-15　变压器额定容量、低压进线断路器形式及参数表

序号	变压器容量 /kV·A	进线断路器形式	断路器 /A	断路器分断能力 /kA	备注
1	200	塑壳	400	≥ 50	
2	250	塑壳	630	≥ 50	
3	315	塑壳	630	≥ 50	
4	400	框架、塑壳	800	≥ 50	
5	500	框架、塑壳	1000	≥ 50	
6	630	框架、塑壳	1250	≥ 65	
7	800	框架	1600	≥ 65	
8	1000	框架	2000	≥ 65	
9	1250	框架	2500	≥ 65	
10	1600	框架	3200	≥ 65	
11	2000	框架	4000	≥ 80	
12	2500	框架	5000	≥ 100	

接第 80 页的例题，K_2 点短路的三相短路电流和短路容量计算如下。

因 K_2 点的电压等级为 400V（0.4kV），此段线路含有变压器，则需将 10kV 段线路的阻抗换算到 K_2 短路点的短路计算电压中去。设忽略阻抗，根据换算公式（5-20），电缆线路电抗为

$$X' = X\left(\frac{U'_{av}}{U_{av}}\right)^2 = \left[0.08 \times 0.5 \times \left(\frac{0.4}{10.5}\right)^2\right]\Omega = 5.8 \times 10^{-5}\Omega$$

电力系统电抗 X'_s 为

$$X'_s = \frac{U^2_{av2}}{S_\infty} = \left[\frac{(0.4)^2}{500}\right]\Omega = 3.2 \times 10^{-4}\Omega$$

变压器电抗按表 5-4 查得为 4.8mΩ（0.0048Ω）。

K_2 点的短路等效电路的总电抗为变电站电力系统的电抗（X'_s）、10kV 电缆电抗（X'）和变压器电抗之和，即

$$X_\Sigma = X'_s + X' + X_T = (3.2 \times 10^{-4} + 5.8 \times 10^{-5} + 0.0048)\Omega = 0.0052\Omega$$

根据以上的已知条件，计算 K_2 点的三相短路电流和短路容量。

（1）三相短路电流周期分量的有效值为

$$I_{k2} = U / \sqrt{3}X_\Sigma = [0.4/(\sqrt{3} \times 0.0052)]kA = 44.4kA$$

（2）短路容量为

$$S_{k2} = \sqrt{3}UI_{k2} = (\sqrt{3} \times 0.4 \times 44.4)MV \cdot A = 30.76MV \cdot A$$

（3）断路器额定电流计算

$$I = \left(\frac{2000}{400 \times 1.732} \times 1000\right)A = 2887A$$

（4）设选择的低压进线断路器型号为 EXX-4000A，U_e 为 690V，I_{cu} 为 85kA 的低压断路器。

根据断路器技术数据，对选定的低压断路器进行校验，见表 5-16。

表 5-16　低压断路器的选择校验表

序号	断路器装置地点的电气条件		EXX 低压断路器		结论
	项目	数据	项目	数据	
1	U	0.4kV	U_e	0.69kV	合格
2	I	2887A	I	4000A	合格
3	I_{k2}	44.4kA	I_{cu}	85kA	合格

5.2.4　断路器的短路热稳定性和短路动稳定性校验

1. 短路热稳定性校验

数据中心用高压断路器，其热稳定电流 I_t 与开断电流相等。对于无限大容量系统来说，断路器短路热稳定性校验公式如下：

$$I_t^2 t > I_\infty^2 t_{max} \qquad (5\text{-}24)$$

式（5-24）中，数据中心用高压（10kV、20kV、35kV）断路器的热稳定时间 I_t 一般为 4s，I_t 的二次方远大于短路电流 I_k（I_∞）的二次方，热稳定时间 t 大于短路点的短路时间 t_{max}，所以，式（5-24）始终成立。

2. 短路动稳定性校验

断路器短路动稳定性校验条件公式为

$$i_{sh} < i_{max} \qquad (5\text{-}25)$$

式中　i_{sh}——三相短路冲击电流；

　　　i_{max}——断路器的额定峰值耐受电流，因 $i_{sh}=2.55I_k$，所以，在数据中心高压断路器选择中，式（5-25）始终成立。

在数据中心供配电设计中，若断路器开断电流通过了校验，一般即可省略断路器的短路热稳定性和短路动稳定性校验。

5.2.5　柴油发电机组短路电流计算

数据中心用柴油发电机组分为高压发电机组和低压发电机组，高压发电机组一般采用并机运行方式，低压发电机组则采用单机运行方式。在计算它们的短路电流时，需要知道发电机组的容量、电压、发电机定子电阻、发电机短路电抗标幺值等机组配套的发电机相关参数，再根据公式计算单台和多台并机发电机组的短路电流。

但实际上，在数据中心工程设计中，一般设计人员都不对数据中心配套的柴油发电机组的短路电流进行计算，这是因为数据中心用柴油发电机组配套的发电机基本为斯坦福、利莱森玛、马拉松、英格等品牌的发电机，它们的三相对称短路电流一般为额定电流的 7 倍左右。因为高压发电机组的输出断路器的分断能力为 25kA，低压发电机组的输出断路器的短路分断能力（I_{cu}）为 50～80kA，所以它们的短路电流远小于其输出高压或低压断路器的短路分断能力。

不同容量的高压、低压发电机组的三相对称短路电流可参考表 5-17。

表 5-17　常用高、低压发电机组短路电流估算值表

序号	类型	LTP 容量/kW	额定电流/A	三相对称短路电流/kA	三相短路峰值电流/kA	备注
1	高压发电机组	1600	115	0.8	2.0	
2		1800	130	0.9	2.2	
3		2000	144	1.0	2.4	
4		2200	159	1.1	2.7	
5		2400	173	1.2	2.9	
6	低压发电机组	200	380	2.7	6.5	
7		300	570	4.0	9.7	
8		500	950	6.7	16.2	
9		600	1140	8.0	19.4	
10		800	1519	10.6	25.8	
11		1100	2089	14.6	35.5	
12		1300	2469	17.3	42.0	
13		1600	3039	21.3	51.7	
14		1800	3419	23.9	58.1	
15		2000	3798	26.6	64.6	

高压发电机组多台并机系统的短路电流可根据发电机组的单台短路电流乘以并机台数进行估算。

高压发电机组的三相短路峰值电流 I_p 也可用式（5-7）进行估算，即 I_p 约等于 $2.55I_k$，三相短路峰值电流一般为额定电流的 17 倍左右。

如果在工程设计时，需要对发电机组的短路电流进行准确计算，设计人员可根据发电机组供应商提供的发电机组的配套发电机详细的短路电流技术数据或短路电流曲线进行相关计算。

第6章 变配电系统设计

6.1 概述

数据中心变配电系统是数据中心非常重要的基础设施，是数据中心 ICT 设备可靠运行的重要保证。

数据中心变配电系统是为数据中心 ICT 设备服务的系统，变配电系统的供电模式多种多样，决定数据中心采用何种供电模式的是 ICT 设备，即 ICT 设备的重要级别决定了为其服务的供电模式。

数据中心在规模上分为超大型数据中心、大型数据中心、中型数据中心和小型数据中心；GB 50174—2017《数据中心设计规范》在重要性上把数据中心分为 A 级、B 级和 C 级，其中 A 级数据中心等级最高。数据中心供电模式与它的规模无关，取决于 ICT 设备的重要程度，不同的用户对于不同级别的供电模式仍会有不同的要求，即两个用户的 ICT 设备都属于 A 级，但其对变配电系统供电架构模式的要求可能也不一致。

数据中心变配电系统主要由市电引入、高压配电系统、变压器、低压配电系统、操作电源等组成。

6.2 相关标准与规范

现行的针对数据中心设计建设的国家标准主要是 GB 50174—2017《数据中心设计规范》，除了国家标准，也有相关的行业标准，主要是工业和信息化部发布的标准。国内三大运营商、互联网公司以及部分金融企业也都有自己的有关数据中心建设标准、规范或指导性文件。

上述标准与规范文件是关于数据中心建设的，包括变配电系统的配置和相关要求，而变配电设计的专业技术标准和规范主要依据以下相关国家标准和行业标准：

GB 50052—2009《供配电系统设计规范》

GB 50053—2013《20kV 及以下变电所设计规范》

GB 50054—2011《低压配电设计规范》

GB 50059—2011《35kV～110kV 变电站设计规范》

GB 50060—2008《3～110kV 高压配电装置设计规范》

GB 50174—2017《数据中心设计规范》

GB 51194—2016《通信电源设备安装工程设计规范》

GB 51348—2019《民用建筑电气设计标准》

6.3　变配电设备

数据中心变配电设备包括高压开关柜、变压器、低压开关柜、预装式变电站、转换开关电器、补偿装置、操作电源等。

6.3.1　高压开关柜

高压开关柜（又称成套开关或成套配电装置）是以断路器为主的电气设备，用于数据中心供配电系统中起通断、控制及保护等作用。数据中心用高压开关柜是设备生产厂商根据用户提供的高压配电系统一次主接线图及相应的技术规范文件的要求，将有关的高低压电器（包括控制电器、保护电器、测量电器）以及母线、载流导体、绝缘子等装配在封闭的或敞开的金属柜体内，作为数据中心供配电系统中接受和分配电能的装置。

数据中心用高压开关柜的电压等级包括 10kV、20kV、35kV。

1. 高压开关柜的分类

数据中心用高压开关柜的分类如下：

（1）按电压等级分类

可分为 10kV、20kV 和 35kV 三种电压等级的高压开关柜。

（2）按安装地点分类

按安装地点分为户内式高压开关柜和户外式高压开关柜。

户内式高压开关柜通常在设备型号中加 "N"，表示设备只能在户内安装使用，如 KYN28A 系列高压开关柜。

户外式高压开关柜通常在设备型号中加 "W"，表示设备可以在户外安装使用，如 XLW 系列高压开关柜。

（3）按断路器安装方式分类

按断路器安装方式可分为移开式（手车式）和固定式两种。

移开式或手车式的高压开关柜通常在设备型号中加 "Y"，表示柜内的一次元器件（如：断路器、互感器等）是安装在可抽出的手车上的，此类高压开关柜的手车在移开后能在一次电路中形成断点，所以此类高压开关柜不需设置隔离开关。由于装在手车上的元器件有很好的互换性，因此可以大大提高供电的可靠性。常用的手车类型有：断路器手车、计量手车、隔离手车、电压互感器（Potential Transformer, PT）手车、电容器手车和所用变手车等。如：KYN28A 系列高压开关柜。

固定式的高压开关柜通常在设备型号中加 "G"，表示柜内的所有元器件（如断路器或负荷开关等）均为固定安装，固定式开关柜较为简单经济。如：XGN2-10、GG-1A 等系列高压开关柜。

（4）按柜体结构分类

按柜体结构可分为金属封闭间隔式开关柜、金属封闭铠装式开关柜、金属封闭箱式开关柜和敞开式开关柜四类高压开关柜。

1）金属封闭间隔式开关柜（用字母 J 来表示）：与铠装式金属封闭开关设备相似，其主要电器元件也分别装于单独的隔室内，但具有一个或多个符合一定防护等级的非金属隔板。如 JYN2 型高压开关柜。

2）金属封闭铠装式开关柜（用字母 K 来表示）：主要组成部件（例如断路器、互感器、母线等）分别装在接地的用金属隔板隔开的隔室中的金属封闭开关设备。如：KYN28A 系列高压开关柜。

3）金属封闭箱式开关柜（用字母 X 来表示）：开关柜外壳为金属封闭式的开关设备。如 XGN2 型高压开关柜，又称高压环网柜。

4）敞开式开关柜：无防护等级要求，外壳有部分是敞开的开关设备。如 GG-1A（F）系列高压开关柜。常用 10kV 高压开关柜型号。

（5）按功能分类

主要分为进线柜、馈电（出线）柜、PT 柜、计量柜、联络柜、隔离柜、环网柜等。

2. 高压开关柜系列

10 ~ 35kV 的高压开关柜型号系列很多，但数据中心用的高压开关柜基本上就是两种柜体形式，一种是金属封闭铠装式开关柜；另一种是金属封闭箱式开关柜。

国外品牌的高压开关柜主要有施耐德、ABB、西门子等公司生产的高压开关柜；国产高压开关柜生产厂商非常多，但其型号系列基本一致，主要以 KYN 系列和 XGN（HXGN）系列为主。我国的数据中心用高压开关柜主要采用上述品牌。除此之外，还有少数容量较小的数据中心的高压开关柜采用的是室外型箱式（预装式）变电站。

用于数据中心的国产高压开关柜通常为 KYN 系列和 XGN（HXGN）系列，下面就介绍这两个系列的高压开关柜。

（1）金属封闭铠装式开关柜（KYN 系列）

KYN 系列高压开关柜又称铠装移开式（手车式）交流金属封闭开关柜（简称中置柜）。KYN 系列高压开关柜是在吸收国内外先进技术，并根据我们国家的特点自行设计研制的新一代开关设备。柜体采用组合结构，产品技术先进、性能稳定、结构合理、使用方便、安装可靠，并且精度较高，外形美观，主要一次元器件采用手车装载，手车呈现小型化，容易操作，方便手车的互换性和可维护性。

KYN 系列高压开关柜为全金属封闭型结构，柜内被金属隔板分割成母线室、断路器手车室、电缆室和继电器仪表室。柜内装有各种联锁装置，能达到"五防"要求。图 6-1 所

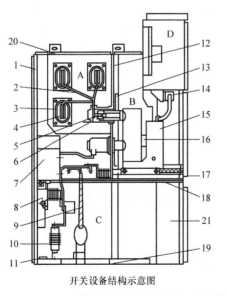

A.母线室　　　10.避雷器
B.断路器手车室　11.接地母线
C.电缆室　　　12.装卸式隔板
D.继电器仪表室　13.隔板（活门）
1.外壳　　　　14.二次插头
2.分支母线　　15.断路器手车
3.母线套管　　16.加热装置
4.主母线　　　17.可抽出式水平隔板
5.静触头装置　18.接地开关操作机构
6.触头盒　　　19.底板
7.电流互感器　20.泄压装置
8.接地开关　　21.控制导线槽
9.电缆

开关设备结构示意图

图 6-1　KYN（10kV、20kV）系列开关柜结构示意图

示为 KYN（10kV、20kV）系列开关柜结构示意图，图 6-2 所示为 KYN（35kV）系列开关柜结构示意图。

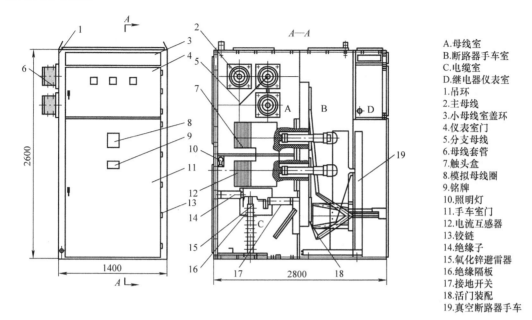

A.母线室
B.断路器手车室
C.电缆室
D.继电器仪表室
1.吊环
2.主母线
3.小母线室盖环
4.仪表室门
5.分支母线
6.母线套管
7.触头盒
8.模拟母线圈
9.铭牌
10.照明灯
11.手车室门
12.电流互感器
13.铰链
14.绝缘子
15.氧化锌避雷器
16.绝缘隔板
17.接地开关
18.活门装置
19.真空断路器手车

图 6-2　KYN（35kV）系列开关柜结构示意图

KYN 系列开关设备型号命名参照以下规定：

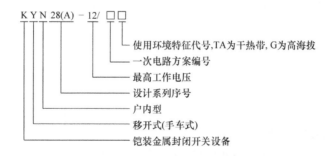

其中设备最高工作电压涵盖 10kV、20kV 和 35kV 高压开关柜，10kV 高压开关柜对应 12；20kV 高压开关柜对应 24；35kV 高压开关柜对应 40.5。

设计系列序号由各生产厂商命名，不同厂商有各自的命名方式。10kV 高压开关柜以 KYN28 为代表，20kV 和 35kV 设计系列序号较多，在此不一一列举。

型号中的一次电路方案编号是单台设备的命名，每个系列的高压开关柜都有各自的一次电路方案图。

使用环境特征代号一般不注明，只有在特殊使用场景才进行命名，如：当高压开关柜使用在类似拉萨市那样的高原城市时，订购的高压开关柜的型号后面应加"G"。

1）KYN 高压开关柜使用条件。

① 环境温度：最高温度不超过 40℃（上限），一般地区为 -5℃，严寒地区可以为 -15℃（下限）。

环境温度过高，金属的导电率会降低，电阻增加，表面氧化作用加剧；另外，过高的温度，也会使柜内的绝缘件的寿命大大缩短，绝缘强度下降。反之，环境温度过低，在绝缘件中会产生内应力，最终会导致绝缘件的破坏。

② 环境湿度：日相对湿度的平均值不大于 95%；月相对湿度的平均值不大于 90%。

③ 海拔：一般不超过 1000m。

对于安装在海拔高于 1000m 处的设备，应考虑设备的绝缘水平。由于高海拔地区空气稀薄，电器的外绝缘易击穿，所以采用加强绝缘型电器，加大空气绝缘距离，或在开关柜内增加绝缘防护措施。在设备订货时，需注明。

④ 地震烈度：不超过 8 度。

⑤ 其他条件：周围没有火灾、爆炸危险、严重污染、化学腐蚀及剧烈振动的场所。

2）KYN 系列高压开关柜的五防。

① 防止误分、误合断路器。

只有操作指令与操作设备对应才能对被操作设备操作。

② 防止带负荷分、合隔离开关。

系统中断路器处于合闸状态下，不能操作隔离开关，这里的隔离开关指的是手车。比如：高压开关柜内的真空断路器手车在试验位置合闸后，手车断路器无法进入工作位置，需要断路器分闸后，才能操作手车。

③ 防止带电合接地开关。

只有在断路器分闸状态时，才能操作隔离开关或手车从工作位置退至试验位置，才能合上接地开关。

④ 防止带接地开关合隔离开关。

只有当接地开关处于分闸状态时，才能合隔离开关或手车进至工作位置，才能操作断路器。

⑤ 防止误入带电间隔。

只有高压开关柜内隔室不带电时，才能开门进入隔室。

3）KYN 系列高压开关柜一次接线方案。

国内生产 KYN 系列高压开关柜的厂家众多，所生产的高压开关柜均引用以下标准：

① GB 1984—2014《高压交流断路器》。

② GB/T 3906—2020《3.6kV～40.5kV 交流金属封闭开关设备和控制设备》。

③ GB/T 11022—2011《高压开关设备和控制设备标准的共用技术要求》。

每个生产厂家的高压开关柜产品样本中的一次方案接线图都是各产品的标准图，用户可以根据自己的需求对订购的每台高压开关柜进行规定，即当一个标准方案解决不了时，可以用几个单元方案组合而成。每个生产厂家生产的高压开关柜都有自己的一次接线方案，不同厂家的每个方案编号所对应的一次方案接线图不一定相一致。

KYN28 系列 10kV、20kV 高压开关柜一次方案接线参考图如图 6-3～图 6-15 所示。

设备型号	KYN28	KYN28	KYN28	KYN28	KYN28	KYN28
回路名称	进线、出线	进线、出线	进线、出线	进线、出线	进线、出线	进线、出线
方案编号	001	002	003	004	005	006
一次方案接线图 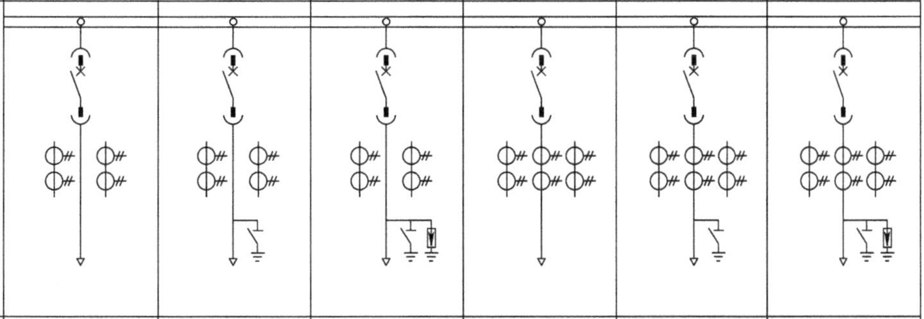						
额定电流/A	630～1600	630～1600	630～1600	630～1600	630～1600	630～1600
一次主要设备元件 真空断路器	1	1	1	1	1	1
电流互感器	2	2	2	3	3	3
电压互感器						
高压熔断器						
接地开关		1	1		1	1
高压避雷器			3			3
带电显示						
备注	柜体尺寸:额定电流1600A以下宽×深×高为800(650)×1500×2300(mm);额定电流1600A为1000(800、650)×1500×2300(mm)					

图 6-3　KYN28 系列 10kV、20kV 高压开关柜一次方案接线参考图 1

设备型号	KYN28	KYN28	KYN28	KYN28	KYN28	KYN28
回路名称	联络(右)	联络(右)	联络(左)	联络(左)	联络(右)	联络(右)
方案编号	007	008	009	010	011	012
一次方案接线图 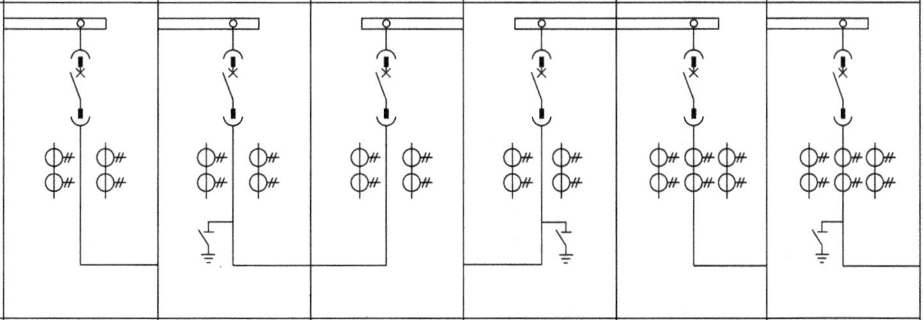						
额定电流/A	630～1600	630～1600	630～1600	630～1600	630～1600	630～1600
一次主要设备元件 真空断路器	1	1	1	1	1	1
电流互感器	2	2	2	2	3	3
电压互感器						
高压熔断器						
接地开关		1		1		1
高压避雷器						
带电显示						
备注	柜体尺寸:额定电流1600A以下宽×深×高为800(650)×1500×2300(mm);额定电流1600A为1000(800、650)×1500×2300(mm)					

图 6-4　KYN28 系列 10kV、20kV 高压开关柜一次方案接线参考图 2

设备型号		KYN28	KYN28	KYN28	KYN28	KYN28	KYN28
回路名称		联络(左)	联络(左)	架空进线(左联络)	架空进线(左联络)	架空进线(右联络)	架空进线(右联络)
方案编号		013	014	015	016	017	018
一次方案接线图		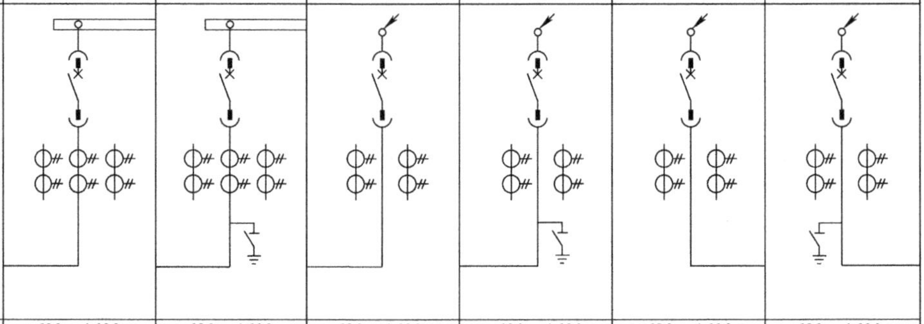					
额定电流/A		630～1600	630～1600	630～1600	630～1600	630～1600	630～1600
一次主要设备元件	真空断路器	1	1	1	1	1	1
	电流互感器	3	3	2	2	2	2
	电压互感器						
	高压熔断器						
	接地开关		1		1		1
	高压避雷器						
	带电显示						
备注		柜体尺寸: 额定电流1600A以下宽×深×高为800(650)×1500×2300(mm);额定电流1600A为1000(800、650)×1500×2300(mm)					

图 6-5　KYN28 系列 10kV、20kV 高压开关柜一次方案接线参考图 3

设备型号		KYN28	KYN28	KYN28	KYN28	KYN28	KYN28
回路名称		架空进线(左联络)	架空进线(左联络)	架空进线(右联络)	架空进线(右联络)	架空进出线	架空进出线
方案编号		019	020	021	022	023	024
一次方案接线图		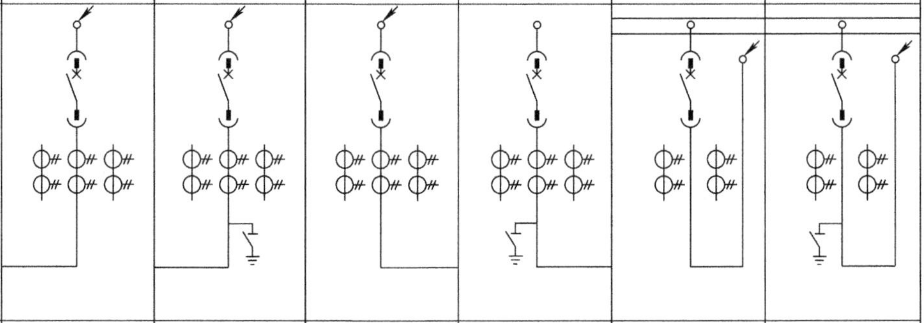					
额定电流/A		630～1600	630～1600	630～1600	630～1600	630～1600	630～1600
一次主要设备元件	真空断路器	1	1	1	1	1	1
	电流互感器	3	3	3	3	2	2
	电压互感器						
	高压熔断器						
	接地开关		1		1		1
	高压避雷器						
	带电显示						
备注		柜体尺寸: 额定电流1600A以下宽×深×高为800(650)×1500×2300(mm);额定电流1600A为1000(800、650)×1500×2300(mm)					

图 6-6　KYN28 系列 10kV、20kV 高压开关柜一次方案接线参考图 4

设备型号		KYN28	KYN28	KYN28	KYN28	KYN28	KYN28
回路名称		架空进出线	架空进出线	架空进出线	架空进出线	电缆进线+PT	电缆进线+PT
方案编号		025	026	027	028	029	030
一次方案接线图		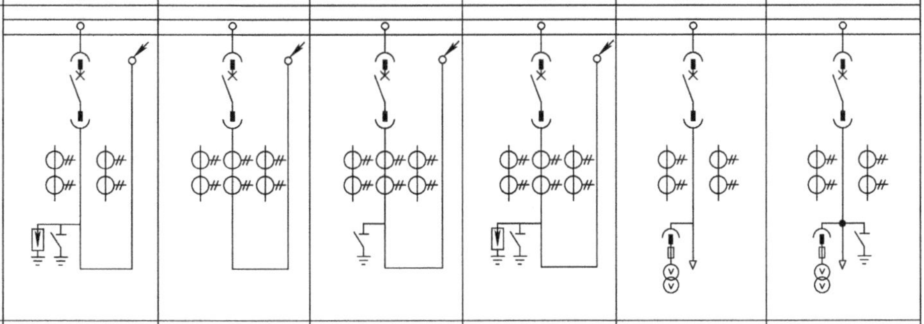					
额定电流/A		630～1600	630～1600	630～1600	630～1600	630～1600	630～1600
一次主要设备元件	真空断路器	1	1	1	1	1	1
	电流互感器	2	3	3	3	2	2
	电压互感器					2	2
	高压熔断器					3	3
	接地开关	1		1	1		1
	高压避雷器	3			3		
	带电显示						
备注		柜体尺寸: 额定电流1600A以下宽×深×高为800(650)×1500×2300(mm);额定电流1600A为1000(800、650)×1500×2300(mm)					

图 6-7　KYN28 系列 10kV、20kV 高压开关柜一次方案接线参考图 5

设备型号		KYN28	KYN28	KYN28	KYN28	KYN28	KYN28
回路名称		电缆进线+PT	电缆进线+PT	电缆进线+PT	电缆进线+PT	电缆进线+PT	电缆进线+PT
方案编号		031	032	033	034	035	036
一次方案接线图		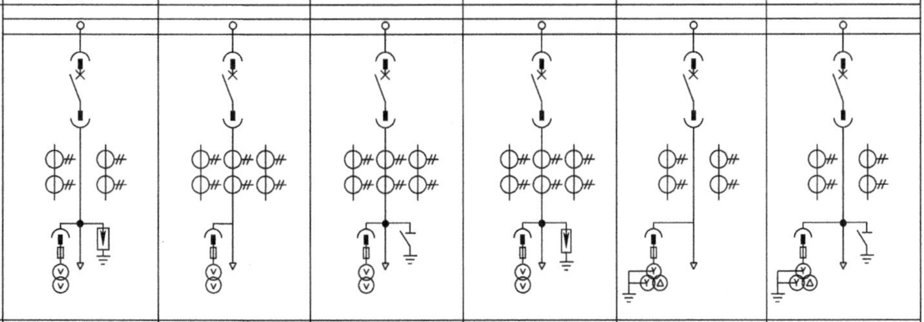					
额定电流/A		630～1600	630～1600	630～1600	630～1600	630～1600	630～1600
一次主要设备元件	真空断路器	1	1	1	1	1	1
	电流互感器	2	3	3	3	2	2
	电压互感器	2	2	2	2	3	3
	高压熔断器	3	3	3	3	3	3
	接地开关			1			1
	高压避雷器	3			3		
	带电显示						
备注		柜体尺寸: 额定电流1600A以下宽×深×高为800(650)×1500×2300(mm);额定电流1600A为1000(800、650)×1500×2300(mm)					

图 6-8　KYN28 系列 10kV、20kV 高压开关柜一次方案接线参考图 6

设备型号	KYN28	KYN28	KYN28	KYN28	KYN28	KYN28
回路名称	电缆进线+PT	电压测量	电压测量	电压测量+避雷	电压测量+避雷	电压测量+避雷
方案编号	037	038	039	040	041	042
一次方案接线图 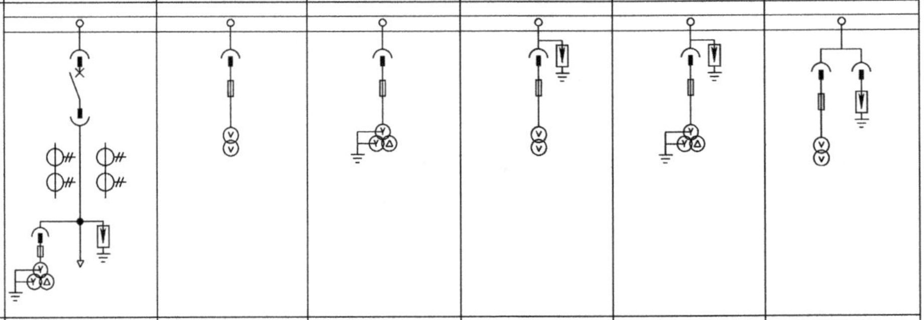						
额定电流/A	630～1600	630～1600	630～1600	630～1600	630～1600	630～1600
一次主要设备元件 真空断路器	1					
电流互感器	2					
电压互感器	3	2	3	2	3	2
高压熔断器	3	3	3	3	3	3
接地开关						
高压避雷器	3			3	3	3
带电显示						
备注	柜体尺寸：额定电流1600A以下宽×深×高为800(650)×1500×2300(mm)；额定电流1600A为1000(800、650)×1500×2300(mm)					

图 6-9　KYN28 系列 10kV、20kV 高压开关柜一次方案接线参考图 7

设备型号	KYN28	KYN28	KYN28	KYN28	KYN28	KYN28
回路名称	电缆进线+PT	电压测量+母联	电压测量+母联	电压测量+母联	电压测量+母联	电压测量+避雷+母联
方案编号	043	044	045	046	047	048
一次方案接线图 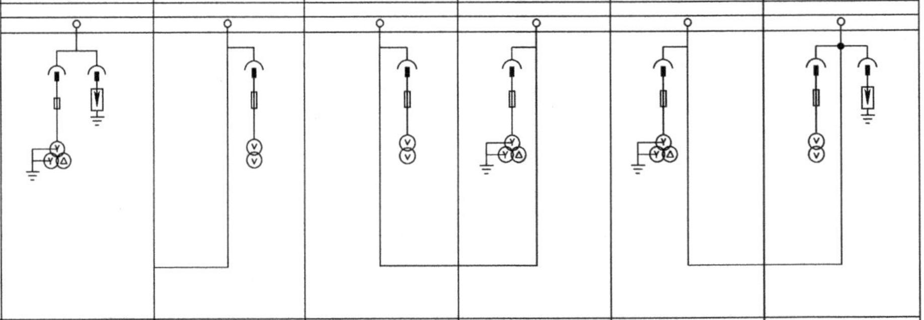						
额定电流/A	630～1600	630～1600	630～1600	630～1600	630～1600	630～1600
一次主要设备元件 真空断路器						
电流互感器						
电压互感器	3	2	2	3	3	2
高压熔断器	3	3	3	3	3	3
接地开关						
高压避雷器	3					3
带电显示						
备注	柜体尺寸：额定电流1600A以下宽×深×高为800(650)×1500×2300(mm)；额定电流1600A为1000(800、650)×1500×2300(mm)					

图 6-10　KYN28 系列 10kV、20kV 高压开关柜一次方案接线参考图 8

设备型号	KYN28	KYN28	KYN28	KYN28	KYN28	KYN28
回路名称	电压测量+避雷+母联	电压测量+避雷+母联	电压测量+避雷+母联	母联(左)	母联(右)	隔离
方案编号	049	050	051	052	053	054
一次方案接线图 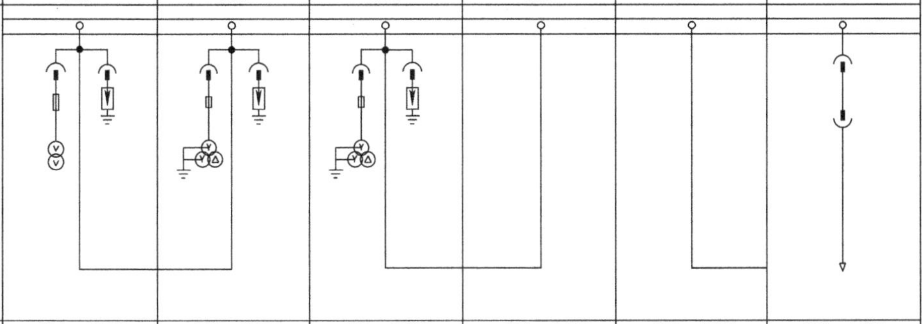						
额定电流/A	630～1600	630～1600	630～1600	630～1600	630～1600	630～1600
一次主要设备元件　真空断路器						
电流互感器						
电压互感器	2	3	3			
高压熔断器	3	3	3			
接地开关						
高压避雷器	3	3	3			
带电显示						
备注	柜体尺寸：额定电流1600A以下宽×深×高为800(650)×1500×2300(mm)；额定电流1600A为1000(800、650)×1500×2300(mm)					

图 6-11　KYN28 系列 10kV、20kV 高压开关柜一次方案接线参考图 9

设备型号	KYN28	KYN28	KYN28	KYN28	KYN28	KYN28
回路名称	隔离+联络(左)	隔离+联络(右)	隔离+电压测量+联络(左)	隔离+电压测量+联络(右)	出线变相	出线变相
方案编号	055	056	057	058	059	060
一次方案接线图 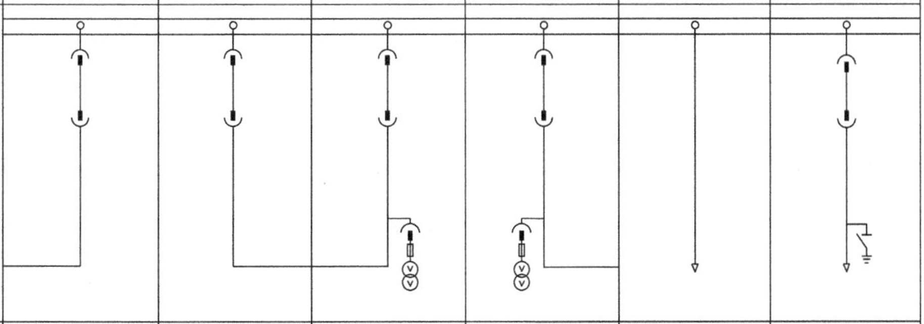						
额定电流/A	630～1600	630～1600	630～1600	630～1600	630～1600	630～1600
一次主要设备元件　真空断路器						
电流互感器						
电压互感器			2	2		
高压熔断器			3	3		
接地开关						1
高压避雷器						
带电显示						
备注	柜体尺寸：额定电流1600A以下宽×深×高为800(650)×1500×2300(mm)；额定电流1600A为1000(800、650)×1500×2300(mm)					

图 6-12　KYN28 系列 10kV、20kV 高压开关柜一次方案接线参考图 10

设备型号		KYN28	KYN28	KYN28	KYN28	KYN28	KYN28
回路名称		计量+联络(左)	计量+联络(右)	计量+联络(左)	计量+联络(右)	计量+联络(左)	计量+联络(右)
方案编号		061	062	063	064	065	066
一次方案接线图		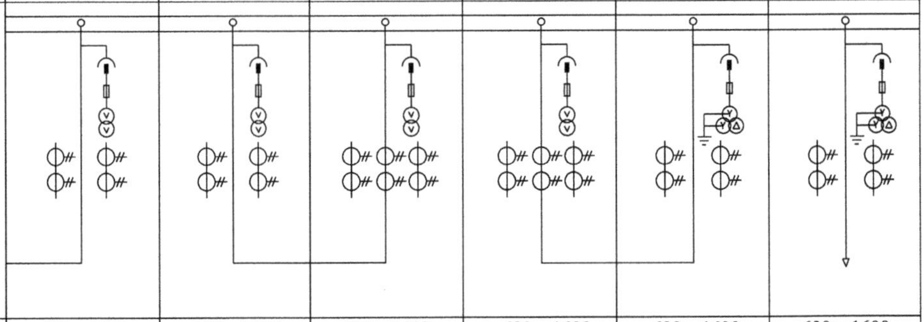					
额定电流/A		630～1600	630～1600	630～1600	630～1600	630～1600	630～1600
一次主要设备元件	真空断路器						
	电流互感器	2	2	3	3	2	2
	电压互感器	2	2	2	2	3	3
	高压熔断器	3	3	3	3	3	3
	接地开关						
	高压避雷器						
	带电显示						
备注		柜体尺寸：额定电流1600A以下宽×深×高为800(650)×1500×2300(mm);额定电流1600A为1000(800、650)×1500×2300(mm)					

图 6-13　KYN28 系列 10kV、20kV 高压开关柜一次方案接线参考图 11

设备型号		KYN28	KYN28	KYN28	KYN28	KYN28	KYN28
回路名称		计量+联络(左)	计量+联络(右)	计量+联络(左)	计量+联络(右)	计量+联络(左)	计量+联络(右)
方案编号		067	068	069	070	071	072
一次方案接线图		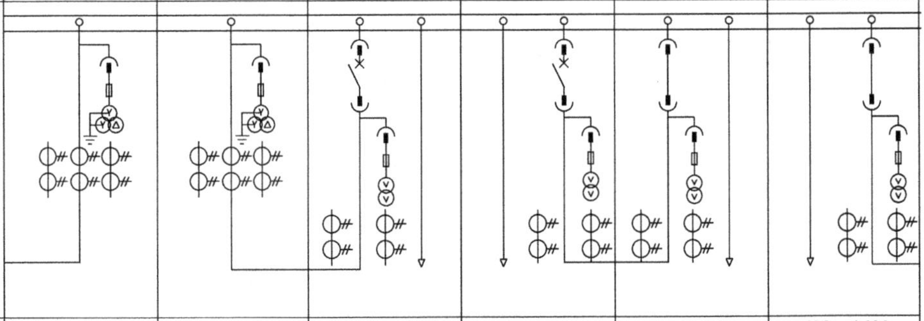					
额定电流/A		630～1600	630～1600	630～1600	630～1600	630～1600	630～1600
一次主要设备元件	真空断路器			1	1		
	电流互感器	3	3	2	2	2	2
	电压互感器	3	3	2	2	2	2
	高压熔断器	3	3	3	3	3	3
	接地开关						
	高压避雷器						
	带电显示						
备注		柜体尺寸：额定电流1600A以下宽×深×高为800(650)×1500×2300(mm);额定电流1600A为1000(800、650)×1500×2300(mm)					

图 6-14　KYN28 系列 10kV、20kV 高压开关柜一次方案接线参考图 12

设备型号	KYN28	KYN28	KYN28	KYN28	KYN28	KYN28
回路名称	计量+联络(左)	计量+联络(右)	计量+联络(左)	计量+联络(右)	所用变	电容器柜
方案编号	073	074	075	076	077	078
一次方案接线图 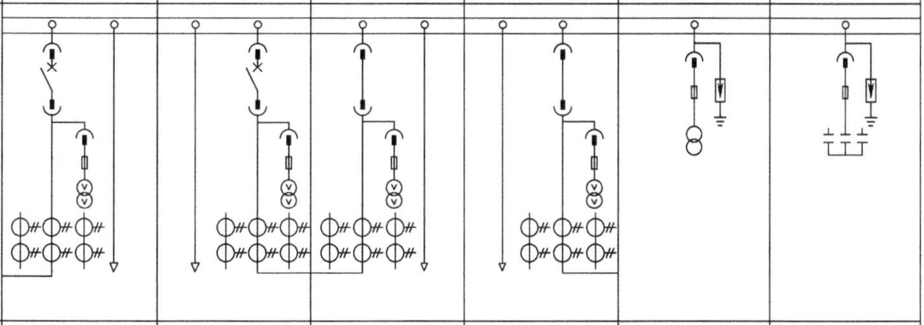						
额定电流/A	630～1600	630～1600	630～1600	630～1600	630～1600	630～1600
一次主要设备元件　真空断路器	1	1				
电流互感器	3	3	3	3		
电压互感器	2	2	2	2		
高压熔断器	3	3	3	3	3	3
变压器					1	
高压避雷器					3	3
电容器						3
备注	柜体尺寸:额定电流1600A以下宽×深×高为800(650)×1500×2300(mm);额定电流1600A为1000(800、650)×1500×2300(mm)					

图 6-15　KYN28 系列 10kV、20kV 高压开关柜一次方案接线参考图 13

20kV 和 35kV 铠装移开式交流金属封闭开关设备一次接线方案可参考图 6-3～图 6-15。

4）KYN 系列高压开关柜主要一次元器件。

① 高压断路器及主要技术参数。

高压断路器主要分为油断路器、空气断路器、六氟化硫断路器和真空断路器。油断路器是以绝缘油作为灭弧介质的断路器，这是一种历史悠久的断路器，现已淘汰；空气断路器以高速流动的压缩空气作为灭弧介质及兼做操作机构的断路器，又称为压缩空气断路器，由于其结构复杂，工艺要求较高，还需耗费有色金属而应用不多。目前使用最多的是六氟化硫断路器和真空断路器。

六氟化硫断路器采用具有优良灭弧能力的惰性气体 SF_6 作为灭弧介质的断路器，具有分断能力强，全开断时间短，体积小，重量轻，维护工作量小，噪声低，安全性高，灭弧能力强，适用于户外，开断能力强，寿命长等优点，但其结构较复杂，制造工艺、材料要求高，价格也较贵，六氟化硫断路器主要应用于 35kV 以上的电压等级的配电系统。

真空断路器是利用真空的高绝缘性能来实现灭弧的断路器，相对于六氟化硫断路器来说，真空断路器更环保。并且具有结构紧凑，体积小，重量轻，寿命长，维护量小，防燃，防爆，适于频繁操作等优点，价格较低，受所使用场地的环境影响小，常用于户内，国内技术水平已过关，产品可靠性有保障，数据中心用的高压断路器基本采用的是真空断路器。

10kV、20kV 和 35kV 真空断路器的主要参数见表 6-1～表 6-3。

10kV、20kV 和 35kV 的真空断路器的品牌和型号有很多种，远不止表 6-1～表 6-3 中所示，表中只是列出数据中心常用的两个系列的高压真空断路器。

在数据中心的高压配电系统设计中，需要在进线柜、联络柜和出线柜中设置相应的高压断路器。

表 6-1　10kV 真空断路器的主要参数

项目		单位	数据
型号			VD4、VS1
额定电压		kV	12
额定绝缘水平	1min 工频耐受电压	kV	42
	雷电冲击耐受电压（全波）	kV	75
额定频率		Hz	50
母线额定电流		A	630、1250、1600
额定短时耐受电流		kA/4s	25、31.5
额定峰值耐受电流		kA	63、80

表 6-2　20kV 真空断路器的主要参数

项目		单位	数据	
型号			VD4	VS1
额定电压		kV	24	
额定绝缘水平	1min 工频耐受电压	kV	50（65）	65
	雷电冲击耐受电压（全波）	kV	125	125
额定频率		Hz	50	
母线额定电流		A	630、1250、1600	
额定短时耐受电流		kA/4s	25	
额定峰值耐受电流		kA	63	

表 6-3　35kV 真空断路器的主要参数

项目		单位	数据	
型号			VD4	ZN
额定电压		kV	40.5	
额定绝缘水平	1min 工频耐受电压	kV	95	
	雷电冲击耐受电压（全波）	kV	185	
额定频率		Hz	50	
母线额定电流		A	1250、1600	630、1250、1600
额定短时耐受电流		kA/4s	31.5	20、25、31.5
额定峰值耐受电流		kA	80	50、63、80

② 高压隔离开关。

高压隔离开关的主要用途是隔离高压配电系统中的市电电源，其主要功能是保证高压电器及装置在检修工作时的人员安全。隔离开关使检修设备与带电部分可靠地断开、隔离，它不能用于切断、投入负荷电流和开断短路电流。在 KYN 系列高压开关柜中，隔离开关不是传统的隔离开关，而是以隔离手车的形式出现的，其隔离手车拉出即可保证一次电路的断开和隔离。

在数据中心的高压配电系统设计中，隔离手车一般设在头柜和联络柜中。为了防止带电拉出隔离手车的误操作，需要设置机械和电气联锁装置。

③ 高压熔断器。

作为高压配电系统一次元器件，高压熔断器的主要功能是对电路设备进行短路保护，也可作为配电变压器和配电线路的过负荷与短路保护，在数据中心高压配电系统一次接线图中是作为电压互感器的短路保护。

④ 电压互感器。

电压互感器是保证供电系统安全运行的重要元器件，也是一次接线系统和二次接线系统间的重要联络元器件。电压互感器分为电磁式和电容式两种，在这里的电压互感器主要指的是电磁式电压互感器，它的工作原理与变压器相同。其结构特点就是一次绕组匝数多，二次绕组匝数少，相当于降压变压器。电压互感器可以将一次接线系统的高电压变换成 100V 或（$100/\sqrt{3}$）V 的低电压，供给测量仪表和保护装置的电压线圈。从基本结构和工作原理上看，电压互感器也是一种特殊的变换器件。

电压互感器工作时，一次绕组与被测电路并联，二次绕组与测量仪表和保护装置的电压线圈并联；由于二次侧所接测量仪表和保护装置的电压线圈阻抗很大且负荷比较恒定，所以在正常情况下，电压互感器近似于开路状态。

电压互感器一、二次绕组的额定电压 U_{N1} 和 U_{N2} 之比称为额定电压比，用 K_{TV} 表示，近似等于一、二次绕组的匝数之比，即

$$K_{TV} = \frac{U_1}{U_2} \approx \frac{U_{N1}}{U_{N2}} = \frac{N_1}{N_2} \quad\quad (6\text{-}1)$$

式中　N_1——一次绕组的匝数；

　　　N_2——二次绕组的匝数。

电压互感器在数据中心高压配电系统中应用非常广泛，进线 PT 柜、计量柜均需设置电压互感器。

高压配电系统一次元器件中的互感器分为测量级和保护级两种，电压互感器一般分为单相双绕组接线、两台单相 V/V 形接线、三相五柱形接线方式，电压测量一般采用 V/V 形接线的电压互感器，常见于计量柜、测量柜；测量加保护一般采用三相五柱形电压互感器，通常用于进线柜。电压互感器 V/V 形接线和三相五柱形接线图如图 6-16 所示。

数据中心 10kV 供电系统中一般都会选用三相五柱形电压互感器，这种电压互感器接成 Y0/Y0/ 三角形联结，不同于三相三柱形电压互感器，它既能测量线电压和相电压，又能组成绝缘监察装置和供单相接地保护用。

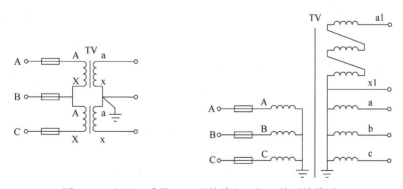

图 6-16　电压互感器 V/V 形接线和三相五柱形接线图

⑤ 电流互感器。

电流互感器是一次接线系统和二次接线系统间的重要联络元器件。电流互感器的工作

原理也与变压器相似，其结构特点是一次绕组串联在一次电路中，绕组匝数很少而导线很粗，绕组中流过的电流是被测电路的负荷电流；二次绕组与测量仪表和保护装置的电流线圈串联，匝数很多且导线很细；由于二次侧所接的测量仪表、继电器等的线圈阻抗非常小，正常情况下，电流互感器的二次侧近似于短路状态。电流互感器可以将一次接线系统的较高的交流电流变成 5A 或 1A 的小电流，以供给测量仪表和保护装置的电流线圈。

电流互感器的一次电流 I_1 与二次电流 I_2 之比为电流互感器的电流比，即

$$K_{TA} = \frac{I_1}{I_2} \approx \frac{I_{N1}}{I_{N2}} = \frac{N_2}{N_1} \tag{6-2}$$

式中 N_1——一次绕组的匝数；

N_2——二次绕组的匝数。

电流互感器在数据中心高压配电系统中的应用非常广泛，进线柜、计量柜、出线柜、联络柜均需要设置电流互感器。

高压配电系统一次元器件中的电流互感器分为测量级和保护级两种，电流互感器一般为两个铁心和两个二次绕组结构，在二次回路中分别接测量仪（电流）表并和继电装置配合，用于测量和保护，当线路发生短路、过电流等故障时，向继电装置供电切断故障线路，以保护线路中的设备。测量级以装在计量柜中的电流互感器（一般为供电部门选配）的准确度最高，进线柜、出线柜、联络柜的次之。

另外，还有一种互感器叫作零序电流互感器，指的是在 10kV 配电系统中进线柜和馈电柜进出线电缆使用的（穿芯式）零序电流互感器。零序电流互感器也起保护作用。当三相电发生不平衡时，零序电流互感器有电流输出，并起动电路中的保护装置动作。

⑥ 接地开关。

高压开关柜内的接地开关的主要作用是防止操作人员误入带电间隔，并保护维护人员的正常维护操作。

接地开关是由电动操作机构和接地开关本体两部分组成。电动操作可实现接地开关电动分合闸，当电机断电后，可手动操作接地开关，同时，机构可实现电动、手动操作切换。

5）结构特点。

KYN 系列高压开关柜主要由柜体和可移开部件（手车）两大部分组成。

柜体内部的主要电器元件都有用金属隔板分成的独立功能隔室，如母线室、断路器手车室、电缆室和继电器仪表室等。除了继电器仪表室外，其他三个隔室都分别有泄压通道。当隔室内发生故障产生电弧时，开关柜内部气压升高，其泄压装置被自动打开，释放压力和高温气体，确保操作人员和开关设备的安全。

手车分为真空断路器手车、电压互感器手车、避雷器手车、隔离手车和熔断器手车等，同规格的手车可以自由互换。手车在柜体内有断开 / 试验和工作位置，每一位置都分别有定位装置，以保证联锁可靠。各种手车均采用丝杆推进、退出，操作轻便、灵活，方便维护操作。

高压开关柜外壳防护等级为 IP4X，各隔室的防护等级应不低于 IP2X。

6）KYN 系列高压开关柜的外形尺寸。

不同厂家相同配置的高压开关柜的外形尺寸可能会略有偏差，KYN 系列高压开关柜的外形尺寸见表 6-4。

表 6-4　KYN 系列高压开关柜的外形尺寸

项目		10kV	20kV	35kV
宽度 /mm		800（1000）	1000	1200
深度 /mm	电缆进出线	1580	1780	2800
	架空进出线	1780		
高度 /mm		2200	2400	2400

注：表中括号内尺寸为配置 1600A 真空断路器的柜体尺寸。

（2）金属封闭箱式开关柜

金属封闭箱式开关柜（用字母 X 来表示）：开关柜外壳为金属封闭式的开关设备。如 HXGN 型高压环网柜。

高压环网柜是一组高压开关设备装在钢板金属柜体内或做成拼装间隔式环网供电单元的电气设备，其核心部分采用负荷开关和熔断器（或断路器），具有结构简单、体积小、价格低，可提高供电参数和性能以及供电安全等优点。

在实际工程项目应用中，金属封闭箱式开关柜主要针对的是高压环网柜。高压环网柜原指那些用于环网式供电的负荷开关柜，而在实际应用中，它并不是单一作为环网式供电模式的，所以，环网柜只是一种对这种高压开关柜约定的称呼而已。高压环网柜主要应用于环网式供电系统、高压分界室配电系统、高压末端供配电系统等场所。由于各地供电部门对高压环网柜允许使用的变压器容量要求并不统一，一般在 1250kV·A 左右。在数据中心实际项目中，高压环网柜主要应用于高压末端供配电系统，以 10kV 电压等级的高压环网柜为主，通常用于变压器分层供电的数据中心或容量较小的数据中心工程项目中，除此之外，它还被使用于户外型箱式（预装式）变电站中。

在变压器容量不大于 1000kV·A 时，因容量不大，其高压回路通常采用负荷开关、真空接触器控制，并配有高压熔断器保护；当变压器容量大于 1000kV·A 时，应采用真空断路器或六氟化硫断路器保护。

高压环网柜的型号没有统一的规定，不同厂商有各自的命名方式，很多生产企业对自己生产的环网柜自行命名。这里只列出 HXGN 系列的环网柜的型号命名参照规定：

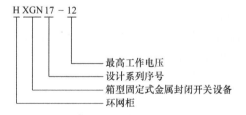

1）高压环网柜的使用条件。

① 环境温度：最高温度不超过 40℃（上限），一般地区为 -5℃，特殊地区最低可以到 -40℃（下限），最大日平均温差为 25℃。

环境温度过高，金属的导电率会降低，电阻增加，表面氧化作用加剧；另外，过高的温度，也会使柜内的绝缘件的寿命大大缩短，绝缘强度下降。反之，环境温度过低，在绝缘件中会产生内应力，最终会导致绝缘件的破坏。

② 环境湿度：日相对湿度的平均值不大于 95%；月相对湿度的平均值不大于 90%。

③ 海拔高度：一般不超过 1000m。

对于安装在海拔高于 1000m 处的设备，应考虑设备的绝缘水平。由于高海拔地区空气稀薄，电器的外绝缘易击穿，所以采用加强绝缘型电器，加大空气绝缘距离，或在开关柜内增加绝缘防护措施。在设备订货时，需注明。

④ 地震烈度：不超过 8 度。

⑤ 其他条件：周围没有火灾、爆炸危险、严重污染、化学腐蚀及剧烈振动的场所。

2）高压环网柜的"五防"。

① 防止带负荷分、合隔离开关。

断路器、负荷开关、接触器合闸状态不能操作隔离开关。

② 防止误分、误合断路器、负荷开关、接触器。

只有操作指令与操作设备对应才能对被操作设备操作。

③ 防止接地开关处于闭合位置时关合断路器、负荷开关。

只有当接地开关处于分闸状态，才能合隔离开关或手车进至工作位置，才能操作断路器、负荷开关闭合。

④ 防止在带电时误合接地开关。

只有在断路器分闸状态，才能操作隔离开关或手车从工作位置退至试验位置，才能合上接地开关。

⑤ 防止误入带电室。

只有隔室不带电时，才能开门进入隔室。

3）高压环网柜一次接线方案。

国内生产高压环网柜的厂家很多，所生产的高压环网柜主要引用的是以下标准：

① GB 1984—2014《高压交流断路器》。

② GB/T 3906—2020《3.6kV～40.5kV 交流金属封闭开关设备和控制设备》。

③ GB/T 11022—2011《高压开关设备和控制设备标准的共用技术要求》。

④ GB 3804—2004《3-63kV 交流高压负荷开关》。

⑤ GB 16926—2009《交流高压负荷开关—熔断器组合电器》。

⑥ GB 1985—2014《高压交流隔离开关和接地开关》。

每个生产厂家的高压环网柜产品样本中的一次方案接线图都是各产品的标准图，用户可根据自己的需求对订购的每台高压环网柜进行规定，即可对一个标准方案进行修改。不同厂家的高压环网柜的一次接线图是有差异的，在订货中需要注意。

高压环网柜一次接线方案如图 6-17～图 6-19 所示。

4）高压环网柜主要一次元器件。

① 负荷开关。

负荷开关是介于断路器和隔离开关之间的一种开关电器，具有简单的灭弧装置，能切断额定负荷电流和一定的过载电流，但不能切断短路电流。负荷开关具有合闸、分闸、接地三种工位状态。负荷开关多采用六氟化硫（SF_6）式高压负荷开关，运用 SF_6 作灭弧和绝缘介质，其具有开断电流大、开断电容电流性能好等特点。开关外壳设两个成塑性材料的窗口以便观察。负荷开关是高压环网柜的核心器件。

由于负荷开关不能开断短路电流，故常与限流式高压熔断器组合在一起使用，利用限流熔断器的限流功能，不仅能完成开断电路的任务，并且可减轻短路电流所引起的热和电动力的作用。

回路名称		进线	进线或出线	进线或出线	进线或出线	进线或出线	母线提升或出线柜
回路编号							
一次方案接线图		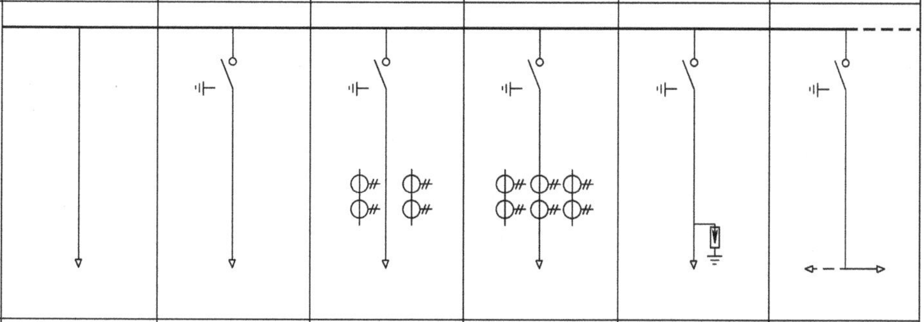					
计算电流/A							
一次主要设备元件	负荷开关及操作机构		1	1	1	1	1
	电流互感器			2	3		
	电压互感器						
	高压熔断器						
	接地开关						
	高压避雷器					3	
	带电显示	按用户需要					
备注							

图 6-17　高压环网柜一次接线方案 1

回路名称		负荷开关熔断器组合	负荷开关熔断器组合	负荷开关熔断器左右出线	带熔断器的接触器	隔离开关+断路器	隔离开关+断路器出线
回路编号							
一次方案接线图		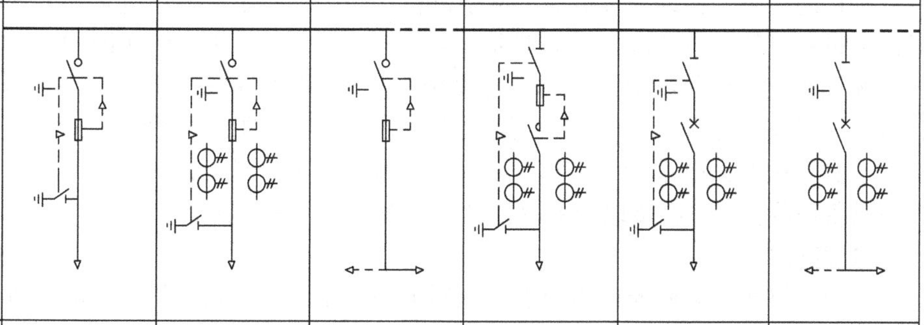					
计算电流/A							
一次主要设备元件	负荷开关及操作机构	1	1	1			
	断路器					1	1
	隔离开关				1	1	1
	接触器				1		
	电流互感器		2		2	2	2
	电压互感器						
	高压熔断器	3	3	3	3		
	接地开关	1	1		1	1	
	带电显示	按用户需要					
备注							

图 6-18　高压环网柜一次接线方案 2

回路名称	断路器	断路器+母线分段	负荷开关+母线分段	计量+出线	计量	母线提升柜
回路编号						
一次方案接线图 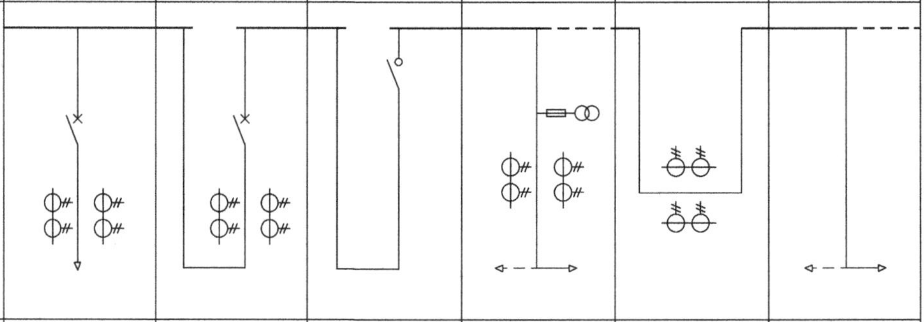						
计算电流/A						
一次主要设备元件 — 负荷开关及操作机构			1			
一次主要设备元件 — 断路器	1	1				
一次主要设备元件 — 隔离开关						
一次主要设备元件 — 接触器						
一次主要设备元件 — 电流互感器	2	2		2	2	
一次主要设备元件 — 电压互感器				1		
一次主要设备元件 — 高压熔断器				3		
一次主要设备元件 — 接地开关						
一次主要设备元件 — 带电显示	按用户需要					
一次主要设备元件 — 备注						

图 6-19　高压环网柜一次接线方案 3

② 接地开关。

接地开关是用于将带电回路接地的一种机械式开关装置，是作为检修时保证人身安全的一种接地装置。在维护人员对环网柜进行检修时，对于可能送电至停电设备的各个方向或停电设备可能产生感应电压的都要合上接地开关，这是为了防止维护人员在停电设备工作时突然来电，确保维护人员的人身安全，同时环网柜所断开的电器设备上的剩余电荷，也可通过接地开关的接地而释放。接地开关也是环网柜的主要器件之一。

在数据中心供电系统中，基本没有两路市电电源并联运行的情况，所以，高压环网柜并不具备环网作用。在接地开关设置时，也需要考虑这一点。

③ 熔断器。

高压环网柜用熔断器的主要功能是对电路设备进行短路保护，一般与负荷开关配合使用，作为不具备短路性能的负荷开关的短路保护。熔断器选择表见表 6-5。

表 6-5　熔断器选择表

工作电压 /kV	变压器容量 /kV·A											
	125	160	200	250	315	400	500	630	800	1000	1250	1600
	熔断器额定电流 /A											
10	16	25	25	25	40	40	63	63	63	80	100	100

5）结构特点。

高压环网柜柜内结构一般包括母线室、开关室、电缆室、操作机构、联锁机构和低压控制室，具体如下：

① 母线室。

位于柜的上部。在母线室中主母线连接在一起，贯穿整排开关柜。

② 开关室。

开关室内一般配置的是负荷开关。负荷开关的外壳为环氧树脂浇注而成，充 SF$_6$ 气体为绝缘介质，在壳体上设有观察孔。开关室内可根据客户要求装设 SF$_6$ 气体密度表或带报警触点的气体密度器。

开关室也可根据用户要求装设断路器。

③ 电缆室。

电缆室主要用于电缆连接，使电缆可以采用最简单的非屏蔽电缆头进行连接，同时还可以容纳避雷器、电流互感器、接地开关等元件。按标准设计，柜门应有观察窗和安全联锁装置。电缆室底板应配密封盖和带支撑架的大小相宜的电缆夹。电缆室底板和门前框应可以拆下，方便电缆安装。

④ 操作机构、联锁机构和低压控制室。

带联锁的低压控制室内装有带位置指示器的弹簧操作机构和机械联锁装置，也可装设辅助触点、跳闸线圈、紧急跳闸机构、电容式带电显示器钥匙锁和电动操作装置，同时低压控制室还可装设控制回路、计量仪表和保护继电器。

（3）高压开关柜柜型

高压开关柜分为进线柜、隔离柜、PT 柜、计量柜、联络柜（包括母线提升柜）、补偿柜、出线柜、转换柜等。

1）进线柜。

高压进线柜作为高压市电电源的受电的柜体，通常指设置高压断路器的接受市电电源或接受备用发电机组电源的高压开关柜。

2）隔离柜。

隔离柜内设置隔离开关或隔离手车，数据中心用隔离柜都是应用隔离手车作为进线断路器前端的隔离保护。

3）PT 柜。

高压互感器柜都是指电压互感器柜，又称为 PT 柜。PT 柜中的主要一次元件为电压互感器，电压互感器可以将一次接线系统的高电压变换成 100V 或（100/$\sqrt{3}$）V 的低电压，用来测量电压和保护电压。

4）计量柜。

通常作为供电部门计费用的柜体，是供电部门专用计量柜。柜中的电压互感器和电流互感器为供电部门指定或专供，可以监控和计量这个系统的电能用量。

5）联络柜。

联络柜是用来连接两个分段运行的高压母线段的设备，用于双路市电电源供电的高压配电系统。联络柜中设有联络用高压断路器，用于当两段母线的其中一个进线断路器失电时，通过合上联络用断路器将两段低压母线相连。联络用断路器与两个进线断路器设有联锁装置，保证在动作时供电系统的运行安全。三个断路器之间的倒换可以选择自动转换或手动转换，恢复也可选择自动恢复或手动恢复。

6）补偿柜。

补偿柜又称为无功功率补偿柜，柜中的并联滤波补偿成套装置一般用于数据中心 10kV

用电设备的无功功率补偿，用以抑制电网谐波，调整、平衡电网电压，提高功率因数，降低损耗，改善供电质量。

7）出线柜。

出线柜又称为变压器柜或馈电柜，是负责把电源输送到变压器或二级高压配电系统，并提供过电流、短路等保护的高压开关柜。出线柜中以断路器、电流互感器、接地开关、用电显示为主要元器件。

8）母线提升柜。

带手车的高压开关柜一般标准柜型内都无法使左（右）下进线变为柜顶上出线，这就要求在系统中设置母线提升柜，用以将左（右）下进线通过母排提升至柜顶上出线。

9）转换柜。

高压配电系统的转换柜是负责两个电源之间的转换，通常为市电电源与高压发电机组之间的转换，市电电源的电压等级与高压发电机组的电压等级相等。

6.3.2 变压器

变压器是用来变换交流电压电流而输送交流电能的一种静止的电器设备，它是利用电磁感应的原理来改变交流电压的装置。

数据中心用的变压器设备都是配电变压器，配电变压器通常是指运行在配电网中电压等级为 10～35kV、容量为 6300kV·A 及以下直接向终端用户供电的变压器，包括 35kV/0.4kV、20kV/0.4kV、10kV/0.4kV、35kV/10kV 变压器。

1. 变压器的分类

变压器的分类如下：

1）按冷却形式分为干式变压器、油浸式变压器。

2）按用途分为电力变压器、仪用变压器、试验变压器和特种变压器。

3）按铁心形式分为电工钢带变压器、非晶合金变压器。

4）按绕组形式分为双绕组变压器、三绕组变压器和自耦变压器。

5）按相数分为单相变压器、三相变压器。

6）按调压分为无载调压变压器、有载调压变压器。

数据中心工程中所配置的三相配电变压器属于电力变压器，为双绕组变压器，一般采用的是干式变压器，用于户内和户外型箱式变电站中。考虑到数据中心市电质量一般都较好，数据中心用的变压器基本都是非有载调压变压器。

干式变压器型号命名方式如下：

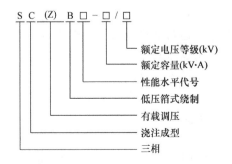

型号命名方式中的（Z）代表有载调压变压器，若采购的是非有载调压变压器时，只需标注 SCB 加后续方框内代号即可。性能水平代号通常表示此型号变压器的投入市场的时间，数字代号越大，说明此种变压器投入市场时间越晚。额定电压等级表示变压器初级输入电压等级，如 10kV/0.4kV 变压器的额定电压等级为 10kV。

2. 正常使用环境条件

海拔：不超过 1000m；

环境温度：最高温度	40℃；
最高月平均温度	30℃；
最高年平均温度	20℃；
最低温度	-25℃（适用于户外式变压器）；
最低温度	-5℃（适用于户内式变压器）；
湿度：日相对湿度平均值	≤ 95%；
月相对湿度平均值	≤ 90%。

当变压器需要在正常使用环境条件以外的场合使用时，在订货时需要注明，并需考虑变压器的降容。

3. 变压器的特性参数

（1）额定容量（Q）

指的是变压器在额定运行条件下，变压器连续输出能力的保证值。每台变压器的铭牌上都标有额定容量（kV·A）。

（2）联结组

变压器同侧绕组是按一定形式联结的，三相变压器的同一电压等级的相绕组，常见的变压器绕组有两种接法，即"三角形联结"和"星形联结"，三角形联结、星形联结对于一次绕组则分别用 D、Y 表示；对于二次绕组则分别用小写字母 d、y 表示。如果是星形联结有中性点引出时，则分别用 YN、yn 表示。变压器按高压、低压绕组联结的顺序组合起来就是绕组的联结组。

三角形联结也称为 D 接，变压器的三相线圈首末相连，形成一个闭合的三角形，有三角形联结的变压器带不平衡负荷的能力强，运行效果要比没有三角形联结的变压器好。配电变压器都应该有一侧线圈采用三角形联结，这样供电质量就会提高。

联结组标号 Dyn11 表示变压器一次联结形式，即一次绕组为三角形联结；二次绕组为星形联结。而标号中的 11 是指三相变压器的联结组标号是按钟面定则确定的，以高压侧线电压（或相电压）相量作为分钟并固定于 12 点位置不动，低压侧线电压（或相电压）向量作为逆时针旋转，每旋转 30° 为一个钟点累计。绕组间的电压相位移，以高压绕组的电压矢量作为原始位置，用时钟的时序数来表示。常用的 12 点钟相位移用 0 表示，11 点钟用 11 表示。低压旋转一个钟点累计，故用 11 表示。

数据中心使用的变压器都是降压变压器，10kV 的市电引入电源都是三线引入，没有中性线，而变压器的低压侧为有中性线的 0.4kV 的三相四线制电源，所以，数据中心用的变压器的联结图标号为 Dyn11。

（3）阻抗电压（$U_k\%$）

也称为短路电压（$U_d\%$），指的是将变压器的二次绕组短路，一次侧施加电压至额定电流值时，一次侧的电压和额定电压 U_e 之比的百分数。即：$U_d\%=U_d/U_e\times100\%$。

短路电压为变压器说明书中重要的技术数据之一。

（4）空载电流（$I_0\%$）

变压器二次侧开路时，一次侧仍有一定的电流，这部分电流称为空载电流。空载电流由磁化电流（产生磁通）和铁损电流（由铁心损耗引起）组成。

（5）空载损耗（P_0）

变压器二次侧开路时，变压器所消耗的有功功率又称为铁损。空载损耗即不变损失，与变压器的负载电流无关，但与元件所承受的电压有关。影响变压器空载性能的因素有很多，如硅钢片的材料性能、加工工艺及装备、铁心的结构型式等。

由于非晶合金变压器是以铁基非晶态金属作为铁心，其磁化及消磁较一般变压器的铁心材料容易，所以，非晶合金变压器的铁损比传统变压器要低。尤其在空载或低负载率时，其节能效果更明显。但非晶合金变压器的外观体积、采购价格相对较大。

（6）负载损耗（P_k）

当变压器二次绕组短路（稳态）时，一次绕组流通额定电流时所消耗的有功功率又称为铜损。变压器在运行时，绕组内通过电流会产生负载损耗。除基本绕组直流损耗外，还包括附加损耗。附加损耗主要有绕组涡流损耗、环流损耗和杂散损耗。

（7）分接范围

如果变压器在联结组之后有分接范围，说明在无载调压变压器的10.5kV的绕组的端部（或者尾部）上有数个抽头，用来改变变压器高低压绕组之间的匝数比，从而达到微调变压器的电压变比，使得低压侧电压能够在一定范围内能够（无载）调节，比如 ±2×2.5% 说明有5个高压分接抽头。如果此变压器低压侧电压为380V，当分接头在中间抽头位置上时，且变压器高压侧电压为10.5kV的情况下，低压侧电压一般是400V（空载电压），带上大部分负荷后变为380V。如果抽头放在2×2.5%或1×2.5%的位置上，低压侧的空载电压高于400V，带上负荷后的电压高于380V。如果抽头放在 −2×2.5% 或 −1×2.5% 位置上，低压侧的电压也相应地下降相同的百分比。而如果高压侧电压不足10.5kV，也可以通过调节分接头的位置来调整低压侧电压，原理是一样的。这样，当变压器安装在离开电源较远的地方且高压侧电压不足时，就可以通过分接头的调整来达到低压侧仍然输出合格电压。

4. 变压器的结构型式

由于变压器有空载损耗和负载损耗，数据中心的电力变压器是电力传输的最主要的耗能设备。在倡导数据中心节能减排的今天，数据中心在设计变压器时，都选择节能型变压器。

干式变压器按外壳型式主要分为全封闭干式变压器、封闭干式变压器和非封闭干式变压器。

1）全封闭干式变压器：置于无压力的密封外壳内，通过内部空气循环进行冷却的变压器。

2）封闭干式变压器：置于通风的外壳内，通过外部空气循环进行冷却的变压器。

3）非封闭干式变压器：不带防护外壳，通过空气自然循环或强迫空气循环进行冷却的变压器。

数据中心采用的有两种，即封闭干式变压器和非封闭干式变压器，封闭干式变压器应用在户内变配电机房或变压器室内，非封闭干式变压器应用在户外型箱式变电站内。

封闭干式变压器和非封闭干式变压器的区别在于封闭干式变压器带有外壳，而非封闭干式变压器则不带外壳。

5. 变压器技术数据

数据中心10kV/0.4kV变压器大量使用的是SCB11系列干式变压器，技术参数表见表6-6，20kV/0.4kV 和 35kV/0.4kV 的变压器使用的是SCB10系列干式变压器，技术参数表见表6-7和表6-8。由于各生产厂商的技术有差异，因此不同厂家生产的SCB11系列和SCB10系列的变压器的数据会略有偏差。目前市场上还有高效节能型SCB13系列的干式变压器，在数据中心选择变压器时，应综合各方面因素的具体要求选择哪个系列的干式变压器。

表 6-6　SCB11 系列 10kV/0.4kV 干式变压器技术参数表

变压器容量 /kV·A	联结组	损耗		空载电流 I_0%	阻抗电压 U_k%
		空载损耗 P_0 /W	负载损耗 P_k（75℃）/W		
100	Dyn11	360	1300	0.7	4
125		420	1530	0.7	
160		480	1760	0.7	
200		550	2090	0.7	
250		640	2280	0.7	
315		790	2870	0.7	
400		880	3300	0.7	
500		1040	4050	0.6	
630		1200	4860	0.6	
630		1170	4940	0.6	6
800		1360	5720	0.5	
1000		1590	6740	0.4	
1250		1880	8040	0.4	
1600		2200	9730	0.3	
2000		2740	11970	0.3	
2500		3240	14250	0.3	

表 6-7　SCB10 系列 20kV/0.4kV 干式变压器技术参数表

变压器容量 /kV·A	联结组	损耗		空载电流 I_0%	阻抗电压 U_k%
		空载损耗 P_0 /W	负载损耗 P_k（75℃）/W		
250	Dyn11	840	2900	1.0	6
315		970	3570	0.9	
400		1150	4230	0.8	
500		1350	5060	0.8	
630		1530	5970	0.7	
800		1755	7215	0.6	
1000		2070	8545	0.5	
1250		2385	10080	0.5	
1600		2790	12100	0.4	
2000		3240	14300	0.4	
2500		3870	16920	0.3	

表 6-8　SCB10 系列 35kV/0.4kV 干式变压器技术参数表

变压器容量 /kV·A	联结组	损耗		空载电流 I_0%	阻抗电压 U_k%
		空载损耗 P_0 /W	负载损耗 P_k（75℃）/W		
250		1080	3181	0.73	
315		1179	3914	0.6	
400		1530	4792	0.6	
500		1315	5400	0.43	
630		1475	5831	0.36	
800	Dyn11	2405	6633	0.63	6
1000		2590	9498	0.47	
1250		3040	10742	0.4	
1600		3627	12770	0.3	
2000		3825	15928	0.28	
2500		4340	18641	0.52	

6.3.3　低压开关柜

低压开关柜又称为低压成套开关设备，低压成套开关设备是在低压配电系统中负责完成电能控制、保护、转换和分配的设备。数据中心用低压开关设备是设置在配电变压器低压端的负责电能控制、保护和配电的设备，也负责完成低压发电机组和市电电源之间、两路市电电源之间的转换。

低压开关柜生产主要依据以下标准：

1）GB 7251.1—2013《低压成套开关设备和控制设备 第 1 部分：总则》。

2）GB 7251.12—2013《低压成套开关设备和控制设备 第 2 部分：成套电力开关和控制设备》。

1. 低压开关柜的分类

数据中心用低压开关柜主要有抽出式（抽屉式）和固定式两种结构型式。抽出式低压开关柜的内部结构均为分隔式结构；固定式低压开关柜的内部结构分为普通固定式结构、固定分隔式结构和固定分隔插拔式结构三种（见表 6-9）。

从功能上又可把低压开关柜分为进线柜、馈电（出线）柜、补偿柜、联络柜、转换柜。

抽出式低压开关柜的内部结构主要分为母线室、功能单元（设备室）、电缆室，开关柜内的水平主母线和配电母线分布在柜顶部和柜后部的母线室内；功能单元用于放置固定安装、抽出式或插拔式断路器及附件；电缆室用于布放进线及出线电缆。

（1）进线柜

数据中心用低压进线柜是指一段低压母线上的头柜，是负责把一台变压器的低压侧或从一级配电系统引来的一路电源连接至一段低压母线上，并提供对该段母线的过电流、过电压、避雷等保护的开关柜。进线柜一般设置一个低压断路器，也有少数情况下增设一个或几个低压断路器的进线柜。进线断路器的容量与变压器容量相匹配。除了断路器，还需配置电流互感器和避雷器。

表 6-9　低压开关柜分类表

形式	抽出式	固定式		
又称	抽屉式	普通固定式	固定分隔式	固定分隔插拔式
定义	固定断路器及附件安装在可抽出的抽屉内	固定断路器安装在固定柜内	固定断路器安装在固定分隔室内	插拔断路器安装在固定分隔室内
特点	用在电动机起动回路中，比固定插拔式多些压线点，可在母线带电的情况下进行插拔维护，抽出式对其机械连接器件的质量要求较高	最早期的设计，由于故障点较少，因此安全系数较高，但由于不便于维护，目前使用比较少	用在纯馈电回路中，比抽出式减少些故障点（插拔接头），插拔底座接点使用寿命较抽出式长，可在母线带电的情况下进行插拔维护	用在纯馈电回路中，比抽出式减少些故障点（插拔接头），插拔底座接点使用寿命较抽出式长，可在母线带电的情况下进行插拔维护
隔离	母线与功能单元隔离、功能单元之间隔离、出线端子与功能单元隔离	无内部隔离	母线与功能单元隔离、功能单元之间隔离、出线端子与功能单元隔离	母线与功能单元隔离、功能单元之间隔离、出线端子与功能单元隔离
用途	各类数据中心	预装式变电站	预装式变电站	各类数据中心
维护	后进出线时，前面维护；上、下、侧进出线时前面或后面或前面和后面维护			
成本	在一般情况下，抽出式和固定分隔插拔式的成本基本没有差别，但比固定分隔式稍高（主要是固定分隔插拔式的断路器底座与抽出式的抽屉同样需要加工成本），普通固定式成本最低			
备注	四种形式的柜型在任何情况下均不能"带负载"插拔维护，因为这样会产生拉弧现象并可能造成重大事故			

（2）出线柜

出线柜又称为馈电柜，是负责把电源输出到用电设备或下一级低压配电柜（箱），并提供过电流、过电压、短路等一系列保护的配电柜。馈电柜中以断路器、电流互感器为主要元器件。

（3）补偿柜

补偿柜又称为无功功率补偿柜，它的作用是对用电质量进行补偿，可有效地提高和改善低压母线段上的功率因数，从而提高输电设备和变压器的利用率，提高用电效率，降低用电成本。供电部门要求供电系统补偿后的功率因数不低于 0.95。

一般情况下，数据中心的无功功率补偿分为电容器串加电抗器补偿、SVG 补偿和 SVG+APF 混合补偿三种方式。电容器补偿是传统的无功补偿方式，一般对那些谐波含量较小的感性负载进行补偿。对于数据中心低压用电设备，由于采用了大量的高频电子设备，低压母线段上会含有一定的谐波分量，这就需要在低压母线段上进行电能质量治理，即采用 SVG 和 APF 向 0.4kV 低压母线段上注入综合的无功补偿电流和谐波补偿电流，同时实现感性、容性基波无功补偿和多次谐波补偿。

（4）联络柜

联络柜是用来连接两段低压母线的设备。联络柜中设有联络用断路器，用于当两段母线的进线断路器失电时，通过合上联络用断路器将两段低压母线相连。联络用断路器与两个进线断路器设有联锁装置，保证在动作时供电系统的运行安全。三个断路器之间的倒换可以选择自动转换或手动转换，恢复也可选择自动恢复或手动恢复。

（5）转换柜

转换柜是用来两个电源之间的转换，它与联络柜的作用不同。两个电源可以是两路市电电源，也可以是两台发电机组电源，也可以是一路市电电源和一路发电机组电源。

转换柜内设有转换开关装置，数据中心用的低压转换开关通常为自动转换开关装置。

自动转换开关装置分为 CB 级和 PC 级。CB 级是由两个低压断路器加机械联锁组成，具有短路保护功能；PC 级为一体式结构，它是双电源切换的专用开关，具有结构简单、体积小、自身联锁、转换速度快、安全可靠等优点。

2. 正常使用条件

户内低压开关柜适用于下述的正常使用条件：

1）周围空气温度：不高于 40℃，不低于 -5℃，且在 24h 一个周期的平均温度不超过 35℃。

2）湿度条件：最高温度为 40℃时的相对湿度不超过 50%。在较低温度时允许有较高的相对湿度。例如，20℃时的相对湿度为 90%。应考虑到由于温度的变化可能会偶尔产生凝露的影响。

3）海拔：安装地点的海拔不得超过 2000m（注：对于在更高海拔处使用的设备，要考虑介电强度的降低，以及器件的分断能力和空气冷却效果的减弱）。

4）污染等级：3 级。

5）安装倾斜度：低压开关柜安装平面与垂直面的倾斜度不超过 5%，且整套柜列相对平整。

6）地震烈度：8 度。

如果存在超出正常使用条件时，用户在采购时需向设备制造商提出具体技术要求。

3. 低压开关柜的技术特点及主要元件

目前国内生产低压开关柜的厂家非常多，由于生产厂商自身条件的差异，产品质量相差非常大。在数据中心应用的低压开关柜品牌和型号较多，国外品牌和国内品牌都有，主要以国外品牌居多，尤其是低压开关柜中的低压断路器。

主要元器件为断路器、电流互感器。

（1）断路器

低压断路器又称为自动空气开关（空气开关），是低压开关柜中最重要的元器件，不仅可以对低压电路进行正常的分合操作，接通和切断正常负荷电流及过负荷电流，还可以起到电路保护的作用。当电路发生过载、短路或电源出现低电压时，能自动切断电路。低压断路器可分为框架式断路器和塑壳式断路器。

框架式断路器又称为开启式、万能式断路器。框架式断路器的品牌有很多，数据中心用断路器多采用的是国外品牌，但随着国产品牌的断路器质量逐步提高，国产品牌的断路器已经开始应用在各级数据中心项目中了。框架式断路器的所有零件都装在一个绝缘的金属框架内，有手操动、储能式、非储能式以及电动式等操动形式。按安装方式可分为固定式和抽出式两种，固定式断路器由本体、脱扣单元、附件组成，其外壳采用金属材料，外形尺寸较大，防护等级较低；抽出式断路器由开关本体、移动部分、固定部分、脱扣单元和附件组成，其外壳采用工程塑料，结构较为紧凑，防护等级高，检修方便。框架式断路器的额定容量大，过电流脱扣器有电磁式、电子式和智能式脱扣器等。断路器具有长延时、短延时、瞬时及接地故障四段保护，每种保护整定值均根据其壳架等级在一定范围内可选择或调整。

随着微电子技术的发展，现在部分智能型断路器具有区域选择联锁功能，充分保证了动作的灵敏性和选择性。框架式断路器的最大特点是容量大、极限短路分断能力强和足够的短时耐受电流，有的断路器的额定电流高达 5000A，额定短时耐受（允许）电流 I_{cw} 高达

100kA（1s）。这使得框架式断路器具有很好的选择性和稳定性。框架式断路器多用于低压配电系统的变压器输出总开关、两段低压母线的联络开关、下级低压系统的输入开关，或大容量负载的保护。

塑壳式断路器也被称为装置式断路器，其脱扣单元分为热磁脱扣器与电子脱扣器。它的接地线端子外触头、灭弧室、脱扣器和操作机构等都装在塑料外壳内。辅助触点、欠电压脱扣器以及分励脱扣器等多采用模块化，结构紧凑，一般不考虑维修，适用于负载保护开关。

塑壳式断路器采用手动操作，大容量也可选配电动分合装置。塑壳式断路器是过电流脱扣器，有电磁式和电子式两种，一般电磁式塑壳式断路器为非选择性断路器，仅有长延时及瞬时两种保护方式，电子式塑壳式断路器有长延时、短延时、瞬时和接地故障四种保护功能。部分电子式塑壳式断路器新推出的产品还带有区域选择性联锁功能。在数据中心项目低压供配电系统中，除了消防等部分设备使用带有热磁脱扣器的塑壳式断路器外，主要以电子式脱扣器为主。

（2）电流互感器

低压开关柜用的电流互感器与高压开关柜用的电流互感器类似，其工作原理也与变压器相似，其结构特点是一次绕组串联在一次电路中，绕组匝数很少而导线很粗，绕组中流过的电流是被测电路的负荷电流；二次绕组与测量仪表的电流线圈串联，匝数很多且导线很细；由于二次侧所接的测量仪表的线圈阻抗非常小，正常情况下，电流互感器的二次侧近似于短路状态。电流互感器可以将一次接线系统的较高的交流电流变成 5A 的小电流，以供给测量仪表的电流线圈。

电流互感器的一次电流 I_1 与二次电流 I_2 之比为电流互感器的电流比，见式（6-2）。

数据中心的低压配电系统的进线柜、出线柜、联络柜、转换柜均需要设置电流互感器。

6.3.4　预装式变电站

预装式变电站为户外型设备，它是将配电网中的变电站预先在工厂内制造装配，经过型式试验的，用来从高压系统向低压系统输送电能的一种成套变电站设备，它包括装在外壳内的高压开关设备、变压器、低压开关设备、控制设备、计量装置、补偿装置、避雷装置等辅助设备和内部接线（电缆、铜母排等）。在数据中心建设项目中，预装式变电站只是用来从高压系统向低压系统输送电能的设备。预装式变电站只适用于供电负荷小的企业级微小数据中心的供电系统中。

预装式变电站主要依据 GB/T 17467—2020《高压/低压预装式变电站》进行生产。

1. 正常使用条件

1）周围空气温度不超过 40℃，且在 24h 内测得的温度平均值不超过 35℃，最低周围空气温度的优选值为 −10℃、−25℃、−30℃和 40℃。

2）海拔不超过 1000m。

3）风压不超过 700Pa（相当于 34m/s）。

4）抗震烈度为 8 度。

5）安装地点倾斜度不大于 3°。

6）空气相对湿度：日平均值不大于 95%；月平均值不大于 90%。

当超过正常使用条件时，应在订货时与制造商协商解决。

2. 柜体结构

预装式变电站是一种室外型变电站，不需要建设相关机房。预装式变电站柜体采用模块化设计，内部部件为组装式，其构造大体上是一个箱式结构，设有高压配电小室、变压器小室及低压配电小室三个部分。柜体设有通风百叶窗，并有防尘装置。

预装式变电站有两种典型的型式，一种是"欧式"，另一种是"美式"。"欧式箱式变电站"的最大特点是"组合"，即将高压开关柜、变压器、低压开关柜分为高压室、变压器室、低压室并组合在一个外壳之中，主回路采用电缆和母线排连接，一个箱式变电站内可放置一台或多台变压器。"美式箱式变电站"的特点是全绝缘、全封闭、免维护，最大的特点为"一体化"。是将变压器、高压负荷开关、熔断器等元件一同放在变压器油箱之中，低压配置也极为简单，具有结构合理紧凑、体积小、安装灵活、操作方便、占地面积小等优点。

数据中心用预装式变电站一般以欧式箱式变电站为主。预装式变电站因占地面积较小，可以节省昂贵的土建及占地费用。

由于变电设备深入负荷中心，电能通过地下电缆传输，配电设备与周围环境协调一致，安装使用简便，免维护或少维护。

预装式变电站有两种结构方案，一种是目字型布局，另一种是品字型布局。两种型式中的目字型布局接线简洁、方便，是普遍采用的布局形式。图 6-20 中的目字型含有走廊的布局，但因走廊较狭窄在实际应用中要少于无走廊布局。图 6-21 所示为品字型布局的箱式变电站。

图 6-20　目字型布局的箱式变电站

图 6-21　品字型布局的箱式变电站

3. 预装式变电站的主要技术参数

预装式变电站主要由高压开关设备、变压器、低压开关设备组成，其中高压开关设备采用的是高压环网柜；变压器采用的是干式变压器（不带外壳），当然也可装设油浸式变压器。预装式变电站的主要技术参数见表 6-10。

4. 主要一次接线方案

预装式变电站的内部设备接线属于一个完整的变配电系统，包括高压配电、变压器和低压配电，它的一次接线可根据用户需求进行设备选型和方案组合。预装式变电站一次接线方案如图 6-22 ~ 图 6-26 所示。

表 6-10 预装式变电站的主要技术参数

内容	单位	主要参数		备注
额定电压	kV	12/0.4		
额定容量	kV·A	50 ~ 800		
额定电流（负荷开关）	A	200 ~ 630		
额定短路电流	kA	20 ~ 31.5		
额定短路关合电流	kA	50 ~ 80		
1min 工频耐压	kV	42	35	
雷电冲击耐压	kV	75	75	
外壳防护等级	—	IP43		
噪声水平	dB	65（干式变压器）		55（油浸式）

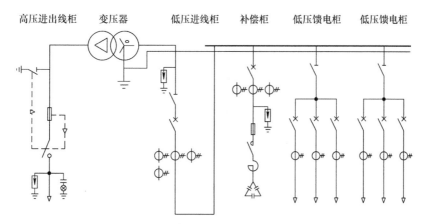

图 6-22 预装式变电站一次接线方案 1

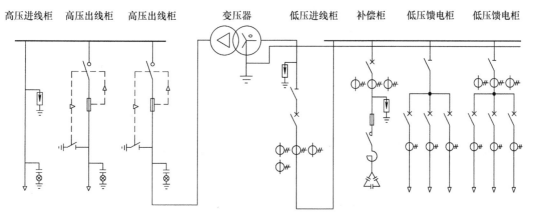

图 6-23 预装式变电站一次接线方案 2

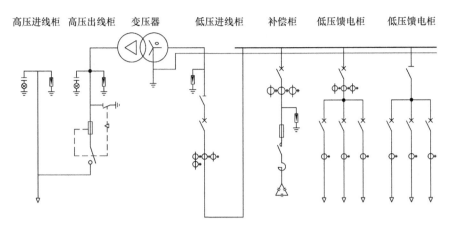

图 6-24　预装式变电站一次接线方案 3

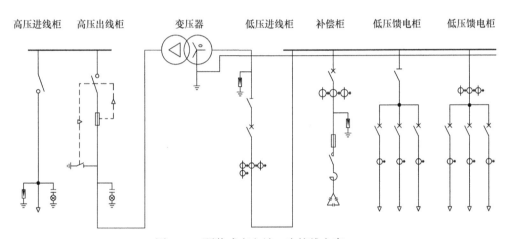

图 6-25　预装式变电站一次接线方案 4

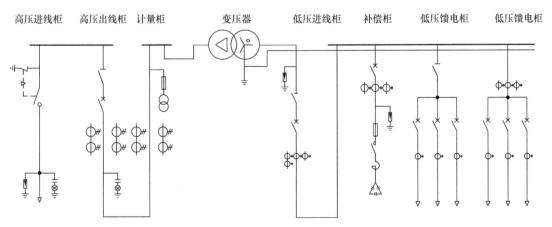

图 6-26　预装式变电站一次接线方案 5

6.3.5　转换开关电器

转换开关电器又称为双电源转换开关，它是由一个或多个开关设备构成的电器，是将一个或几个负载电路从一路电源转换至另外一路电源上，以确保重要负荷连续、可靠运行的开关装置。

转换开关电器分为手动转换开关电器和自动转换开关电器。手动转换开关电器一般用在转换频率很低的末端用电设备的两路电源的转换，开关为双投闸刀开关和双断路器转换开关，双投闸刀开关容量较小，一般不会大于 630A；自动转换开关电器用于监测电源电路，并将一个或几个负载电路从一个电源自动转换至另一个电源的电器，又称为"双电源自动转换开关"或"双电源开关"。

数据中心供配电系统的转换开关电器主要用于两路市电电源之间或一路市电电源与一路发电机组电源之间的自动转换。

10kV 高压一体式自动转换开关主要依据 GB/T 3906—2020《3.6kV～40kV 交流金属封闭开关设备和控制设备》、GB/T 11022—2011《高压开关设备和控制设备标准的共用技术要求》、GB 1984—2014《交流高压断路器》、DL/T 593—2016《高压开关设备和控制设备标准的共用技术要求》。

10kV 断路器自动转换开关主要依据 GB/T 3906—2020《3.6kV～40kV 交流金属封闭开关设备和控制设备》、GB/T 11022—2011《高压开关设备和控制设备标准的共用技术要求》、GB 1984—2014《交流高压断路器》、GB 1985—2014《高压交流隔离开关和接地开关》。

低压 PC 级转换开关主要依据 GB/T 14048.11—2016《低压开关设备和控制设备 第 6-1 部分：多功能电器 转换开关电器》。

低压 CB 级转换开关主要依据 GB/T 14048.1—2012《低压开关设备和控制设备 第 1 部分：总则》、GB/T 14048.2—2020《低压开关设备和控制设备 第 2 部分：断路器》、GB/T 14048.11—2016《低压开关设备和控制设备 第 6-1 部分：多功能电器 转换开关电器》。

1. 正常使用条件

1）环境温度为 −25～40℃，日平均温度不超过 35℃。

2）海拔不超过 1000m。

3）抗震烈度为 8 度。

4）空气相对湿度：日平均值不大于 95%；月平均值不大于 90%。

当超过正常使用条件时，应在订货时与制造商协商解决。

2. 转换开关的分类及特点

数据中心用转换开关主要指的是自动转换开关。自动转换开关的分类及特点如下：

1）按类别可分为 PC 级自动转换开关和 BC 级自动转换开关，PC 级自动转换开关可接通和承载，但不用于分断短路电流的自动转换开关，一般为一体化设计电器，BC 级自动转换开关配备过电流脱扣器的自动转换开关，它的主触头能够接通并用于分断短路电流，一般采用双断路器转换。

2）按电压等级可分为高压（10kV）自动转换开关和低压（0.4kV）自动转换开关，高压自动转换开关用于 10kV 市电电源与 10kV 发电机组并机系统电源之间的转换，低压自动转换开关用于低压两个电源之间的转换。

3）按结构可分为一体式（PC 级）自动转换开关和双断路器（CB 级）自动转换开关，

两种自动转换开关均可用于高压配电系统和低压配电系统，作为两个电源之间的转换。

4）按极数可分为三极转换开关和四极转换开关，三极转换开关为三相转换开关，四极转换开关为带中性线的转换开关。

5）按可维护性可分为带旁路转换开关和不带旁路转换开关，由于带旁路的转换开关在主转换本体抽出时，转换开关仍可通过旁路持续供电，此类转换开关在维护上优于不带旁路的转换开关，但带旁路转换开关在体积、单价上大于不带旁路转换开关。

6）按转换位置可分为带中间点转换开关和不带中间点转换开关，带中间点转换开关有三个转换位置，即电源1通、中间点、电源2通。

7）按中性线转换机构可分为中性线重叠转换开关和不带中性线重叠转换开关，此类转换开关为四极自动转换开关，中性线重叠转换开关即开关在自动转换时，两个电源中性线有短暂重叠。

PC级自动转换开关是采用一体式转换结构，电磁驱动，简单可靠，动作时间快，转换时间可控制在100ms以内，触头分离速度快，有专门设计的灭弧室，具有耐短时电流。

CB级自动切换开关是由两台断路器或塑壳式断路器为基础，结合电动机、机械联锁机构组成，由控制器控制带有机械联锁的电动传动机构来实现两路电源的自动转换，一般切换时间为1～2s。

正是因为CB级双电源开关由两只框架式断路器或塑壳式断路器组成，所以当线路发生短路时，CB级双电源开关具有短路保护功能，而PC级双电源是由隔离开关组成，就像双投刀开关一样，所以不具有短路保护功能。

1）10kV自动转换开关。

数据中心用10kV自动转换开关应用于市电电源与发电机组电源之间的转换，要求两者之间具备完全意义的物理隔离。10kV自动转换开关设在数据中心10kV高压配电系统中，是高压配电系统的一部分。

当控制系统检测到市电电源故障或失电时，系统发送备用发电机组起动信号，待发电机组运转正常后，转换开关的两个电源进线开关之间自动进行切换，即数据中心重要负荷转由备用发电机组供电。当市电电源恢复后，转换开关的两个电源之间自动进行切换，系统转由市电电源供电，并为备用发电机组发送停机信号。

① 一体式自动转换开关。

一体式自动转换开关主要由一体式双电源转换开关、智能控制单元组成，还包括相应的互感器、接地开关、带电显示器等元件。当一路电源发生故障时，转换开关通过励磁驱动的方式，将电路从故障电源快速切换至另一路备用电源，确保负载连续、安全可靠运行。转换开关具有电压检测、自动切换、自投自复、自动起动及停止发电机组的功能。

一体式自动转换开关采用永磁驱动方式，机械磨损小，转换开关工作时运动部件少，不需要复杂的联锁机构，转换时间短，简单可靠。一体式自动转换开关具有独特的机械联锁装置，当市电电源处于合闸状态时，机械联锁装置运用内部机械结构使备用发电机组电源的操作机构不能动作，防止因误操作造成市电电源和备用发电机组电源的同时合闸。这个互锁机构不同于双断路器之间采用的钢缆绳、金属杆的机械联锁机构。

② 双断路器分体式自动转换开关。

双断路器分体式自动转换开关主要由两台真空断路器、智能控制系统、联锁系统组成，还包括相应的互感器、避雷器、接地开关、带电显示器等元件。

　　高压双断路器自动转换开关设备使用的是两个具有机械和电气联锁的真空断路器之间进行的转换，可作为具有选择性线路故障保护功能的进线自动转换开关应用，也可独立应用于专用的双电源自动切换开关。它可自动监控和管理两个电源的状态，保证设备用电的连续性。

　　当转换开关检测到主用电源故障后，发送备用发电机组起动信号。待发电机组运转正常后，自动转为发电机组供电回路；当检测到主用电源恢复后，转换开关自动（也可手动）转由主用电源供电，并发送备用发电机组停机信号。

　　典型的双断路器自动转换开关的机械联锁采用的是物理硬连接合闸闭锁装置，保障两路电源同一时刻只能允许一个电源接入系统。除了机械联锁，它还配置了可靠的电气联锁装置，保障任意一台真空断路器合闸时，另一台真空断路器不能合闸，而且它的控制系统也预设了程序闭锁，确保转换开关运行可靠。

　　2）0.4kV 自动转换开关电器。

　　① 一体式（PC 级）自动转换开关电器。

　　PC 级自动转换开关是一种采用双投式的自动转换开关，也可设置为手动控制，含电气及机械互锁装置。PC 级自动转换开关是一种运用电磁线圈作为双电源切换操作机构，与电机驱动相比，它的切换速度快且稳定，但它不具备断路器的短路功能，并不具备短路电流分断（仅能接通、承载）的功能。

　　传统的 PC 级自动转换开关是一个电磁力驱动的单刀双投一体化的开关，本身固有的电气加机械联锁，也可以理解为一个电磁驱动转换的双投刀开关，所以在任何时候都不会发生两路电源连接的可能。随着用户的需求和转换开关技术的发展，如今的 PC 级自动转换开关在性能上又有了几种发展和变化。首先它的控制技术日趋完善，丰富的电压监测、频率监测、电源状态功能，可根据用户需求控制开关采用开路切换、闭路切换和延时切换。在结构上，PC 级自动转换开关也分为 2、3、4 极转换开关，而且，还可根据用户要求提供带旁路的转换开关。

　　PC 级自动转换开关有不同的使用类别，不同的使用类别对应的典型用途如下：

AC-31A/B　　　　　　　　无感或微感负载

AC-32A/B　　　　　　　　阻性和感性的混合负载，包括中度过载

AC-33iA/B　　　　　　　系统总负荷包含笼型电动机及阻性负载

AC-33A/B　　　　　　　电动机负载或包含电动机、电阻负载和 30% 以下白炽灯负载的混合负载

AC-35A/B　　　　　　　放电灯负载

AC-36A/B　　　　　　　白炽灯负载

　　② 断路器（CB 级）自动转换开关电器。

　　CB 级自动转换开关是由两台断路器和外在的机械联锁装置组合而成，也包括电气控制部分，既能完成双电源自动转换的功能，又具有短路电流保护（能接通并分断）的功能。

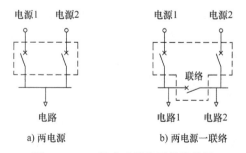

图 6-27　CB 级自动转换开关接线图

　　图 6-27a 中适用于两电源转换电路，其中一路电源可为备用发电机组。具备电气互锁的两路（主备）电源失电压、断相、欠电压、过电压检测及自动、延时（连续可调）转换功能；具备备用发电机组起动 / 停止控制功能；还可具备频率、相位和电压峰值差的检测功能。

图 6-27b 中适用于两电源一联络之间的转换电路。具备电气互锁的两路（主备）电源和一联络的失电压、断相、欠电压、过电压检测及自动、延时（连续可调）转换功能；具备频率、相位和电压峰值差的检测功能。

在数据中心供配电系统中，CB 级自动转换开关一般是以图 6-27b 的形式最为常见，它通常用在低压一级或二级供电系统的两段低压母线之间的联络。

6.3.6　补偿装置

由于数据中心有电动机、冷冻机等感性负荷，需要在供电系统中安装无功补偿设备。数据中心用无功补偿设备分为高压无功补偿设备和低压无功补偿设备，其中高压无功补偿设备是指 10kV 无功补偿设备，主要针对的是 10kV 用电设备的无功功率补偿；低压无功补偿是一种集中补偿方式，以变压器为单位，一个变压器对应一套集中无功功率补偿装置。

高压无功功率补偿分为两种补偿方式，一种是并联电容器补偿；另一种是 SVG 补偿。低压无功功率补偿主要分为三种补偿方式，分别是并联电容器补偿、SVG 补偿和 APF 补偿。

并联电容器补偿是对感性负载进行无功补偿的主要方法，也是过去数据中心低压集中补偿的主要方法。其主要特点是接线简单、运行维护工作量小、价格低、效率高，在维护得当的情况下可靠性较高。它是将低压电容器通过低压开关接在配电变压器低压母线侧，以无功补偿投切装置作为控制保护装置，根据低压母线上的无功负荷而自动控制电容器投切的自动无功补偿装置。电容器的投切是整组进行，做不到平滑的调节。采用并联电容器进行无功功率补偿可使无功就地平衡，从而提高配电变压器的利用率，降低网损，具有较高的经济性。但是，并联电容器的补偿方式只能对感性负载进行无功功率补偿，对于容性负载则无能为力，这也是其在数据中心无功补偿的应用越来越少的原因。

SVG 是典型的电力电子设备，它通过脉冲宽度调制（Pulse Width Modulation，PWM）技术，采用可关断电力电子器件（IGBT）组成自换相桥式电路，经过电抗器并联在电网上，使其发出无功功率，呈容性；或者吸收无功功率，呈感性。SVG 由于没有大量使用电容器，而是采用桥式变流电路多电平技术或 PWM 技术来进行处理，所以在使用时不需要对系统中的阻抗进行计算。同时，SVG 还有体积小，能更加快速地且连续动态平滑地调节无功功率的优点，同时可容性和感性双向补偿。SVG 除了能对系统的无功功率进行补偿外，也可补偿一部分系统中的谐波含量。

APF 是一种用于动态抑制谐波、补偿无功的新型电力电子装置，它能够对不同大小和频率的谐波进行快速跟踪，并产生和谐波源谐波电流具有相同幅值而相位相反的补偿电流来达到消除谐波的目的。之所以称为有源，是相对于无源 LC 滤波器，而且 APF 既可以补偿谐波又可以进行无功功率补偿。

APF 主要用于低压配电系统，常见于与 SVG 共同使用，主要用来功率因数补偿和滤除系统谐波。SVG 单独使用则常用于高压配电系统，具有谐波抑制和补偿作用。

6.3.7　操作电源

操作电源是为高压配电系统二次控制回路、继电保护回路、自动装置和中央信号系统供电的电源，分为交流操作电源和直流操作电源，直流操作电源按电压等级又可分为 220V

和 110V 操作电源。数据中心高压配电系统的操作电源要求在任何情况下都应保证供电的可靠性和连续性。

交流操作电源的用电取自交流供配电系统中的电压互感器和电流互感器。由于它直接取的是市电电源，当市电电源故障时，会影响交流操作电源的供电可靠性和连续性，所以在数据中心高压供配电系统中，基本不采用交流操作电源作为高压配电系统的二次回路的供电电源，除非个别的小型数据中心的高压配电系统加大了电流互感器的负荷，有时误差不能满足要求，亦不能满足复杂的继电保护和自动装置的要求。所以，交流操作电源适用于小型变电所，这种变电所一般采用手动合闸、电动脱扣。

作为数据中心高压配电系统使用的直流操作电源是一种独立操作电源，通常由市电电源输入、交流配电单元、充电模块、蓄电池组、监控模块、直流输出（合闸回路、控制回路）及绝缘监测等部分组成。

当数据中心市电电源供电正常时，交流输入电源经过交流配电单元为充电模块进行供电。通过充电模块的整流将三相交流电源转换为直流电源，一方面为蓄电池组充电，另一方面为高压开关柜的屏顶小（控制、合闸）母线进行供电。当市电电源故障时，充电模块停止工作，直流操作电源由蓄电池组进行放电向高压开关柜的屏顶小（控制、合闸）母线进行供电，满足在市电电源停止供电时，高压开关柜的二次回路仍能正常工作，高压开关柜的真空断路器仍能正常操作，避免在市电电源失电时而导致微机保护失去保护作用。

图 6-28 所示为典型直流操作电源的系统框图。

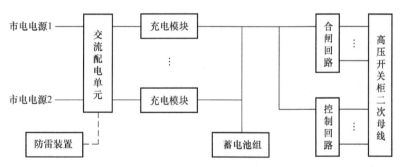

图 6-28　典型直流操作电源的系统框图

目前的直流操作电源采用的是成熟的高频开关电源技术，使得直流操作电源具有体积小、运行稳定、安全可靠等特点。

6.4　高低压变配电系统

数据中心高低压变配电系统包括高压配电系统、变压器、低压配电系统。在变配电系统设计时，首先应对数据中心进行等级定位，也就是对数据中心的定级，需要设计的数据中心应按哪个标准作为设计依据，它又属于哪个等级的数据中心，同时还要考虑数据中心未来的发展，只有这样才能有的放矢地设计数据中心的高低压变配电系统。

6.4.1　变配电系统的设计要求及设计原则

1. 基本要求

1）变配电系统的设备配置要与数据中心等级相匹配，要根据其负荷特性、用电容量、节能环保等因素，保证数据中心不同等级的用电设备所要求的供电可靠性和供电质量。

2）变配电系统的两路市电电源、市电电源与发电机组之间的转换最好采用自动转换方式，除非当地供电部门不允许。

3）变配电系统的组成和接线应能根据数据中心发展需求具备可扩展功能，方便今后的系统扩容。

4）变配电系统的组成要在满足数据中心用电设备供电可靠性要求的前提下做到经济上合理，不盲目追求和数据中心等级不符的过高系统配置。

2. 设计要求

数据中心的变配电系统是数据中心非常重要的基础设施，是数据中心各负荷等级用电设备的运行保障。变配电系统设计所涉及的依据包括数据中心相关的设计规范、供配电系统设计规范、变配电设备标准、用户要求，以及其他相关标准和规范。

数据中心的变配电系统的设计原则是在满足数据中心或数据机房供电可靠性的前提下，系统应尽量简洁高效、方便运维。

（1）A级数据中心

A级数据中心是指一个A级数据中心或一个A级数据机房，是等级最高的数据中心。它要求数据中心或数据机房的变配电系统按容错系统配置，在数据中心或数据机房的信息系统运行期间，数据中心变配电系统应在**一次意外事故后或单系统设备维护或检修**时仍能保证电子信息系统的正常运行。

当两个或两个以上地处不同区域的A级数据中心同时建设，两个数据中心互为备份，且数据实时传输、业务满足连续性要求时，在征得用户同意的前提下，互为备份的两个数据中心的基础设施可按冗余系统配置。

1）市电引入。

市电引入为一类市电电源（双路市电电源专线）引入，正常供电时，除正常的定期分段检修停电外，两路电源保证同时供电运行。当两路市电中的任意一路供电中断时，另外一路将具备保证数据中心所有用电设备的正常运行的能力。

若两路市电引自公共变电站，两路市电宜分别从不同变电站引入；若两路市电引自同一专用变电站，也可从专用变电站的不同母线段引接。

数据中心宜采用10kV电压等级的市电线路作为主用电源，当采用20kV或35kV市电电源引入时，应结合变配电系统及发电机系统综合考虑其变压器的选择。

采用0.4kV引入的小型数据中心宜从附近的配电变压器低压母线侧引接，变压器的高压侧的两路市电电源应符合GB 50174—2017《数据中心设计规范》中A级数据中心的相关要求。

2）高压配电系统。

数据中心的高压配电系统应采用分段母线无联络或分段母线有联络接线方式，系统的进线开关和分段联络开关应采用真空断路器。高压配电系统接线应简单可靠，配电不宜多于两级。

高压配电系统采用两级高压配电系统时，两级系统中有一级可不设置联络开关。

如果数据中心含有 10kV 电压等级的用电设备时，应考虑设置高压补偿装置。

3）变压器。

超大型、大型和中型数据中心的一级负荷的配电变压器应采用 2N 配置，ICT 设备宜为专用配电变压器供电。小型数据中心在采用避免单点故障的低压配电系统的前提下，也可采用 N+1 配置。

4）低压配电系统。

采用分段供电方式，每一台变压器对应一套低压配电系统，互为备份的两段母线之间可设置联络开关。

对于多层数据中心建筑，低压配电系统可采用分层（二级低压配电系统）供电架构，低压配电不宜多于三级。采用多级低压配电系统架构时，至少一级的两个互为备份的低压配电系统之间应设置联络开关。

5）发电机组供电系统。

作为备用电源，10kV 高压发电机组应采用并机系统供电，0.4kV 低压发电机组宜采用单机运行方式。当采用后备发电机组作为备用电源时，发电机组可以选择 N+1 冗余配置或 N 配置。

（2）B 级数据中心

B 级数据中心是指一个 B 级数据中心或一个 B 级数据机房。B 级数据中心或数据机房的变配电及发电系统应按冗余要求配置，在数据中心或数据机房的信息系统运行期间，数据中心变配电及发电系统在冗余能力范围内，不应因**设备故障**而导致电子信息系统运行中断。

1）市电引入。

市电引入为双路市电专线引入，正常供电时，除正常的定期分段检修停电外，两路电源保证同时供电运行。当两路市电中的任意一路供电中断时，另外一路将具备保证数据中心所有用电设备的正常运行的能力。

两路市电引自公共变电站，两路市电宜分别从不同变电站引入；若两路市电引自同一专用变电站，也可从专用变电站的不同母线段引接。

当第二路市电电源引入困难，或引入费用远高于设置一套备用发电系统时，数据中心可从公共变电站引接一路市电电源作为数据中心的主用电源，并适当提高备用发电机组的设置标准。

数据中心宜采用 10kV 电压等级的市电线路作为主用电源，当采用 20kV 或 35kV 市电电源引入时，应结合变配电系统及发电机系统综合考虑其变压器的选择。

采用 0.4kV 引入的小型数据中心宜从附近的配电变压器低压母线侧引接，变压器的高压侧的两路市电电源应符合 GB 50174—2017《数据中心设计规范》中 B 级数据中心的相关要求。

2）高压配电系统。

当数据中心采用一路市电电源引入时，数据中心的高压配电系统采用单段母线接线方式；当数据中心采用两路市电电源引入时，数据中心的高压配电系统采用分段母线接线方式。系统的进线开关和分段联络开关应采用真空断路器。高压配电系统接线应简单可靠，配电不宜多于两级。

高压配电系统采用两级高压配电系统时，两级系统中有一级可不设置联络开关。

如果数据中心含有 10kV 电压等级的用电设备时，应考虑设置高压电容器装置。

3）变压器。

数据中心的配电变压器应采用 N+1 配置，超大型、大型、中型数据中心的 ICT 设备宜为专用配电变压器供电。

4）低压配电系统。

采用分段供电方式，每一台变压器对应一套低压配电系统，互为备份的两段母线之间可设置联络开关。

对于多层数据中心建筑，低压配电系统可采用分层（二级低压配电系统）供电架构，低压配电不宜多于三级。采用多级低压配电系统架构时，至少一级的两个互为备份的低压配电系统之间应设置联络开关。

5）发电机组供电系统。

作为后备电源，10kV 高压发电机组应采用并机系统供电，0.4kV 低压发电机组宜采用单机运行方式。当采用后备发电机组作为备用电源时，发电机组采用 N 配置。

（3）C 级数据中心

C 级数据中心的基础设施应按基本需求配置，在基础设施正常运行情况下，应保证电子信息系统运行不中断。

C 级数据中心可采用一台箱式变电站供电模式。

C 级数据中心的供电系统的低压侧采用两回路 0.4kV 电源供电。主要为小型或微型数据中心，具有供电负荷小，供电可靠性与市电电源供电可靠率相关的特点，其变压器与供电系统为无冗余设置。

另外，不设置后备发电机组。

3.设计原则

1）高压环网柜和预装式变电站适合于小型数据中心。

2）中大型以上规模的数据中心应采用铠装移开式（手车式）交流金属封闭开关柜。

3）高压配电系统容量应与市电引入容量相匹配。

4）对于低压用电负荷，配电变压器应采用 35/0.4kV、20/0.4kV、10/0.4kV 直降变压器。

5）当数据中心引入市电电源的电压等级是 35kV 或 20kV，备用发电机组输出电压等级为 10kV 时，应采用 35/10kV 或 20/10kV 和 10/0.4kV 两级变压。

6）低压配电系统容量应与配电变压器容量相匹配。

7）高压配电系统接线应简单可靠，配电不宜多于两级。

8）高低压配电系统采用放射式接线方式。

9）高压配电系统采用两级供电系统时，两级系统中的其中一级不设置联络开关。

10）如果数据中心含有 10kV 电压等级的用电设备时，应设置高压补偿装置。

11）数据中心的 ICT 设备最好采用专用配电变压器供电。

12）低压配电采用分段配电方式，每一台变压器对应一套低压配电系统，互为备份的两段母线之间可设置联络开关。

13）对于多层数据中心建筑，低压配电系统可采用分层配电架构，低压配电不宜多于三级。

14）采用多级低压配电系统架构时，至少一级的两个互为备份的低压配电系统之间宜设置联络开关。

15）高压发电机组与市电电源之间的转换在 10kV 高压配电系统中进行。

16）低压发电机组与市电电源之间的转换在低压配电系统中进行。

17）低压侧的功率因数补偿采用分段集中补偿方式。

18）数据中心的外市电电源的供电电压应根据用电容量、负荷特性、供电距离，以及当地供电部门的供电网络现状和发展规划等因素，从技术、经济上比较确定市电引入路数、路由及敷设方案。

19）当数据中心用电设备总容量不小于 250kW 时，其外市电电源的电压等级宜为 10kV，当数据中心用电设备总容量小于 250kW 时，可采用 0.4kV 市电电源引入。

20）若引入的市电电源电压等级为 35kV，当数据中心备用发电机组采用低压发电机组时，应采用 35kV/0.4kV 一次变电级数，当数据中心存在 10kV 用电设备时，可根据情况采用两级变电。

21）当数据中心存在不同保护等级的用电负荷时，市电电源引入类别宜按高保护等级的要求引入，若高保护等级负荷远小于低保护等级负荷时，可酌情选择市电电源引入类别。

6.4.2　高压配电系统

数据中心高压配电系统从电压等级上分为 10kV、20kV 和 35kV 高压配电系统。无论市电电源的电压等级是多少，由市电电源直接进入的则为一级高压配电系统。高压配电系统通常由进线柜、PT 柜、计量柜、出线柜、转换柜、隔离柜组成。如果市电电源为两路引入，还可根据需要在高压配电系统的两段母线之间设置联络装置。

数据中心的市电电源的供电电压应根据用电容量、负荷特性、供电距离、公共电网现状及公共电网发展规划等因素，经过技术经济比较分析后确定。

数据中心高压配电系统的设置应根据数据中心的负荷等级、用电容量、负荷分布及变配电机房设置确定。数据中心的一级高压配电系统的方案设计应符合当地供电部门的要求，并报审当地供电部门批准。

10kV 高压配电系统图表见表 6-11 ~ 表 6-28，20kV 和 35kV 高压配电系统可参考 10kV 高压配电系统图。

数据中心一级高压配电系统的进线柜、PT 柜、计量柜有多种排列顺序，头柜一般为 PT+ 隔离柜或断路器柜，三种柜的顺序并无定式，其排列顺序应符合当地供电部门的规定或习惯。如供电部门无特殊要求，建议前三台高压开关柜的顺序为 PT+ 隔离柜、进线柜、计量柜，可参考表 6-20 的主接线方案。

若配置有低压发电机组的小型数据中心采用预装式变电站，发电机组与市电的转换可以装于预装式变电站内，见表 6-29。

6.4.3　低压配电系统

数据中心低压配电系统是从数据中心的配电变压器的（0.4kV）输出端到低压用电设备的这一段系统。配电系统是由进线柜、补偿柜、联络柜、馈电柜、转换柜组成，配电系统可根据需求分多级设置，一般不会多于三级。

数据中心的低压配电系统必须采用 TN-S 系统的接地形式。

表6-11　10kV高压配电系统图表 1

名称	单路市电电源引入	单路市电电源引入
一次接线方案		
特点说明	设备柜型：高压环网柜，又称环网柜 系统功能：高压配电系统为单路市电电源引入方案，一路市电电源进线，一路高压出线，负责配电变压器保护 运行方式：单母线运行方式。正常时，系统由市电电源供电，一次接线中的负荷开关和断路器保持合闸状态 系统特点：进线负荷开关和出线断路器采用额定电流为630A的开关。本方案也可以与另外一套同样的系统组成互为主备用的高压配电系统。本系统可以在进线和出线柜中加装零序保护装置 应用场所：用于A、B级数据中心分层供电的单台容量大于1250kV·A变压器的二级高压侧保护	设备柜型：高压环网柜，又称环网柜 系统功能：高压配电系统为单路市电电源引入方案，一路市电电源进线，一路高压出线，负责配电变压器保护 运行方式：单母线运行方式。正常时，系统由市电电源供电，一次接线中的负荷开关和断路器保持合闸状态 系统特点：进线负荷开关和出线断路器采用额定电流为630A的开关。本方案也可以与另外一套同样的系统组成互为主备用的高压配电系统。本系统可以在进线和出线柜中加装零序保护装置 应用场所：用于A、B级数据中心分层供电的单台容量大于1250kV·A变压器的二级高压侧保护

表 6-12　10kV 高压配电系统图表 2

名称	单路市电电源引入			单路市电电源引入				
	1	2	3	1	2	3	4	5
一次接线方案	进线	出线	出线	进线	计量	提升	出线	出线

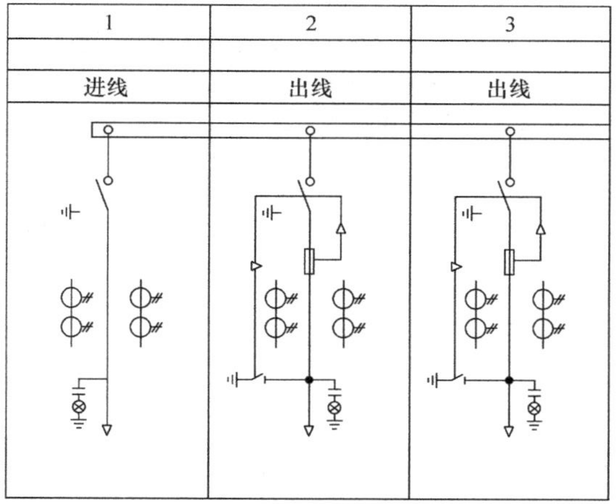

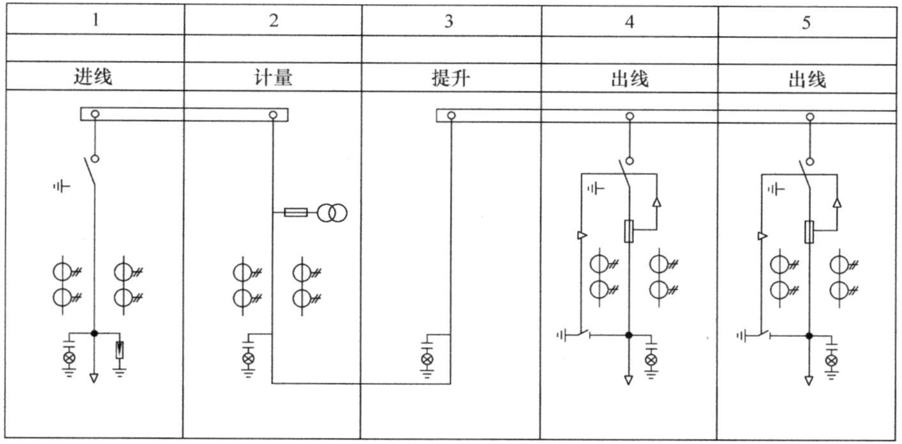

特点说明（左侧 单路市电电源引入）：

设备柜型：高压环网柜，又称环网柜

系统功能：高压配电系统为单路市电电源引入方案，一路市电电源进线，多路高压出线，负载高压变压器保护

运行方式：单母线运行方式。正常时，系统由市电电源供电，一次接线中的负荷开关保持合闸状态

系统特点：进线负荷开关采用额定电流为 630A 的开关。本方案也可以与另外一套同样的系统组成互为主备用的高压配电系统

应用场所：用于小型 A、B 级数据中心二级高压配电系统，而且变压器单台容量小于或等于 1250kV·A 变压器的高压侧高压保护

特点说明（右侧 单路市电电源引入）：

设备柜型：高压环网柜，又称环网柜

系统功能：高压配电系统为单路市电电源引入方案，一路市电电源进线，一路或多路高压出线，高压计量

运行方式：单母线运行方式。正常时，系统由市电电源供电，当市电非正常时，一次接线中的负荷开关保持合闸状态

系统特点：进线负荷开关采用额定电流为 630A 的开关。本方案也可以与另外一套同样的系统组成互为主备用的高压配电系统

应用场所：用于小型 B、C 级数据中心一级高压配电系统，而且变压器单台容量小于或等于 1250kV·A 变压器的高压侧高压保护

表6-13　10kV高压配电系统图表3

名称		
一次接线方案	两路市电电源引入	

序号	1	2	3	4	5	6	7	8	9	10
功能	进线	计量	提升	出线	出线	出线	出线	提升	计量	进线

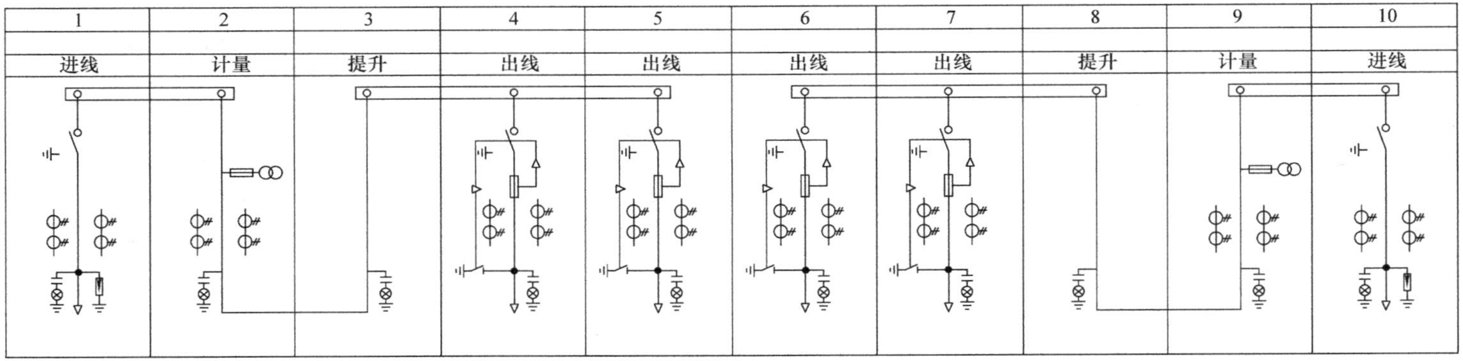

特点说明

设备柜型：高压环网柜，又称环网柜。

系统功能：高压配电系统为两路市电电源引入方案，两路市电电源进线、多路高压出线，负责配电变压器保护。高压侧计量。

运行方式：单母线运行方式。正常时，两路市电电源同时供电，互为备用，变压器采用2N或N+1系统运行。当一路市电电源故障或失电时，一次接线中的进线负荷开关保持合闸状态，另一路市电电源担负数据中心全部负载的供电。当故障或失电的市电电源恢复后，系统将恢复两路市电电源供电。

系统特点：进线负荷开关采用额定电流为630A的开关

应用场所：用于小型A、B级数据中心一级高压配电系统，而且变压器单台容量小于或等于1250kV·A变压器的高压侧保护，备用电源采用低压发电机组

表 6-14　10kV 高压配电系统图表 4

名称	单路市电电源引入	单路市电电源引入
一次接线方案	（1 进线　2 计量　3 提升　4 出线　5 出线）	（1 KYN28A(054G) 隔离+PT　2 KYN28A(004G) 进线　3 KYN28A(052) 母线提升　4 KYN28A(006) 出线　5 KYN28A(006) 出线）
特点说明	设备柜型：高压环网柜，又称环网柜 系统功能：高压配电系统为单路市电电源引入方案，一路市电电源进线，多路高压出线，负责配电变压器保护 运行方式：单母线运行或分闸或合闸状态。正常时，系统由市电电源供电，一次接线中的断路器自动分闸或合闸保持合闸状态 系统特点：进线负荷开关采用额定电流为 630A 的开关。本方案也可以与另外一套同样的系统组成互为主备用的高压配电系统 应用场所：用于小型 B、C 级数据中心一级高压配电系统	设备柜型：铠装移开式（手车式）交流金属封闭开关柜，又称中置柜 系统功能：高压配电系统为单路市电电源引入方案，一路市电电源进线，一路或多路高压出线，无高压计量 运行方式：单母线运行方式。正常时，系统由市电电源供电 进线断路器可以自动跳闸或保持合闸状态 系统特点：进线断路器通常采用 630A 断路器，变压器采用的是 N 或 N+1 运行方式，也可以与另外一套同样的系统组成互为主备用的高压配电系统。本系统可以在进线和出线柜中加装零序保护装置 应用场所：用于 A、B 级数据中心的二级 10kV 高压配电系统，20kV、35kV 高压配电系统的一次接线方案可参考此图

表6-15 10kV高压配电系统图表5

名称	单路市电电源引入					单路市电电源引入			
一次接线方案	1 KYN28A(054G) 隔离+PT	2 KYN28A(004G) 进线	3 KYN28A(061) 计量	4 KYN28A(006) 出线	5 KYN28A(006) 出线	1 KYN28A(039G) PT	2 KYN28A(002G) 进线	3 KYN28A(003) 出线	4 KYN28A(003) 出线

特点说明（右）：

设备柜型：铠装移开式（手车式）交流金属封闭开关柜，又称中置柜

系统功能：高压配电系统为单路市电电源引入方案，一路市电电源进线，多路高压出线，高压侧计量

运行方式：单母线运行方式。正常时，系统由市电电源供电；当市电非正常时，进线断路器可以自动跳闸或保持合闸状态

系统特点：电缆下进、下出线，进线采用630A断路器，进线断路器、供电容量可根据市电供电容量选择1250A或630A断路器。出线采用630A断路器，变压器采用的是N或N+1运行方式。隔离+PT柜中的隔离手车兼做隔离开关作用。计量柜中的互感器的精度应符合供电部门的要求

本系统可以在进线和出线柜中加装零序保护装置

应用场所：用于B、C级数据中心的10kV一级高压配电系统，20kV、35kV高压配电系统的一次接线方案可参考此图

特点说明（左）：

设备柜型：铠装移开式（手车式）交流金属封闭开关柜，又称中置柜

系统功能：高压配电系统为单路市电电源引入方案，一路市电电源进线，一路或多路高压出线，无高压计量

运行方式：单母线运行方式。正常时，系统由市电电源供电；当市电非正常时，进线断路器可以自动跳闸或保持合闸状态

系统特点：进线断路器通常采用630A断路器，出线采用630A断路器，变压器采用的是N或N+1运行方式，也可以与另外一套同样的系统组成互为备用的高压配电系统。本系统可以在进线和出线柜中加装零序保护装置

应用场所：用于A、B级数据中心的二级10kV高压配电系统，20kV、35kV高压配电系统的一次接线方案可参考此图

表 6-16　10kV 高压配电系统图表 6

名称	单路市电电源引入					单路市电电源引入				
	1 KYN28A(004G) 进线	2 KYN28A(062G) 计量	3 KYN28A(046) PT	4 KYN28A(006) 出线	5 KYN28A(006) 出线	1 KYN28A(028G) 架空进线	2 KYN28A(062G) 计量	3 KYN28A(046) PT	4 KYN28A(006) 出线	5 KYN28A(006) 出线
一次接线方案										

特点说明（左）：

设备柜型：铠装移开式（手车式）交流金属封闭开关柜，又称中置柜

系统功能：高压配电系统为单路市电电源引入方案，一路市电电源进线，多路高压出线，高压侧出线

运行方式：单母线运行方式。正常时，系统由市电电源供电；当市电非正常时，进线断路器可以自动跳闸或保持合闸状态

系统特点：电缆下进、下出线，进线断路器、出线采用 630A 断路器，变压器采用 630A 断路器，市电供电容量选择 1250A 或 N+1 或 N 运行方式。与前一方案采用的区别在于进线断路器柜的位置不同，进线断路器前设有隔离装置，本系统可以在进线和出线柜中加装零序保护装置

计量柜内的互感器精度应符合供电部门的要求

应用场所：用于 B、C 级数据中心的 10kV 一级高压配电系统，20kV、35kV 高压配电系统的一次接线方案可参考此图

特点说明（右）：

设备柜型：铠装移开式（手车式）交流金属封闭开关柜，又称中置柜

系统功能：高压配电系统为单路市电电源引入方案，一路市电电源进线，多路高压出线，高压侧出线

运行方式：单母线运行方式。正常时，系统由市电电源供电；当市电非正常时，进线断路器可以自动跳闸或保持合闸状态

系统特点：与前一方案不同的是电缆进线为上进线方式。进线断路器可根据市电供电容量选择 1250A 或 630A 断路器，出线采用 630A 断路器，变压器采用的是 N+1 或 N 运行方式。计量柜中加装零序保护装置

系统可以在进线和出线柜中加装零序保护装置

应用场所：用于 B、C 级数据中心的 10kV 一级高压配电系统，20kV、35kV 高压配电系统的一次接线方案可参考此图

表6-17　10kV高压配电系统图表7

名称	单路市电电源引入					两路市电电源引入					
	1 KYN28A(062G) 计量	2 KYN28A(047) PT	3 KYN28A(004G) 进线	4 KYN28A(006) 出线	5 KYN28A(006) 出线	1 KYN28A(004G) 进线1	2 KYN28A(004G) 进线2	3 KYN28A(062G) 计量	4 KYN28A(046) PT	5 KYN28A(006) 出线	6 KYN28A(006) 出线
一次接线方案											

特点说明（单路市电电源引入）：

设备柜型：铠装移开式（手车式）交流金属封闭开关柜，又称中置柜

系统功能：高压配电系统为单路市电电源引入方案，一路市电电源进线，多路高压出线，高压侧计量

运行方式：单母线运行方式。正常时，系统由市电电源供电。当市电非正常时，进线断路器可以自动跳闸或保持合闸状态

系统特点：本方案采用计量柜为头柜，电缆下进、下出线、进线断路器可根据市电供电容量选择1250A或630A断路器，变压器采用630A断路器，出线采用630A断路器。计量柜内的互感器的精度应符合供电部门的要求。计量柜可以在进线和出线柜中加装零序保护装置

应用场所：用于B、C级数据中心的10kV一级高压配电系统，20kV、35kV高压配电方案可参考此图

特点说明（两路市电电源引入）：

设备柜型：铠装移开式（手车式）交流金属封闭开关柜，又称中置柜

系统功能：高压配电系统为两路市电电源引入方案，多路高压出线，高压侧计量

运行方式：单母线运行方式。正常时，系统由主用市电电源供电；当主用市电非正常时，备用市电电源自动投入运行；当主用市电恢复正常时，系统自动或手动恢复主用市电电源供电。两路进线断路器一合闸一分闸，两个之间设有联锁装置

系统特点：电缆下进、下出线，进线断路器可根据市电供电容量选择1250A或630A断路器，出线采用630A断路器，变压器采用630A断路器。本方案中的是2N或N+1或N运行方式。计量柜中加装零序保护装置，本系统可以在进线和出线柜中加装零序保护装置。计量柜采用分段运行方式，两路电源综合计费，A级数据中心尽可能不用，除非机房面积受限，否则不建议采用此方案，但采用母线分段引入方式。本系统为两路市电电源引入，建议采用此方案

应用场所：可用于B级数据中心的10kV一级高压配电系统，20kV、35kV高压配电系统的一次接线方案可参考此图

表 6-18 10kV 高压配电系统图表 8

名称: 两路市电电源引入

一次接线方案:

1	2	3	4	5	6	7	8	9	10	11	12
KYN28A(064G)	KYN28A(004G)	KYN28A(061)	KYN28A(006)	KYN28A(006)	KYN28A(006)	KYN28A(006)	KYN28A(006)	KYN28A(006)	KYN28A(062)	KYN28A(004G)	KYN28A(064G)
隔离+PT	进线	计量	出线	出线	出线	出线	出线	出线	计量	进线	隔离+PT

特点说明:

设备柜型: 铠装移开式 (手车式) 交流金属封闭开关柜, 又称中置柜

系统功能: 高压配电系统为两路市电电源引入方案, 两路市电源进线, 多路高压出线, 高压侧计量

运行方式: 单母线运行方式。正常时, 系统由主用市电电源供电; 当主用市电非正常时, 主用市电进线断路器自动分闸, 备用市电电源自动投入运行; 当主用市电恢复正常时, 备用市电进线断路器分闸, 系统自动或手动恢复主用市电电源供电。两个进线断路器一合闸一分闸, 两个之间设有联锁装置

系统特点: 电缆下进, 下出线, 进线断路器可根据市电供电容量选择 1250A 或 630A 断路器, 出线采用 630A 断路器, 出线采用零序保护装置。计量柜内的互感器应符合供电部门的要求。本系统可以在进线和出线柜中加装零序保护装置

此方案中的两路市电电源一主一备, 互为主备用电源。由于设有分段联络柜, 两路市电电源不能同时运行, 这种方案不利于日常维护, 在实际工程中应用较少, 尤其在高等级数据中心中不建议采用。由于主备为两路市电部门一主一备, 互为主备用电源, 备用市电电源自动投入运行; 当主用市电恢复正常时, 备用市电进线断路器分闸

应用场所: 用于与高压发电机组不转换或使用低压发电机组的 A 级, B 级数据中心的 10kV 一级高压配电系统, 不推荐采用此种接线方案

表6-19 10kV高压配电系统图表9

名称	一次接线方案
	两路市电电源引入

（一次接线方案图，柜号1～12）

1	2	3	4	5	6	7	8	9	10	11	12
KYN28A(004G)	KYN28A(062G)	KYN28A(046)	KYN28A(006)	KYN28A(006)	KYN28A(006)	KYN28A(006)	KYN28A(006)	KYN28A(006)	KYN28A(047)	KYN28A(063G)	KYN28A(004G)
进线	计量	PT	出线	出线	出线	出线	出线	出线	PT	计量	进线

特点说明

设备柜型：铠装移开式（手车式）交流金属封闭开关柜，又称中置柜。

系统功能：高压配电系统为两路市电电源引入方案，两路市电电源进线、多路高压出线、高压侧计量。

运行方式：单母线分段运行方式，不设联络柜。正常时，两路市电电源可以同时为负载供电；当两路市电电源中的任一路电源正常时，该段母线停止供电，另一路市电电源将负责全部负载的供电，故障的市进线断路器可以自动跳闸或保持合闸状态；当故障市电电源恢复正常时，其进线断路器将处于合闸状态，恢复此段母线的供电。两个进线断路器设没有联锁装置，独立运行，互不干扰。

系统特点：电缆下进、下出线，进线断路器可根据市电供电容量选择1250A或630A断路器，变压器出线柜采用630A断路器，变压器采用的是2N运行方式。计量柜内的互感器的精度应符合供电部门的要求。本系统可以在进线和出线柜中加装零序保护装置。由于没有联络柜，这种方案通常只用在变压器为2N运行方式的数据中心工程中，在多路市电电源同时运行时，正常时，两路市电电源之间的倒换，只能在低压配电系统、20kV、35kV高压配电系统的高压配电系统中转换开关或联络开关解决。

应用场所：用于两路市电电源互为主备用，B级数据中心和B级数据中心中不建议采用。如果需要两路市电电源使用低压发电机组不转换或高压发电机组的A级数据中心的10kV高压配电系统的一次接线方案可参考此图。

表 6-20 10kV 高压配电系统图表 10

名称														
	1 KYN28A(064G) 隔离+PT	2 KYN28A(004G) 进线	3 KYN28A(051) 计量	4 KYN28A(006) 出线	5 KYN28A(006) 出线	6 KYN28A(006) 出线	7 KYN28A(007) 联络	8 KYN28A(052) 母联	9 KYN28A(006) 出线	10 KYN28A(006) 出线	11 KYN28A(006) 出线	12 KYN28A(052) 计量	13 KYN28A(004G) 进线	14 KYN28A(064G) 隔离+PT

两路市电电源引入

一次接线方案

特点说明：

设备柜型：铠装移开式（手车式）交流金属封闭开关柜，又称中置柜

系统功能：高压配电系统为两路市电电源引入方案，两路市电电源进线之间设联络柜，多路高压出线，高压侧计量

运行方式：单母线分段运行方式，两段母线之间合母联开关。正常时，两路市电电源同时为负载供电；当两路市电电源中的任一路电源非正常时，该段市电电源进线断路器自动分闸，联络断路器自动合闸，系统恢复正常供电，全部负载由正常的另一路市电电源负责供电；当故障市电电源恢复正常时，恢复正常的市电进线断路器自动合闸，联络断路器自动分闸，系统恢复正常供电状态。两个进线断路器和联络断路器之间设有联锁装置，三个断路器只能同时合上任意两个

系统特点：电缆下进，下出线，进线断路器市电供电容量选择 1250A 或 630A 断路器，变压器出线柜采用 630A 断路器，变压器采用的是 2N 或 N+1 运行方式。

计量柜内的互感器应符合当地供电部门的要求。本系统可以在进线和出线柜中加装零序保护装置

此方案中的两路市电电源互为主备用，正常时，两路市电电源同时运行。由于设有联络柜，利于日常分段检修维护，这种方案应用的一次接线方案可参考此图

应用场所：用于高压配电系统，20kV、35kV 高压配电系统，多级配电中心的 10kV 高压配电系统，用于与高压发电机组发电机不转换使用低压配电的 A 级数据中心的机房

表6-21　10kV高压配电系统图表11

名称	一次接线方案											
	两路市电电源引入											
	1	2	3	4	5	6	7	8	9	10	11	12
	KYN28A(004G)	KYN28A(062G)	KYN28A(046)	KYN28A(006)	KYN28A(006)	KYN28A(007)	KYN28AY(052)	KYN28A(006)	KYN28A(006)	KYN28A(047)	KYN28A(063G)	KYN28A(004G)
	进线	计量	PT	出线	出线	联络	母联	出线	出线	PT	计量	进线

特点说明

设备柜型：铠装移开式（手车式）交流金属封闭开关柜，又称中置柜。

系统功能：高压配电系统为两路市电电源引入方案，两路市电电源进线、多路高压出线、高压侧计量。

运行方式：单母线分段运行方式，两段母线之间设联络柜。正常时，两路市电电源同时为负载供电；当两路市电电源中的任一路电源非正常时，该段市电电源进线断路器自动分闸，联络断路器自动合闸，全部负载由正常的另一路市电电源负责供电；当故障市电电源恢复正常后，恢复正常的市电进线断路器自动合闸或手动合闸，系统恢复正常供电状态。两个进线断路器和联络断路器之间设有联锁装置。

系统特点：电缆下进，下出线。进线断路器可根据供电容量选择1250A或630A断路器，变压器出线柜采用630A断路器，三个断路器只能同时合上任意两个方式。计量柜内的互感器精度应符合电部门的要求。本系统可以在进线和出线柜中加装零序保护装置。由于设有联络柜，正常时，两路市电电源互为主备用，计量柜和PT柜的区别在于进线柜。由于设有联络柜，应征求当地供电部门的意见或建议。

此方案与上一方案的不同之处在于两路市电电源互为主备用，正常时，计量柜和PT柜均使用，这种方案应用范围较广。

应用场所：用于与高压发电机组不转换或使用低压发电机组的A级数据中心的10kV高压配电系统，20kV、35kV高配电系统的一次接线方案可参考此图

表 6-22　10kV 高压配电系统图表 12

名称	两路市电电源引入

一次接线方案

特点说明	设备柜型：铠装移开式（手车式）交流金属封闭开关柜，又称中置柜。 系统功能：高压配电系统为两路市电电源引入方式，两路市电电源进线柜，多路高压出线，高压侧计量。 运行方式：单母线分段运行方式，两段母线之间设联络柜。正常时，两路市电电源同时为负载供电；当两路市电电源中的任一路电源非正常时，该段市电电源进线断路器自动分闸，联络断路器自动合闸，全部负载由正常市电供电；当故障市电电源恢复正常时，联络断路器自动分闸，恢复正常的市电供电，断路器自动分闸或手动分闸，联络断路器自动合闸，系统恢复正常市电供电状态。两个进线断路器和联络断路器之间设有联锁装置，三个断路器只能同时合上任意两个。 系统特点：电缆下进、下出线、上出线。进线断路器和联络断路器容量选择 1250A 或 630A 断路器，变压器出线柜采用 630A 断路器，变压器采用的是 2N 或 N+1 运行方式。计量柜内的互感器应符合合电部门的要求。本系统中两路市电电源同时运行。用于设有联络柜，高压母线槽为两列母线段的双列布置方案，高压开关柜采用双列布置方案，两个 应用场所：用于高压配电发电机组或使用低压发电机配电系统的 A 级数据中心的 10kV 高压配电系统，这种方案应用范围较广。 此方案中的两路市电电源互为主备用。正常时，两路市电电源同时运行，高压配电中心的 10kV 高压配电系统的一次接线的一次接线方案可参考此图 联络馈线、20kV、35kV 高压配电系统的一次接线方案可参考此图

表6-23　10kV高压配电系统图表13

名称：两路市电电源引入

一次接线方案

高压母线槽

1	2	3	4	5	6
KYN28A(004G)	KYN28A(062G)	KYN28A(046)	KYN28A(006)	KYN28A(006)	KYN28A(007)
隔离+PT	进线	计量	出线	出线	联络

7	8	9	10	11	12
KYN28A(062)	KYN28A(006)	KYN28A(006)	KYN28A(047)	KYN28A(063G)	KYN28A(004G)
母联	出线	出线	PT	计量	进线

特点说明：

设备柜型：铠装移开式（手车式）交流金属封闭开关柜，又称中置柜。

系统功能：高压配电系统为两路市电电源引入方案，两路市电电源进线，多路高压出线，高压侧计量。

运行方式：单母线分段运行方式，两段母线之间设联络合闸。正常时，两路市电电源同时为负载供电；当故障市电电源恢复正常时，该段市电电源进线断路器自动分闸，联络断路器自动合闸，全部负载由正常的另一路市电电源恢复正常供电，三个断路器同时合上任意两个断路器自动或手动合闸，系统恢复正常供电状态。两个进线断路器和联络断路器之间设有联锁装置。

系统特点：电缆下进，下出线，进线断路器供电容量选择1250A或630A断路器，变压器出线柜采用630A断路器，变压器采用的是2N或N+1运行方式。计量柜内的互感器应符合供电部门的要求。本系统可以在进线柜和出线柜中加装零序保护装置。

此方案中的两路市电电源互为主备用，正常时，两路市电电源同时运行。由于设有联络柜，联络柜的母线从本柜内部提升至母线顶，联络柜的母线不转换或使用低压发电机组的A级数据中心的10kV高压配电系统，高压开关柜采用双列布置方案，高压母线槽为两列母线段的此方案与上一方案的区别在于本柜内设置母线提升柜，这种方案深度需要加大。

应用场所：用于高压发电机组不转换的A级数据中心的10kV高压配电系统，高压开关柜采用双列布置方案，高压母线槽为两列母线段的联络馈线，20kV、35kV高压配电系统的一次接线方案可参考此图。

表 6-24　10kV 高压配电系统图表 14

名称	三路市电电源引入

一次接线方案（铠装移开式开关柜一次接线示意图，柜号 1~5 及 1~12，型号 KYN28A 系列）

特点说明

设备柜型：铠装移开式（手车式）交流金属封闭开关柜，又称中置柜

系统功能：高压配电系统为三路市电电源引入方案，三路市电电源进线，多路高压出线，高压侧计量

运行方式：单母线分段设置，三路市电电源采用两主一备的运行方式，两路主用电源之间设联络柜。正常时，两路市电电源同时为负载供电；当两路市电电源中的任一路电源非正常时，该路电源由市电进线断路器自动分闸，恢复正常后由另一路市电进线断路器自动或手动合闸；恢复后由正常的主用市电进线断路器自动合闸，市电电源进线断路器分别与本段市电进线断路器进行联锁

系统特点：电缆下进、下出线，进线柜、进线母线电供电容量选择 1250A 或 630A 断路器，变压器出线柜采用 630A 断路器。本系统可以在进线和出线柜中加装零序保护装置。此方案设有一套三路市电电源门的高压配电系统，为两个主用市电电源的备用配电。两个主用市电电源的引入往往困难，此方案很少应用

应用场所：用于不配置备用发电机组的 A 级数据中心的 10kV 一级高压配电系统，20kV、35kV 高压配电系统的一次接线方案可参考此图

（说明）两段母线中各设置 1 台第三路市电电源的进线柜（包括断路器）。两段电源之间设联络柜。正常时，该段电源进线断路器自动分闸，该段第三路市电电源进线断路器自动分闸状态。当故障的主用市电电源恢复正常时，该段的第三路市电电源恢复供电；当故障运行时或第三路市电电源运行方式，系统恢复正常供电状态。两个主用市电电源断路器始终处于分闸状态。此方案采用的是 2N 运行方式。由于在数据中心实际工程项目中，三路市电电源柜也可以取消，两个主用市电电源柜也可取消，变压器采用 630A 断路器，联络出线柜采用 630A 断路器

表 6-25　10kV 高压配电系统图表 15

一路市电电源引入＋备用发电机组

名称	1	2	3	4	5	6
	KYN28A(054G)	KYN28A(004G)	KYN28A(061)	KYN28A(006G)	KYN28A(006)	KYN28A(006)
	隔离＋PT	进线	计量	发电机组进线	出线	出线
一次接线方案						

特点说明

设备柜型：铠装移开式（手车式）交流金属封闭开关柜，又称中置柜。

系统功能：一路 10kV 市电电源与一路 10kV 发电机组之间的转换供配电系统。

运行方式：当市电电源正常时，市电电源进线断路器处于合闸状态，发电机组进线断路器处于分闸状态，数据中心由市电电源供电。当市电电源故障或失电时，在故障或失电时间超过预设时间后，系统自动起动备用发电机组，待所有机组并机成功后，市电电源进线断路器自动分闸，发电机组进线断路器自动合闸，数据中心由发电机组供电。当市电电源恢复正常后，发电机组进线由发电机组负载转由市电系统提供保证电源。当市电电源恢复正常，市电电源进线断路器自动合闸，数据中心负载转由市电电源供电。

系统特点：一路市电电源和一套备用发电机组电源供电，两路电源采用的是两个高压断路器之间的转换。两个断路器之间设有联锁装置，只能有一个断路器处于合闸状态。电缆下进、下出线，进线出线电容量选择 1250A 或 630A 断路器，变压器出线柜采用 630A 断路器，变压器采用的是 N+1 运行方式。

计量柜内的互感器应符合供电部门的精度要求。本系统可以在进线和出线柜中加装零序保护装置

应用场所：用于配置 10kV 备用发电机组的 B 级数据中心的一级 10kV 高压配电系统

表 6-26 10kV 高压配电系统图表 16

两路市电电源引入 + 备用发电机组

名称	1	2	3	4	5	6	7	8	9	10	11	12
设备柜型	KYN28A(054G)	KYN28A(004G)	KYN28A(061)	KYN28A(006G)	KYN28A(006)	KYN28A(006)	KYN28A(006)	KYN28A(006)	KYN28A(006G)	KYN28A(062)	KYN28A(004G)	KYN28A(054G)
	隔离+PT	进线	计量	发电机组进线	出线	出线	出线	出线	发电机组进线	计量	进线	隔离+PT

一次接线方案

特点说明

设备柜型：铠装移开式（手车式）交流金属封闭开关柜，又称中置柜。

系统功能：两路 10kV 市电电源与一路 10kV 发电机组备用发电机系统。

运行方式：若系统为二级高压配电系统，当任一路市电电源故障或失电时，发电机组电源将承担数据中心所有用电设备的供电。当两路市电电源都发生故障或失电时，在故障或失电时间超过预设分闸，系统自动起动备用发电机组，待所有机组并机成功后，另一路市电电源将由发电机组进线柜检测到发电机组并机系统提供保证市电电源。当市电电源恢复正常后，两个市电电源进线源自动分闸，两个发电机组进线断路器自动合闸，数据中心由发电机组并机系统提供电。当市电电源

系统特点：系统可适用于设有两级高压配电系统的数据中心，市电电源进线源自动分闸，市电电源进线源之间的转换，既可作为一级高压配电系统，也可作为二级高压配电系统。由于系统未设置联络开关，市电电源与备用发电机组电源的转换只是两个断路器之间的转换，联锁关系简单可靠。系统可不设置计量柜，下进上出，系统为电缆下进、下出，进线断路器可根据市电供电容量选择 1250A 或 630A 断路器，变压器电出线柜采用 630A 断路器，变压器采用 2N 运行方式。计量器的互感器应符合当地供电部门的要求。本系统可以在进线柜和出线柜中加装零序保护装置

应用场所：用于配置 10kV 备用发电机组的 A 级数据中心的 10kV 高压配电系统

表6-27 10kV高压配电系统图表17

两路市电电源引入+备用发电机组

	1 KYN28A(0546) 隔离+PT	2 KYN28A(004G) 进线	3 KYN28A(061) 计量	4 KYN28A(053) 母联	5 KYN28A 自动转换开关	6 KYN28A(006) 出线	7 KYN28A(007) 联络	8 KYN28A(052) 母联	9 KYN28A(006) 出线	10 KYN28A 自动转换开关	11 KYN28A(052) 母线	12 KYN28A(062) 计量	13 KYN28A(004G) 进线	14 KYN28A(054G) 隔离+PT
名称														
一次接线方案														

特点说明：

设备柜型：铠装移开式（手车式）交流金属封闭开关柜，又称中置柜

系统功能：两路10kV市电电源与一路10kV发电机组之间的转换供电系统

运行方式：两路市电电源互为主备用，同时供电。当一路市电电源故障或失电时，另一路市电电源通过联络开关的合闸担负全部负荷供电。当两路市电电源均发生故障或失电时，则由备用发电机组承担全部负荷供电。系统中有两个市电电源进线断路器，一个联络断路器，以及两个分体式高压ATS（每个ATS含两个控制断路器），共计七个断路器。其中两个市电电源进线断路器和联络用断路器之间进行联锁；自动转换开关之间进行联锁。系统可采用自动投合自动恢复或复自动投合自动恢复合手动恢复。七个断路器的状态见下表

市电状态	K1	K2	K3	K4	K5	K6	K	备注
市电1、市电2正常	●	●	●	●	○	○	○	
市电1故障或失电	○	●	●	●	○	○	●	
市电2故障或失电	●	○	●	●	○	○	●	
市电1、市电2故障或失电	●	●	○	○	○	●	○	

系统特点：两路市电电源与高压发电机组电源系统的转换采用分体式高压ATS（每个ATS含两个控制断路器和一个控制单元）。系统参与倒换和投切的开关较多，但联锁逻辑精确，转换操作简单可靠。系统采用的是2N或N+1运行方式。下出线、下进线，系统为电缆下进。进线断路器可根据市电供电容量选择1250A或630A断路器，变压器出线柜采用630A断路器，计量柜内的互感器的精度应符合供电部门的要求。本系统可以在进线和出线柜中加装零序保护装置

应用场所：用于配置10kV备用发电机组的A级数据中心的10kV高压配电系统

表 6-28　10kV 高压配电系统图表 18

两路市电电源引入＋备用发电机组

名称	一次接线方案

1 KYN28A(064G) 隔离+PT｜2 KYN28A(064G) 进线 K1｜3 KYN28A(06) 计量｜4 KYN28A 自动转换开关 K3｜5 KYN28A(064G) 发电机组进线｜6 KYN28A(006) 进线｜7 KYN28A(006) 进线｜8 KYN28A(007) 联络 K'｜9 KYN28A(006) 母线｜10 KYN28A(006) 出线｜11 KYN28A(006) 出线｜12 KYN28A(006) 发电机组进线 K2｜13 KYN28A 自动转换开关 K4｜14 KYN28A(062) 计量｜15 KYN28A(064G) 进线 K2｜16 KYN28A(064G) 隔离+PT

特点说明

设备柜型：铠装移开式（手车式）交流金属封闭开关柜，又称中置柜

系统功能：两路 10kV 市电电源与一路 10kV 发电机组之间的转换供配电系统

运行方式：两路市电电源互为主备用，同时供电。当一路市电电源故障或失电时，另一路市电电源承担全部负荷的供电。系统中有两个市电电源进线断路器，一个联络断路器，三个断路器之间设置了联锁。两路市电电源系统可采用自动投合自动恢复或自动投合手动恢复。断路器和高压 ATS 的状态见下表。

市电状态	K1	K2	K3	K4	K
市电 1、市电 2 正常	●	●	市电侧	市电侧	○
市电 1 故障	○	●	市电侧	市电侧	●
市电 2 故障	●	○	市电侧	市电侧	●
市电 1、市电 2 故障或失电	●	●	发电机侧	发电机侧	○

系统特点：两路市电电源与高压发电机组电源系统的转换采用一体式高压 ATS（每个高压 ATS 含两个控制开关和一个控制器）。系统参与倒换和投切的开关较多，但联锁逻辑清晰，转换操作简单可靠。系统为电缆下进、下出线，进线断路器可根据市电供电容量选择 1250A 或 630A 断路器，变压器出线柜采用 630A 断路器，变压器采用的是 2N 或 N+1 运行方式。计量柜内的互感器精度应符合供电部门的要求。本系统可以在进线和出线柜中加装零序保护装置

应用场所：用于配置 10kV 备用发电机组的 A 级数据中心的 10kV 高压配电系统

表 6-29 预装式变电站配电系统图表

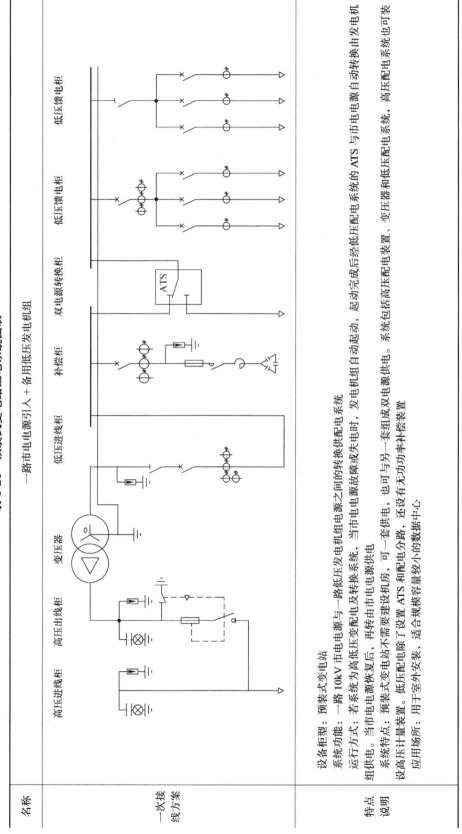

名称	预装式变电站
一次接线方案	一路市电电源引入 + 备用低压发电机组
特点说明	设备柜型：预装式变电站 系统功能：一路市电电源与一路低压发电机组电源之间的转换供电系统 运行方式：若系统为高低压配电变配电及转换系统，当市电电源故障或失电时，发电机组自动起动，起动完成后经低压配电系统的 ATS 与市电电源自动转换由发电机组供电。当市电电源恢复后，再转由市电电源供电 系统特点：预装式变电站不需要建设机房，可一套供电，也可与另一套组成双电源供电。系统包括高压配电装置、变压器和低压配电系统、高压配电系统也可装设高压计量装置。低压配电除了设置 ATS 和配电分路，还设有无功功率补偿装置 应用场所：用于室外安装，适合规模容量较小的数据中心

数据中心的一级低压配电系统是以一台配电变压器为单位存在的，即每台变压器都对应一套一级低压配电系统，如果两台变压器互为主备用（2N 配置），则这两台变压器对应的两套低压配电系统的母线段应在一级低压配电或二级低压配电中进行联络；若多台变压器采用 N+1 配置时，则多台变压器对应的多套低压配电系统母线段应在一级低压配电系统中进行联络。

低压配电系统接线图分为一次接线图和二次接线图，一次接线图主要用于工程设计的初步设计、施工图设计中，二次接线图主要用于施工图设计中（并不是所有的工程项目都要求附低压二次接线图）。

与其他工业用低压配电系统相比，数据中心用低压配电系统的设备柜型及主要元器件的选择范围较集中，一次接线也相对简单，常见的低压配电系统图表见表 6-30 ~ 表 6-35。

数据中心的低压配电系统的布置分为集中供电和分散供电两种形式，集中供电通常用于负荷集中，且容量相对不大的数据中心；分散供电（也可称为分布式供电）常用于负荷容量大，且负荷较分散，低压供电线路较长的数据中心。小型 A、B 级数据中心和 C 级数据中心的低压配电系统一般采用集中供电方式，即低压开关设备集中设在一个机房或区域内。大型 AB 级数据中心的低压配电系统可根据负荷分布采用集中供电或分散供电方式，即低压开关设备除了采用集中设在一个机房或区域内，还可以根据负荷分布分设在数据中心的不同楼层。

6.5　变配电设备的选择与计算

本节主要介绍高低压开关设备的选择与计算。

6.5.1　高压设备的选择与计算

数据中心要建设一个可靠、高效、智能的供电系统，最重要的是选择一个合理的供电架构，除此之外，还需要对设备进行适当的选择与配置。

1. 设备选择原则

1）当配电用变压器单台容量大于或等于 630kV·A 时，选择移开式中置高压开关柜。

2）当配电变压器容量不大于 400kV·A 时，可以选择高压环网柜或预装式变电站。

3）数据中心应该设置电能计量装置，有高压配电设备时，电能计量装置设置在一级高压配电系统中；低压市电电源引入时，应在低压配电系统中设置低压电能计量装置。

4）电能计量用电流互感器和电度表应符合当地供电部门的要求。

5）当有 10kV 高压负载（高压冷水机组）设备时，应按当地供电部门的相关规定设置高压补偿柜。

6）高压开关柜合、分闸选择 DC220V 作为操作电源，操作电源应具备双路电源输入装置。

2. 高压开关柜的选择

数据中心用高压开关柜的选择有别于其他行业用高压开关柜，在高压开关柜的选择上，数据中心用高压开关柜要求质量好、指标高、易操作、体积小。数据中心用高压开关柜的电压等级是根据引入的市电电源电压等级选择的，通常有 10kV、20kV、35kV 三种电压等级的柜型供选择。

表6-30 低压配电系统图表 1

名称	一级低压配电系统 + 补偿	二级低压配电系统
一次接线方案	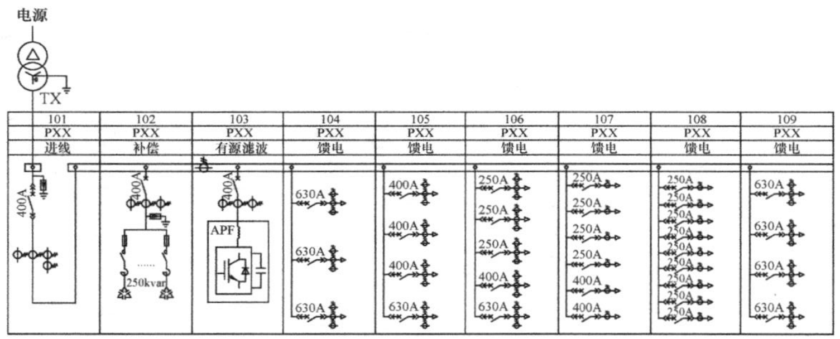 电源 TX 101 PXX 进线 400A 102 PXX 补偿 103 PXX 有源滤波 APF 400A 104 PXX 馈电 630A 105 PXX 馈电 400A/630A 106 PXX 馈电 250A/250A/250A/400A/630A 107 PXX 馈电 250A/250A/250A/400A 108 PXX 馈电 250A 109 PXX 馈电 630A	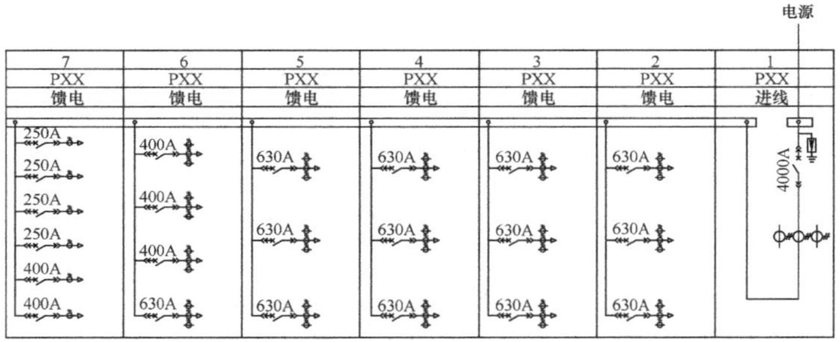 电源 1 PXX 进线 400A 2 PXX 馈电 630A/630A/630A 3 PXX 馈电 630A/630A/630A 4 PXX 馈电 630A/630A/630A 5 PXX 馈电 630A/630A/630A 6 PXX 馈电 400A/400A/400A/630A 7 PXX 馈电 250A/250A/250A/400A/400A
特点说明	设备柜型：抽出式或插拔式低压开关柜 系统功能：单台变压器供电的低压配电系统，无功功率补偿和配电 运行方式：一级低压配电系统，单段母线集中无功功率补偿 系统特点：系统适用于各类保障等级的数据中心，可作为一级低压配电系统。市电电源直供设备、空调设备、ICT设备（市电电源直供）、建筑用电设备等。馈电断路器容量及数量根据设置末端的断路器容量匹配。系统中的进线断路器及馈电断路器宜设置三相电流互感器，每套馈电断路器低侧采用SVG+APF补偿方式。ICT设备专用变压器宜采用三相电流互感器，供电需求进行配置。系统中的每个进线断路器宜设置三相电流互感器，每套专用变压器低侧的补偿宜采用SVG+APF补偿方式，若采用SVG+APF补偿时，应将图中电容补偿柜删除，其他负荷的变压器低侧采用无功功率补偿柜 如果需要，还可采用低压侧与另一低压配置联络方式 应用场所：用于设有高压发电机组的A、B等级数据中心的一级低压配电系统，以及C级数据中心的低压配电系统	设备柜型：抽出式或插拔式低压开关柜 系统功能：单台变压器供电的二级低压配电系统 运行方式：二级低压配电系统 系统特点：系统主要为UPS系统、ICT设备（市电直供），可作为二级低压配电系统。进线断路器与上一级配电系统的馈电断路器容量相匹配，机房专用空调等。馈电断路器容量及数量进行配置。系统中的每个断路器都应设有三个电流互感器及相应的（智能）测量仪表 如果需要，还可设置网络柜或另一低压配电系统进行联络 如果线路上的谐波需要采用分区域治理，可以在此系统上增设APF 应用场所：用于设有各等级数据中心的二级低压配电系统

表 6-31　低压配电系统图表 2

名称	一级低压配电系统 + 补偿
一次接线方案	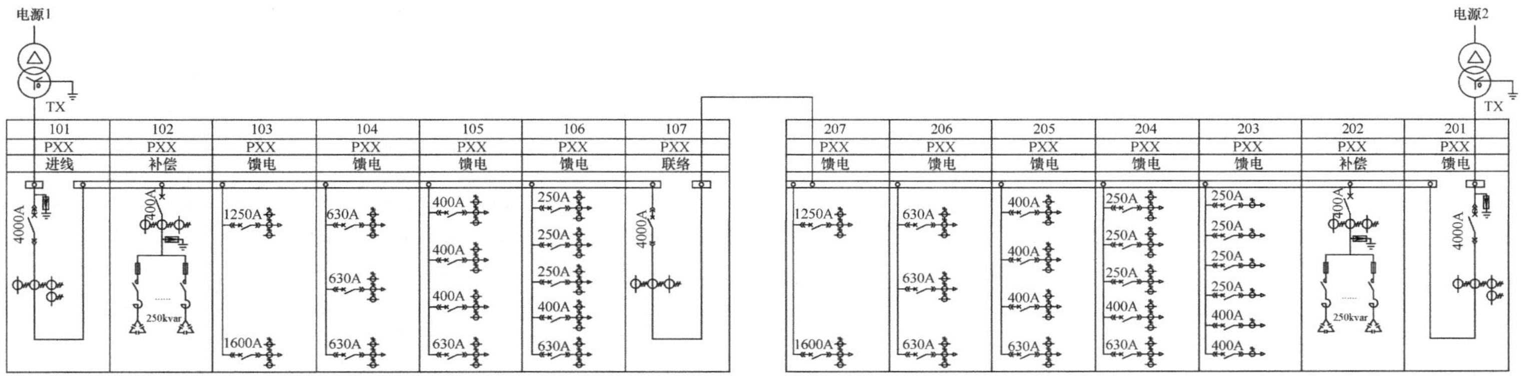
特点说明	设备柜型：抽出式或插拔式低压开关柜 系统功能：2N 变压器配置并具有联络功能的一级低压配电系统，无功功率采用分段集中补偿方式 运行方式：两套低压配电系统分段运行，集中无功率补偿，两套低压配电系统互为备用。两个进线断路器和一个联络断路器之间设有电气联锁功能 换方式：参与转换的断路器应具有高可靠性，100% 负荷备用，适用于 A 级数据中心，可作为一级低压配电系统。进线断路器与变压器容量匹配，馈电断路器容量及数量则 系统特点：系统具有供电高可靠性，100% 负荷备用。系统中的进线断路器及补偿装置前端配置。ICT 设备专用的进线断路器低压侧采用 SVG+APF 补偿方式，其他的变压器低压侧均设有三个电流互感器。进线断路器与变压器容量匹配，馈电断路器容量及数量则根据用电设备的数量和供电需求进行配置。其他的变压器低压侧有三个电流互感器，其他负荷的变压器低压侧均采用传统电容器补偿方式，补偿器应设置相应的（智能）测量仪表。图中馈电断路器低压侧采用传统电容器补偿可采用此 互感器均应设置相应的（智能）测量仪表。系统中补偿容量计算结果示意。系统馈电断路器的数量和容量需根据项目具体情况配置 补偿容量应满足变压器负荷计算中补偿容量计算结果示意。其他两路市电电源宜采用一级低压配电系统。如用户有特殊要求，其他两路供电市电电源供电的数据中心也可采用此 应用场所：用于设有高压发电机组的 A 级数据中心的一级低压配电系统方案

表6-32　低压配电系统图表3

名称

一次接线方案

特点说明

二级低压配电系统

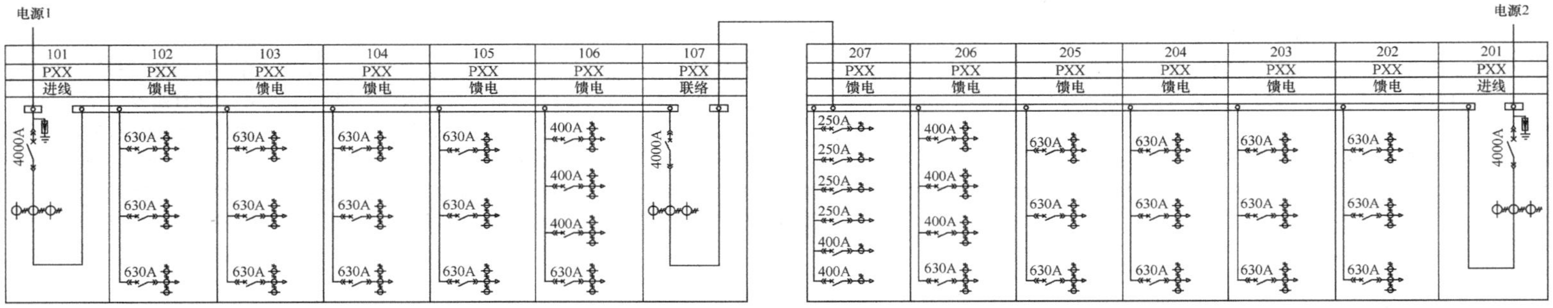

设备柜型：抽出式或插拔式低压开关柜

系统功能：2N变压器配置并具有联络功能的二级低压配电系统

运行方式：两套低压配电系统分段运行，集中无功功率补偿，两套低压配电系统互为备用，两套低压配电系统之间设有联锁装置，另一套将承担100%的设备负荷供电。两个进线断路器和一个联络断路器之间设有电气联锁功能

换方式，参与转换的断路器三个。当同一个或一个批设备供电。当一套系统检修或故障时，一套系统将承担三个断路器同时有两个断路器处于合闸状态，且三个断路器之中只能同时有两个断路器处于合闸状态

系统特点：系统具有供电高可靠性，100%负荷备用，适用于A级数据中心，可作为一级低压配电系统。进线断路器与变压器容量匹配，馈电断路器容量及数量则根据用电设备的数量和供电需求进行配置。系统中的进线断路器及补偿装置前端的断路器应设有三个电流互感器，所有馈电断路器宜设置三个电流互感器，每套电流互感器应设置相应的数量和容量。测量仪表（智能）测量仪表。如果线路上的谐波采用分区域治理，可以在系统上增设APF。图中馈电断路器只显示，系统馈电断路器的数量和容量需根据项目具体情况配置

应用场所：用于A级数据中心的二级低压配电系统，如用户有特殊要求，其他路两路市电供电的数据中心的二级低压配电系统也可采用此方案

表 6-33　低压配电系统图表 4

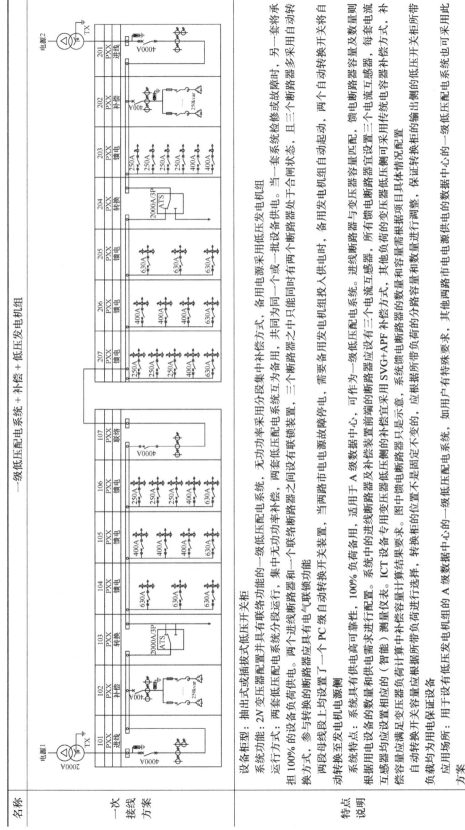

一级低压配电系统 + 补偿 + 低压发电机组

名称　　一次接线方案

特点说明

设备柜型：抽出式或插拔式低压开关柜

系统功能：2N 变压器配置并具有联络功能的一级低压配电系统，无功功率采用分段集中补偿方式，备用电源采用低压发电机组

运行方式：两套低压配电系统分段运行，集中无功功率补偿，两套低压配电系统互为备用，两套低压配电系统之间设有联锁装置，三个进线断路器和一个联络断路器设有电气联锁功能。两个进线断路器之间能同时有两个断路器处于合闸状态，另一套将承担 100% 的设备负荷供电。两个进线断路器和一个联络断路器应具有电气联锁功能

转换方式：参与转换的断路器应设置了一个 PC 级自动转换开关装置，当两路市电电源故障停电，需要备用发电机投入供电时，备用发电机组机自动起动，两个自动转换开关将自动转换至发电机电源侧

系统特点：系统具有供电高可靠性，100% 负荷备用，可作为一级低压配电系统，适用于 A 级数据中心。进线断路器及本供低压配电系统。进线断路器与变压器容量匹配，馈电断路器容量及数量则根据用电设备的数量和供电需求进行配置。系统中的进线断路器及本补偿装置设置有三个电流互感器，所有馈电断路器宜采用 SVG+APF 补偿方式，其他负荷的变压器低压侧采用传统电容器补偿方式，补互感器应设置相应的（智能）测量仪表。ICT 设备专用电容器的数量根据项目具体情况配置

偿容量应满足变压器负荷计算结果要求。图中馈电断路器只是示意，系统馈电断路器数量和容量需根据具体负荷需要进行调整，保证转换柜的输出侧的低压配电系统可采用此自动转换开关不是固定位置不变的，转换柜所带负荷的分路容量和数量根据数据中心的一级低压配电系统，如用户有特殊要求，其他两路市电电源供电的数据中心的 A 级数据中心自动转换开关应根据所带负荷进行选择，转换柜所带负荷的分路容量和负荷需求确定

应用场所：用于设有低压发电机组的 A 级数据中心的一级低压配电系统，其他两路市电电源供电的数据中心的 A 级数据中心自动转换开关应根据所带负荷进行选择，转换柜所带负荷均为此负载均为用电保证设备

方案

表6-34 低压配电系统图表5

名称	N+1低压配电系统＋补偿
一次接线方案	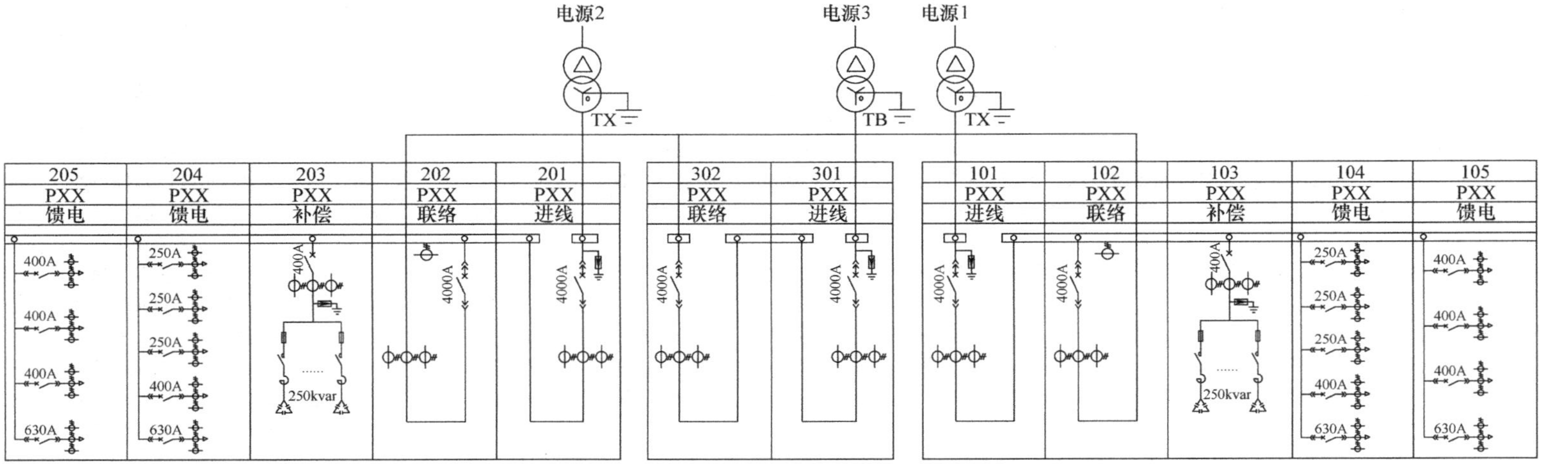
特点说明	设备柜型：抽出式或插拔式低压开关柜 系统功能：N+1变压器配置并具有联络功能的一级低压配电系统，无功功率采用分段集中补偿方式 运行方式：三套低压配电系统为2+1系统配置，三个变压器分段运行，无功功率采用分段集中补偿方式。图中对应的两套低压配电系统为主用变压器，对应的两套低压配电系统为主用变压器，另一台TB为备用变压器，图中对应的设备100%的设备负荷供电。平时三个低压断路器为合闸状态，当一套主用配电系统检修或故障时，备用配电系统将承担这段母线上的100%的设备负荷供电。两套主用配电系统和各自的进线断路器和进线断路器之间设有联锁装置 系统特点：系统具有较高的供电可靠性。主要适用于B级数据中心的一级低压配电系统。备用配电系统可采用人工投入、一级低压配电系统，或是冷备运行方式。热备时，备用变压器和主用变压器和进线断路器应与主用变压器和进线断路器同容量。如果两台主用变压器容量相同，备用变压器容量也应与容量最大的变压器保持一致。所有的进线断路器应设有电流互感器，进线断路器也应与容量最大的变压器保持一致。进线断路器也应与容量最大的变压器保持一致。系统中的进线断路器及补偿装置前端的补偿路器采用SVG+APF补偿方式，ICT设备专用的进线断路器只显示，图中馈电断路器只显示，系统馈电断路器的数量和容量需根据项目具体情况配置 无论备用变压器自动投入，还是人工投入，图中备用配电系统的联络断路器平时应处于合闸状态，只有在维护作业时，可将其处于分闸状态 本图是N+1系统配置典型接线图，这里的N不宜大于4，即本图也适用于3+1或4+1系统配置 应用场所：用于设有高压柴油发电机组的B级数据中心的一级低压配电系统

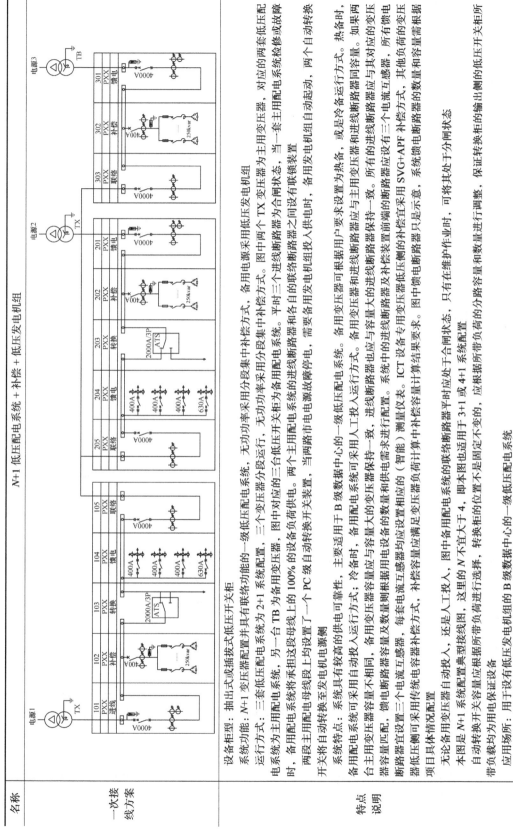

表6-35　低压配电系统图表 6

数据中心用高压开关柜主要有以下两种：

1）金属封闭铠装式开关柜，它是一种移开式高压开关柜，又称为高压中置柜。

2）金属封闭箱式开关柜又称为高压环网柜。

两种高压开关柜应满足 GB 3906—2006《3～35kV 交流金属封闭开关设备》标准的相关要求。预装式变电站内部的高压开关柜为高压环网柜。移开式高压开关柜、高压环网柜和预装式变电站的应用场所见表 6-36。

表 6-36　三种形式的高压开关设备的应用场所

IDC 机架数（台）	预装式变电站	高压环网柜	移开式高压开关柜	备注
100 以内	√	√		
100～500		√	√	
500 以上		√ *	√	

注：* 表示为二级高压保护之用。

（1）高压开关柜的主要技术参数

数据中心常用的高压开关柜的主要技术参数见表 6-37。

表 6-37　高压开关柜的主要技术参数表

项目		单位	技术参数				备注
			10kV	20kV	35kV	10kV 环网柜	
额定电压		kV	10	20	35	10	
最高电压		kV	12	24	40.5	12	
额定电流		A	630～1600	630～1600	630～2000	630	
额定绝缘水平	1min 工频耐受电压	kV	42	65/79	95/118	42	相间相对地 / 隔离端口
	雷击冲击耐受电压（全波）	kV	75	125/145	185/215	75	相间相对地 / 隔离端口
额定频率		Hz	50	50	50	50	
母线额定电流		A	630～1600	630～1600	1250～2000	630	
额定短路开断电流		kA	25、31.5	25、31.5	25、31.5		
额定短路关合电流		kA	63、80	63、80	63、80		
额定短时耐受电流		kA	25、31.5	25、31.5	25、31.5	25、31.5	
额定短时耐受时间		s	4	4	4	2	
额定峰值耐受电流		kA	63、80	63、80	63、80	63、80	
外壳防护等级			IP4X	IP4X	IP4X	IP2X	

高压开关柜的额定电压应与市电电源电压等级相一致，其额定电流应满足市电引入容量需要。

（2）高压开关柜的主母线的选择

高压开关柜的主母线的选择可根据 GB 3906—2020《3.6kV～40.5kV 交流金属封闭开关设备和控制设备》中的附录 D（规范性附录）中公式来确定其截面，计算公式如下：

$$S = \frac{I}{a}\sqrt{\frac{t}{\Delta\theta}} \qquad (6-3)$$

式中　S——母线截面积（mm^2）；

　　　I——额定短时耐受电流（A）；

　　　a——材质系数，铜为 13，铝为 8.5，取 13；

　　　t——电流通过时间（s），取 4s 或 2s；

　　　$\Delta\theta$——温升（K），对于裸导体一般取 180K，对于 4s 持续时间取 215K。

如果按短时耐受电流选择主母线的截面可以得出以下结果：

25kA/2s 的系统铜母线最小截面积 $S = (25000/13) \times \sqrt{(2/180)} = 202mm^2$，选用截面不小于 TMY-50×5 的铜母线。

25kA/4s 的系统铜母线最小截面积 $S = (25000/13) \times \sqrt{(4/215)} = 260mm^2$，选用截面不小于 TMY-60×5 的铜母线。

31.5kA/4s 系统铜母线最小截面积 $S = (31500/13) \times \sqrt{(4/215)} = 330mm^2$，选用截面不小于 TMY-60×6 的铜母线。

对于高压开关柜主母线的选择，除了考虑短时耐受电流，还要考虑母线载流量，对于表 6-37 高压开关柜（进线开关）额定电流的选择，高压开关柜的主铜母线不小于表 6-38 的数值。在实际工程中，高压开关柜的主母线和其他分支母线的实际规格和截面应以高压开关柜生产厂商供货图为准。

表 6-38　高压开关柜主母线截面参考表

额定电流 /A	高压开关柜主母线截面 /mm				备注
	10kV	20kV	35kV	环网柜	
630	60×8	60×8	60×8	60×6	
1250	80×8	80×8	80×8	—	
1600	100×8	100×8	100×10	—	

3. 高压开关柜主要元件的选择

（1）主要元件的校验

高压开关柜的主要元件包括断路器、负荷开关、隔离开关、熔断器、电流互感器、电压互感器，上述元件的正确选择可以保证高压配电系统的安全可靠的运行。常用高低压电气设备选择校验项目表见表 6-39。

表 6-39　常用高低压电气设备选择校验项目表

设备名称	额定电压 /kV	额定电流 /A	开断能力 /kA	短路电流校验		环境条件	其他
				动稳定	热稳定		
断路器	√	√	○	○	○	√	操作性能
负荷开关	√	√	○	○	○	√	操作性能
隔离开关	√	√		○	○	√	操作性能
熔断器	√	√	○			√	
电流互感器	√	√		○	○	√	二次负荷，准确等级
电压互感器	√					√	二次负荷，准确等级

（2）高压断路器的选择

数据中心高压配电系统用断路器基本为户内型高压真空断路器。

数据中心高压配电系统的高压断路器分为进线断路器、联络断路器和馈电断路器，应用于移开式高压开关柜和高压环网柜一次电路，高压开关柜的断路器的选择可参考以下方法进行：

1）断路器的额定电压应不低于进线端的额定电压，不同电压等级的高压断路器的额定电压分别为 12kV、24kV 和 40.5kV。

2）断路器的额定电流应不小于所在回路的最大长期工作电流。

3）如从供电部门获得的数据中心高压配电系统上一级变电站的出线断路器的断流容量小于 500MV·A，进线断路器的开断电流选 25kA 即可，如果断流容量为 500MV·A，则进线断路器的开断电流选为 31.5kA。

4）如果已知进线断路器的上一级断路器的开断电流低于 25kA，则可以选择开断电流为 25kA 的断路器作为进线断路器。

5）如果已知进线断路器的上一级断路器的开断电流为 25kA 或 31.5kA，则进线断路器的开断电流可以选择和其一致。

6）联络用断路器的额定容量和开断电流应与进线断路器保持一致。

7）无论所接变压器容量多大，选择额定电流和开断电流分别为 630A 和 25kA 的断路器作为（变压器柜）馈电断路器。

8）数据中心二级高压配电系统的进线断路器的额定电流和开断电流应与上一级的出线断路器的额定电流和开断电流保持一致。

9）进线断路器额定电流的选择与引入电源容量相对应，其额定电流应满足供电回路的长期工作的最大电流，如果 10kV 电压等级的电源容量不大于 8000kV·A、20kV 电压等级的电源容量不大于 16000kV·A、35kV 电压等级的电源容量不大于 25000kV·A，进线断路器的额定电流选择 630A 即可，其他容量则选择 1250A 的高压断路器。

（3）高压熔断器的选择

在高压配电系统中，移开式高压开关柜的高压熔断器用在电压互感器前端，作为电压互感器保护器件；高压环网柜的高压熔断器用于变压器保护或线路保护或电压互感器保护。高压环网柜的熔断器的选择可参考以下方法进行：

1）熔断器的额定电压应不低于保护线路的额定电压，不同电压等级的高压熔断器的额定电压分别是 12kV、24kV 和 40.5kV，分别高于 10kV、20kV 和 35kV。

2）保护电压互感器的熔断器，只需按额定电压和开断电流选择，无需对额定电流进行校验，其额定电流一般选用 0.5A，开断电流一般大于 25kA。

3）用于高压环网柜变压器保护或线路保护的熔断器的工作电压一般为 10kV，因高压开关柜设备厂家所选用的高压熔断器的开断电流都很大，所以，在选择熔断器时，只需考虑其额定电流即可，额定电流可按以下公式计算：

$$I_{Nr} = K I_{gmax} \qquad (6\text{-}4)$$

式中　K——系数，不考虑电动机自起动时，取 1.1 ~ 1.3；考虑电动机自起动时，取 1.5 ~ 2；

　　　I_{gmax}——电力变压器回路或线路最大工作电流。

不同容量的配电变压器与高压熔断器的选用参考表见表 6-40。

表 6-40　不同容量的配电变压器与高压熔断器的选用参考表

额定电压 / kV	单台变压器额定容量 /kV·A									
	160	200	250	315	400	500	630	800	1000	1250
12	16	25	25	31.5	40	50	63	80	100	125
24	12	12	16	16	20	25	31.5	40	50	63
40.5	6.3	6.3	10	10	12	16	20	25	31.5	40

4）高压配电系统中的熔断器一般以高压开关柜设备厂家提供的型号为准，每相各配置 1 个（共 3 个）高压熔断器，每 3 个为一组。

（4）电流互感器的选择

电流互感器（CT）在高压配电系统应用得非常广泛，进线柜、计量柜、联络柜、馈电柜都有应用，用于线路运行电流测量、计量和线路保护。

数据中心常用的电流互感器一次电流标准值如下：5A、10A、15A、20A、30A、40A、50A、75A、100A、150A、200A、300A、400A、500A、600A、800A、1000A、1250A、1500A、2000A、2500A、3000A；二次电流标准值为 5A 或 1A。

高压配电系统的一台高压开关柜中有装两个电流互感器和三个电流互感器两种方式，而大部分的情况是采用较为经济的做法，只安装两个电流互感器，两个电流互感器分别安装在 A、C 两相上。高压配电系统中的电流互感器是用来测量电流和保护线路。由于在三相三线供电系统中，只需要测得三相中的两相电流，即可通过计算矢量和算出另一相的电流，所以在实际工程项目中就出现很多单台高压开关柜中只装两个电流互感器的情况。在数据中心高压配电系统中，无论是 2CT，还是 3CT，从测量与保护方面看，均能满足线路保护、运行及维护要求。

在数据中心高压配电系统中零序电流互感器的选择上，应注意互感器穿缆内径与高压电力电缆外径的匹配。

以数据中心 LZZBJ 系列电流互感器为例，它的型号含义如下：

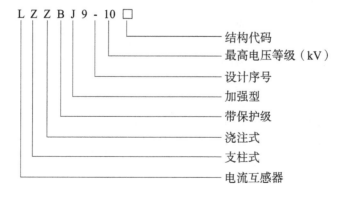

电流互感器的几个重要参数指标如下：

1）额定电压。

电流互感器一次回路的额定电压 U_N 应不低于线路的市电电源的额定电压 U_n，一般由高压开关柜生产厂商选择。

2）额定电流。

电流互感器的额定电流分为一次侧额定电流和二次侧额定电流。一次侧额定电流应按线路最大工作电流或变压器额定电流的 1.2 ～ 1.5 倍取定，即电流互感器的一次侧额定电流应不小于市电电源容量的电流值或馈电柜的变压器额定电流的 1.2 ～ 1.5 倍的电流值。二次侧额定电流有 5A 和 1A 两种，一般强电系统采用 5A，弱电系统采用 1A。

在数据中心高压配电系统中，无论是保护用还是测量用，电流互感器的二次侧额定电流均为 5A。在电流互感器型号中，一次侧额定电流和二次侧额定电流用 xxx/xA 表示。比如 200/5A 代表一次侧额定电流为 200A，二次侧额定电流为 5A。

3）电流比。

选择电流互感器首先要确定它的电流比，即一次侧额定电流（I_{1n}）和二次侧额定电流（I_{2n}）之比。当看到电流互感器的铭牌上标明其电流比为 100/5，那么不仅说明互感器二次电流乘上 20 就等于一次电流，还说明电流互感器二次绕组允许长期通过的电流为 5A，所以电流比为 100/5 的互感器不能写成 20/1，这是因为 20/1 说明互感器的额定一次电流为 20A，额定二次电流为 1A，与 100/5 比值虽相同但实际意义不同。这里用的电流互感器的一次电流是根据线路电流选择的；二次电流一般选为 5A。

一次侧额定电流应按线路最大工作电流或变压器额定电流的 1.2 ～ 1.5 倍取定，即电流互感器的一次侧额定电流应不小于市电电源容量的电流值或馈电柜的变压器额定电流的 1.2 ～ 1.5 倍的电流值。10kV 高压配电系统电流互感器电流比参考表见表 6-41。

表 6-41　10kV 高压配电系统电流互感器电流比参考表

市电电源容量 /kV·A	进线、联络柜电流互感器	计量柜	变压器容量 /kV·A	馈电柜电流互感器	备注
200	15/5A	15/5A	160	15/5A	
500	50/5A	50/5A	200	15/5A	
1000	100/5A	100/5A	250	20/5A	
2000	150/5A	150/5A	315	30/5A	
3000	300/5A	300/5A	400	40/5A	
4000	300/5A	300/5A	500	50/5A	
5000	400/5A	400/5A	630	60/5A	
6000	500/5A	500/5A	800	75/5A	
8000	600/5A	600/5A	1000	100/5A	
10000	800/5A	800/5A	1250	100/5A	
12000	1000/5A	1000/5A	1600	150/5A	
15000	1250/5A	1250/5A	2000	150/5A	
20000	1250/5A	1250/5A	2500	200/5A	

注：1. 表中计量柜电流互感器仅为参考，具体应由供电部门选择确定。
　　2. 20kV 和 35kV 高压配电系统的电流互感器电流比可参考此表计算。

4）准确级。

准确级是根据所供仪表和继电器的用途考虑。互感器的准确级应不低于所供仪表的准确级。

进线柜、联络柜、馈电柜的电流互感器的准确级为 0.5 级；计量柜中用于电能测量的电流互感器的准确级为 0.2 级或 0.2S 级。0.2 级和 0.2S 级的电流互感器是同一精度的互感器，0.2S 级在 1% 额定电流时的误差不能超过正负 0.75%，而 0.2 级是在 5% 额定电流时的电流误差不能超过正负 0.75%。也就是说，电流互感器在 1% 额定电流时，带 S 级的互感器仍能保证它的测量精度，而 0.2 级的电流互感器就达不到其精度要求了，即带 S 级的电流互感器的负载适应范围要比不带 S 级的电流互感器宽。数据中心高压配电系统计量柜用电流互感器的准确级通常选择 0.2S 级。

数据中心高压配电系统保护用电流互感器采用允许误差为 5%，在互感器型号中用 5P 表示。

5）额定容量或额定负荷。

电流互感器的额定容量是指电流互感器在额定电流和额定负载下运行时二次所输出的容量，额定容量的单位为 V·A；额定负荷是指电流互感器二次所接电气仪表和联结导线的总阻抗，额定负荷的单位为 Ω。

电流互感器的额定负荷与电流互感器所接的线路上的负荷没有任何直接的关系。只要电流互感器的二次接线不变，不管线路上的负荷如何变化，电流互感器都规定有标准的负荷，即额定负荷。

至于电流互感器的额定容量 S_n 和额定负荷的阻抗 Z_n 之间的关系，可以用下面的公式来表示：

$$S_n = I_{2n}^2 Z_n \tag{6-5}$$

数据中心高压配电系统用电流互感器的二次侧额定电流为 5A，额定容量标准值应为：10V·A、15V·A、20V·A，对应额定负荷的阻抗为：0.4Ω、0.6Ω、0.8Ω。

6）动稳定和热稳定。

电流互感器生产厂商都会给出每个规格型号电流互感器的动稳定电流倍数（K_{es}）和热稳定电流倍数 K_t，并由高压开关柜生产厂商提供给设计单位，作为电流互感器的动稳定和热稳定校验依据。

① 热稳定校验。

在电流互感器校验中，只针对本身带有一次回路导体的电流互感器进行热稳定校验。电流互感器的热稳定能力通常以 t 秒内允许通过的热稳定电流 I_t 与电流互感器一次额定电流 I_{1N} 之比——热稳定倍数 K_t 来表示，故热稳定应按下式进行校验：

$$(K_t I_{1N})^2 t \geq I_\infty^2 t_{ima} \tag{6-6}$$

式中　K_t——产品样本给出的电流互感器的热稳定倍数；

　　　I_{1N}——电流互感器一次侧额定电流（kA）；

　　　t——热稳定时间（s），产品样本给出的一般为 1s；

　　　I_∞——短路稳态电流值（kA）；

　　　t_{ima}——热效应等值计算时间（s）。

如果电流互感器产品样本给出的是短时耐受电流（热稳定电流）I_t（kA），则

$$K_t = I_t / I_{1N} \tag{6-7}$$

② 动稳定校验。

电流互感器动稳定能力通常以允许短时极限通过电流峰值 i_{max} 与电流互感器一次侧额

定电流 $\sqrt{2}I_{1N}$ 之比——动稳定电流倍数 K_{es} 表示，故动稳定应按下式进行校验：

$$\sqrt{2}K_{es}I_{1N} \geqslant i_{sh} \tag{6-8}$$

式中　K_{es}——产品样本给出的电流互感器的动稳定倍数；

　　　I_{1N}——电流互感器一次侧额定电流（kA）；

　　　i_{sh}——最大三相短路电流冲击值（kA）。

如果电流互感器产品样本给出的是额定动稳定电流 i_{max}（kA），则

$$K_{es} = i_{max} / \left(\sqrt{2}I_{1N}\right) \tag{6-9}$$

（5）电压互感器的选择

在高压配电系统中，电压互感器主要应用于进线柜、PT 柜和计量柜中，用于线路运行的测量、计量和保护。电压互感器的一次侧都设有熔断器保护，所以电压互感器不需要进行短路电流的动稳定和热稳定校验，相对于电流互感器，电压互感器的选择较简单。

1）额定电压。

电压互感器的额定电压分为一次侧额定电压和二次侧额定电压。要求一次侧额定电压与一次绕组所接电源的电压相匹配；其二次侧的额定电压为 100V，相电压为 $100/\sqrt{3}$ V。

2）种类和型式。

数据中心高压配电系统用电压互感器采用的是浇注式电压互感器，分为两种型式，一种是选择 2 台单相 V/V 形接线方式的电压互感器；另一种是选择 1 台三相五柱形接线方式的电压互感器。测量及计量需选择 2 台电压互感器；测量 + 保护一般选用 3 台电压互感器。

3）准确级。

数据中心高压配电系统用电压互感器的准确级一般选 0.2 级即可。

4）额定容量。

电压互感器的额定二次容量应不小于电压互感器的二次负荷值。上述指标选择完毕，即可在产品手册中查得相应的电压互感器的额定容量数据。

（6）负荷开关的选择

在数据中心高压配电系统中，负荷开关一般应用于由 10kV 环网柜组成的高压配电系统，一般与高压熔断器组合成组合电器。负荷开关可采用真空灭弧或 SF$_6$ 气体灭弧方式。

负荷开关的主要参数表见表 6-42。

表 6-42　负荷开关的主要参数表

内容	单位	主要参数	备注
额定电压	kV	12	
额定频率	Hz	50	
额定电流	A	630	
额定短时耐受电流（2s）	kA	20～25	
额定峰值耐受电流	kA	50～63	
变压器容量	kV·A	≤ 1250	
负荷开关机械寿命	次	5000	
接地开关机械寿命	次	1000～2000	

在数据中心实际工程项目设计中，高压开关柜中的断路器、负荷开关、隔离开关、熔断器、电流互感器、电压互感器一般是由高压配电设备厂家根据设计要求对上述设备及元件自行校验。若设计人员需要验证时，可参考上述内容进行验证。

6.5.2　变压器设备的选择与计算

数据中心用配电变压器的选择与计算由数据中心的等级、负荷特性、不同等级的用电设备负荷及其比例、用户的要求决定，数据中心的等级又决定了变压器运行方式。

不同等级的数据中心配置的配电变压器的原则也是不同的，GB 50174—2017 的 C 级和 YD/T 1818—2018 的 T1 级数据中心的变配电系统不设置备用变压器，而 GB 50174—2017 的 A 级、B 级和 YD/T 1818—2018 的 T4、T3、T2 级需要配置备用变压器。配置的备用变压器又分为暗备用变压器和明备用变压器。采用 2N 配置的变压器为暗备用变压器；采用 N+1 配置的变压器中的 1 即明备用变压器。

供配电系统中的 2N 中的 2 可以是两个电源，也可以是两个系统，更可以是两个设备，无论是两个电源、两个系统或两个设备，它们有相同的特点，即两个（电源、系统或设备）互为备用，同时运行，当其中一个无法正常运行时，由另一个负责两个（电源、系统或设备）所担负的全部负荷供电，这种备用称为暗备用，又称为热备用；当两个（电源、系统或设备）一主用一备用，平时只有一个正常运行，另一个不投入运行，当主用无法正常运行时，备用才投入运行来负责两个（电源、系统或设备）所担负的全部负荷供电，这种备用称为明备用，又称为冷备用。

1. 变压器负荷计算

首先要确定整个数据中心的变压器总容量，再根据负荷等级、负荷特性确定各等级变压器容量。每个等级的负荷确定变压器的数量，变压器容量计算以单台为计算单位，即每台变压器都应该有一个独立的交流负荷计算表。

如果一个保障等级的负荷需要多台变压器分担供电时，应尽可能均匀地把所有负荷分配到各个变压器上。在计算变压器容量时，需要考虑变压器的长期工作的最大负载率。

在计算变压器单台容量的同时，还需要计算出该台变压器所带的低压母线段的无功功率补偿容量。

变压器单台容量计算应遵循以下原则：

1）2N 配置的变压器长期工作负载率应不大于 50%。

2）N+1 和 N 配置的变压器长期工作负载率不宜大于 85%。

3）在计算担负 UPS 系统供电的变压器容量时，2N 配置的变压器可以不考虑充电功率，N+1 和 N 配置的变压器应适当考虑蓄电池组的充电功率。

4）一台变压器所带的负荷等级应尽量保持一致。

5）干式变压器的冷却风扇功率相对较低，在计算变压器损耗时可忽略。

6）当一台变压器所带的为不同等级负荷时，应分别计算出各等级的负荷容量。

7）数据中心在选择变压器时，单台容量应尽可能大，但所选变压器单台最大容量应不大于 2500kV·A。

具体计算过程和方法详见第 4 章相关内容。

2. 变压器的选择原则

1）数据中心用配电变压器应采用专用变压器。

2）GB 50174—2017 的 A 级和 YD/T 1818—2018 的 T4 级、T3 级数据中心的配电变压器应按 2N 运行方式配置。

3）GB 50174—2017 的 B 级和 YD/T 1818—2018 的 T2 级数据中心的配电变压器应按 N+1 运行方式配置。

4）GB 50174—2017 的 C 级和 YD/T 1818—2018 的 T1 级数据中心的配电变压器应按基本 N 运行方式配置。

5）建有专用变电站的数据中心应采用 10kV 市电电源引入，选用 10kV/0.4kV 变压器。

6）采用 20kV 或 35kV 市电电源引入时，数据中心用变压器采用一级变换或二级变换应根据负荷特性及发电机组输出电压等级来选择，当发电机组为低压机组时，变压器采用 20kV/0.4kV 或 35kV/0.4kV 一级变换方式，当发电机组为高压机组时，变压器宜采用 20kV/10kV/0.4kV 或 35kV/10kV/0.4kV 两级变换方式。

7）数据中心用配电变压器应选用高效节能型变压器。

8）高压分接电压范围 ±2×2.5%。

9）阻抗电压 4%～6%。

10）干式变压器的绝缘耐热等级不应低于 F 级。

11）当数据中心市电电源的电压等级为 10kV，配电变压器的联结组别应为 Dyn11。

12）当数据中心市电电源的电压等级为 35kV，采用两级降压时，35kV/10.5kV 变压器的联结组别为 Dyn11，10kV/0.4kV 变压器的联结组别为 Yyn0。

13）不建议选择使用有载调压变压器，除非特殊情况下的企业用小型数据中心。

14）高压环网柜配电变压器单台容量不宜大于 1250kV·A，大于 1250kV·A 应选择高压真空断路器保护。

15）室内安装的配电变压器应有保护外壳，保护外壳的防护等级不低于 IP2X。

16）带有保护外壳的配电变压器应采用强迫空气冷却方式。

17）数据中心用配电变压器不应采用并联运行方式，即使低压侧有联络开关，其联络开关也应与变压器的输出开关之间进行联锁。

为方便数据中心用的 UPS 系统的使用，数据中心用配电变压器应尽可能选择单机容量大的变压器。除了个别容量很小的数据中心会用到 630kV·A 以下的变压器，数据中心用变压器一般单台容量不小于 1250kV·A。原则上中型以上的数据中心宜配置单机容量为 2000kV·A 或 2500kV·A 的干式变压器。

3. 变压器容量及配置

（1）2N 配置

变压器 2N 配置的系统运行方式的定义：即两台变压器互为备用，平时变压器采用分段供电方式。当其中一台变压器发生故障时，另一台变压器将担负故障变压器所承担的全部负荷的供电。

变压器 2N 配置时，变压器单机容量宜按 100% 负载率设计，正常运行时，每台变压器带载率为 50%。

首先计算出 2N 系统的总用电负荷，再确定 2N 系统的变压器的总台数及单台容量。所有这个保障等级的负荷尽量均分，尤其注意 UPS 系统负荷的均分。当变压器分层或分区域供电时，各部分的变压器容量应能满足该层或该区域用电负荷的要求，避免出现变压器跨层或跨区域供电。

变压器的单台容量应不小于单台变压器的计算负荷，具体计算方法详见第 4 章。

（2）N+1 配置

变压器 N+1 配置的系统运行方式的定义：其中 N 为主用变压器的数量；"1"为一台备用变压器。即当主用变压器其中任一台发生故障时，通过联络开关的切换，备用变压器将担负故障变压器所承担负荷的供电。这里的 N 一般取 2～4。

变压器 N+1 配置时，主用变压器 N 的单机容量宜按 85%～90% 负载率设计，即主用变压器的单台容量的 85%～90% 应不小于单台变压器的计算负荷，具体计算方法详见第 4 章。

（3）N 配置

变压器 N 配置的系统运行方式的定义：N 为主用变压器，这是一种无冗余系统，也就是说在变配电系统中无备用变压器。当任何一台变压器故障时，如果两段低压母线之间没有联络开关时，其所承担的全部负荷将处于无电供给状态；当有联络开关时，则所承担的大部分负荷将处于无电供给状态。

N 配置的每台变压器容量宜按 85% 负载率设计，即变压器的单台容量的 85% 应不小于单台变压器的计算负荷，具体计算方法详见第 4 章。

（4）其他配置

变压器的温控箱应具有通信接口，具备遥测、遥信、温度告警及超温跳闸功能，并能自动起停风机。

4. 变压器最大短路电流的计算

设高压配电系统高压侧系统短路容量为无穷大，根据表 5-4～表 5-7 中各变压器的电阻 R_T 和电抗 X_T 数据，再根据下式估算变压器的最大短路电流值。

$$I_{max} = \frac{U}{\sqrt{3} \times \sqrt{R_T^2 + X_T^2}} \qquad (6\text{-}10)$$

式中　I_{max}——变压器最大短路电流（A）；

　　　U——变压器二次侧额定电压（V），取 400V；

　　　R_T——变压器短路电阻（mΩ）；

　　　X_T——变压器短路电抗（mΩ）。

【例】表 5-4 中额定容量为 2500kV·A 的变压器 R_T 和电抗 X_T 分别为 0.44mΩ 和 3.84mΩ，变压器柜的电流互感器变比为 200/5A，计算变压器低压侧和高压侧的最大短路电流（kA），以及短路时电流互感器二次侧的电流（A）。

解：设变压器低压侧最大短路电流为 I_{max}，根据式（6-10）可得

$$I_{max} = \frac{400}{\sqrt{3} \times \sqrt{0.44^2 + 3.84^2}}$$

$$I_{max} = 59.75\text{kA}$$

设变压器高压侧最大短路电流为 I'，再根据变压器的变比（10kV/0.4kV=25）折算变压器高压侧的短路电流值

$$I' = \frac{I_{\max}}{25} = \frac{59.75\text{kA}}{25} = 2.39\text{kA}$$

设电流互感器二次侧电流为 I''，再根据电流互感器的变比（200/5=40）折算变压器电流互感器二次侧的最大短路电流值

$$I'' = (2.39/40)\text{kA} = 0.05975\text{kA} \approx 60\text{A}$$

计算后得出，表 5-4 中 2500kV·A 变压器低压侧的最大短路电流值为 59.75kA，高压侧最大短路电流值为 2.39kA，电流互感器二次侧短路电流约为 60A。

在选择变压器低压进线断路器时，可用变压器低压侧的最大短路电流值为 59.75kA 来验证断路器选择是否合理。

6.5.3　低压设备的选择与计算

1. 设备选择原则

1）低压配电系统的开关柜容量应与变压器容量或市电电源容量（低压引入）相匹配。

2）一、二级低压配电系统应优先选择固定分隔插拔式或抽出式低压开关柜。

3）预装式变电站内低压开关柜宜采用普通固定式低压开关柜。

4）低压开关柜内所有开关均应采用框架断路器和塑壳断路器作为线路保护开关。

5）如数据中心市电电源采用低压电源引入，低压配电系统应该设置电能计量装置，电能计量用电流互感器和电度表应符合当地供电部门的要求。

6）配电系统中的谐波电压和在公共连接点注入的谐波电流允许限值应符合现行国家标准 GB/T 14549—1993《电能质量　公用电网谐波》、GB/T 24337—2009《电能质量 公用电网间谐波》的规定，不满足规定的应进行治理，经治理后总的电流谐波含量（THDi）不大于 5%。

7）低压配电系统应采用分段补偿方式，一级低压配电系统宜采用 SVG，对于谐波成分较大的系统，应设置 APF 进行消除谐波，其容量应根据实际补偿容量和负载特性进行配置，功率单元应采用模块化设计，并能符合供电部门相关规定。

8）低压断路器不应采用漏电保护装置。

9）低压馈电柜不应采用失电压脱扣装置。

2. 低压开关柜的选择

可供数据中心选用的低压开关柜生产厂家非常多，型号系列可选范围也很大。在低压开关柜的选择上，要求低压开关柜具备接线简单可靠、技术性能先进、操作安全方便等特点。

所有的低压开关柜应满足 GB 7251.1—2013《低压成套开关设备和控制设备　第 1 部分：总则》和 GB 7251.12—2013《低压成套开关设备和控制设备　第 2 部分：成套电力开关和控制设备》的相关要求。

（1）额定容量

1）主母线（水平母线）:400A、630A、800A、1000A、1250A、1600A、2000A、2500A、3200A（3150A）、4000A、5000A。

2）垂直母线:400A、630A、800A、1000A、1250A、1600A、2000A。

3）功能单元（抽出式）:100A、125A、160A、200A、250A、400A、630A、800A、1000A、

1250A、1600A、2000A、2500A、3200A、4000A、5000A。

4）框架断路器：800A、1000A、1250A、1600A、2000A、2500A、3200A、4000A、5000A。

5）塑壳断路器：100A、160A、200A、250A、400A、630A、800A、1000A、1250A。

6）无功功率补偿设备：60kvar、90kvar、120kvar、150kvar、180kvar、210kvar、240kvar、300kvar、360kvar、375kvar、480kvar。

7）自动转换开关（ATS）：250A、400A、630A、800A、1000A、1200A、1600A、2000A、2500A、3000A、4000A。

需要说明的是部分生产厂家的低压开关柜也可设置容量大于 2000A 的垂直母线。

（2）柜体结构选择

普通固定式低压开关柜用于预装式变电站低压室，容量一般较小。固定分隔式低压开关柜、固定分隔插拔式低压开关柜和抽出式低压开关柜的最大容量可达 6300A，这三种型式的低压开关柜可广泛用于数据中心低压配电系统中，以抽出式低压开关柜和固定分隔插拔式低压开关柜应用最多。

低压开关柜的母线室一般设在柜体上部，当电缆室在柜体侧面时，母线室也可设于柜体后部。电缆室的位置可设在柜体的侧部或后部，电缆室的位置将影响柜体的宽度和深度。电缆室设在柜体后部时，低压开关柜的宽度基本与功能小室的宽度一致，容量不大于 2000A 的低压开关柜柜宽可控制在 400mm。电缆室设在柜体侧部的低压开关柜，在宽度上相比设在柜体后部的低压开关柜要宽出一个电缆室的宽度。低压开关柜柜体结构分布示意图如图 6-29 所示。

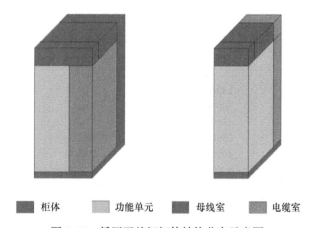

■ 柜体　■ 功能单元　■ 母线室　■ 电缆室

图 6-29　低压开关柜柜体结构分布示意图

不同型式的低压开关柜外形尺寸参考表见表 6-43。

表 6-43　不同型式的低压开关柜外形尺寸参考表

柜体容量 /A	宽 /mm	深 /mm	高 /mm	备注
普通固定式	600/800/1000	600/800/1000	1800/2000/2200	高度可符合用户需求
固定分隔式	400/600/800/1000/1200	600/800/1000/1200	2200	
固定分隔插拔式	400/600/800/1000/1200	600/800/1000/1200	2200	
抽出式	400/600/800/1000/1200	600/800/1000/1200	2200	

注：不同厂家型号的低压开关柜外形尺寸会有差异，在设计中应针对不同厂家的柜型进行调整。

普通固定式低压开关柜柜体前后都可设门，前后也都可维护。既可以上进出线，也可以下进出线。母排和断路器混装于柜内的前部和后部。固定式低压开关柜容量都不太大，柜体的宽度、深度和高度也比较灵活，可以根据机房实际情况进行调整。

除了预装式变电站内低压开关柜，数据中心用低压开关柜应优选抽出式或固定分隔插拔式低压开关柜。至于是选择电缆室位于柜体后部的低压开关柜，还是选择位于柜体侧面的低压开关柜，需要根据机房的实际情况确定。由于电缆室位于柜体后部的低压开关柜在宽度上较小，此类低压开关柜多用于宽度受限的低压配电机房。

所有的低压开关柜的维护面都可根据机房条件和用户需求进行选择，除了电缆室位于柜体后部的低压开关柜必须前后维护，其他类型的低压开关柜的维护面均可选择单面维护或双面维护，其中单面维护的低压开关柜可以背对背或靠墙安装。

低压开关柜的柜体结构数据表见表 6-44。

表 6-44　低压开关柜的柜体结构数据表

项目	固定式			抽出式	备注
	普通固定式	固定分隔式	固定分隔插拔式	抽屉式	
柜体材料	板材应选用不小于 2mm 厚的覆铝锌板材和冷轧钢板（门、屏边）				
额定工作电压	400V/690V				
额定绝缘电压	1000V				
额定冲击耐受电压	8000V				
母线额定短时耐受电流（1s）	母线额定电流短时耐受电流（I_{cw}） $\leq 630A$　　　　　20kA $630A < I_n \leq 1000A$　　30kA $1000A < I_n \leq 1600A$　50kA $1600A < I_n \leq 2500A$　65kA $2500A < I_n \leq 4000A$　80kA $4000A < I_n \leq 6300A$　100kA				
进出线方式	上、下	上、下、侧、后			
电缆室位置	无	侧或后	侧或后	侧或后	
母线室位置	无	上、后	上、后	上、后	
断路器安装形式	垂直安装	框架断路器：垂直安装；空气断路器：水平安装			
外壳防护等级	不低于 IP3X	不低于 IP3X	不低于 IP3X	不低于 IP3X	
污染等级	3	3	3	3	
安装地点及方式	箱内、户内	箱内、户内	户内	户内	

低压开关柜柜体内部隔离形式分为 Form1、Form2a、Form2b、Form3a、Form3b、Form4a、Form4b，其中 Form1 为不隔离柜体，隔离等级最高的是 Form4b。

低压开关柜柜体内部隔离形式表见表 6-45，表 6-45 中的形式图说明如图 6-30 所示。

表 6-45　低压开关柜柜体内部隔离形式表

柜体内部隔离形式	主判据	补充判据	柜体型式	结构特点	形式图
形式 1 Form1	不隔离	—	普通固定式	预装式变电站常用的分隔型式	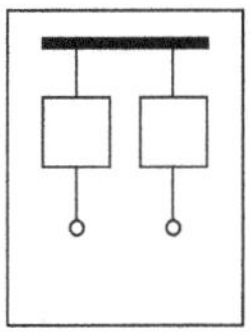
形式 2a Form2a	母线与功能单元隔离	外接导体端子不与母线隔离	固定分隔式、抽出式	很少应用	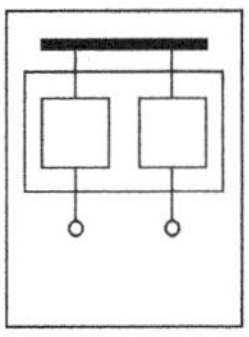
形式 2b Form2b		外接导体端子与母线隔离	固定分隔式、抽出式	很少应用	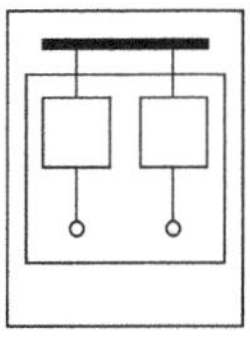
形式 3a Form3a	母线与所有功能单元隔离；所有功能单元相互隔离；外接导体端子和外接导体与功能单元隔离，但不与其他功能单元的端子隔离	外接导体端子不与母线隔离	固定分隔式、抽出式	很少应用	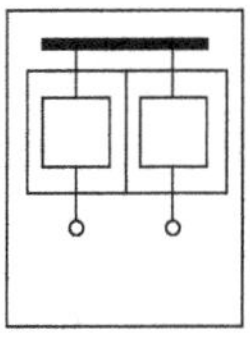
形式 3b Form3b		外接导体端子和外接导体与母线隔离	固定分隔式、抽出式	最常见的柜体结构分隔型式	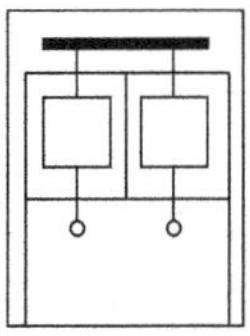
形式 4a Form4a	母线与所有功能单元隔离；所有功能单元相互隔离；与功能单元密切相关的外接导体端子与其他功能单元和母线的外接导体端子隔离；外接导体与母线隔离；与功能单元密切相关的外接导体端子与其他功能单元和它们的端子隔离；外接导体彼此不隔离	外接导体端子与关联的功能单元在同一隔室中	固定分隔式、抽出式	很少应用	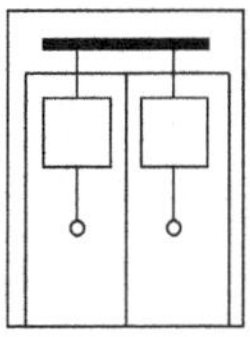
形式 4b Form4b		外接导体端子与关联的功能单元不在同一隔室中	固定分隔式、抽出式	最高等级的结构分隔型式，但应用没有 Form3b 多	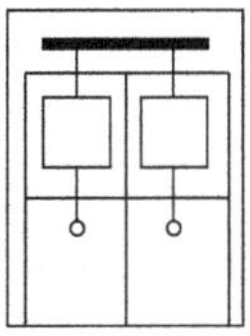

数据中心用低压开关柜最常见的内部隔离形式为 Form3b。

抽出式和固定分隔插拔式低压开关柜的主母排均设在柜顶部，配电母排也安装在绝缘的隔板中，主母排和配电母排之间没有隔离。接地母排（PE 排）位于柜体底部，水平安装，并与临柜 PE 排相连。

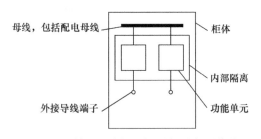

图 6-30　低压开关柜内部隔离形式图说明

低压开关柜柜体内部也可采用混合型式，即柜体内既能安装固定式功能单元，又可安装抽出式或插拔式功能单元。一个低压配电系统的柜体一般为混合型式，即不同柜体的断路器可采用不同型式的功能单元，每台低压开关柜的柜体内部型式都需要根据每个功能单元容量进行选择。

断路器功能单元分为框架断路器功能单元和塑壳断路器功能单元。

框架断路器有固定式和抽出式两种安装型式。固定式安装型式的框架断路器就是断路器本体固定安装在柜内，断路器的输入侧铜排直接接至框架断路器，框架断路器更换时必须进行系统母线断电；抽出式框架断路器增加了框架，框架固定安装在柜内底座上，断路器输入侧铜排连接至框架底座上，框架断路器本体抽出时不用更改主接线的母线排，母线排无需断电。

塑壳断路器有固定式、插拔式和抽出式三种安装型式。插拔式在固定式的基础上增加了插入式套件，抽出式在插拔式的基础上增加了抽出式抽屉。

固定式是断路器直接安装在低压开关柜内加固底座上，断路器输入侧铜排或电缆直接连接至断路器本体上；插拔式断路器套件的增加使得断路器主接线是在插拔式底座上面接线，需要时可将断路器本体拔下，无需移动更改主接线铜排或电缆，方便维护；抽出式断路器在插拔式的基础上增加了抽屉，需要抽出时，可将带有塑壳断路器的抽屉整体抽出即可，方便维护。

（3）进线及联络柜

数据中心的配电变压器都对应一套一级低压配电系统。如果两台变压器之间互相备用，则这两个低压配电系统之间需要设置联络用断路器。一级低压配电系统进线柜的断路器容量应与变压器容量匹配，二、三级低压配电系统的进线断路器和联络断路器的选择方法与一级配电系统相似，其进线断路器容量应满足二级或三级配电系统所承担的最大运行负荷要求。

低压配电系统进线柜的断路器容量应以变压器容量选择确定，下面结合一个示例介绍其选择方法，如下：

设定变压器容量为 1000kV·A（10/0.38kV），其低压侧额定电流为

$$I = \left(\frac{1000 \times 1000}{400 \times \sqrt{3}} \right) A = \left(\frac{1000000}{400 \times 1.732} \right) A = 1443.4A \qquad (6-11)$$

设长延时过电流在 $1.05I_r$ 到 $1.20I_r$ 之间脱扣，这里设脱扣值为 $1.05I_r$，则脱扣器长延时整定电流 I_{zd1}=1.05 × 1443.4=1515.6A；若脱扣值为 $1.20I_r$，则脱扣器长延时整定电流 I_{zd1}=1.20 × 1443.4=1732.1A。通过查资料，变压器低压侧总保护断路器应选择 1600A 或

2000A 框架式断路器。其整定值可根据工程的具体情况而定。

若今后可能会出现变压器扩容，则断路器的容量应按变压器的远期容量计算，具体算法同前。

这里有个问题，根据干式变压器的特点，我们一般选用的变压器都是强制风冷的，具有较强的过载能力。那么当变压器出现最大过载时，其输出电流出现大于 2000A 的情况，这时，断路器可能会动作，即断路器将切断供电线路。这就要求我们进行负荷分配时，在各用电设备正常工作的情况下，尽量避免变压器低压母线段上的总交流负荷出现过载情况。在通信电源设计中，一般我们不考虑这种情况。

根据以上公式计算，变压器（电源）容量与低压开关柜容量关系表见表 6-46。

表 6-46　变压器（电源）容量与低压开关柜容量关系表

变压器（电源）容量 /kV·A	额定电流 /A	进线断路器 /A	电流互感器（CT）变比	低压母线 /A	备注
160	230.9	400	400/5	400	
200	288.7	400	400/5	400	
250	360.9	400（630）	600/5	630	
315	454.7	630	600/5	630	
400	577.4	800	800/5	800	
500	721.7	800（1000）	1000/5	1000	
630	909.4	1250	1200/5	1250	
800	1154.7	1600	1500/5	1600	
1000	1443.4	1600（2000）	2000/5	2000	
1250	1804.3	2000（2500）	2500/5	2500	
1600	2309.5	3200	3000/5	3200	
2000	2886.8	3200（4000）	4000/5	4000	
2500	3608.5	4000（5000）	5000/5	5000	

注：括号内数字为推荐值。

对于 TN-S 接地系统，低压进线、联络断路器应采用三极断路器。当两套低压配电系统之间有联络断路器时，联络断路器的额定容量应与两套配电系统中容量较大的进线断路器的额定容量匹配。

一级低压配电系统的进线柜断路器原则上应选用框架断路器，即容量不小于 400kV·A 的配电变压器低压侧的进线断路器应选用框架断路器。采用框架断路器作为进线或联络用断路器的进线柜和联络柜宜采用单断路器设置，但这并不是唯一选项，如有需要，也可加设其他使用功能（消防或馈电）的断路器；采用塑壳断路器作为进线或联络用断路器的进线柜或联络柜应采用多断路器设置，即柜内除了设置进线或联络用断路器外，还设有馈电断路器。

（4）补偿柜

低压无功功率补偿分为集中补偿和就地补偿两种，集中补偿可采用电容器补偿或 SVG 或 SVG+APF 补偿；就地补偿可采用 APF 补偿。

数据中心的负载特性与其他行业建筑的负载特性有所不同。数据中心的主要用电负荷为 UPS 系统，无论是交流 UPS 系统，还是直流 UPS 系统，它们的输入功率因数一般都在 0.95 以上，很多甚至超过了 0.99，均已超过了供电部门对用户的配电系统返到电网的功率因数要求，所以，有很多数据中心中配置的电容器补偿装置在实际工作中不会投入运行，而且由于电容器补偿为分步补偿，有时还会出现过补现象。即使在计算那些为非 UPS 系统供电的低压配电系统中的电容器补偿容量时，也要根据负荷特性计算各段母线需要补偿的无功功率容量，避免出现配置的电容器容量过大。

数据中心低压配电系统无功功率补偿选择可参考以下原则：

1）UPS 系统负载专用变压器可不设置电容器或 SVG，可根据 UPS 系统容量配置相应的 APF。

2）非 UPS 系统负载专用变压器应根据负荷容量及功率因数或变压器容量配置电容器或 SVG。

3）混合（非 UPS 和 UPS）负载用变压器应根据负荷容量及特性或变压器容量配置 SVG+APF，APF 容量应根据低压母线上的谐波含量确定。

4）如果市电直接为 ICT 负载供电，其低压配电系统应根据负荷容量及特性或变压器容量配置 SVG+APF。

5）在设计 APF 时，应考虑低压配电系统所带负荷今后的发展。

数据中心低压无功功率补偿不存在特定的规律，要根据具体工程项目的负荷特性进行具体分析计算，切记不要生搬硬套。

1）电容器补偿装置。

低压配电系统的电容器补偿装置容量参考系列见表 6-47。

表 6-47　低压配电系统的电容器补偿装置容量参考系列

序号	类型	补偿容量
1	补偿装置	60kvar、90kvar、120kvar、150kvar、180kvar、210kvar、240kvar、300kvar、360kvar、375kvar、480kvar

电容器柜内的电容器采用组合方式，根据系统无功功率因数补偿电容器按组分步投入和撤出，每步电容器投切容量不宜大于 30kvar。每组电容器的前面需串接电抗率为 5%～7% 的电抗器。

电容器采用干式自愈电容器，内部应具有完善的保护系统，并对电容器的过压力、过电流进行保护，同时应与配套元器件的技术参数相适应并满足电网电压波动的允许条件。

2）SVG。

SVG 容量计算与电容器补偿容量计算类似，SVG 采用模块化设计，容量选择与电容器补偿容量选择相似。

3）APF。

APF 为三相三线制产品，分为箱式（壁挂式）和柜式（落地式）两种安装方式，一般可滤除系统中 2～51 次的谐波。

APF 按模块化配置，一台柜体可装载几个或十几个模块，模块采用并联运行方式，模块可按 N+1 冗余配置。与电容器补偿和 SVG 补偿不同，APF 模块的单位为 A，例如：30A、50A、60A 等。

在工程项目建设中，系统中的谐波含量都是设计人员根据经验进行的理论计算值。在 APF 实际配置中，难免会出现 APF 配置容量与实际运行的谐波含量之间的偏差。合理配置 APF 的容量的前提是要知道系统中的谐波含量，但在设计阶段，很难准确地测算出系统的谐波含量。数据中心谐波含量较大的设备有变频装置、UPS、开关电源等非线性设备，而且这些非线性设备注入电网的谐波含量还与其负载率相关，不同的负载率其谐波含量也不同。一般情况下，负载率越低，则谐波含量越低。

在数据中心工程项目设计中，每台变压器低压侧的 APF 配置容量可以根据系统谐波成分进行估算。可按下式计算：

$$I_a = KST_d \times 1000 / (U\sqrt{3}\sqrt{1+T_d^2}) \tag{6-12}$$

式中　I_a——有源滤波器容量（谐波电流）（A）；

　　　K——负载率（%）；

　　　S——设备容量 [kV·A（交流）或 kW（直流）]；

　　　T_d——谐波成分（谐波畸变率）（%）；

　　　U——系统标称电压，取 380V。

根据 YD/T 1095—2018《通信用交流不间断电源（UPS）》、YD/T 731—2018《通信用 48V 整流器》的相关条款，UPS 设备的输入电流谐波成分表见表 6-48。

表 6-48　UPS 设备的输入电流谐波成分表

种类	内容	技术要求			备注
		Ⅰ	Ⅱ	Ⅲ	
交流 UPS	输入谐波成分（100% 负载）	<5%	<8%	<15%	2～39 次谐波
	输入谐波成分（50% 负载）	<8%	<15%	<20%	2～39 次谐波
	输入谐波成分（30% 负载）	<11%	<22%	<25%	2～39 次谐波
直流 UPS（-48V）	输入谐波成分（100% 负载）	<5%	<10%	<25%	3～39 次谐波
	输入谐波成分（50% 负载）	<8%	<15%	<28%	3～39 次谐波
	输入谐波成分（30% 负载）	<12%	<20%	<30%	3～39 次谐波

表 6-48 中Ⅰ、Ⅱ、Ⅲ类设备在不同负载率的输入电流谐波成分有所不同，Ⅰ类 UPS 设备的谐波成分相对最低，Ⅲ类设备的谐波成分最高。同一类设备中，负载率越低，则谐波成分的百分比越大，但这并不代表谐波电流越大。比如：1 台Ⅰ类 400kV·A 的交流 UPS 为 100% 负载率时，这时它的谐波成分为 5%，按式（6-12）计算，它的谐波电流为 30A；若这台交流 UPS 为 30% 负载率时，它的谐波成分为 11%，按式（6-12）计算，它的谐波电流为 20A。

在采用集中谐波治理时，运用式（6-12）和表 6-48 中的谐波成分数据，可以把不同容量的变压器、不同负载率和不同谐波成分与 APF 容量的关系计算出来，见表 6-49。

表 6-49　不同容量变压器与谐波成分关系表

变压器容量 /kV·A	负载率	谐波成分					
		5%	8%	12%	15%	20%	30%
160	85%	10	16	25	31	41	59
200	85%	13	21	31	38	51	74
250	85%	16	26	38	48	63	93
315	85%	20	32	48	60	80	117
400	85%	26	41	62	77	101	148
500	85%	32	51	77	96	127	186
630	85%	41	65	97	121	160	234
800	85%	52	82	123	153	203	297
1000	85%	64	103	154	192	253	371
1250	85%	81	129	192	239	317	464
1600	85%	103	165	246	307	405	594
2000	85%	129	206	308	383	507	742
2500	85%	161	257	385	479	633	928
160	50%	6	10	14	18	24	35
200	50%	8	12	18	23	30	44
250	50%	9	15	23	28	37	55
315	50%	12	19	29	35	47	69
400	50%	15	24	36	45	60	87
500	50%	19	30	45	56	74	109
630	50%	24	38	57	71	94	138
800	50%	30	48	72	90	119	175
1000	50%	38	61	91	113	149	218
1250	50%	47	76	113	141	186	273
1600	50%	61	97	145	180	238	349
2000	50%	76	121	181	225	298	437
2500	50%	95	151	226	282	372	546

注：表中 85% 负载率为 N+1 配置，50% 负载率为 2N 配置。

　　从表 6-49 中 APF 容量数据可以看出，当变压器采用 2N 运行方式时，APF 柜可按 1 台设计，当变压器采用 N+1 和 N 运行方式时，APF 柜可按 1~2 台设计。数据中心采用的

UPS 设备为 I 类设备，设备本身的谐波成分较小。以 1 台 APF 柜最大容量按 360A 计算，数据中心 UPS 专用变压器低压侧的 APF 可按 1 台安装位置预留，预留的输入断路器不大于 400A。

对于局部滤波治理时，可在设备或系统的输入端 1 台并联 APF 设备，再根据设备容量、负载率和谐波成分计算需要配置的 APF 设备容量。

数据中心 UPS 系统专用变压器低压侧的 APF 设备可按基础容量配置，并考虑远期的扩容能力。随着 UPS 系统运行负荷的增加，根据系统的实时谐波成分数据，再对相应的 APF 设备进行模块扩容。

（5）转换柜

在数据中心低压配电系统中，用于两路电源之间的转换应选择 PC 级自动转换开关（ATSE 或 ATS），常用于市电电源与发电机组电源之间的转换。UPS 系统输入侧交流配电设备的两路输入电源之间可采用 PC 级或 CB 级转换开关。

PC 级自动转换开关的使用类别应不低于 AC-33iA/B，容量应与转换开关输出侧所带负荷容量匹配。

PC 级自动转换开关分为三极和四极，三极和四极转换开关还分为有旁路和无旁路转换开关。相比无旁路转换开关，有旁路转换开关的体积相对较大、价格较高，但因设有旁路装置，使带有旁路的转换开关更加方便维护。PC 级自动转换开关容量系列见表 6-50。

表 6-50　PC 级自动转换开关容量系列

序号	类型	额定电流
1	3P/4P	250A、400A、630A、800A、1000A、1200A、1600A、2000A、2500A、3000A、4000A

数据中心低压自动转换开关所承接的负荷主要为 UPS 系统和机房空调，如果变压器采用 2N 运行方式时，低压自动转换开关也为 2N 配置，即两两互为主备用，这时的低压配电系统宜采用不带旁路的自动转换开关；若变压器采用 N+1 运行方式时，为方便维护，每个低压配电系统宜采用带旁路的自动转换开关。

当低压备用发电机机房的地线系统为独立接地系统，低压自动转换开关应采用四极自动转换开关。如果自动转换开关输出侧所接的负荷是交流 UPS 系统，为避免转换过程 N 线悬浮造成的 UPS 输出侧 N-PE 电压变化，要求采用的四极自动转换开关应具有中性线重叠切换功能。

低压备用发电机组机房与高低压变配电机房共用接地系统时，低压自动转换开关应采用三极自动转换开关。

一般情况下，自动转换开关与低压开关柜不是同一生产厂家，低压开关柜生产厂家根据用户选定的自动转换开关物理和电气性能指标确定其转换柜的性能参数和外形尺寸，最大容量的转换柜柜体的宽和深可达 1400mm。

（6）馈电柜

低压配电系统中的馈电柜是数量最多的柜型，馈电柜也是组合形式最多的柜型。馈电柜的功能分为两种，一种是作为下一级低压配电系统供电的馈电柜；另一种是为用电设备配电的馈电柜。

　　馈电柜的主母排水平位于柜体的顶部母线室内，主母线最大额定电流为6300A。配电母线为柜体内的垂直母排，额定电流最大为2000A，个别厂家生产的低压开关柜的垂直母线也可超过2000A。主流低压开关柜的柜体高度为2200mm，功能单元的有效高度一般为1800mm左右，不同容量、不同品牌的低压开关柜的功能单元有效高度会有一些偏差。

　　除了预装式变电站内的低压开关柜，其他固定分隔式、固定分隔插拔式和抽出式低压馈电柜的塑壳断路器均采用水平安装。与普通固定式低压开关柜相比，固定分隔式、固定分隔插拔式和抽出式低压馈电柜具有断路器之间隔离和方便维护等特点。

　　抽出式、固定分隔插拔式低压开关柜和普通固定式低压开关柜的设计特点各有千秋，也各自有其优点，不能简单用落后与先进来对其进行评判。抽出式和固定分隔式低压开关柜的最大优点是当一个回路发生故障时，不会波及另一个回路的运行，而且抽出式低压开关柜的一个抽屉发生故障时，可用备用抽屉随时更换，停电时间短，连续供电效果要比其他形式的低压开关柜要好。

　　由于抽出式和固定分隔插拔式低压开关柜的柜体内部采用固定分隔形式，这种柜体的通风散热效果不如普通固定式形式，柜体设计和元器件选择不合理会造成柜内温度高，而影响导体及各元件通流能力的充分发挥。尤其是抽出式和固定分隔插拔式的插接件的质量直接影响到低压配电系统的供电可靠性，所以，在数据中心供配电系统设计时，应选择那些技术成熟、质量稳定、运行可靠的低压开关柜。

　　（7）低压开关柜功能单元的配置及选择

　　一台抽出式或固定分隔式低压开关柜的功能单元的有效高度一般为1800mm。抽出式低压开关柜的功能单元可设置多个抽出式组件，每个抽出式组件由抽屉组件和安装小室两部分组成。功能单元可分层设置多个隔离小室，每层最多可设4个小于100A的断路器。数据中心用低压开关柜一般每层隔离小室只水平安装一个塑壳断路器。

　　每台低压开关柜柜体的功能单元垂直可安装断路器的数量一般为1~9个。一台柜体垂直方向最多设置3个框架断路器或9个塑壳断路器，部分柜体也可以设置10个断路器。一个低压开关柜内可安装数个同容量断路器，也可以安装数个不同容量的断路器。

　　框架断路器为垂直安装，塑壳断路器为水平安装。功能单元以模为单位，各厂家对一个模所规定的高度是不同的，一般一个模的高度为25~50mm。

　　由于配电母线容量的限制，一台低压开关柜配电母线所接的用电设备的最大运行电流应小于配电母线容量，所配置的断路器总容量也应有所限制。但如果安装的断路器有互为主备的断路器，其安装的断路器总容量是可以突破2000A的。

　　例如：当2N系统中的一台UPS主旁路两路市电电源均从同一台低压开关柜的不同输出分路引出，因为在任何情况下，UPS主旁两路电源只有一路工作，则这台低压开关柜所装的断路器的总容量可突破2000A的限制。低压配电系统的馈电柜的断路器设置有一定的调整空间，合理的设计既能减少低压开关柜的设置台数、减少投资，又能减少机房的占用面积。

　　低压开关柜的断路器组合形式非常多，也非常具有个性化特点，每个数据中心项目的低压开关柜都会有其特点，很少能找到两个数据中心低压开关柜的配置完全相同的实例。在低压开关柜选择断路器配置方案时，设计人员必须仔细阅读数据中心具体采用的低压开关柜的产品说明书，并根据说明书的低压开关柜的各柜体和功能单元的具体尺寸，以及项目需求进行设备选择。抽出式和固定分隔插拔式低压开关柜功能单元组合参考表见

表 6-51。

表 6-51　抽出式和固定分隔插拔式低压开关柜功能单元组合参考表

内容	组合 1	组合 2	组合 3	组合 4
抽出式和固定分隔插拔式开关柜及说明	柜内设有 1 个框架断路器,多用于一级或二级配电系统进线柜、联络柜,也有少量用于为二级低压配电系统供电的一级低压配电系统馈电柜 断路器可为任意容量的框架断路器	柜内设有 2 个框架断路器,多用于一级低压配电系统馈电柜,也有少量用于输入的两路电源转换之用,两个断路器具有机械联锁装置 断路器的容量可为 1600～2500A	柜内设有 3 个框架断路器,多用于一级低压配电系统馈电柜 断路器的容量可为 800(630)～1600A	柜内设有 4 个同容量的水平安装的塑壳断路器 断路器的容量范围可为 630～1250A 400kV·A UPS 的输入断路器容量为 630A 500kV·A UPS 的输入断路器容量为 800A
抽出式和固定分隔插拔式开关柜及说明	柜内设有 6 个同容量的水平安装的塑壳断路器,每个断路器的容量可为 400～630A	柜内设有 7 个同容量的水平安装的塑壳断路器,每个断路器的容量可为 100～400A	柜内设有 9 个同容量的水平安装的塑壳断路器,每个断路器的容量可为 100～250A	混合组合低压开关柜,多用于建筑设备用低压配电系统和小型数据中心

不同容量断路器的功能单元高度	框架断路器		塑壳断路器	
	630～1600A　高:450～600mm 2000～3200A　高:800mm 3200～5000A　高:1800mm		100～250A　高:150～200mm 400～630A　高:200～300mm 800～1250A　高:450～600mm	

注:表中断路器在选择时,须仔细查看核对相关低压开关柜的产品说明书。

　　低压配电系统馈电用断路器的容量应根据所带负载特性及容量决定。选择及计算应遵循以下原则:

　　1)同一低压配电系统中的断路器应为同一品牌断路器。

2）UPS 系统输入用断路器应满足 UPS 系统的最大运行电流的要求。

3）一般建筑用电用断路器应满足用电设备额定电流的要求。

4）空调设备应满足设备的额定电流的要求，也要考虑一定的起动冲击对断路器的影响。

5）水泵、电梯等用电设备除应满足用电设备额定电流的要求外，还应考虑其起动冲击对断路器的影响。

3. 低压开关柜主要元器件的选择

（1）主要元件的校验

低压开关柜的主要元件包括断路器、电流互感器，以上两个元件的正确选择可以保证低压配电系统的安全可靠的运行。常用的低压电气设备选择校验项目表见表 6-52。

表 6-52　常用的低压电气设备选择校验项目表

设备名称	额定电压 /kV	额定电流 /A	开断能力 /kA	短路电流校验		环境条件	其他
				动稳定	热稳定		
断路器	√	√	○	○	○	√	
电流互感器	√	√		○	○	√	

（2）低压断路器的选择

低压断路器的选择的一般原则如下：

1）断路器的类型和操作机构应符合数据中心的系统环境、保护性能等方面的要求。

2）断路器的额定电压应符合断路器所处位置的市电电网额定电压的要求。

3）断路器的短路断流能力应不小于线路中的最大短路电流。

4）断路器的额定电流应不小于其所配置的最大脱扣器的额定电流。

数据中心用的低压框架断路器和塑壳断路器的主要技术参数见表 6-53 和表 6-54。

表 6-53　框架断路器的主要技术参数

项目	技术参数				
额定电流 /A	800 ~ 2000	2500	3200	4000	5000
额定频率 /Hz	50				
操作方式	手动 / 电动				
额定工作电压 U_e/V	400				
额定绝缘电压 U_i/V	1000				
冲击耐受电压 U_{imp}/kV	12				
极数	3P				
极限短路分断能力 I_{cu}（kA，400V）	≥ 65	≥ 65	≥ 80	≥ 80	≥ 100
短路接通能力 I_{cm}（kA，400V）	≥ 143	≥ 143	≥ 165	≥ 165	≥ 220
运行短路分断能力 I_{cs}（kA、400V）	≥ 65	≥ 65	≥ 80	≥ 80	≥ 100
额定短时耐受电流 I_{cw}（1s，400V）	≥ 50	≥ 50	≥ 65	≥ 80	≥ 100
其他	要求断路器在 40℃ 以下及反向馈电时均不降容 为保证故障不扩散，断路器要求实现真正意义零飞弧				

表 6-54　塑壳断路器的主要技术参数

项目	技术参数							
额定电流 /A	100	160	200	250	400	630	800	1250
额定频率 /Hz	50							
操作方式	手动 / 电动							
额定工作电压 U_e /V	400							
额定绝缘电压 U_i /V	690							
冲击耐受电压 U_{imp} /kV	8							
极数	3P							
极限短路分断能力 I_{cu} /kA	≥ 50	≥ 50	≥ 50	≥ 50	≥ 70	≥ 70	≥ 70	≥ 70
运行短路分断能力 I_{cs} /kA	≥ 35	≥ 35	≥ 35	≥ 35	≥ 35	≥ 50	≥ 50	≥ 50
配电保护脱扣器	电子脱扣							
	长延时 + 短延时 + 短路瞬时							
	分励脱扣器							
其他	要求断路器在 40℃ 以下及反向馈电时均不降容，零飞弧							
	均应带一付干接点和一付故障接点							

从表 6-53 和表 6-54 中可以看出，无论是框架断路器，还是塑壳断路器，它们的极限短路分断能力均不低于 50kA，也远大于变压器的短路容量，所以它们的开断能力均可通过表 6-52 中的所有校验。

（3）电流互感器的选择

低压开关柜中的每个断路器均设有相应的电流互感器，电容器补偿也需要配置 1 个电流取样用电流互感器（装于进线断路器后端的 C 相），另外转换开关的输入侧、有源滤波设备的输入侧均应配置相应的电流互感器。

电流互感器一次电流标准值如下：100A、150A、200A、300A、400A、500A、600A、800A、1000A、1250A、1500A、2000A、2500A、3000A、4000A、5000A；二次电流标准值为 5A。

低压开关柜中断路器配套的电流互感器从配置数量分为 1 个和 3 个两种，1 个测试单相电流，3 个测试三相电流。在数据中心低压配电系统中，建议采用可测量三相电流的电流互感器，对于那些只测量相电流容量较小的建筑用电设备的电流互感器也可采用每个断路器配置 1 个电流互感器的方案。

在数据中心低压配电系统中，电流互感器的二次侧额定电流均为 5A。在电流互感器型号中，一次侧额定电流和二次侧额定电流用 ×××/× A 表示。比如 200/5A 代表一次侧额定电流为 200A，二次侧额定电流为 5A。

低压配电系统电流互感器电流比参考表见表 6-55。

表 6-55　低压配电系统电流互感器电流比参考表

断路器容量 /A	电流互感器	补偿容量 /kvar	电流互感器	备注
100	100/5A	200	300/5A	
160	150/5A	240	400/5A	
250	200/5A	300	600/5A	
400	400/5A	360	600/5A	

（续）

断路器容量 /A	电流互感器	补偿容量 /kvar	电流互感器	备注
630	600/5A	400	800/5A	
800	800/5A	500	800/5A	
1000	1000/5A	600	1000/5A	
1250	1250/5A			
1600	1500/5A			
2500	2500/5A			
3150	3000/5A			
4000	4000/5A			
5000	5000/5A			

低压开关柜的电流互感器的准确级可选为 0.5 级，低压配电系统中用于市电电源计量用的电流互感器的准确级应符合当地供电部门的要求。

4. 低压配电系统图及一次元器件表

在数据中心变配电设备采购及施工图设计时，需要提供数据中心低压配电系统图及一次元器件表（见图 6-31）。因不同的设计单位存有不同的制图习惯，图 6-31 仅供参考。

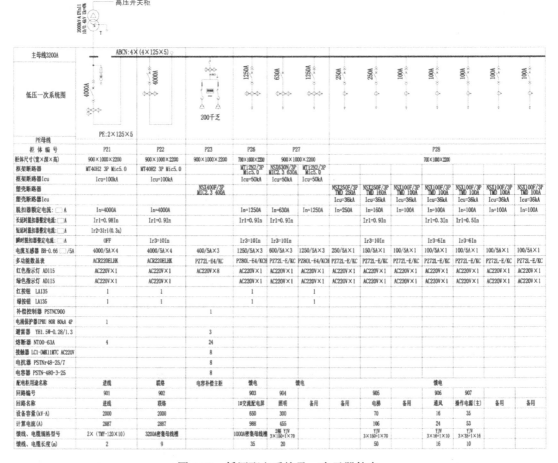

图 6-31　低压配电系统及一次元器件表

6.5.4　直流操作电源的选择

数据中心高压配电系统均采用直流 220V 作为操作电源，1 套操作电源系统由 1 台直流屏和 1 台电池屏组成。直流屏内包括交流配电单元、整流单元、监控模块、合闸回路、控制回路、信号回路等；电池屏内为蓄电池组。

高压配电系统用直流操作电源的负荷一般可分为经常负荷、事故负荷和冲击负荷。经常负荷主要包括经常带电的继电器、信号灯以及其他接入直流系统的用电设备；事故负荷是当变配电所失去交流电源全所停电时必须由直流系统供电的负荷，主要为事故照明负荷等；冲击负荷主要是断路器合闸时的短时（0.1 ~ 0.5s）合闸冲击电流以及此时直流母线所须承担的其他负荷之和。

实际上，数据中心高压配电系统用直流操作电源的直流负荷相对其他工业用直流操作电源比较简单，由于市电电源可靠性较高，高压断路器实际分合闸的动作频率非常低，最大直流（断路器合闸）负荷也较小。具体直流负荷可分为动力负荷和控制负荷。动力负荷主要包括断路器储能、分闸、合闸；控制负荷主要包括继电保护装置、信号装置、信号灯、照明灯、自动装置等。除了上述直流负荷外，还有部分交流负荷，如柜内加热装置等。动力负荷接在合闸母线上；控制负荷接在控制母线上，动力负荷相比控制负荷要大。

在 10 ~ 35kV 的高压配电系统设计时，直流操作电源的整流模块容量一般由高压开关柜设备厂家具体选择和计算，高压配电系统设计单位只需负责提供蓄电池组容量。直流操作电源屏内的蓄电池组一般选择 12V 单体铅酸蓄电池，容量为 40 ~ 65A·h。一般情况下，1 套直流操作电源为 1 套高压配电系统的二次回路供电时，电池屏可选单体容量为 12V/40A·h 的铅酸蓄电池；若 1 套直流操作电源为 2 套高压配电系统的二次回路供电时，电池屏可选单体容量为 12V/65A·h 的铅酸蓄电池，每组蓄电池的只数由高压开关柜生产厂家负责确定。

对于超大型或大型数据中心单一高压配电室内有多套高压配电系统时，应就近设置配套的直流操作电源。

考虑到数据中心的市电电源供电可用度较高，以及参与动作的高压断路器合闸电流较小，数据中心用直流操作电源的交流输入可以采用一路市电电源输入。若用户有特殊需要，A 级数据中心用直流操作电源的交流输入也可采用两路市电电源输入，要求两路输入电源应分别取自互为主备用的低压母线段，并要求一级低压配电系统预留足够的直流操作电源供电回路。

6.6　继电保护及自动装置

继电保护及自动装置是保证高压配电系统安全运行的重要组成部分。当高压配电系统出现故障或危及系统安全运行的异常工况时，可通过智能综合数字继电保护装置（综合继保）、转换开关、仪表、继电器、微型断路器、信号灯等二次元器件及二次回路对系统中的一次设备和维护人员进行保护，保证系统的安全可靠运行。

6.6.1　继电保护及自动装置的功能

继电保护及自动装置的功能是在数据中心市电电源供电网络下，当变配电系统发生故障时，系统能自动、迅速、有选择性地动作与跳闸，将故障设备从变配电系统中切除，使故障设备免于继续遭到破坏，保证变配电系统其他无故障部分设备的安全运行；当变配电系统发生不正常工作状态时，系统能自动地发出信号告警，并通知维护人员及时处理，或根据系统运行条件自行处理。继电保护及自动装置能提高变配电系统的可靠性、连续性，也能提高变配电系统的电能质量和安全、经济运行水平，减少运维人员的劳动强度。

由于数据中心在信息通信中的重要性，要求高压配电系统的继电保护具有高度的可靠性和自动化，其继电保护及自动装置的基本要求如下：

1）可靠性：在规定的保护范围内，保护装置应可靠动作，该自动投合的应可靠动作，该联锁的设备应可靠联锁，避免出现误动作和误操作。在设计中应对高压配电系统的运行方式详细列出，再由高压开关柜生产厂商根据所提供的设备选择满足要求的最简单、最可靠的继电保护方案，以便于系统整定、调试及日后运维。

2）选择性：保护装置动作时仅将故障设备或线路从高压配电系统中切除，使停电范围尽可能缩小，以保证系统中无故障部分继续运行。即：保护装置不该动作时就不动作（如发生在下一段线路的故障，本段的保护就不应该动作跳闸）。

3）灵敏性：指设备或线路在被保护范围内发生故障或不正常运行时，保护装置应具有必要的反应能力，即具备必要的灵敏系数。

4）快速性：保护装置应尽快将故障设备从系统中切除，其目的是提高系统稳定性，减轻故障设备和线路的损坏程度，缩小故障波及范围。

高压配电系统的继电保护和自动装置的功能主要由智能综合数字继电保护（综合继保）装置来负责实施。综合继保装置是具有测量、控制、保护、通信为一体的一种装置，其功能可针对高压配电系统量身定做，除可就地显示配电系统的三相电压、三相电流、功率因数、频率、有功功率、无功功率等数据外，还具备遥测、遥信功能，以及备用电源自投功能。综合继保装置还可以进行各种保护和自动参数设置。

数据中心高压配电系统的继电保护及自动装置主要包括以下内容：

1）变压器柜的过电流、速断保护，瓦斯保护（油浸变压器），当变压器温度过高时向系统发出告警，当变压器超温时应瞬时动作断开变压器高压侧断路器，当油浸变压器室瓦斯超过限值时，也应发出告警或断开变压器高压侧断路器。

2）进线断路器柜、联络断路器柜的过电流、速断、低电压保护。

3）进线柜、变压器柜的零序保护。

4）线路过电压保护。

5）干式变压器的温度保护。

6）市电线路（由供电部门要求确定）的差动保护。

7）高压配电系统中断路器之间的自动投合、分闸及电气互锁。

8）断路器与邻柜的隔离开关或非断路器手车之间的联锁。

9）高压开关柜其他闭锁装置。

其中10kV、20kV、35kV配电变压器的继电保护配置见表6-56和表6-57。

在数据中心高压配电系统设计及施工中，高压配电系统设计方只需提供高压配电系统的运行方式及相关技术要求即可，无需进行过电流保护和电流速断保护的计算和验证。高压配电系统的继电保护及自动装置都是由相关厂家根据高压开关柜采购技术规范书来选择设备配置，再由施工单位根据当地供电部门的规定要求及数据中心高低压变配电系统配置和技术要求对高压配电系统的继电保护及自动装置进行整定和参数设置。

表 6-56　35kV、20kV、10kV/0.4kV 配电变压器的继电保护配置表

变压器容量 /kV·A	保护装置						备注
	过电流保护	电流速断保护	纵联差动保护	零序保护	瓦斯保护	温度保护	
<630	高压侧采用断路器时装设	高压侧采用断路器时装设	—	可装设	油浸变压器装设（注1）	干式变压器装设	
800～1600	装设	装设		装设			
2000～2500			（注2）		—		

注：1. 容量小于 315kV·A 的油浸变压器可不设瓦斯保护。
　　2. 一般无需装设，当电流速断灵敏系数不符合要求时，宜装设。

表 6-57　35kV、20kV/10kV 配电变压器的继电保护配置表

变压器容量 /kV·A	保护装置						备注
	带时限的过电流保护	电流速断保护	纵联差动保护	零序保护	高压侧单相接地保护	温度保护	
2000～8000	装设	装设	—	装设	装设	装设	
≥10000		—	装设				

6.6.2　智能综合保护装置

智能综合保护装置用于数据中心高压配电系统，又称为微机综合继电保护装置（简称综保装置），它是用于高压配电系统的测量、控制、保护、通信为一体的保护装置，高压配电系统柜中含有高压断路器的柜体中均设有智能综合保护装置。

智能综合保护装置通过输入的电流、电压量，根据设置的参数自行判别系统运行状态的变化，来执行其应完成的对高压配电系统的进线、出线、变压器进行的各种保护功能。除此之外，保护装置还有在线自动检测功能、系统事故与故障记录、正常运行的操作信息记录功能，并能通过智能通信接口与本地或远方的监控系统设备进行连接。

智能综合保护装置有独立的 DC/DC 变换器供其内部回路使用的电源，其电源一般由高压开关柜内的控制回路上引接。因为智能综合保护装置具有的测量、控制、保护、通信功能，它的性能指标还应满足有关电磁兼容标准的要求。

用于数据中心的智能综合保护装置应可设置各种继电保护参数（包括供电部门设置的参数），并能就地数字显示系统的电压、电流、有功、无功、频率、电度信息。数据中心用智能综合保护装置应满足表 6-58 中的所有功能。

表 6-58　高压开关柜智能综合保护装置基本功能表

柜型	进线柜	联络柜	出线柜	变压器柜
保护功能	过电流、速断、失电压（低电压）、零序	过电流、速断	过电流、速断、失电压（低电压）	过电流、速断、零序、超温跳闸
遥测功能	三相电流、三相电压	三相电流	三相电流	三相电流
遥信功能	断路器状态、速断、过电流保护、欠电压脱扣	断路器状态、速断、过电流保护	断路器状态、速断、过电流保护、欠电压脱扣	断路器状态、接地开关状态、速断、过电流、零序电流保护、超温跳闸

注：市电进线柜除了表中的保护功能外，还可根据供电部门的要求增加其他保护功能。

高压开关柜中的智能综合保护装置的接线端均与柜内端子排连接,再通过不同柜内的端子排之间的连接,实现两个高压开关柜元器件之间的继电保护。

6.6.3 整定及计算

1.变压器保护整定计算

变压器的整定主要包括过电流保护和电流速断保护。继电器保护计算如下:

1)过电流保护。

① 动作电流。

保护装置的动作电流(I_j)应躲过可能出现的过负荷电流,计算如下:

$$I_j = K_k K_{jx} \frac{K_{gh} I_{INT}}{K_h n_i} \qquad (6\text{-}13)$$

式中 K_k——可靠系数,取 1.2;

K_{jx}——接线系数,接于相电流时取 1,接于相电流差时取 $\sqrt{3}$,这里取 1;

K_{gh}——过负荷系数,包括电动机自起动引起的过电流倍数,一般取 2 ~ 3,当无自起动电动机时取 1.3 ~ 1.5,这里可取 1.5;

I_{INT}——变压器高压侧额定电流(A);

K_h——继电器返回系数,取 0.9;

n_i——电流互感器变比。

动作电流(I_j)取自电流互感器的二次电流,折算到一次侧的动作电流(I_{dz})为 $I_j \dfrac{n_i}{K_{jx}}$,即为 $I_j n_i$。

② 灵敏系数。

保护装置的灵敏系数校验计算见下式:

$$K_m = \frac{I_{2k2 \cdot min}}{I_{dz}} \geq 1.5 \qquad (6\text{-}14)$$

式中 $I_{2k2 \cdot min}$——最小运行方式下变压器低压侧两相短路时,流过高压侧(保护安装处)的稳态电流(A);

I_{dz}——保护装置一次动作电流(A)。

保护装置的动作时限为 0.3 ~ 0.5s,一般取 0.5s。

2)电流速断保护。

① 动作电流。

保护装置的动作电流应躲过低压侧短路时,流过保护装置的最大短路电流,可能出现的过负荷电流,动作电流的计算见下式:

$$I_j = K_k K_{jx} \frac{I''_{2k3 \cdot max}}{n_i} \qquad (6\text{-}15)$$

式中 K_k——可靠系数,取 1.3;

K_{jx}——接线系数,接于相电流时取 1,接于相电流差时取 $\sqrt{3}$,这里取 1;

$I''_{\text{2k3·max}}$——最大运行方式下变压器低压侧三相短路时，流过高压侧（保护安装处）的电流初始值（A）；

n_{i}——电流互感器变比。

② 灵敏系数。

保护装置的灵敏系数校验计算见下式：

$$K_{\text{m}} = \frac{I''_{\text{1k2·min}}}{I_{\text{dz}}} \geqslant 2 \qquad (6\text{-}16)$$

式中　$I''_{\text{1k2·min}}$——最小运行方式下保护装置安装处两相短路超瞬变电流（A）；

I_{dz}——保护装置一次动作电流（A）。

当需要高压配电系统的设计方计算和验证过电流保护和电流速断保护的动作电流和灵敏系数，设计方应向当地供电部门索取 $I_{\text{2k2·min}}$、$I''_{\text{2k3·max}}$ 和 $I''_{\text{1k2·min}}$。如果供电部门提供的是最大运行方式下的三相短路电流值和最小运行方式下的三相短路电流值，则可以通过计算得出相应的两相短路电流值。

即最大运行方式下的两相短路电流是最大运行方式下三相短路电流的 0.866 倍；最小运行方式下的两相短路电流是最小运行方式下三相短路电流的 0.866 倍。

最大运行方式和最小运行方式的定义如下：

最大运行方式是高压配电系统在该方式下运行时，系统具有最小的短路阻抗值，是发生短路后所产生的短路电流最大的一种运行方式。一般根据系统最大运行方式的短路电流值来校验所选用的开关电器的稳定性。

最小运行方式是高压配电系统在该方式下运行时，系统具有最大的短路阻抗值，是发生短路后产生的短路电流最小的一种运行方式。一般根据系统最小运行方式的短路电流值来校验继电保护装置的灵敏度。

即短路电流最大的时候就是最大运行方式，短路电流最小的时候就是最小运行方式，一般在选择设备及系统刚投运时，工程设计要考虑。

一般根据系统最大运行方式的短路电流来校验所选用的开关电器的稳定性。根据系统最小运行方式的短路电流来校验所选用继电保护装置的灵敏度。

若拿不到计算的 $I_{\text{2k2·min}}$、$I''_{\text{2k3·max}}$ 和 $I''_{\text{1k2·min}}$ 等基础数据，可按以下方法进行简单估算变压器的过电流及速断的整定值。

1）变压器过电流保护整定。

变压器高压侧和低压侧的过电流保护均应按躲过变压器额定负荷整定，其动作时间应大于所有馈电回路保护的最长时间。

变压器的过电流保护电流整定值按躲过变压器额定负荷整定，即过电流整定值应大于变压器额定电流，其时间定值应与低压侧的低压断路器保护的最长动作时间相配合，当出现过电流时，应先跳低压侧过电流的断路器。

变压器的过电流保护整定值可按变压器额定电流的 1.05 ~ 1.2 倍设置，动作时间应与低压侧断路器相配合。

2）变压器速断保护整定。

高压断路器速断保护是为了在变压器低压侧出现短路时，可迅速切断短路电流，保护配电变压器。另外，还需考虑设置值要躲过变压器通电时出现的励磁涌流，若发生由于变压器励磁涌流使断路器的速断动作，鉴于每次通电时变压器的励磁涌流有高有低，其断路器可多投合几次，或者起动前把整定值增大，起动变压器后，再把速断保护整定值调回设定值。

变压器的速断保护整定可根据变压器所带负荷按 3 ~ 6 倍保护安装侧的额定电流取定。若所带的负荷具有较大的冲击电流，速断保护整定值可按 6 倍的变压器额定电流设置；若所带的都是具有缓起动功能的 UPS 系统，其速断保护整定值可按 3 倍的变压器额定电流设置。

数据中心最为常用的 10/0.4kV 变压器继电保护整定值见表 6-59。

表 6-59　10/0.4kV 变压器继电保护整定值

容量 /kV·A	短路电压（%）	电流互感器	过电流整定 /A		电流速断保护 /A	
			动作电流	保护侧一次电流	动作电流	保护侧一次电流
160	4	15/5A	3.2 ~ 3.7	9.7 ~ 11.1	9.2 ~ 18.5	27.7 ~ 55.4
200	4	15/5A	4.0 ~ 4.6	12.1 ~ 13.9	11.5 ~ 23.1	34.6 ~ 69.3
250	4	20/5A	3.8 ~ 4.3	15.2 ~ 17.3	10.8 ~ 21.7	43.3 ~ 86.6
315	4	30/5A	3.2 ~ 3.6	19.1 ~ 21.8	9.1 ~ 18.2	54.6 ~ 109.1
400	4	40/5A	3.0 ~ 3.5	24.2 ~ 27.7	8.7 ~ 17.3	69.3 ~ 138.6
500	4	50/5A	3.0 ~ 3.5	30.3 ~ 34.6	8.7 ~ 17.3	86.6 ~ 173.2
630	4 或 6	60/5A	3.2 ~ 3.6	38.2 ~ 43.6	9.1 ~ 18.2	109.1 ~ 218.2
800	6	75/5A	3.2 ~ 3.7	48.5 ~ 55.4	9.2 ~ 18.5	138.6 ~ 277.1
1000	6	100/5A	3.0 ~ 3.5	60.6 ~ 69.3	8.7 ~ 17.3	173.2 ~ 346.4
1250	6	100/5A	3.8 ~ 4.3	75.8 ~ 86.6	10.8 ~ 21.7	216.5 ~ 433.0
1600	6	150/5A	3.2 ~ 3.7	97.0 ~ 110.9	9.2 ~ 18.5	277.1 ~ 554.3
2000	6	150/5A	4.0 ~ 4.6	121.2 ~ 138.6	11.5 ~ 23.1	346.4 ~ 692.8
2500	6	200/5A	3.8 ~ 4.3	151.6 ~ 173.2	10.8 ~ 21.7	433.0 ~ 866.1

从表 6-59 中的数据可以看出，动作电流与电流互感器的选择有关，电流互感器一次侧电流额定值选择越大，动作电流就越小。

表 6-59 中的动作电流值可作为设计人员的参考数据，具体选择值还应符合当地供电部门的相关规定。

2. 零序过电流保护整定计算

利用配电变压器高压侧产生的零序电流使保护动作的装置，叫零序过电流保护。在数据中心用配电变压器的输入电缆线路上采用专门的零序电流互感器来实现系统的零序保护。

零序过电流保护整定动作电流和灵敏度系数校验计算如下：

（1）动作电流：

$$I_{dz} = 0.25 K_k \frac{I_{2e}}{K_i} \tag{6-17}$$

其中　K_k——可靠系数，取 2；

I_{2e}——变压器二次侧额定电流（A）；

K_i——零序电流互感器变比（适用于 Y—Y$_0$—12 接线的变压器）。

（2）零序过电流保护灵敏系数校验：

$$K_1 = \frac{I_{d1min2}}{I_{dz} \times K_i} > 2 \tag{6-18}$$

其中　I_{d1min2}——变压器二次最小单相短路电流（A）；

　　　　I_{dz}——零序过流继电器动作电流值（A）；

　　　　K_i——零序电流互感器变比。

3. 非电量保护

35kV、20kV、10/0.4kV 配电变压器非电量保护的整定值见表 6-60。

表 6-60　35kV、20kV、10/0.4kV 配电变压器非电量保护的整定值

非电量保护		整定值
干式变压器	温度保护	高温报警为 130℃；超高温跳闸为 150℃ 温度定值参见产品说明书
油浸变压器	温度保护	高温报警为 75℃；超高温跳闸为 95℃ 温度定值参见产品说明书
	瓦斯保护	轻瓦斯 240cm³ 重瓦斯 0.6～1.2m/s 定值参见产品说明书
	压力释放	定值参见产品说明书

4. 系统进线断路器保护

高压配电系统的进线柜通常设置过电流保护、速断保护、失压脱扣参数，一般由供电部门确定。

进线柜的过电流保护和速断保护整定值应按市电电源最大负荷电流来整定，最大负荷电流由引入的每路市电容量或最大负荷电流的 1.2～1.5 倍计算得出。

在上下级断路器速断保护参数确定时，需要上级断路器的动作电流与下级断路器的电流速断保护进行配合，避免出现断路器误跳，必要时可将速断保护设置为限时电流速断保护。在参数设置时，上级断路器的动作电流和动作时限均应大于下一级断路器的动作电流和动作时限。

6.6.4　二次回路

二次回路分为高压二次回路和低压二次回路。因低压二次回路相对简单，本小节涉及的为高压二次回路。

高压配电系统的一次设备是指直接输送和分配电能的电气设备，如断路器、隔离开关（手车）、母线、避雷器、电流互感器、电压互感器等。由这些设备连接在一起构成的电路，称为一次接线或主接线。描述一次接线的图纸称为一次主接线图或高压配电系统图。

二次设备是指对一次设备的工作状况进行监视、测量、控制、调节、保护所必需的电气设备，如监控装置、继电保护装置、自动装置等。除此之外，还包括断路器的辅助接点、电流互感器、电压互感器的二次绕组引出线和直流操作电源。这些二次设备按一定要求连

接在一起构成的电路，称为二次接线或二次回路。描述二次接线的图纸称为二次接线图或二次回路图。

二次回路一般包括控制回路、保护回路、测量回路、信号回路、自动装置回路。

在实际数据中心工程项目设计过程中，设计人员首先要完全清楚并在高压开关柜采购技术规范书中提出每一台高压开关柜的保护、测量、信号、联锁等要求。设计单位负责提供高压配电系统的运行技术要求，包括高压配电系统的一次主接线图、一次设备容量及特性、两路市电电源的转换方式、系统运行方式等，以及采购技术规范书。再由高压开关柜生产商通过二次回路和智能综合保护装置来满足并实现所有设计要求。

数据中心变配电二次回路与一次回路同样重要，只有两者都发挥其作用，配电系统的供电可靠性才能得以保证。数据中心变配电设计人员除了可以设计出符合要求的一次接线图，也应能读懂二次回路，并能判断设备生产厂商提供的二次回路图能否满足设计要求，保证数据中心高低压配电系统正常安全地运行。

1. 二次回路文字符号

国家标准对二次回路中的图形符号有相关规定，但不同的开关柜生产厂商提供的相同功能的二次接线图中的图形符号和文字代号可能会有所不同。表 6-61 中列举的是数据中心常用的二次设备文字代号。

表 6-61　常用的二次设备文字代号

序号	代号	名称	序号	代号	名称
1	HM	合闸小母线	15	FU	熔断器
2	KM/WC	控制小母线	16	HR/HD	红色信号灯
3	XM/WS	信号小母线	17	HG/LD	绿色信号灯
4	SYM	事故信号小母线	18	HY/HD	黄色信号灯
5	YBM	预告信号小母线	19	HW/BD	白色信号灯
6	KK/SA	转换开关	20	LC	合闸线圈
7	TA	电流互感器	21	LT	跳闸线圈
8	TV	电压互感器	22	K	继电器、触点
9	TAL	零序电流互感器	23	XB	连接片
10	QF	断路器	24	SA	控制按钮
11	JDK	接地开关	25	SB	按钮开关
12	R	电阻器	26	ZJ	中间继电器
13	YMa、b、c	电压小母线	27	C	电容器
14	M	储能电机	28	SP	行程开关

2. 常用设备图形符号

二次回路中的图形符号应参见 GB/T 4728《电气简图用图形符号》、GB/T 16901《技术文件用图形符号表示规则》、GB/T 20063《简图用图形符号》、JB/T 6524《电力系统继电器、保护及自动化装置电气简图用图形符号》等现行版本的国家标准和行业标准。数据中心二次回路常用设备较多，其中部分常用设备的图形符号和功能说明见表 6-62。

表 6-62　二次回路常用设备的图形符号和功能说明

序号	图形符号	功能说明
1	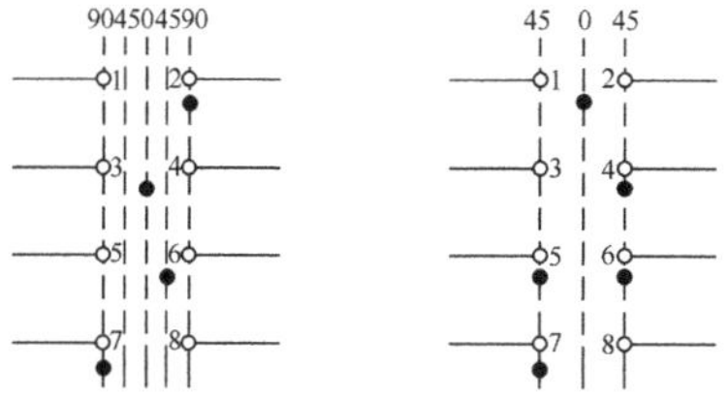 904504590　　　　　　45　0　45	万能转换开关是一种具有多档位、多段式（具有多对触点）的能够控制多回路的电器元件。左侧图中的虚线表示开关档位数，即 5 条虚线表示 5 个旋转档位，3 条虚线表示 3 个旋转档位，虚线上方的数字表示档位位置的角度数，圆圈旁边的数字表示接线端子。虚线上的圆点表示旋钮在某个档位时，圆点两侧的两个接线端子接通，若某条虚线上有多个圆点，则表示在这个档位上，有多组接线端子接通。用于电源回路
2	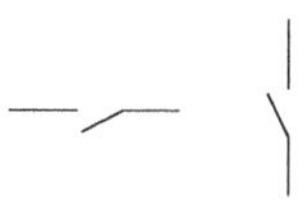	为动合触点，又称常开接点，可为继电器的触点或断路器的辅助接点。作为断路器辅助接点时，动合触点与断路器的状态保持一致。当断路器分闸时，动合触点断开；断路器合闸时，动合触点闭合。作为继电器触点时，当继电器通电时，动合触点闭合，当继电器失电时，动合触点断开
3	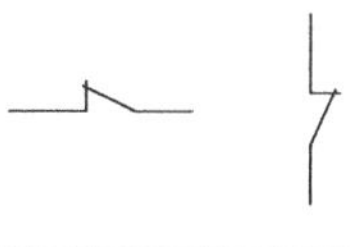	为动断触点，又称常闭接点，可为继电器的触点或断路器的辅助接点。作为断路器辅助接点时，动断触点与断路器的状态相反。当断路器分闸时，动断触点闭合；断路器合闸时，动合触点断开。作为继电器触点时，当继电器通电时，动合触点断开，当继电器失电时，动合触点闭合
4	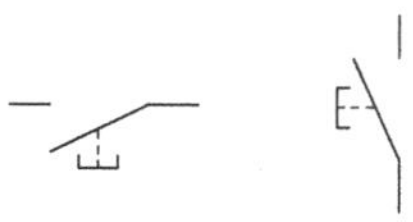	为动合触点按钮，手动且自动复位按钮，是指按钮未被按下时，动合触点为断开状态，当按钮按下时，动合触点闭合。当松开按钮时，按钮自动复位
5		为动断触点按钮，手动且自动复位按钮，是指按钮未被按下时，动合触点为闭合状态，当按钮按下时，动合触点断开。当松开按钮时，按钮自动复位
6	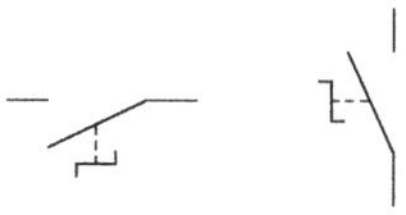	为动合触点旋钮，手动且无自动复位旋钮，是指未旋钮开关时，动合触点为断开状态，当手动旋钮开关时，动合触点闭合。当松开旋钮时，旋钮不自动复位
7	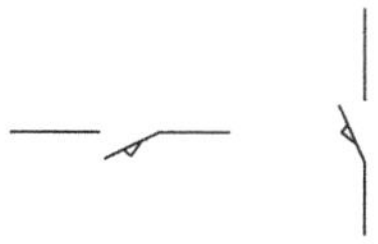	为动合触点位置开关，又称行程开关或限位开关。用于手车或抽屉等可位移的设备中，当其拉出动作的机械位移碰撞到位置开关时，使其动合触头闭合，接通电路；当其推回时，动合触点恢复断开状态，切断电路
8	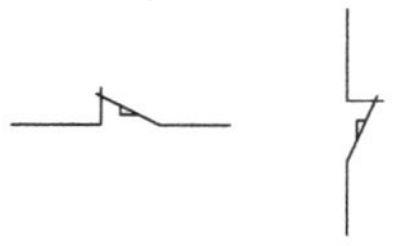	为动断触点位置开关，又称行程开关或限位开关。用于手车或抽屉等可位移的设备中，当其拉出动作的机械位移碰撞到位置开关时，使其动断触头断开，切断电路；当其推回时，动断触点恢复闭合状态，接通电路
9	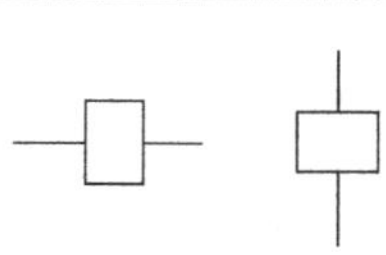	为继电器线圈，继电器是继电保护中常用的开关器件，分为交流继电器和直流继电器。每个继电器都包括一个线圈和若干个动断触点和动合触点。当继电器线圈两端产生电势差并构成电流回路，则在电磁力和继电器弹簧片的作用下，使继电器动合触点吸合和动断触点释放，从而接通或断开电路
10	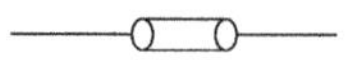	连接片，接通和断开电路的金属片，用于高压二次回路，可作为电路检修、维护时切断电路或接通电路

3. 二次回路数字标号及端子排表

在二次回路实际接线中，所有母线、电缆、导线等连接线将二次设备和元件连接起来，形成符合高压配电系统的继电保护及自动控制装置所有要求的系统。在二次回路接线图中，要对各连接线回路进行标号（编号），以便设计人员、施工人员、维护人员看到标号后，就能知道这一回路的性质，了解各回路的功能和用途，并根据回路标号进行正确接线，也便于维护和检修。

二次回路标号一般采用数字或数字和字母组合，对直流回路和交流回路采用不同的方法进行标号，它可以表明该回路的性质和用途。回路标号遵循以下原则：凡是各设备间要用控制电缆经端子排进行联系的，都要按回路原则进行标号；某些装在屏顶上的设备与屏内设备的连接，也需要经过端子排进行连接。

（1）交流二次回路数字标号

交流二次回路数字标号见表6-63。

表 6-63　交流二次回路数字标号

回路名称		文字符号	二次回路标号				
			A（U）相	B（V）相	C（W）相	中性线 N	零线 L（Z）
电流回路	保护及表计	TA	A401～A409	B401～B409	C401～C409	N401～N409	L401～L409
		1TA	A411～A419	B411～B419	C411～C419	N411～N419	L411～L419
		2TA	A421～A429	B421～B429	C421～C429	N421～N429	L421～L429
		3TA	A431～A439	B431～B439	C431～C439	N431～N439	L431～L439
		…	…	…	…	…	…
	母线保护	35kV	A330	B330	C330	N330	—
		10～20kV	A360	B360	C360	N360	—
电压回路	保护及表计	TV	A601～A609	B601～B609	C601～C609	N601～N609	L601～L609
		1TV	A611～A619	B611～B619	C611～C619	N611～N619	L611～L619
		2TV	A621～A629	B621～B629	C621～C629	N621～N629	L621～L629
		3TV	A631～A639	B631～B639	C631～C639	N631～N639	L631～L639
		…	…	…	…	…	…

表6-63中母线保护一般数据中心高压配电系统不设置。在设计二次回路或看二次回路时，无论是电流回路，还是电压回路，它们的数字标号都是从数据组最小的一组数字标号编写的。

（2）直流二次回路数字标号

直流二次回路数字标号见表6-64。

表 6-64　直流二次回路数字标号

序号	回路	二次回路标号			
1	电源回路 "+"	1	101	201	301
2	电源回路 "-"	2	102	202	302
3	合闸回路	3～31	103～131	203～231	303～331
4	绿灯合闸监视回路	5	105	205	305
5	跳闸回路	33～49	133～149	233～249	333～349
6	红灯跳闸监视回路	35	135	235	335
7	事故跳闸音响回路	90～99	190～199	290～299	390～399
8	信号及其他回路	701～999			

二次回路的编号是遵循一定的原则的，对于不同的高压开关设备，其二次回路标号是可重复使用的。

（3）端子排表

在很多高压开关柜中，柜内各设备之间、设备至端子排之间的连线很多。在设计二次接线图时，普遍采用"相对编号法"，即在需要连接的两个接线柱上分别标出对方接线柱的编号，设计人员或识图人员根据对应编号来看出设备之间的连接。除了设备之间的直接连接，高压开关柜内还设置了一些方便接线的端子排。一般端子排分四列排列，也有分三列排列的，不管三列还是四列，其功能都是相同的。一台高压开关柜的端子排可设置 1 个端子排，也有设置多个端子排，多个端子排按不同的功能划分，比如：交流回路端子排、信号回路端子排、控制回路端子排等。

端子排各部分说明如图 6-32 所示。

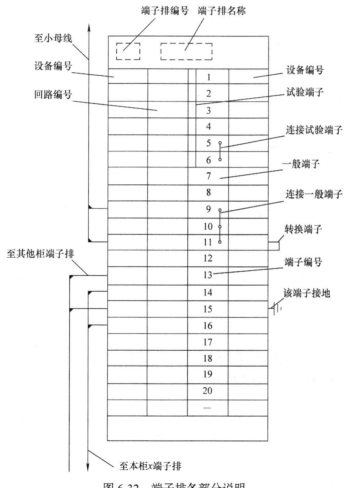

图 6-32　端子排各部分说明

4. 二次回路识图

二次接线的最大特点是其设备、元器件的动作严格按照设计的先后顺序进行，其逻辑性很强，所以读图时只需按一定的规律进行，便会显得条理清楚，易读易记。在拿到二次回路图时，设计人员一定要对照设备材料表清楚地知道图中的各图形符号和文字代号代表什么，包括对照二次回路的数字标号，它们的作用是什么。

看二次回路图的基本方法可以归纳为如下六句话（即六先六后）：先一次，后二次；先交流，后直流；先电源，后接线；先线圈，后触点；先上后下；先左后右。

"先一次，后二次"，就是首先要进行一次接线图（配电系统图）的设计。在完成高低压开关设备采购后，设备生产商提供每台设备的二次接线图，当图中有一次接线和二次接线同时存在时，应先看一次接线部分，弄清楚是什么设备和工作性质，再看对一次接线部分起继电保护及自动控制作用的二次接线部分，是否符合设计要求。

"先交流，后直流"，就是当图中有交流和直流两种回路同时存在时，应先看交流回路，再看直流回路。因交流回路一般由电流互感器和电压互感器的二次绕组引出，直接反映一次接线的运行状况，起到测量和保护作用；而直流回路则是对交流回路各参数的变化所产生的反映，起到监控和保护作用。

"先电源，后接线"，就是不论在交流回路还是直流回路中，二次设备的动作都是电源驱动的，所以在看图时，应先找到电源（交流回路的电流互感器和电压互感器的二次绕组），再由此顺回路接线往后看：交流顺闭合回路依次分析设备的动作；直流从电源正极（+HM、+KM、+XM 等）顺接线找到负极（−HM、−KM、−XM 等），并分析各设备的动作。

"先线圈，后触点"，就是先找到继电器或装置的线圈，再找到其相应的触点。因为只有线圈通电（并达到其起动值），其相应触点才会动作；由触点的通断引起回路的变化，进一步分析整个回路的动作过程。由于数据中心高压配电系统的二次回路多采用智能综合保护装置，所以在二次回路中继电器线圈使用较少。

"先上后下"和"先左后右"，可理解为一次接线的母线在上而负荷在下；在二次接线的展开图中，交流回路的互感器二次侧线圈（即电源）在上，其负载线圈在下；直流回路正电源在上，负电源在下，驱动触点在上，被起动的线圈在下；端子排图、屏背面接线图一般也是由上到下；单元设备编号，则一般是由左至右的顺序排列的。

以上只是设计人员在看二次接线图时需要遵循的一般规律。除了以上识图的一般规律，设计人员在看某台开关柜的二次接线图时，还需结合其他与此柜继电保护相关的开关柜的二次接线图。

在实际数据中心变配电系统工程设计的二次接线图的识图中，还需设计人员结合工程特点具体问题具体分析。

高压配电系统的二次接线图以单柜体为单位，即每台柜体都对应 1 套二次接线图，同样一次电路及功能完全相同的柜体可共用 1 套二次接线图。一个标准的二次接线图可分为原理接线图和安装接线图。原理接线图也称为接线原理图，通常在一张图中展示一台高压开关柜的一次回路和二次回路。它以整体形式表示各二次设备之间的电气连接，能综合绘制出交流电路和直流电路，以及它们之间的联系；安装接线图通常包括屏内布置图及端子排图等。

二次接线图主要包括以下内容：

1）高压开关柜一次回路图。

2）交流二次回路、直流二次回路图。

3）二次设备及元件表。

4）屏面布置图、屏后接线图。

5）端子排图及与屏内二次设备及屏间电缆连接关系。

5. 典型的二次回路

（1）电流测量、保护回路

两相电流互感器测量、保护回路如图 6-33 所示，三相电流互感器测量、保护回路如图 6-34 所示，零序电流保护回路如图 6-35 所示。

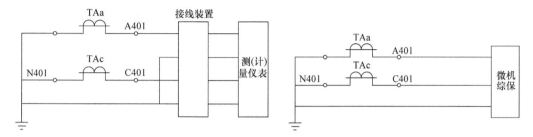

图 6-33　两相电流互感器测量、保护回路

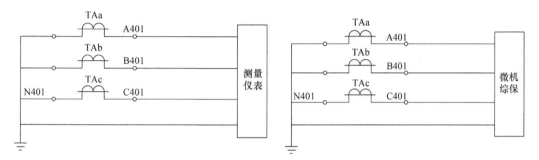

图 6-34　三相电流互感器测量、保护回路

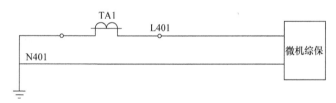

图 6-35　零序电流保护回路

图 6-33～图 6-35 中的微机综保即智能综合继电保护装置，保护装置根据已设置的参数，自行判断系统的状态，从而实现对系统的测量、控制、保护、通信等功能。

（2）电压测量、保护回路

电压测量、保护回路如图 6-36 所示，三相五柱电压测量、保护回路如图 6-37 所示。

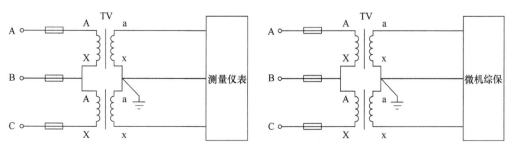

图 6-36　电压测量、保护回路

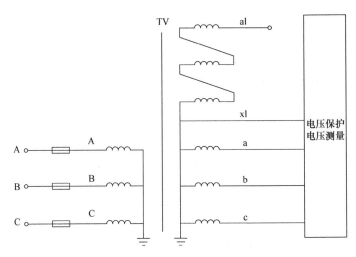

图 6-37　三相五柱电压测量、保护回路

（3）进线柜合闸回路

两路市电进线断路器合闸回路参考图如图 6-38 所示。

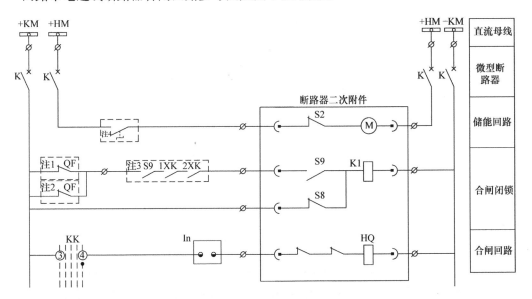

图 6-38　两路市电进线断路器合闸回路参考图

图 6-38 中有两组直流小母线，一组是合闸母线，另一组是控制母线。为两路市电电源进线的高压配电系统一台进线柜合闸回路图，图 6-38 中注 1 和注 2 为联络断路器和另一路市电电源进线断路器的辅助开关，两个辅助开关为动断触点，与各自的断路器状态相反，即两个断路器中的任意一个断路器分闸时，注 1 和注 2 中的对应辅助开关闭合，接通此断路器的闭锁电磁铁电路，进线断路器可合闸。图 6-38 中注 3 为与此进线柜同侧的其他柜内隔离手车的辅助开关，当隔离手车处于工作位置时，隔离手车的辅助开关闭合，接通断路器闭锁电磁铁电源电路，进线断路器可合闸；当隔离手车拉出工作位置时，隔离手车的辅助开关断开，切断断路器闭锁电磁铁电源电路，进线断路器不能合闸。图 6-38 中注 4 为断路器储能回路的开关，用于手动开断储能回路。

图 6-38 中 In 为综保装置，当系统进线参数满足合闸条件时，它可根据其参数设置接通高压断路器的合闸回路。

图 6-38 适合两进一联络的高压配电系统，两个进线断路器和一个联络断路器只能同时有两个断路器处于合闸状态。

（4）分闸回路

两路市电进线断路器合闸回路参考图如图 6-39 所示。

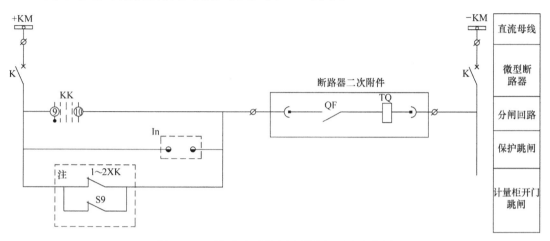

图 6-39 两路市电进线断路器合闸回路参考图

为两路市电电源进线的高压配电系统一台进线柜合闸回路图，图 6-39 中有一组直流控制母线。图 6-39 中注为与此进线柜同侧的其他柜内隔离手车的辅助开关，辅助开关与合闸回路中的辅助开关状态正好相反，当合闸回路中的辅助开关闭合时，分闸回路的辅助开关为分闸状态。即当隔离手车处于工作位置时，隔离手车的辅助开关处于分闸状态，切断此电源电路；当隔离手车拉出工作位置时，隔离手车的辅助开关为合闸状态，接通断路器跳闸回路，进线断路器立即跳闸。

图 6-39 中 In 为综保装置，当进线断路器输出侧出现短路、市电侧出现失电等情况时，当短路电流和时间超过速断动作电流和动作时限时，或市电电压低至失压脱扣设定值时，综保装置将接通进线断路器的跳闸回路，进线断路器即可进行跳闸。

6.6.5 低压断路器的整定

1. 低压断路器用途分类

在数据中心低压配电系统中，所有的进线、联络、负载都采用的是低压断路器。当配电系统发生电气故障时，距离故障点最近的低压断路器应立即动作，并将故障从系统中切除，而又不影响其他各级低压断路器的正常工作，从而将故障所造成的危害限制在最小范围内，使其他无故障供电回路仍能保持正常供电，这就是对断路器所要求的选择性。断路器的选择性在低压配电系统的设计中占有十分重要的位置，它既能保证配电系统的正常工作，又可降低用户的损失。

在低压配电系统中使用的断路器按其保护性能可分为选择性和非选择性两类。选择性低压断路器，其瞬时特性和短延时特性适用于短路动作，而长延时特性适用于过载保护。

低压断路器的保护特性和主要用途见表 6-65。

表 6-65　低压断路器的保护特性和主要用途

断路器类型	电流范围 /A	保护特性		主要用途
配电	100 ~ 6300	瞬时、短延时、长延时		进线、联络、末端
		瞬时、长延时		末端
电动机	16 ~ 630	直接起动	过电流脱扣器瞬时整定电流（8 ~ 15）I_{rt} 过电流脱扣器瞬时整定电流 12I_{rt}	笼型电动机
		间接起动	过电流脱扣器瞬时整定电流（3 ~ 8）I_{rt}	笼型电动机和绕线转子电动机
照明	≤ 100	瞬时、长延时		照明线路和其他回路
剩余电流保护器	6 ~ 400	电磁式	动作电流分为 6mA、15mA、30mA、50mA、75mA、100mA、300mA、500mA，0.1s 分断	接地故障保护
		电子式		

2. 低压断路器的整定

低压断路器过电流脱扣器的额定电流应不小于线路的计算电流，即 $I_n \geq I_{js}$（I_{js} 为所保护的配电线路的计算电流）。

断路器的长延时过电流脱扣器的整定值（I_{r1}）主要是用来保护负载过负荷，一般情况下，I_{r1} 取线路计算电流的 1.1 倍，即 $I_{r1} \geq 1.1I_{js}$（I_{js} 为所保护的配电线路的计算电流）。断路器的长延时过电流脱扣器的整定值应不大于配电回路中导体的允许持续载流量，即 $I_{r1} \leq I_d$（I_d 为回路导体的允许持续载流量）。

断路器的短延时过电流脱扣器动作电流（I_{r2}）应躲过线路的尖峰电流 I_{pk}，通常按下式确定：

$$I_{r2} \geq 1.2(I_{pk} + I_{js}') \tag{6-19}$$

式中　I_{pk}——保护线路中最大的 1 台电动机的起动电流（A）；

　　　I_{js}'——除起动电流最大的 1 台电动机以外的线路计算电流（A）。

断路器短延时动作的整定时间通常分：0.1s、0.2s、0.4s。为保证保护装置动作的选择性，上下两级的断路器的级差通常取 0.1 ~ 0.2s，动作时间还应满足被保护线路的热效应要求。

断路器瞬时过电流脱扣器的整定值 I_{r3} 应满足 $I_{r3} \geq 1.3(I_{pk} + I_{js}')$，为满足被保护线路的断路器之间的选择性，还要求 I_{r3} 大于下一级断路器所保护的线路发生故障时的短路电流的 1.1 倍。

当末端配电回路中含有电动机类负载时，末端断路器的瞬时过电流脱扣器的动作电流整定值应躲过负载的起动电流；对于为 UPS 系统供电的断路器，由于 UPS 系统的起动电流相对电动机类负载要小，所以，UPS 的输入断路器的瞬时过电流脱扣器的动作电流可相对设置小一点。

在数据中心低压配电系统中，配电用断路器基本采用电子脱扣器的断路器。要保证上、下两级断路器之间选择性动作，一般情况下，上一级断路器采用选择性断路器，即当上下级之间发生短路时，断路器根据短路电流的大小进行有选择性的跳闸，短路电流越大，跳闸越快，反之，就越慢。当下一级断路器的输出线路发生短路时，下一级断路器应率先跳闸。如果下一级断路器跳闸失灵，上一级断路器将经过短延时进行跳闸。采用非选择性断路器或选择性断路器，主要是利用短延时脱扣器的延时动作或延时动作时间的不同，以获得选择性。

无论下一级是选择性断路器还是非选择性断路器，上一级断路器的瞬时过电流脱扣器整定电流一般不得小于下一级断路器出线端的最大三相短路电流的 1.1 倍。如果下一级也是选择性断路器，为保证选择性，上一级断路器的短延时动作时间至少比下一级断路器的短延时动作时间长 0.1s。

如果上下级断路器不是同一品牌、同一系列断路器，应根据断路器生产商提供的产品说明书中的断路器电子脱扣器和脱扣曲线确定整定值。

3. 环境温度对过载脱扣电流的影响

当线路发生过电流依靠热脱扣器进行过载保护的低压断路器，应考虑环境温度对低压断路器的热脱扣器动作的影响。低压断路器的热脱扣器额定电流是在基准温度为 30℃ 条件下整定的。断路器的热脱扣器是由一组双金属片制成，当回路发生过载时，过载电流使得双金属片发热变形弯曲，将搭钩顶开，使低压断路器触点断开。当过载保护依靠热脱扣器来完成，低压断路器的热脱扣器与环境温度是有直接的关系的，若环境温度发生变化就会导致低压断路器的额定电流值发生变化。因此当环境温度大于或小于校准温度值时，应考虑根据制造商提供的温度与载流能力修正系数，来修正低压断路器的额定电流值。

6.6.6　配电系统的运行设置

1. 两路市电互为备用

数据中心高压配电系统的市电电源为两路引入时，其配电系统有两大类，一类是不带联络开关的配电系统，另一类是带有联络开关的配电系统。在不考虑高压发电机组与市电电源转换的前提下，不带联络断路器的高压配电系统的两路市电电源之间的转换是通过两个进线断路器来实现的；而带联络开关的配电系统则是由两个进线断路器和联络断路器（三个开关）之间进行。

高压配电系统处于市电正常供电情况下，每套的两路市电电源采用分段同时供电，当其中 1 路市电失电时，联络开关自动合闸（当有联络开关），另 1 路市电将承担该套配电系统的全部负荷的供电。当任意一套 10kV 高压配电系统的两路市电电源均发生失电时，两路市电失电信号传送给发电机组并机控制系统，发电机组并机控制系统在接受两路 10kV 市电停电信号后，经时间延迟（设定时间可调，应大于可能出现的闪断恢复时间）确认后，起动柴油发电机组为通信及其他保证负荷进行供电，市电发电机组转换系统在检测到两路市电失电和发电机组供电之后断开市电进线开关，闭合发电机组进线开关，由发电机组供电。在市电停电，柴油发电机组尚未起动加载期间，由各通信电源供电系统配套的蓄电池组放电来保证通信设备所需的交流 UPS 及直流供电电源。当市电来电后，市电和发电机组转换系统在检测到市电信号后经时间延迟（设定时间可调）确认后，断开发电机组进线开关，闭合市电进线开关，转换到市电供电。

2. 备用发电机组起动与投入

当市电电源无法正常运行时，需要起动备用发电机组来保证数据中心重要负荷的供电。在备用发电机组起动与投入的设置中，首先要求备用发电机组在收到起动信号后立即自动起动；单机运行备用发电机组或并机运行的备用发电机组应尽快投入发电，而且投入时间越短越好。

如果数据中心采用的是高压柴油发电机组并机系统，当市电电源故障后，发电机组系统应在系统设定的时间内向所有柴油发电机组发出起动信号，并自行起动，当达到额定转速并建立电压后，向发电机组进线断路器发出合闸指令，接入发电机组并机系统。在完成市电电源转换后并机带载，再根据负载的大小减少并机机组的台数。

当采用低压发电机组时，每台发电机组只对应 1 个或 2 个低压 ATS 装置，只要发电机组起动成功并达到带载能力时，低压 ATS 装置将会自动转换至发电机组侧。

数据中心的备用发电机组的起动信号宜在市电电源故障后 10 ~ 30s 内向备用发电机组发送，具体时间可根据情况设定。当发电机组起动后达到稳定状态后，应立即进行市电与发电机组的转换，无论是高压配电系统还是低压配电系统，其转换开关最好采用 ATS 装置，10kV 高压进线断路器不宜参与转换。

市电电源与备用发电机组的转换应采用先断后合转换方式，继电保护的要求应与备用电源自动投入方案保持一致。

当发电机组所带的一次突加负载的容量大于发电机组允许的突加带载能力时，需要进行负载分级投入，可在系统中增设逐级投入控制装置。

6.7　节能设计

6.7.1　变配电系统节能设计

PUE 是衡量一个数据中心是否为绿色数据中心的关键指标。由于变配电系统的能源均为铜导体输送，即使是自身耗电最大的变压器设备，其效率也是 99% 以上，所以，变配电系统可为 PUE 的贡献值相对空调设备来说很小。

数据中心供电系统应追求安全可靠、简洁高效，供电系统结构简洁，系统运行就高效；结构简洁，其设备数量少，机房利用率就高。在保证运行安全的前提下，供电系统结构越简单其效率越高，越复杂将造成建设成本和维护成本的提高。

系统结构简洁意味着数据中心需要的不是为了迎合更高可靠性而设计过度复杂的供电系统，也不是利用过多的转换设备来换取过高的系统可靠性，而是需要一个在满足信息通信设备运行可靠性要求的前提下，供配电系统的一次接线尽量做到简洁清晰，不要过度配置双电源转换开关及供配电设备。

变配电系统在设备布置上应尽量接近它所承担的负荷中心，减少低压供电线路的距离，减少线路损耗。多层数据中心的变压器可分层布置与供电。

设备利用率高要求系统具有可扩展性，按需配置，不要过度预留输出分路。

数据中心的供电架构的设计主要根据数据中心的等级分类。最高等级的数据中心供电要求按容错系统架构配置，而最低等级的数据中心供电要求按无冗余系统架构配置。供电结构要与数据中心的建设等级匹配，不能向上越级匹配。

每个数据中心相关标准都对不同等级的数据中心的供电结构有一些要求和规定，但每个等级的数据中心的供电结构并不是唯一的，它会衍生出很多种供电结构，影响供电结构设计的主要因素是数据中心的等级分类、用户要求、设计方案、投资预算。

　　结构匹配要求数据中心的供电结构要适合数据中心的等级要求。相同电压等级的系统配电级数尽量少。高压配电系统能一级解决问题就不设置二级高压配电系统；低压配电系统到 UPS 系统之间应尽量采用不多于两级的系统结构，不建议采用三级或四级的供电结构。市电 / 备用发电机组的转换要自动化，转换机构要简单，联锁要可靠。

　　无论何种等级的数据中心，它的供配电系统一般只按照发生一次意外事故做设计，而不考虑多个意外事故同时发生。这个意外事故可能是一个开关，一台设备，一段母线，一个系统，外市电变电站的一段母线，甚至一个公共变电站。设备维护或检修也只考虑维修一个系统的设备，而不考虑多个系统的设备同时进行维修。

　　这就要求在数据中心变配电系统的设计中，应结合数据中心的建设等级，设计与之相适应的变配电系统。

6.7.2　变配电设备选择的节能设计

　　数据中心供电的核心是在满足数据中心信息通信设备运行要求的前提下安全可靠。决定一个数据中心变配电及发电系统是否安全可靠的主要因素是优良的设备质量、适合的供电架构、完善的运维管理。运行安全可靠不是绝对的，而是相对的。对于一个数据中心来说，不是越安全越可靠越好。大家都知道 $2N$ 系统比 $N+1$ 系统的可靠性要高，但对于一个非最高等级的数据中心来说，$2N$ 系统的供电模式并不一定适合。

　　变配电系统的设备质量是安全可靠运行的第一要素。无论是高压开关设备、低压开关设备、变压器等设备，都要选择技术成熟、性能稳定的产品。

　　变配电设备选择中，变压器是影响 PUE 最主要的设备。为深入贯彻落实《中华人民共和国节约能源法》，全面施行《工业节能管理办法》（工业和信息化部令第 33 号），加快高效节能变压器推广应用，提升能源资源利用效率，推动绿色低碳和高质量发展，工业和信息化部办公厅、市场监管总局办公厅、国家能源局综合司工信厅联节〔2020〕69 号关于印发《变压器能效提升计划（2021-2023 年）》的通知。通知要点如下。

　　到 2023 年，高效节能变压器要符合新修订 GB 20052—2020《电力变压器能效限定值及能效等级》中 1 级、2 级能效标准的电力变压器在网运行比例提高 10%。加大高效节能变压器推广力度。自 2021 年 6 月起，新增变压器须符合国家能效标准要求，鼓励使用高效节能变压器。支持可再生能源电站、电动汽车充电站（桩）、数据中心、5G 基站、采暖等领域使用高效节能变压器，提高高效节能变压器在工业、通信业、建筑、交通等领域的应用比例。

　　数据中心常用的 10kV 干式三相双绕组配电变压器的能效等级见表 6-66。

　　在变压器选择计算时，应选择高效节能型变压器，目前电工钢带 SCB 系列中最节能的是 SCB13 型及以上系列的干式配电变压器。从表 6-66 中可以看出，非晶合金干式配电变压器的空载损耗要低于 SCB13 型干式配电变压器，但其体积、噪声较大，价格也较高，在实际设计时应进行综合比较选择。

　　在高压开关设备、低压开关设备和变压器设计时，需合理进行负荷分配，设备选型和容量选择要合理，避免影响设备实际运行的利用率，造成不必要的浪费。高低压开关设备和变压器的智能化也是供电系统节能的基础条件之一。

表6-66　10kV干式三相双绕组配电变压器的能效等级

额定容量/kV·A	1级 电工钢带 空载损耗/W	1级 电工钢带 负载损耗/W B(100℃)	F(120℃)	H(145℃)	1级 非晶合金 空载损耗/W	1级 非晶合金 负载损耗/W B(100℃)	F(120℃)	H(145℃)	2级 电工钢带 空载损耗/W	2级 电工钢带 负载损耗/W B(100℃)	F(120℃)	H(145℃)	2级 非晶合金 空载损耗/W	2级 非晶合金 负载损耗/W B(100℃)	F(120℃)	H(145℃)	3级 电工钢带 空载损耗/W	3级 电工钢带 负载损耗/W B(100℃)	F(120℃)	H(145℃)	3级 非晶合金 空载损耗/W	3级 非晶合金 负载损耗/W B(100℃)	F(120℃)	H(145℃)	短路阻抗/%
30	105	605	640	685	50	605	640	685	130	605	640	685	60	605	640	685	150	670	710	760	70	670	710	760	4.0
50	155	845	900	965	60	845	900	965	185	845	900	965	70	845	900	965	215	940	1000	1070	90	940	1000	1070	4.0
80	210	1160	1240	1330	85	1160	1240	1330	250	1160	1240	1330	100	1160	1240	1330	295	1290	1380	1480	120	1290	1380	1480	4.0
100	230	1330	1415	1520	90	1330	1415	1520	270	1330	1415	1520	110	1330	1415	1520	320	1480	1570	1690	130	1480	1570	1690	4.0
125	270	1565	1665	1780	105	1565	1665	1780	320	1565	1665	1780	130	1565	1665	1780	375	1740	1850	1980	150	1740	1850	1980	4.0
160	310	1800	1915	2050	120	1800	1915	2050	365	1800	1915	2050	145	1800	1915	2050	430	2000	2130	2280	170	2000	2130	2280	4.0
200	360	2135	2275	2440	140	2135	2275	2440	420	2135	2275	2440	170	2135	2275	2440	495	2370	2530	2710	200	2370	2530	2710	4.0
250	415	2330	2485	2665	160	2330	2485	2665	490	2330	2485	2665	195	2330	2485	2665	575	2590	2760	2960	230	2590	2760	2960	4.0
315	510	2945	3125	3355	195	2945	3125	3355	600	2945	3125	3355	235	2945	3125	3355	705	3270	3470	3730	280	3270	3470	3730	4.0
400	570	3375	3590	3850	215	3375	3590	3850	665	3375	3590	3850	265	3375	3590	3850	785	3750	3990	4280	310	3750	3990	4280	4.0
500	670	4130	4390	4705	250	4130	4390	4705	790	4130	4390	4705	305	4130	4390	4705	930	4590	4880	5230	360	4590	4880	5230	4.0
630	775	4975	5290	5660	295	4975	5290	5660	910	4975	5290	5660	360	4975	5290	5660	1070	5530	5880	6290	420	5530	5880	6290	4.0
630	750	5050	5365	5760	290	5050	5365	5760	885	5050	5365	5760	350	5050	5365	5760	1040	5610	5960	6400	410	5610	5960	6400	6.0
800	875	5895	6265	6715	335	5895	6265	6715	1035	5895	6265	6715	410	5895	6265	6715	1215	6550	6960	7460	480	6550	6960	7460	6.0
1000	1020	6885	7315	7885	385	6885	7315	7885	1205	6885	7315	7885	470	6885	7315	7885	1415	7650	8130	8760	550	7650	8130	8760	6.0
1250	1205	8190	8720	9335	455	8190	8720	9335	1420	8190	8720	9335	550	8190	8720	9335	1670	9100	9690	10370	650	9100	9690	10370	6.0
1600	1415	9945	10555	11320	530	9945	10555	11320	1665	9945	10555	11320	645	9945	10555	11320	1960	11050	11730	12580	760	11050	11730	12580	6.0
2000	1760	12240	13005	14005	700	12240	13005	14005	2075	12240	13005	14005	850	12240	13005	14005	2440	13600	14450	15560	1000	13600	14450	15560	6.0
2500	2080	14535	15445	16605	840	14535	15445	16605	2450	14535	15445	16605	1020	14535	15445	16605	2880	16150	17170	18450	1200	16150	17170	18450	6.0

第7章 备用发电机组系统设计

数据中心备用发电机组作为市电电源的备用电源，它是市电发生故障时，可以保证数据中心正常运行的最后屏障，它的重要性不言而喻。

我国幅员辽阔，东西南北气候差异很大，数据中心也分为超大型、大型、中型、小型和微型，数据中心备用发电机组的选择非常重要。

7.1 备用发电机组

不同规模、不同等级的数据中心配置的发电机组有所不同，常用的备用发电机组为往复式柴油发电机组。往复式发动机又称为活塞发动机，是指一种利用一个或者多个活塞将压力转换成旋转动能的发动机，也是一种将活塞的动能转化为其他机械能的机械。柴油发电机组主要由往复式发动机（柴油机）、发电机、冷却系统、控制装置、机座组成。

7.1.1 发动机（柴油机）

发动机是柴油发电机组的动力之源，它是一种将柴油喷射到气缸内与高压空气混合，经燃烧时放出热量，通过曲柄带动曲轴将热量转变为机械能的热力发动机。柴油发动机属于压缩点燃式发动机。在正常工作时，新鲜空气被吸入柴油机气缸内，因活塞的运动而受到高强度的压缩，受到压缩的空气温度可达 500～700℃。高压油泵再将雾状的燃油喷入缸内的高温空气中，与高温空气形成可燃混合气，自动着火燃烧。燃烧中释放的巨大能量作用于活塞顶面上，再推动活塞并通过连杆和曲轴转换为旋转的机械能。

1. 发动机（柴油机）分类

1）按工作循环可分为二冲程和四冲程柴油机，二冲程的小型柴油机主要用于摩托车的引擎，数据中心的备用发电机组采用的是四冲程柴油机。

2）按冷却方式可分为风冷式和水冷式柴油机，风冷式柴油机为几十千瓦及以下的小型柴油发电机组，数据中心的备用发电机组采用的是水冷式柴油机。

3）按气缸进气方式可分为非增压式和涡轮增压式柴油机，目前 120kW 以上的柴油发电机组多采用涡轮增压式柴油机，数据中心的备用发电机组采用的是涡轮增压式柴油机。

4）按柴油机曲轴的转速可分为低速（低于 350r/min）、中速（350～1000r/min）和高速（超过 1000r/min）柴油机，国内使用的备用发电机组均采用 1500r/min 的柴油机。

5）按燃烧室可分为直接喷射式、涡流室式和预燃室式柴油机，数据中心用备用柴油发电机组均采用的是直接喷射式柴油机。

6）按气体压力作用方式可分为单作用式、双作用式和对置活塞式柴油机，数据中心用备用发电机组均采用的是单作用式柴油机。

7）按气缸数目可分为单缸和多缸柴油机，数据中心用备用发电机组均采用多缸柴油机。

8）按用途可分为车用柴油机、船用柴油机、工程机械用柴油机、农用柴油机和发电机用柴油机，数据中心用备用柴油发电机组采用的是发电机用柴油机。

2. 柴油机的结构

柴油机是一款复杂机械，它的高可靠性必然来自厂家的成熟的生产能力和应用技术。发动机一般由以下几大系统或机构组成。

1）缸体：柴油机的基本组成部件，是发动机的主体部件，是安装活塞、曲轴以及其他零件和附件的支撑基础。

2）曲柄连杆机构：可将热能转换为机械能的主要部件，包括曲轴箱、气缸盖、活塞、活塞销、连杆、曲轴和飞轮等。

3）配气机构及换气系统：保证燃烧室定时吸入新鲜空气、排出燃烧后的废气的系统，主要由进气门、排气门、凸轮轴及驱动零件等组成。

4）燃油系统：可将燃油源源不断地供到燃烧室，确保柴油机能量的持续供应，包括柴油箱、输油泵、输油循环管道、燃油滤清器、喷油泵和喷油嘴等零部件。

5）润滑系统：由润滑油泵、润滑滤清器和润滑管道组成，是保证发动机可靠工作的系统之一。

6）冷却系统：由水泵、散热器、恒温器、风扇和水套装置等部件组成。

7）起动及控制系统：柴油机的起动一般采用的是电动机起动方式，包括充电装置、起动蓄电池组、起动电动机及其他配件等。

3. 工作原理

柴油机是以柴油作为燃料的压燃式内燃机。工作时，其缸内的空气被压缩而温度升高，定时喷入气缸的柴油自行着火燃烧，产生的高温、高压的燃气膨胀推动活塞做功，将热能转变为机械能。柴油机的工作循环由进气、压缩、喷油着火燃烧、膨胀做功和排气等过程组成。

四冲程柴油机的工作原理包括四个行程，曲轴回转两周完成一个工作循环。柴油机工作时活塞做往复直线运动，曲轴做旋转运动。活塞改变运动方向的瞬时位置称为止点（死点），止点处的活塞瞬时运动速度为零。活塞运动至离曲轴最远点为上止点，最近点为下止点。图7-1a中的活塞位置为下止点，图7-1d中的活塞位置为上止点。

图7-1中的四个行程的工作原理如下：

1）进气行程：活塞从上止点下行，进气阀打开。因活塞下行的抽吸作用，气缸内充入新鲜空气。

2）压缩行程：活塞从下止点上行，进气阀和排气阀均关闭。活塞上行压缩缸内的空气，使其压力和温度不断升高，当受到压缩的空气压力达到3～6MPa，温度为500～700℃时，在上止点（压缩终点）附近，燃油系统再将雾化的燃油经喷油器喷入燃烧室，燃油在高温高压空气的作用下开始着火燃烧。

3）做功行程：当燃油在压缩的空气中燃烧的过程中，进气阀和排气阀均关闭，缸内的压力和温度都在急剧升高，其压力和温度分别可达6～9MPa和1500～2000℃，高温高压的气体推动活塞由上止点向下运动做功。当活塞到达下止点前的某一时刻，排气阀开启，做功过程结束，此时的气缸内压力为 0.2 ~ 0.5MPa，温度为 600 ~ 700℃，活塞则继续下行至下止点，行程结束。

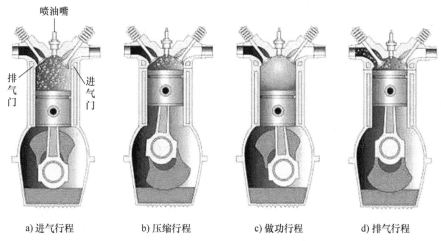

图 7-1　四冲程柴油机工作原理图

4）排气行程：在这个行程中，排气阀继续开启状态，曲轴带动活塞由下止点向上运动，汽缸内的废气被上行的活塞强行推出缸外。为了实现充分排气和减少排气过程中所消耗的功，不但在活塞行至下止点前提前开启排气阀，而且还要在活塞行至上止点后再关闭排气阀。排气阀开启的延续角度为 230° ~ 260°。

四冲程柴油机完成一个工作循环需要经历进气、压缩、做功和排气四个行程。曲轴在一个工作循环中转两周，即曲轴转角 720°。四个行程中只有一个行程在做功，其余三个行程都是在消耗功，因此，单缸柴油机必须有一个足够大的飞轮来供给这未做功的三个行程所需的能量；而对于多缸柴油机，则需要借助其他气缸的气体膨胀做功过程来供给。

4. 柴油机燃油系统

柴油机燃油系统的核心是燃油控制调速技术。柴油机燃油系统从机械式燃油系统（机械调速）发展到今天的高压共轨燃油系统经历了三个阶段。

早期的机械调速是在发动机的转动轴上带有一套相似摆球的设备，不相同的转速会发生不等的离心力，就像喇嘛手里摇的转经筒，摇得越快，两个摆球甩开的角度就越大，喷油通道的截面积就越大，经过摆球摆动的角度来调节发动机的油门大小来控制喷油，再由弹簧 / 飞锤机构来稳定转速。机械式燃油系统是一种不用电的系统。

由机械式燃油系统发展过来的是电子调速燃油系统，电子调速区别于机械调速，它保留了一部分机械（拉杆）构件，即执行机构是机械式的，控制机构是电子调速器。它在控制上由机械变为电子，喷油控制比机械调速更为精准。它的电子调速器通常不是基于微处理器制造的。由于含有机械构件，它的瞬态响应不如电子喷油系统好。

电控燃油系统也称为全电子式燃油系统或电喷式燃油系统，带有电喷式燃油系统的柴油机又称为电喷发动机。它是基于微处理器电子控制单元（Electronic Control Unit，ECU）或发动机控制模块（Engine Control Module，ECM）开发的。主要有两种模式，一种是电控单体式喷油器（Electronic Control Unit Injectors，EUI）燃油系统，另一种是电控高压共轨（Diesel Common Rail，DCR）燃油系统。

电控单体式喷油器燃油系统的特征如下：

1）高压燃油通过汽缸盖顶端的顶置凸轮轴直接驱动形成，没有了额外的高压燃油管路，避免了管路泄漏并消除了管路压力损失的可能。

2）由于喷射装置与燃油增压的一体化，燃油喷射可以在短时间内高效高压完成，灵活控制其喷油量、压力、正时，且其喷油压力可达到200MPa以上，超过共轨系统所能够达到的水平。

3）对燃油的适应性比高压共轨强。

4）燃油系统能进行单杠维修。

5）要求顶置凸轮轴设计，因而对缸盖的刚度设计有较高的要求。

6）在发动机转速低速时，控制喷射压力的油压低，不利于改善低速燃烧性能。

7）多次喷射难于实现，更新换代的产品缺乏技术延续性，即便对喷油器采用二级电磁阀控制，也会使结构更加复杂。

电控高压共轨燃油系统的特征如下：

1）独立控制燃油喷射压力柔性可调，最佳喷射压力由不同转速和负载确定，柴油机综合性能得到优化，如喷射压力可不随柴油机转速变化，有利于柴油机低速时的扭矩增大和低速烟度改善。

2）独立地对喷油正时柔性控制，配合高的喷射压力（140～180MPa），可同时在较小的数值内控制喷射，满足排放要求。

3）能实现很高的喷油压力，有效消除压力波动。

4）实现燃油预喷射、分段喷射和控制喷射率。

5）喷油速率变化柔性控制，实现理想的喷油规律形状，可降低柴油机氮氧化物排放和调节高压共轨压力，使得发动机动力性优良，经济性得到保障。

6）电磁阀控制喷油，控制精度高，高压油路中不会出现气泡和残压为零的现象，因此在柴油机运转范围内，喷油量循环变动小，可改善各缸不均匀程度，发电机组振动改善，排放减少。

目前主流发电机组采用的多为电喷发动机，电喷发动机组成的发电机组的排放可以达到国标第三阶段的排放标准限值。

5. 柴油机的主要技术指标

柴油机是目前被产业化应用的各种动力机械中热效率最高、能量利用率最好、最节能的发动机。用于数据中心的发电机组更注重于在动力、燃油消耗、排放和维修等性能方面的技术发展。

衡量一台柴油机的性能是否优良主要从以下几个方面来判断：

（1）动力性指标

主要指的是柴油机对外做功的能力，一般指的就是有效转矩、有效功率、平均有效压力、转速等指标。

1）有效转矩是指柴油机对外输出的转矩，即有效扭矩。一般柴油机的缸径越大，活塞行程越长，其转矩也越大。

2）有效功率（N_e）指的是指示功率减去消耗于内部零件的摩擦损失、泵气损失和驱动附件损失等机械损失功率之后，从发动机曲轴输出的功率。有效功率的单位为千瓦（kW）或马力，这里我们定为kW，1kW=1000N·m/s。

$$N_{\mathrm{e}} = \frac{\pi M_{\mathrm{e}} n}{30000} \qquad (7\text{-}1)$$

式中　N_{e}——有效功率（kW）；

　　　M_{e}——有效转矩（N·m）；

　　　n——柴油机曲轴转速（r/min）。

3）平均有效压力。

指的是柴油机在每个工作循环每单位工作容积所做的有效功。柴油机的平均有效压力是评定发动机动力性能的重要指标，平均有效压力越大，发动机的做功能力越强。四冲程柴油机有效功率和平均有效压力的关系式如下：

$$N_{\mathrm{e}} = \frac{iV_{\mathrm{s}} p_{\mathrm{e}} n}{120} \qquad (7\text{-}2)$$

式中　V_{s}——气缸工作容积（L）；

　　　i——柴油机气缸数；

　　　p_{e}——平均有效压力（MPa）。

从式（7-2）可以看出，柴油机排量一定时，气缸的平均有效压力越大，柴油机曲轴的有效功率就越大，同样转速越高，柴油机的有效功率就越大。数据中心采用的备用发电机组均采用了涡轮增压型发动机，在一定的条件下，它的平均有效压力要高于自然吸气的发动机。

一台柴油发电机组的功率与其发动机所拥有的缸数和排量有直接的关系，同等技术条件下，发动机的缸数越多，机组排气量就越大，输出功率也越大。

（2）经济性指标

柴油机的经济性指标主要指的是燃油消耗率和润滑油（机油）消耗率。

1）燃油消耗率是指柴油机工作时，每千瓦小时所消耗的燃油量的克数，单位为 g/（kW·h）。在柴油机产品说明书中的燃油消耗率都是指在有效功率计的每千瓦小时的有效燃油消耗率 g_{e}[g/（kW·h）]，见下式：

$$g_{\mathrm{e}} = \frac{G_{\mathrm{T}}}{p_{\mathrm{e}}} \times 10^3 \qquad (7\text{-}3)$$

数据中心用的备用发电机组大多采用的是高压共轨技术，共轨喷射式供油系统由高压油泵、公共供油管、喷油器、电子控制单元和一些管道压力传感器组成，系统中的每一个喷油器通过各自的高压油管与公共供油管相连，公共供油管对喷油器起到液力蓄压作用。工作时，高压油泵以高压将燃油输送到公共供油管，高压油泵、压力传感器和电子控制单元组成闭环工作系统，对公共供油管内的油压实现精确控制，使得供油管内的供油压力始终保持高压状态。由于采用了高压共轨技术，雾化的燃油喷入气缸内可进行充分燃烧，燃油的效率可达到最优，更适合在环境排放要求较高的数据中心中应用。高压共轨的柴油机的燃油消耗率一般在 196～210g/（kW·h）。

2）润滑油（机油）消耗率是指柴油机在标定工况下，每千瓦小时所消耗的润滑油量的克数，单位为 g/（kW·h）。

柴油机的润滑油消耗率一般不大于 4g/（kW·h）。柴油发电机组正常工作时，柴油机的润滑油在机内不断循环运动，其消耗的原因主要由于柴油机在运转时润滑油经活塞窜入燃烧室内或有气阀导管流入气缸内烧掉，未烧掉的则随废气排出，另外一部分润滑油在曲轴箱内雾化或蒸发，而由曲轴箱通风口排出。

（3）排气污染指标

随着环境保护意识的增强，国家对柴油机排气污染的限制也日趋严格。我国现行的 GB 20891—2014《非道路移动机械用柴油机排气污染物排放限值及测量方法（中国第三、四阶段）》对非道路移动机械用柴油机排气污染物排放限值见表 7-1。

表 7-1　中国第三、四阶段对非道路移动机械用柴油机排气污染物排放限值

阶段	额定净功率 P_{max}/kW	CO/ [g/(kW·h)]	HC/ [g/(kW·h)]	NO/ [g/(kW·h)]	HC+NO$_x$/ [g/(kW·h)]	PM/ [g/(kW·h)]
第三阶段	P_{max}>560	3.5	—	—	6.4	0.20
	$130 \leqslant P_{max} \leqslant 560$	3.5	—	—	4.0	0.20
	$75 \leqslant P_{max} <130$	5.0	—	—	4.0	0.30
	$37 \leqslant P_{max} <75$	5.0	—	—	4.7	0.40
	P_{max}<37	5.5	—	—	7.5	0.60
第四阶段	P_{max}>560	3.5	0.40	3.5, 0.67[①]	—	0.10
	$130 \leqslant P_{max} \leqslant 560$	3.5	0.19	2.0	—	0.025
	$75 \leqslant P_{max} <130$	5.0	0.19	3.3	—	0.025
	$56 \leqslant P_{max} <75$	5.0	0.19	3.3	—	0.025
	$37 \leqslant P_{max} <56$	5.0	—	—	4.7	0.025
	P_{max}<37	5.5	—	—	7.5	0.60

① 适用于可移动式发电机组用 P_{max}>900kW 的柴油机。

7.1.2　发电机

发电机是一种将机械能转换成电能的设备，与发动机通过飞轮盘片或联轴器相连。作为柴油发电机组重要部件之一，发电机的性能指标和可靠性指标直接关系到柴油发电机组的性能和可靠性。

1. 发电机的分类

1）按转换电能类型可分为交流发电机和直流发电机两大类，数据中心用的备用发电机组采用的是三相交流发电机。

2）按励磁方式可分为有刷励磁发电机和无刷励磁发电机，数据中心用备用发电机组采用的是无刷励磁发电机，具有可靠性高、维护简单、寿命长、输出性能指标优异等特点。

3）按机械连接方式可分为带式传动发电机、飞轮盘片连接的单支点发电机和弹性联轴器连接的双支点发电机。带式传动发电机一般应用于小功率发电机组；单支点发电机结构紧凑、成本低且组装方便，广泛应用于各类高低压发电机组；双支点发电机成本相对较高，安装工艺也比较复杂，一般用于高压发电机组。

4）按冷却方式可分为水冷式发电机和风冷式发电机，数据中心用的备用发电机组采用的是水冷式发电机。

5）按输出电压高低可分为 10kV 高压发电机组和 400V 低压发电机组，低压发电机组适用于各种通信局站，包括数据中心，而高压发电机组主要应用于数据中心。

6）按应用场合可分为陆用发电机和船用发电机，数据中心用的都是陆用发电机。

用于数据中心的发电机组所采用的无刷发电机的励磁系统主要分为 PMG 永磁机励磁系统、辅助绕组励磁系统和自励式励磁系统，用得最多的是 PMG 永磁机励磁系统。

永磁机励磁系统结构示意图如图 7-2 所示，主要由永磁机、励磁机和主发电机组成，其中的永磁机、励磁机和主发电机的转子是同轴设置的。其工作原理为永磁机（因它的转子是永磁体，故不需要励磁）直接发出电压信号，经过自动电压调节器（Automatic Voltage Regulator，AVR）整流后形成稳定的直流电压，通过与励磁机定子的连接为励磁机提供不受负载干扰的励磁能量，并在定子铁心形成磁场，励磁机的转子线圈的转动切割定子铁心磁力线而产生电压信号，再经过主轴上的旋转二极管整流成励磁直流电压接到主发电机的主转子线圈上，并在主转子铁心形成磁场，这个磁场的磁力线切割主发电机定子线圈，在励磁调节器的实时调节励磁下，主发电机定子线圈产生的感应电动势最终达到发电机输出额定电压，并稳定输出。

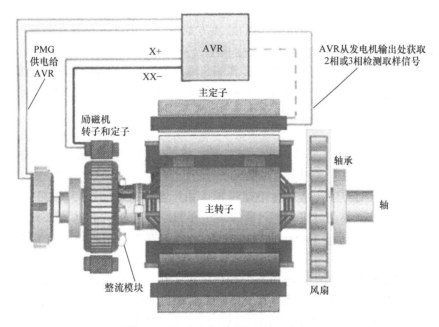

图 7-2　永磁机励磁系统结构示意图

2. 发电机的工作制式

数据中心备用柴油发电机组中的发电机应符合 GB/T 755—2019《旋转电机　定额和性能》中的 S1 工作制的要求。

3. 主要参数

（1）标称功率

发电机的容量一般以视在功率（kV·A）进行功率标注，发电机的功率因数为 0.8（滞后），其额定有功功率（kW）=0.8 × 视在功率（kV·A）。发电机生产商对每一种型号的发电机都会提供不同的标称功率（kV·A）值。

（2）绝缘耐热等级与温升

发电机的输出电流经过绕组线圈内阻产生铜耗发热，铁心中磁滞和涡流现象产生铁损发热以及其他机械摩擦发热引起发电机绕组的温度升高，从而引起发电机绕组的绝缘老化。

发电机的绕组温度的升高相对值为发电机的温升。基于环境温度为40℃时，绝缘耐热等级为130（B）级的允许温升为80K；绝缘耐热等级为155（F）级的允许温升为105K；绝缘耐热等级为180（H）级的允许温升为125K。一般低压柴油发电机组配套的是绝缘耐热等级为180（H）级的发电机；高压柴油发电机组配套的是绝缘耐热等级为155（F）或180（H）级的发电机。相同绝缘耐热等级的发电机绕组的实际运行温升越低，绕组绝缘寿命就越长，允许的标称功率就越低；反之，如果绕组的实际运行温升越高，绕组绝缘寿命就越短，允许的标称功率也会越大。也就是说，一台绝缘等级为180（H）级的发电机，当它的温升按绝缘耐热等级为130（B）级发电机的允许温升来运行，那么这台发电机的寿命要比180（H）级允许的温升时的寿命要长。在发电机说明书中，生产厂商提供的发电机数据表中会给出发电机在不同温升等级下的标称功率数据。

（3）效率

发电机损耗包括轴承摩擦等机械损耗，铁心磁滞和涡流等铁损耗，还有定子绕组输出电流经过导体的铜损耗，其中机械损耗和铁损耗为空载损耗，与发电机的输出电流无关，后面的铜损耗为负载损耗，与输出电流的二次方成正比，因此发电机在轻载时效率较低，随着输出功率的增大，发电机的效率也会相应升高。发电机的效率最高点一般在75%~80%负载率情况下出现。当输出电流增大到额定电流时，铜损快速增大，这时的发电机效率从最高点会略有下降。一台发电机在不同负载率时的效率有所不同，具体可参考发电机厂商在发电机说明书中提供的发电机的效率曲线。

（4）使用环境

根据GB/T 755—2019《旋转电机　定额和性能》，交流无刷励磁同步发电机的使用环境为环境温度不超过40℃，海拔不超过1000m。

当发电机组安装地点的海拔超过1000m时，由于空气密度随着海拔的上升变得越来越小，发电机组的冷却效果会越来越差，所以对于在海拔超过1000m地区使用的发电机应适当降功率使用。当海拔超过1000m时，每升高500m，发电机组的额定功率降容幅度可按3%进行估算。

由于备用发电机组配套的发电机与发动机临近工作，发动机产生的热将会使发电机的环境温度升高一些。当发电机安装地点的环境温度超过40℃时，发电机应降功率运行，若低于40℃时，则发电机的允许输出功率可以比额定功率略大；若环境温度高于40℃时，发电机组的环境温度每升高5℃，其发电机组的输出功率约下降3%。

7.1.3　冷却系统

工作时，燃油在发动机气缸内燃烧会产生大量的热量，使气缸内气体温度高达1800℃以上，另外活塞、连杆、曲轴的运动摩擦也会产生热。柴油发电机组的冷却系统的主要作用是通过冷却介质能及时将发动机工作时产生的热量带出，以免活塞、气缸套、气缸盖等关键部件高温损坏，保证发电机组在适合的环境温度下能正常工作。

柴油发电机组的冷却方式主要有风冷却方式和水冷却方式两种，风冷却方式是以空气作为冷却介质,一般为几十千瓦的小型柴油发电机组或大型燃气轮机发电机组;水冷却方式是以水作为冷却介质,水冷却方式广泛应用于各容量数据中心用备用柴油发电机组。

水冷却备用柴油发电机组又分为开式循环和闭式循环,数据中心用备用发电机组均采用强制闭式循环水冷却方式。备用柴油发电机组的水冷却系统由水泵、散热水箱、风扇、节温器、冷却水管及汽缸盖 - 汽缸体 - 曲轴箱内部形成的冷却水套组成。

强制闭式循环水冷却系统分为一体式和分体式。一体式是散热水箱固定于备用发电机组的发动机侧,而分体式的散热水箱则可以远离发电机组。

7.1.4 控制装置

备用柴油发电机组的控制装置现已成为发电机组控制、测量、保护为一体的指挥中心,控制装置以箱或屏的形式出现,安装于发电机组上或发电机组旁。它能实现机组起动、停止、检测机组主要参数等功能。

控制面板设有一个紧急停机按钮,用于发电机组发生状况时手动紧急停机。显示屏除了可以显示操作记录、报警历史记录,还能查看发电机组的交流电压、交流电流、输出功率、输出频率、水温、油压、小时计、机组实时状态等数据测量及显示,可以进行机组的参数设置,还提供智能通信接口,可进行遥控、遥测、遥信功能,有些还具备网络接口,可通过网络进行监控。

7.2 发电机组的类型

数据中心用备用发电机组可分为两种:往复式柴油发电机组、燃气轮机发电机组。因燃气轮机发电机组具有单位功率的采购成本高、燃油消耗率高、储油量大等特点,此类发电机组在数据中心中应用极少,数据中心的备用发电机组以往复式柴油发电机组为主。

往复式柴油发电机组分为以下类型:

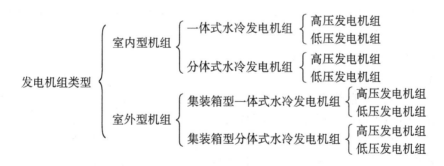

7.2.1 高压发电机组

高压发电机组的输出电压等级为 10.5kV,输出频率为 50Hz。高压发电机组凭借供电距离远、供电线路损耗小、并机运行系统的高承载能力等优势,近年来在通信、金融、互联网等领域的大型数据中心或超大型数据中心中的应用非常广泛。

相比低压发电机组,高压发电机组具有输出电压等级高、单位功率输出电流小、输电线路损耗小等特点。因为电压等级高电流小,宜采用多机并机运行工作方式,并能远距离供电,为发电机房的位置设置提供更宽泛的条件。高压发电机组既能直接为高压用电设备供电，又可通过配电变压器为低压用电设备供电。

数据中心用高压柴油发电机组为单机大容量发电机组，主要应用于通信、金融、互联网等领域保证负荷较大的数据中心。单台容量多在 1800（1760）kW 及以上，容量系列如下：1800（1760）kW、2000kW、2200kW、2400kW、2400kW 以上。

7.2.2　低压发电机组

低压发电机组的输出电压等级为通用的 230V/400V，输出频率为 50Hz。低压发电机组主要应用于通信、金融、互联网等领域的中小型数据中心，条件适合的部分大型数据中心或超大型数据中心中也可应用。

由于低压发电机组输出电压低，其输出电流较大，尤其是大容量低压发电机组不宜采用并机运行工作方式。因不同规模的数据中心保证负荷相差很大，所以，低压发电机组的容量范围比高压发电机组的要宽，小到几百千瓦，大到两千多千瓦。

7.2.3　一体式和分体式水冷发电机组

数据中心柴油发电机组的冷却系统，可分为一体式冷却系统和分体式冷却系统，其中一体式冷却系统是发电机组自带水箱散热器，其可靠性和冷却效率都较高，性价比也高，且现场安装简单方便，若发生故障时处理容易。一体式冷却水箱又分为皮带驱动和电机驱动。冷却水箱风扇与发动机曲轴的连接为皮带直驱方式，冷却水箱风扇的调速较为复杂，在寒冷地区应用发电机房需要采取取暖措施；采用电机驱动时，需要接入低压电源。一体式冷却系统的发电机组对机房的进风量要求大，同时机组运行时水箱风扇噪声大。

分体式冷却系统即远置式（散热装置）冷却系统，远置散热装置的动力不用发电机组直接驱动，而是采用电驱动，采用散热装置远离机组的远置冷却方式。其水箱/散热器远置于发电机房外地面或屋顶，冷却系统的具体方案在机房设计阶段定型，针对客户要求设计，现场安装较一体式冷却系统要复杂，故障处理难度相对较大，但对发电机房的进风量要求较小，固定于室外的冷却风扇的调速也较容易。由于进出风面积小，机组在运行时，机房噪声控制较容易。

远置散热装置的几种主要方式如下。

（1）标准远置散热器系统

图 7-3 所示为远置散热水箱立式安装示意图，其中分体散热器直接连接到发动机冷却系统。由电机驱动散热器进行冷却，发动机和散热器的相对位置可以自由选择，对出风和散热器的低噪声处理很有利。分体散热器可以安装在户外，因为户外空气流通好，并比发电机房的温度低，因此可使用较小体积的散热器，并且不影响其效率，风扇产生的噪声也可以从建筑物上消失。在散热器入口处装有一滤清器，用以去除沉淀物、结鳞皮和不纯物。如果管道压力降超过 2psi $^{\ominus}$，则需要一辅助水泵。除在发动机和远置式散热器接头处外，均可使用刚性冷却管道。在发动机水泵上方，远置式散热器的最大垂直高度要参考发动机厂家的要求。远置散热水箱卧式安装示意图如图 7-4 所示。

$\ominus$　psi，即磅/平方英寸，1psi=6.895kPa。

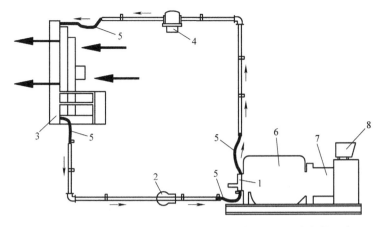

序号	名称
1	发动机水泵
2	辅助水泵
3	远置式散热器
4	过滤器
5	软连接
6	发动机
7	发电机
8	控制箱

图 7-3　远置散热水箱立式安装示意图

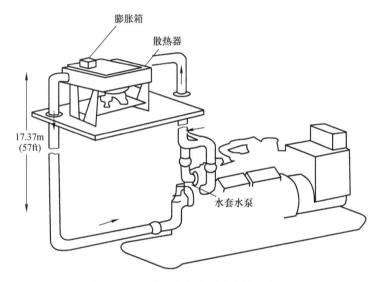

图 7-4　远置散热水箱卧式安装示意图

（2）带热交换器的远置式散热器系统

图 7-5 所示为热交换远置散热水箱安装示意图，其中远置式散热器用于冷却热交换器中的水。在发动机上采用了一个交换器，在此热交换器起着一个中介热交换作用，把发动机冷却系统从分体散热器的高静水头分开，发动机泵使用冷却液在发动机和热交换器内循环，另一个独立的泵则将冷却液在分体散热器和热交换器之间循环。

1. 一体式冷却系统的一般要求

1）机房要保证足够的进、出风量，确保机组冷却需求。

2）进风面积要大于出风面积，一般取 1.25 的系数。

3）冷却风应该沿机组轴向从发电机侧向前流动，避免冷热风在室内形成循环。

4）进、出风口的位置选择要注意避开声音敏感方向，且避免形成冷热风短路。

5）有噪声要求的情况下，进、出风的风速设计原则上不大于 5m/s。

6）在有降噪设计的情况下，要仔细计算进、出风阻力，风阻不能大于散热风扇的最大背压，否则应采用强制进、排风装置。

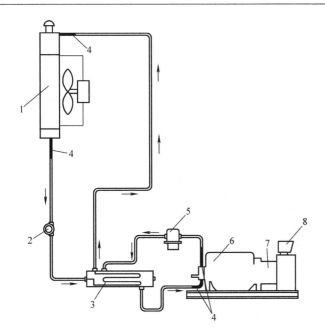

图 7-5　热交换远置散热水箱安装示意图

序号	名称
1	远置式散热器
2	辅助水泵
3	热交换器
4	连接软管
5	软连接
6	发动机
7	发电机
8	控制箱

7）如果是燃气轮机发电机组，机组的出风口应正对机房出风口，排放口要加装强制排风机，且风机排风量要大于发动机排放量的 30%。

8）避免机组运行时产生过大的正压或负压。

2．分体式冷却系统的一般要求

1）在一般情况下，发动机冷却水泵能向远置式散热器提供充足的冷却液，从而无需其他辅助水泵，如果冷却系统管道的长度及阻力导致压力大于 2psi，则需要使用辅助水泵。

2）远置式散热装置必须是系统的最高点，否则该系统就不能正常工作。

3）远置式散热装置的风扇应连接到柴油发电机组的 230V/400V 输出端。

4）远置式散热装置的大小应与发电机组容量相匹配，以满足柴油发电机组散热需要。

5）按照散热装置制造商的要求，对散热装置的风扇的旋转方向是否正确进行测试。

6）远置式散热装置使用的软管应固定安装。

7.2.4　室外型集装箱型发电机组

集装箱型发电机组属于室外型机组，又称为低噪声方舱电站。它是由箱体、标准发电机组、隔声降噪系统、高压输出隔离开关（高压发电机组）、低压输出开关（非机组标配）、智能集中控制系统、低压配电系统、照明系统、消防系统、含燃油箱的供油系统、水冷却系统、保温装置等组成的。集装箱还应该具有防沙、防雨、防尘、防锈、隔热、防火、防鼠等功能。集装箱型发电机组还采用了减振、隔音、吸声和降噪等技术手段限制振动及噪声的传播，它的噪声一般控制在 70～85dB（A），若有特殊要求，噪声可以控制得更低。

集装箱型发电机组为长方体型设计，根据发电机组容量的不同，单机发电机组容量越大，降噪要求越高，其进出风在箱体内越不容易处理。集装箱型发电机组的冷却水箱可根据发电机组的容量、安装地点的环境气候、环境噪声要求来判断是选用一体式冷却水箱，还是选用远置式冷却水箱。

集装箱型发电机组可采用拆卸式结构方式，便于运输，现场拼接安装也方便快捷。

集装箱型发电机组示意图如图 7-6 所示，其中输出开关柜用于安装发电机组的输出断路器。高压发电机组均应设置输出开关柜；低压发电机组除其机组本身自带输出断路器而无需配置输出开关柜的，其余大容量柴油发电机组一般均应在集装箱内设置输出开关柜。

集装箱型发电机组具有占地面积小、布置灵活方便、环境适应能力强、固定安装、无需占用数据中心建筑面积、建设周期短、节约基建投资、方便分期扩容等特点，在数据中心工程应用中，集装箱型发电机组最大的特点就是不需要建设发电机房。

集装箱型发电机组的一般技术特点：

1）极限环境温度为 −35 ~ 50℃。

2）集装箱发电机排烟口应不低于地面 2500mm。

3）箱体不应该因机组的运行振动而产生共振，连接加固螺栓应采取防松措施。

4）箱体内部应设置燃油箱，燃油箱应采用电动补油装置及预留日常加油管接口，箱内燃油箱的容量应不小于 $1m^3$，并应符合当地的相关防火规范。

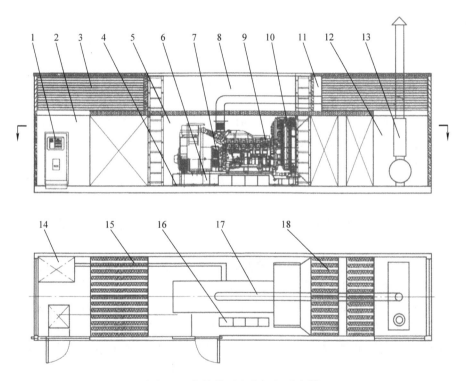

图 7-6　集装箱型发电机组示意图

1—输出开关柜　2—开关柜室　3—进风室　4—减振器　5—机组舱　6—机组底座　7—发电机　8—管道室
9—柴油机　10—一体式散热水箱　11—出风室　12—消声装置室　13—消声器　14—燃油箱　15—进风降噪装置
16—起动电池　17—排气管　18—出风降噪装置

5）箱体可整体移动吊装。

6）发动机散热水箱可采用远置卧式水箱，并放置于箱体顶部，水箱配置方式可根据实际需要调整。

7）箱体应预留与地面固定的孔位，有防振加固安装孔。

8）箱体应预留箱体保护接地端子，接地端子不少于2个，接地应用铜质螺母，其直径应不小于M8。

9）箱体结构材料要求采用防腐冷轧钢板，箱体表面应喷涂隔热涂层，箱体的使用寿命要求不低于机组使用寿命。并可根据实际需要，在箱体两侧喷涂相关的文字、图案作为标志。

10）集装箱型发电机组应考虑维护、操作的方便，箱体外维护模式应符合用户要求，需要操作的控制盘和需要维护的机组部分应设置可打开的隔音门。

11）箱体的两侧及进风室一端均应开有日常操作检修门，应有独立的配电设备间和燃油箱间，并设置检修门，操作人员可通过该门进入箱体内对有关设备进行操作和日常的维护。

12）箱体内部的布置应充分考虑操作人员对机组的操作及保养、检修的方便性，机组两侧距离箱体应有足够人员维修操作的空间。柴油发电机组应位于箱体内部中央，保证箱体重心的平衡。

13）箱体应方便使用操作和观察机组运行状态，在箱体外的柜体位置设置操作透视门和紧急停机按钮，操作人员不需进入箱体内，只需立于地面，打开箱体透视门即可对机组进行操作。

14）所有输入输出电缆均应装于电缆保护罩内，保护罩应具有足够强度，应用角钢进行加固。

15）箱体内部地面（机组部分）建议铺设一层隔板，与机组底座齐平，隔板要求采用防滑绝缘垫，隔层内设置电缆走线槽道，油管走线槽道，走线槽道处的隔板采用活动钢板，方便检修；箱体内部应有防腐蚀、防油污、维护走道防滑等措施。

16）箱体应内置有小型配电箱，应具有三相及单相防爆插头。应于箱体内设置有标准的插孔及插线。

17）箱体内所有电气布线应内置，均走PVC阻燃绝缘管，所有电缆要求采用阻燃型电缆。

18）在箱体两侧的开门旁边，应配置必备的安全保护装置，如：温度报警器、烟雾报警器、灭火器等，确保机组使用安全。

19）箱体的进风百叶窗、出风百叶窗均为电动百叶窗，当机组运行时自动打开，停机时与散热风扇联动，并具备手动功能。百叶窗应密封性能好，确保防尘与保温。

20）箱体外应设置机组排污口（机油和冷却水）及燃油箱排污口，排污口应密封良好，方便机组日常维护，排污口要求设置在箱体底座侧面。

21）箱体顶部应具备排水功能，避免顶部积水。

22）应在箱体合适部位设置登顶梯。

23）装箱式发电机的散热风机应具备起停控制功能，满足停机后发电机散热要求。

24）进出箱体的输油管、电力电缆管及控制电缆管的管口应考虑防振及密封措施，防止噪声外泄。

25）箱体内应设置照明系统，宜采用直流供电，且应为防爆灯具。照明系统应设置独立的电源，不应由机组起动电池供电。箱内应设置应急照明灯。

26）集装箱机组应设置水浸、门禁、进出风门状态告警装置等，并提供智能接口。

由于集装箱型发电机组的内部空间容易受限，降噪装置的布置空间相对发电机房的进风间和出风间要难一些，集装箱型发电机组的噪声控制水平低于一般发电机房。如果处理不好，将会影响机组的功率输出，严重时还会出现自动停机保护。

7.3　发电机组功率

备用发电机组的输出功率的具体系列值不是标准规定的，而是发电机组生产厂商根据机组自身性能指标所规定的。

7.3.1　国家标准规定的功率

根据国家标准 GB/T 2820.1 的相关定义，发电机组额定功率有以下四种规定：

1）持续功率（COP）：在商定的运行条件下，并按制造商规定的维修间隔和方法实施维护保养，发电机组每年运行时间不受限制地为恒定负载持续供电的最大功率。

2）基本功率（PRP）：在商定的运行条件下，并按制造商规定的维修间隔和方法实施维护保养，发电机组每年运行不受限制地为可变负载持续供电的最大功率。

3）限时运行功率（LTP）：在商定的运行条件下，并按制造商规定的维修间隔和方法实施维护保养，发电机组每年供电达 500h 的最大功率。

注：原标准是"在规定的维修周期之间和规定的环境条件下能够连续运行 300h、每年供电达 500h 的最大功率。其维修按 RIC 发动机制造厂的规定进行。按该定额运行对机组寿命的影响是允许的。"

4）应急备用功率（ESP）：在商定的运行条件下，并按制造商规定的维修间隔和方法实施维护保养，当公共电网出现故障或在试验条件下，发电机组每年运行达 200h 的某一可变动率系列中的最大功率。

以上功率中，持续功率和限时运行功率适合恒定负载，基本功率和应急备用功率适合可变性负载。上述功率仅是国家标准对各功率的定义，四种功率之间并没有一个固有的比值联系，而且，不同生产厂商所生产的发电机组的上述四个功率值之间并无固定规律或相同系数，发电机组实际的功率值是由发电机组生产厂商自行规定。

7.3.2　行业标准规定的功率

根据中华人民共和国通信行业标准 YD/T 2888—2015 和 YD/T 502—2020 的相关定义，发电机组额定功率有以下三种规定：

1）持续功率：指在额定功率、功率因数为 0.8 滞后的条件下，按制造商规定的维修间隔和方法实施维护保养，发电机组每年运行时间不受限制地为恒定负载持续供电的最大功率。

2）主用功率：指在额定功率、功率因数为 0.8 滞后的条件下，按制造商规定的维修间隔和方法实施维护保养，发电机组每年运行时间不受限制地为可变负载持续供电的最大功率。在 24h 周期内的允许平均输出功率应不小于主用功率的 70%。当计算平均输出功率时，小于主用功率的 30% 的功率应视为 30%。同时，发电机组每次起动后持续以该功率供电时间应不少于 12h。

3）备用功率：指在额定功率、功率因数为 0.8 滞后的条件下，按制造商规定的维修间隔和方法实施维护保养，发电机组每年供电达 500h 的最大功率。同时，发电机组每次起动后持续以该功率供电时间应不少于 12h。

7.3.3　机组标牌标定功率

柴油发电机组生产厂商的标牌功率通常标注的功率值与国家标准和行业标准的功率定义有出入，一般机组标牌的功率有主用功率（kW）、备用功率（kW）和视在功率（kV·A）。主用功率是发电机组能够在 24h 之内连续使用的最大功率，而在某一时段内，标准是每 12h 之内有 1h 可在连续功率的基础上超载 10%，此时的机组功率就是我们平时所说的发电机组最大输出功率，即备用功率。

视在功率等于备用功率乘以 1.25，主用功率乘以 1.1 等于备用功率。有的厂商也会根据用户要求或机组运行状态标注发电机组的持续功率。完全相同的发电机组在不同的使用环境下的各功率值也是有差别的，厂商可根据用户要求标注发电机组在特殊地区环境的额定功率值。

由于发电机组所具有的特殊性，相同备用功率的不同厂商生产的发电机组的持续功率并不一定相同，甚至相差甚远。

无论发电机组上的标牌所标注的功率是按国家标准或行业标准或厂家定义所规定，其标注的机组的功率值均为生产厂商所做的承诺值，用户可根据需要对所购置的发电机组标牌功率自行规定其参考标准。

在实际工程设计过程中，设计人员应准确计算数据中心所需的备用发电机组的有功功率值及最长连续运行时间，再根据发电机组生产商提供的功率数据来选择备用发电机组。计算得越准确，发电机组配置得越合理。

7.4　发电机组的几个关键指标

7.4.1　额定功率

额定功率是柴油发电机组输出功率的统称，并不是代表某一个值。相同限时运行功率或备用功率、不同品牌的发电机组的持续功率并不一定相同，而且可能会差别很大，这是由于不同品牌的发动机所采用的技术和结构是不同的，这里面有很多因素，比如：发动机排量、喷油控制技术、进排气系统等。持续功率相对较大的机组的发电能力较高，因此，持续功率可以衡量一台发电机组电能输出的能力。

无论哪种型号、哪种功率的发电机组，它们都有经济运行功率。不同机组的系数不一样，一般在 0.5 ~ 0.8 之间，在此功率下运行时，燃油消耗率最经济，发电机组故障率也最低。

7.4.2　首次突加带载能力

备用发电机组的首次突加带载能力也是衡量发电机组发电能力高低的一个重要指标，根据平均有效压力与机组最大可能突加功率关系图（见图 7-7），相同功率的发电机组的平均有效压力越小，机组的首次突加带载能力越强。备用发电机组的首次突加带载能力一般在 50% ~ 68%（突加带载时机组的瞬态指标满足国标 G3 标准），不同品牌的发电机组相差较大。机组的平均有效压力的大小与发动机的排量和喷油控制方式有直接关系，原则上，相同技术条件下，排量越大的发电机组的首次突加带载能力就越强，反之就越弱。同理，相同额定功率的发电机组，排量越大的发电机组的持续功率也比排量小的发电机组的持续功率要大。

在实际应用中，备用发电机组首次突加负载相对于机组限时运行功率或备用功率越大越好，另外在首次突加最大负载时，机组的瞬态特性指标及其他电气指标也应满足用户要求。

7.4.3　带非线性负载能力

数据中心大部分负载是 ICT 设备负载，它们都是由 UPS、整流设备供电，除此之外，还有很多变频设备，它们可以使发电机过热、电压失调，甚至这些非线性负载可使备用发电机组出现运行故障或停机。解决此类问题一方面是在设计时做好供配电系统的谐波治理，采购那些谐波分量小的 UPS 和整流设备，对过大的谐波进行综合治理；另一方面提高发电机组带非线性负载能力，即增加发电机组系统容量。

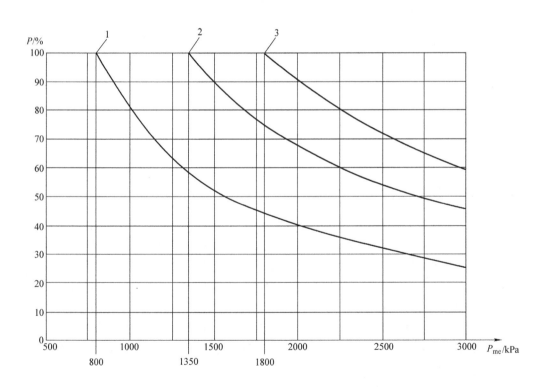

图 7-7　平均有效压力与机组最大可能突加功率关系图

注：P_{me}——机组标定功率平均有效压力；

　　P——现场条件下相对于标定功率的功率增加（突加功率）；

　　1——第 1 功率级（首次突加负载能力）；

　　2——第 2 功率级（第二次加载能力）；

　　3——第 3 功率级（第三次加载能力）。

数据中心一些用电设备在某种特定的条件下呈现容性状态，比如高频设备、变频设备等。柴油发电机组一般具有一定的带容性负载的能力，图7-8所示为柴油发电机组带容性负载曲线图。

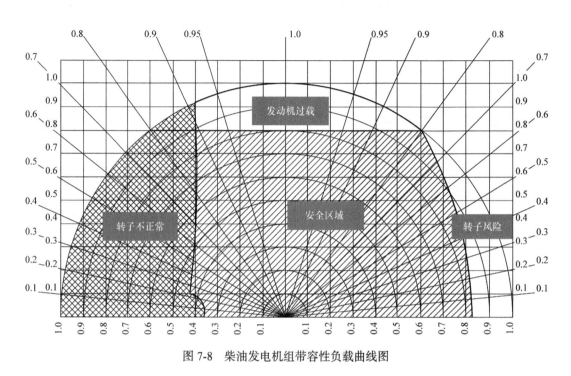

图7-8　柴油发电机组带容性负载曲线图

在数据中心用发电机组配置上应选用永磁机励磁的交流同步发电机。

7.4.4　起动及并机

无论是低压发电机组单机，还是高压发电机组并机系统，数据中心用备用发电机组或系统应采用自动起动、自动转换的运行方式，即当市电电源失电时，备用发电机组收到起动指令后应能立即自动起动。由于高压发电机组和低压发电机组的接入的系统不同，它们的自起动信号源也有所不同。高压发电机组的自起动信号取自市电与发电机组转换系统的市电进线PT柜或高压ATS柜，当两路市电电压均低至设定值时，系统向发电机组发送起动信号；低压发电机组的自起动信号取自低压自动转换开关所在母线段的低压进线柜或ATS柜，当两段低压母线的市电电压均低至设定值时，接通发电机组起动控制电路，系统向发电机组发送起动信号。

发电机组并机通常指的是高压发电机组的并机，高压发电机组供电系统的多机并联要求是安全、快速、可靠。高压发电机组并机系统同步运行需具备以下条件：

1）发电机组电压的有效值与波形相同。

2）并联发电机组电压的相位相同。

3）并联的发电机组的输出频率相同。

4）并联的发电机组的相序一致。

发电机组并机供电系统硬件运行条件需具备以下条件：

1）可靠的并机系统。

2）发动机和发电机分别具有自动电子调速、自动调压功能。

除此之外，还应具有运行保护装置，能自动地、合理地分配和调整有功功率和无功功率，使机组间的调频特性和调压特性曲线趋向接近。

数据中心并机运行的高压发电机组供电系统在正常情况下，柴油发电机组的并联控制系统应处于自起动状态。当并机系统接到起动信号后，并联控制装置在收到起动信号 10s 内（可调），所有并联的发电机组应同时起动。首先达到 90% 的额定电压和频率的机组将通过发电机组断路器连接到应急供电母线，其余发电机组则自动同步后逐台接入。当所有发电机组起动并机完成后，系统再根据负载设备的重要性，依次投入负载。当发电机组供电系统供电达到稳定后，并机系统应根据负载大小自动增加或撤出并机机组。

并联运行的发电机组若采用独立的并机控制单元来实现各发电机组之间的并机，应考虑配置两个并机控制单元，两个并机控制单元互为主备。并机控制并联运行的发电机组，不宜在不同容量、不同型号的机组之间组成并机系统。

并联机组在 50% ~ 100% 额定总功率范围内应能稳定运行，并且可平稳地转移负载的有功功率和无功功率，其有功功率和无功功率的分配偏差应不大于 5%（按 GB/T 2820.5—2009《往复式内燃机驱动的交流发电机组　第 5 部分：发电机组》相关规定执行），并联运行机组额定输出容量应保持不变。

并联机组起动运行时，当一台机组或其并联装置故障时，应不影响其他机组的正常起动、运行（包括监控信号）。

多台高压发电机组的并机要求在机组接到起动指令后到并机成功的时间越短越好，多台机组从接到起动指令（不包含起动延时时间）到完成并联输出（能够承担额定负载的供电）的时间应在 60s 内完成。

当市电电源恢复供电，所有负荷切回市电电源供电后。发电机组将在无负载状态下并机运行 0 ~ 10min（时间可以通过控制装置调节），控制装置将自动复位，并为下一次运行做好准备。

7.5　发电机组供电系统

数据中心要实现连续运行的基本条件需要以下两种备用设备，一种是蓄电池组，另一种是备用发电机组。蓄电池组是保证 ICT 设备在市电电源停电时 UPS 系统短时间供电不间断的决定设备；备用发电机组是保证市电长时间停电时的连续供电保障。

数据中心用备用发电机组分为高压发电机组和低压发电机组。高压发电机组采用并机运行方式，低压发电机组通常为单机运行方式。

数据中心发电机组配电系统分为高压发电机组配电系统和低压发电机组配电系统。高压发电机组配电系统一般包括进线柜、PT 柜、出线柜及接地电阻柜等设备。低压发电机组配电系统有两种组成形式，一种是发电机组直接接至低压配电系统中的 ATS 柜，另一种是设置一套低压发电机组配电系统，低压发电机组配电系统一般包括进线柜、出线柜，再由配电系统的出线柜接至低压配电系统中的 ATS 柜。

并机运行的高压发电机组配电系统中的发电机组中性点采用中阻接地，接地开关柜中的接地开关为 10kV 单相接触器，也可以是 10kV 单相断路器。每一个接触器接一台备用发电机组。正常工作时，只有一个接触器为闭合状态，其他接触器为断开状态，即只能有一台发电机组中性线接地，其他机组中性点与地绝缘。当接地的发电机组无法正常运行时，则随机闭合另一个接触器，保证接地系统始终有一个备用发电机组的中性线接地。

7.5.1　分段母线备用发电机组容错并机系统

双母线备用发电机组容错并机系统参考图如图 7-9 所示，此系统的运行方式是每台备用发电机组均输出 A、B 两个输出端子，两个输出端子分别接至 A、B 两个高压并机母线段，两段母线之间设置联络开关。正常情况下，两段母线可分段运行也可并机运行，当其中一段高压并机母线段发生故障，另一段高压并机母线段还能承担 100% 的用电负荷的保证。两个并机母线段各引一路引至市电发电机组转换系统的不同母线段上，再经过与市电电源的转换为保证负载供电。这个并机系统具有高可靠性，可用于最高等级的数据中心备用发电机组供电系统，但此种发电机组供配电系统在数据中心供电系统中并不常见。

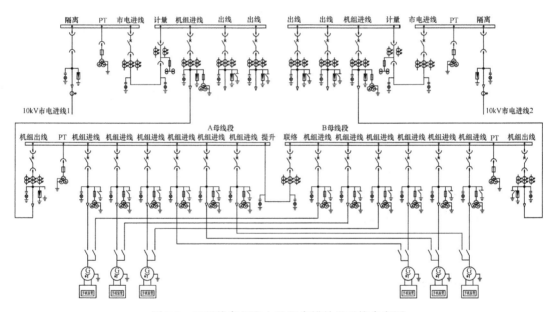

图 7-9　双母线备用发电机组容错并机系统参考图

图 7-10 所示为双母线备用发电机组容错并机系统示意图。

7.5.2　单母线分段备用发电机组并机系统

单母线分段备用发电机组并机系统是将备用发电机组在两段母线上实现并机，两段母线间设置联络开关，再从两段母线各引一路电源引至市电发电机组转换系统的不同母线段上，系统组织较灵活。正常情况下，两段母线可分段运行也可并机运行，当其中一段高压并机母线段发生故障或维修时，另一段高压并机母线段还能承担部分的保证负荷的设备用电。单母线分段备用发电机组并机系统参考图和示意图分别如图 7-11 和图 7-12 所示。

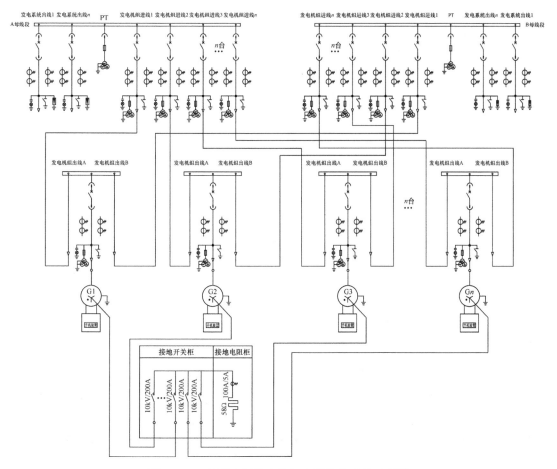

图 7-10　双母线备用发电机组容错并机系统示意图

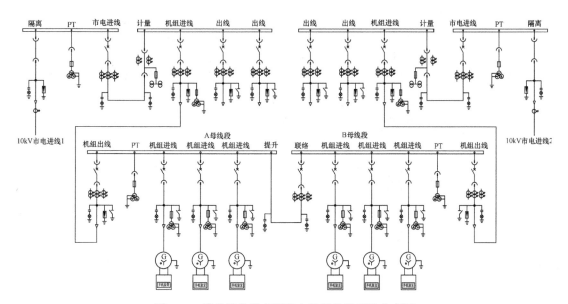

图 7-11　单母线分段备用发电机组并机系统参考图

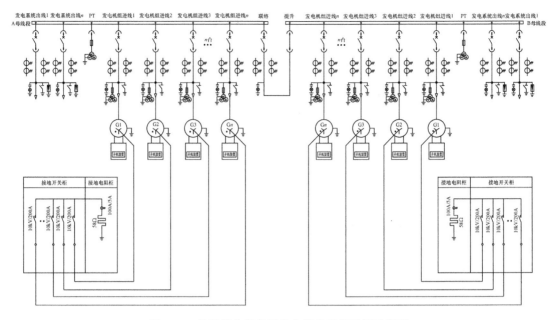

图 7-12　单母线分段备用发电机组并机系统示意图

7.5.3　单母线备用发电机组并机系统

单母线备用发电机组并机系统也是较为常见的高压发电机组并机运行方式。是指每台备用发电机组均接至同一并机母线段上，再由此段并机母线引两路电源至市电发电机组转换系统。单母线备用发电机组并机系统参考图和示意图分别如图 7-13 和图 7-14 所示。

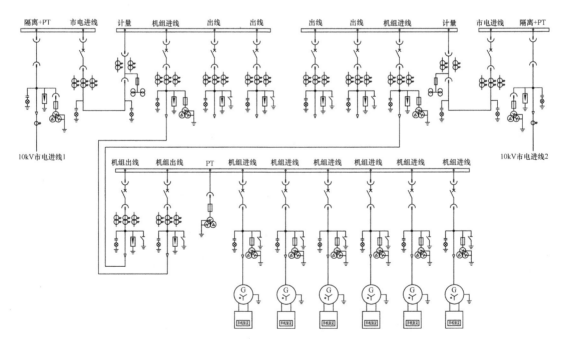

图 7-13　单母线备用发电机组并机系统参考图

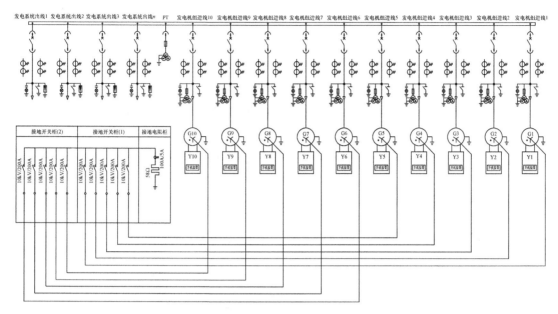

图 7-14　单母线备用发电机组并机系统示意图

7.5.4　备用发电机组单机运行系统

备用发电机组单机运行系统常见于采用低压发电机组作为备用电源的数据中心。每台低压发电机组的输出开关均接至带有自动转换开关的低压配电系统，图 7-15 中的变压器采用的是 2N 运行方式。发电机组低压配电系统应与数据中心一级低压配电系统的自动转换开关数量匹配。

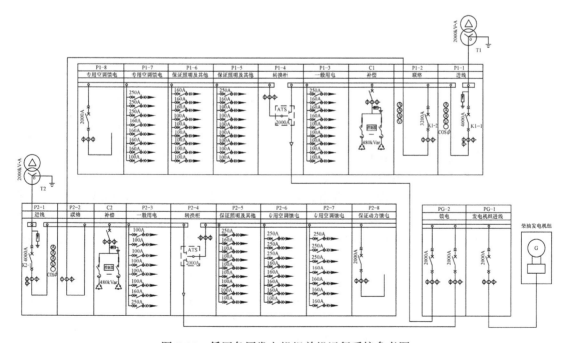

图 7-15　低压备用发电机组单机运行系统参考图

7.5.5　市电 / 发电机组转换

数据中心的备用发电机组与市电电源的转换要求快速可靠。

1. 低压发电机组与市电电源的转换

低压发电机组与市电电源之间均采用自动转换开关转换，是在一个转换开关上进行，简单、快速、可靠。自动转换开关设在备用发电机组保证负荷的低压母线段。

数据中心用低压自动转换开关应采用 PC 级自动转换开关，开关使用类别应不低于 AC-33iA/B。自动转换开关容量系列为 400A、600A、800A、1000A、1200A、1600A、2000A、2500A、3000A、4000A。由于各生产厂家所生产的自动转换开关容量系列有偏差，以上容量系列的部分电流等级可能会有所不同。在实际工程设计中，设计人员应仔细阅读工程所采用的自动转换开关产品样本。

PC 级自动转换开关容量应与发电机组的额定容量相匹配，采用 PC 级自动转换开关的数据中心用低压发电机组单机额定容量不宜大于 2000kW。自动转换开关与发电机组功率匹配表见表 7-2。

表 7-2　自动转换开关与发电机组功率匹配表

序号	自动转换开关电流等级 /A	备用柴油发电机组额定功率 /kW
1	400	200
2	600	250、300
3	800	400
4	1000	500
5	1200	600
6	1600	800
7	2000	1100
8	2500	1300
9	3000	1600、1800
10	4000	2000、2200

低压自动转换开关按极数可分为 3 极、4 极、3 极 + 旁路、4 极 + 旁路。

2. 高压发电机组与市电电源的转换

高压发电机组与市电电源的转换相对低压发电机组要复杂，转换在 10kV 高压配电系统上进行。转换开关有三种，第一种是一个市电进线断路器和一个发电机组进线断路器之间的投切；第二种是分体式自动转换开关的投切；第三种是采用一体式自动转换开关进行投切。

其中采用断路器的转换开关的系列容量与 10kV 高压断路器相同，而一体式高压自动转换开关的容量系列为 630A、1000A、1250A、1600A、2000A。考虑到高压自动转换开关应满足并机系统市电电源进线容量的正常转换，与低压自动转换开关对应单台发电机组容量不同，高压自动转换开关容量应与并机系统市电电源进线容量匹配。考虑到自动转换开关的安全系数 1.25，10kV 自动转换开关与发电机组并机容量参考表见表 7-3。

表 7-3　10kV 自动转换开关与发电机组并机容量参考表

序号	自动转换开关电流等级 /A	发电机组并机容量 /kW	开断电流 /kA
1	630	8000	20、31.5
2	1000	14000	20、31.5
3	1250	16000	20、31.5
4	1600	22000	20、31.5
5	2000	26000	20、31.5

10kV 自动转换开关除了转换时间短、可靠性高等特点，其中的两个隔离开关之间还具有电气、机械双重互锁功能。主要功能如下：

1）缺相转换，任意相或多相失电压。

2）欠电压转换，（70%～80%）U_e（额定电压）可调。

3）过电压转换，（110%～120%）U_e（额定电压）可调。

4）延时转换，0～30min 可调。

5）延时返回，0～30min 可调。

6）手动与自动运行状态选择。

7）接入电源指示。

8）选择接入电源。

10kV 自动转换开关容量应根据发电机组供电系统的总容量进行选择，数据中心采用10kV 高压发电机组并机系统时，市电与发电机组供电系统的转换应选择市电 / 发电机组自动转换方式。市电电源与高压发电机组的自动转换不建议采用市电电源进线断路器参与转换的方式，宜采用高压自动转换开关的转换方式。当数据中心采用低压发电机组时，低压发电机组与市电电源的转换应采用自动转换开关装置。

7.6　发电机组接地系统

7.6.1　低压发电机组接地

低压柴油发电机组常见的接地方式有工作接地和保护接地。

工作接地是低压柴油发电机组的中性点接地，目的是当输出的一相对地发生短路时，触电电压可降到接近或等于相电压，故可降低电气设备和输电线路的绝缘水平，且当一相接地后接地电流较大，保护装置会迅速动作，断开故障点。

保护接地是柴油发电机组的外壳采用直接接地方式，当发电机组的外壳带电，而人体触及其外壳时，由于人体电阻远大于接地电阻，通过人体的电流就很小，可避免发生人员触电的危险。

数据中心用配电变压器低压侧的中性线是直接接地的。如果市电 / 发电机组转换开关采用 3 极开关时，发电机组输出中性线应为不接地方式，其输出的相线与中性线均需接至（带有 ATS）低压配电系统中，低压发电机组的中性线与配电变压器低压侧的中性线直接相连，即低压发电机组的中性线通过变配电系统的工作接地与地相连，保证发电机组的正常运行；如果市电/发电机组转换开关采用4极开关时，发电机组输出中性线应直接可靠接地。

如果发电机房与变配电机房共处一个建筑，或发电机房与变配电机房相邻时，发电机房与变配电机房应该共用一个接地系统。如果低压发电机房远离数据中心用低压自动转换开关时，低压发电机房应单独设置接地系统。

7.6.2 高压发电机组接地

高压发电机组的接地系统包括发电机组中性线接地线、高压接地电阻柜、高压接地开关柜，接地方式也有多种。

高压发电机组在运行时，发生接地短路时，系统对人身和设备会产生巨大的安全隐患。发电机组中性点通过电阻接地检测流过中线点的故障电流，可驱动继保动作。

中性点的接地方式主要有：不接地方式（小电流接地）、消弧线圈接地方式（大电流接地）和电阻接地方式。当接地故障电容电流小于10A时，采用不接地方式；当接地故障电容电流大于10A时，采用消弧线圈接地或电阻接地方式。它们在一定的适用条件下，具有相应的优点。

（1）不接地方式

即高压配电系统中性点不接地，但该方式存在较高的工频过电压和操作过电压，不利于系统中弱绝缘设备的可靠运行。原因如下：该方式虽然允许系统在单相接地故障下运行，但是一旦发生不可恢复性的故障，故障电流会长时间地流过故障设备。即使故障电流的幅值较小，对耐热性能较差的设备也是不利的。

（2）消弧线圈接地方式

供电系统电容电流较大时，可采用消弧线圈接地方式，即利用消弧线圈的电感电流来补偿电容电流，使单相接地时的故障电流减小为很小的残流，因消弧线圈的投入使一些可恢复性故障得以自动消除，也降低了过电压倍数，可提高系统的可靠性。

（3）电阻接地方式

为了减少故障电流，往往在电容电流较大的系统采用了电阻接地方式，即用电阻将短路电流限制在一定值内。

中性点接地电阻柜对降低电网过电压、提高电网的安全性和可靠性，具有良好的效果。当接地电流大于规定值时，有可能产生弧光接地过电压。中性点采用电阻接地方式的目的就是给故障点注入阻性电流，使接地故障电流呈阻容性质，减小与电压相位差角，其电阻分量电流可以把故障电流限制得适度，提高继电保护灵敏度，把暂态过电压限制到正常相对中性点电压的2.6倍，降低故障点电流过零熄弧后的重燃率，防止弧光过电压损坏主设备，同时对铁磁谐振过电压有显著的作用。

系统设置中性点接地电阻柜后，当发生非金属性接地时，流过接地点和中性点的电流比金属性接地时显著降低，非故障相电压上升也显著降低，有限流降压的作用。由于中性点电阻能吸附大量的谐振能量，在有电阻器的接地方式中，从根本上抑制了系统谐振过电压。

电阻接地的阻性电流大于容性电流还可提高零序保护灵敏度，可作用于相关断路器跳闸保护。

以上三种接地方式有其各自的特点，当发生单相间歇性电弧接地故障时，系统最大过电压一般不超过下列数值：

　　1）不接地方式：3.5P.U（P.U 为实际值／基准值）。

　　2）消弧线圈接地方式：（3.2～3.5）P.U。

　　3）电阻接地方式：2.6P.U。

　　三种接地方式中以中性点电阻接地方式的最大过电压最小。在数据中心供配电系统中，其电气设备（如发电机组、泵、空调设备等）的绝缘水平相对较低，耐压水平相对较弱，所以，在数据中心供配电系统设计时，宜采用单相接地故障使跳闸的电阻接地方式。

　　数据中心用高压发电机，因电压高（10kV）、发电机的内阻较小，故如果发生中性点 N 直接接地，那么当发生单相接地故障时，会产生很大的接地电流。此接地电流超过了发电机允许的极限，发电机中性点必须有阻性接地装置，用来限制发电机发生单相接地故障时的接地电流。

　　高压发电机组电阻接地按阻值可分为低阻、中阻和高阻三种接地方式。

　　1）低阻接地方式。

　　接地电阻小于 10Ω，高压发电机组供电系统采用中性点小电阻或直接接地的方式，当单相接地时，故障电流不再是电容电流而是单相短路电流，故障电流的幅值将很大（可达 600A 以上），使继电保护装置得以动作跳闸，从而将接地故障支路隔离。该方式虽满足了低过电压的要求，但巨大的故障电流除可能灼伤设备外，还会引起一系列不良效应，如因各种原因引起继电保护装置不能正确动作时，故障电流不能很快被消除，则很可能损害故障设备，危及维护人员的人身安全，严重时甚至造成相间短路。同时，由于该接地方式不论故障可否恢复都会跳闸，无疑增加了跳闸率，不利于提高系统的可靠性。

　　2）中阻接地方式。

　　接地电阻一般为 10～500Ω，接地故障电流可控制在 15～600A。中阻接地方式继承了直接接地方式无工频过电压和操作过电压较小的优点，却保留了故障电流较大、跳闸率较高的缺点。而且，中阻接地方式下接地故障电流已不是直接短路电流，但依然靠继电保护装置来隔离接地回路，继电保护装置同时承担着短路时的过电流保护和接地时的零序电流保护的任务。中阻接地方式故障电流范围相对较大，在选择时需要进行科学选择。

　　3）高阻接地方式。

　　接地电阻大于 500Ω，接地故障电流可控制在 15A 以内。高阻接地方式利用高阻大大减少了故障电流，使低阻接地方式故障电流大的缺点得到一定程度的克服。但当系统电容电流太大时，必须增加并联电感进行接地电流的补偿。采用高阻接地方式，在单相接地故障时可以运行，也可以立即跳闸隔离接地回路。如果同不接地方式一样在单相接地时继续运行，则同样具有较高工频过电压和操作过电压的固有缺点；若同低阻接地方式一样在单相接地时立即跳闸，则由于同样靠继电保护装置来隔离接地回路，使继电保护装置所存在的问题，即难以兼顾在较大的正常负荷电流下不误动而在单相接地时又不拒动的问题更为突出。虽然继电保护装置拒动时零序电流幅值已比低阻接地方式减少很多，但长时间的故障电流仍对设备和人身安全不利。

　　目前，国家对数据中心用高压发电机组的接地方式并没有一个统一规定，不同用户以及发电机组生产厂商对高压发电机组的接地电阻选择也有所不同，但在数据中心高压发电机组的接地方式上还是有基本共识，即采用合适阻值的中阻接地方式。

　　中阻接地的接地电流应在发电机允许的范围内，越大越有利于下级的分级保护和使用的可靠性。如果电流过小，那么发生接地故障时容易产生过高的过电压，对用电设备不利。按照各厂家提供的发电机接地电流限值为 100 ~ 400A，发电机系统的接地电流设定为 100A，即单相接地时的最大故障电流。10kV 是线电压，单相接地故障时为相线接触大地中性线，相线和中性线对应的相电压约为

$$U_{相} = 10000\text{V} / \sqrt{3} = 5774\text{V} \approx 5.8\text{kV}$$

$$R = 5800\text{V}/100\text{A} = 58\,\Omega$$

接地电阻的温升，只有发生接地故障时，接地电阻中才会产生接地电流。正常时接地电阻中无电流通过，且接地故障是在一定的时间内会切除，所以接地电阻选择短时间工作型，能够承受连续 10s/100A 即可。当发生故障时，接地电阻电压约为 5.8kV，电流为 100A，短时间的功率为 580kW，电阻此时会发热，产生温度上升，所以接地电阻必须要求在此温升下能够正常使用。接地系统图如图 7-16 所示。

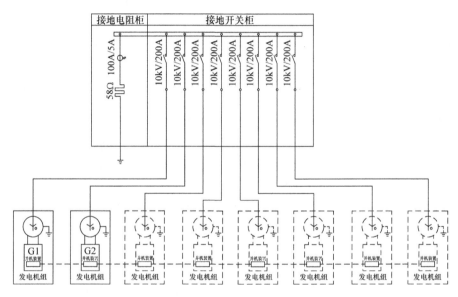

图 7-16　接地系统图

高压发电机组的中性点接地要求：

高压发电机组供电系统中每台机组要安装一个 10kV 高压单相接触器，并与 $58\,\Omega$ 接地电阻相连。

当系统接收到起动信号后，并机系统中的发电机组同时起动，按达到稳定状态的顺序依次闭合相应的进线开关接至并联母排，最先稳定的发电机组会首先投入并联母排，此时应自动同时合上该发电机组对应的接地接触器，当所有接地接触器中的其中一个闭合时，其余接地接触器应保持断开状态。

当接地接触器故障无法合闸或已合闸的接地接触器故障时，此接触器应断开，同时闭合系统中任一台在线发电机组对应的接地接触器，保证系统中有一台（并只有一台）发电机组的中性线接地。

当一台发电机组发生故障而需从并机母排上解列时，发电机组需发出断开对应接地接触器的指令，同时闭合系统中任一台在线发电机组对应的接地接触器，保证系统的接地是通过在线发电机组的接地来实现。

7.7　备用发电机组供电系统的选择与计算

7.7.1　发电机组的选择

GB 50174—2017《数据中心设计规范》中第 8.1.14 条规定：后备柴油发电机组的性能等级不应低于 G3 级。A 级数据中心发电机组应连续和不限时运行，发电机组的输出功率应满足数据中心最大平均负荷的需要；B 级数据中心发电机组的输出功率可按每年限时500h 运行功率选择。

根据 GB 50174—2017 的相关规定：A 级数据中心备用发电机组容量按持续功率进行选择；B 级数据中心备用发电机组容量按限时运行功率进行选择。

若按发电机组传统标牌标注功率选择，A 级数据中心备用发电机组容量可按主用功率进行选择；B 级数据中心备用发电机组容量可按备用功率进行选择。

作为数据中心交流供电系统市电引入电源的备用电源，市电电源的可用度直接影响备用发电机组的配置和应用，用户也可根据数据中心市电电源的可用度和保证等级，在备用发电机组功率选择上进行规定，毕竟采用持续功率选择发电机组带来的发电机组供电系统的冗余度过大，对数据中心的机房、设备、投资、维护等方面都带来不小的影响。

不同用户、不同地区、不同用途的数据中心建设规模相差很大，建设等级也是参差不齐，而且，我国南北、东西跨度大，环境条件存有巨大差异，在备用发电机组类型及容量选择上很难找到一个统一标准。一般情况下，数据中心尤其是大型、超大型数据中心都会选在供电环境较好的地区，市电大多为双路引入，其当地的供电可靠性应很高，很少发生停电时间一般不会太长，并且数据中心用电设备并不同于一般的工业用电设备，数据中心用电设备正常运行时功率因数均较高，不会低于备用发电机组的功率因数（0.8，滞后），按柴油发电机组的持续功率选择备用发电机组会造成发电机组容量配置冗余过大，最高配置功率可达保证负荷的 125% ~ 130%，无论从技术上，还是从经济上，这种选择都不合适，也不利于节能减排。在数据中心备用发电机组选择上需要因地制宜，尤其是 A 级数据中心慎用持续功率来选择备用发电机组，设计人员应根据数据中心实际情况确定备用发电机组的额定功率。

在发电机组选择上，对于 A 级 B 级数据中心，建议可按发电机组的限时运行功率（可连续运行 12h）进行选择，此功率与通信行业标准 YD/T 2888 和 YD/T 502 中的备用功率相近；对于共用市电电源的 A 级 B 级混用的数据中心，可根据 A 级数据中心保证负荷确定发电机系统容量。

数据中心备用发电机组的选择可参考以下原则：

1）对于拥有 220kV、110kV（66kV）专用变电站的 A 级数据中心应采用高压发电机组。

2）冷水机组等用电设备的输入电压等级为 10kV 的数据中心应选择高压发电机组。

3）发电机房位于负荷中心同一建筑内的大型数据中心可选择低压发电机组。

4）小型建设规模及以下的数据中心宜选择低压发电机组。

5）不考虑采购成本时，高压发电机组宜选择单机容量相对较大的机组。

6）数据中心宜按限时运行功率（LTP）计算选配发电机组。

7）发电机组容量计算应合理考虑蓄电池组的充电功率。

8）对于进出风不宜解决或对噪声要求高的发电机房，宜选用分体式冷却柴油发电机组。

备用发电机组类型和容量的选择应该进行综合比较再确定方案，从单机供电能力、配置台数、建设成本以及日常维护等多方面进行比较。

7.7.2　柴油发电机组冷却方式的选择

发电机组冷却方式分一体式和分体式冷却两种形式。

一体式冷却系统（即冷却风扇）通常采用曲轴驱动式，即发动机曲轴直接驱动风扇的冷却方式，水箱和机组一体。

特点：水箱与发动机曲轴直接连接，多条皮带确保冷却系统可靠，不需要提供其他机械或电气辅助设备，机组外形尺寸较大。

处于严寒地区的数据中心的发电机房需要考虑机房及发电机组的保暖措施，当机组运行时，避免出现由于冷空气的进入使得发电机房温度过低，影响发电机组起动成功率及安全运行。

当发电机组安装在地下室或那些机房条件限制一体式冷却的进出风散热时，一般可采用这种分体式冷却柴油发电机组。分体式冷却柴油发电机组可以减少发电机房的占地面积，方便解决冬天机房过冷的问题，降噪实施较为容易，冷却效果好。

在机房的设计中，我们考虑选用什么样的冷却方式，对机房的最后设计成型有决定性的关系。

一般来说如果建设条件允许，选用一体式水箱的机组，机房设计最简单，并且这种冷却方式最简便、最可靠。对于较小功率的机组这是最常用的方式。

而在实际实施项目的过程中，机房条件千变万化，往往有很多情况不满足一体式冷却的要求，我们需要选择远置冷却。另外远置冷却有它不可替代的优点，如：可减少机房的占地面积；极大地减少室外进风量，更容易解决冬天机房过冷的问题；减少降噪实施的工程量；冷却效果好；节约能源等优势，这些也导致我们在做机房设计时会主动选择远置冷却的方式。

当散热装置安装在发电机房室外地坪（或水箱安装高度不超过 3m）时，可选用立式散热水箱安装方式，这种安装方式可利用发动机自带机械水泵功率进行冷却水循环。

当散热装置装在发电机房房顶或集装箱上方（垂直落差不大于 13m）时，可选用卧式散热水箱安装方式，这种安装方式的发电机组冷却系统应装一电动循环水泵，冷却水由电动循环水泵带动，从分置水箱经过散热装置和机组进行管内循环。

当散热装置装在垂直落差大于 13m 的高处，应选用带辅助水泵和热交换器的远置式散热器安装方式。

一般散热装置风机和电动循环水泵电机是由发电机组提供电源的，分体式冷却散热装置也需要将电动水泵等辅助设备功率计入总的机组功率中，并由低压配电系统提供相应的电源。

7.7.3　集装箱型发电机组的选择

集装箱和静音机组属于室外型机组，应用中不需要再建设发电机房。

静音箱体内燃油箱应采用电动补油装置及预留日常加油管接口，箱内燃油箱容量应不小于 1m³，并符合当地相关防火规范。进出箱体的油管、电路管道口应考虑防振及密封措施，防止噪声外泄。集装箱型发电机组示意图如图 7-17 所示。

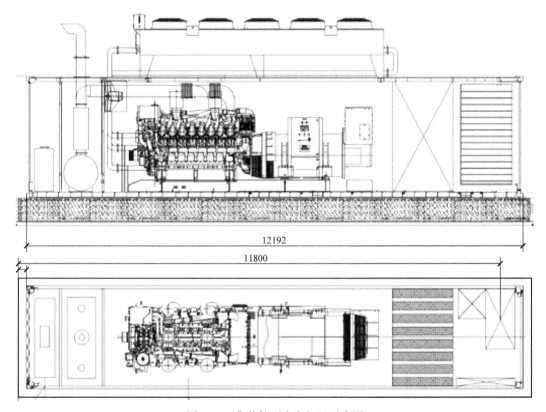

图 7-17　集装箱型发电机组示意图

集装箱应具有防沙、防雨、防尘、防锈、隔热、防火、防鼠等功能。箱式机组可整体移动吊装。箱体应预留与地面固定的孔位，有防振加固安装孔；箱体应预留箱体保护接地端子，接地端子不少于两个，接地应用铜质螺母，其直径不小于 M8。箱体结构材料要求采用防腐冷轧钢板，箱体表面应喷涂隔热涂层，箱体的使用寿命要求不低于机组使用寿命。箱体不应因机组的运行振动而产生共振，连接加固螺栓应采取防松措施。

发动机散热水箱应采用远置卧式水箱，放置于箱体顶部，排烟口应不低于地面 2.5m。

集装箱型发电机组应考虑维护、操作的方便，箱体外维护模式应符合用户要求，需要操作的控制盘和需要维护的机组部分应设置可打开的隔音门。箱体的两侧及进风室一端均应开有日常操作检修门，应有独立的高压设备间和油箱间，并设置检修门，操作人员可通过该门进入箱体内对有关设备进行操作和日常的维护。箱体内部的布置应充分考虑操作人员对机组的操作及保养、检修的方便性，机组两侧距离箱体应有足够人员维修操作的空间。柴油发电机应位于箱体内部中央，保证箱体重心的平衡。发电机组应方便使用操作和观察机组运行状态，在箱体外的柜体位置设置操作透视门和紧急停机按钮，操作人员不需进入箱体内，只需立于地面，打开箱体透视门即可对机组进行操作。

所有动力电缆均应装于电缆保护罩内，保护罩用角钢进行加固，并具有足够强度。静音箱体内部地面（机组部分）建议铺设一层隔板，与机组底座齐平，隔板要求采用防滑绝缘垫，隔层内设置电缆走线槽道、输油管走线槽道，走线槽道处的隔板采用活动钢板，方便检修。箱体内部应有防腐蚀、防油污、维护走道防滑等措施。

小型配电箱设置在箱体内，配电箱具有三相及单相防爆插头。箱体内所有电气布线应内置，线管采用 PVC 阻燃绝缘管，所有电缆要求采用阻燃电缆。箱体内部应设置有交流及直流两种照明系统，且均应为防爆灯具。直流灯具由起动电池供电，与应急灯一并可用作平时检修照明。

在箱体两侧的开门旁边，应配置必备的安全保护装置，如：温度报警器、烟雾报警器、灭火器等，确保机组使用安全。集装箱机组应设置水浸、门禁、进出风门状态告警装置等，并提供智能接口。

在箱体进风百叶窗、出风百叶窗均为电动百叶窗，当机组运行时自动打开，停机时与散热风扇联动，并具备手动功能。百叶窗应密封性能好，确保防尘与保温。箱体外应设置机组排污口（机油和冷却水）及燃油箱排污口，排污口应密封良好，方便机组日常维护，排污口要求设置在箱体底座侧面。

集装箱型发电机组的散热风机应具备起停控制功能，满足停机后发电机散热要求。

集装箱型发电机组可用于各类不同保证等级的数据中心，但由于集装箱型发电机组对于严寒地区的保温要求较难处理，因此严寒地区的数据中心不建议采用集装箱型发电机组。

7.7.4 发电机组输出电流计算

发电机组输出电流的计算见下式：

$$I = \frac{S}{\sqrt{3}U\cos\phi} \times 1000 \tag{7-4}$$

式中　I——最大电流（A）；

　　　S——发电机组有功功率（kW）；

　　$\cos\phi$——发电机组功率因数，为 0.8（滞后）；

　　　U——发电机组输出额定电压，低压发电机组取 400V，高压发电机组取 10kV。

低压发电机组输出电源馈线选择表见表 7-4，高压发电机组输出电源馈线选择表见表 7-5。

表 7-4　低压发电机组输出电源馈线选择表

序号	发电机组容量（LTP）			
	有功功率 /kW	视在功率 /kV·A	最大电流 /A	设计电流 /A
1	200	250	361	325
2	300	375	541	487
3	500	625	902	812
4	600	750	1083	975
5	800	1000	1443	1299
6	1100	1375	1985	1786
7	1300	1625	2346	2111
8	1600	2000	2887	2598
9	1800	2250	3248	2923
10	2000	2500	3609	3248

注：低压发电机组一般不再进行无功功率补偿，数据中心低压发电机组负载的综合功率因数按 0.9（滞后）计取，表中设计电流按最大电流 ×0.9 估算。

表 7-5 高压发电机组输出电源馈线选择表

序号	发电机组容量（LTP）			
	有功功率 /kW	视在功率 /kV·A	最大电流 /A	设计电流 /A
1	1600	2000	115	98
2	1800	2250	130	110
3	2000	2500	144	123
4	2200	2750	159	135
5	2400	3000	173	147

注：高压发电机组的输出端在高压侧和低压侧均进行无功功率补偿，数据中心高低压配电系统补偿后的功率因数按 0.95（滞后）计取，表中设计电流按最大电流 ×0.85 估算。

7.7.5 高压发电机组差动保护的选择

目前，10kV 高压发电机组已经广泛应用于数据中心，也有很多采用了差动保护装置。采用差动保护的主要依据来自 GB/T 50062—2008《电力装置的继电保护和自动装置设计规范》中对 3～110kV 的电力设施用的发电机相关差动保护要求。

对发电机定子绕组及引出线的相间短路故障，应装设相应的保护装置作为发电机的主保护。保护装置应动作于停机，并应符合下列规定：

1）1MW 及以下单独运行的发电机，如中性点侧有引出线，应在中性点侧装设过电流保护；如中性点侧无引出线，应在发电机端装设低电压保护。

2）1MW 及以下与其他发电机或与电力系统并列运行的发电机，应在发电机端装设电流速断保护。当电流速断保护灵敏性不符合要求时，可装设纵联差动保护；对中性点侧没有引出线的发电机，可装设低电压闭锁过电流保护。

3）对 1MW 以上的发电机，应装设纵联差动保护。对发电机变压器组，当发电机与变压器之间有断路器时，发电机与变压器应单独装设纵联差动保护；当发电机与变压器之间没有断路器时，可装设发电机变压器组共用的纵联差动保护。

该标准适用于 3～110kV 电力线路和设备、单机容量为 50MW 及以下发电机、63MV·A 及以下电力变压器等电力装置的继电保护和自动装置的设计。对于属于民用建筑范畴的数据中心用的，不与市电并网发电的备用发电机组并没有相关规定的标准。

若高压发电机组设置纵联差动保护时，建议在采购发电机组时，其装在发电机内部的差动保护用电流互感器随发电机组购置，并在发电机出厂时一并装设完成。对于装在发电机组输出柜内的差动保护用电流互感器，可以使用该开关柜制造商提供的电流互感器，要求互感器参数的变比和精度与装在发电机内部的差动保护用电流互感器参数保持一致，当然最理想的是两组保护用电流互感器的型号相同。

发电机组差动保护的原理是根据比较被保护发电机定子绕组两端电流的相位和大小的原理构成的。

差动保护用电流互感器参数见表 7-6。

表 7-6 差动保护用电流互感器参数

序号	发电机组容量（LTP）		电流互感器变流比	精度
	有功功率 /kW	视在功率 /kV · A		
1	1600	2000	150/5	
2	1800	2250	150/5	
3	2000	2500	150/5	0.5/10P
4	2200	2750	200/5	
5	2400	3000	200/5	

7.7.6 发电机组的功率修正

发电机组在下列环境条件下应能输出额定功率，并能正常工作：

1）海拔不超过 1000m。

2）环境温度为 -5 ~ 40℃。

3）空气相对湿度不超过 90%（环境温度为 25℃时）。

当机组在非标准环境及工况下使用，柴油发电机组实际输出功率修正公式如下：

$$P_g = \eta (k_1 k_2 P_e) \tag{7-5}$$

式中　P_g——机组输出功率（kW）；

　　　η——降噪工程系数，一般取 0.95 ~ 1；

　　　k_1——柴油发电机组最长运行工况修正系数，根据厂家提供的持续功率、基本功率的数据进行计算；

　　　k_2——环境条件下修正系数；

　　　P_e——柴油发电机组在标准环境下的限时运行功率（kW）。

环境修正估算可在发电机组的基本标定环境下，环境空气温度在 40℃的基础上每上升 5℃，输出功率降低 2% ~ 3%。机组安装位置的海拔超过 1000m 的，海拔每上升 500m，输出功率降低 4% ~ 5%。空气湿度对输出功率影响不大，湿度增加输出功率减少但一般不会大于 2%。上述环境修正系数为通用修正系数，实际修正系数则需要根据数据中心所用发电机组的具体修正系数确定。

数据中心用柴油发电机组的标称功率应符合项目采购技术规范书的相关要求。因不同品牌的发电机组相关数据不同，在进行发电机组功率修正计算时，需要查阅设备厂家的技术应答文件或厂家提供的发电机组说明书或咨询厂家。

7.7.7 发电机组用 ATS 的选择

（1）低压发电机组用 ATS 的选择

低压发电机组与市电电源转换用 ATS 分为 3 极、4 极、3 极 + 旁路、4 极 + 旁路四种模式。

当数据中心的市电电源供电系统的接地系统与低压发电机组共用一个接地系统时，从接地系统上看，市电电源和发电机组在同一点接地，可以认为发电机组与市电电源为同一接地系统，3 极 ATS 即可以满足市电电源和发电机组之间的转换，这时的市电电源与发电机组 ATS 可以采用 3 极 ATS。当发电机组的接地系统与市电电源的接地系统不同时，即发电机组的接地为独立接地系统，市电电源与发电机组的 ATS 宜采用 4 极 ATS。当选用 4 极 ATS 时，应选择带中性线重合切换功能的 ATS。低压发电机组与 ATS 容量关系表见表 7-7。

表 7-7　低压发电机组与 ATS 容量关系表

序号	发电机组容量（LTP）			ATS	
	有功功率 /kW	视在功率 /kV·A	额定电流 /A	额定电流 /A	类型
1	200	250	361	400	3 极、4 极、3 极带旁路、4 极带旁路
2	300	375	541	630	3 极、4 极、3 极带旁路、4 极带旁路
3	500	625	902	1000	3 极、4 极、3 极带旁路、4 极带旁路
4	600	750	1083	1200	3 极、4 极、3 极带旁路、4 极带旁路
5	800	1000	1443	1600	3 极、4 极、3 极带旁路、4 极带旁路
6	1100	1375	1985	2500	3 极、4 极、3 极带旁路、4 极带旁路
7	1300	1625	2346	2500	3 极、4 极、3 极带旁路、4 极带旁路
8	1600	2000	2887	3200	3 极、4 极、3 极带旁路、4 极带旁路
9	1800	2250	3248	4000	3 极、4 极、3 极带旁路、4 极带旁路
10	2000	2500	3609	4000	3 极、4 极、3 极带旁路、4 极带旁路

注：发电机组输出额定电压为 400V。

根据 GB/T 50174—2017《数据中心设计规范》中 8.1.17 条中规定：正常电源与备用电源之间的切换采用 ATS 电器时，ATS 电器宜具有旁路功能，或采取其他措施，在 ATS 电器检修或故障时，不应影响电源的切换。对于重要的数据中心，当变压器采用 2N 配置时，2N 变压器的两个低压母线段均设有 ATS，不宜采用具有旁路功能的 ATS；当主备用母线段只有一个 ATS，则宜采用具有旁路功能的 ATS，或者在低压配电系统中增加一个低压断路器作为市电电源与发电机组 ATS 的应急联络开关。

（2）高压发电机组用 ATS 的选择

当数据中心采用高压发电机组时，市电与备用发电机组的转换最好选择高压 ATS 设备，至于选择一体式 ATS 还是双断路器的 ATS 应由工程设计人员根据实际情况进行选择。

高压配电系统的 ATS 容量应与接入的高压发电机组容量相匹配，具体可见表 7-3。

7.7.8　备用发电机组储油量计算

备用发电机组的储油方式有两种，一种是发电机房室内或箱式发电机组箱内的燃油箱，另一种是室外储油罐。一台发电机组对应配置一台燃油箱，燃油箱的容积的大小应符合当地消防部门的要求和规定。燃油箱的储油量和储油罐的储油量之和应满足备用发电机组设计的发电时长。

一台备用发电机组每小时的耗油量（kg/h）按下式计算：

$$G = \frac{g_e P_e}{1000} \tag{7-6}$$

式中　G——发电机组每小时的耗油量 kg/h；

　　　g_e——发电机组的燃油消耗率，取 220g/kW·h；

　　　P_e——发电机组的额定功率（kW）。

一台柴油发电机组的燃油消耗率主要由发动机的排量、功率、燃油的电控喷射等决定。一般情况下，功率越小的机组其燃油消耗率就越高；排量越大的机组燃油消耗率越高，高压共轨燃油系统的机组的燃油消耗率相比其他的电控喷射的燃油系统的燃油消耗率要低。不同容量、不同品牌的柴油发电机组的燃油消耗率也有所不同。目前，应用于数据中心采用高压共轨燃油系统的柴油发电机组的燃油消耗率最低可控制在 200g/kW·h 以内。

行业标准 YD/T 502—2020《通信用低压柴油发电机组》中不同容量的发电机组的燃油消耗率见表 7-8。

表 7-8　机组的燃油消耗率

机组额定功率 P_e/kW	$P_e \leqslant 10$	$10 < P_e \leqslant 24$	$24 < P_e \leqslant 40$	$40 < P_e \leqslant 75$	$75 < P_e \leqslant 120$
燃油消耗率 $g_e / (g/kW \cdot h)$	320	310	300	280	260
机组额定功率 P_e/kW	$120 < P_e \leqslant 250$	$250 < P_e \leqslant 600$	$600 < P_e \leqslant 1250$	$1250 < P_e \leqslant 2000$	$P_e > 2000$
燃油消耗率 $g_e / (g/kW \cdot h)$	250	240	230	220	220

式（7-6）中的 G 为一台备用发电机组按额定功率运行时的耗油量，如果折算到体积，则应按下式计算：

$$Q = \frac{G}{\rho} t \tag{7-7}$$

式中　Q——发电机组的耗油量（L）；

　　　G——发电机组每小时的耗油量（kg）；

　　　ρ——柴油的密度，取 0.84g/mL；

　　　t——时长（h）。

通常柴油的密度范围为 0.82~0.855g/mL，不同标号的柴油的密度是不同的。柴油综合密度可按 0.84g/mL 计算，这样 1000kg 的柴油大约可折合 1190L 的柴油。不同标号的柴油密度见表 7-9。

表 7-9 不同标号的柴油密度表

序号	柴油标号	密度 / (g/mL)
1	+20#	0.87
2	+10#	0.85
3	0#	0.835
4	− 10#	0.84
5	− 20#	0.83
6	− 30#	0.82
7	− 35#	0.82

不同容量的发电机组的耗油量见表 7-10。

表 7-10 不同容量的发电机组的耗油量

序号	机组容量 / kW	耗油量 /L								
		1h	2h	3h	4h	5h	6h	8h	10h	12h
1	200	52	105	157	210	262	314	419	524	629
2	300	79	157	236	314	393	471	629	786	943
3	500	131	262	393	524	655	786	1048	1310	1571
4	600	157	314	471	629	786	943	1257	1571	1886
5	800	210	419	629	838	1048	1257	1676	2095	2514
6	1100	288	576	864	1152	1440	1729	2305	2881	3457
7	1300	340	681	1021	1362	1702	2043	2724	3405	4086
8	1600	419	838	1257	1676	2095	2514	3352	4190	5029
9	1800	471	943	1414	1886	2357	2829	3771	4714	5657
10	2000	524	1048	1571	2095	2619	3143	4190	5238	6286
11	2200	576	1152	1729	2305	2881	3457	4610	5762	6914
12	2400	629	1257	1886	2514	3143	3771	5029	6286	7543

高压发电机组燃油消耗率和储油量计算与低压发电机组相同。

数据中心备用发电机组供电系统的储油量应根据数据中心当地市电电源、燃油供给等具体情况设计计算，建议数据中心总储油量可满足所有备用发电机供电系统保证用电负荷工作 6 ~ 12h。

7.7.9 极端环境下备用发电机组的选择

极端环境地区是指我国北方的严寒地区、南方的夏热冬暖地区和西南高原地区。

1. 严寒地区柴油发电机组的选择

低温环境对柴油发电机组的影响主要有两个方面，一是起动困难，二是大量的进风会使机房温度过低，影响发电机组的运行。

首先柴油发电机组的起动必须具备以下条件：

1）燃油与空气在气缸内要形成一定数量的可燃混合气体。

2）气缸内的混合气体要达到可燃点。

3）着火温度要保持足够长的时间。

但在严寒地区，由于低温导致柴油发电机组起动条件不满足条件。由于气缸套、活塞等器件温度过低，进入气缸的空气温度很低，气缸内压力降低，温度很难达到柴油着火温度；由于机组的润滑油黏度大，流动性变差，曲轴与轴瓦的摩擦阻力增大，使起动阻力力矩增大；过低的环境温度，使得起动电池容量下降；过低的温度也容易造成机组的控制模块（如显示屏）出现不正常。严寒地区不宜使用集装箱式备用发电机组。

要解决低温对柴油发电机组的影响，需要采取以下措施：

1）配置辅助加热措施，如进气预热装置、水套加热器、燃油加热器和润滑油加热器等，使发电机房温度保持在一定的温度下。

2）起动电池宜采用抗低温电池，也可对起动电池施加保温措施。

3）使用与低温环境相适应的低温标号的柴油、冷却液、润滑油。

4）在控制器上加装防潮加热装置，改善控制系统的低温条件。

有条件的数据中心应解决由于室外的低温环境造成发电机房或发电机组箱体内的低温问题，这也可解决发电机组起动问题，可考虑以下措施：

1）机房安装加热装置或送入数据中心可利用的热空气，改善机房温度。

2）在机组的散热水箱加装变速装置，在低温环境时，降低散热水箱的风扇转速，减少室外冷空气的输入。

3）选用分体式散热水箱的发电机组，减小进出风口的面积，减少冷空气的输入。

2. 夏热冬暖地区柴油发电机组的选择

在机房环境温度超过40℃的高温环境下，机房空气密度降低，柴油机燃烧时氧气量减少，燃烧效率降低，柴油机的动力性、经济性及可靠性都会下降。同时，柴油机冷却系统的散热温差小，散热能力差，冷却效果下降，容易造成发动机过热，过高的温度还会使润滑油黏度下降，加速运动部件的磨损，严重时会影响机组的正常工作，高水温和高机油温度可能导致发动机拉缸，甚至损坏。高温环境还易使起动电池和发电机老化。

为使柴油发电机组在高温环境条件下能正常工作，需要采取以下措施：

1）保持机房良好的通风，尽量加大进出风口的净面积，如客观条件限制进出风口的面积，可采用轴流风机强制排风。

2）采用适应高温环境的散热冷却水箱，增大散热水箱的散热量，可选用50℃或55℃的散热水箱，散热水箱的额定温度越高体积越大，风扇功率越高。

3）在不影响供电的前提下，将起动电池安放在机房温度较低的地方。

在选择高温环境的发电机组时，应考虑高温环境对发电机组输出功率的影响，采用适合的输出功率修正系数。修正系数应以发电机组厂家提供的柴油机生产商的修正参数为准。通常可按照环境温度超过40℃时，温度每升高5℃，输出功率下降3%～4%来进行功率损耗的计算，但要注意柴油机生产商提供的机组标称功率是基于多少摄氏度的环境温度下的标定功率。

3. 高原地区柴油发电机组的选择

在高海拔地区，由于海拔的升高，空气会越来越稀薄，气压也越来越低。在0～4000m的范围内，海拔每上升1000m，大气压力下降10%左右。高原环境对柴油机、发电机、机械结构件都会有一定的影响，另外，高海拔地区也容易出现过低温环境。

主要影响如下：

1）由于高原供氧量的不足造成转速下降的幅度要比低海拔地区大，同样一个负载变化率，高原地区的供油量相对要大，即燃油消耗率会增加。

2）相对过多的燃油和较少的氧气会造成燃烧不充分，排放性能变差，排放温度升高，整机热效率下降。

3）由于大气压的下降，高原地区对柴油机的输出功率影响最大，随着海拔的升高，大气压力下降，空气密度降低，空气中含氧量降低，造成燃油燃烧不充分，缸内气体压力下降，轴驱动功率降低。

对于高原数据中心，在选择柴油发电机组时需要对发电机组的输出功率进行修正。由于数据中心用的均为增压型柴油机，一般在海拔 1000m 以下功率可不做修正，高于 1000m 后，海拔每上升 500m，机组的输出功率降低 4% ~ 5%。

7.8　备用发电机组系统设计

机房楼内安装的发电机组是数据中心常见形式。在设计机房时，除了综合考虑机组使用现场对噪声的要求、振动对周围环境的影响、维护人员进行操作检修所需空间等因素外，发电机组正常运行对新风进风、热风出风以及废气排出等问题也是重要的关注点。

机房设计是否合理，直接影响到机组是否能够正常稳定地长期运行、是否能满足周围环境的噪声要求、是否能方便地检修发电机组等问题，同时还要能为客户节约投入资金。所以设计一个合理的发电机房，不论是对用户来说还是对机组而言都是必要的。

若选择室外型集装箱型发电机组时，集装箱型发电机组可视为单一独立设备，通常由设备厂家负责安装（包括机组安装基础的设计施工）调试，供电设计人员只需提供发电机组安装位置。其发电机组的所有输入输出电缆及其他管线的设计安装应按设计分工要求实施。

7.8.1　发电机组设计资料

在进行机房规划、布置、设计和安装之前，应充分收集有关的资料、信息和法律法规。

需要从环境气象部门了解项目所在地的以下信息：

1）年平均气温。

2）极端最高温度。

3）极端最低温度。

4）湿度。

5）地震烈度。

6）海拔。

7）所处地是否会有海啸、洪水等自然灾害。

需要从环保和消防部门了解项目所在地的以下信息：

1）当地对烟气排放的要求。

2）对噪声的控制要求。

需要根据相关规范、标准、用电需求及用户要求确定以下信息：

1）保证负荷需求。

2）发电机组储油量的要求。

从设备供应商处收集以下资料：发电机组的型号、控制系统和配电装置的尺寸，技术参数；设备使用说明书，详细了解其安装工程的要求等。

7.8.2　发电机组基础设计

1. 机组基础

柴油发电机组是往复式运转机械设备，运行时会产生较大且有一定规律的振动。因此柴油发电机组的基础是柴油发电机组安装设计中很重要的部分。基础是否符合要求，对机组的使用寿命、运行情况及机房安全等都有很大的影响。其主要作用是：

1）支撑柴油发电机组的全部湿重（冷却液、润滑油等）及其他辅助部件的质量，使这些质量分布于足够的面积上避免沉降。基座底面积的大小，应能使地基或楼板的受力均匀，其大小应不超过该处基础的承载力。

2）支撑发电机组在运行时的不平衡力所产生的动态冲击负载，保持发动机、发电机和随机辅助设备间的相应安装位置。机组的不平衡力取决于机组的结构、转速和部件质量的大小，如果基座的质量不足，则机组运行振动就较大，基座最小的质量不低于机组的湿重。

3）将机组的振动和周围结构隔离，吸收机组运行时所产生的振动，尽量减少振动对地面及墙壁等造成的影响。

数据中心用柴油发电机组的发动机均为多缸柴油机，运行平稳，出厂时均做了科学的减振处理，因而在安装时不需很大的混凝土基础。为降低楼板和土壤的负载，应避免过厚和过重的基础。在保证足够的支撑面积后，基础的厚度，只要足够防止变形、偏移和反扭矩即可。

2. 基础设计

（1）基础设计的原则

1）基础的强度必须能够支撑机组湿重（包括机组、燃油和冷却水）和动负荷。

2）基础各边应超出机组底座槽钢 150～300mm。

3）基础厚度必须足以获得最小重量至少等于发电机组的湿重。

4）基础平面宜高于地面 20～100mm。

（2）基础设计的要求

1）若发电机房位于建筑底层，基础下方应有较好的土壤条件，其允许压力一般要求0.15～0.25MPa。

2）基础一般为钢筋混凝土结构，基础重量为机组总重的 1～2 倍。混凝土强度等级不低于 C20 级。

3）基础与机房结构不得有刚性连接，底部一般要铺筑 200mm 厚以上的沙石层作为隔振层，基础的四周要设置不小于 50mm 宽的隔振沟，以减小对机房建筑的影响。

4）机组运行和检修时会出现漏油、漏水等现象，因此地基表面应进行防渗油和渗水的处理。

（3）基础设计的计算

在基础设计时，首先我们要根据发电机房的平面及结构尺寸确定基础的平面尺寸，即基础的长和宽。基础的长、宽确定以四边超过机组底座槽钢不小于 150mm 为确定的基本条件。在基础长、宽确定后，可以用下式计算基础的厚度：

$$D = \frac{KW}{\rho BL} \qquad (7\text{-}8)$$

式中 D——混凝土基础的厚度（m）；

$\quad\quad K$——质量系数，取 1～2（见注）；

$\quad\quad W$——发电机组的总重量（湿重）（kg）；

$\quad\quad \rho$——混凝土密度，取 2322kg/m³；

$\quad\quad B$——混凝土基础的宽度（m）；

$\quad\quad L$——混凝土基础的长度（m）。

其中发电机组湿重为发电机组重量加上机油、润滑油等液体后的重量。

注：质量系数 K 的取定取决于备用发电机组基础的形式，发电机组的基础分为两种形式，一种是每台发电机组设置一个独立的混凝土基础，基础四周和底部设有隔振沟和隔振层，这时 K 取 1；另一种是多台发电机组均安装在楼板上，发电机组的基础四周及底部无隔振沟和隔振层，为避免不同发电机组运行时的振动而产生的相互影响，甚至发生共振，这时 K 建议取 2。

当机组位于建筑物底层时，应按机组要求设置混凝土基础。若在设计基础前已知发电机组固定螺栓位置，可预埋安装机组的地脚螺栓，也可在机组运抵现场后现打孔安装。

当机房地面为楼板时（机组安装位置不是建筑物的底层），楼板承重应能满足发电机组生产商提供的机组静载荷和运行时的动载荷。为了安全起见，在设计时可留有一定的安全系数，建议楼板及周围的支撑结构的承重强度应能承受"机组湿重的 2 倍 + 楼板基础"的重量。具体在楼板基础设计时，需把机组重量及载荷提供给相关专业设计机构，基础需与楼板相连，基础与楼板的连接方式由相关建筑结构专业负责设计。

3. 基础的常见做法

发电机组基础的处理就是按照发电机组对地基的要求，对地基进行加固或改良，提高地基的承载力。

1）基础的地基要夯实，上铺厚度为 200mm 以上的沙石隔振层。

2）基础的厚度由式（7-8）计算确定，如果采用二次浇筑，建议使用的地脚螺栓深度为 $H=0.5m$。

3）若机组位于建筑物的底层，基础四周应预留不小于 50mm 宽的槽，槽内以细砂充填，槽的顶部以沥青混凝土密封，做隔振用。

4）基础表面应进行防水、防油处理。

5）基础的地脚螺栓可一次浇筑，也可预留孔进行二次浇筑，现打孔安装，地脚螺栓位置尺寸应根据生产厂商提供的准确尺寸确定。

现在应用的发电机组一般在钢制底座与发电机和发动机的连接体之间已经装置了减振器，减振效率在 90% 以上，这类机组在安装时可以直接将机组放置在基础上，也可以在基础和机组之间铺垫 20～60mm 厚的橡胶减振装置。如果发电机组在钢制底座与发电机和发动机之间为刚性连接，那么发电机组的基础与机组钢制底座之间必须设置相应的减振装置。

如果发电机组安装在建筑结构板上，这种安装情况要避免过重的基础，只需要有重力分散梁就可以，但机组钢制底座与楼板间的防振措施要增强，一般做法是增加带阻尼的弹簧减振器。

4. 基础的混凝土比例及浇筑

基础混凝土材料主要由水泥、砂、碎石和水分等组成，采用标号不低于 C20 号的混凝土浇筑压实。混凝土由水泥、砂、碎石和水拌和后凝固而成，所用的砂子要坚硬、无土（所含的泥土不超过总质量的 5%），最好的砂子为石英砂，石子大小约为 5 ~ 50mm，石子的大小应与砂子的粗细搭配使用。

混凝土通常采用的容积配合比例（水泥∶砂∶石子）为 1∶2∶4、1∶3∶5 或 1∶3∶6。混凝土的容积配合比例表见表 7-11。

表 7-11　混凝土的容积配合比例表

容积比	水泥		砂 /m³	碎石 /m³
	质量 /kg	袋（50kg/ 袋）		
1∶2∶4	236	6.72	0.44	0.88
1∶3∶5	253	5.04	0.55	0.83
1∶3∶6	229	4.57	0.45	0.90

浇筑前应根据基础的尺寸准备好模板，并检查模板支撑是否牢固，模板是否已清洗干净，基坑有无积水，然后向模板间断浇水 2 ~ 3 次，使板缝胀严，并避免吸收混凝土的水分。施工时，地基的基层要分层夯实。混凝土灌入模框时，中间存有很多空隙，必须随时夯实，排除空气。地基要一次浇筑完毕，在浇筑过程中间隙时间最多不要超过 2h。地基表面要水平、平整，养护一个月后可进行验收、安装。若需要选用添加了快凝剂的水泥，则可在 10 天内安装柴油发电机组。

5. 基础的其他说明

不超过 300kW 的带底座式油箱的发电机组，柴油发电机组一起固定在钢制公共底座上，并配置橡胶减振器。因此，机组可以直接安装在预留了底脚螺孔的混凝土基础上。

基础有隔振的要求，基础的四周应布置宽为 50mm 以上的隔振沟。基础的底层还应设置隔振层，基坑底部夯实之后，用砂石或水泥、煤渣、沥青敷设的厚度约为 200mm，混凝土浇筑在此隔振层上。有隔振沟和隔振层的基础剖视图如图 7-18 所示。

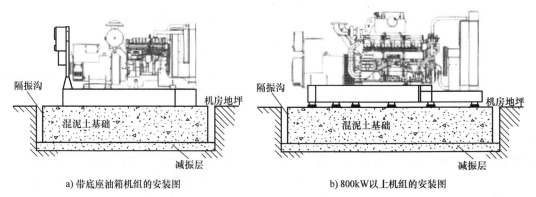

a) 带底座油箱机组的安装图　　　　　　b) 800kW以上机组的安装图

图 7-18　有隔振沟和隔振层的基础剖视图

若机房有良好的排水设施，基础也可以与机房地面做成同一高度。

机组的输出电缆、燃油管线沟应环绕基础挖砌，这样既起到隔振和防振的作用，排污问题也可以得到方便解决。此外，起动蓄电池置于电缆沟旁槽内。

7.8.3　机房平面布置及安装

设计机房时需要考虑的主要因素有：地面荷重、设备搬运通道及维护保养的操作空间、机组的振动、通风散热、废气排放、机房隔热、降噪、燃油箱的大小和位置，以及与之有关的国家和地方建筑、环保条例、消防规范和行业标准等。

（1）机房内的布置要求

1）进风井道一般布置在机组的正后方（发电机端后），出风井道布置在机组的正前方，要保证在机房内形成沿着机组轴线由后向前的气流。

2）新风的进口一般设置在较低位置，热风的出口一般设置在较高位置，让气流形成由下而上的流动。

3）安装、检修、搬运通道，在机组平行布置的机房中设计在发电机端；在机组纵列布置的机房中，通道设置在控制屏操作侧。

4）水、油管道分别设置在机组两侧的地沟内，设计时要考虑尽量减小地沟的长度，地沟布置要尽量避开人员经常走动的地方，避免油沟和电缆沟的交叉。

（2）机房的建筑设计要求

1）柴油发电机组自建筑物外运至机房内安装位置的沿途应设计足够尺寸的出入口、通道和门孔，便于设备安装或运出修理。

2）机组机房内应设置地沟，以便敷设电缆（架空出线除外）、输油管。地沟宜有一定坡度便于排除积水，沟槽盖板宜采用钢板。

3）设置控制室的机房，在控制室与机房之间的隔墙上应设观察窗。

4）与主体建筑设在一起的机房应进行隔声和消声处理。

5）机房地面一般采用压光水泥地面，有条件时可采用水磨石或缸砖地面。柴油发电机周围地面应防止油渗入。

6）机组的地基应有足够体积，以减小振动。带有公共底盘的地基表面应高出地面 50 ~ 100mm，并采取防油进浸措施。地基与机组间、地基与周围地面应采取一定的减振和隔振措施。

（3）柴油发电机组在机房内布置的一般原则

柴油发电机组在机房内布置的一般原则（以一台标准机组为例）如下：

1）机组周边除散热水箱一端外，其余各面与机房墙体的距离不应小于 1.5m，以便操作和日后维修。

2）机组散热水箱端面与墙体的距离要考虑安装导风罩和软连接，一般距离在 500 ~ 1000mm 之间。

3）多台机组在机房内并列布置时，机组之间的距离一般不小于 1m。

4）出风口布置在机组正前方，进风口布置在机组正后方。

若进风口无法布置在机组正后方，要注意两方面的问题，一是要注意进出风不能在室外形成短路；二是可以采用风筒或导流风机的方式将进风引至机组的正后部，便于形成沿机组轴线的冷却气流。

（4）多台机组在机房内的布置

多台机组在机房内的布置一般有如下几种最常见的情况：

1）多台机组并列排放。机组等距离布置，首尾同向。

2）机组先并列放置，然后再相对或相背放置。

多台机组在机房内放置，油路系统会比较复杂，管路和线路较多，要多方论证，合理布置。发电机房设备一字平面布置示意图如图 7-19 所示，发电机房设备背对背平面布置示意图如图 7-20 所示。

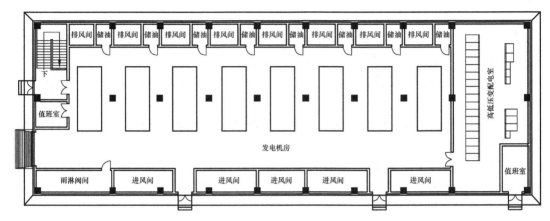

图 7-19　发电机房设备一字平面布置示意图

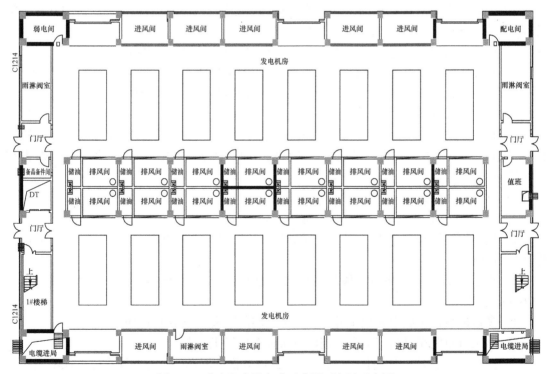

图 7-20　发电机房设备背对背平面布置示意图

（5）其他要求

1）设备布置首先应满足机组运行和维修的需要，保证有足够的空间以方便使用、维修或搬运。

2）在机房和设备布置时，应认真考虑管线的布置，尽量减少管线长度，避免交叉。

3）机房应设置通风、散热通道。

4）应设有保证照明、保温和消防设施。一般来说，为保证机组安全、可靠工作，机房的温度应保持在 5℃（冬季）和 40～50℃（夏季，根据散热水箱的额定温度选择）。

5）机房的面积应根据柴油发电机组功率的大小和今后的扩容来设计。

6）具备完善的给排水系统。

在实际的设计中，机房的布置设计还包括进、出风井道、储油间、排烟管或井道等的设计。设计的过程是一个不断反复和不断调整的过程，在过程中要和机房的冷却设计、通风设计、排烟设计、降噪设计相互配合。通过不断的优化，最后得到一个满意的方案。

7.8.4   发电机组的起动及投入

1. 低压发电机组的起动及投入

低压发电机组为单机运行方式，其起动信号宜取自低压配电系统连接变压器低压侧的进线柜或 ATS 设备。当数据中心保证负荷用变压器的低压侧失电时，进线柜或 ATS 设备向每一台低压发电机组发送起动信号，系统自动起动每一台发电机组，当各台机组分别达到额定转速并建立电压后，各自发出合闸信号，相应的低压配电系统中 ATS 由市电侧自动转投至发电机组侧，保证负荷转由备用发电机组供电。

当变压器采用 2N 配置的低压配电系统时，建议互为主备用的两台变压器的低压侧均出现失电时，系统才向低压发电机组发送起动信号，即只有两路市电电源均不能正常供电时，系统才自动起动备用发电机组。

2. 高压发电机组的起动及投入

高压发电机组通常作为大型或超大型数据中心的备用电源，高压发电机组均采用多台配置方案，并采用并机运行方式。高压发电机组并机系统为自动起动、自动停机系统，它的工作原理如下。

当市电电源正常运行时，数据中心供配电系统由市电电源提供能源供电。当市电电源停电（包括正常计划停电和非计划停电）时，市电电源高压进线柜或高压 ATS 设备发出一个市电电源失电信号，同时传至各台发电机组的控制器上，当控制装置收到起动信号后，控制装置将（可延时起动，延时时间可调）自动起动发电机组预供滑油系统，使机组预润滑，再起动所有发电机组。当各机组运行正常后，即输出电压、频率都一致时，首先第一台发电机组的输出断路器自动合闸，其他发电机组经过自动同步追踪，同步后即可合闸，直至所有发电机组成功并机运行。所有发电机组并机成功后，各机组通过自动负载分配器自动进行负载分配，并根据所带负载大小自动撤出并机机组。

当市电恢复来电时，高压 ATS 设备接到市电恢复供电信号后，自动转换至市电电源供电侧，并向发电机组并机系统发出一个市电电源供电信号，发电机组并机系统则控制各发电机组按照预先编制的程序进行卸载后的冷却停机。如果发电机组并机系统在各发电机组冷却过程中，市电电源再次发生故障时，发电机组并机系统将立即进入后备模式，保证数据中心的供电需求。

如果发电机组并机系统的一次带载能力不满足由于市电电源停电而起动的突加负荷要求，建议对那些起动冲击较大的用电（非 UPS 系统）设备进行延时起动，解决发电机组并

机系统的一次带载能力问题。**若仍然不能解决发电机组并机系统一次突加带载问题，则发电机组并机系统可采用负荷逐级投切装置，使变压器逐级投入，以降低其投入对发电机组并机系统的冲击。**

目前，高压发电机组上的控制器均可配置并机功能装置，在并机应用的柴油发电机组订货时需注明此功能。除此之外，每套并机系统通常可配置一台并机显示控制柜（屏），用于显示并机系统的运行状态及控制功能。

高压发电机组并机系统配置的并机显示控制柜（屏）应具备以下基本功能：

1）应具备中文显示功能，应能显示系统和每台发电机组的状态，具体内容如下：

① 系统单线图，并通过系统单线图显示各设备状态。

② 显示每台发电机组的运行状态。

③ 显示每台发电机组的预告警、告警和故障状态。

④ 显示每台发电机组的运行记录和故障记录。

⑤ 冗余主控技术。

⑥ 系统及发电机参数监视。

⑦ 发电机组控制及保护功能。

⑧ 自动起动 / 停机。

⑨ 自动有功无功负载分配。

⑩ 自动功率因数控制。

⑪ 可编程的负载增加卸载功能。

⑫ 具备智能接口（RS 485 等），并提供监控软件和通信协议，能接入数据中心基础设施监控管理平台，实现对备用柴油发电机供电系统的监测 / 监控。

2）应具备智能接口，并开放协议，提供监控软件和通信协议，并能向智能监控管理系统提供必要信息，实现对每个机组的监测 / 监控。

3）应能根据并机系统的机组台数的增加而进行系统扩容。

4）并机系统应具备紧急手动功能，在自动功能损坏情况下，应通过手动同步操作，手动功率调节，保证机组的并机成功。

7.9 燃油系统

7.9.1 燃油系统的作用及组成

燃油系统要负责可靠、连续地提供给柴油发电机组清洁的、足够的燃油。燃油系统最常见的有两种方式，一种是燃油箱供油的系统；另一种是大容量地下储油罐加中间燃油箱的系统。

柴油发电机运行需要进油，同时还需要回油，机组需要一个靠近机房的燃油箱，该燃油箱一般会放置在建筑房间内（燃油箱室）。由于消防规范的要求，放置在建筑物的燃油箱，其容量既不能大于机组 8h 满载的储油量，也不能大于 $1m^3$ 的容量。对于小功率机组不大于 $1m^3$ 容量的燃油箱可以满足机组 8h 运行，这时的燃油箱就可以叫作日用燃油箱；而对于大功率的机组，$1m^3$ 油箱的油量只能满足机组 1 ~ 2h 的运行，而备用机组的储油量要求最少不少于机组 8h 运行的需要，还会有数据中心项目可能要求更大的储油量，这时就需要有更大容量的储油罐给燃油箱供油。下面主要讨论这种供油系统。

柴油发电机组燃料供给系统由大型储油罐、自动补油系统、输油泵、输油管路、燃油箱、进回油管路、油水分离器、柴油滤清器、喷油泵、喷油嘴等组成。

图 7-21 所示为有备用输油泵的发电机组燃油供油系统图。

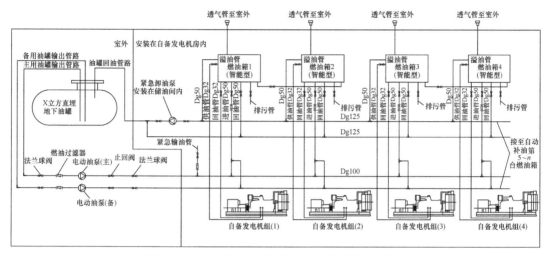

图 7-21　有备用输油泵的发电机组燃油供油系统图

大容量的储油罐应采用室外地埋或是放置在室外地下储油间方式。室内燃油箱的放置位置或是地下储油间的位置选择要符合消防和安全的要求。

发电机组燃油供油系统是保证发电机组正常运行的重要辅助系统。平时储油罐为满容量状态，负责储存数据中心用的绝大部分的燃油，当罐内燃油达到或低于罐内液位低位时，需要由外来的油罐车负责加注燃油，也可称为前端储油装置。每台发电机组配套的室内燃油箱一般设置在发电机房的油箱间内，燃油箱负责为发电机组提供燃油的储油设备，也可称为末端储油装置。在储油罐和燃油箱之间设有输（供）油泵，负责将储油罐的燃油输送到各燃油箱内。图 7-22 所示为无备用输油泵的发电机组燃油供油系统图。

发电机组燃油系统的运行方式如下：

1）储油罐注油：由燃油（柴油）油罐车在储油罐附近的自卸油点经卸油管道自流进入地下储油罐。

2）燃油箱注油：由输油泵输送至柴油发电机房内的燃油箱，输油泵的开关与柴油发电机房安装的燃油箱的液位信号进行联动，燃油箱的液位计高、低、超低位信号分别控制燃油箱进油管道上电磁阀的关和开，当燃油箱液位达到箱内燃油额定容量的 90% 时，该燃油箱的进油管道上的电磁阀关闭，当所有的燃油箱电磁阀都关闭后，则燃油系统输出信号关闭输油泵，每套地下储油罐系统宜设置两台（一主一备）输油泵。

3）燃油箱补充燃油：当任何一台燃油箱液位低至箱内燃油额定容量的 50% ~ 60% 时，该燃油箱进油管道上电磁阀开启，信号经集成模块输出起动输油泵，直至燃油箱的燃油达到额定容量的 90%，关闭电磁阀，当燃油达到额定容量的 15% ~ 20% 超低位时，系统应能现场声光告警。

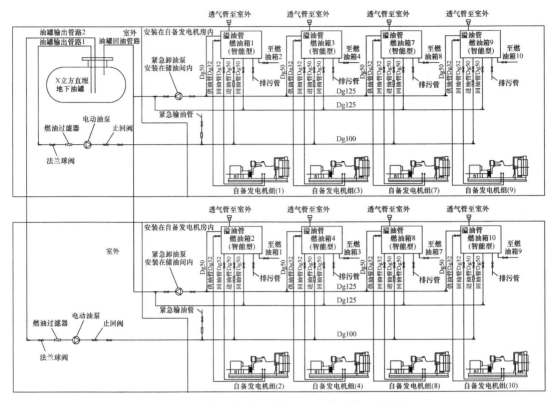

图 7-22　无备用输油泵的发电机组燃油供油系统图

4）回油：当燃油箱内的燃油超过溢油上沿管口时，燃油箱多余的燃油经回油管自流回相应的地下储油罐。

5）发电机房事故：由控制室或消防控制室发出信号，关闭发电机房的燃油箱的出油管上的电磁阀。

地下储油罐应具有液位远传显示、报警、联锁等功能，燃油达到储油罐额定容量90%时发出高液位报警，燃油低于油罐额定容量25%时发出低液位报警，当燃油低于储油罐额定容量5%时发出低液位报警并联锁输油泵关闭。

输油泵应与数据中心的火灾报警系统联动，当出现火灾时关闭所有输油泵。

7.9.2　燃油箱的设计及安装

一般情况下，一台发电机组配置一台燃油箱，燃油箱的储油量宜按 $1m^3$ 容积考虑，且容积应为有效容积。燃油箱的设计应注意以下几点：

1）燃油箱的制作可以用碳素结构钢，要求高时可以用不锈钢。

2）燃油箱应设置液位监控装置。

3）油管、阀门要避免使用镀锌的、铝制的材料，避免其与燃油杂质产生化学反应从而产生絮状物堵塞燃油过滤器。

4）燃油箱底部应考虑沉淀区，在顶部要考虑膨胀的空间。有效的储油量扣除沉淀区和膨胀空间的容量。

5）燃油箱的底板要有几度的倾斜，形成最低点，在最低点要设置排油口，用于燃油箱的清洗和放油。

6）燃油箱回油口和加油口在燃油箱上端，供油口与回油口之间的距离最少为 300mm，要尽量保证供、回油管位置最远，或供油口与回油口之间加装隔板。

7）在燃油箱的顶部合适的位置要设置检查和清洗口，要设置透气口，并通过管道连出室外，室外要加装透气防火帽。

8）在燃油箱的上部，距离顶部留出合适的膨胀空间位置安装溢流管。在供油口和溢流口的位置高度取点安装直观油量表或磁翻板油量表。

9）系统中回油管的压力不大于 60kPa。供、回油管与机组要通过柔性油管连接，以隔离机组的振动。

10）如果没有室外储油罐，燃油箱可不设置回油管口。

11）燃油箱宜设置排污球阀。

7.9.3　储油罐的设计及安装

1. 储油罐的设计

储油罐的主要设计依据如下：

1）GB/T 3091—2015《低压流体输送用焊接钢管》。

2）GB/T 8163—2018《输送流体用无缝钢管》。

3）GB/T 8923.1—2011《涂装前钢材表面锈蚀等级和除锈等级》。

4）GB/T 12459—2017《钢制对焊管件类型与参数》。

5）GB 50016—2014《建筑设计防火规范》。

6）GB 50074—2014《石油库设计规范》。

7）GB 50156—2012《汽车加油加气站设计与施工规范》。

储油罐按照其结构分为单层结构储油罐（又称为单层储油罐）和双层结构储油罐（又称为双层储油罐），单层储油罐为钢制储油罐，双层储油罐是在单层储油罐的外部附加了一层玻璃纤维增强塑料（即玻璃钢）防渗外层，从而构成双层储油罐。钢制内罐与玻璃钢外层之间具有贯通间隙空间。

双层储油罐由于采用双层结构，其安全性要高于单层储油罐。双层储油罐可配备渗漏检测装置，能对内罐和外罐的间隙空间进行 24h 全程监控。若内罐或外罐发生渗漏时，检测装置的感应器可以监测到间隙空间的压力变化或底部液位时发出警报，保证储油罐的安全使用，并避免由于储油罐燃料的泄漏对储油罐附近的环境土壤和地下水的污染。

由于双层储油罐在应用时更加安全，目前数据中心采用的多为双层储油罐。

每个储油罐的最大容量应不大于 50m³，储油罐的直径应不大于 2800mm，宜选用两个人孔的卧式储油罐，每个人孔的直径为 600mm。

2. 储油罐的安装

发电机组用储油罐的安装方式分为地下室内安装和直埋式安装，其中地下室内安装即为在发电机房附近建设一个负责安装储油罐的地下室，地下室可安装一个或多个地下储油罐。

卧式储油罐示意图如图 7-23 所示。

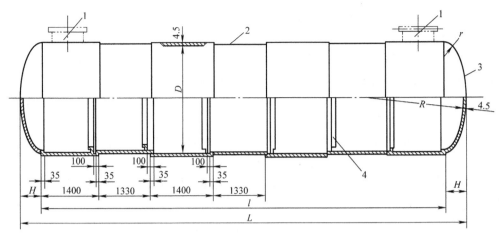

图 7-23　卧式储油罐示意图

1—人孔　2—罐体　3—头盖　4—加强环

数据中心用地下卧式储油罐多采用直埋式安装，储油罐的安装需要注意以下几点：

1）储油罐需采用锚固抗浮措施，以防止储油罐被浮起。

2）储油罐应设置防爆阻火透气罩，并高于地面 4m 及以上，并设置防雷措施。

3）直埋储油设施宜设置检查水位的检查管。

4）直埋储油设施宜设置磁浮球液位计。

卧式储油罐的标称容积涵盖了 5 ~ 50m³，小容量储油罐的人孔数量可设为一个，大容量储油罐的人孔宜设为两个。直埋储油罐的罐顶覆土厚度不应小于 500mm，储油罐周围应回填干净的沙子或细土，其厚度不小于 300mm。

直埋卧式储油罐安装示意图如图 7-24 所示。

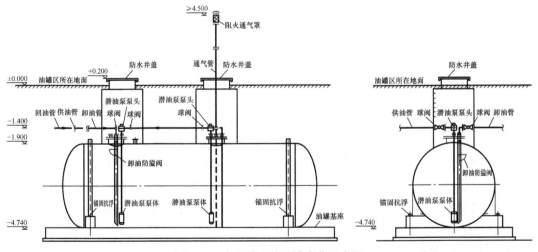

图 7-24　直埋卧式储油罐安装示意图

7.9.4　其他要求

储油罐和燃油箱的其他要求如下：

1）储油罐、燃油箱、油泵、阀门等应选用质量可靠、耐用性强的产品。

2）双层埋地油罐应设有液位显示装置（带就地显示及远传功能）。

3）输油泵可采用潜油泵或机油型泵。

4）燃油箱及储油罐相关设备的安装应符合相关规范要求，储油罐应由相关专业单位进行安装。

5）室外管道应避免与其他管道发生冲突，并保持安全距离，埋地油管路与其他地下管路水平及垂直净距表见表 7-12。

表 7-12　埋地油管路与其他地下管路水平及垂直净距表　　　　（单位：m）

名称	通信电缆	电力电缆	仪表管缆沟	热力管沟	给水管	排水、污水管
水平间距	1.0	1.0	1.5	1.5	1.5	1.5
垂直间距	0.5	0.3	0.3	0.3	0.25	0.25

6）管道穿墙（板）处用钢套管作保护，套管穿墙两端应与墙平齐，穿过楼板时套管底部跟楼板下平齐，顶部高于最终形成的地面 50mm 或以上，套管与油管之间、套管与建筑物之间的间隙应采用密封性能良好的柔性防腐、防水材料填实，套管内油管不得有接头或焊缝。

7）储油罐应设置防雷电与防静电措施。

8）储油罐应尽量靠近发电机房，不应设置在道路下。

9）采用机油型泵时，油泵可设置在人孔上，并采用防水措施，避免积水。

10）燃油管径取决于燃油泵的入口直径，至少应与入口内径相同；如果距离过远，管径应适当增加。

输油管选型及安装应注意以下几点：

1）柴油的始凝点及凝固点；当柴油温度接近这两个值时，会变得黏稠，管径应适当加大。

2）应考虑滤器、接头及减压阀的压力降。输油管路与发电机组连接处应使用软连接，并尽可能接近机组的燃油泵。

3）暴露的管道应适当支撑、保护并防止破裂，还应避免接近热管路、火炉、电气导线或排烟管。若环境温度较高，还应采取隔热措施。

4）管路安装完毕后，应进行清洁及防漏检查，并排尽管路中的空气；在管路高处还应安装一小型旋塞供管路排气用。

5）管路接口处应有适当的密封材料。

6）发电机组的回油管将工作循环中多余的燃油送回燃油箱，其热量将在燃油箱中清散，需考虑避免燃油箱内油温过热。

7）燃油箱至储油罐的回油管的位置应高于储油罐的最高油位。

8）每台机组的回油管应直接回到各自的燃油箱，而不要与其他机组的回油管合并。

9）回油管的直径不得小于供油管。

储油罐、燃油箱、输油管道、输油泵的安装设计应符合相关标准规范。

7.10　机房通风

柴油发电机组的机房通风散热系统对柴油发电机组的输出功率、燃油消耗率、热气流排放和使用寿命等都有着直接的影响。

柴油发电机房的通风问题是机房设计中要特别注意解决的问题，特别是发电机房位于不利于通风的位置时更要处理好，否则将会直接影响发电机房的空气循环和通风效果，降低发电机组的运行效率和连续运行时间，甚至降低机组的使用寿命。

柴油发电机组理想的进出风是要求发电机房的进出风量满足发电机房所需的新风量的要求，进风直进机房，出风直排室外，进出风的风阻越小越好，但这势必与发电机房的降噪措施相互矛盾。在机房降噪时，在一定的进出风面积的条件下，发电机房降噪效果越好，发电机房的进出风的风阻越大，进出风的有效通风面积就越小。在发电机房通风与降噪设计时，应充分考虑两者的矛盾，并平衡好此矛盾。

柴油发电机房的通风系统主要涉及进风、出风、排烟和机房散热等系统。

7.10.1　进出风系统

（1）进风量的计算

柴油发电机房分为两大类来考虑通风系统的设计，一是机房安装标准的带一体式散热水箱的发电机组，二是机房布置安装远置式室外散热器的发电机组。

对于安装一体式散热水箱的机组来说，机房的出风是由机组上自带的散热水箱中的风扇完成，也就是说机房的出风量等于发电机组的出风量，多台发电机组的机房总的出风量就等于多台发电机组的出风量的和。机房的进气量就等于机组燃烧所需要的新鲜空气总量，即燃气量加上发电机组的出风量。这些参数一般发电机组厂家都会完整提供。

发电机房的进风量见下式：

$$C=P_{排}+C_{燃} \tag{7-9}$$

式中　C——机房进风量（L 或 m³）；
　　　$P_{排}$——机组出风量（L 或 m³）；
　　　$C_{燃}$——机组燃气量（L 或 m³）。

当选用室外远置冷却式发电机组时，机组的热交换在室外进行，机房内部只需要满足带走机房辐射热和机组燃气量的风量即可。

柴油发动机消耗的燃油有 5%～10% 的损耗是作为热量辐射到机组四周的空气中了，此外还有来自发电机的损耗和机房内排烟管的热量辐射。这些热量会导致机房温度升高，这对发电机组的运行、机房其他设备和运维人员尤为不利。要保证机组正常运行，必须把这些热量有效地送出发电机房。

柴油发电机组在正常工作时需要足够的新风供应，一方面保证发动机正常燃烧工作，另一方面要给机组创造良好的散热条件，否则机组无法保证其使用性能。

机组的进风系统主要包括进风通道和发动机本身的进气系统，机组的进风通道必须能够使新风顺畅地进入机房。柴油机在运行时，机房的换气量应大于或等于柴油机燃烧所需的新风量与维持机房室温所需新风量之和。

　　机组在满载的情况下，机房的合理温升目标在 7 ~ 10℃之间。对于北方严寒地区的冬季室外气温达到 -20 ~ 30℃的情况，要求又有所不同，这时要限制通风，保证机房内的温度处于 0℃以上适当的温度。

　　以环境温度 38℃为例，给出一个机房通风量的计算公式，该例可以满足中国境内绝大多数地区夏天的最高温度情况。

$$V = \frac{H}{1.099 \times 0.017 \times \mathrm{d}T} + V_1 \qquad (7\text{-}10)$$

式中　V——通风量（m^3/min）；

　　　　H——机组发热量（kW）；

　　　　$\mathrm{d}T$——发动机室内可允许的温度升高值（℃）；

　　　　V_1——发动机燃烧空气量（m^3/min）。

温度为 40℃时的空气密度和空气比热分别为 1.099kg/m^3 和 0.017kW/min·kg·℃。

（2）进风口或进风井道截面积的计算

有了进风量后，如何确定进风口或进风井道的截面积？下面提供两种计算方法。

方法 1：一般情况下，对于标准机组，进风口的面积应满足下式要求：

$$S_{进} \geqslant 1.2kS_{水} \qquad (7\text{-}11)$$

式中　$S_{进}$——进风口或进风井道的面积（m^2）；

　　　　$S_{水}$——柴油机散热水箱的有效面积（m^2）；

　　　　k——面积系数，具体值详见表 7-13。

表 7-13　面积系数取值表

附加设备	k	附加设备	k
无降噪装置	1	降噪箱	3
防鼠网	1.05 ~ 1.1	降噪箱 + 防鼠网	3.05~3.1
百叶窗	1.2 ~ 1.5	降噪箱 + 百叶窗	3.2 ~ 3.5

　　方法 2：通过进风量计算，见下式：

$$S_{进} = C_{进}k/V \qquad (7\text{-}12)$$

式中　$S_{进}$——进风口面积（m^2）；

　　　　$C_{进}$——机组进风量（m^3/s）（由发电机组说明书中查得）；

　　　　V——风速，一般取 3 级风的风速平均值 4.4m/s（3.4 ~ 5.4m/s）进行计算，最强风速不应超过 8m/s；

　　　　k——面积系数，具体值详见表 7-13。

计算出的进风口和进风井道的面积要和建筑物匹配，选择什么样的降噪装置还需考虑噪声控制限值的影响，经过多次反复的计算得出最优化的结论。

（3）出风量及出风口的计算

机组的出风一般应设热风管道并有组织地进行，不宜让柴油机散热器把热量散在机房内，再由排风机抽出。机房内要有足够的新风补充。通常机组出风口的面积应略大于水箱的有效面积，从降低风阻考虑，出风口离前面障碍物的最小距离应根据现场实际情况在 600 ~ 2000mm 之间进行选择，机组进风量应大于机组的出风量和燃气量的总和，其客观效果是机组在运行时机房内不能产生过大的负压。

机房的出风量也分两种情况考虑，在标准一体机组的情况下，机房出风量就是机组的水箱散热风量；室外分体水箱的情况下，机房的出风量就是机房的散热风量，只是在这种情况下，机房需要加装强制排风机将热风排出室外。

出风口的面积确定与进风类似，有以下两种方法：

方法 1：一般情况下，对于标准机组，排放口的面积在长和宽的方向长度等于水箱的长和宽尺寸乘以 1.25 的系数。

方法 2：通过进风量计算，见下式：

$$S_{排} = C_{排} / (Vk)　　　　　　　　　　　　（7-13）$$

式中　$S_{排}$——出风口或出风井道截面积（m^2）；

　　　$C_{排}$——机组进风量（m^3/s）；

　　　V——风速，一般取 3 级风的风速平均值 4.4m/s 进行计算，最强风速不应超过 8m/s；

　　　k——进风口或井道的有效通过率，百叶窗的通过率一般在 0.7 ~ 0.8；做降噪的井道有效通过率在 0.5 ~ 0.6。

计算出的出风口和出风井道的面积要和建筑物匹配，经过多次反复的计算得出最优化的结论。

7.10.2　机房通风散热系统

柴油发电机组机房的通风和散热问题，无论是对机组的运行还是对操作人员的身心健康，都有很大的影响。因此，应采取措施以减少机房内的热量积聚、完全地无漏气地排出所有废气和保证房间内有充足的冷却风，这样才能保证机组高负载比例、长时间、低噪声和无公害运行，延长机组使用寿命，并为机组操作人员提供一个良好的工作环境。为了避免控制屏内的电子元器件因温度过高产生故障，一般规定机房内的环境温度不得高于 45℃，在发动机上端可到 50℃。

（1）机房气流的组织

机组工作时，柴油机、发电机及排气管将散发热量并导致机房内温度上升。温度升到一定程度将使机房内空气的温度升高、密度变小，如果此时进入柴油机内的空气太热或者含氧量太少，不但会使空气对机组的冷却效果变差，还会大大降低机组的效率。因此，保持良好的机房空气循环和通风效果是非常必要的。

机房良好的通风和散热系统，是需要足够的空气流入和流出，并在机房内有序进、出。冷空气从机组尾部经过控制屏、发电机、柴油机和散热器，最后由冷却风扇将热空气通过一个可装拆的排风管排到室外，形成一个完整良好的空气循环。

发电机房气流示意图如图 7-25 所示。

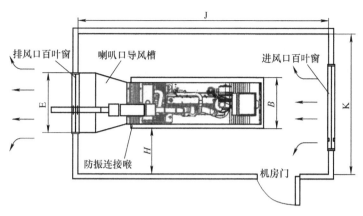

图 7-25　发电机房气流示意图

气流沿着发电机组的轴线流动，有效地按顺序带走了各部分的热量，气流在流动的过程中温度逐渐上升。

发电机房理想气流示意图如图 7-26 所示。

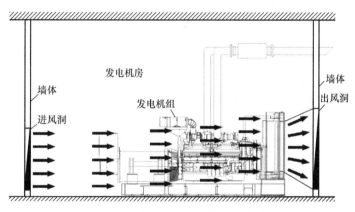

图 7-26　发电机房理想气流示意图

凉爽、干燥、清洁的空气从机组后侧方向尽量靠近地面进入，在流经发电机、发动机后由安装在机房前部的强制散热水箱的排风扇至室外。

（2）机组停机后的通风和散热

1）水箱一体式机组的机房通风和散热。

一般的机房通风系统是通过与机组一体的散热水箱风扇的转动，推动大量的空气通过水箱，来实现冷却机组内循环冷却水；并使室内空气经出风口排出机房，达到通风的目的，使机房温度保持在一个合适的范围内。

但这种方式在机组停机后，如果机房没有其他的通风散热措施，在夏天天气炎热且机组带来重载后，机房的顶部会集聚过热的气体，导致机房顶部温升过大，会触动温感告警装置，造成假的火警。还有这种情况下不开机无法实现机房定时换气。

为了解决上述问题，我们在 500kW 以上的机组机房内都建议加装轴流风机在机房的上部，通过电器自动化控制实现定期换风和机组停机后继续补排风。这种通风散热用的轴流风机要配置消声筒和自动百叶窗，在机组运行时，轴流风机停机，百叶窗关闭，机组停机后，百叶窗自动打开，风机运行，到设定时间或温度后停止。平时通风系统根据机房上部的温度和设定的通风换气时间自动运行。

2）使用远距离分体散热器或热交换器机组的通风和散热。

如果机组采用远距离分体散热器或热交换器进行冷却，发电机组产生的热也需要排出室外。对于普通型发电机组的机房安装，散发的热量已计算在散热器空气流量中；但对于那些把散热器安装在远处的机房，机房冷却空气的流量是由柴油机、发电机和排气系统任何部分向周围空气散发的总热量来计算的，所以应采取一些必要且有效的措施排出机房中的热风。

远置水箱发电机组的机房所需的冷却风量一般采用强制风机排出室外。在实际的配置中，通常会根据发电机组容量选择两台及以上数量的风机来抽出热风，并且在风量的设置上考虑如果一台风机发生故障，剩余的风机仍然可以满足机组至少80%的功率输出需求，起到后备保障的作用。

这种有强制排风机的机房不需要再另外设置通风散热的风机，只需要在控制程序中加入冷却通风延时和定期换风功能即可。

3）进、出风系统实施注意事项。

水冷机组机房的热风主要是通过风扇和散热器来散热的，机房的布置和设施应将热风引到机房外。通常利用门洞或墙洞，再加上可拆移的引风罩将热风引出机房。若利用墙洞固定引风罩必须考虑隔热和减振问题，可采用帆布管罩缓冲隔振，采用石棉层来隔热。风罩和管道应平顺、光滑，避免急弯，以最短距离引出机房，进口和出口都要采取措施，防止雨水和小动物进入风道。

为了保证机房内有良好的通风效果，机房内应有开向户外或通向建筑物另一部分的面积足够大的进风口，以便让足够的新鲜空气进入。在某些较小或特殊要求的机房，有时可以用通风管把空气抽入房间或直接送到机组的进气口，但该做法一般不推荐用户使用。此外，机房还应有一个面积足够大的出风口和畅通无阻的出风通道，保证热风从该口及其通道排出室外。机房的出风口和进风口都应该设置有挡风雨的百叶窗。百叶窗可以是固定的，也可以是在气温低或自动起动时能够自动调节的。

良好的通风系统需要足够的空气流入和流出，并在房间内自由循环，因此机房必须有足够的空间以便空气自由循环。这样机房内的空气温度就可以保持均衡，并且没有流通死区。机组在机房中的位置也应该慎重选择，若有多台机组，应避免相邻两机组距离太近，使其中一台机组排出的热空气不会影响到另一台机组的工作。

7.10.3　排气系统

1. 排气系统的设计

柴油发电机组排出的气体必须由一个设计正确的排烟系统排出户外，该系统应不会对发电机组产生过多的排气背压。排烟管的安装必须符合相关的规范、标准及其他要求。在室内或室外，排烟管上应装有合适的排烟消声器。户内的排烟系统的部件应包上隔热材料以减少热量的散发，管的外端应切成和水平成60°角，或者装上防雨水或防雪的装置，例如防雨帽等。如果建筑物装有烟雾探测系统，排烟口应该装在远离报警器的地方，排烟口要避开敏感方向。另外，还应确保热的排烟消声器及排烟管远离易燃物质，确保柴油机排放不成为公害。

在排烟系统的设计中应特别注意排气压力。设计时，排气阻力不得超过允许范围，因为过度的阻力将会大大降低柴油机的效率和耐久性，并严重增加燃料消耗。为减少阻力，排烟管应设计得越短越直则越好。如确实有必要弯曲，曲径必须至少是管内径的 1.5 倍。超过 3m 的设计必须征得厂家同意。其他的排烟系统设计要求如下：

1）柴油发动机的排气出口与排烟管连接处要加上排烟软管。其作用是减少柴油机产生的振动传达到排烟管及建筑结构上，补偿排烟管因受热膨胀及安装时的少许角度偏差，排烟管与排烟软管的连接如图 7-27 所示。

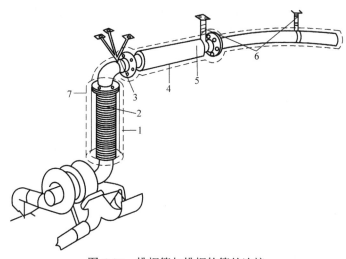

图 7-27　排烟管与排烟软管的连接

1—护网　2—柔性排烟软管　3—三点固定架　4—隔热套（矿物棉）
5—消声器　6—柔性支架　7—金属防护外壳

2）超过 6m 长的排烟管不管是水平还是垂直安装都要加装不锈钢波纹补偿器。固定支撑点和滑动支撑点要配对布置。

一般排烟用钢管的热膨胀系数可按 1.33×10^{-6} m/m·℃取定，因此当烟管温度由 35℃升高到 500℃时，一根 6m 长的烟管会伸长约 37mm。补偿器应拉伸安装。

3）安装在室内的排烟系统的部件应安装隔热套管以减少散热、较低噪声。消声器和排烟管无论装在室内或室外，均应远离可燃性物质。

4）任何较长的水平排烟管应在远离机组端倾斜向下安装，并装设排水阀（应在最低点），以防止冷凝水倒流进入柴油机。

5）当管子穿墙而过时，应安装吸振、隔热套管，使易燃物质远离这些发热管道，并应留有膨胀用的伸缩接缝，让管子受热膨胀后纵向延伸或收缩。

6）排烟管伸出室外的一端，如果切口是水平的，应切成 60°，如垂直则装上防雨帽，以防止雨雪进入排烟系统。排烟管应是独立的，不得与其他发电机组的排烟管共用。

排烟管、消声器均要可靠固定，不允许在机组运行时有摇晃、过分振动现象。机房内裸露的排烟管、消声器应用隔热隔音材料包裹，如同蒸汽管道一样，以减少机房内的辐射热。

用波纹管来纠正管道之间的对中偏差是不允许的。波纹管内若有导流内管，与法兰焊接的一端应装在气流入口一端。排烟消声器通常都标有气流方向，应按气流方向安装，不允许倒向安装。

7）机组排烟口以后的排烟系统要做背压验算，排气系统的背压不允许大于机组的设计值，一般设计排气系统的背压不超过机组允许值的 60%。

2. 排烟系统的安装

为了使安装费用更经济、操作更有效率，发电机组的位置应设在使排烟管尽可能短，曲弯和堵塞都尽可能小的地方。通常排烟管伸出建筑物外墙后会继续沿着外墙向上在墙孔处安置一减振套，并在管子上有一个弹性接头补偿烟管因热胀冷缩而产生的长度变化。

机组的排烟可以通过排烟管直接进入一特定的烟道，也可以与散热水箱的出风通道设计在一起。排烟管口安装于水箱的排放口之上，所以出风会上升并和排烟混合在一起。这种做法不但不会对机组排烟造成有害的影响，还能提供一部分消声效果。但使用该方法时建议发动机的喷油系统最好是高压共轨喷油型的，如果是直喷型有可能因为排烟回火而损坏排烟井道。

排烟消声器的安装方式可以是水平安装，也可以是垂直安装，安装方式的选择主要视用户要求和现场安装条件而定（见图 7-28）。

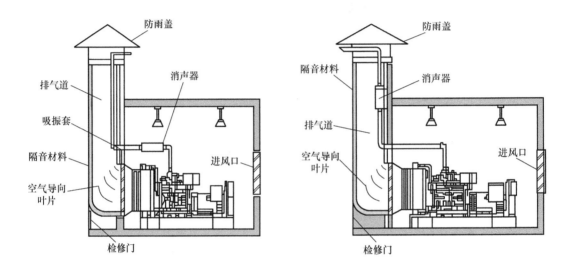

图 7-28　排气管安装示意图

机组排气系统的降噪处理：一般做法是利用一个波纹减振节、一个工业型消声器和一个住宅型消声器的组合，有效隔断排气振动和排气噪声的传播；同时，对排气管道进行隔热隔音包扎，改善机组的运行环境和由排气管引起的噪声。

发电机组与排烟系统之间的连接部分应有合适的处理，以减少机组工作时的振动对排烟系统和建筑物的影响，同时，补偿排烟系统热胀冷缩。一般合适的设计是在保证不损坏系统的前提下允许末端对任何方向可有 ±13mm 的位移。

排气管室内主要是水平架设敷设，优点是转弯少、阻力小；缺点是增加室内散热量，使机房温度升高。

另外，由于发电机组的排烟温度在 400 ~ 700℃，为防止烫伤和减少辐射热，排烟管宜进行保温处理。排烟管的暴露部分不应与木材或其他易燃性物质接触，在建筑物内的排烟管（包括安装在机房内的消声器）应包裹合适的隔热材料以防止烫伤工作人员并降低热量的散发，降低机房温度。排烟管及消声器应用耐高温的玻璃丝棉或硅酸铝包装，起隔热、降噪的作用。

3. 排气阻力的计算

排烟系统应尽量减少背压，因为废气阻力的增加将会导致柴油机输出功率的下降。通过排气管道让排出的气体自由地流动以减少排气背压，过大的排气背压会影响柴油机的输出功率。造成高背压的主要因素如下：

1）排烟管直径太小。

2）排烟管过长。

3）排烟系统弯头过多。

4）消音器阻力太大。

由于现实施工及周围环境对噪声的要求的限制（例如操作中常见的排烟管往往需要在原有一级消音器的基础上安装特制二级消音器等情况），如果按常规做法则经常无法避免造成高排气背压的情况出现，因此有必要对排烟口径进行扩大以将排气背压减小至发电机组最大允许范围内。

影响排烟背压的因素主要有排烟管的直径、长度、弯头及其内部表面的光滑程度，超长、弯曲过多、内部表面粗糙都会增加排烟背压。有时还需要考虑因使用时间较长而产生的烟垢和变质造成管道阻塞而增大的排烟阻力。

下面就具体地介绍一下将排烟系统内各个部分产生的阻力，转换成直管产生的当量阻力，用长度表示的计算方法，以便在应用中设计正确合理的排气管道及其最小口径，达到既符合机房总体设计和布置要求，又保证整个系统的排气背压不致于超过发电机组最大允许范围的目的。

首先测量计算使用的排烟管的长度。在进行排气系统计算时，可先做这样的设定：机组标准配置的波纹避振节、工业型消声器等同于同管径的直管，弯头折算成直管当量长度，把以上三项和连接直管的长度相加后，用排气管背压的计算公式计算背压，可使整个计算简化，并不影响计算精度，消声器背压的计算特指住宅型消声器的计算。参考柴油机说明书中排烟机组书中排烟流量数据、极限背压值、消声器最大允许阻力和所有管子的弯曲变化，计算出管子允许的最小直径。

排烟管背压的计算见下式：

$$P_{排}= 6.23 \frac{LQ^2}{D^5} \frac{1}{t+273} \tag{7-14}$$

式中　$P_{排}$——排烟管的总排烟背压（Pa）；

　　　L——排烟管直管当量总长度（m）；

　　　t——排烟温度（℃）；

　　　Q——排烟流量（m³/s）；

　　　D——排烟管内径（m）。

各种弯管的当量长度计算公式：

$L = \dfrac{33D}{X}$标准弯头（弯头半径 = 管子直径）

$L = \dfrac{20D}{X}$长弯头（半径 >1.5 直径）

$L = \dfrac{15D}{X}$弯头

$$L = \frac{66D}{X} \text{方弯头}$$

其中 $X = 1000\text{mm}$

如上所述，如果排气管需要 90° 的弯头，则采用半径是两倍管子直径的弯头，将有助于减少阻力。

各种弯头长度查表见表 7-14。

表 7-14　各种弯头长度查表

管径 /in [①]	45° 弯头 /（m/ 每个弯头）	90° 弯头 /（m/ 每个弯头）
3.5	0.57	1.33
4	0.65	1.52
5	0.81	1.9
6	0.98	2.28
7	1.22	2.7
8	1.39	3.04
10	1.74	3.8
12	2.09	4.56
14	2.44	5.32

① 1in=0.0254m。

这些参数中，排烟温度和排烟流量一般可由柴油机的说明书中查得。如柴油机说明书中没有标明，请详细咨询厂家并向其索取该数据。

另外，在计算排烟系统总背压 $P_{总}$ 时，除了应考虑排烟管的背压 $P_{排}$ 外，还应考虑消声器的排烟背压 $P_{消}$。其中消声器的排烟背压 $P_{消}$ 可以通过厂家说明书直接查出。

排烟系统总背压 $P_{总}$ 等于排烟管的背压 $P_{排}$ 与消声器的排烟背压 $P_{消}$ 之和，即 $P_{总} = P_{排} + P_{消}$。在排烟系统的安装中，必须保证机组排气系统许用背压 $P_{许}$ 大于或等于排烟系统总背压 $P_{总}$，即 $P_{许} \geqslant P_{总}$ 应成立。

若不能成立，会造成高排气背压的情况出现，则必须将排烟管的口径进行扩大，以减小排气系统的总背压 $P_{总}$，直至发电机组许用范围内，即 $P_{许} \geqslant P_{总}$ 成立。

7.11　机房降噪

工业噪声分为空气动力性噪声、机械性噪声、电磁性噪声三种，柴油发电机组的噪声构成主要是空气动力性噪声和机械性噪声。

柴油发电机组在运行时的各个环节都会产生噪声，机房降噪就是运用隔声、吸声、消声等技术措施来降低机组噪声对周围环境的影响。

柴油发电机组本身是多发声源的复杂机械设备。柴油发电机组在为人们提供便利的同时，也因为机组自身存在的噪声、排放等问题影响着我们的生存环境，尤其是机组的噪声直接影响着人们的工作和生活 [机组运行时通常会产生 90 ~ 110dB（A）的噪声]。

　　根据资料表明，人在睡觉时听觉最高持续可以接受 30dB（A）的声音，持续噪声超过 30dB（A）时，人的正常睡眠就会受到干扰；而持续噪声达到 70dB（A），听力和身体健康就会受到影响；超过 70dB（A）时，还会伤害人的眼睛，形成视力疲劳或视力减退。噪声还造成人体免疫功能下降，使人体中的维生素 C、B1、B2、B6、氨基酸等营养物质消耗量增加。为了保护和改善环境质量，必须对柴油发电机组噪声进行控制。

7.11.1　柴油发电机组的主要噪声源

　　根据柴油发电机组的工作原理，其噪声的产生非常复杂。从产生的原因和部位上来分，柴油发电机组的噪声可以包括排烟噪声、机械噪声、燃烧噪声、风扇及出风噪声、进风噪声和发电机噪声六部分。下边分别就这六部分做一个说明。

1. 排烟噪声

　　排烟噪声是柴油机噪声中能量最大、成分最多的部分。它的基频是柴油机的发火频率，在整个排烟噪声频谱中应呈现出基频及其谐波的延伸。噪声成分主要有以下几种：

　　1）周期性的排气所引起的低频脉动噪声。

　　2）排烟管道内的气柱共振噪声。

　　3）气缸的亥姆霍兹共振噪声。

　　4）高速气流通过排气门环隙及曲折的管道时所产生的喷注噪声。

　　5）涡流噪声以及排气系统在管内压力波的激励下所产生的再生噪声形成了连续性高频噪声谱，频率均在 1000Hz 以上，随气流速度增加，频率显著提高。

　　排烟噪声是柴油机空气动力噪声的主要成分。其噪声一般要比柴油机整机高 10～15dB（A），是首先要进行降噪控制的部分。消声器是控制排烟噪声的一种基本方法。正确选配消声器（或消声器组合）可使排烟噪声减弱 20dB（A）以上或 30dB（A）以上。

2. 机械噪声

　　机械噪声主要是柴油机各运动部件在运转过程中，受气体压力和运动惯性力的周期变化所引起的振动或相互冲击而产生的，其中最为严重的有以下几种：活塞曲柄连杆机构的噪声、配气机构的噪声、传动齿轮的噪声、不平衡惯性力引起的机械振动及噪声。柴油机强烈的机械振动可通过地基远距离传播到室外各处，然后再通过地面的辐射形成噪声。这种结构的噪声传播远、衰减小，一旦形成则很难隔绝。

3. 燃烧噪声

　　燃烧噪声是柴油在燃烧过程中产生的结构振动和噪声。在气缸内燃烧噪声的声压级是很高的，但是，柴油机结构中大多数零件的刚性较高，其自振频率多处于高频区域，由于对声波传播频率响应不匹配，因而在低频段很高的气缸压力级峰值不能顺利地传出，而中高频段的气缸压力级则相对易于传出。

4. 风扇及出风噪声

　　机组风扇噪声是由涡流噪声和旋转噪声组成的，旋转噪声由风扇的叶片切割空气流产生周期性扰动而引起；涡流噪声是气流在旋转的叶片截面上分离时，由于气体的黏性引起的漩涡流，辐射一种非稳定的流动噪声。出风噪声、气流噪声、风扇噪声、机械噪声均是通过出风的通道辐射出去的。

5. 进风噪声

　　机组工作在封闭的机房里面，从广义上讲，进风系统包括机组的进风通道和柴油机的进气系统。进风通道和出风通道一样直接与外界相通，空气的流速很大，气流的噪声和机组运转的噪声都经进风通道辐射到外面。柴油机进气系统的噪声是由进气门周期性开、闭而产生的压力波动所形成的，其噪声频率一般处于 500Hz 以下的低频范围。

对于涡轮增压柴油机，由于增压器的转速很高，因此其进风噪声明显高于非增压柴油机。涡轮增压器的压气机噪声是由叶片周期性冲击空气而产生的旋转噪声，以及高速气流形成的涡流噪声所组成，且是一种连续性高频噪声，其主要能量分布在 500 ~ 1000Hz 范围。

6. 发电机噪声

发电机噪声包括定子和转子之间的磁场脉动引起的电磁噪声，以及滚动轴承旋转所产生的机械噪声。

7.11.2　噪声治理的方法

治理发电机组的噪声，必须针对不同的噪声和噪声不同的传播途径进行综合治理。治理噪声的方法归纳起来有：隔声、吸声、消声和隔振四种方法，发电机组的噪声处理就是要采用综合处理的方法来进行。

（1）隔声

隔声就是用构件或壁面挡住噪声的传播途径，使投射到另一边的噪声减小，从而让被控制之外的环境达到标准要求。发电机房除进、出风和排烟等消声通道外，要求全部密闭，就是利用隔声的原理。用厚实的材料和结构或轻质多层复合结构来隔断噪声的传播途径，使噪声不能自由地传播，主要有墙壁、楼板、隔声门、隔声窗和隔声罩等。

隔声设计主要是要充分了解各种材料的隔声能力，综合配置利用，达到隔声要求。

常见墙壁、门、窗的隔音效果见表 7-15。

表 7-15　常见墙壁、门、窗的隔音效果

类别	规格	厚度 /mm	隔音量 /dB（A）	备注
墙壁	1/2 块红砖	120	33	双面粉刷
	1 块红砖	240	40	双面粉刷
	空心砖	200	20	双面粉刷
门	普通木门	45	16	
	隔音门	—	≥ 40	
	钢板门	6	20 ~ 25	
窗	中空玻璃窗	—	15 ~ 20	

（2）吸声

吸声就是声波入射到某个物体表面时，有部分入射声会被物体吸收，在物体内可引起质点振动，从而将声能转化为热能的过程。吸声主要可以降低发电机房内的噪声级。

物体的吸声性能总是存在的，不同物体的吸声性能有大有小。只有当某种物体的材料或吸收结构具有较强的吸声性能时，才能称为吸声材料。吸声材料和吸声结构的吸声性能用吸声系数 a 表示，它被定义为吸收声能与入射声能之比。a 越大则材料吸声性能越好。a 为 1 时，表示入射声能完全吸收；a 为 0 时，表示入射声能全部反射，材料不吸声，吸 a 值越大，表明材料吸声性能越好。一般 a 在 0.2 以上的材料被称为吸声材料，如果某种材料

的吸声系数 a 不小于 0.5, 则这个材料就是理想的吸声材料了。

常见的吸声物体主要有多孔吸声材料和共振吸声结构两大类。多孔吸声材料又分为纤维类 (如超细玻纤棉、岩棉等)、泡沫类 (如泡沫塑料等) 和颗粒类 (如膨胀珍珠岩等)。共振吸声结构分为穿孔板吸声结构、微穿孔板吸声结构、薄板吸声结构。

吸声系数又分为垂直入射吸声系数和无规入射吸声系数, 在机房降噪工程设计中, 所用吸声材料的吸声系数应根据其所处的位置及用途选择采用垂直入射吸声系数, 还是无规入射吸声系数。

吸声无法减少直达噪声, 只能降低墙面的反射, 减少因为噪声的叠加而增大的情况。

（3）消声

消声就是既要保证气流顺利通过, 又要有效地降低噪声。这类噪声处理设备叫消声器。它是解决数据中心备用发电机组运行噪声的主要措施, 在发电机房噪声控制技术中占有举足轻重的地位。消声器的种类按照消声原理主要分为阻性消声器、抗性消声器、共振消声器、复合消声器和放空排气消声器等几大类。在数据中心发电机房噪声控制中用途最广的是阻性消声器（阻性片式消声器）。如发电机组的进风、出风和排烟的二级消声用的就是阻性片式消声器, 排烟一级消声器一般用抗性消声器。

阻性片式消声器是在发电机房降噪设计中要重点讨论的课题。消声器的设计要统筹兼顾以下三个方面：

1）消声性能上的要求。要具有较高的消声量和较宽的消声频率范围。

2）空气动力性能上的要求。消声器对气流的阻力要小, 安装消声器后压力损失要控制在允许的范围内。

3）结构性能上的要求。消声器体积要小、重量要轻、结构简单、便于加工制作、坚固耐用。

阻性片式消声器的消声量可由下式计算：

$$L_{消} = 2lA/l_a \tag{7-15}$$

式中　$L_{消}$——消声量 [dB（A）]；

　　　l——消声段长度（m）；

　　　A——消声系数, 可通过查表 7-16 得到；

　　　l_a——消声片间距（m）。

表 7-16　吸声系数 a 与消声系数 A 换算表

a	0.1	0.2	0.3	0.4	0.5	0.6	0.7	0.8	0.9 ~ 1.0
A	0.1	0.2	0.4	0.55	0.7	0.9	1.0	1.2	1.5

在机房消声设计中, 常用的消声片厚度有 50mm、100mm、150mm 等, 500kW 以下的机组可以选较薄的消声片。消声片的间距与消声片厚度之比宜取在 1 ~ 4 的范围内, 常选在 1.5, 这时消声器的通过率为 0.6。

阻性片式消声器在设计过程中要估算压力损失, 由压力损失的计算结果来判断设计是否符合要求或为风机的选择提供依据。

消声器内的压力损失的安装机理不同, 可以分为两大类, 一类是管道壁面摩擦产生的压力损失；另一类是在局部结构中流动情况发生突变时产生的压力损失。

1）摩擦压力损失。

它是由气流与消声器各壁面之间的摩擦产生的，计算公式为

$$\Delta P_{摩} = \lambda L v^2 \rho / 2 de \qquad (7\text{-}16)$$

式中　$\Delta P_{摩}$——摩擦压力损失（Pa/m）；

　　　　λ——摩擦阻力系数；

　　　　L——消声段长度（m）；

　　　　v——气流速度（m/s）；

　　　　ρ——气流密度（kg/m³）；

　　　　de——通道截面等效直径（m），矩形通道的 $de = 2ab/(a+b)$，a、b 为矩形的
　　　　　　　两个边。

2）局部压力损失。

$$\Delta P_{局} = \xi v^2 \rho / 2 \qquad (7\text{-}17)$$

式中　$\Delta P_{局}$——局部压力损失（Pa/m）；

　　　　ξ——局部阻力系数。

在设计消声器时，要确定最优化的气流速度，一般设计中气流速度不大于 5m/s，根据经验，在这种气流速度下可以不做压力损失验算。当气流速度大于 5m/s 后要做验算，在要求达到 2 类环保要求的项目中气流速度最高不超过 8m/s。风速表见表 7-17。

表 7-17　风速表

风级	名称	风速 /（m/s）	风级	名称	风速 /（m/s）
0	无风	0 ~ 0.2	7	疾风	13.9 ~ 17.1
1	软风	0.3 ~ 1.5	8	大风	17.2 ~ 20.7
2	轻风	1.6 ~ 3.3	9	烈风	20.8 ~ 24.4
3	微风	3.4 ~ 5.4	10	狂风	24.5 ~ 28.4
4	和风	5.5 ~ 7.9	11	暴风	28.5 ~ 32.6
5	清劲风	8.0 ~ 10.7	12	飓风	32.7 ~ 36.9
6	强风	10.8 ~ 13.8			

风速选择过大，除了会导致压力损失过大外，还会产生较大的气流再生噪声，对降噪不利。

（4）隔振

一切噪声都是通过振动传播的，而振动又可以产生噪声。要治理噪声，就要解决固体传声，就要隔绝振动源。落实到发电机噪声治理上，就要隔离发电机组的振动。

机组的隔振主要有以下几个方面。机组与建筑结构之间一般有两种情况，一是需要修基础，这时寄出周围会设置隔振层和隔振沟；二是不建基础，这时我们常用橡胶减振垫或带阻尼的弹簧减振垫来隔振。发电机的电力输出也有两种方式，一是使用电力电缆，这时要采用多股的软芯电缆 U 型布线，起到隔振作用；二是采用母排，这时发电机输出端子和母排的连接要采用柔性母排连接；排烟口与排烟管的连接处要采用弹性连接器（波纹管）连接；水箱出风口与导风罩连接要采用阻燃布制作的软风道连接；进、回油路与机组之间要采用软性耐油胶管连接。

7.11.3　机房降噪措施

在了解柴油发电机组主要噪声源和降噪方案的设计原则后，就可以针对机组各噪声源制定出相应的治理措施。排气噪声消减直接利用排气消声器；出风、进风噪声利用进、出风消音箱；对机房砖墙的特殊加工甚至内墙铺设隔音板，配置机房防音门能有效隔断机械、燃烧等噪声的对外传播；利用隔音墙等措施可以保证控制室内工作环境。另外可增加基础质量和挖砌隔振沟作为隔振处理；具体的操作方法如下所述。

1. 排气噪声的治理

排气噪声在机组噪声中占有很大的比例，治理的最直接方法就是选用合适的消声器，或者消声器组合。

根据消声原理，消声器结构可分为阻性消声器和抗性消声器两大类。

（1）阻性消声器

阻性消声器是利用多孔吸声材料，以一定方式固定在管道内，当气流通过阻性消声器时，声波便引起吸声材料孔隙中的空气和细小纤维的振动。由于摩擦和黏滞阻力，声能变为热能而吸收，从而起到消声作用。阻性消声器的性能取决于吸声材料的性能，一般吸声材料在低频时吸声系数很小，所以这种消声器特别适用于消减增压型柴油机的进气噪声。图 7-29 为阻性消声器示意图。

（2）抗性消声器

抗性消声器是利用不同形状的管道和共振腔进行适当的组合，如图 7-30 所示，借助于管道截面和形状的变化衰减声阻抗不匹配所产生的反射和干涉作用，达到衰减噪声的目的。其消声效果与管道形状、尺寸和结构有关。适用于窄带噪声和低、中频噪声的消减，对发电机组的降噪效果最为明显。

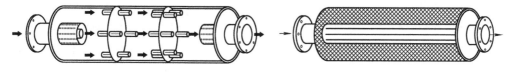

图 7-29　阻性消声器示意图　　　　　　图 7-30　抗性消声器示意图

阻性消声器和抗性消声器在发电机组配套的产品中分别称为工业型消声器和住宅型消声器，一般可降噪约 15dB（A）和 30dB（A）。可以同时选择使用这两种消声器串联成混合消声器，这样可以在更宽的频率范围内取得良好的降噪效果。消声器还应通过一个波纹减振节，安装于机组排烟口。

同时，对排烟管道进行隔热隔音包扎，也能改善机组的运行环境和由排气管引起的噪声。可以采用地下管式排烟，排气管道埋设于地下并引入转砌烟囱内，降噪效果更佳。

2. 进、出风通道的降噪处理

为保证发电机组的正常运行，在发电机房的设计中，除了考虑机房的散热外，还需考虑新鲜空气的补充。数据中心用发电机组均设置有空气滤清器（空滤），其本身就具有一定的降噪作用。数据中心的发电机房都设有进风通道，为了减少发电机组噪声通过进风通道外传至室外，发电机组的进风通道应设计成一个良好的进风吸音通道，可选用合适的进风降噪装置，如进风降噪箱或进风间，并在其内部设置相应的吸音装置。

进风通道也采用相同的降噪方法。为保证通风量，可在进风道处增加引风机，不带散热水箱的机组则可在出风道设散热风机。不过增设风机会导致噪声的增加，要谨慎使用。另外两风道也可增设隔音墙，可明显地提高降噪效果。若无隔音墙，两风口要错开，不要位于同一水平线上。发电机房降噪示意图如图 7-31 ～ 图 7-33 所示。

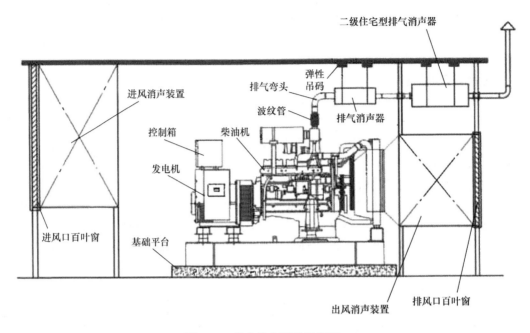

图 7-31　发电机房降噪示意图 1

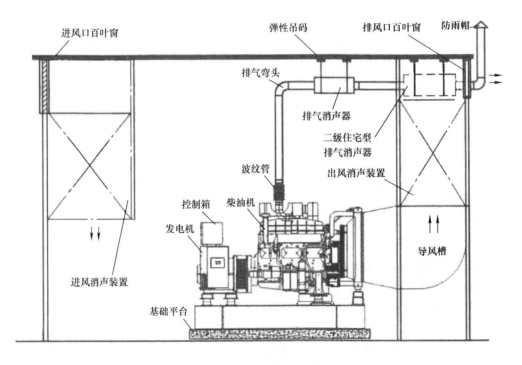

图 7-32　发电机房降噪示意图 2

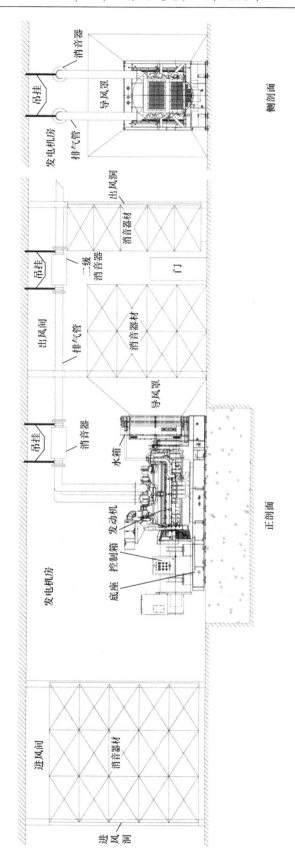

图 7-33　发电机房降噪示意图 3

发电机房的进风通道应注意以下几点：

1）风道的截面形状为折线形式，易形成对其内部的噪声声波的反射降噪作用，同时有利于进风。

2）进风口的有效进风量应满足发电机房所需的新风量的要求。

3）进风口的位置应设计在发电机组的发电机端附近，遵循轴向通风方式的原则，即风向由发电机端吹向冷却水箱端。

同理，发电机组的冷却风扇和出风通道连接，出风通道又与室外直接连通。由于出风通道的空气流速较大，若出风通道的降噪装置设计不合理，机组的气流噪声、风扇噪声和机械噪声很容易从出风通道辐射到室外。

发电机房安装的发电机组的冷却风扇通过导风筒（罩）与出风通道或出风间控制水箱风扇和出风通道噪声的主要手段是设计良好的出风吸音通道，吸音通道主要由导风槽、出风降噪箱和百叶窗组成，也可由导风槽和一至几组的吸音挡板组成。出风降噪箱的工作原理类似于阻性消声器。可通过更换吸音材料（改变材料的吸音系数），改变吸音材料的厚度、出风通道的长度、宽度等参数来提高吸音效果。在设计出风吸音通道时，要特别注意出风口的有效面积必须满足机组散热的需要，以免出风口风阻增大而致出风噪声增大和机组高水温停机。

出风通道的降噪装置应注意以下几点：

1）风道的截面形状为折线形式，易形成对其内部的噪声声波的反射降噪作用。

2）风道中应有吸声材料，通过吸声材料，可吸收一部分噪声能量。

3）机组冷却水箱与出风口之间的导风罩与水箱之间应采用柔性连接，以隔绝机组振动，导风罩宜设置检修口，以方便对水箱的检修。

4）出风通道（间）应方便日后的维修、调整。

发电机房外墙的进出风口均设置百叶窗，百叶窗宜设置自动百叶窗。

3. 机房建筑设计中的降噪措施

通过排气消声器和进、出风降噪箱的降噪，虽然对柴油发电机组的主要噪声源已有效消减，但仍然需在机房建筑设计上，从对外辐射的途径上对噪声进行有效隔断。

发电机房墙体宜采用240mm砖墙，砌筑时要求填实、饱满，不要留有孔洞、缝隙。内墙表面的粉刷不宜致密光滑，粉刷材料中可渗入一定数量的具有吸音效果的多孔性材料，以减少机房内的混响。例如使用水泥、石灰膏和木屑组成的吸音层。

隔音板应有一定的厚度，内部填充有多孔性吸声材料，该材料的孔眼面积至少占总面积的20%～25%，例如岩棉、玻璃纤维棉等。板壁为微穿孔铝板，开孔率为10%～20%。

发电机房门也应为隔声门，门与门框、门框与墙体的间隙应细密，越密封越好。隔声门宜采用双层钢板，内部同样填充吸音材料。若机房门做成一洞二门式，则效果更佳。

发电机房与配电及控制室用厚度为240mm的隔墙隔开，隔墙上开挖三层玻璃窗。玻璃窗最好选用5～6mm厚的浮法玻璃，外面两层玻璃的间隔应大于100mm，面向机房的首层玻璃上端向地面略为倾斜，使噪声反射效果更好，并能防止结雾。控制室门的降噪处理与机房门的做法相同。

4. 隔振处理

机组的振动通过基础传播，虽然威尔信柴油发电机组本身已采用胶垫或弹簧隔振，但并不满足要求，故对基础必须进行相应的隔振处理。可采用质量隔振的方法，增大基础的质量，可选择大于机组质量的 3~5 倍。在基础四周挖砌环形电缆排污沟，既能起到方便电缆安装、保持机房清洁的作用，又能达到隔振的作用。如果在基础底部增设一定厚度的毛毡层，则其隔振效果会更佳。

5. 室外环境处理

除了发电机房内部的降噪措施外，在发电机房室外也可采用如下措施来降低发电机房的外传噪声：

1）尽可能加大发电机房到各测点的距离。

2）在发电机房与测点之间应尽可能进行绿化或建设隔音板，以降低噪声传播。

7.11.4　噪声限制标准及测点

（1）噪声限制标准

现行的国家对城市区域噪声规定标准是 GB 3096—2008《声环境质量标准》，这个标准包括了对城市五类区域的环境噪声最高限制值。该标准适用于城市区域，对乡村生活区域也可参照该标准执行。在机房降噪工程进行之前，应根据各自所在区域的不同，选择合适的降噪方案。

标准中的城市五类环境噪声标准值见附录 C。

（2）测点

降噪工程结束后，需要对降噪效果进行测试。测点（即传声器的位置）应选在限制区域内（如医院、居民区、工业区等）。若噪声限制区界有围墙，测点应高于围墙；若限制区域是居民区，测点应选在居民区距发电机房外墙最近处；若为高层民用建筑物，测点宜选在距发电机房最近的高层房间的外窗处。

数据中心的发电机房到测点通常具有一定的距离，其间可能是绿化带，也可能是硬化地面，或是空旷地带。在发电机房选址上，也会考虑发电机房对数据中心建筑红线外的民用建筑及人的影响。理论上，数据中心发电机房发出的噪声距离测点越远，其噪声减低幅度越大，这是很容易理解的。在一个空旷无风的空间，每 100m 噪声可以降低 20～25dB（A）。噪声在室外分贝的降低计算很复杂，它不是线性的，而是与很多因素有关，诸如风向、树木、灌丛、草地、硬化地面等。

通常发电机组所发出的噪声比一般城市噪声要大很多，但发电机组采用了有效降噪措施后，它的噪声水平已经有了明显的降低，并可达到当地对噪声的限制水平。在噪声控制上，不应采用理论计算公式推导测点的噪声水平。

7.12　节能设计

7.12.1　发电机组供电系统节能设计

发电机组供电系统是数据中心的备用电源系统，当市电电源正常运行时，发电机组供电系统是基本不耗能的，只有当市电电源无法正常供电时，发电机组供电系统才成为耗能系统。发电机组供电系统的耗能主要取决于发电机组供电系统的运行效率。影响发电机组运行效率的因素主要包含以下四点：

1）发电机组发电效率，即燃油消耗率、机油消耗率。

2）发电机组供电系统的带载率。

3）发电机组输送电的耗能，即发电机组供电系统的设备、电缆的能耗。

4）发电机房的环境治理对发电机组能量输出的影响。

在发电机组供电系统设计时，应主要考虑以下几点：

1）宜选择高压发电机组作为数据中心供配电系统的备用电源。

2）发电机组供电系统容量计算要合理，不要过度配置系统容量。

3）在确定发电机房或室外型发电机组的安装位置时，要综合比较，合理布局，尤其是低压发电机组的安装位置应尽量靠近负荷中心，减少电力电缆的使用量。

4）合理选择电力电缆截面，既要考虑电缆投资合理，又要考虑在发电机组运行时尽量降低电力电缆输送电的能耗。

5）根据发电机房所处地点对其环境噪声的要求，合理设计机房降噪，在满足应用条件下，尽量采用分体式水冷柴油发电机组，在保证环境控制限值的前提下，避免由于降噪措施而对发电机组输出功率造成影响。

另外，发电机组供电系统起动及并机成功时间也关乎数据中心的节能，高压发电机组系统的并机时间和发电机组或系统的投入供电时间直接影响 UPS 系统的蓄电池组的配置容量的大小。

数据中心的市电电源与发电机组供电系统之间应采用自动转换方式。

7.12.2 发电机组系统设备选择的节能设计

对于发电机组供电系统设备选择来说，其节能主要有以下三点：

1）发电机组的燃油消耗率。

2）发电机组的负载率。

3）发电机组的发电机（电球）运行效率。

上述三点最重要的是发电机组的选择，具体如下：

1）由于不同喷油控制的发电机组的燃油消耗率的不同，优先选择高压共轨燃油系统的柴油发电机组。

2）应选择突加带载能力较大的发电机组。

3）燃油储备只需满足设计要求，不应过度储备燃油。

4）高压发电机组宜选择单机容量较大的发电机组。

5）应合理配置发电机组供电系统的冗余度，不要过度冗余配置。

6）发电机（电球）的额定功率应大于发动机的额定功率，应合理选择发电机与发动机的配比，选择运行效率较高的发电机（电球）。

7）严寒地区的数据中心不建议采用室外集装箱型发电机组，以免箱内配置耗能的温度控制装置。

8）发电机应采用永磁机励磁系统。

第8章　不间断电源系统设计

不间断电源（Uninterruptible Power Supply，UPS）系统是一种利用蓄电池作为后备储能设备组成的一种供电系统，在市电断电或发生异常等电网故障时，系统仍能不间断地为ICT设备提供电能。UPS系统的合理设计与选型是数据中心供电可靠性的关键环节之一。

单从字面上理解，UPS应包括蓄电池组，也就是市场上常见的容量在几千伏安以内的小UPS，这类小UPS内部一般包括一组蓄电池组。对于数据中心用的UPS一般指一种柜式设备，它的内部并不包括蓄电池组，而且，在通信行业，UPS一般专指的是交流UPS。

根据UPS系统输出电压类型和供电架构的不同，UPS系统分为交流UPS系统、直流UPS系统和市电与UPS混合供电系统。

8.1　不间断电源设备

UPS是能够实现两路电源之间不间断地相互切换的电气装置。UPS是安装于电力系统和重要不可间断负载之间的电力装置，它可以为不可间断负载提供一定后备时间的、不间断的高可靠性电力，并能够满足不可间断负载对电力质量和可用性方面的要求。

8.1.1　交流不间断电源设备

市电电源经过变压器后，其电压为交流380V/220V，而ICT设备的逻辑电路使用的是直流低压（12V、5V等），因此包括交流UPS在内的为ICT设备供电的电源设备的核心任务是完成两种制式电压转换。交流UPS的发展与其供电负载的发展，以及其自身所采用的功率半导体器件的技术进步密不可分。20世纪70年代至20世纪80年代，早期的交流UPS作为一种净化隔离交流电源，为用电设备提供高品质的交流电源，而开始进入卫星通信领域。随着通信技术的发展，交流UPS越来越多地应用于其他通信领域，尤其是数据通信的发展。

进入21世纪，由于功率器件和数字技术在UPS中的应用技术飞速发展，尤其是高频机UPS的出现，UPS技术越来越成熟。

1. 交流UPS设备类型

根据交流UPS设备的运行形式，可将交流UPS设备分为在线式UPS、互动式UPS、后备式UPS三种类型。

（1）在线式UPS

在线式UPS的工作原理如下：当交流电源输入正常时，市电电源通过UPS内部的整流装置和逆变装置为负载供电；当交流电源输入异常时，则由蓄电池组通过逆变装置进行放电为负载不间断供电。因为在线式UPS内部包括整流装置和逆变装置，交流电源输入需经交流变直流、直流变交流两级变换，所以在线式 UPS 又称为双变换 UPS。因为在线式 UPS 正常运行时，市电电源都是经过 AC/DC 转换和 DC/AC 转换，所以，其输出的交流电的质量远比市电电源的质量要高。在线式 UPS 除了主电路（整流装置和逆变装置）外，还有旁路和维修旁路，作为主电路的应急之用。

（2）互动式 UPS

互动式 UPS 的工作原理如下：当交流电源输入正常时，市电电源直接为负载供电，这时的 UPS 逆变器处于反向工作（即整流工作）状态，UPS 一方面直接为负载供电，另一方面通过逆变器为蓄电池组进行充电。当市电电源输入异常时，逆变器立即转为逆变工作状态，则由 UPS 蓄电池组通过逆变器进行放电为负载不间断供电。由于市电电源基本是直接为负载供电，其供电质量要低于在线式 UPS，而且由于存在逆变器由整流转为逆变的过程，其转换时间相对较长，市电电源的直接供电也会影响其电气性能指标，所以互动式 UPS 不符合数据中心 ICT 负载的供电要求。

（3）后备式 UPS

后备式 UPS 的工作原理如下：当交流电源输入正常时，市电电源一方面通过 UPS 的简单的稳压装置为负载供电，另一方面通过充电整流器给蓄电池组进行充电。当交流电源输入异常时，则由蓄电池组提供的直流电通过逆变装置为负载提供未定的交流供电。由于平时市电正常时，逆变器是不工作的，只有在市电电源不能正常供电时，逆变器才工作，所以这种 UPS 被称为后备式 UPS。后备式 UPS 供电质量不如在线式 UPS，其最大的缺点是市电电源与蓄电池组之间的供电转换时间相对较长，所以后备式 UPS 不符合数据中心 ICT 负载的供电要求。

在线式 UPS 在工作中有两个电源转换，其一是市电与蓄电池组的转换，其二是主回路与旁路转换，因上述两个转换时间一般低于 2ms，可保证在转换过程中，不至于负载侧的设备断电，使之工作不间断，故将这种设备称为 UPS。数据中心为 ICT 设备供电的交流 UPS 均为在线式 UPS 设备。

在线式 UPS 的性能特点如下：

1）在线式 UPS 具有优越的电气特性：由于采用了 AC/DC、DC/AC 双变换设计，可基本消除来自于市电电网的任何电压波动、波形畸变、频率波动及干扰产生的任何影响。

2）同其他类型 UPS 相比，由于该型 UPS 可以实现对负载的稳频、稳压供电，供电质量明显具有优势。

3）市电掉电时，输出电压不受任何影响，基本没有转换时间。

4）器件、电气设计成熟，应用广泛。

2. 在线式 UPS 的分类及特点

在线式 UPS 主要由整流器（AC/DC）、逆变器（DC/AC）和静态开关（STS）组成，在线式 UPS 组成结构框图如图 8-1 所示。

市电电源正常供电时，交流输入电源经整流器 100% 变换成直流，一方面给蓄电池组充电，另一方面给逆变器供电；正常时，逆变器自始至终都处于工作状态，将直流电源经逆变器变换为高质量的交流电源为用电设备供电。

整流器：交流市电输入经过整流器转换为直流电，为蓄电池组充电，并通过逆变器向负载供电。

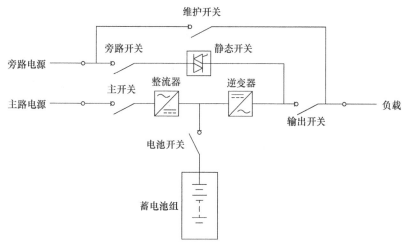

图 8-1　在线式 UPS 组成结构框图

逆变器：当市电正常时，其作用是将整流器输出侧的直流电单向逆变为交流电为负载供电；当市电不正常时，转为由蓄电池组放电，再由逆变器将蓄电池组的直流电逆变为交流电为负载供电。

静态开关：UPS 正常工作时，UPS 旁路侧断开，逆变侧呈导通供电状态；当逆变电路发生故障，或者当负载受冲击或故障过载时，逆变器停止输出，旁路侧接通，UPS 输入电源转由通过旁路直接为负载供电。

根据 UPS 的设计电路工作频率来区分，在线式 UPS 又分为工频机 UPS 和高频机 UPS 两大类型。

（1）工频机 UPS

工频机是以传统的模拟电路原理设计，由晶闸管整流器、IGBT 逆变器、旁路和工频升压隔离变压器组成。因其整流器和变压器的工作频率均为工频 50Hz，顾名思义叫工频 UPS。

典型工频机 UPS 拓扑图如图 8-2 所示。

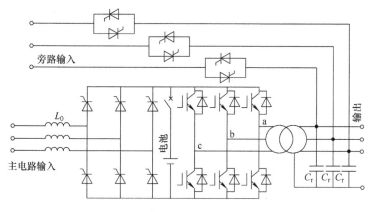

图 8-2　典型工频机 UPS 拓扑图

主路三相交流输入经过换相电感接到三个晶闸管桥臂组成的整流器之后变换成直流电压。通过控制整流桥晶闸管的导通角来调节输出直流电压值。由于晶闸管属于半控器件，控制系统只能够控制开通点，一旦晶闸管导通之后，即使门极驱动撤消，也无法关断，只有等到其电流为零之后才能自然关断，所以其开通和关断均是基于一个工频周期，不存在高频的开通和关断控制。

由于晶闸管整流器属于降压整流，所以直流母线电压经逆变输出的交流电压比输入电压低，要使输出相电压能够得到恒定的 220V 电压，就必须在逆变输出增加升压隔离变压器。同时，由于增加了隔离变压器，系统输出中性线可以通过变压器与逆变器隔离，显著减少了逆变高频谐波给输出零线带来的干扰。

同时，工频机的降压整流方式使电池直挂母线成为可能。工频机典型母线电压通常为 300～500V，整流器既为逆变器供电，又为蓄电池组充电，不需要另外配置蓄电池组充电装置。

按整流器晶闸管数量的不同，工频机通常分为 6 脉冲和 12 脉冲两种类型的在线式 UPS。

6 脉冲 UPS 指以 6 个晶闸管组成的全桥整流，由于有 6 个开关脉冲对 6 个晶闸管分别控制，所以叫 6 脉冲整流，并将此类 UPS 称为 6 脉冲 UPS。

12 脉冲 UPS 是指在原有 6 脉冲整流的基础上，在输入端增加移相变压器后再增加 6 个晶闸管，使直流母线由 12 个晶闸管整流完成，因此又称为 12 脉冲整流，并将此类 UPS 称为 12 脉冲 UPS。

（2）高频机 UPS

与工频机 UPS 的整流部分不同，高频机 UPS 由 IGBT 高频整流器、电池变换器、逆变器和旁路组成，IGBT 可以通过控制加在其门极的驱动来控制 IGBT 的开通与关断，IGBT 整流器开关频率通常在几千赫兹到几十千赫兹，甚至高达上百千赫兹，故相对于 50Hz 工频机 UPS，称之为高频机 UPS。

典型高频机 UPS 拓扑图如图 8-3 所示。

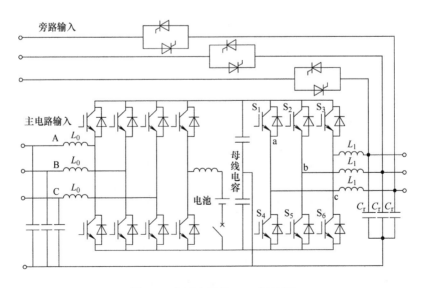

图 8-3　典型高频机 UPS 拓扑图

　　高频机 UPS 整流属于升压整流模式，其输出直流母线的电压一定比输入线电压的峰峰值高，一般典型值为 800V 左右，如果电池直接挂接母线，所需要的标配电池节数达到（单体 12V）60 多节，这样给实际应用带来极大的限制。因此一般高频机 UPS 会单独配置一个电池变换器，市电正常的时候电池变换器把母线 800V 的母线电压降压到电池组电压；市电故障或超限时，电池变换器把电池组电压升压到 800V 的母线电压，从而实现电池的充放电管理。由于高频机母线电压为 800V 左右，所以逆变器输出相电压可以直接达到 220V，逆变器之后就不再需要升压变压器。

　　工频机 UPS 和高频机 UPS 的主要性能参数对比分析表见表 8-1。

表 8-1　工频机 UPS 和高频机 UPS 的主要性能参数对比分析表

序号	对比项	工频机（12 脉冲）	高频机
1	功率等级	相同	
2	输出电性能指标	相同	
3	输出三相不平衡能力	一般	更强
4	输出动态响应能力	一般	更好
5	输入功率因数	0.95	0.99
6	输入电流谐波	< 5%（12 脉冲 +11 次谐波滤波器）	< 3%
7	效率	92%	> 95%
8	输入电流比	1.27	1
9	输入线缆截面比	2	1
10	对输入变压器、开关和线缆容量要求比	1.27	1
11	对发电机容量比	1 : 2 ~ 1 : 4	1 : 1 ~ 1 : 2
12	对 IGBT 器件性能要求	容量相同，高频机静态耐压高出 1 倍	
13	重量比	1	0.3 ~0.4
14	占地面积比	1	0.75

　　高频机 UPS 的优点是省掉了逆变器输出变压器，极大地节省了成本，提高了供电效率，并减小了 UPS 的占地面积和重量。另外，由于在斩波升压环节增加了功率因数校正功能，使高频机 UPS 具有非常高的输入功率因数。

　　工频机 UPS 曾在 20 世纪末到 21 世纪初得到广泛应用。进入 21 世纪后，随着高频机 UPS 技术的不断发展和成熟，尽管工频机技术也不断进步，但工频机 UPS 始终无法摆脱体积大、效率低、重量重、谐波分量高（治理成本高）等缺点。近年来，高频机 UPS 的电气和物理性能指标已全面优于工频机 UPS，工频机目前已经趋于淘汰，国内和国际主流 UPS 生产厂家的工频机产品已经逐步停止生产，高频机 UPS 已开始全面替代工频机 UPS。

　　根据高频机 UPS 系统架构的不同，高频机 UPS 又分为一体化 UPS 和模块化 UPS。

　　相对早期（10 年前）的高频机 UPS 大多为一体化 UPS，由于技术的限制，延续之前工频机 UPS 的做法，采用大功率 IGBT、大电容、大电感拼装，内部结构复杂、难生产、难维护、故障率相对较高。近年来，由于模块化 UPS 的技术不断成熟，模块化 UPS 应用也越来越广泛。早期的高频一体化 UPS 如图 8-4 所示，模块化 UPS 组成原理结构图如图 8-5 所示。

图 8-4　早期的高频—体化 UPS

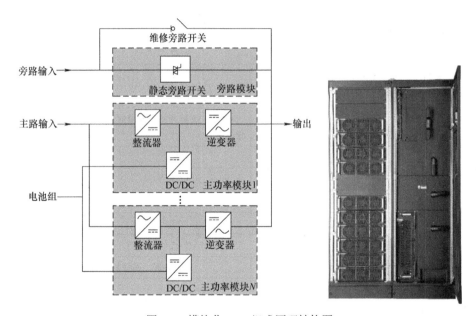

图 8-5　模块化 UPS 组成原理结构图

相对于一体化 UPS，模块化 UPS 从外部结构就与其不同，模块化 UPS 将整个 UPS 按主要功能部分分为功率模块、旁路模块、智能管理和通信等几部分，把每部分又按基本功能和功率容量在结构上做成独立的可热插拔的模块。类模块结构的塔式机是向模块化机过渡的一种类型，区别在于类模块不能支持热插拔，仍需要下电维护。

与一体化 UPS 相比较，模块化 UPS 具有以下优势：

1）投资有效性：随需扩容，节省初期投资。

2）模块冗余高可靠性：避免出现重大断电事故。

3）易维护性：在线热插拔，维护简单快速，无须转旁路。

4）节能环保性：对电网污染小，高效率及模块休眠等技术减少能源浪费。

模块化 UPS 旨在满足用户对于供电系统的可用性、可靠性、可维护性及节能等方面的需求。经过长期的运行验证，模块化 UPS 在这些方面较传统 UPS 具备更大的优势。随着能源成本持续增加及用户对供电系统的灵活性、可用性等要求的进一步提高，模块化 UPS 在数据中心中得到更广泛的应用。

3. 工作环境条件

（1）温度范围

工作温度范围：−5 ~ 40℃；

储运温度范围：−25 ~ 70℃（不含蓄电池）。

（2）相对湿度范围

工作相对湿度范围：≤ 90%（40 ± 2）℃，无凝露；

储运相对湿度范围：≤ 95%（40 ± 2）℃，无凝露。

（3）海拔

海拔应不超过 1000m；若超过 1000m 时，应按照 GB/T 3859.2 的规定降容使用。

（4）振动

系统应能承受频率为 10 ~ 55Hz、振幅为 0.35mm 的正弦波振动。

4. 容量系列

数据中心用一体化 UPS 容量系列一般为 80kV·A、120kV·A、160kV·A、200kV·A、250kV·A、300kV·A、400kV·A、600kV·A；模块化 UPS 的功率模块容量系列一般为 20kV·A、30kV·A、40kV·A、50kV·A、100kV·A。

8.1.2　直流不间断电源设备

1. 直流 UPS 设备类型

直流 UPS 一般根据输出电压等级的不同分为：−48V、240V 和 336V 三种电压等级的直流 UPS，也称为通信用直流供电系统。

−48V 直流不间断电源是通信行业的基础直流电源，在数据中心中主要为传输、路由器、交换机等网络设备供电。

240V 或 336V 直流 UPS 是近几年研究的一种集中了 UPS 交流供电技术和 −48V 直流供电技术优点为一体的新型供电技术，由于输出电压是 48V 的 5 ~ 7 倍，业界也称为"高压直流"，在数据中心中主要是替代 UPS 设备，用于服务器等 IT 设备的不间断供电。

2. 48V 直流 UPS

通信用的直流电源曾经拥有很多种电压等级，而 48V 直流电源则是随着程控交换机的商用而在通信行业应用的。

48V 高频开关整流装置主要由若干个整流模块和 1 个监控模块组成一单独机架，一般称为整流器柜，是应用最广的通信电源设备。

3. 240V/336V 直流 UPS

随着我国通信行业的高速发展，数据业务的快速增加，通信局站的 UPS 使用量大增，系统的可靠性和维护的简便性越来越受到关注，而 UPS 在这两方面均存在很多问题。尽管出现了 2NUPS 供电系统，增加了 UPS 供电的可靠性，但随之又加大了机房使用面积及增加了设备投资，也加大了能源浪费。

240V/336V 直流供电技术克服了传统 UPS 单供电系统可扩展性差、可靠性较低、成本相对较高等弊病，具有电路简单、变换少、可靠性高、效率高、体积小、成本低等优点，传统 UPS 交流系统与 240V/336V 直流系统结构图如图 8-6 所示。

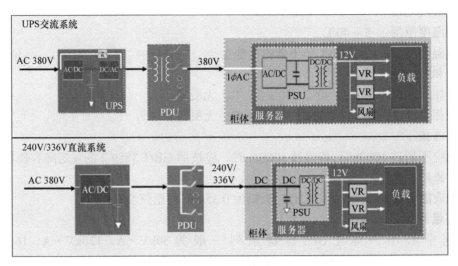

图 8-6　传统 UPS 交流系统与 240V/336V 直流系统结构图

1）电路结构简单：240V/336V 直流系统相比于传统 UPS 系统，减少了 DC/AC 转换环节，同时由于直接输出直流电，服务器 PSU 减少了 AC/DC 环节，取消两级转换简化了电路结构。

2）单系统可靠性高：更加简单的电路结构提高了系统可靠性，而且由于电池直接连接在输出母线上，提高了电池供电时的可靠性。

3）运行效率高：与 48V 直流电源相比，基础电压提高了 5~7 倍，减少了线路损耗。

4）扩容便捷：由于采用了模块化热插拔结构，扩容简单方便，降低后期维护成本。

这几年业界对 240V/336V 直流供电系统应用进行深入研究，相关标准和产品已非常成熟，已进行了大规模在网应用。根据输出电压等级的不同，高压直流分为 240V 和 336V 两种，两者技术架构相同，只是输出电压等级不同而已。240V 标称电压是传统 48V 的 5 倍，336V 是传统 48V 的 7 倍。

4. 10kV/240V 直流 UPS

除了上述大量使用的 380V 交流电源输入的直流 UPS 系统，近年来还出现了一种用于数据中心供电的输入电压为交流 10kV 输出电压为 240V 的直流 UPS 系统，可直接为 ICT 设备供电。10kV/240V 直流 UPS 是由高压隔离柜、变压器柜、低压配电设备、240V 直流 UPS 系统四类设备组合而成。由于四类设备之间没有间距，优化了其设备布置，简化了供电回路架构（见图 8-7），从而可提高整个系统的供电效率。

市电电源　10kV配电系统　高压隔离柜　变压器柜　低压配电设备　UPS　　　　　UPS　输出配电设备　列头柜　ICT设备

图 8-7　10kV/240V 直流 UPS 系统供电构架示意图

由于这个直流 UPS 系统为预装式设备，系统中的各设备都是固定配置，这种系统并不支持低压发电机组作为数据中心供电系统的备用电源，只能采用 10kV 高压发电机组作为备用电源。

5. 工作环境条件

（1）温度范围

工作温度范围：−5 ~ 40℃ ；

储运温度范围：−25 ~ 70℃（不含蓄电池）。

（2）相对湿度范围

工作相对湿度范围：≤ 90%（40 ± 2）℃　无凝露；

储运相对湿度范围：≤ 95%（40 ± 2）℃　无凝露。

（3）海拔

海拔应不超过 1000m ；若超过 1000m 时应按照 GB/T 3859.2 的规定降容使用。

（4）振动

系统应能承受频率为 10 ~ 55Hz、振幅为 0.35mm 的正弦波振动；

整流器应能承受峰值加速度为 150m/s^2、持续时间为 11ms 的冲击。

6. 系统组成及容量系列

（1）48V 系统

48V 系统由交流配电屏、整流器柜、直流配电屏、监控模块及蓄电池组组成，分为分立式开关电源系统和组合开关电源系统。分立式开关电源系统通常最大容量为 3000A，组合开关电源系统最大容量为 1200A。

交流配电屏容量系列为 250A、400A、630A、800A ；整流模块容量系列为 50 ~ 100A ；直流配电屏容量系列为 1600A、2000A、2500A。

（2）240V 系统

240V 系统由交流配电屏、整流器柜、直流配电屏、监控模块、绝缘监察装置及蓄电池组组成，分为分立式开关电源系统和组合开关电源系统。分立式开关电源系统通常最大容量为 1500A，组合开关电源系统最大容量为 400A。

交流配电屏容量系列为 250A、400A、630A、800A ；整流模块容量系列为 5A、10A、20A、30A、40A、50A、80A、100A ；直流配电屏容量系列为 200A、400A、600A、800A、1000A、1200A、1500A。

（3）336V 系统

336V 系统由交流配电屏、整流器柜、直流配电屏、监控模块、绝缘监察装置及蓄电池组组成，分为分立式开关电源系统和组合开关电源系统。分立式开关电源系统通常最大容量为 400kW，组合开关电源系统最大容量为 160kW。

交流配电屏容量系列为 400A、630A、800A ；整流模块容量系列为 15A（6kW）、25A（10kW）、30A（12kW）、37.5A（15kW）、50A（20kW）、75A（30kW）；直流配电屏容量系列为 400A、630A、1000A、1200A。

8.1.3　蓄电池

通信用蓄电池是一种存储电能的装置，它的充电是由电能转化为化学能的过程；放电是由化学能转换为电能的过程。蓄电池分为铅酸电池和锂电池，铅酸电池即为阀控式铅酸蓄电池；锂电池为磷酸铁锂电池。

1. 阀控式铅酸蓄电池

阀控式铅酸蓄电池由外壳、电池盖、正负极板、汇流排、隔板、正负极柱、安全阀、电解液等组成。蓄电池正常使用时保持气密和液密状态。当内部气压超过预定值时，安全阀自动开启，释放气体。当内部气压降低后，安全阀自动闭合使其密封，防止外部空气进入蓄电池内部。蓄电池在使用寿命期间，正常使用情况下无需补加电解液。

铅酸蓄电池充电过程化学方程式：

总反应：$2PbSO_4 + 2H_2O = PbO_2 + Pb + 2H_2SO_4$

阳极：$PbSO_4 + 2H_2O - 2e^- = PbO_2 + 4H^+ + SO_4^{2-}$

阴极：$PbSO_4 + 2e^- = Pb + SO_4^{2-}$

铅酸蓄电池放电过程化学方程式：

总反应：$PbO_2 + Pb + 2H_2SO_4 = 2PbSO_4 + 2H_2O$

负极：$Pb + SO_4^{2-} - 2e^- = PbSO_4$

正极：$PbO_2 + 4H^+ + SO_4^{2-} + 2e^- = PbSO_4 + 2H_2O$

每只阀控式铅酸蓄电池的电压分为 2V、6V 和 12V，实际上每个蓄电池单体的标称电压为 2V，标称电压为 6V 的铅酸蓄电池是把 3 个单体电压为 2V 的独立电池封装在一个独立的塑料壳体内，同理 12V 铅酸蓄电池是把 6 个单体电压为 2V 的独立电池封装在一个独立的塑料壳体内。

2V 的铅酸蓄电池额定容量可以做得很大，一般每只不超过 3000A·h，而 6V 和 12V 蓄电池单只额定容量要比 2V 的要小得多。一般不超过 300A·h。

铅酸蓄电池的正常工作温度为 20 ~ 30℃。蓄电池在工作时，如果环境温度不是 25℃，则需将实测容量按下式换算成 25℃基准温度时的容量 C_e。

$$C_e = \frac{Ct}{1 + \alpha(t - 25)} \quad (8\text{-}1)$$

式中 C_e——25℃基准温度时的容量（A·h）；

C——实测容量（A·h）；

t——实际电池所在地最低环境温度数值。所在地有采暖设备时，按 15℃考虑，无采暖设备时，按 5℃考虑；

α——电池温度系数（1/℃），当放电小时率 ≥ 1 时，取 $\alpha = 0.008$；当放电小时率 < 1 时，取 $\alpha = 0.01$。

近年来出现的高倍率阀控式铅酸蓄电池是一种适合大电流放电的铅酸蓄电池，也是为适应通信用蓄电池组放电倍率越来越高的客观情况而出现的。这种高倍率阀控式铅酸蓄电池放电时用 W 表示其容量，在充电时则以 Ah 表示其容量。由于各生产厂商采用的技术不同，相同额定功率的高倍率蓄电池所对应容量的 Ah 数有所不同，其最大充电电流 $0.25C_{10}$ 及充电功率也不同。

高倍率阀控式铅酸蓄电池的额定功率是以 15min 放电时间为标准的，12V 蓄电池的额定功率系列为 100W、150W、200W、250W、300W、400W、600W、700W；2V 蓄电池的额定功率系列为 500W、750W、1000W、1250W、1500W、2000W、2500W。

交直流 UPS 系统配套的蓄电池组容量有两种计算方法，即恒功率计算法和恒电流计算法。

（1）恒功率计算法

恒功率计算法是指通过查找蓄电池厂家提供的"蓄电池恒功率放电数据表"中的相关数据，计算电池所提供的总功率值，推荐在计算 1h 及以下后备时间的铅酸蓄电池容量时使用。具体计算公式如下。

1）直流电源系统计算公式：

$$P_{电池} = \frac{KP_e}{N[1 + \alpha(t - 25)]} \tag{8-2}$$

式中　$P_{电池}$——2V 电池单体的功率（kW）；

　　　K——安全系数，取 1.25；

　　　P_e——通信设备额定功率（kW）；

　　　N——电池单体串联数量；

　　　t——实际铅酸蓄电池所在地最低环境温度数值。所在地有采暖设备时，按 15℃ 考虑，无采暖设备时，按 5℃ 考虑，锂电池可不计；

　　　α——铅酸蓄电池温度系数（1/℃），当放电小时率 ≥ 1 时，取 $\alpha = 0.008$；当放电小时率 < 1 时，取 $\alpha = 0.01$，锂电池可不计。

2）UPS 交流电源系统计算公式：

$$P_{电池} = \frac{KS_{UPS}\cos\phi}{\eta N[1 + \alpha(t - 25)]} \tag{8-3}$$

式中　$P_{电池}$——2V 电池单体的放电功率（kW）；

　　　K——安全系数，取 1.25；

　　　S_{UPS}——UPS 设备额定容量（kV·A）；

　　　$\cos\phi$——UPS 设备输出功率因数；

　　　η——逆变器的效率，可取 96%～97%；

　　　N——蓄电池单体串联数量；

　　　t——实际铅酸蓄电池所在地最低环境温度数值。所在地有采暖设备时，按 15℃ 考虑，无采暖设备时，按 5℃ 考虑，锂电池可不计；

　　　α——铅酸蓄电池温度系数（1/℃），当放电小时率 ≥ 1 时，取 $\alpha = 0.008$；当放电小时率 < 1 时，取 $\alpha = 0.01$，锂电池可不计。

（2）恒电流计算法

铅酸蓄电池组总容量保障的后备时间不小于 0.5h 时，可按下式计算蓄电池组总容量：

$$Q \geqslant \frac{KIT}{\eta[1 + \alpha(t - 25)]} \tag{8-4}$$

式中　Q——蓄电池容量（Ah）；

　　　K——安全系数，取 1.25；

　　　I——负荷电流（A）；

　　　T——放电小时数（h）；

　　　η——放电容量系数，见表 8-2；

t ——实际电池所在地最低环境温度数值。所在地有采暖设备时，按 15℃考虑，无
采暖设备时，按 5℃考虑。

α ——电池温度系数（ 1/℃），当放电小时率 ≥ 1 时，取 $\alpha = 0.008$；当放电小时率 < 1
时，取 $\alpha = 0.01$。

表 8-2　铅酸蓄电池放电容量系数（ η ）表

电池放电小时数 T/h	0.5			1			2	3
放电终止电压 /V	1.65	1.70	1.75	1.70	1.75	1.80	1.80	1.80
铅酸电池	0.48	0.45	0.4	0.58	0.55	0.45	0.61	0.75

　　阀控式铅酸蓄电池充电分为浮充电和均衡充电两种充电形式。一般阀控式铅酸蓄电池
投入使用的日期距出厂日期时间较长，电池经过长期的自放电，容量会有一定的损失，并
且由于单体电池自放电大小的差异，致使电池的比重、端电压等出现不均衡，投入使用前
应对电池进行一次均衡充电，否则，个别电池会进一步发展成落后电池并会导致整组电池
不可用。另外，如果蓄电池长期不投入使用，闲置时间超过 3 个月后，应该对电池进行一
次均衡充电。

　　在浮充状态下，充电电流除了维持电池的自放电以外，还维持电池内的氧循环，但是
浮充状态下充电电流又是与电池的浮充电压密切相关的。因此，为了使阀控式铅酸蓄电池
有较长的使用寿命，在电池使用过程中，要充分结合蓄电池制造的原材料及结构特点和环
境温度等几方面的情况，设定浮充电压。根据通信用阀控式铅酸蓄电池行业标准的规定，
在环境温度为 25℃时，浮充电压允许变化范围为 2.20 ～ 2.27V（单体 2V 蓄电池）。浮充电
压设置过低，电池长期处于欠充电状态，不仅会在电池极板内部形成不可逆的硫酸盐化，
而且还会在活性物质和板栅之间形成高电阻阻挡层，使电池的内阻增加、容量下降。浮充
电压设置过高，电池长期处于过充电状态，使电池负极析出的 H_2 和正极析出的 O_2 难以全
部再化合成 H_2O，造成电池失水，板栅腐蚀加速，使用寿命提前终止。因此，在蓄电池的
使用和维护管理过程中，应根据电池厂家提供的资料进行浮充电压设置。

2. 磷酸铁锂电池

　　磷酸铁锂电池是一种使用磷酸铁锂（$LiFePO_4$）作为正极材料，碳作为负极材料的锂离
子电池，电池单体的额定电压为 3.2V。

　　相比铅酸蓄电池来说，磷酸铁锂电池具有能量密度较高、循环寿命长、重量轻、放电
倍率高、充电性能好、绿色环保等特点。而且，磷酸铁锂电池正极材料电化学性能比较稳
定，这决定了它具有平稳的充放电性能。

　　电池在充电过程中，磷酸铁锂中的部分锂离子脱出，经电解质传递到负极，嵌入负极
碳材料；同时从正极释放出电子，自外电路到达负极，维持化学反应的平衡。放电过程中，
锂离子自负极脱出，经电解质到达正极，同时负极释放电子，自外电路到达正极，为外界
提供能量。

　　磷酸铁锂电池的充放电反应是在 $LiFePO_4$ 和 $FePO_4$ 两相之间进行的。在充电过程中，
$LiFePO_4$ 逐渐脱离出锂离子形成 $FePO_4$，在放电过程中，锂离子嵌入 $FePO_4$ 形成 $LiFePO_4$。

　　充电过程反应方程式：

$$\mathrm{LiFePO_4} - x\mathrm{Li^+} - xe^- \rightarrow x\mathrm{FePO_4} + (1-x)\mathrm{LiFePO_4}$$

放电过程反应方程式：

$$\mathrm{FePO_4} + x\mathrm{Li^+} + xe^- \rightarrow x\mathrm{LiFePO_4} + (1-x)\mathrm{FePO_4}$$

磷酸铁锂电池和阀控式铅酸电池主要性能比较见表 8-3。

表 8-3　磷酸铁锂电池和阀控式铅酸电池主要性能比较

序号	项目	磷酸铁锂电池	阀控式铅酸电池
1	标称电压	3.2V	2.0V
2	能量体积比	（160~210）kW·h/m³	（70~95）kW·h/m³
3	能量重量比	（90~120）Wh/kg	（34~38）Wh/kg
4	10h 率容量 C_{10}	C_{10}	C_{10}
5	3h 率容量 C_3	$0.95C_{10}$	$0.75C_{10}$
6	1h 率容量 C_1	$0.9C_{10}$	$0.55C_{10}$
7	大电流放电性能	好（可 1C 放电）	一般
8	大电流充电	好（可 1C 充电）	一般（最大 0.25C）
9	过充性能	较好	好
10	高温充放电性能	好（可 60℃充放电）	一般
11	低温充放电性能	好（可 -20℃充放电）	一般
12	循环寿命（25℃）	1500 次	500 次
13	高温环境衰减情况	无	影响大
14	自放电率	2%/ 月	5%/ 月
15	充放电效率	> 99%	80%
16	占地面积	小（可机柜多层安装）	大（电池架 1~2 层安装）
17	防盗性	好	差
18	质保期	5~10 年	2~3 年

表 8-3 中列举了磷酸铁锂电池和阀控式铅酸电池的主要性能指标，相对于阀控式铅酸电池，磷酸铁锂电池的主要优势包括如下几个方面：

1）重量轻：约为阀控式铅酸电池的 50%，重量能量密度高。

2）占地面积小：根据不同的安装方式，一般为阀控式铅酸电池的 30%~50%，体积能量密度高。

3）循环寿命高：单体循环寿命可达 2000 次，电池组循环寿命不小于 1500 次。

4）工作温度范围较宽：在环境温度 -20~60℃范围内使用性能稳定。

5）能够快速充电：可支持 1~2h 大倍率快速充满。

6）高倍率放电容量损失小：从 0.1C 电流到 1C 电流（C 为电池额定容量）放电，均能放出 95% 以上的额定容量。

7）电池单体电压高，放电平台稳定：为 3.2V，串联少，电池组可靠性高；具有高倍率充放电特性，适用于大电流高功率充放电的应用场合。

8）自放电少，无记忆效应：月自放电率 < 3%，可随充随放。

9）安全环保：磷酸根化学键的结合力比传统的过渡金属氧化物结构化学键强，所以结构更加稳定，并且不易释放氧气。磷酸铁锂电池不含任何（锂之外）重金属或者稀有金属，无毒、无污染，为环保电池。

10）远程监控：自带的 BMS 通信接口可接入动环监控系统。

磷酸铁锂电池组容量是按恒功率计算的，其计算公式可参考铅酸蓄电池容量计算中的式（8-2）和式（8-3）。

8.1.4 交流配电设备

用于交流 UPS 系统输入配电的除了低压开关柜，还有负责 UPS 输入的交流配电屏，负责 UPS 输出配电的有输出配电屏和列头柜，其中列头柜又称为电源列柜。

1. 环境条件

1）温度范围。

工作温度范围：-5 ～ 40℃；

储运温度范围：-40 ～ 70℃。

2）相对湿度范围。

工作相对湿度范围：≤ 90%，当温度范围为（20 ± 2）℃时；

储运相对湿度范围：≤ 95%，当温度范围为（20 ± 2）℃时。

3）海拔。

高度应不超过 2000m；若超过 2000m 时应按照 GB/T 3859.2 的规定降容使用。

4）振动。

配电设备应能承受频率为 10 ～ 55Hz、振幅为 0.35mm 的正弦波振动。

5）工作环境。

配电设备的工作环境应无导电爆炸尘埃，应无腐蚀金属和破坏绝缘的气体或蒸汽。

2. 设备类型

低压开关柜一般用于系统单机容量较大的 UPS 系统的输入配电，交流配电屏则由于容量限制，一般用于单机容量相对较小的 UPS 系统供电。

低压开关柜相关技术要求见第 6 章。

（1）交流配电屏主要作为交流电源的接入与配电。其交流配电屏的主要技术要求如下：

1）根据设计需求，可以设置一路交流电源引入装置，也可以设置两路交流电源引入装置。一路交流电源引入的交流配电屏通常用于 2NUPS 系统（每套一个交流配电屏），两路交流电源引入的交流配电屏通常用于 $N + 1$UPS 系统。两路交流电源引入的交流配电屏一般由两个不同的低压配电系统各引一路电源线，两路电源互为主备用，并能自动或人工转换，对两路交流电源有自动转换要求的电路必须具有可靠的机械及电气联锁。

2）输出负荷分路可根据不同用电设备的需求而定。

3）具有过电压、欠电压、缺相等告警功能以及过电流、防雷等保护功能。

4）交流配电屏应能够提供反应供电质量和配电屏自身工作状态的监测量，如三相电压、三相电流、市电状态、主要分路状态等。

（2）UPS 输出配电屏主要作为 UPS 输出配电，主要技术要求如下：

1）输出配电屏的额定容量与 UPS 单机容量或系统容量匹配，容量系列为 160A、250A、400A、630A、800A、1000A、1250A。

2）除非需要，输出配电屏可不设置用于 UPS 设备输出的总开关。

3）输出配电屏的输出分路容量与交流列头柜的容量匹配。

4）输出配电屏应能够提供反应供电质量和配电屏自身工作状态的监测量，如三相电压、三相电流、市电状态、各输出分路状态等。

（3）交流列头柜主要作为 ICT 设备输入配电，主要技术要求如下：

1）交流列头柜的额定容量与所带的列间 ICT 设备负荷容量匹配，交流列头柜容量系列为 100A、160A、250A、400A、630A。

2）输出分路开关容量与 ICT 设备额定容量匹配，开关容量系列为 16A、25A、32A、40A、50A、63A、100A，开关一般为微型断路器，开关极数可根据负荷分为单极、双极、三极。

3）交流列头柜可为双母线组成，也可以为单母线，双母线交流列头柜由两个电源分别输入，柜内具有相互独立的 A、B 两部分的输出分路，它负责为双电源 ICT 设备供电，而单母线交流列头柜的输出分路均为并联输出分路，它负责为单电源 ICT 设备供电。

4）交流列头柜应能够提供反应供电质量和列头柜自身工作状态的监测量，如三相电压、三相电流、市电状态、各输出分路状态等。柜内可配置相应的智能监控单元，监控单元具备 RS 485 数据通信接口，并提供相关通信协议，满足遥测、遥信功能，能够实现本地显示及远程监控。

8.1.5　直流配电设备

用于直流 UPS 系统输入配电的有直流配电屏、直流列头柜，分为 -48V、240V、336V 电压等级。直流配电屏为直流 UPS 系统的主要设备之一，直流列头柜则负责 ICT 设备输入配电。

1. 环境条件

1）温度范围。

工作温度范围：-5 ~ 40℃；

储运温度范围：-40 ~ 70℃。

2）相对湿度范围。

工作相对湿度范围：≤ 90%，当温度范围为（20±2）℃时；

储运相对湿度范围：≤ 95%，当温度范围为（20±2）℃时。

3）海拔。

海拔应不超过 2000m；若超过 2000m 时应按照 GB/T 3859.2 的规定降容使用。

4）振动。

配电设备应能承受频率为 10 ~ 55Hz、振幅为 0.35mm 的正弦波振动。

5）工作环境。

配电设备的工作环境应无导电爆炸尘埃，应无腐蚀金属和破坏绝缘的气体或蒸汽。

2. 设备类型

直流配电屏一般用于容量较大的直流 UPS 系统，容量相对较小的可采用组合式直流 UPS 系统，组合式直流 UPS 系统中的直流配电被称为直流配电单元。直流列头柜为直流配电屏或直流配电单元的下一级直流配电设备。

（1）直流配电屏设于整流装置与负载之间，主要用于直流电源的接入与负荷的分配，即整流装置和蓄电池组的接入与直流负荷分路的分配。其主要技术要求如下：

1）同一系统、同型号的直流配电屏能并联使用。

2）可接入两组及以上的蓄电池组。

3）负荷分路及容量可根据系统实际需要确定。

4）在额定负荷运行时，配电屏内放电回路总电压降应不大于500mV。

5）具有过电压、欠电压、过电流保护和低压告警以及输出端浪涌吸收装置。

6）对于蓄电池组充放电回路以及主要输出分路应能够进行监测。

（2）-48V直流列头柜主要技术要求如下：

1）输入熔断器容量系列为1250A、800A、630A、500A、400A、200A、160A；输出熔断器容量系列为160A、125A、100A、63A、32A。

2）输出断路器容量系列为100A、63A、32A、25A、16A，断路器为单极直流微型断路器。

3）熔断器应选用全范围分断能力的有填料密封方管式刀型触头熔断器。

4）直流列头柜应能够提供反映供电质量和列头柜自身工作状态的监测量，如电压、电流、输入电源状态、各输出分路状态等。柜内可配置相应的智能监控单元，监控单元具备RS 485数据通信接口，并提供相关通信协议，满足遥测、遥信功能，能够实现本地显示及远程监控。

（3）240V直流列头柜主要技术要求如下：

1）输入双极塑壳直流断路器容量系列为250A、400A、630A。

2）输入双极塑壳断路器可根据需求变更为直流熔断器，输入直流熔断器容量系列为250A、400A、630A。

3）输出双极微型直流断路器容量系列为63A、32A、16A。

4）直流分断装置的电压必须符合240V电源系统的直流电压要求。

5）直流列头柜应能够提供反映供电质量和列头柜自身工作状态的监测量，如电压、电流、输入电源状态、各输出分路状态等。柜内可配置相应的智能监控单元，监控单元具备RS 485数据通信接口，并提供相关通信协议，满足遥测、遥信功能，能够实现本地显示及远程监控。

（4）336V直流列头柜主要技术要求如下：

1）输入双极塑壳直流断路器容量系列为400A、500A。

2）输入双极塑壳断路器可根据需求变更为直流熔断器，输入直流熔断器容量系列为400A、500A。

3）输出双极微型直流断路器容量系列为63A、32A、16A。

4）直流分断装置的电压必须符合336V电源系统的直流电压要求。

5）直流列头柜应能够提供反映供电质量和列头柜自身工作状态的监测量，如电压、电流、输入电源状态、各输出分路状态等。柜内可配置相应的智能监控单元，监控单元具备RS 485数据通信接口，并提供相关通信协议，满足遥测、遥信功能，能够实现本地显示及远程监控。

8.2　不间断电源系统

8.2.1　交流不间断电源系统

交流 UPS 系统主要由 UPS 设备、输入配电设备、输出配电设备、电池开关柜（箱）和蓄电池组组成。

根据数据中心等级及 ICT 设备负荷等级对供电要求的不同，交流 UPS 系统供电模式主要有：$2N$UPS 系统、$3N$UPS 系统、$M（N+1）$UPS 系统、$(N+X)$UPS 系统和 NUPS 系统等。

1. $2N$UPS 系统

$2N$UPS 系统是一种双电源 UPS 系统，它是由两套完全独立工作的 UPS 系统构成，每套 UPS 系统有独立的输入输出配电设备、配套蓄电池组和 UPS 设备。两套系统可为负载提供双电源回路，两套系统都能独立为两套 UPS 系统所带的全部负载供电，$2N$UPS 系统结构框图如图 8-8 所示。

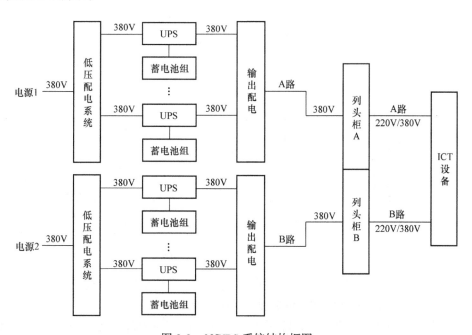

图 8-8　$2N$UPS 系统结构框图

正常工作时，两套 UPS 系统独立工作，每套 UPS 系统承担总负荷的 1/2。当一套系统故障或维修时，可由另一套系统独立承担所有负载的供电。

优点：这种供电模式解决了供电回路中的"单点故障"问题，做到了点对点的冗余，极大地提高了整个供电系统的可靠性，提高了供电系统可用度和"容错"能力。

缺点：冗余设备数量较多，成本高（包括购置成本、运行成本、占据空间等），由于正常运行时的负载率较低，UPS 设备容量利用率较低。

此系统常用于高保证等级的 ICT 设备的供电系统或数据中心。

2. $3N$UPS 系统

它是由 $2N$UPS 系统演变过来的一种双电源 UPS 系统，它是由 3 套完全独立工作、两两互为备用的 UPS 供电系统构成，每套 UPS 系统均有独立的输入输出配电系统、配套蓄电池组和 UPS 设备。两套系统可为负载提供双电源回路，每两套 UPS 系统组成双电源输出为负载供电，3NUPS 系统结构框图如图 8-9 所示。

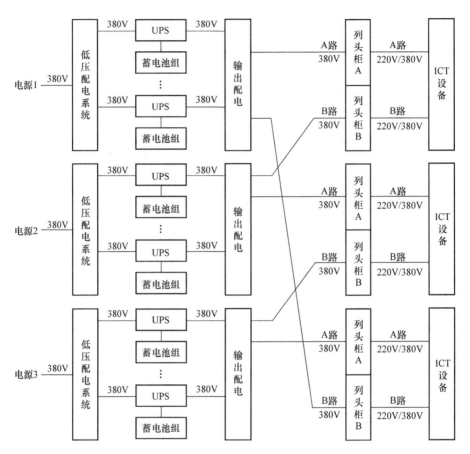

图 8-9   3NUPS 系统结构框图

正常工作时，三套 UPS 系统独立工作，每套 UPS 系统承担总负荷的 1/3。当一套系统故障或维修时，则由另外两套 UPS 系统独立承担所有负载供电。

优点：相对 2NUPS 系统而言，除了可为负载提供双电源外，还可以将每套 UPS 的最高负载率由 45% 提高到 60%，在一定程度上提高了供电设备容量利用率。

缺点：对于整个数据中心而言，如果 3N 双总线 UPS 系统中的每套 UPS 输出配电不平衡，3N 双电源 UPS 系统就变成了 2 + 1 冗余系统，可靠性会相对降低。由于 3 套系统之间存在交叉供电，除了三套系统的供电负荷不易平衡外，其接线也较 2NUPS 系统要复杂一些。

此系统常用于保证等级较高的 ICT 设备的供电系统或数据中心。

3. M（N + 1）UPS 系统

M（N + 1）UPS 系统是由两套或多套 UPS 系统组成的冗余系统，当 M 等于 2 时为 2N 系统的冗余版，当 M 等于 3 时为 3N 系统的冗余版，但不同的是它的每套系统设有 1 台冗余 UPS 设备（或模块）。正常运行时，每套 UPS 系统只承担所有负荷的部分负荷，这部分

负荷为所有负荷的 $1/M$。这种多系统的供电模式可以解决单点故障，但当 $M \geq 3$ 时，多系统结构及接线较为复杂，所以在实际工程项目中无应用。

此系统常用于保证等级较高的 ICT 设备或数据中心。

4. $(N+X)$ UPS 系统

"$N+X$" 为一种并联均分冗余 UPS 系统，它是由两台或多台同型号、同功率的单机 UPS 设备，通过并机装置组成一个输出端并接的多机 UPS 并机冗余系统。系统可按 $n+1$ 台或 $n+x$ 台多台 UPS 设备并机配置，其中 n 台单机 UPS 满足向系统的全部负载供电，另外再增加 1 台单机或 x 台单机 UPS 作为备份。"$N+X$" 并联均分冗余 UPS 系统结构框图如图 8-10 所示。

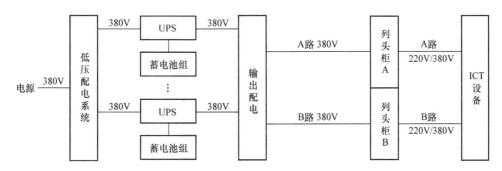

图 8-10　"$N+X$" 并联均分冗余 UPS 系统结构框图

在正常工作时，$N+1$ 台或 $N+X$ 台系统中的每一台 UPS 设备都同步运行并均分负载。如果 1 台或 x 台 UPS 设备故障或脱离系统进行维护，其余 UPS 设备可以不间断地给负载供电。

优点：多台 UPS 均分负载，并且系统含有备用设备，系统可靠性较高。

缺点：具有系统性单点故障。

在 $(N+X)$ UPS 系统设计时，若 UPS 系统采用一体式 UPS，通常 x 为 1；若 UPS 系统采用模块化 UPS，可根据 UPS 系统的可用度和功率模块的数量选择 x 值，若功率模块配置数量小于或等于 10 时，x 建议选为 1，若功率模块配置数量大于 10 时，x 可选为 2。

此系统常用于保证等级不高的 ICT 设备的供电系统或数据中心。

5. N UPS 系统

N UPS 系统是一个无冗余的 UPS 系统，该系统不设置备用 UPS 设备。单机 UPS 系统是 UPS 电源系统类型中结构最简单的一种，就是由 1 台 UPS 组成的交流 UPS 系统，或由 n 台 UPS 并机输出接至用电负荷，系统无冗余。单机 UPS 交流电源系统结构框图如图 8-11 所示。

单机 UPS 系统一般用于小型网络、单独服务器、办公区等场合；系统由 UPS 主机和电池系统组成，是可用度最低的 UPS 系统，数据中心基本无应用。

优点：节能、节地、经济，安装快捷。

缺点：可靠性低。

因国内基本没有 C 级数据中心，所以在 ICT 设备供电系统中，此系统基本没有应用。

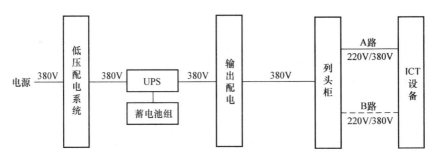

图 8-11　单机 UPS 交流电源系统结构框图

8.2.2　直流不间断电源系统

直流 UPS 系统主要由交流配电屏、直流配电屏、整流机架（含监控模块和整流模块）等组成。

直流 UPS 系统的运行方式主要采用全浮充供电方式，即在市电正常时，交流市电先经过整流单元，然后向蓄电池组浮充并向 ICT 设备供电。当市电（故障）停电而备用发电机组未起动供电前，由蓄电池组放电向 ICT 设备直流不间断供电，其允许放电时间一般为 15 ~ 30min，当发电机组或市电恢复供电时，直流供电系统先低压限流充电而后转入浮充方式供电。

数据中心常用的直流 UPS 系统主要有两种供电结构：单系统双回路供电系统、双系统双回路供电系统。

1. 单系统双回路供电系统

单系统双回路供电系统是指由 1 套直流 UPS 系统输出 2 个回路为 ICT 设备 A、B 路供电，系统结构简单。单系统双回路供电结构示意图和系统框图分别如图 8-12 和图 8-13 所示。

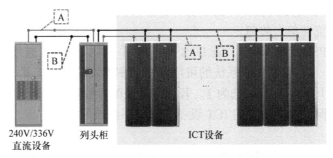

图 8-12　单系统双回路供电结构示意图

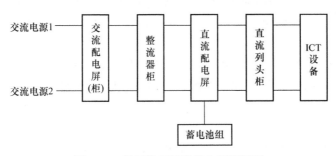

图 8-13　单系统双回路供电系统框图

由于 ICT 设备双路输入均来自于同一套直流 UPS 系统，系统在电源侧存在单点故障瓶颈。但由于是直流供电单系统，其可用性仍然较高。

优点：类似 $N + X$ 并联均分冗余 UPS 系统设备，单直流供电系统的可用度略高于 UPS 系统，其成熟度较高，安装快捷。

缺点：具有系统性单点故障。

常见于 −48V 直流电源系统。

2. 双系统双回路供电系统

双系统双回路供电系统是指由 2 套不同的直流 UPS 系统分别为 ICT 设备 A、B 路供电，双系统双回路供电结构示意图和系统框图分别如图 8-14 和图 8-15 所示。

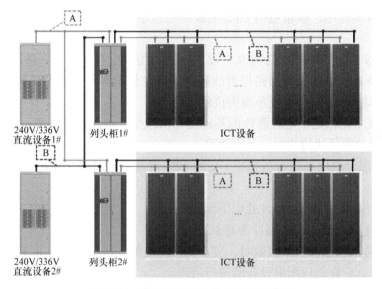

图 8-14　双系统双回路供电结构示意图

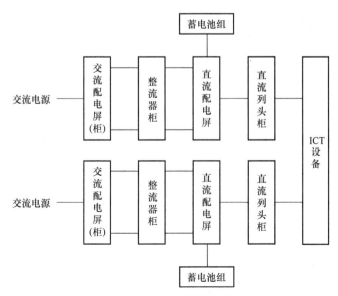

图 8-15　双系统双回路供电系统框图

双系统双回路供电系统的优缺点如下：

优点：这种供电模式解决了供电回路中的"单点故障"问题，做到了点对点的冗余，极大地提高了整个供电系统的可靠性，提高了供电系统可用度和"容错"能力。

缺点：系统配置采用 2N 方式，冗余设备数量较多，成本高（包括购置成本、运行成本、占据空间等），由于正常运行时的负载率较低，系统中设备容量利用率较低。

常用于 240V 和 336V 直流电源系统。

8.2.3　市电 / 不间断电源混合供电系统

随着市电质量的提高，以及运营商和用户对节能的要求，数据中心 ICT 设备供电又出现了市电直供技术应用，即市电与 UPS 混合供电技术。相比 UPS 系统，其供电效率得到了进一步提升。

市电与 UPS 混合供电技术是指 ICT 设备一路采用市电直供，另一路通过采用 UPS 系统进行供电。当其中市电直供回路出现故障，如市电供电异常（如电压幅值或频率异常）时，混合供电系统将由 UPS 系统单独为负载供电。

市电直供技术在保证供电可靠性的基础上尽量减少了电源变换环节，进一步降低电源系统损耗，供电效率可达约 98%，甚至更高。

市电 /UPS 混合供电系统分为市电 / 交流 UPS 混合供电系统和市电 / 直流 UPS 混合供电系统。

当采用混合供电系统时，应注意以下问题：

1）市电供电回路应考虑电涌冲击对 ICT 设备的影响。

2）ICT 设备出现超前功率因数时，应在低压配电侧进行补偿。当 ICT 设备输入谐波含量不符合要求时，应在低压配电设备端进行治理。

3）ICT 设备由市电 /UPS 供电时，市电供电回路和 UPS 供电回路宜从不同母线段引接，当数据中心具备双路 10kV 进线时，取电的两段低压母线最好对应不同的市电电源。

混合供电系统中的市电直供回路和 UPS 系统回路应共同为 ICT 设备供电。供电比例一般为两种方式，一是市电直供回路 100% 供电，UPS 系统供电回路处于备用状态；二是两个供电回路同时供电，各承担 50% 的负荷供电。具体采用何种供电模式，设计人员应根据 UPS 及 ICT 设备的具体情况进行选择。

1. 市电 / 交流 UPS 混合供电系统

市电 / 交流 UPS 混合供电系统即 ICT 设备两路供电中一路由市电电源供电，另外一路由交流 UPS 系统供电，其中 UPS 系统可采用冗余配置。当市电电源供电回路故障时，由 UPS 系统供电。

ICT 设备内置电源模块（PSU）按 $N + N$ 配置，其中 N 个配置 $220V_{ac}/12V_{dc}$ 模块，采用市电交流 220V 市电电源供电；另外 N 个配置 $220V_{ac}/12V_{dc}$ 模块，采用交流 UPS 供电，市电 / 交流不间断混合供电系统框架图如图 8-16 所示。

2. 市电 / 直流 UPS 混合供电系统

市电 / 直流 UPS 混合供电系统即 ICT 设备两路供电中一路由市电电源供电，另外一路由直流 UPS 系统供电，其中直流 UPS 系统可采用冗余配置。当市电电源直接供电回路故障时，由 UPS 系统供电。

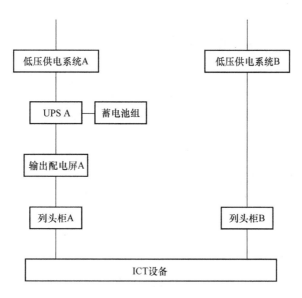

图 8-16　市电 / 交流不间断混合供电系统框架图

市电 / 直流 UPS 混合供电系统中的直流 UPS 主要选择高压直流电源，ICT 设备内置电源模块（PSU）按 $N + N$ 配置，其中 N 个配置 $220V_{ac}/12V_{dc}$ 模块，采用 220V 交流市电电源供电，另外 N 个配置 $336V_{dc}$ 或 $240V_{dc}/12V_{dc}$ 模块，采用 336V 或 240V 直流 UPS 系统供电，市电 / 直流不间断混合供电系统架构示意图如图 8-17 所示。

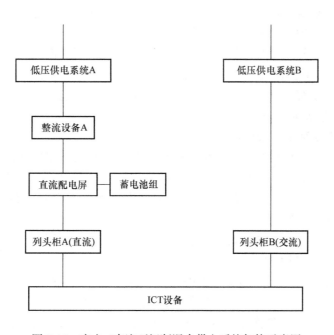

图 8-17　市电 / 直流不间断混合供电系统架构示意图

8.3 不间断电源系统的选择及计算

8.3.1 交流不间断电源系统的选择及计算

1. 设备配置原则

交流 UPS 系统由 UPS、输出配电设备、蓄电池组、电池开关装置等设备组成，仅有 UPS 设备是无法实现对数据中心 ICT 设备的供电的，UPS 设备需要通过组成 UPS 系统成为不同等级的数据中心完整的 UPS 供电系统。

UPS 设备的配置和应用场景、供电负荷性质、供电系统架构、维护习惯、保障等级等因素密切相关，通常在大型数据中心场景配置使用的交流 UPS 设备可按照以下原则配置。

1）应选用在线式高频机 UPS，优先选用模块化 UPS。

2）采用集中供电的数据中心，宜选用单机容量较大的 UPS 设备。

3）UPS 设备的输出功率因数应不小于 0.9。

4）UPS 设备应具备一定的过载能力。

5）UPS 系统容量需结合负载类型、近远期负荷、机房使用规划等因素综合考虑；UPS 系统容量需求计算如下：

$$Q \geq (1.1 \sim 1.2)P$$

式中　Q——UPS 系统容量（不包含备份 UPS 设备）（kW/kV·A）；

P——ICT 设备的计算负荷（kW/kV·A）。

6）UPS 设备应具备并机能力，并机供电系统环流不应大于 5%。

7）UPS 设备应配置标准通信接口，方便系统接入智能监控管理系统。

8）UPS 设备应对所接蓄电池具备智能管理功能。

9）设备应具备软起动能力，避免设备起动过程中对供电系统造成冲击。

10）蓄电池组应选择高倍率阀控式铅酸蓄电池或磷酸铁锂电池。

11）UPS 设备输入、输出及蓄电池接入应配置开关装置（断路器、负荷开关），其中蓄电池接入断路器应配置直流专用断路器，方便 UPS 维护；UPS 输入配电屏内的输入总开关容量应满足 UPS 系统远期最大容量需求；每路输出开关容量应满足 UPS 系统单机配置的每组蓄电池组的最大充放电的需求。

2. 2N 交流 UPS 系统的选择与配置

2N 配置的交流 UPS 系统，即 2NUPS 系统由 2 套 UPS 电源系统组成，2 套系统相互冗余。在正常情况下，2 套系统同时向负载供电，均分负载，每套 UPS 供电系统各承担 N/2 的负载。正常使用时，每台 UPS 设备的最大负载率不应超过 50%，这里建议每台 UPS 的负载率不超过 45%。

当其中 1 套 UPS 供电系统故障时，另 1 套 UPS 供电系统承担全部负载的供电，每台 UPS 的最大负载率不超过 90%。

2NUPS 系统是可用度最高的交流 UPS 供电系统，是现有数据中心使用范围最广、用量最大的 UPS 系统供电架构，用于等级最为重要的数据中心。

2（N+1）也属于 2N 双总线 UPS 系统，只是每套 UPS 系统中设有一台冗余 UPS 设备或 UPS 功率模块，在选择时同 2N 双总线 UPS 系统。

选择 2N UPS 系统时，建议优先选用 2 台 UPS 设备并机的系统。

3. 3N 交流 UPS 系统的选择与配置

3N 配置的交流 UPS 系统，即 3N UPS 系统是由 3 套完全独立的 UPS 系统组成，3 套系统两两互为冗余。在理想工作情况下，3 套系统同时向负载供电，均分负载，每套 UPS 供电系统各承担 1/3 的负载。正常使用时，每台 UPS 设备的负载率不应超过其额定容量的 2/3，这里建议每台 UPS 的负载率不超过 60%。

当其中 1 套 UPS 供电系统故障时，另外 2 套 UPS 供电系统承担 3N 双总线冗余系统担负的全部负荷的供电，每台 UPS 设备的最大负载率不超过 90%。

相对 2N 配置的交流 UPS 系统，3N 配置的交流 UPS 系统的最高负载率可提高到 60%，在一定程度上提高了供电设备容量利用率，但 3N 双总线冗余系统要求每套 UPS 系统之间的负载率尽可能做到平衡。

3（N+1）也属于 3N 配置的 UPS 系统，只是每套 UPS 系统中设有一台冗余 UPS 设备或 UPS 功率模块，在选择时同 3N 配置的 UPS 系统。

4. N + 1 交流 UPS 系统的选择与配置

$N+1$ 并联冗余系统中的 N 由 $1 \sim n$ 台 UPS 设备组成，1 为 1 台备用 UPS 设备，备用方式为暗备（热备）。即在平时工作时，每台 UPS 各承担 $1/(n+1)$ 的负载。当其中 1 台 UPS 设备故障时，由其他 UPS 设备承担全部负载。

当使用一体化 UPS 设备时，n 建议为 $1 \sim 3$ 台，在并联冗余系统运行方式下，单台主用 UPS 设备的最大允许负载率按不超过 90% 设置。不同供电模式下单台 UPS 最大允许负载率表见表 8-4。

表 8-4　不同供电模式下单台 UPS 最大允许负载率表

UPS 系统运行方式（N+1）	1+1	2+1	3+1
正常运行时每台 UPS 最大允许负载率（%）	45	60	67

从表 8-4 中可以看出，$N+1$ 并联冗余的供电模式中，n 数值越大，即单套 UPS 设备台数越多，正常运行时每台 UPS 设备的最大允许负载率就越高，系统设备的利用率也就越高。

$N+1$ 并联冗余系统的可用性次于 2N 和 3N 双总线系统，适用于 B 级通信用电负荷，B 级通信用电负荷的中断供电影响面较小。同时 $N+1$ 或 $N+X$ 交流 UPS 存在直接并机和模块机并机两种供电方案。其中直接并机方案是指两台或多台一体化 UPS 直接相连构成 UPS 并机系统，系统中每台 UPS 是最小的并机单位。

模块机并机方案是将两个或多个模块化的可并联的 UPS 功率模块、监控模块和电池等通过内部并机供电系统并联，每个功率模块可进行热插拔维护，其中每个 UPS 功率模块是系统内最小单位。直接并机方案与模块机并机方案各有优势。相同容量的冗余系统，直接并机方案的 UPS 数量较少，可靠性较高，但工程量较大，主要应用在系统容量较大的场景；模块机并机可进行热插拔扩容与维护，维护简单便利。

5. N 交流 UPS 系统的选择与配置

单系统无冗余的交流 UPS 系统供电即 N 交流 UPS 系统，它可以是 1 台，也可以是多台 UPS 设备并联组成的系统，它的输出直接承担 90% ~ 100% ICT 负载，这是交流 UPS 系统中供电方案最简单的一种。优点是其结构简单、经济性好，系统由 1 台或 n 台交流 UPS 设备和蓄电池组组成；缺点是不能解决由于交流 UPS 系统自身故障带来的负载断电问题，供电可靠性相对较低。一般仅用于小型网络、单独服务器和办公区域等重要性程度较低的场景。这类系统建议采用模块化 UPS 设备，功率模块可按 n + 1 配置，功率模块的冗余配置一定程度上可以降低功率模块故障引起断电的可能性，但仍然无法解决系统故障或配电故障引起的断电。

6. 相关设备容量计算及选择

UPS 各部分开关装置关系见表 8-5。

表 8-5 UPS 各部分开关装置关系

UPS 额定容量 /kV·A	UPS 主路输入断路器 /A	UPS 旁路输入断路器 /A	UPS 主路输入电缆载流量 /A	UPS 电池组开关 /A	输出断路器 /A
Q	$K(Q+q_{充电})/(1.732 \times 380 \times \eta) \times 1000$	$KQ/(1.732 \times 380) \times 1000$	$K(Q+q_{充电})/(1.732 \times 380 \times \eta) \times 1000$	$KQ\cos\phi/(\eta_1 UN) \times 1000$	$KQ/(1.732 \times 380) \times 1000$

注：表中 UPS 输入功率因数设定为 1。

表中 K——安全系数，取 1 ~ 1.25；

      Q——UPS 额定容量（kV·A）；

      U——UPS 蓄电池组放电终止电压（V）；

  $q_{充电}$——蓄电池的充电功率（kW），一般取额定容量的 10% ~ 15%；

      η——UPS 效率，取 0.95；

      η_1——UPS 逆变器效率，取 0.96；

  $\cos\phi$——UPS 输出功率因数，取 0.9；

      N——每台 UPS 配置的蓄电池组数。

根据以上计算，不同容量 UPS 设备输入输出电流表见表 8-6。

表 8-6 不同容量 UPS 设备输入输出电流表

UPS 容量 /kV·A	主路输入电流 /A	旁路输入电流 /A	额定输出电流 /A	备注
80	141	122	122	
120	211	182	182	
160	281	243	243	
200	352	304	304	
300	528	456	456	
400	704	608	608	
500	880	760	760	
600	1056	912	912	

注：表中电流为蓄电池组的充电功率按 UPS 额定容量的 10% 计算。

（1）UPS 系统电池开关与蓄电池组配置与计算

UPS 系统中每组蓄电池均需配置 1 个电池开关，安装在临近蓄电池组侧，电池开关箱

（柜）配置结构图如图 8-18 所示。

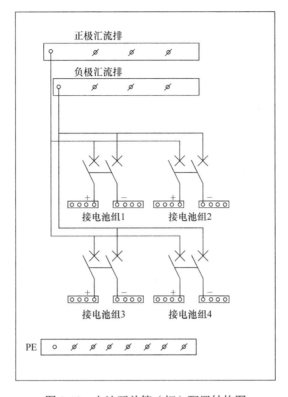

图 8-18　电池开关箱（柜）配置结构图

UPS 电池开关选用直流断路器或熔断器开关，开关的额定电压应不小于铅酸蓄电池组的均充电压，典型 UPS 电池组标称电压下的开关额定电压选择表见表 8-7。

表 8-7　典型 UPS 电池组标称电压下的开关额定电压选择表

铅酸蓄电池组 标称电压 /V	铅酸蓄电池组 均充电压 /V	铅酸蓄电池组开关 额定电压 /V
480	564	≥ 600
384	451	≥ 500

UPS 电池开关的额定电流应不小于每组电池的最大放电电流，最大放电电流计算见下式：

$$I = \frac{S_{\mathrm{UPS}}\cos\phi}{U\eta} \times 1000 \qquad (8\text{-}5)$$

式中　S_{UPS}——UPS 额定容量（kV·A）；

　　　U——UPS 蓄电池组放电终止电压（V）；

　　　η——UPS 逆变器效率，取 0.96；

　　$\cos\phi$——UPS 输出功率因数，取 0.9。

式（8-5）中的 2V 单体蓄电池组放电终止电压取 1.67V，240 只 /2V 或 40 只 /12V 为 400.8V，根据式（8-5）计算，UPS 设备典型容量的蓄电池组开关配置见表 8-8。

表 8-8　UPS 设备典型容量的蓄电池组开关配置

UPS 容量 / kV·A	蓄电池组最大放电电流 /A	电池开关额定电流 /A			
		1 组电池	2 组电池	3 组电池	4 组电池
80	187	250 × 1	—	—	—
120	281	400 × 1	250 × 2	—	—
160	374	630 × 1	250 × 2	160 × 3	—
200	468	630 × 1	400 × 2	250 × 3	160 × 4
300	702	800 × 1	630 × 2	400 × 3	250 × 4
400	936	1250 × 1	630 × 2	400 × 3	400 × 4
500	1170	—	800 × 2	630 × 3	400 × 4
600	1403	—	—	630 × 3	630 × 4

注：表中电池开关为三相直流断路器。

对于安全等级较高的数据中心，并且容量在 200kV·A 以上的 UPS，应优先选用配置 4 组蓄电池组，蓄电池组越多，电池开关的冗余度越大，即使有一组蓄电池组无法在线运行时，另外 3 个电池开关的容量也能满足蓄电池组最大放电电流的要求。

数据中心蓄电池组容量配置需根据放电时间计算，对于不同保证等级和供电模式的 UPS 系统，它的蓄电池组的放电时间都有相应的要求。为一台或一组 ICT 设备供电的 UPS 系统（包括主用 UPS 系统和备用 UPS 系统）所配置的蓄电池组的总容量应符合所有主用 UPS 设备额定容量的放电率的要求，即 2N UPS 系统的蓄电池组的总容量应按 N 台 UPS 设备额定容量的放电率计算，3N UPS 系统的蓄电池组的总容量应按 2N 台 UPS 设备额定容量的放电率计算，N + 1 UPS 系统的蓄电池组的总容量应按 N 台 UPS 设备额定容量的放电率计算。

在数据中心 UPS 系统配套的蓄电池组容量设计时，应采用恒功率算法计算蓄电池组容量。具体计算如下：

$$P = \frac{KS_{\text{UPS}}\cos\phi}{\eta Nn} \qquad (8\text{-}6)$$

式中　P——蓄电池单体单位时间放电功率（kW），由蓄电池生产厂家提供；

　　　K——安全系数，取 1.25；

　　S_{UPS}——UPS 设备额定容量（kV·A）；

　　$\cos\phi$——UPS 设备输出功率因数；

　　　η——逆变器的效率；

　　　N——每台 UPS 配置的蓄电池组数；

　　　n——每组蓄电池组单体串联数量。

因数据中心用蓄电池组的使用环境基本上都在 25℃ 左右，在数据中心工程设计中蓄电池组的温度对蓄电池组的影响可以忽略不计。

典型容量 UPS 的高倍率铅酸电池配置组数推荐表见表 8-9。

表 8-9 典型容量 UPS 的高倍率铅酸电池配置组数推荐表

主机容量 /kV·A	蓄电池计算容量需求 /W	15min 高倍率铅酸蓄电池组配置										
		12V 蓄电池 /W							2V 蓄电池 /W			
		150	200	250	300	400	600	700	500	750	1000	1250
80	391	3	2			1						
120	586	4	3		2	1						
160	781		4	3		2				1		
200	977			4	3		2		2		1	
300	1465					4				2		
400	1953						4	3	4		2	
500	2441						4			3		2
600	2930							4		4	3	

注：如果蓄电池厂家提供的蓄电池容量与表中数据不符，请参照厂家数据选择蓄电池。

（2）UPS 输入、输出配电配置与计算

1）对于变压器采用"1＋1"配置方式的变配电系统，2NUPS 系统中的每套系统输入配电屏应分别从相互独立的母线段引入电源。

2）对于变压器采用"N＋1"配置方式的变配电系统，2NUPS 系统中的每套系统输入配电屏应从同 1 套低压配电系统中的不同馈电柜中引入电源。

3）对于单机 UPS 电源系统和"N＋1"并联冗余 UPS 电源系统的输入配电屏采用两路交流电源输入时，两路输入开关之间宜采用自动或手动切换装置，具备机械＋电气互锁功能。

4）UPS 设备主路输入（整流器输入）和静态旁路的输入应分别引自不同的输入开关，同一套 UPS 电源系统中，所有并机 UPS 的旁路输入必须是频率、相位完全相同的交流电。

5）UPS 输出配电屏内主母线的额定电流应不小于主用 UPS 的总额定电流。

6）UPS 输出配电屏内的输入开关应配置智能仪表 [（能够测量显示：电压、电流、有功功率、功率因数、电度和电流谐波畸变（THDi，输出屏输入开关不做此要求）]，输出分路开关根据实际需要选配智能仪表。

7）UPS 输入配电屏内的输入总开关容量应满足 UPS 系统远期最大容量需求；每路输出开关容量应满足 UPS 系统中单机额定容量和电池充电负荷的需求。

UPS 输入输出开关容量配置表见表 8-10。

表 8-10 UPS 输入输出开关容量配置表

UPS 容量 /kV·A	主路输入开关	旁路输入开关	输出开关	备注
80	160A/3P	160A/3P	160A/3P	
120	250A/3P	250A/3P	250A/3P	
160	400A/3P	400A/3P	400A/3P	
200	400A/3P	400A/3P	400A/3P	
300	630A/3P	630A/3P	630A/3P	
400	800A/3P	800A/3P	800A/3P	
500	1000A/3P	1000A/3P	1000A/3P	
600	1250A/3P	1250A/3P	1250A/3P	

8.3.2 直流不间断电源设备的选择与计算

直流 UPS 系统主要由交流配电屏（柜）、整流器柜（单元）、直流配电屏（单元）以及蓄电池组组成。

直流 UPS 设备又称为直流供电系统，分为 −48V、240V 和 336V 三个电压等级。系统容量是根据数据中心中相关 ICT 设备近期和终期的直流负荷选择及计算的，包括配置整流器数量、蓄电池组数及容量、交直流配电屏的容量和数量，以及交流、直流线缆的线径与规格型号。

1. 设备配置原则

设备配置原则如下：

1）交、直流配电屏的容量按终期负荷配置，它们的输出分路应该根据用电设备的需求而定，即满足负载用电分路需求。

2）直流 UPS 系统的交流配电屏应该具备两路电源输入，并配置手动或自动转换开关装置，高等级数据中心建议采用自动转换开关装置。

3）整流模块按 $N + 1$ 冗余方式配置，其中 N 为主用。主用整流模块的总容量应按 ICT 设备的近期用电负荷电流和电池组的均充电流（10h 率充电电流）之和确定。

4）−48V 直流电源系统容量一般不建议超过 3000A，整流器柜容量不超过 2000A。

5）容量不大于 1000A 的 −48V 直流电源系统建议采用组合式开关电源，容量大于 1000A 的 −48V 直流电源系统建议采用分立式开关电源。

6）分立式 240V 直流电源系统容量一般不建议超过 1500A，组合式 240V 直流电源系统容量一般不超过 400A。

7）336V 直流电源系统容量一般建议不要超过 400kW，组合式 336V 直流电源系统容量一般不建议超过 160kW。

8）直流电源系统的主用模块负载率按 100% 设计。

9）240V 或 336V 直流电源系统中的输出总母排和输出分路需配置绝缘监察功能。

10）直流供电母线的线径应能满足直流供电回路全程最大允许压降，各电压等级的直流电源系统供电回路全程最大允许压降要求见表 8-11。

表 8-11 直流电源系统供电回路全程最大允许压降要求

标称电压 /V	ICT 设备受电端子允许电压范围 /V	供电系统允许全程直流压降 /V
−48	−57 ~ −40	3.2
240	192 ~ 288	12
336	270 ~ 400	10

直流铜线缆线径按下式进行计算：

$$S = \rho \frac{LI}{\Delta U} \times 10^4 = \frac{LI}{58\Delta U} \tag{8-7}$$

式中 S ——电缆截面积（mm^2）；

L ——正、负电缆总长度（m）；

I ——导线通过的最大电流（A）；

ρ ——导线材料的电导率，铜为 $1.72 \times 10^{-6} \Omega \cdot cm$，铝合金为 $2.27 \times 10^{-6} \Omega \cdot cm$；

ΔU ——分配到该段导线的电压降数值（V）。

11）240V 或 336V 直流电源系统电池开关选择双极直流熔断器组合开关或者双极直流塑壳断路器，输出开关选择双极直流塑壳断路器。

12）直流 UPS 系统蓄电池组一般设置为 2 组或 4 组并联电池组，不建议多于 4 组并联，应选择高倍率阀控式铅酸蓄电池或磷酸铁锂电池。

13）蓄电池组与直流配电屏之间可设置开关装置，开关选用直流型熔断器或断路器。

2. $N+1$ 直流 UPS 系统选择与配置

传统直流 UPS 系统均采用 $N+1$ 模块冗余配置方式，随着直流 UPS 功率模块的技术、可靠性、效率等的持续发展，对于 N 的备用模块数量也一直在调整，从最初的每 5 个模块备用 1 个模块，到 10 个模块备用 1 个模块，再到最近的一个系统备用 1 个模块的备用方式，系统配置方式也在不断变化。

针对数据中心业务，需要根据所带负荷的保障等级要求、直流 UPS 系统容量、功率模块容量等因素，综合考虑 $N+X$ 配置中 X 的选择。

3. $2N$ 直流 UPS 系统选择与配置

对于直流 UPS 系统，通常采用单系统双回路的供电方式。由于目前数据中心大量部署，直流 UPS 也可以根据所带负荷的保障等级情况，按常规交流 UPS 配置方式，实现 $2N$ 配置，保障等级与 $2N$ 交流 UPS 系统相似。

$2N$ 直流供电系统的蓄电池组的计算可参考 $2N$UPS 系统的蓄电池组的容量计算。

4. 相关设备容量计算及选择

（1）系统相关开关容量计算及选择

与交流 UPS 系统不同，在计算直流供电系统的蓄电池组容量时，直流供电系统容量含有一部分给蓄电池组充电功率或电流，在系统容量计算时，需要科学地计算系统容量和蓄电池组充电功率或电流的关系。

1）-48V 整流器柜。

分立式直流供电系统的整流器柜的容量是用 A 表示的，通常一个整流器柜的容量为 1500A 或 2000A。

$$Q = \frac{KIU}{380 \times 1.732\eta} \tag{8-8}$$

式中　Q——输入开关容量（A）；

　　K——安全系数，取 $1 \sim 1.25$；

　　I——整流器柜容量（A）；

　　U——整流器正常运行时的最高电压，取 57.6V；

　　η——整流器柜效率，取 0.95。

经计算，容量为 1500A 的整流器柜的输入断路器应不小于 160A/3P，容量为 2000A 的整流器柜的输入断路器应不小于 250A/3P。

组合式直流供电系统分为 300A、600A、900A、1000A、1200A，不同容量的系统交流输入断路器容量分别为 32A/3P、63A/3P、100A/3P、125A/3P、160A/3P。

整流器柜或整流单元的整流模块配置容量应为 ICT 设备的额定电流和蓄电池组充电电流之和，充电电流一般按 $1C_{10}$（A）计算。

2）240V/336V 整流器柜。

根据相关行业标准的规定，240V/336V 整流模块容量系列如下：

240V 整流模块容量系列：5A（1.44kW）、10A（2.88kW）、20A（5.76kW）、30A（8.64kW）、40A（11.52kW）、50A（14.4kW）、80A（23.04kW）、100A（28.8kW）。

336V 整流模块容量系列：15A（6kW）、25A（10kW）、30A（12kW）、37.5A（15kW）、50A（20kW）、75A（30kW）。

整流器柜的容量有两种表示方式，一种是安培（A），一种是千瓦（kW）。240V 和 336V 整流器柜的容量计算见下式：

$$I = I_{负载} + I_{充电} \qquad\qquad (8\text{-}9)$$

或

$$P = P_{负载} + P_{充电} \qquad\qquad (8\text{-}10)$$

式中　I、P——整流器柜容量；

　$I_{负载}$、$I_{充电}$——负载电流和蓄电池组充电电流；

　$P_{负载}$、$P_{充电}$——负载功率和蓄电池组充电功率。

采用 A 表示方式的可用式（8-9）计算输入断路器的容量；采用 kA 表示方式的可用下式计算：

$$Q = \frac{KP}{380 \times 1.732\eta} \times 1000 \qquad\qquad (8\text{-}11)$$

式中　Q——输入开关容量（A）；

　K——安全系数，取 1～1.25；

　P——整流器柜容量（kW）；

　η——整流器柜效率，取 0.95。

经计算，不同容量的 240V/336V 整流器柜输入电流和输入开关容量参考表见表 8-12。

表 8-12　240V/336V 整流器柜输入电流和输入开关容量参考表

序号	整流器柜容量 /kW	交流输入电流 /A	交流输入断路器 /A	备注
1	30	48	63	
2	60	96	160	
3	90	144	160	
4	120	192	250	
5	150	240	400	
6	180	288	400	
7	210	336	400	
8	240	384	630	
9	270	432	630	
10	300	480	630	
11	330	528	630	
12	360	576	630	
13	400	640	800	

240V/336V 直流电源系统蓄电池组最大放电电流是根据负载容量和蓄电池组放电终止

电压计算的，铅酸蓄电池单体放电终止电压按 1.67V 计算，240V 电源系统蓄电池组放电终止电压为 200.4V，336V 直流电源系统蓄电池组放电终止电压为 280.56V。经计算，240V 直流系统典型容量电池开关配置表见表 8-13，336V 直流系统典型容量的高倍率铅酸电池配置表见表 8-14。一般情况下，系统配置 2 组蓄电池组无需配置电池开关；若系统配置 4 组蓄电池组时，为方便运维，可在每组蓄电池组与直流配电屏之间设置一个电池开关。

表 8-13　240V 直流系统典型容量电池开关配置表

负载容量 /kW	电池组标称电压 /V	最大放电电流 /A	电池开关（A× 个）		备注
			2 组电池组	4 组电池组	
30	240	150	100 × 2	—	
60	240	299	250 × 2	—	
90	240	449	250 × 2	—	
120	240	599	400 × 2	—	
150	240	749	630 × 2	250 × 4	
180	240	898	630 × 2	250 × 4	
210	240	1048	630 × 2	400 × 4	
240	240	1198	800 × 2	400 × 4	
270	240	1347	800 × 2	400 × 4	
300	240	1497	1000 × 2	630 × 4	
330	240	1647	1000 × 2	630 × 4	
360	240	1796	1000 × 2	630 × 4	

表 8-14　336V 直流系统典型容量的高倍率铅酸电池配置表

负载容量 /kW	电池组标称电压 /V	最大放电电流 /A	电池开关（A× 个）		备注
			2 组蓄电池组	4 组电池组	
30	336	107	100 × 2	—	
60	336	214	125 × 2	—	
90	336	321	250 × 2	—	
120	336	428	250 × 2	125 × 4	
150	336	535	400 × 2	160 × 4	
180	336	642	400 × 2	250 × 4	
210	336	749	400 × 2	250 × 4	
240	336	855	630 × 2	250 × 4	
270	336	962	630 × 2	400 × 4	
300	336	1069	630 × 2	400 × 4	
330	336	1176	800 × 2	400 × 4	
360	336	1283	800 × 2	400 × 4	

（2）蓄电池组容量计算及选择

1）恒电流法。

-48V 直流供电系统的蓄电池组容量传统设计一般按电流法计算和选择，由于 -48V 通信负荷基本都是恒功率负载，因此在系统蓄电池组放电过程中，蓄电池组电压是随着放电时间越来越小的，负载电流会越来越大，如果用一个恒定不变的电流来计算蓄电池组的容量显然不科学。对于恒功率负载设备，蓄电池组容量采用恒功率法计算最为科学，按照电流法计算实际上会有偏差，这个偏差多大取决于采用电流法计算时电流值的取定。以往设计时这个电流值一般为负载功率除以系统的标定电压，即

$$I = \frac{P}{U} \times 1000 \qquad (8\text{-}12)$$

式中　I——负载电流值（A）；

　　　P——负载功率（kW）；

　　　U——系统标称电压，取 48V。

需要说明的是，采用恒电流法计算蓄电池组的容量，仅限于铅酸蓄电池组，并且直流供电系统的蓄电池组放电小时率不小于 0.5h。在设计时，可根据式（8-12）计算得出的负载电流，再运用式（8-4）可计算出系统配置的蓄电池组总容量（A·h）。不考虑环境温度对蓄电池组放电的影响，式（8-4）则变为

$$Q = \frac{KIT}{\eta} \qquad (8\text{-}13)$$

式中　Q——蓄电池容量（A·h）；

　　　K——安全系数，取 1.25；

　　　I——负荷电流（A）；

　　　T——放电小时数（h）；

　　　η——放电容量系数，见表 8-2。

2）恒功率法。

-48V、240V、336V 直流供电系统的蓄电池组容量计算均可采用恒功率法计算和选择。其计算公式如下：

$$P = \frac{KP_e}{N} \qquad (8\text{-}14)$$

式中　P——2V 电池单体的功率（kW）；

　　　K——安全系数，取 1.25；

　　　P_e——通信设备额定功率（kW）；

　　　N——2V 电池单体串联数量，48V 系统取 24，240V 系统取 120，336V 系统取 168，同 UPS 供电系统蓄电池组容量计算一样，环境温度对蓄电池组容量的影响忽略不计。

-48V、240V、336V 直流供电系统的蓄电池组组数不应采用单组配置方案，配置组数应按 2 组或 4 组配置。

240V 和 336V 直流系统典型容量的高倍率铅酸蓄电池配置表分别见表 8-15 和表 8-16。

表 8-15　240V 直流系统典型容量的高倍率铅酸蓄电池配置表

负载容量 /kW	电池计算容量需求 /W	15min 高倍率铅酸蓄电池组配置 /W									
		12V 蓄电池				2V 蓄电池					
		200	400	600	700	500	750	1000	1250	1500	2000
30	313	2									
60	625		2								
90	938			2							
120	1250				2						
150	1563		4				2				
180	1875			4		4		2			
210	2188			4			4		2		
240	2500				4		4		2		
270	2813						4			2	
300	3125						4				2
330	3438							4			2
360	3750							4			2

表 8-16　336V 直流系统典型容量的高倍率铅酸蓄电池配置表

负载容量 /kW	电池计算容量需求 /W	15min 高倍率铅酸蓄电池组配置 /W										
		12V 蓄电池							2V 蓄电池			
		150	200	250	300	400	600	700	500	750	1000	1250	1500
30	223	2											
60	446			2									
90	670				2								
120	893			4		2							
150	1116				4	2							
180	1339					4		2					
210	1563					4				2			
240	1786								4		2		
270	2009						4		4		2		
300	2232					4						2	
330	2455							4				2	
360	2679							4		4			2

8.3.3　市电 / 不间断电源混合供电系统的选择及计算

市电 / 不间断电源（UPS）混合供电系统的选择及计算主要是针对交流 UPS 系统和直流 UPS 系统，其相关设备、开关的选择和计算方法可参考交流 UPS 和直流 UPS 系统的选择和计算。

混合供电系统的使用可以为数据中心提供较高的 UPS 系统的供电效率和较低的系统冗余配置，又可以满足高等级数据中心的供电保障。使用混合供电系统可针对市电直供电源及 UPS 供电电源负载分配比例进行调节。如果市电直供电源供电比例高，那么可以实现更高的供电效率，但需要考虑 UPS 供电系统应对市电中断时，负载对 UPS 系统的冲击负荷承受能力（在这点上，直流供电系统要优于交流 UPS 系统），同时也要充分考虑市电质量，一方面通过有源滤波等方式对市电直供电源质量进行整治，另一方面也要相应提高服务器市电供电电源模块的输入性能指标，尤其是功率因数、输入谐波成分等指标，所以说，为了保证供电安全和供电效率，当 ICT 设备选择市电直供时，需对相关电源设备、配电设备等提出相应的技术要求。

在确定采用何种混合供电系统前，需根据 ICT 设备供电电压等级来选择是采用交流 UPS 系统，还是直流 UPS 系统。目前，大部分 ICT 设备为 220V 交流供电，但随着直流通信电源技术的发展及 ICT 设备直流电源模块技术的发展，越来越多的直流 UPS 将会应用在数据中心的 UPS 保障方案中。

8.4　不间断电源系统设计

8.4.1　相关设计规范

1. -48V 直流电源系统主要设计依据
1）GB 51194—2016《通信电源设备安装工程设计规范》。
2）GB 50689—2011《通信局（站）防雷与接地工程设计规范》。
3）YD/T 1058—2015《通信用高频开关电源系统》。
4）YD 5079—2017《通信电源设备安装工程验收规范》。
5）YD/T 1051—2018《通信局（站）电源系统总技术要求》。

2. 240V 直流电源系统主要设计依据
1）GB 51215—2017《通信高压直流电源设备工程设计规范》。
2）GB 50689—2011《通信局（站）防雷与接地工程设计规范》。
3）YD/T 2378—2020《通信用 240V 直流供电系统》。
4）YD/T 2555—2013《通信用 240V 直流供电系统配电设备》。
5）YD/T 3423—2018《通信用 240V/336V 直流配电单元》。
6）YD/T 3424—2018《通信用 240V 直流供电系统使用技术要求》。
7）YD 5210—2014《240V 直流供电系统工程技术规范》。

3. 336V 直流电源系统主要设计依据
1）GB 51215—2017《通信高压直流电源设备工程设计规范》。
2）GB 50689—2011《通信局（站）防雷与接地工程设计规范》。
3）YD/T 3088—2016《通信用 336V 整流器》。
4）YD/T 3089—2016《通信用 336V 直流供电系统》。
5）YD/T 3423—2018《通信用 240V/336V 直流配电单元》。

4. 交流 UPS 电源系统主要设计依据
1）GB 51215—2017《通信高压直流电源设备工程设计规范》。
2）GB 50689—2011《通信局（站）防雷与接地工程设计规范》。
3）YD/T 1051—2010《通信局（站）电源系统总技术要求》。
4）YD/T 1095—2018《通信用交流不间断电源》。

5）YD/T 2165—2016《通信用模块化不间断电源》。

6）YD 5079—2017《通信电源设备安装工程验收规范》。

8.4.2　不间断电源系统供电方式

在数据中心楼层及机房分布设计时，就应该确定数据中心的 UPS 系统采用何种机房布置方案和供电方式，并按终期容量配置相应的 UPS 系统，并规划满足终期 ICT 设备供电的设备平面布置方案及电源线敷设方案，合理确定各电源机房的机房位置及机房面积。

数据中心从 UPS 系统设备布置上可分为集中式供电、分布式供电、分散式供电。集中式供电可以一个数据中心建筑物为单位集中布置，也可以一个楼层为单位集中布置；分布式供电一般是指以数据机房为单位分机房布置；分散式供电比较清晰，它是最分散的一种供电方式，它可以对应一台 ICT 设备，也可以对应多台 ICT 设备，分散式供电的 UPS 系统均与 ICT 设备同机房布置或临近于 ICT 设备布置。

对于采用相同供电模式的数据中心，集中式供电和分散式供电特点的比较见表 8-17。

表 8-17　集中式供电和分散式供电特点的比较

型式	集中式供电	分散式供电	备注
特点	集中布置，与 ICT 设备分机房布置，无相互干扰，可物理隔离 采用大容量 UPS 系统，系统故障时影响面积大 电缆路由长，有色金属用量多，能量损耗相对较大 需设置独立电力机房，电力机房占用面积较大 电源系统扩容柔性较差 设备集中，方便维护	设备分散布置，与 ICT 设备同机房布置，无法做到物理隔离 系统容量较小，系统发生故障时影响面较小，但由于系统相对较多，系统故障点多于集中供电 电缆线路短，电缆用量少，线路损耗小利于柔性设计 系统多，设备分散，维护工作量相对较大	分布式供电的优缺点介于集中式供电和分散式供电之间

在数据中心楼层机房平面设计时，需要确定采用哪种供电型式，三种供电型式各有特点，需要依据数据中心各专业机房的用电需求综合各种因素来确定数据中心采用何种供电方式。三种供电方式决定了电力机房、数据机房及其他辅助机房的大小和面积比。

8.4.3　不间断电源系统供电模式

数据中心 UPS 系统设计主要考虑供电模式的选择、设备选择、设备布置、系统接线等，影响上述问题主要有以下几个方面：

1）数据中心的建设等级。

2）相关设计标准与规范。

3）用电负荷。

4）各专业机房平面的分布及分配。

5）用户要求。

上述几个方面决定了采用何种 UPS 供电系统的模式和架构、机房平面的合理分布、设备的合理布置、投资是否合理，以及能否满足用户的需求。

我们都知道，不同种类的电源设备其供电可靠性、可用度是不同的，比如：模块化 UPS 设备理论上的可用度和可靠性要高于一体化 UPS 设备。不同的供电模式其供电可靠性、可用度是不同的，在相同的技术条件下，不同的 UPS 系统的供电模式可用度排列表见表 8-18。

表 8-18 中所列的 11 种 UPS 系统的供电模式中，最常见的是 2N 交流 UPS 系统、2N 直流 UPS 系统、3N 交流 UPS 系统、N + 1 直流 UPS 系统、N + 1 交流 UPS 系统，它们广泛应用于不同保证等级的数据中心供配电系统。

表 8-18 不同的 UPS 系统的供电模式可用度排列表

排序	供电模式	可用度	特点	备注
1	2（N+1）直流 UPS 系统		无单点故障	
2	2（N+1）交流 UPS 系统		无单点故障	
3	2N 直流 UPS 系统		无单点故障	
4	2N 交流 UPS 系统	高	无单点故障	
5	3（N+1）交流 UPS 系统		无单点故障	
6	3N 交流 UPS 系统		无单点故障	
7	市电 / 直流 UPS 混合供电系统		无单点故障	
8	市电 / 交流 UPS 混合供电系统	低	无单点故障	
9	N + 1 直流 UPS 系统		有系统性单点故障	单系统双回路
10	N + 1 交流 UPS 系统		有系统性单点故障	单系统双回路
11	N 交流 UPS 系统		有单点故障	单系统双回路

注：表中市电 / 直流 UPS 混合供电系统中的直流 UPS 是指 240V 或 336V 直流供电系统。

从理论上分析，表 8-18 中前 8 种供电模式均可设计成无单点故障的双电源供电系统，可在高保证等级数据中心中应用。由于用户需求的不同，选择何种供电模式还需综合考虑技术、经济、安全、节能等因素，合理选择适合数据中心的供电模式。

表 8-18 中的供电模式有 11 种，无论是交流 UPS 系统，还是直流 UPS 系统，每种供电模式的中心都是 UPS 系统，均是 UPS 系统之间的组合或与市电电源的组合或 UPS 系统单独存在。

8.4.4　交流不间断电源系统设计

1. 系统交流电源引入设计

交流 UPS 系统的交流引入有两种方式，一种是由低压配电系统出线柜引接；另一种是由 UPS 系统专用交流配电屏（柜）引接，从低压配电系统上引接又可分为由一级低压配电系统上引接和由二级低压配电系统上引接两种情况。每台 UPS 设备均为两路电源引入，一路接入 UPS 主回路，另一路接入 UPS 的旁路，主回路一般为三相（不带 N 线）引入，旁路为三相四线制引入。

一台 UPS 的主旁路电源引入线推荐由同段低压配电柜上引接，当然也可由同一台设备的不同开关引接。由于 UPS 设备主旁路不同时工作，UPS 设备的输入配电设备的输出分路应尽量做好主备用电源的输入开关分布，同一台低压配电柜的 UPS 主备用输入开关的数量最好保持平衡，这样可以确保该台低压配电柜在任何时候都不会出现大容量输出，能充分利用低压配电柜的模组空间，多设置配电断路器，少配置配电设备，还可避免垂直母排设计截面过大。

UPS 设备的主旁路输入电缆不宜共用同一输入开关。

（1）N、N+1 交流 UPS 系统电源引入

一个 UPS 并机系统一般由一台变压器进行供电，即每台 UPS 的主回路和旁路最好由一台变压器的低压母线段上引接。如果一个 UPS 并机系统的部分 UPS 设备无法由一台变压器的低压母线段供电时，则应该由相同高压母线段的变压器的低压母线段供电，即一个 UPS 系统内的 UPS 设备应由同一个市电电源供电。

（2）2（N+1）、2N 交流 UPS 系统电源引入

2（N+1）、2N 交流 UPS 系统由两套 UPS 系统组成。当变压器为 2N 配置时，两套 UPS 系统由互为备用的两台（2N）变压器的低压母线段分别供电；当变压器为 N+1 配置时，两套 UPS 系统应由两台不同的主用（N）变压器的低压母线段分别供电。

（3）3（N+1）、3N 交流 UPS 系统电源引入

3（N+1）、3N 交流 UPS 系统由三套 UPS 系统组成，这种供电模式的 UPS 系统要求高压配电系统的两个高压母线段之间应设有联络开关。当变压器为 2N（N≥3）配置时，三套 UPS 系统应分别由三台非互备的变压器的低压母线段供电；当变压器为 N+1（N≥3）配置时，三套 UPS 系统应由三台不同的主用变压器的低压母线段分别供电。当变压器为 2N（N<3）或 N+1（N<3）配置时，不建议采用 3（N+1）、3N 交流 UPS 系统供电模式。

采用 3（N+1）或 3N 交流 UPS 系统供电模式时，需要考虑高压配电系统的不同母线段和低压配电系统不同母线段的供电负荷平衡问题。

2. 系统电源输出设计

数据中心的 UPS 系统一般需要设置相应的输出配电设备。输出配电设备宜为每台 UPS 设备配置输出总开关，输出配电设备的输出开关应采用交流断路器，交流断路器的容量应与下一级配电的交流列头柜容量相匹配。

交流列头柜的容量、输出分路容量按所带 ICT 设备功耗及设备数量确定。

3. 交流 UPS 系统接线

交流 UPS 系统的接线图如图 8-19 ~ 图 8-21 所示。

（1）N、N+1 交流 UPS 系统

图 8-19 中 UPS 交流输出屏的进线断路器宜采用插拔式断路器。

图 8-20 中 UPS 交流输出屏的进线断路器宜采用插拔式断路器。

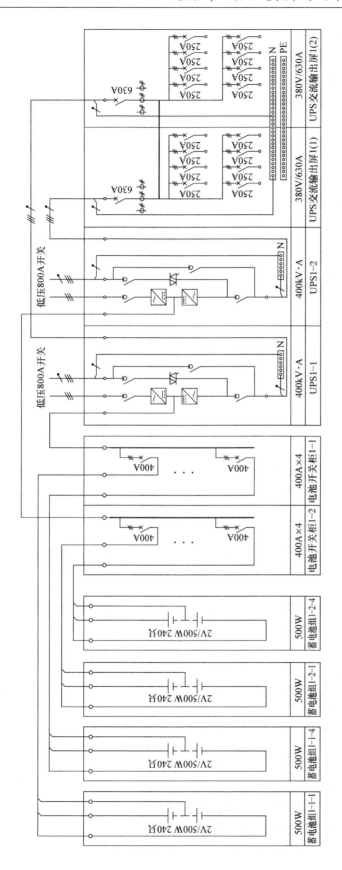

图 8-19　N、N+1 一体化交流 UPS 系统的接线图

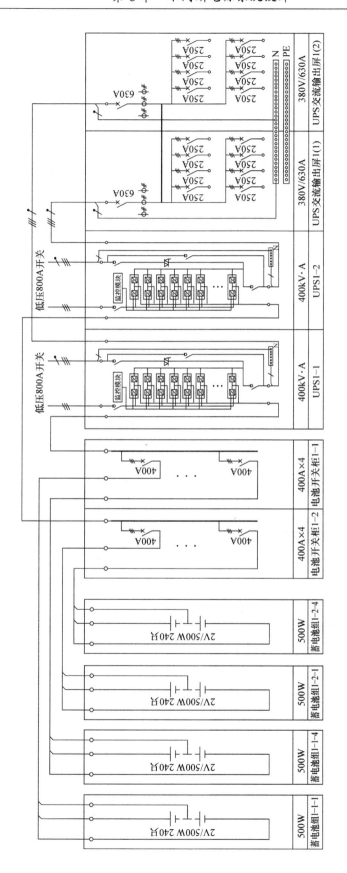

图 8-20　N、N+1 模块化交流 UPS 系统的接线图

（2）2N、2N（N+1）交流 UPS 系统

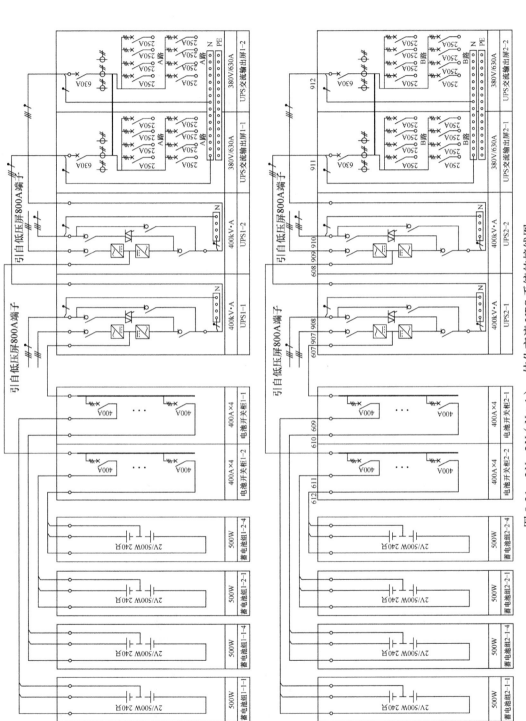

图 8-21　2N、2N（N+1）一体化交流 UPS 系统的接线图

8.4.5　直流不间断电源系统设计

1. 系统交流电源引入设计

直流 UPS 系统的交流引入有两种方式，一种是由低压配电系统出线柜引接；另一种是由直流电源系统专用交流配电屏引接。从低压配电系统上引接又可分为由一级低压配电系统上引接和由二级低压配电系统上引接两种情况。

组合式开关电源的交流输入是外引的交流电源引至组合电源柜的交流配电单元；分立式开关电源的交流输入是外引的交流电源引至专用交流配电屏（柜）或直接引至整流器柜。直流电源系统的专用交流配电屏（柜）和组合式开关电源的交流配电单元可设置单电源开关装置，也可配置双电源开关装置。双电源开关装置的两路电源可以采用自动转换方式，也可采用手动转换方式。

对于 $N+1$ 直流电源系统的交流电源输入，建议采用双路电源引入，即交流配电单元或交流配电屏采用双电源开关装置；对于 $2N$ 直流电源系统或市电 / 直流 UPS 混合供电系统的交流电源输入，交流配电屏或交流配电单元可采用单路电源开关装置。

2. 系统配置说明

（1）交流配电屏

交流配电屏（柜）的容量宜按远期需求确定。交流配电屏（柜）的输入双电源切换开关可采用 CB 级自动转换装置，输入交流配电屏（柜）的输出分路容量及路数按直流电源系统的整流器柜的用电需求配置，另外宜配置 1~2 路同容量的备用开关，输入开关输出侧配置 40kA 电涌抑制器及匹配的保护开关。

（2）整流器柜

-48V 整流器柜的单柜最大容量为 48V/2000A；240V/336V 电源系统的整流器柜满配置 20 个整流模块，整流模块选择 10kW 或 15kW，整流模块数量采用 $N+1$ 配置，单架满配容量为 200kW 或 300kW。

（3）直流配电屏

直流配电屏（柜）的容量宜按远期需求确定。输出开关选择双极直流塑壳断路器，开关容量及数量根据后端所带直流列头柜的数量和容量确定。

（4）直流列头柜

直流列头柜的容量、输出分路容量按所带 ICT 设备功耗及设备数量确定。

3. 直流电源系统接线

（1）$N+1$ 直流 UPS 系统

$N+1$ 直流 UPS 系统通常使用整流模块的 $N+1$ 冗余备份来实现，供电线路采用单电源双回路方式。$N+1$ 直流 UPS 系统参考图如图 8-22 所示。

（2）$2N$ 直流 UPS 系统

$2N$ 直流 UPS 系统与 $2N$ 交流 UPS 系统基本类似，可针对数据中心重要直流负荷配置此类系统。$2N$ 直流 UPS 系统参考图如图 8-23 所示。

（3）-48V 直流不间断电源系统

-48V 直流 UPS 系统参考图如图 8-24 所示。

（4）240V 直流 UPS 系统

240V 直流 UPS 系统参考图如图 8-25 所示。

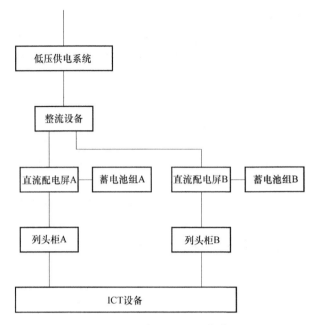

图 8-22　$N+1$ 直流 UPS 系统参考图

注：图中低压供电系统的输入宜采用双路引入，两路进线可采用 ATS 或双断路器转换方式。

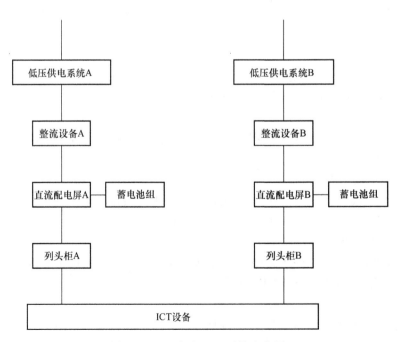

图 8-23　$2N$ 直流 UPS 系统参考图

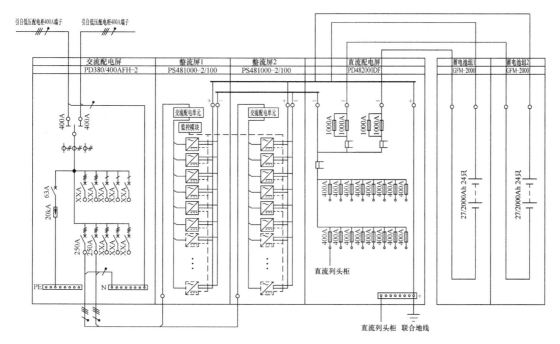

图 8-24　-48V 直流 UPS 系统参考图

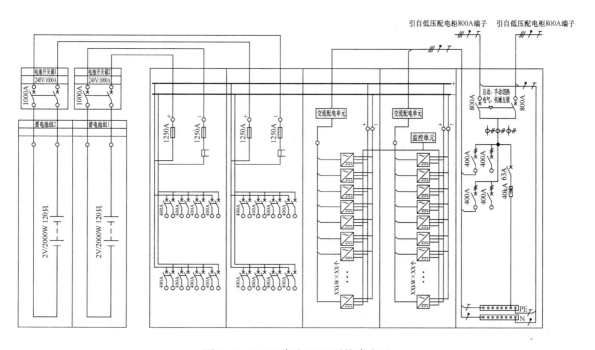

图 8-25　240V 直流 UPS 系统参考图

（5）336V 直流 UPS 系统

336V 直流 UPS 系统参考图如图 8-26 所示。

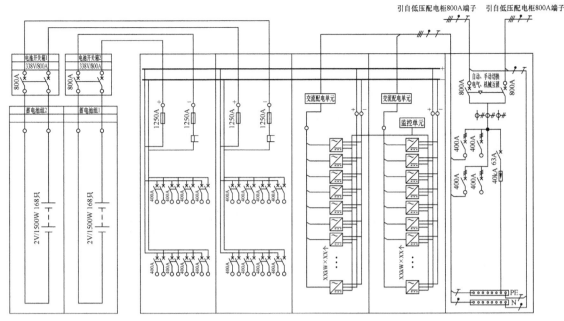

图 8-26　336V 直流 UPS 系统参考图

8.5　节能设计

　　数据中心数量最多的电源设备即是 UPS 系统设备及相关馈线，这部分也是数据中心供电系统中耗能最大的系统。影响 UPS 系统节能的主要因素有以下几点：

　　1）系统供电模式。

　　2）系统设备布置。

　　3）UPS 系统设备效率、功率因数等技术参数。

　　决定 UPS 系统节能的主要因素有以下几点：

　　1）数据中心的 ICT 设备建设等级。

　　2）用户需求和要求。

　　3）数据中心机房建筑设施。

　　另外，根据数据中心建设进度、机房分区情况，UPS 系统可分为集中式供电及分散式供电。对于一次性建设投入的大型数据中心应优先选用集中式供电方式，这样可以有效地平衡不同供电机房及供电类型设备的剩余容量，减少碎片化供电容量的数量，方便统一运维及管理。针对分期投入运行的数据中心，应合理规划，避免一次建设方案，这样可以有效地节省初期投资及初期电源系统容量。

　　目前投入运行的数据中心已出现了机架级的分散式 UPS 系统的供电方案，它可以降低 UPS 供电系统的维护工作效率，减少电力机房的使用面积，实现与 ICT 设备同步、按需建设，同时对于数据中心机房不同保障等级客户的需求，可根据不同保障等级客户的机架数量及功耗情况，确定 UPS 系统容量颗粒度及配置级别，方便不同客户维护及计费需要。

　　在数据中心供电系统架构中，UPS 系统中的能量转换较多，它是整个数据中心供配电系统中对其 PUE 值影响最大的环节。在充分保证数据中心 ICT 设备供电可靠性及安全性的前提下，通过简化 UPS 系统结构、提高系统运行效率，尤其是市电混供系统的应用，能够最大程度上降低 UPS 系统对数据中心 PUE 的影响。

8.5.1　不间断电源系统节能设计

数据中心 UPS 系统是其整个供电系统能耗的主要部分，也是数据中心 ICT 设备末端供电系统。不同的供电模式和方式所带来的节能效果是不同的，理论上带载率越高的供电系统越节能；运行效率越高的供电系统越节能；占用机房面积越小的供电系统越节能；UPS 系统供电线路越短越节能；供电架构越简单的供电系统越节能。在数据中心 UPS 供电系统设计中，主要从以下几个方面进行节能设计。

（1）供电模式

在设计 UPS 系统时，选用什么供电模式主要取决于数据中心的保证等级和用户需求。从系统运行效率来看，因市电直供回路没有换流设备（UPS 或整流设备）的存在，所以市电直供回路在运行时近似于短路状态，其能量传输效率最高，并决定了采用市电 /UPS 系统混合供电系统可为用户获得可观的节能效果，这也是近年来出现市电 /UPS 系统混合供电模式的主要原因。但市电 /UPS 系统混合供电模式的供电可用度又不如 $2N$ 系统或 $3N$ 系统，这就需要设计人员根据 ICT 设备负荷等级综合比较各供电模式，选择适合 ICT 设备使用的供电模式。

选择 $2N$ UPS 系统时，建议优先选择 2 台 UPS 设备并机的系统。

（2）系统带载率

在表 8-17 中，$N + 1$ 系统供电模式中的 N 数值越大，其系统中的设备带载率越高。在交流 UPS 系统正常运行时，$3N$ 系统供电模式要比 $2N$ 系统供电模式的带载率高，带载率越高意味着供电系统的利用率就越高。其实 $3N$ 系统是 $2N$ 系统的一种变形系统，若不考虑系统平衡及接线相对复杂的情况下，采用 $3N$ 系统供电模式比采用 $2N$ 系统供电模式要节能一些。

（3）系统供电电压

数据中心 UPS 系统的能耗主要发生在换流设备和供电线路的损耗，可分别通过提高 UPS 设备和直流系统的整流设备的转换效率，以及缩短交直流电源的传输距离来节能。除此之外，将数据中心传统供电的 220V 交流电压，变为 400V（336V 直流电源系统）左右的直流电压来减小电源传输的损耗。

（4）系统冗余度

对于数据中心的节能来说，并不是 UPS 系统的冗余度越高越好，而是要综合考虑供电保证等级、设备投资、装机面积、不同系统之间的配合等多方面因素。因此 UPS 系统的设计并不是单纯考虑 UPS 系统本身，而是要明确 ICT 设备需求及上级电源的保障情况等因素。

（5）系统架构

选用适当的供电系统架构，需要将负载侧保障等级需求、系统建设经济性、系统安全性、资源（主要为安装面积配比）有效利用等因素有机结合，兼顾、平衡好以上各方面因素，才能够构建一套适合于绿色数据中心的 UPS 供电系统。

一般来说，供电系统架构越简单，则供电系统越可靠、越高效；供电系统越复杂，则运行效率越低，维护越繁琐，成本也越高。因此在数据中心 UPS 设计中，在供电电压等级允许的范围内，简洁的 UPS 系统架构越来越多地被采用。近年来出现的混合供电系统架构、10kV/240V 直流 UPS 系统架构都是比较简单的 UPS 系统供电架构。

（6）设备平面布置

在数据中心规划设计中还要注意 UPS 系统设备布置的合理布局，提高电力机房的利用率。根据 ICT 设备用电需求，选择采用集中式供电或分散式供电，其中集中式供电可采用大容量 UPS，充分利用供电系统容量，节省装机面积。

储能设备是 UPS 供电系统的重要组成部分。储能设备在数据中心的应用应以节能、节地为原则，使用高倍率铅酸蓄电池组。在楼板承重要求范围内，充分利用机房的层高资源，采用多层电池布放安装，尽可能利用机房空间，减少蓄电池组对机房面积的占用，增加机房装机率。在数据中心电力电池室中，蓄电池组摆放是否合理，直接关系到电力机房面积占比。

近年出现的 10kV/240V 直流 UPS 系统的最突出特点是消除了很多设备之间的维护空间，极大地减少了供配电（包括 UPS）系统在电力机房的使用面积及空间。

8.5.2　不间断电源设备选择的节能设计

在选择 UPS 设备时，UPS 系统的设备质量是安全可靠运行的第一要素。无论是相关配电设备、UPS 设备、蓄电池等都要选择技术成熟、性能稳定、高效节能、规模应用的产品，具体需要考虑以下几点：

1）选择高效率的 UPS 设备和直流整流设备，目前技术较好的 UPS 设备和整流设备的效率都在 95% 以上，即使在半载其效率也能达到 95% 以上，甚至 96% 以上。

2）UPS 设备输出功率因数应不小于 0.9。

3）交流 UPS 系统应采用高频机 UPS 设备，为便于今后的扩容，优先选择模块化 UPS 设备，避免出现由于初期负荷小而产生的 UPS 设备负载率过低的情况。

4）UPS 系统用蓄电池组的后备时间应合理计算，避免过度配置。

5）在满足安全使用的条件下，可采用铁锂蓄电池组，尤其是小型数据中心，或采用分散供电制式的 UPS 系统。

6）48V 蓄电池组除外，应优先选择卧放铅酸蓄电池组，在满足楼板承重的前提下，蓄电池组宜采用多层安装方式，减少机房占用面积。

7）采用混合供电系统的市电电源直供回路的 ICT 设备的 PSU 的输入侧应具备高输入功率因数和低电流谐波分量的特性。

8）集中式供电的 UPS 系统宜采用单机容量较大的 UPS 设备和整流设备，减少 UPS 系统容量碎片率。

第9章 机房设备布置及土建要求

9.1 机房位置设置原则及一般规定

数据中心电力机房主要分为高压配电机房、变压器室、低压配电机房、UPS 机房、蓄电池室、发电机房，但上述机房并不是一成不变独立存在的，其中各类机房都可以进行多种组合，并形成一个新的机房。如高压配电系统、变压器和低压配电系统设置在同一个机房内，通常称为高低压变配电机房；高压配电系统和低压配电系统设置在同一个机房内，通常称为高低压配电机房；UPS 设备和蓄电池组设置在同一个机房内，通常称为电力电池室等。

数据中心专用变电站的设备安装通常由当地供电部门负责委托相关设计单位进行设计及设备安装。

9.1.1 电力机房位置设置原则

1. 高低压变配电机房

数据中心高低压变配电机房是高压配电系统、变压器和低压配电系统的设备安装布置机房，其位置应根据数据中心建设标准等级要求，经技术经济等因素的综合分析和比较后确定。

位置设置原则如下：

1）应靠近负荷中心（数据中心机房或建筑）。

2）应兼顾数据中心发展规划、建设、运行、施工等方面的要求。

3）应方便市电电源进线。

4）应方便高低压电源馈线出线。

5）应方便设备搬运或吊装。

6）不应设在洗手间、厨房或其他经常积水场所的正下方处，也不宜设在与上述场所相贴邻的机房，当机房贴邻时，相邻的隔墙应做无渗漏、无结露的防水处理。

7）若设在对防电磁干扰有特殊要求的信息通信机房的正上方、正下方或与其贴邻的机房，应采取防电磁干扰的措施。

2. 发电机房及辅助用房

数据中心发电机房及辅助设施是备用发电机组、燃油箱、储油罐、输油泵及进出风设备的安装布置机房及设施，其中储油罐通常为直埋式安装，其位置应经技术经济等因素的综合分析和比较后确定。

位置设置原则如下：

1）宜接近设置市电与发电机电源转换装置的机房。

2）应方便油罐车的停放及燃油的输入和输出。

3）应方便高低压输出电源出线。

4）应方便发电机组的进出风和排烟。

5）应方便设备搬运或吊装。

6）不应设在洗手间、厨房或其他经常积水场所的正下方处，也不宜设在与上述场所相贴邻的机房，当贴邻时，相邻的隔墙应做无渗漏、无结露的防水处理。

7）储油设施应方便通风换气。

8）储油设施的位置应符合 GB 50016—2014《建筑设计防火规范》相关安全规定。

9）发电机房应尽量远离居民住宅、医院、学校等对声环境要求较高的功能区。

10）对于非严寒地区的数据中心，如果发电机房建设受限，可采用室外型发电机组。

11）在易受洪水淹灌地区，发电机房不应设在地下室。

3. UPS 机房

数据中心 UPS 机房是低压末端配电设备、交流 UPS 系统、直流 UPS 系统设备的安装布置机房。由于 UPS 系统至 ICT 机房的电缆数量非常多，所以 UPS 机房位置的确定是非常重要的，其位置应根据数据中心建设标准等级要求，经技术经济等因素的综合分析和比较后确定。

位置设置原则如下：

1）应临近 ICT 机房。

2）应方便输入输出电源线布放，并考虑终期电源线布放的需求。

3）应方便设备搬运。

4）不应设在洗手间、厨房或其他经常积水场所的正下方处，也不宜设在与上述场所相贴邻的机房，当贴邻时，相邻的隔墙应做无渗漏、无结露的防水处理。

5）UPS 设备与蓄电池组宜同室布置安装。

6）UPS 系统可与 ICT 设备同室安装。

9.1.2 机房位置设置一般规定

数据中心供电专业尽管非常重要，但必定是为满足 ICT 设备正常运行服务的，所以在电力机房的位置设置上应在整个数据中心各专业机房通盘规划中进行。数据中心的设计要有整体设计理念，既要考虑当前的使用需求，还要考虑未来的发展需求；既要考虑当前的建设实施，又要考虑投产的日常维护。每个专业都不能只顾本专业机房的设置，不要过分求大，需求要合理，不要忽视或降低其他专业机房的需求，各专业机房的设置应达到布局合理、互不干扰、协调统一。

数据中心的电力机房的位置设定是个复杂的过程，它和数据中心的保证等级、建设规模、建筑面积、发展规划、用户需求的关系非常重要。除此之外，还与数据机房、空调机房以及其他辅助用房的位置设置有着密切的关系。在各专业机房位置规划时，各专业必须相互协调，避免出现机房位置不合理、不同专业机房相互干扰、各专业管线相互打架的问题出现。如果项目由多个设计单位共同设计时，也要进行必要的技术协商，避免上述问题出现。

在数据中心设计中，同一等级的数据中心或数据机房的变配电机房设置方案并不是唯一的，它与很多因素有关：

（1）用户需求

不同用户对变配电机房的设置有着不同的具体要求，有的用户要求各类机房主备用设备必须具备物理隔离，有些用户则并无此要求。

（2）建设方要求

建设方对数据中心租赁市场的判断，以及建成后对数据中心等级认证的要求。

（3）建设规模

数据中心建设规模、单位面积的用电负荷直接影响电力机房的设置方案，它的建筑平面及结构也影响电力机房的设置方案。

（4）保证等级

数据中心是由单一保证等级的数据机房组成，还是由不同等级的数据机房混建而成。

（5）设计方的水平

数据中心供配电设计方的技术水平也是重要因素之一。

1. 高低压变配电机房

超大型数据中心或大型数据中心一般都需要设置独立的动力中心，这个动力中心一般为一层或两层的独立建筑，可为一栋或多栋数据中心建筑供电，动力中心主要设置高压配电机房和高压发电机房。

高压配电机房也称为高压配电室，用于安装高压配电系统的机房。动力中心的高压配电机房一般设置一级高压配电系统。在一个数据中心中，一级高压配电系统与二级高压配电系统一般不设置在同一机房内。当数据中心建有动力中心时，一级高压配电系统可以设置在动力中心，二级高压配电系统设置在数据机房建筑物中，但这并不是定律，应根据高压配电系统的功能进行设计。设在数据机房建筑物中的高压配电机房一般设置在建筑物一层。

保证等级高的数据中心的高压配电机房一般有两种设置方式，一种是集中设置，即同级互为主备的两个高压母线段的设备设置在同一高压配电机房内；另一种是采用物理隔离设置，即互为主备的两个高压母线段的设备设置在不同的高压配电机房内。具体采用哪种形式，需要根据数据中心的重要性综合决定，目前绝大多数的数据中心的高压配电系统采用的是集中设置方式。

高低压变配电机房设置的一般规定如下：

1）超大型、大型数据中心宜设置动力中心，在不影响园区规划的前提下，动力中心应尽可能临近数据机房建筑物。

2）超大型、大型、中型数据中心应设置高低压变配电机房，小型数据中心可根据负荷大小设置相应的高低压变配电机房，或室外型箱式（预装式）变电站。

3）对于 A 级数据中心，高压配电机房数量可根据负荷的重要性设置，对于 A 级中要求容错 ICT 设备机房的供电的，其高压配电机房、低压配电机房可以根据用户要求按双独立（具有物理隔离）机房设置。

4）对于 A 级机房中重要容错 ICT 设备机房的供电系统，变压器也可独立房间设置。

5）变配电机房通常设置在机房楼内。

6）要充分考虑数据中心终期发展需求。

7）低压配电机房应尽可能接近 UPS 机房。

8）对于为 10kV 冷水机组配电的 10kV 高压配电系统，宜设置独立的高压补偿机房。

9）对于多层数据中心机房楼，可根据机房楼单层面积及功能分区情况分层设置变压器和低压配电机房。

10）对于需要吊装设备的机房楼，应设置相应的吊装口或吊装平台。

11）对于多层机房楼，不同层的电力机房的位置应注意上下层对应关系，尽量避免过多的水平走线，应避免与其他专业设备的管线冲突。

12）电缆集中上线井应做好通风，避免封闭的上线井出现温度过高现象。

13）独立设置的变压器室应利于通风换气。

14）值班室应满足当地供电部门的要求。

2. 发电机房及辅助用房

数据中心的发电机房用于安装备用发电机组及其配套设备，包括燃油箱、近排气装置、配电设备等。发电机房分为高压发电机房和低压发电机房，高压发电机组通常用于超大型、大型数据中心，低压发电机组通常用于中、小型数据中心。在机房位置设置上，高压发电机房具有良好的包容性，并不一定设在数据中心机房楼内或邻近，高压发电机房可根据园区总体规划确定其机房位置，一般建有动力中心的数据中心，其高压发电机房设在动力中心，甚至采用室外型（箱式）高压发电机组，低压发电机房则一般要求尽可能近地设置在数据中心机房楼内或邻近。

发电机房及辅助用房设置的一般规定如下：

1）发电机房应避开建筑物的主入口、正立面。

2）发电机房一般设置在一层，条件受限时也可设在二层或地下室。

3）若数据中心建有动力中心时，发电机房最好设在动力中心内。

4）室外型发电机组可设置在数据中心园区室外地面或机房楼的楼顶平台上。

5）发电机房的进出风口应有不同的朝向。

6）若发电机房与数据机房设置在同一建筑一层时，发电机房应设置独立的进出风通道。

7）若发电机房设置在地下室时，除了上述要求和设置原则外，还应满足防潮、防水、排水的要求。

8）应避免在卫生间、浴室等潮湿场所的下方或贴邻，避免由于渗水影响发电机组运行。

9）储油库一般采用直埋式储油罐，也可采用地下储油库，配套的油泵控制室一般设在临近储油罐或储油库的地方。

10）地下储油库采用卧式罐，应采取防漏油措施，单罐最大容积为 50m³，储油罐与高层数据中心建筑的防火间距为 20m，与其他建筑的防火间距为 6m。

11）发电机房应满足数据中心未来发展需求。

3. UPS 机房

UPS 机房用于末端低压配电系统、交流 UPS 系统、直流 UPS 系统的安装。在通信行业，数据中心的 UPS 机房也称为电力电池室，这类机房承担着所有 ICT 设备的供电设备的安装。

电力电池室的设置分为三种：

　　第一种是 UPS 设备和蓄电池组安装在同一机房内，通常这种电力电池室临近数据机房，电力电池室与数据机房同层为左右邻近，不同层为上下临近，此类机房设置形式最为普遍；第二种是蓄电池组不与 UPS 设备同机房布置，即蓄电池组安装在独立机房（电池室）内，这种布置在实际应用中不多见，一般用于保证等级很高的数据中心；第三种是不设置独立的电力电池室，交、直流 UPS 系统与 ICT 设备同机房安装，这类布置形式一般用于小型数据中心。

　　电力电池室位置设置的一般规定如下：

　　1）电力电池室应尽可能临近或临楼层用电设备机房，避免供电线路过长。

　　2）独立设置的电池室与电力室同层布置。

　　3）当交直流 UPS 系统与 ICT 设备同机房安装时，可不设相关电力电池室，但需在同层布置配电机房。

　　4）电力电池室应考虑良好的扩展性，满足数据中心终期业务发展需求。

9.1.3　机房布置方案

1. 动力中心机房布置方案

　　数据中心动力中心的层数一般最多三层，以二层居多。动力中心通常设置高（低）压发电机房、高压发电机组的配电机房、一级高压配电机房，如果一级高压配电机房设置在机房楼内，动力中心主要设置高（低）压发电机房和高压发电机组的配电机房。

　　考虑到低压发电机组输出电缆用量太大，所以，低压发电机组通常设置在机房楼，不集中设置在动力中心。动力中心平面布置参考方案见表 9-1。

表 9-1　动力中心平面布置参考方案

形式	方案	说明
不含一级高压配电机房	配电机房：进风或出风／发电机房／出风或进风　一层平面	层数：一层 特点：动力中心只设置发电机房和其配套的配电机房，一级高压配电系统设置在机房楼 配电机房（发电机并机系统）在动力中心的一端，发电机组按单列布置，发电机房一侧进风，另一侧出风，采用自然进出风 应用：主要应用于中型及以上规模的数据中心
	配电机房：进风／发电机房／出风　配电机房：出风／发电机房／进风　一层平面	层数：一层 特点：动力中心只设置发电机房和其配套的配电机房，一级高压配电系统设置在机房楼 配电机房（发电机并机系统）在动力中心的一端，发电机组按两列布置，发电机房两侧为进风，出风在中部上出风，采用自然进出风 此方案占地面积较大，需考虑发电机组的搬运 应用：主要应用于大型及超大型数据中心

（续）

形式	方案	说明
不含一级高压配电机房	 二层平面 一层平面	层数：二层 特点：动力中心只设置发电机房和其配套的配电机房，一级高压配电系统设置在机房楼 　配电机房（发电机并机系统）在动力中心的一端，每层的发电机组按单列布置，发电机房分两层设置，发电机房的一侧进风，另一侧出风，采用自然进出风 　此方案占地面积较小，除了考虑发电机组的搬运，还需考虑发电机组的吊装 　应用：主要应用于大型及超大型数据中心
含有一级高压配电机房	 一层平面	层数：一层 特点：动力中心设置发电机房、配电机房，配电机房用于安装发电机组配套的配电系统及一级高压配电系统 　配电机房在动力中心的一侧，发电机组按单列布置，发电机房的一侧为进风，出风在中部上出风，采用自然进出风 　此方案占地面积较大，需考虑发电机组的搬运 　应用：主要应用于中型及以上规模的数据中心
	 二层平面 一层平面	层数：二层 特点：动力中心设置发电机房、配电机房，配电机房用于安装发电机组配套的配电系统及一级高压配电系统 　发电机组按单列布置，发电机房设置在一层，配电机房设置在二层，发电机房的一侧进风，另一侧出风，采用自然进出风 　此方案占地面积较小，除了考虑发电机组的搬运，还需考虑高压开关柜的吊装 　应用：主要应用于中型及以上规模的数据中心

（续）

形式	方案	说明
含有一级高压配电机房	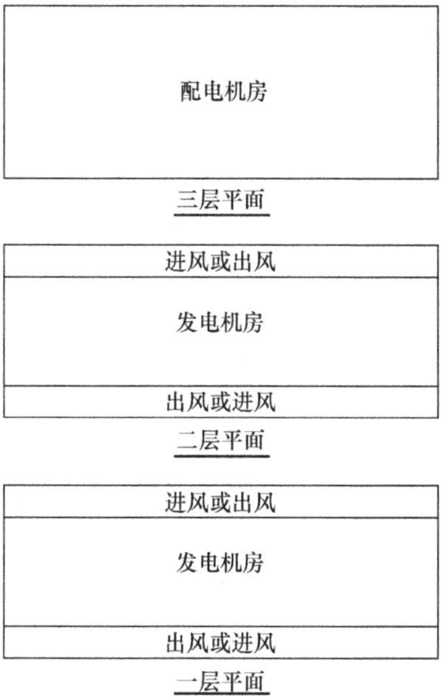 配电机房 三层平面 进风或出风 发电机房 出风或进风 二层平面 进风或出风 发电机房 出风或进风 一层平面	层数：三层 　特点：动力中心设置发电机房、发电机组配套的配电机房，以及一级高压配电机房 　发电机组按单列布置，发电机房分两层设置，配电机房设在三层，发电机房的一侧进风，另一侧出风，采用自然进出风 　此方案占地面积较小，除了考虑发电机组的搬运，还需考虑发电机组的吊装 　应用：主要应用于大型及超大型数据中心

2. 机房楼电力机房布置方案

数据中心机房楼电力机房布置方案要因地制宜、设置合理、符合规范、满足要求，应通过各设计专业之间的协调，经过技术经济论证和比较后商定，机房设置方案应满足各专业机房的要求。

机房楼电力机房的布置方案种类繁多，很少有完全相同的布置方案。不管是高低压变配电机房的布置方案，还是机房楼层的电力电池室的布置方案，同一楼层电力机房的布置方案主要可以归纳为以下四种，见表9-2。

表 9-2　机房楼电力机房平面布置参考方案

形式	方案	说明
1	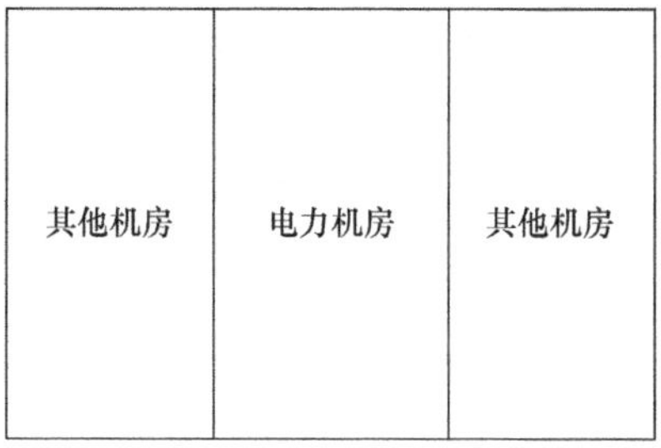 其他机房 ｜ 电力机房 ｜ 其他机房	特点：电力机房设置在机房楼的中央，此种布置方案多用于多层数据中心机房楼，电力机房为电力电池室 　这种平面布置方案中的电力机房多采用集中布置，电力电池室负责本层两侧的数据机房的设备供电。图中的其他机房为数据机房。这种方案具有供电线路短、电缆多方向布放等优点 　应用：主要应用于各类数据中心机房楼的数据机房楼层

（续）

形式	方案	说明
2	电力机房 其他机房 电力机房	特点：电力机房设置在机房楼的两侧（可实现物理隔离），电力机房可以是高低压变配电机房，也可以是电力电池室 这种平面布置方案中的两套电源分别安装在具有物理分隔的两个机房内，是一种最高保证等级的机房布置方案。图中的其他机房可以是数据机房或其他辅助机房。这种方案具有供电线路短、电缆布放方便等优点 应用：主要应用于高保证等级的数据中心机房楼
3	其他机房 电力机房	特点：电力机房设置在机房楼的两侧中的一侧，电力机房可以是高低压变配电机房，也可以是电力电池室 这种平面布置方案中的电力机房多采用集中布置，高低压变配电机房负责整个机房楼的负荷供电，电力电池室负责本层数据机房的设备供电。图中的其他机房可以是数据机房或其他辅助机房 应用：主要应用于各类数据中心机房楼
4	电力机房　｜　其他机房	特点：电力机房设置在机房楼的两侧中的一侧，电力机房可以是高低压变配电机房，也可以是电力电池室 这种平面布置方案中的电力机房多采用集中布置，高低压变配电机房负责整个机房楼的负荷供电，电力电池室负责本层数据机房的设备供电。图中的其他机房可以是数据机房或其他辅助机房 应用：主要应用于各类数据中心机房楼

9.2　电力机房的设备布置

9.2.1　设备布置原则

电力机房的设备布置应符合相关的设计规范要求，并满足数据中心项目总体规划要求，应考虑所有安装设备之间的功能关系及合理的走线路由，使所有设备均能便利、顺畅，便于使用和维护管理。各机房设备布置应紧凑合理、便于搬运、方便维护、易于操作、方便检修，最大限度提高设备安装率。

安装在数据机房的 UPS 设备的布置除了满足本身的相关设计规范要求，还需考虑 ICT 设备的相关设计规范要求。

9.2.2　高压配电机房的设备布置

成套高压开关柜一般采用单列布置方式，当受机房面积限制时，则可采用双列布置方式。

10～35kV 成套高压开关柜各种通道的最小宽度见表9-3。

表 9-3　10～35kV 成套高压开关柜各种通道的最小宽度　　（单位：mm）

高压开关柜布置方式	柜后维护通道	柜前操作通道	
		固定式（环网柜）	移开式
单列布置	800（1000）	1500	单手车长度 +1200
双列面对面布置	800（1000）	2000	双手车长度 +900
双列背对背布置	1000	1500	单手车长度 +1200

注：1. 固定式开关柜靠墙布置时，柜后与墙净距应大于 50mm，侧面与墙净距宜大于 200mm。
　　2. 通道宽度在建筑物的墙面有柱类局部凸出时，凸出部位的通道宽度可减少 200mm。
　　3. 当开关柜侧面需设置通道时，通道宽度不应小于 800mm。
　　4. 表中括弧内数字为 35kV 高压开关柜推荐尺寸。

表 9-3 中的手车长度一般为高压断路器的深度，不同电压等级、不同品牌的高压断路器的外形尺寸是不同的。在设计时，需要根据断路器的具体型号从产品样本中查询其深度，但这里面有个矛盾，即在数据中心土建施工时，往往高压开关柜的品牌和型号尚未确定，这就要求设计者在尚未确定高压开关柜品牌时，对高压配电机房的设备平面布置进行确定，这里可将不同电压等级和不同品牌高压开关柜的手车长度综合按 800mm 计算。

高压配电机房的设备布置方案示意图如图 9-1 所示。

高压配电机房设备布置以移开式单列和移开式双列面对面的方案居多，一方面便于日常维护，另一方面可节省设备占地面积。如果高压开关柜与其他设备临近安装时，其间距应以两种设备布置要求的最大者为准。

高压发电机组配套的高压并机系统及接地系统的设备平面布置要求与高压开关柜的平面布置要求相同，高压补偿设备的平面布置可按固定式高压开关柜的平面布置要求进行设计。

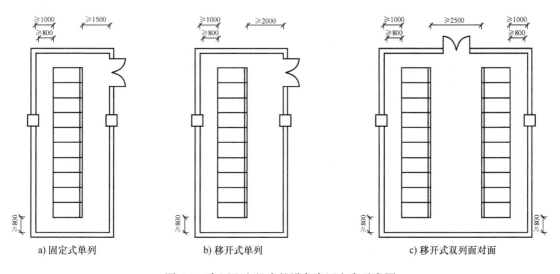

图 9-1　高压配电机房的设备布置方案示意图

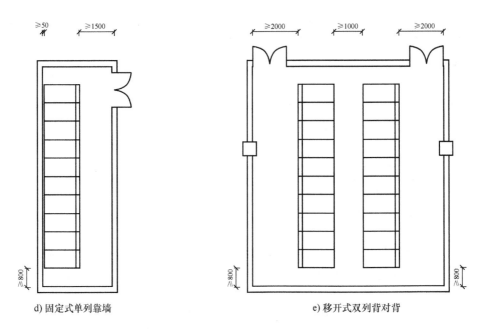

d) 固定式单列靠墙　　　　　　e) 移开式双列背对背

图 9-1　高压配电机房的设备布置方案示意图（续）

　　高压发电机组并机系统配套的并机显示柜（屏）的安装位置要求方便维护，一般与接地柜同机房安装布置。

　　高压配电机房的直流操作电源设备的平面布置要求与低压配电机房设备的平面布置要求相同。

9.2.3　配电变压器的设备布置

　　数据中心的配电变压器布置有两种方式，一种是独立变压器室布置，另一种是与低压开关柜并列布置，其中以与低压开关柜并列布置最为普遍。

　　配电变压器外廓（防护外壳）与变压器室墙壁和门的最小净距见表 9-4，配电变压器防护外壳间的最小净距见表 9-5，其中不包括预装式变电站中变压器的布置要求。

表 9-4　配电变压器外廓（防护外壳）与变压器室墙壁和门的最小净距　　（单位：mm）

变压器布置方式	1000kV·A 及以下	1250kV·A 及以上
油浸变压器外廓与后壁、侧壁之间的净距	600	800
油浸变压器外廓与门之间的净距	800	1000
干式变压器带有 IP2X 及以上防护等级金属外壳与后壁、侧壁的净距	600	800
干式变压器带有 IP2X 及以上防护等级金属外壳与门之间的净距	800	1000

表 9-5　配电变压器防护外壳间的最小净距　　　　　（单位：mm）

变压器布置方式		1000kV·A 及以下	1250kV·A 及以上
变压器侧面具有 IP2X 防护等级及以上的金属外壳	A	可贴邻布置	可贴邻布置
考虑变压器外壳之间有一台变压器拉出防护外壳	B^*	变压器宽度 $b+600$	变压器宽度 $b+600$
不考虑变压器外壳之间有一台变压器拉出防护外壳	B	1000	1200

注：* 当变压器外壳的门为不可拆卸式时，其 B 值应是门扇的宽度 c 加变压器宽度 b 之和再加 300mm。

　　表 9-5 中 b 指的是不带外壳的变压器宽度。多台干式变压器之间 A 值如图 9-2 所示，多台干式变压器之间 B 值如图 9-3 所示。

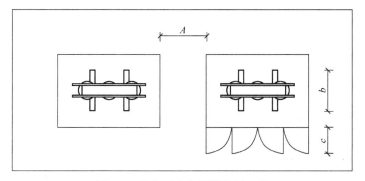

图 9-2　多台干式变压器之间 A 值

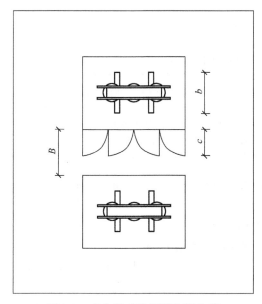

图 9-3　多台干式变压器之间 B 值

　　当带防护外壳的干式变压器侧面与低压开关柜靠近布置时，干式变压器可贴邻低压开关柜布置。与低压开关柜贴邻布置的两台面对面的干式变压器的防护外壳之间的距离可按双列面对面的低压开关柜的布置要求设计。

9.2.4　低压配电机房的设备布置

低压配电系统是以变压器为单位的，即一台变压器对应一套低压开关柜（一套低压配电系统）。除特殊情况下，一套低压开关柜大都采用单列布置方式。2N 配置的变压器所对应的两套低压开关柜一般采用的是双列面对面布置方式。

低压开关柜各种通道的最小宽度见表 9-6。

表 9-6　低压开关柜各种通道的最小宽度　　　　　（单位：mm）

低压开关柜		单列布置			双列面对面布置			双列背对背布置			多列同向布置			柜侧通道
		柜前	柜后		柜前	柜后		柜前	柜后		柜间	前、后列柜距墙		
			维护	操作		维护	操作		维护	操作		前列柜前	后列柜后	
固定式	不受限制时	1500	1100	1200	2100	1000	1200	1500	1500	2000	2000	1500	1000	1000
	受限制时	1300	800	1200	1800	800	1200	1300	1300	2000	1800	1300	800	800
抽出式	不受限制时	1800	1000		2300	1000		1800	1000		2300	1800	1000	1000
	受限制时	1600	800		2100	800		1600	800		2100	1600	800	800
控制柜（屏）		1500	800		2000	800								800

注：1. 受限制时是指受到建筑平面的限制、通道内有柱等局部突出物的限制。
　　2. 柜后操作通道是指需在柜后操作运行中的开关设备的通道。
　　3. 背靠背布置时柜前通道宽度可按本表中双列背对背布置的柜前尺寸确定。
　　4. 控制柜、控制屏、落地式动力配电箱前后的通道最小宽度可按本表确定。
　　5. 挂墙式配电箱的箱前操作通道宽度，不宜小于 1000mm。
　　6. 当建筑物的墙面有柱类局部凸出时，凸出部位的通道宽度可减少 200mm。
　　7. 表中"柜后操作"表示固定式柜体背面安装有断路器。

电容补偿柜与低压开关柜同列布置，柜前和柜后维护距离与低压开关柜保持一致。若低压配电系统中设有两路电源 ATS 柜时，ATS 柜面板应与低压开关柜面板齐平。

数据中心用低压开关柜通常采用抽出式低压开关柜，如图 9-4 所示为抽出式低压开关柜在低压配电机房不受限制时设备布置示意图。

图 9-4 中的设备布置只是参考图，数据中心的变配电机房或低压配电机房的设备布置要求是既满足数据中心实际情况需求，又符合设计规范的要求。在同一个机房的设备布置设计时，设计人员会根据需求设计出不同的设备平面布置方案，并在其中综合比较进行择优确定。在数据中心实际工程案例中，应用最广的是变压器及低压开关柜双列面对面布置方案。

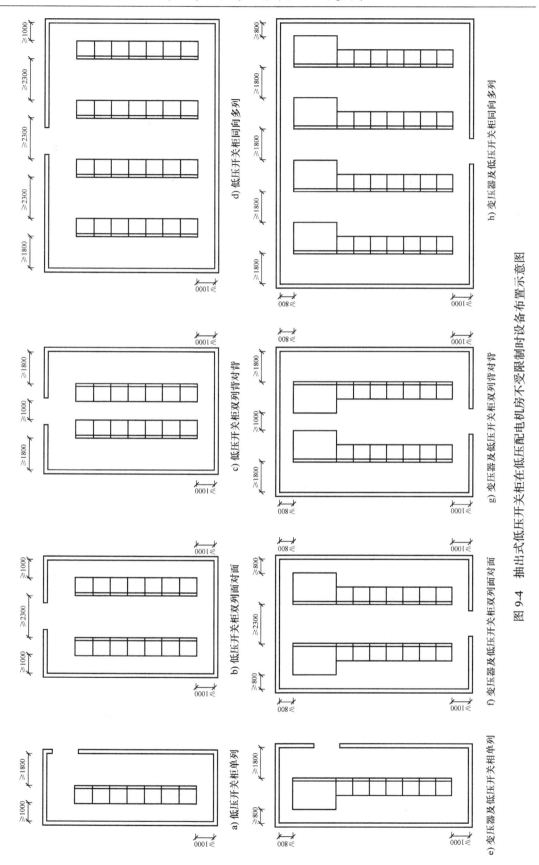

a) 低压开关柜单列

b) 低压开关柜双列面对面

c) 低压开关柜双列背对背

d) 低压开关柜同向多列

e) 变压器及低压开关柜相单列

f) 变压器及低压开关柜双列面对面

g) 变压器及低压开关柜双列背对背

h) 变压器及低压开关柜同向多列

图 9-4　抽出式低压开关柜在低压配电机房不受限制时设备布置示意图

9.2.5　发电机房的设备布置

备用发电机组的设备布置有两种布置方案，一种是单列平行布置方案；另一种是单列垂直布置方案，两种布置方案示意图如图 9-5 和图 9-6 所示。

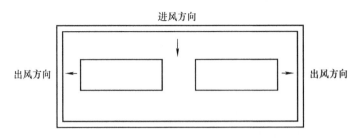

图 9-5　单列平行布置方案示意图

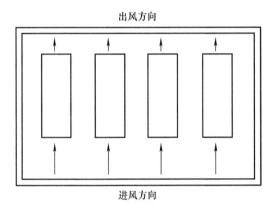

图 9-6　单列垂直布置方案示意图

数据中心的发电机房设置在数据中心机房楼的一侧或动力中心。备用发电机组一般采用单列垂直布置方案，这种布置具有应急操作方便、进出风合理、管线距离短等优点，数据中心基本上都采用这种布置方案。单列平行布置方案可用于发电机台数少的数据中心，因这种布置进出风会出现风路变向，所以进出风风道不如单列垂直布置顺畅，如果发电机组台数多，宜选择远置分体散热水箱的发电机组。

发电机房的设备布置应根据发电机组的数量、容量确定，机房的布局应紧凑，方便电缆和油管的进出，满足降噪、操作、维护和安全要求。

GB 51348—2019《民用建筑电气设计标准》中的发电机房内各种通道的宽度见表 9-7。

表 9-7　发电机房内各种通道的宽度　　　　　　　　　　（单位：mm）

项目 \ 容量 /kW		75 以下	75 ~ 150	200 ~ 400	500 ~ 1500	1600 ~ 2000	2100 ~ 2400
机组操作面	a	1500	1500	1500	1500 ~ 2000	2000 ~ 2200	2200
机组背面	b	1500	1500	1500	1800	2000	2000
柴油机端	c	700	700	1000	1000 ~ 1500	1500	1500
机组间距	d	1500	1500	1500	1500 ~ 2000	2000 ~ 2300	2300
发电机端	e	1500	1500	1500	1800	1800 ~ 2200	2200

注：1. 表中水冷却方式的柴油机的发电机组的 a、b、c、d 可以根据实际情况适当缩小。

　　2. 安装降噪装置的进出风间尺寸表中未列。

GB 51194—2016《通信电源设备安装工程设计规范》中的发电机房其他设备周围通道的最小宽度见表 9-8。

表 9-8　发电机房其他设备周围通道的最小宽度　　　　　　（单位：mm）

发电机房	周围维护通道	操作面维护通道
发电机组	1000	1500
燃油箱	侧距墙 300，后距墙 50	800
配电柜（箱）	800	1500

发电机组的操作面是指发电机组控制板（箱）的面板，发电机组的操作面位于发电机组的侧面或发电机端。若操作面位于机组侧面时，机组操作面距前方物体的距离可以适当减少，这取决于机组间的距离不影响进出风的面积设置、机组的正常操作和日常维护；若操作面位于机组发电机端时，机组的操作面距前方物体的距离 a 即表 9-7 中的 e，发电机房设备布置示意图如图 9-7 所示。表 9-7 中的 e 主要满足机组的搬运和日常维护。

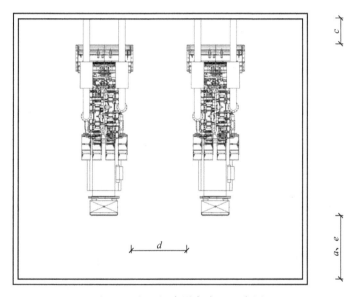

图 9-7　发电机房设备布置示意图

在发电机房设备布置时，两台发电机组之间的距离要同时满足进出风和维护要求，一般两个柱间设置一台发电机组，燃油箱应单独房间布置，发电机房用配电屏（箱）靠墙布置。发电机房一般都设置配套的进出风间，每台发电机组都有独立的进出风间。

在发电机房设备布置时，必须考虑每一台发电机组的搬运通道，若发电机房开门受限，可利用需搬运的发电机组的进风或出风通道作为临时搬运通道。排气通道设计合理，避免排气管的弯头过多。

综上所述，发电机组周围通道的宽度应充分考虑机组进出风空间的设计、散热水箱的更换、日常维护和操作、设备的搬运，各通道的宽度可根据实际情况做适当调整。

9.2.6　电力电池室的设备布置

电力电池室是安装交直流 UPS 系统的机房，包括交流配电屏、直流配电屏、整流器、直流 - 直流变换器、交流 UPS、逆变设备等。电力电池室一般临近数据机房，或同层或临层设置。由于电力电池室的建筑形式多种多样，同样的机房会有多种设备布置方案。电力电池室内各种通道的最小宽度见表 9-9 和表 9-10。

表 9-9　电力室内各种通道的最小宽度　　　　　　　（单位：mm）

项目	距离
配电及换流设备的正面之间的主要走道净宽	不宜小于 1500
配电及换流设备的正面与侧面之间的维护走道净宽	不宜小于 1200
配电及换流设备的正面与背面之间的维护走道净宽	不宜小于 1200
配电及换流设备的背面与背面之间的维护走道净宽	不宜小于 1000
配电及换流设备的正面与通信设备的正面或背面之间的走道净宽	不宜小于 2000
配电及换流设备的背面与通信设备的正面或背面之间的净宽	见表注
配电及换流设备的正面与墙之间的主要走道净宽	不宜小于 1500
配电及换流设备的背面与墙之间的维护走道净宽	不应小于 800
配电及换流设备的侧面与墙之间的次要走道净宽	不应小于 800
配电及换流设备的侧面与墙之间的主要走道净宽	不应小于 1000

注：1. 应按通信设备相应的布置要求确定。
　　2. 换流设备指的是整流设备、逆变设备、直流 - 直流变换设备和交流 UPS 设备等。

表 9-10　电池室内各种通道的最小宽度　　　　　　　（单位：mm）

	项目	距离
立放	蓄电池组之间的走道净宽	不应小于 800 或单体电池宽度的 1.5 倍
	双层布置的蓄电池组，其上下两层之间的净空距离	应为单体电池高度的 1.2 ~ 1.5 倍
	双列布置的蓄电池组，一组电池的两列之间净宽	应满足电池抗震架的结构要求
	蓄电池组侧面与墙之间的次要走道净宽	不应小于 800
	蓄电池组侧面与墙之间的主要走道净宽	不应小于 1000 或单体电池宽度的 1.5 倍
	单层双列布置的蓄电池组可沿墙设置，其侧面与墙之间的净宽	不宜小于 100
	蓄电池组一端靠墙设置时，列端电池与墙之间的净宽	不宜小于 200
	蓄电池组一端靠近机房出入口时，应留有主要走道，其净宽	不应小于 1000
	阀控式蓄电池组的侧面或列端电池与通信设备、配电屏及各种换流设备的正面之间的主要走道净宽	不宜小于 1500
	阀控式蓄电池组的侧面与通信设备、配电屏及各种换流设备的侧面或背面之间的维护走道净宽	不应小于 800
卧放	阀控式蓄电池组的侧面之间的净宽	不应小于 200
	阀控式蓄电池组的正面走道净宽	不应小于 1000 或电池总高度的 1.5 倍
	阀控式蓄电池组可靠墙设置，其背面与墙之间的净宽	宜为 100
	阀控式蓄电池组的侧面与墙之间的净宽	不应小于 200
	阀控式蓄电池组的正面与通信设备、配电屏及各种换流设备的正面之间的主要走道净宽	不宜小于 1500
	阀控式蓄电池组的侧面或背面与通信设备、配电屏及各种换流设备的维护走道净宽	不应小于 800
	阀控式蓄电池组柜与通信设备、配电屏及各种换流设备同列安装时	可以贴邻

注：锂电池组的布置可按表中铅酸蓄电池组的规定执行。

当 UPS 系统与通信设备同列安装时,其周围通道的最小宽度应取两者通道最小宽度的最大值。室内的墙挂式设备不要安装在暖气散热片的正上方或正下方,且不要安装在空调的正下方。

安装在电力室的低压配电系统的各种通道应符合表 9-9 中的宽度要求。

9.3　土建要求

9.3.1　高低压变配电机房

1. 层高

高压开关柜、变压器、低压开关柜对层高的要求是不同的,相对高低压变配电机房的净高不低于 4m,电缆夹层的净高为 2~2.4m。

2. 楼板荷载

高低压配电机房的楼板荷载不小于 8.0kN/m²,变压器安装位置的楼板荷载应根据变压器的实际重量确定,并考虑其重量设置搬运通道。若需要吊装变压器时,吊装装置应满足变压器的承重要求。变压器室的其他位置的楼板承重可按高低压配电机房的楼板荷载设计。

在设计时,应将变压器的重量、外形尺寸、搬运通道路由、吊装设备位置,以及设备平面布置图提供给建筑结构设计专业人员。

3. 电缆沟槽

机房沟槽为电缆布放通道。当高压配电系统采用下进下出线时,需要在高压开关柜的设备下方和设备前后设置相应的沟槽,沟槽间通过暗沟联通。高压开关柜设备下的沟槽和二次线沟槽可按高压开关柜产品样本中的工艺要求进行设计,高压开关柜设备后方的沟槽根据机房实际情况确定,一般沟槽宽深不小于 800mm。

还有一种电缆敷设形式,即机房的所有设备全部采用上进线、上出线敷设形式,这种形式除了具有利于散热、敷设方便、维护方便等优点外,还无需在机房地面上开设电缆沟槽,目前,越来越多的国内数据中心高低压变配电机房都采用了这种电缆敷设形式。

若低压开关柜采用下出线方式时,应在低压开关柜下和柜后或柜前开设电缆沟,一般设备下方的电缆沟宽为 400~600mm,柜前或柜后的电缆沟宽根据实际需求确定,一般为 600~800mm,两个沟槽采用暗沟联通。

高低压配电机房的室内电缆沟宜采用花纹钢盖板。

高低压变配电机房的电缆沟、电缆夹层和电缆室,应采取防水、排水措施。当变配电机房设置在地下层时,其进出地下层的电缆口必须采取有效的防水措施。

4. 门

高低压变配电机房的门高由所设置的设备高度决定,门的宽度一般按设备最大不可拆卸部件的宽度加 300mm 设计,高度宜按不可拆卸部件最大高度加 500mm 设计。在实际工程设计中,高低压配电机房的门宽为 1500mm,35kV 高压配电机房的门高可按不低于 2700mm 设计,20kV、10kV 高压配电机房的门高可按不低于 2500mm 设计。

当高低压变配电机房长度大于 7m 时,应设置 2 个门,2 个门最好设置在机房的两端;若机房长度大于 60m 时,高低压变配电机房最好设置 3 个门,2 个相邻的门之间的距离不应大于 40m。

　　高压配电室、变压器室、高压补偿室的门应向外开，并应装锁。两个相邻的配电机房之间的门应向低电压配电室开启。高低压变配电机房的对外开的门都为防火门，并应符合下列规定：

　　1）变配电机房位于高层建筑或裙房内时，通向其他相邻房间的门应为甲级防火门，通向过道的门应为乙级防火门。

　　2）变配电机房位于多层建筑物的二层或更高层时，通向其他相邻房间的门应为甲级防火门，通向过道的门应为乙级防火门。

　　3）变配电机房位于多层建筑物的首层时，通向相邻房间或过道的门应为乙级防火门。

　　4）变配电机房位于地下层或下面有地下层时，通向相邻房间或过道的门应为甲级防火门。

　　5）变配电机房通向汽车库的门应为甲级防火门。

　　6）当变配电机房设置在建筑首层，且向室外开门的上层有窗或非实体墙时，变配电机房直接通向室外的门应为丙级防火门。

　　7）若变配电机房之间的隔墙为防火隔墙时，隔墙上的门应为甲级防火门。

　　高压配电室、变压器室、低压配电室、高压补偿室的门应设置防止雨、雪和小动物进入机房内的设施。

　　当变配电机房设置在二层及以上楼层时，变配电机房应该至少设置一个通向室外的吊装平台或通道出口，以及吊装孔，其吊装平台和吊装孔的尺寸应满足吊装最大设备的需要，吊钩与吊装孔的垂直距离应满足吊装最高设备的需要。

5. 窗

　　高低压变配电机房（包括高压补偿机房）的窗户为不能开启的自然采光窗，窗台距室外地坪不宜低于1800mm。如果变配电机房临街，那么临街的一侧最好不开设窗户。变电所具有通风功能的窗户（如变压器室的外窗）应采用非燃材料制作，并设有防止小动物进入机房的设施。

6. 环境温度

　　位于采暖地区的数据中心独立的高低压变配电机房可设有采暖设备，机房最低温度不宜低于5℃；变压器与配电设备同机房安装时，机房宜采用空气调节设备进行温度控制。

　　设在地面上独立的变压器室宜采用自然通风，设在地下的变压器室应设机械送出风系统，夏季的出风温度不宜高于45℃，进风和出风的温差不宜大于15℃。

7. 照明

　　机房照明为一般照明方式，灯具不应布置在高压开关柜、低压开关柜和变压器等设备正上方。

　　高低压变配电机房的照明设计计算点的参考平面为0.75m的水平面，照度为200lx。

　　高低压变配电机房具体的土建要求表见表9-11。

9.3.2　发电机房

1. 层高

　　不同容量的发电机组对发电机房的层高要求是不同的，单台机组容量越大，其层高要求越大。由于发电机房建筑结构的不同，其进出风间的空间以及发电机组上方排气管（包括消音器）的所占空间都要求发电机房除了发电机组本身的高度，在发电机组的上方预留一定的空间，以方便进出风口的设置和排气管（消音器）的安装、施工与维护。

表 9-11　高低压变配电机房具体的土建要求表

机房名称	机房最低净高/m	楼地面标准荷重/（kN/m²）	地面面层材料	墙面面层材料	顶棚面层材料	天然采光等级	门		外窗	耐火等级
							宽/mm	高/mm		
高压配电室	4.0	8.0	水磨石地面或高强度水泥抹面并压光	水泥砂浆抹平，1500mm以下涂无光调和漆，1500mm以上涂涂料	水泥砂浆抹平，表面涂调和漆或涂料	Ⅲ	乙级防火门		防尘窗	二级
							1500	≥2500		
变压器室	≥4.0	根据变压器实际重量确定，应考虑搬运通道					乙级防火门		可设置通风窗	二级
							宽度不宜小于最大不可拆卸部件宽度+300	高度不宜小于最大不可拆卸部件高度+500		
低压配电室	4.0	8.0					乙级防火门		防尘窗	二级
							1500	2500		

不同容量的机组对发电机房的层高要求见表 9-12。

表 9-12　不同容量的机组对发电机房的层高要求　　　　（单位：mm）

容量/kW　项目	75 以下	75~150	200~400	500~1500	1600~2000	2100~2400
机房净高	2500	3000	3000	4000~5000	5000~5500	5500

燃油箱间的层高应不低于 2000mm。

2. 荷载

发电机房的地面（发电机组基础及搬运通道除外）荷载不小于 6.0kN/m²，发电机组的基础和搬运通道应根据发电机组的重量设计计算。

发电机组的发动机为往复式运转机械，运行时会产生较大的振动，发电机组基础的设计和施工质量会直接影响发电机组的安装质量和正常运行，也会影响发电机组的使用寿命。若发电机房不是最底层（如发电机组设置在楼顶或发电机房底下还有地下层），其机组下的楼板的设计需要满足发电机组的重量以及运行时的动态冲击负载，并满足机组的运行和维护，并需考虑发电机组安装时的吊装搬运。

在设计时，应将发电机组的重量、外形尺寸、搬运通道路由、吊装设备位置（如有），以及设备平面布置图提供给建筑结构设计专业人员。

发电机组的基础为混凝土结构，混凝土基础的厚度计算可参考下式：

$$D = KW/\rho BL \tag{9-1}$$

式中　D——混凝土基础的厚度（m）；

　　　K——质量系数，取 $1 \sim 2$；

　　　W——发电机组的总重量（湿重）（kg）；

　　　ρ——混凝土比重，取 $2322\mathrm{kg/m^3}$；

　　　B——混凝土基础的宽度（m）；

　　　L——混凝土基础的长度（m）。

　　式（9-1）中发电机组湿重为发电机组重量加上机油、润滑油等液体后的重量。

　　发电机组的混凝土基础的长宽一般按发电机组的长和宽计算，混凝土基础的各边一般超出机组底座的 $150 \sim 300\mathrm{mm}$，混凝土基础可高出发电机房地面 $50 \sim 150\mathrm{mm}$。混凝土基础面积越大，基础厚度越小。基础一般不预埋地脚螺栓，除非在设计机组的混凝土基础前，已确定发电机组的厂家及型号。地脚螺栓可采用一次浇筑，也可以预留孔进行二次浇筑。

　　当机组安装于建筑物底层时，应按机组重量及运行要求设置机组的混凝土基础，混凝土基础应采取减振措施，基础四周应设缝宽不小于 $50\mathrm{mm}$ 的隔振缝，以防止与建筑物产生共振。若发电机组减振装置建筑结构要求时，可不设隔振缝。在混凝土基础位置设计时，应尽量避开地面以下建筑的结构梁，如果无法有效避开结构梁时，应做好减振措施，不得影响建筑物的建筑结构。当机组地面为楼板时（机组安装位置非底层），机组不可能做较深的基础，设计时需把机组载荷提供给建筑结构专业，基础筋需与楼板连接，与楼板的连接可采用均匀焊接、膨胀螺栓焊接等方式，楼板应能承受机组的静载荷和运行时的动载荷，并留有 1.5 的安全系数。机组安装在楼板时，需要做好机组底座与楼板间的防振措施。

　　在设计发电机组基础和搬运通道时，各容量发电机组的重量见表 9-13。发电机组的重量主要取决于发动机的重量，相同容量、不同品牌的发动机的重量会有所不同，排量越大的发动机重量越重，体积也越大。

表 9-13　各容量发电机组的重量　　　　　　　　　　（单位：kg）

发电机组容量 /kW	300	500	600	800	1100
重量	$3000 \sim 3500$	$4000 \sim 4500$	$6000 \sim 6500$	$7000 \sim 9000$	$9200 \sim 12000$
发电机组容量 /kW	1300	1600	1760	2000	2400
重量	$11000 \sim 16800$	$15100 \sim 16500$	$15800 \sim 16700$	$15800 \sim 18600$	$21500 \sim 24700$

注：表中相同容量、不同品牌的发动机排量存在偏差，其重量相差较大。

3. 通风及排气

　　数据中心多采用散热水箱与发动机一体的发电机组，为保证发电机组能够正常工作，发电机房应有良好的通风，应确保足够的新风供应，进入机房的新风一方面要保证发动机的正常运行，即机组的排气系统，另一方面需要给发电机组创造良好的散热条件，即通风系统。

　　机组的排气系统是将机组运行时排出的废气、废烟直接排出户外，又不影响周围环境和他人工作和生活。排气通道有两种，一种是水平直排，另一种是垂直直排。在设计时，如果机组的排气系统采用垂直直排屋顶的方式，需要设计一个排烟井，每台机组的排烟通道要保持相对独立，互不干扰。因发电机组在正常运行时，排烟井内温度很高，在设计时，排烟井要求采取防火、防爆措施。

排烟管在过墙时应加装保护套管，伸出屋面时，出口端应加装防雨帽。

数据中心的发电机房一般都需要进行降噪处理，而降噪装置都设置在进出风间，其中进风间设置在发电机组发电机端的一侧，出风间设置在散热水箱一侧。进风间的外进风洞和内进风洞之间设置降噪装置，出风间的外出风洞和内出风洞之间设置降噪装置。在外进风洞和外出风洞还需设置百叶窗和金属防护网。

进出风间的进深和宽度原则上越大越有利于降噪，进出风间的进深通常不小于 2000mm。内外风洞的面积大小可以一致。内进风洞宜为发电机房的上端，利于新风沿机组上方流动；内出风洞宜正对机组的散热水箱。

进出风口的面积可采用下式设计计算：

$$S_{\text{进}} \geq 1.2kS_{\text{水}} \tag{9-2}$$

$$S_{\text{出}} \geq kS_{\text{水}} \tag{9-3}$$

式中　$S_{\text{进}}$——进风洞面积（m^2）；

　　　$S_{\text{出}}$——出风洞面积（m^2）；

　　　k——风阻系数，见表 9-14；

　　　$S_{\text{水}}$——散热水箱的有效面积（发电机组厂家提供）（m^2）。

表 9-14　常见降噪装置的风阻系数表

附加物	k
无降噪箱	1
金属防护网	1.05 ~ 1.1
百叶窗	1.2 ~ 1.5
降噪箱	3
降噪箱 + 金属防护网	3.05 ~ 3.1
降噪箱 + 百叶窗	3.2 ~ 3.5
降噪箱 + 百叶窗 + 金属防护网	3.25 ~ 3.6

每台发电机组的进风间和出风间应独立设置，可设置单扇门方便维护和修护。

进风间的外进风洞的下沿最好高于室外地面 1000mm 以上。出风间的外出风洞的下沿应尽量高。

每个燃油箱间都应该设置机械排风装置，排风量按换气次数 10 次 / 小时计算，排风装置应采用防爆型产品。

4. 沟槽及管线

发电机房的沟槽分为电缆沟槽和油管沟槽，电缆沟槽主要用于发电机组输出电缆的敷设；油管沟槽主要用于发电机组至燃油箱、燃油箱至储油罐的进回油管的敷设。若数据中心设置多台发电机组时，发电机房应设置一个主电缆沟槽，其输出电缆根数较多，尤其是采用低压发电机组，其主电缆沟槽应满足所有电缆的敷设需求，主电缆沟槽至每台机组的次电缆沟槽应满足单台机组输出电缆的敷设需求。电缆沟槽与油管沟槽应避免交叉,当无法避免时,应在沟槽中采取隔离措施。当发电机房设有多个燃油箱间时,应设置一个主油管沟槽,主油管沟槽中的进回油管通向室外的油泵间或储油罐。

当发电机组采用上出线敷设形式时,机房无需在地面上开设电缆沟槽,这种形式具有利于散热、敷设方便、维护方便等优点。

发电机房还有一些预埋的金属管,包括至电动百叶窗的线管、机房用配电柜(屏)的输入输出线管(非沟槽敷设)、外墙的排气管及油路保护管等。

电缆沟槽深可在400~800mm中选择,油管沟槽深应为150~200mm,主电缆沟槽的宽不宜小于600mm,主油管沟槽的宽应不小于300mm。发电机房的所有沟槽应采用花纹钢盖板。

5. 门

发电机房的外门高由发电机组的高度决定,门的宽度一般按机组最大不可拆卸部件的宽度加300mm设计,高度宜按不可拆卸部件最大高度加500mm设计。负责发电机组搬运的门应为双扇门,除此之外,进出风间应设置1个人员进出维护的单扇门,发电机房还应设置1~2个人员进出的单扇门。

发电机房搬运机组的门应为向外开启的甲级防火门,发电机房与配电机房之间的门应采取防火、隔声措施,门应为甲级防火门,并应开向发电机房。燃油箱间应采用防护墙与发电机房隔开,并设置能自行关闭的甲级防火门。

发电机房各工作区域的耐火等级与火灾危险性类别见表9-15。

表 9-15 发电机房各工作区域的耐火等级与火灾危险性类别

名称	耐火等级	火灾危险性类别
发电机房	一级	丙
配电机房	二级	戊
燃油箱间	一级	丙

当发电机组安装在二层及以上楼层或地下室时,发电机房应该设置一个通向室外的吊装平台或通道出口,以及吊装孔,其吊装平台和吊装孔的尺寸应满足吊装最大设备的需要,吊钩与吊装孔的垂直距离应满足吊装最高设备的需要。

燃油箱间应设置防止事故时柴油外溢的门槛。

6. 环境温度

位于采暖地区的数据中心发电机房可设有采暖设备,机房最低温度不宜低于5℃。

发电机房宜采用自然通风,设在地下或进风受限的发电机房应设机械进风系统,夏季的排风温度不宜高于50℃,进风和排风的温差不宜大于15℃。

7. 照明

发电机房照明为一般照明方式,灯具宜采用节能灯等高效、节能产品,灯具不应布置在发电机组的正上方。燃油箱间的照明应采用防爆灯具,开关应设置在燃油箱间外。

发电机房的照明设计计算点的参考平面为0.75m的水平面,照度为200lx。

发电机房具体的土建要求表见表9-16。

表 9-16　发电机房具体的土建要求表

机房名称	机房最低净高/m	楼地面标准荷重/（kN/m²）	地面面层材料	墙面面层材料	顶棚面层材料	天然采光等级	门		外窗	耐火等级
							宽/mm	高/mm		
发电机房	距机组高度顶端的距离，应不小于1.5m	发电机组基础按机组重量及尺寸设计，基础外地面荷重为6.0	水磨石地面或高强度水泥抹面并压光	水泥砂浆抹平，表面可做吸音处理	砂浆抹平，表面可做吸音处理	Ⅲ	宽度不宜小于最大不可拆卸部件宽度+300	高度不宜小于最大不可拆卸部件高度+500	可设置通风窗	二级
配电机房	4.0	8.0		砂浆抹平，1.5m以下涂无光调和漆，1.5m以上涂涂料	砂浆抹平，表面涂调和漆或涂料		1500	2500	防尘窗	二级
燃油箱间或库	地上3.0	6.0	水泥抹面并压光	砂浆抹平，表面涂涂料	砂浆抹平，表面涂涂料	—	≥800	1800~2500	防尘窗	一级
	地下4.0	视储油罐重量而定		砂浆抹平，表面涂防水涂料	砂浆抹平，表面涂防水涂料	—	1000	≥2100		

9.3.3　电力电池机房

1. 层高

电力电池机房的净高应不低于3.2m。

2. 楼板荷载

UPS机房的楼板荷载不小于10.0kN/m²，蓄电池机房的楼板荷载应为16.0～20.0kN/m²，如果UPS设备与其配套的蓄电池组同机房安装布置时，则电力电池机房的楼板荷载按蓄电池机房的荷载要求设计。电力电池机房中的阀控式铅酸蓄电池组是对楼板荷载要求最高的一类设备，四层布置时对楼板荷载要求为16.0kN/m²；六层布置时对楼板荷载要求为20.0kN/m²。

3. 电缆上线井

电力电池机房内的电缆上线井的位置应为垂直直通井，不应上下层错位设计，电缆井不宜做成封闭电缆井。

4. 门

电力电池机房的门高由所设置的设备高度决定，门的宽度不宜小于1500mm，高度宜按不小于2300mm设计，门宜向疏散方向开启。不作为设备运输的门宽不宜小于900mm，门高为2000mm。电池室一般只设一个门，电力室可根据具体情况设一个或两个门。

当电力电池机房长度大于7m时，宜设置2个门，2个门最好设置在机房的两端。

5. 窗

常年需要空调且无人值守的电力电池机房可不设外窗，必要时可设双层密闭窗、中空玻璃窗。有人值守的电力电池机房应采用自然采光，外窗可开启面积不小于外窗总面积的30%。

6. 通风

电池机房宜设通风系统，通风量按 0.5 ~ 1 次 /h 计算，平时可不用，使用时，应先关闭空调设备。

7. 环境温度

电力电池机房的室内环境温度夏季按 24 ~ 27℃设计，冬季按 18 ~ 27℃设计。

8. 照明

电力电池机房照明为一般照明方式，灯具应尽量避免布置在配电柜、UPS 和蓄电池组等设备正上方。

电力电池机房的照明设计计算点的参考平面为 0.75m 的水平面，照度为 200lx。

电力电池机房具体的土建要求表见表 9-17。

表 9-17　电力电池机房具体的土建要求表

机房名称	机房最低净高/m	楼地面标准荷重/（kN/m²）	地面面层材料	墙面面层材料	顶棚面层材料	天然采光等级	门		外窗	耐火等级
							宽/mm	高/mm		
电力室	3.2	10.0	水磨石地面或塑料地面	砂浆抹平，1.5m以下涂无光调和漆，1.5m以上涂涂料	砂浆抹平，表面涂调和漆或涂料	Ⅲ	1500	2300 ~ 2500	防尘窗	≥二级
电池室		16.0 ~ 20.0								

9.3.4　储油设施其他要求

数据中心储油设施可分为三类：直埋式储油罐、地下柴油库及地上柴油库（储油箱间）。数据中心用发电机组油库宜采用直埋式储油罐和储油箱间两种储油方式。储油箱间的耐火等级不应低于二级，防火间距应符合国家现行有关防火规范的规定；采用地下柴油库时，应采取防潮、防水、防火、通风及防漏油措施；采用直埋式储油罐时，宜采取防漏油措施，当单罐容积小于或等于 50m³，总容积小于或等于 200m³ 时，与建筑物之间的防火间距可按相关防火规范的规定减少 50%（见表 9-18），总储量小于或等于 15m³ 的柴油储油罐，当直埋于一、二级建筑物外墙外，且面向储罐一面 4.0m 范围内的外墙为防火墙时，其防火间距可不限。

柴油发电机房布置在建筑内时应设置储油间，其总储存量应符合国家现行有关防火规范的规定，且储油间应采用防火墙与发电机房间隔开；当必须在防火墙上开门时，应设置能自动关闭的甲级防火门。储油间应设置防止事故时油品外溢门槛。

表 9-18　数据中心柴油储油罐区与其他建筑的防火间距　　　　（单位：m）

类别	储油罐区总容量/m³	数据中心		室外变电站	备注
		高层建筑	裙房或其他建筑		
直埋式储油罐	5 ≤ V < 200	20	6	12	
	200 ≤ V < 250	40	12	24	
	250 ≤ V < 1000	50	15	28	
其他型式储油罐	5 ≤ V < 250	40	12	24	
	250 ≤ V < 1000	50	15	28	

注：1. 储油罐防火堤外侧基脚线至相邻建筑的距离不应小于 10m。

　　2. 高层建筑指建筑高度大于 24m 的数据中心建筑。

9.4　节能设计

机房设计的节能主要考虑各电力机房设计和设备布置的设计，主要考虑以下原则：

（1）机房设计

1）高压配电机房应设置在市电电源进线方便的位置，宜设在建筑物的外围。

2）配电变压器宜与一级低压配电系统同机房安装设置。

3）低压发电机房应接近负荷中心，宜邻近带有 ATS 的低压配电机房。

4）多层建筑的数据中心可采用变压器分层安装设置方式。

5）对于小型数据中心，UPS 系统可与数据设备同机房。

6）电力（UPS 系统）机房宜设置在数据机房的同层或邻层。

7）发电机房的每个柱网开间宜安装 1 台发电机组，并符合最小安全维护距离要求及发电机组进出（排）风要求。

8）UPS 系统配套的蓄电池组安装位置的楼板承重应满足多层蓄电池组的安装要求。

9）发电机房与储油（罐）设施的相对位置应利于燃油输送。

10）高低压变配电机房的柱网开间应至少满足双列设备布置要求，避免出现因柱网开间不合理造成机房使用时的浪费。

（2）设备布置

1）在电力机房设备布置时，应充分考虑机房未来发展需求，进行多方案比较，使得设备布置合理，各种电缆敷设路由既经济，又方便合理。

2）电源设备布置应符合安全维护要求，且要尽量节省占用机房面积，提高电力机房的利用率。

第10章　母线和电缆的选择及敷设

作为数据中心工程项目中的电能传输介质，数据中心使用的母线和电缆通常采用铜导体为导电介质。母线和电缆的选择和敷设直接影响到数据中心供配电系统的运行可靠性，也直接影响数据中心供配电系统的安全运行。本章将介绍数据中心用母线和电缆的类型、选择及敷设。

10.1　母线和电缆的分类及型号

在数据中心工程设计中，市电电源引入电缆通常由当地供电部门负责，个别情况也会由建设单位负责。除了市电电源引入电缆，数据中心所有的交直流供电系统用导线和电缆的设计均应由数据中心工程设计人员负责。

10.1.1　导体的选择

数据中心用于电能传输的介质通常选用 T2 电解铜导体材料；不用于电能传输的导体为接地母线和接地电缆（见第 11 章）。铜线缆 20℃时的直流电阻率 ρ 为 $1.72 \times 10^{-6} \Omega \cdot cm$；铜母线 20℃时的直流电阻率 ρ 为 $1.80 \times 10^{-6} \Omega \cdot cm$。

近年来也有部分数据中心采用了少量的铝合金电缆。

10.1.2　母线

数据中心用于电能传输的母线均为铜母线，导体通常为矩形铜排，分为高压母线和低压母线。母线通常带有保护外壳（设备内母线和低压直流型母线除外），按绝缘方式可分为三种：

1）空气绝缘型：由固定母线的绝缘框架保持每相、相与 N 线间的一定距离的空气绝缘。

2）密集绝缘型：由高电气性能的热合套管罩于母线上，各相、相与 N 线间密集安装的绝缘套管作为绝缘，在三种绝缘方式中体积最小，在低压配电系统中应用最为广泛。

3）复合绝缘型：绝缘和体积介于以上两者之间。

1. 高压母线

数据中心用高压母线通常为空气绝缘型母线，三相母线共置于一个封闭式金属箱体内，三条母线各自独立，母线分为立放和平放两种，每相矩形母线采用绝缘子支撑，为减少涡流，箱体采用弱磁钢板或铝合金板制成，即为封闭式母线槽，如图 10-1 所示。母线槽以母线桥（也称为高压母线槽或高压封闭母线）的形式在数据中心高压配电系统中应用，通常用于两列高压开关柜之间的母线联络。

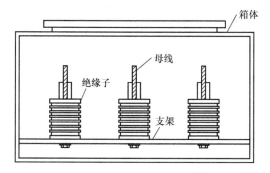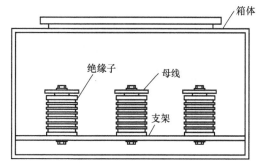

图 10-1　封闭式母线槽示意图

封闭式母线槽的主要技术参数表见表 10-1。

表 10-1　封闭式母线槽的主要技术参数表

项目	单位	描述 / 参数		
标准		GB/T 8340、JB/T 9639		
环境温度	℃	−40 ～ 40		
相对湿度	RH	日平均值不大于 95%，月平均值不大于 90%		
防护等级		IP40		
额定电压	kV	10.5	20	35
最高工作电压	kV	11.5	23	40.5
绝缘等级	kV	42/75	65/125	95/185
额定频率	Hz	50		

2. 低压母线

低压母线分为交流母线和直流母线，交流母线（非设备内母线）通常为密集绝缘型母线，直流母线通常为空气绝缘型母线。由于复合绝缘型母线（树脂绝缘型）的接头和端头特殊，需要采用二次浇注现场制作，可用于如直埋或有凝露或浸水处等特殊场合，所以，在数据中心项目中较少使用。

密集绝缘型母线按功能分为馈电式和插接式两种。

馈电式母线槽是一种不带插接式分线装置的母线干线；插接式母线槽带有插入式分线箱的母线，在其母线干线的中间可以分接母线支路或插接开关装置。

数据中心用低压交流母线最为广泛，一般用于两个同级的低压母线段之间的联络；低压母线段至下一级低压母线段之间的联络；另外还有低压发电机组输出馈线。

母线槽具有载流量大、安全性好、体积小、安装方便、便于分支等特点。

密集绝缘型低压交流母线为封闭性母线，母线可根据使用环境选择不同型号和防护等级的母线。母线槽的应用范围包括交流三相四线、三相五线制供配电线路，额定电流有 400A、630A、800A、1000A、1250A、1600A、2000A、2500A、3200A（3150A）、4000A、5000A。密集绝缘型母线槽示意图如图 10-2 所示，低压密集绝缘型母线槽的主要技术参数表见表 10-2。

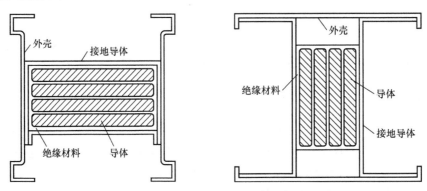

图 10-2　密集绝缘型母线槽示意图

表 10-2　低压密集绝缘型母线槽的主要技术参数表

项目	单位	描述 / 参数
标准		GB/T 8340、JB/T 9639
环境温度	℃	−15 ~ 40
相对湿度	RH	日平均值不大于 95%，月平均值不大于 90%
防护等级		≥ IP54
额定电压	V	400
最高工作电压	V	660
绝缘电压	V	1000
额定频率	Hz	50
配线方式		三相四线制，三相五线制，L1、L2、L3、N、PE
规格系列	A	250、400、630、800、1000、1250、1600、2000、2500、3150、4000、5000
插接箱容量	A	100、160、250、400、630、800
额定短时耐受电流 I_{cw}	kA	20、30、50、65、80、100

10.1.3　电力电缆

电力电缆按电压等级分为高压电力电缆和低压电力电缆，其中高压电力电缆包括 10kV、20kV、35kV 交流电力电缆，低压电力电缆包括 220V、380V 交流电力电缆和 48V、240V、336V 直流电力电缆；电力电缆按电缆芯数分为单芯、多芯（两芯、三芯、四芯、五芯）电力电缆；电力电缆按阻燃类别分为阻燃电缆和耐火电缆；电力电缆按保护层分为非铠装电力电缆和铠装电力电缆。

电力电缆主要由导体、绝缘层、保护层、护套层组成，由多根和多股组合线芯而成。绝缘层作为导体间及对地的绝缘，其材料也随着电力电缆种类的不同而各异。

数据中心用于电能传输用量最大的是电力电缆，除了数据机房和有消防要求的场所需要采用耐火电力电缆外，数据中心采用的电力电缆通常为阻燃型电力电缆。选择电力电缆一般要考虑技术和经济两方面的要求。在技术上，供电系统的安全运行是必须考虑的问题之一，如按发热条件选择各类线缆，是为了运行中避免因导线温升问题会导致绝缘损坏而引起火灾、爆炸或降低线缆机械强度等事故；按机械强度要求选择线缆截面，是为了保证线缆有必要的机械强度，避免运行中电力网有断线问题发生。在技术上必须考虑的另一个问题是线路压降必须保证用电设备对输入电压的要求。

1. 阻燃电缆的分类

阻燃电缆是指在规定的试验条件下，电缆样品被燃烧，在撤去火源后，火焰在电缆样品上的蔓延仅在限定范围内并能自行熄灭的特性，即电缆具有阻止或延缓火焰发生或蔓延的能力。电缆的阻燃特性主要取决于电缆在生产过程中，在电缆绝缘层和护套材料中添加阻燃材料，即电缆的阻燃性能主要取决于电缆外护套材料。电缆护套添加的阻燃材料分为有卤阻燃材料和无卤阻燃材料，有卤阻燃材料具有高烟密度和高毒性特征；无卤阻燃材料则具有低烟、无毒特征。电缆的阻燃等级分为 A 类、B 类、C 类、D 类，其中阻燃 D 类只适用于电缆外径不大于 12mm 的电线电缆。

耐火电缆是指在规定的试验条件下，电缆样品在试验火焰中被燃烧一定时间内仍能保持供电线路完整性的能力，即电缆在指定燃烧状态下仍具有送电运行的特性。耐火电缆通常是在导体与绝缘层之间再加一个耐火层，耐火层通常是由无机物和一般有机物复合而成，而且，耐火电缆的线芯必须为铜导体。

数据中心用电力电缆按系列分为阻燃系列电缆和耐火系列电缆，其中阻燃电缆分为不同的阻燃等级，阻燃及耐火电缆的型号及代号见表 10-3。

表 10-3　阻燃及耐火电缆的型号及代号

系列名称		型号	阻燃类别
阻燃系列	有卤	ZA	阻燃 A 类
		ZB	阻燃 B 类
		ZC（ZR）	阻燃 C 类
		ZD	阻燃 D 类
	无卤低烟	WDZ	无卤低烟阻燃
		WDZA	无卤低烟阻燃 A 类
		WDZB	无卤低烟阻燃 B 类
		WDZC	无卤低烟阻燃 C 类
		WDZD	无卤低烟阻燃 D 类
耐火系列	有卤	N	耐火
		ZAN	阻燃 B 类耐火
		ZBN	阻燃 C 类耐火
		ZCN	阻燃 D 类耐火
		ZDN	阻燃 D 类耐火
	无卤低烟	WDZN	无卤低烟阻燃耐火
		WDZAN	无卤低烟阻燃 A 类耐火
		WDZBN	无卤低烟阻燃 B 类耐火
		WDZCN	无卤低烟阻燃 C 类耐火
		WDZDN	无卤低烟阻燃 D 类耐火

表 10-3 中无卤低烟阻燃 B 类（WDZB）与无卤低烟阻燃 B 类耐火（WDZBN）相比，后者比前者多一耐火层，所以，后者不仅具有阻燃特性，还有耐火特性。上述两种电缆因使用环境条件和服务对象不同，不能简单说哪个更好。耐火电缆并不属于高温电缆，也不

能认为耐火电缆一定优于阻燃电缆，它们是两种电缆，是依据不同标准生产的电缆。当导体温度或应用环境温度超过耐火电缆的允许温度时，电缆的外护套层材料同样会老化，耐火电缆和阻燃电缆的使用环境并没有很清晰的区别。

公共安全行业标准 GA 306.1—2007《阻燃及耐火电缆　塑料绝缘阻燃及耐火电缆分级和要求　第 1 部分：阻燃电缆》将阻燃电缆的级别分为四级（一级、二级、三级、四级），每级按阻燃式样类别分为 A 类、B 类、C 类，见表 10-4。

表 10-4　阻燃级别及技术要求

阻燃级别		技术要求					
		阻燃特性		烟气毒性	烟密度（最小透光率）	耐腐蚀性	
		试验条件	碳化高度			pH 值	电导率
一级	A 类	GB/T 18380.3 中 A 类规定的要求			≥ 80%		
	B 类	GB/T 18380.3 中 B 类规定的要求					
	C 类	GB/T 18380.3 中 C 类规定的要求				≥ 4.3	≤ 10 μs/mm
二级	A 类	GB/T 18380.3 中 A 类规定的要求		GB/T 20285 ZA$_2$ 级	≥ 60%		
	B 类	GB/T 18380.3 中 B 类规定的要求	≤ 2.5m				
	C 类	GB/T 18380.3 中 C 类规定的要求					
三级	A 类	GB/T 18380.3 中 A 类规定的要求			≥ 20%		
	B 类	GB/T 18380.3 中 B 类规定的要求				—	—
	C 类	GB/T 18380.3 中 C 类规定的要求					
四级	A 类	GB/T 18380.3 中 A 类规定的要求					
	B 类	GB/T 18380.3 中 B 类规定的要求		—	—	—	
	C 类	GB/T 18380.3 中 C 类规定的要求					

数据中心用电力电缆主要参考以下标准：

1）阻燃型交联电力电缆（ZC-YJV/ZC-YJY/ZC-YJV22/ZC-YJY23）：执行 GB/T 12706.2—2008《额定电压 1kV（$U_m = 1.2kV$）到 35kV（$U_m = 40.5kV$）挤包绝缘电力电缆及附件　第 2 部分：额定电压 6kV（$U_m = 7.2kV$）到 30kV（$U_m = 36kV$）电缆》标准，同时执行 GB/T 19666—2005《阻燃和耐火电线电缆通则》标准。

2）阻燃型软电缆（ZA-RV/ZA-RVV/ZA-RVV22/WDZC-RYY）：执行 YD/T 1173—2016《通信电源用阻燃耐火软电缆》标准。

3）耐火型软电缆（WDZCN-RYY）：执行 YD/T 1173—2016《通信电源用阻燃耐火软电缆》标准。

2. 高压电力电缆

10kV、20kV、35kV 用高压电力电缆的阻燃等级通常为阻燃二级 C 类，高压电力电缆型号汇总表见表 10-5。

表 10-5　高压电力电缆型号汇总表

序号	电缆型号	名称
1	ZR-YJV	铜芯阻燃交联聚乙烯绝缘聚氯乙烯护套电力电缆
2	ZR-YJY	铜芯阻燃交联聚乙烯绝缘聚乙烯护套电力电缆
3	ZR-YJV22	铜芯阻燃交联聚乙烯绝缘钢带铠装聚氯乙烯护套电力电缆
4	ZR-YJY23	铜芯阻燃交联聚乙烯绝缘钢带铠装聚乙烯护套电力电缆

注：当地供电部门有要求也可使用阻燃 A 类或 B 类。

3. 低压电力电缆

数据中心用低压聚氯乙烯绝缘交直流电力电缆的阻燃等级为阻燃二级 A 类；聚烯烃绝缘交直流电力电缆的阻燃等级为阻燃二级 C 类，主要的电力电缆型号汇总表见表 10-6。

表 10-6　主要的电力电缆型号汇总表

序号	电缆型号	名称
1	ZA-RV	铜芯聚氯乙烯绝缘阻燃 A 类软电缆
2	ZA-RVV	铜芯聚氯乙烯绝缘聚氯乙烯护套阻燃 A 类软电缆
3	ZA-RVV22	铜芯聚氯乙烯绝缘双钢带铠装聚氯乙烯护套阻燃 A 类软电缆
4	WDZC-RYY	铜芯聚烯烃绝缘聚烯烃护套无卤低烟阻燃 C 类软电缆
5	WDZCN-RYY	铜芯聚烯烃绝缘聚烯烃护套无卤低烟阻燃 C 类耐火软电缆
6	ZC-YJV	铜芯交联聚乙烯绝缘聚氯乙烯护套阻燃 C 类电力电缆
7	ZC-YJY	铜芯交联聚乙烯绝缘聚乙烯护套阻燃 C 类电力电缆
8	ZC-YJV22	铜芯交联聚乙烯绝缘钢带铠装聚氯乙烯护套阻燃 C 类电力电缆
9	ZC-YJY23	铜芯交联聚乙烯绝缘钢带铠装聚乙烯护套阻燃 C 类电力电缆

表 10-6 中序号 1～6 电缆为数据中心用交直流配电系统的主要供电电缆，这类电缆的导体长期允许温度为 70℃。除了上述电缆，在数据中心的交流低压供电线路中还可选择阻燃交联电力电缆（表 10-6 中序号 7～9 电缆），由于阻燃交联电力电缆的导体长期允许温度为 90℃，其电缆载流量相对 70℃ 的电缆要大。

4. 电力电缆的额定的电压

在数据中心供配电设计中，电力电缆的额定电压应与系统用电设备的供电电压等级相对应。电力电缆的导体与屏蔽层或金属套之间的额定电压用 U_0 表示，电缆运行的最高电压用 U_m 表示，U 则表示系统标称电压。电力电缆的额定电压值 U、U_m 和 U_0 的关系见表 10-7。

表 10-7　　电力电缆的额定电压值 U、U_m 和 U_0 的关系

序号	系统标称电压 U	电缆型号	最高电压 U_m	电缆额定电压 U_0
1	直流 48V	ZA-RV	750V	450V
2	直流 48V	ZA-RVV、WDZC-RYY、WDZCN-RYY	1000V	600V
3	直流 240V	ZA-RVV、WDZC-RYY、WDZCN-RYY	1000V	600V
4	直流 336V	ZA-RVV、WDZC-RYY、WDZCN-RYY	1000V	600V
5	交流 220V/380V	ZA-RVV、ZA-RVV22、WDZC-RYY、WDZCN-RYY、ZC-YJV、ZC-YJY、ZC-YJV22、ZC-YJY23	1000V	600V
6	交流 10kV	ZC-YJV、ZC-YJY、ZC-YJV22、ZC-YJY23	12kV	8.7kV
7	交流 20kV	ZC-YJV、ZC-YJY、ZC-YJV22、ZC-YJY23	24kV	18kV
8	交流 35kV	ZC-YJV、ZC-YJY、ZC-YJV22、ZC-YJY23	40.5kV	26kV

5. 电力电缆绝缘及护套材料的选择

数据中心用电力电缆的类别为阻燃电缆和耐火电缆，其中以阻燃电缆为主，耐火电缆主要用于储油库输油泵或特殊要求的供电线路。

10.2　母线和电缆的载流量

在数据中心供配电设计中，母线和电缆的载流量是供电线路设计重要的参考数据，它是母线和电缆选择的必要参考数据。

10.2.1　载流量

母线和电缆的载流量是指母线或电缆中的导体在规定的工作温度和环境温度下输送电能时所通过的最大理论电流量，在热稳定条件下，当电缆导体达到长期允许工作温度时的电缆载流量称为电缆长期允许载流量。

在实际工程中，影响母线和电缆长期允许载流量的主要因素如下：

1）导体的长期允许工作温度，此温度越高，母线和电缆的长期允许载流量越大。

2）母线和电缆所处环境的温度，周围空气、土壤等温度不同，允许载流量也不同，环境温度越高，载流量越小。

3）母线和电缆导体截面积，导体截面积越大，电阻系数越小，其允许载流量越大。

4）母线和电缆周围环境热阻越大，散热越慢，载流量越小，即敷设方式影响母线和电缆的载流量。

10.2.2　矩形裸母线载流量

母线分为密集母线槽和矩形裸母线，在设计中，密集母线槽按标注的额定电流进行选择。矩形裸母线长期连续交流负荷载流量表和直流负荷载流量表分别见表 10-8 和表 10-9。

表 10-8　矩形裸母线长期连续交流负荷载流量表
（最高允许温度 70℃计）

单条矩形铜母线 TMY							多条矩形铜母线 TMY						
截面 /mm²	最大容许持续电流 /A						截面 /mm²	最大容许持续电流 /A					
	25℃		35℃		40℃			25℃		35℃		40℃	
	平放	竖放	平放	竖放	平放	竖放		平放	竖放	平放	竖放	平放	竖放
15×3	200	210	176	185	162	171	2（60×6）	1650	1740	1452	1530	1340	1410
20×3	261	275	233	245	214	225	2（60×8）	2050	2160	1503	1900	1660	1750
25×3	323	340	285	300	271	285	2（60×10）	2430	2560	2140	2250	1985	2090
30×4	451	475	394	415	366	385	2（80×6）	1940	2110	1705	1855	1580	1720
40×4	593	625	522	550	484	510	2（80×8）	2410	2620	2117	2515	1950	2120
40×5	655	700	288	551	551	580	2（80×10）	2850	3100	2575	2735	2345	2550
50×5	816	860	721	760	669	705	2（100×6）	2270	2470	2000	2170	1855	2015
50×6	906	955	797	840	735	775	2（100×8）	2810	3060	2470	2690	2290	2490
60×6	1069	1125	940	990	873	920	2（100×10）	3320	3610	2935	3185	2735	2970
60×8	1251	1320	1101	1160	1016	1070	2（120×8）	3130	3400	2750	2995	2550	2770
60×10	1395	1475	1230	1295	1133	1195	2（120×10）	3770	4100	3330	3620	3090	3360
80×6	1360	1480	1195	1300	1110	1205	3（60×6）	2060	2240	1810	1970	1670	1815
80×8	1553	1690	1361	1480	1260	1370	3（60×8）	2565	2790	2255	2450	2080	2260
80×10	1747	1900	1531	1665	1417	1540	3（60×10）	3135	3300	2750	2900	2560	2690
100×6	1665	1810	1557	1592	1356	1475	3（80×6）	2500	2720	2220	2390	2040	2215
100×8	1911	2080	1674	1820	1546	1685	3（80×8）	3100	3370	2730	2970	2530	2750
100×10	2121	2310	1865	2025	1720	1870	3（80×10）	3670	3990	3230	3510	2990	3250
120×8	2210	2400	1940	2110	1800	1955	3（100×6）	2920	3170	2565	2790	2370	2580
120×10	2435	2650	2152	2340	1996	2170	3（100×8）	3610	3930	3180	3460	2945	3200
							3（100×10）	4280	4650	3735	4060	3450	3750
							3（120×8）	3995	4340	3515	3820	3260	3540
							3（120×10）	4780	5200	4230	4600	3920	4260
							4（100×10）	4875	5300	4290	4670	4000	4350
							4（120×10）	5430	5900	4770	5190	4450	4840

表 10-9　矩形裸母线长期连续直流负荷载流量表

（按环境温度 25℃，最高允许温度 70℃计）

母线截面 /mm²	铜母线载流量 /A			
	每极的铜排数 TMY			
	1	2	3	4
15×3	210			
20×3	275			
25×3	340			
30×4	475			
40×4	625	1090		
40×5	705	1250		
50×5	870	1525	1895	
50×6	960	1700	2145	
60×6	1145	1990	2495	
80×6	1510	2630	3220	
100×6	1875	3245	3940	
60×8	1345	2485	3020	
80×8	1755	3095	3850	
100×8	2180	3810	4690	
120×8	2600	4400	5600	
60×10	1525	2725	3530	
80×10	1990	3510	4450	
100×10	2470	4325	5385	7250
120×10	2950	5000	6250	8350

10.2.3　电缆载流量

　　数据中心用电力电缆一般采用两大类电缆，一类是阻燃及耐火型交联电力电缆，另一类是通信用阻燃及耐火型电力电缆（通信电源用阻燃耐火软电缆）。

　　阻燃及耐火型交联电力电缆在自由空气中电缆的载流量见表 10-10 和表 10-11；通信用阻燃及耐火型电力电缆在自由空气中电缆的载流量见表 10-12 和表 10-13。

表 10-10　阻燃及耐火型交联电力电缆在自由空气中电缆的载流量

聚乙烯绝缘/铜芯

最高线芯导体温度：90℃/环境温度：40℃

截面/mm²	交联聚乙烯绝缘电力电缆载流量 /A							交联聚乙烯绝缘钢带铠装电力电缆载流量 /A			
	380V			10kV		20kV	35kV	380V		10kV	20kV、35kV
	单芯电缆	两芯电缆	三～五芯电缆	单芯电缆	三芯电缆	三芯电缆	三芯电缆	单芯电缆	两～五芯电缆	三芯电缆	三芯电缆
2.5	41	33	28								
4	54	43	37								
6	68	55	47								
10	93	76	65					75	64		
16	120	97	84					97	83		
25	155	130	110	170	120	120	125	125	110		
35	195	160	135	205	145	150	150	155	135	145	150
50	235	195	170	245	175	175	180	190	165	170	220
70	295	245	215	305	220	220	220	245	210	210	265
95	370	305	265	370	265	265	265	300	260	265	310
120	430	355	310	430	305	305	305	350	305	300	350
150	495	405	350	485	350	350	345	400	345	340	400
185	570	465	405	550	395	395	390	460	395	390	465
240	680		480	645	470	465	455		465	455	535
300	790		555	730	535	530	525		535	520	615
400	920		640	840	610	615	600		620	600	

表 10-11　阻燃及耐火型交联电力电缆在自由空气中电缆的载流量

聚乙烯绝缘/铜芯

最高线芯导体温度：90℃/环境温度：25℃

截面/mm²	交联聚乙烯绝缘电力电缆电缆载流量/A							交联聚乙烯绝缘钢带铠装电力电缆载流量/A			
	380V			10kV		20kV	35kV	380V		10kV	20kV、35kV
	单芯电缆	两芯电缆	三～五芯电缆	单芯电缆	三芯电缆	三芯电缆	三芯电缆	单芯电缆	两～五芯电缆	三芯电缆	三芯电缆
2.5	47	38	32								
4	62	49	42								
6	78	63	54								
10	106	87	74					86	73		
16	137	111	96					111	95		
25	177	149	126	194	137	137	143	143	126		
35	223	183	154	234	166	171	171	177	154	166	171
50	269	223	194	280	200	200	206	217	189	194	206
70	337	280	246	349	251	251	251	280	240	240	251
95	423	349	303	423	303	303	303	343	297	303	303
120	491	406	354	491	349	349	349	400	349	343	354
150	566	463	400	554	400	400	394	457	394	389	400
185	652	531	463	629	537	531	446	526	451	446	457
240	777		549	737	537	531	520		531	520	531
300	903		634	834	612	606	600		612	594	612
400	1052		732	960	697	703	686		709	686	703

表 10-12　通信用阻燃及耐火型电力电缆在自由空气中电缆的载流量

聚氯乙烯绝缘、聚烯烃绝缘/铜芯

最高线芯导体温度：70℃/环境温度：40℃

标称截面/mm²	单芯电缆		二芯电缆		三芯电缆		四芯电缆		五芯电缆	
	ZA-RV WDZ-RY WDZN-RY	ZA-RVV WDZC-RYY WDZCN-RYY	ZA-RVV WDZC-RYY WDZCN-RYY	ZA-RVV22 WDZC-RYY23 WDZCN-RYY23	ZA-RVV WDZC-RYY WDZCN-RYY	ZA-RVV22 WDZC-RYY23 WDZCN-RYY23	ZA-RVV WDZC-RYY WDZCN-RYY	ZA-RVV22 WDZC-RYY23 WDZCN-RYY23	ZA-RVV WDZC-RYY WDZCN-RYY	ZA-RVV22 WDZC-RYY23 WDZCN-RYY23
1.5	20	21	19	—	16	—	16	—	16	—
2.5	28	27	25	—	21	—	21	—	21	—
4	38	37	35	—	28	—	28	—	28	—
6	45	46	44	44	39	37	39	37	39	37
10	63	63	57	57	50	48	50	48	50	48
16	78	78	76	76	69	62	69	62	69	62
25	105	106	98	98	89	83	89	83	89	83
35	132	135	122	121	106	99	106	99	106	99
50	156	155	145	143	128	119	128	119	128	119
70	202	205	185	185	164	155	164	155	164	155
95	252	256	230	230	205	190	205	190	205	190
120	295	297	266	262	235	218	235	218	235	218
150	336	340	317	312	275	252	275	252	275	252
185	392	398	356	348	305	278	305	278	305	278
200	415	417	366	355	318	293	318	293	318	293
240	471	480	400	391	368	330	368	330	368	330
300	536	545	—	—	—	—	—	—	—	—
400	636	642	—	—	—	—	—	—	—	—
500	730	737	—	—	—	—	—	—	—	—

表10-13　通信用阻燃及耐火型电力电缆在自由空气中电缆的载流量

聚氯乙烯绝缘、聚烯烃绝缘/铜芯

最高线芯导体温度：70℃/环境温度：25℃

标称截面/mm²	单芯电缆		二芯电缆		三芯电缆		四芯电缆		五芯电缆	
	ZA-RV WDZ-RY WDZN-RY	ZA-RVV WDZC-RYY WDZCN-RYY	ZA-RVV WDZC-RYY WDZCN-RYY	ZA-RVV22 WDZC-RYY23 WDZCN-RYY23	ZA-RVV WDZC-RYY WDZCN-RYY	ZA-RVV22 WDZC-RYY23 WDZCN-RYY23	ZA-RVV WDZC-RYY WDZCN-RYY	ZA-RVV22 WDZC-RYY23 WDZCN-RYY23	ZA-RVV WDZC-RYY WDZCN-RYY	ZA-RVV22 WDZC-RYY23 WDZCN-RYY23
1.5	24	26	23	—	20	—	20	—	20	—
2.5	34	33	31	—	26	—	26	—	26	—
4	46	45	43	—	34	—	34	—	34	—
6	55	56	54	54	48	45	48	45	48	45
10	77	77	70	70	61	59	61	59	61	59
16	95	95	93	93	84	76	84	76	84	76
25	128	129	120	120	109	101	109	101	109	101
35	161	165	149	148	129	121	129	121	129	121
50	190	189	177	174	156	145	156	145	156	145
70	246	250	226	226	200	189	200	189	200	189
95	307	312	281	281	250	232	250	232	250	232
120	360	362	325	320	287	266	287	266	287	266
150	410	415	387	381	336	307	336	307	336	307
185	478	486	434	425	372	339	372	339	372	339
200	506	509	447	433	388	357	388	357	388	357
240	575	586	488	477	449	403	449	403	449	403
300	654	665	—	—	—	—	—	—	—	—
400	776	783	—	—	—	—	—	—	—	—
500	891	899	—	—	—	—	—	—	—	—

10.2.4　电缆载流量的修正

数据中心用电力电缆的敷设方式有室外敷设和室内敷设两种,其中室外敷设包括穿管(排管)、电缆沟、电缆隧道、直埋;室内敷设包括梯形桥架、有孔电缆托盘、沟槽、穿管。

表 10-10 ~ 表 10-13 的电缆载流量都是在一定的线芯温度和环境温度条件下的理论值。当电缆线芯温度和环境温度与表 10-10 ~ 表 10-13 中规定值不一致时,两者都会影响电缆的载流量值,在电缆设计中就需要对电缆载流量进行校正。

电缆载流量值通常遵循以下原则:

1)电缆的线芯设定温度越高,其电缆载流量值越大。

2)电缆运行环境温度越低,电缆载流量值越大。

3)截面相同的单芯电缆比多芯电缆载流量值大。

4)相同条数和排列方式,有孔托盘敷设比无孔托盘敷设的同型号电缆载流量值大。

5)电缆间距越大,对电缆载流量值的影响越小。

由于电缆敷设环境多样,不同的敷设环境对电缆的载流量都有一定的影响,其理论计算方法十分复杂,要考虑的因素非常多。通常在电缆敷设设计中,设计人员只需根据电缆的不同敷设环境采用相应的校正系数进行电缆的选择。

电缆在不同环境温度时载流量的校正系数见表 10-14。

表 10-14　电缆在不同环境温度时载流量的校正系数

电缆类型	环境温度 /℃										
	10	15	20	25	30	35	40	45	50	55	60
交联电缆	1.26	1.23	1.19	1.14	1.09	1.05	1.00	0.94	0.90	0.84	0.78
通信电源用软电缆	1.40	1.34	1.29	1.22	1.15	1.08	1.00	0.91	0.82	0.70	0.57

电缆在直埋多根并列敷设时载流量的校正系数见表 10-15。

表 10-15　电缆在直埋多根并列敷设时载流量的校正系数

回路数	电缆间的净距(a)				
	无间距	d (一根电缆外径)	0.125m	0.25m	0.5m
2	0.75	0.80	0.85	0.90	0.90
3	0.65	0.70	0.75	0.80	0.85
4	0.60	0.60	0.70	0.75	0.80
5	0.55	0.55	0.65	0.70	0.80
6	0.50	0.53	0.60	0.70	0.80
7	0.45	0.51	0.59	0.67	0.76
8	0.43	0.48	0.57	0.65	0.75
9	0.41	0.46	0.55	0.63	0.74
12	0.36	0.42	0.51	0.59	0.71
16	0.32	0.38	0.47	0.56	0.68

注:若回路中电缆的每相为 m 根并联电缆,该回路应等同于 m 个回路。

敷设在直埋管道内多回路电缆载流量的校正系数见表 10-16。

表 10-16　敷设在直埋管道内多回路电缆载流量的校正系数

电缆根数	管道无间距	间距 0.25m	间距 0.5m
	校正系数		
2	0.85	0.90	0.95
3	0.75	0.85	0.95
4	0.70	0.80	0.90
5	0.65	0.80	0.90
6	0.60	0.80	0.90
7	0.57	0.76	0.80
8	0.54	0.74	0.78
9	0.52	0.73	0.77
10	0.49	0.72	0.76
11	0.47	0.70	0.75
12	0.45	0.69	0.74
13	0.44	0.68	0.73
14	0.42	0.68	0.72
15	0.41	0.67	0.72
16	0.39	0.66	0.71

电缆在空气中多根并列敷设时载流量的校正系数见表 10-17。

表 10-17　电缆在空气中多根并列敷设时载流量的校正系数

敷设方式	桥架层数	每个桥架上的电缆根数									
		电缆无间距					电缆有间距（D）				
		2	3	4	6	9	2	3	4	6	9
有孔托盘桥架	1	0.88	0.82	0.79	0.76	0.73	1.00	0.98	0.95	0.91	—
	2	0.87	0.80	0.77	0.73	0.68	0.99	0.96	0.92	0.87	—
	3	0.86	0.79	0.76	0.71	0.66	0.98	0.95	0.91	0.85	—
梯形桥架	1	0.87	0.82	0.80	0.79	0.78	1.00	1.00	1.00	1.00	—
	2	0.86	0.80	0.78	0.76	0.73	0.99	0.98	0.97	0.96	—
	3	0.85	0.79	0.76	0.73	0.70	0.98	0.97	0.96	0.93	—

注：1. 桥架层间距≥ 300mm。

　　2. D 为电缆外径，当电缆外径不同时，可取平均值。

　　3. 当电缆采用无间距布放，但电缆为一主一备冗余设计时，可按电缆有间距（D）的校正系数进行载流量校正。

电缆桥架上多层敷设时载流量的校正系数见表 10-18。

表 10-18　电缆桥架上多层敷设时载流量的校正系数

桥架形式	电缆中心距	电缆层数	校正系数	桥架形式	电缆中心距	电缆层数	校正系数
有孔托盘桥架	紧靠排列	2	0.55	梯形桥架	紧靠排列	2	0.65
		3	0.50			3	0.55

注：本表的适用条件为每根电缆实际载流量为 85% 电缆的额定载流量。

10.3 母线及电缆选择与计算

10.3.1 高压母线

数据中心所用的高压母线主要用于高压设备间的连接，为高压开关设备配套产品。其柜内主母线和母线桥内母线均由高压开关设备厂家选择，即设备厂家根据用户招标技术文件所规定的主母线额定母线电流指标和母线桥额定母线电流、跨度、距地高度进行选择。

10.3.2 低压母线

低压母线在数据中心供配电中的用途非常广泛，尤以密集母线槽用量最大。由于密集母线槽的额定短时耐受电流一般不小于断路器的相关参数，在选择低压母线时，可根据它的环境条件和载流量来选择。密集母线槽应用环境条件表见表 10-19。

表 10-19 密集母线槽应用环境条件表

类别	环境条件					外壳防护等级
	场所	温度 /℃	相对湿度（%）	污染等级	安装类别	
密集母线槽	变配电机房或电力机房	$-5 \sim 40$	≤ 80	3	Ⅲ	$\geq$ IP54
	空调或水泵机房	$-5 \sim 40$	有凝露或有水冲击	3	Ⅲ	$\geq$ IP65
	户外架空	$-25 \sim 40$	有凝露或有淋雨	3	Ⅲ	IP66
树脂绝缘型母线槽	室外电缆沟或直埋	$-50 \sim 55$	短时浸水	3	Ⅲ、Ⅳ	IP68

数据中心用低压母线通常采用的是密集母线槽，主要用于以下线路中，见表 10-20。

表 10-20 密集母线槽应用汇总表

序号	线路区段		敷设方式	备注
	由	至		
1	变压器	低压开关柜	直连、水平架空	
2	低压开关柜	低压开关柜	水平架空	联络
3	一级低压开关柜	二级低压开关柜	水平架空、上线井	
4	备用发电机组	低压开关柜	水平架空、上线井	
5	低压开关柜	大功率用电设备	水平架空、上线井	

变压器及备用发电机组出线用低压母线槽容量选择见表 10-21。

表 10-21　变压器及备用发电机组出线用低压母线槽容量选择

序号	设备类型	容量		额定电流 /A	密集母线槽容量 /A	备注
		kV·A	kW			
1	变压器	250	—	380	400	
2		315	—	479	630	
3		400	—	608	630	
4		500	—	760	800	
5		630	—	957	1000	
6		800	—	1216	1250	
7		1000	—	1519	1600	
8		1250	—	1899	2000	
9		1600	—	2431	2500	
10		2000	—	3039	3200	
11		2500	—	3798	4000	
12	备用发电机组	1000	800	1519	1600	
13		1375	1100	2089	2500	
14		1625	1300	2469	2500	
15		2000	1600	3039	3200	
16		2250	1800	3419	4000	
17		2500	2000	3798	4000	
18		2750	2200	4178	5000	
19		3000	2400	4558	5000	

由于供电系统通常距负荷中心距离较近，在选择低压密集母线槽时，无需考虑母线槽始终端电压降。

低压密集母线槽包括直线段、接头、馈电单元、弯头、变容单元、膨胀单元、安装支架、插接单元（含断路器）、电缆终端箱和端盖等。

10.3.3　交流电力电缆

在交流电力电缆的敷设设计过程中，首先要根据线缆使用的环境条件、敷设方式、供电电流和电压等级等条件，确定线缆的型号，既要保证供电系统运行的安全可靠性，又要充分有效地利用电缆的能源运输能力，还要考虑其经济性，所以说，电缆的选择要充分考虑其技术可行和经济合理。

电缆型号和截面积的选择原则如下：
1）按允许载流量选择。
2）按允许电压降选择。
3）按经济电流密度条件选择。
4）按使用环境条件选择。
5）对所选电缆进行校验其短路热稳定性。

在数据中心电力电缆设计中，因为在选择电缆截面积时，设计人员一般都会根据计算结果适当考虑一些冗余及校正系数，这也就考虑了电缆的经济电流密度，所以，在实际设计过程中，设计人员通常只考虑电缆的允许载流量和允许电压降来选择电缆截面积。铠装和非铠装电缆则是根据电缆的使用环境来选择确定的，比如：对于室外直埋电缆，设计时应考虑电缆的机械强度条件，而选择铠装型电力电缆（包括 ZC-YJV22 或 ZA-RVV22）。

在实际工程中，电力电缆一般不对所选电缆进行短路热稳定性校验，若所选电力电缆末端的短路电流较大时，则需要对其短路热稳定性进行校验。校验公式如下：

$$A_{\min} = \frac{I_{\infty}}{C}\sqrt{t_{\mathrm{ima}}} \tag{10-1}$$

式中　$A_{\min}$——电缆最小允许截面（mm^2）。

　　　I_{∞}——热稳态电流（kA）。

　　　C——电缆热稳定系数（$As^{1/2}/mm^2$），交联电缆为 135，其他电缆为 100；

　　　t_{ima}——短路假想时间，各级断路器短路动作设定时间之和加 0.05s。

在电缆短路热稳定性校验时，短路点可选在电缆的首端，式（10-1）中的热稳态电流即为短路点的三相短路稳态电流。

数据中心用交流电力电缆分为高压电力电缆和低压电力电缆，电缆芯数从 1 芯到 5 芯，交流电力电缆汇总表见表 10-22。

表 10-22　交流电力电缆汇总表

序号	电压等级	芯数	电缆型号	应用范围	备注
1	高压电缆	单芯	ZA-YJY、ZA-YJV	用于 10kV 供电设备中性点接地	
2		三芯	ZA-YJY、ZA-YJV	用于 10kV、20kV、35kV 供电线路	室内
3		三芯	ZA-YJY、ZA-YJV、ZA-YJY23、ZA-YJV22	用于 10kV、20kV、35kV 供电线路	室外
4	低压电缆	单芯	ZA-RVV、ZC-YJV、ZC-YJY	较长距离的供电线路 敷设路由中含有较小的转弯半径 负荷电流大，采用两根多芯电缆仍不满足供电要求	
5		两芯	ZA-RVV、ZC-YJV、ZC-YJY	用于单相负载的供电线路	
6		三芯	ZA-RVV、ZC-YJV、ZC-YJY	用于单相带地负载的供电线路	
7		四芯	ZA-RVV、ZC-YJV、ZC-YJY	用于三相负载的供电线路	
8		五芯	ZA-RVV、ZC-YJV、ZC-YJY	用于三相五线制负载的供电线路	

注：易受外力的特殊环境可使用相应型号的铠装电缆。

对于三相负载的供电线路，当三相负荷不平衡时，中性线电流引起的温升将被相线电流减少的发热所抵消，在这种情况下，电缆导体截面应按最大相线电流选择。当电缆中电流谐波分量大于 10%，3 + 1 芯或 3 + 2 芯电缆的中性线截面不宜小于相线截面。

（1）允许载流量选择

各类电缆在通过电流时，由于导线电阻功率损耗使之发热，温度升高。导线温升过高时，会出现导线的绝缘层和护套层损坏和老化，也会使线缆变软，机械强度降低，接头处氧化加剧，严重的话会导致起火等，因此，生产厂家对各种线缆连续发热的容许温升都做出规定，并且根据散热条件制定了各类线缆的持续容许电流及各种敷设条件下的修正系数。按发热情况选择线缆截面应满足下式：

$$KI \geqslant I_{js} \tag{10-2}$$

式中　I_{js}——最大计算负荷电流（A）；

　　　I——考虑标准敷设条件（空气温度为 25℃，土壤温度为 15℃）及线缆连续发热的容许温升而制定的到现持续容许电流（A）；常用线缆的持续容许电流可从各类线缆的载流量表 10-10 ~ 表 10-13 中查得。

　　　K——考虑不同敷设条件的修正系数。

数据中心用电力电缆的环境温度一般可按 40℃和 25℃两种温度考虑，高低压电缆的载流量可参考表 10-10 ~ 表 10-13 中的数据。电缆在有空调的机房敷设时，其载流量可按 25℃电缆载流量（见表 10-11 和表 10-13）取定；在无空调的机房敷设时，其载流量可按 40℃电缆载流量（见表 10-10 和表 10-12）取定。若电缆敷设环境不在上述两种温度条件下时，需要取温度校正系数选择电力电缆截面。

电力电缆在不同敷设条件的修正要考虑的因数较多，其校正系数可由下式表示：

$$K = K_t K_1 K_2 K_3 K_4 \tag{10-3}$$

式中　K_t——温度较正系数，见表 10-14；

　　　K_1——电缆直埋地敷设多根并列校正系数，见表 10-15；

　　　K_2——电缆穿管多根并列在空气中敷设校正系数，见表 10-16；

　　　K_3——电缆在空气中多根并列敷设时载流量的校正系数，见表 10-17；

　　　K_4——电缆托盘（桥架）上多层敷设时载流量校正系数，见表 10-18。

在用式（10-3）计算校正系数时，若电缆敷设不含某个校正系数时，则该系数为 1。

在计算电缆在托盘或桥架上多层敷设时载流量校正系数时，若电缆为主备用双回路电缆，当电缆采用多层布放时，其多层敷设的校正系数可按一半层数的校正系数取定。当电缆采用多根并联敷设时，其载流量校正计算与单根电缆载流量校正计算相同。例如：对于两层敷设的主备用双回路电缆在计算校正系数时应按一层敷设的校正系数计算。

（2）按允许电压降选择

由于电缆均具有一定的阻抗，在电流流经线路时必然产生电压降，如果不考虑相位变化，线路始端与终端电压矢量的代数差，即称为电压损失。电压损失常以其对于额定电压的百分数来表示。

电压损失越大，用电设备输入端子上的电压偏差就越大，当电压偏差超过用电设备输入电压允许值时将影响用电设备的正常运行。不同的用电设备对电源的电压变化的影响敏感度也不同，敏感度高的用电设备允许电压偏差约为 −2.5%，所以，线路压降应该首先保证用电设备正常工作，即用电设备的端电压偏移值在其允许的范围之内。

其次，一般情况下线路压降还应满足国家电力部门的有关规定，国家标准 GB/T 12325—2008《电能质量　供电电压偏差》中规定："用户受电端的电压变动幅度：35kV 及以上供电和对电压质量有特殊要求的用户为额定电压的正负偏差的绝对值之和不超过标称电压的 10%；20kV 及以下高压供电和低压电力用电设备的电压偏差为标称电压的 ±7%；220V 单相用电设备电压偏差为标称电压的 +7%、−10%"。

在数据中心工程设计中，由于供电系统到负荷中心的距离一般不远，但对于较长距离的供电线路来说，交流线路的线路压降可根据用电设备交流输入电压允许范围控制在 3% ~ 5%。具体计算见下式：

$$\Delta U\% = \Delta e\% I_{JS} L_{js} \qquad (10\text{-}4)$$

式中　$\Delta U\%$——线路的电压损失占额定电压的百分数；

　　　$\Delta e\%$——线路每 A·km 的电压损失，见表 10-23；

　　　I_{JS}——负荷计算电流（A）；

　　　L_{js}——线路长度（km）。

1kV 聚氯乙烯绝缘电力电缆三相交流系统电压降系数见表 10-23；1kV 交联聚氯乙烯绝缘电力电缆三相交流系统电压降系数见表 10-24。单芯和多芯电缆的电压损失系数均可参考表 10-23 和表 10-24 中的数据。

表 10-23　1kV 聚氯乙烯绝缘电力电缆三相交流系统电压降系数

铜芯电缆截面 /mm²	电阻 $\theta=60℃$ /（Ω/km）	感抗 /（Ω/km）	电压损失 /[%/（A·km）] 功率因数 $\cos\phi$				
			0.8	0.85	0.9	0.95	1
2.5	7.981	0.100	2.938	3.116	3.294	3.470	3.638
4	4.988	0.093	1.844	1.955	2.065	2.173	2.274
6	3.325	0.093	1.238	1.311	1.382	1.453	1.516
10	2.035	0.087	0.766	0.809	0.852	0.894	0.928
16	1.272	0.082	0.486	0.513	0.538	0.562	0.580
25	0.814	0.075	0.317	0.333	0.349	0.363	0.371
35	0.581	0.072	0.232	0.242	0.253	0.262	0.265
50	0.407	0.072	0.168	0.175	0.181	0.186	0.186
70	0.291	0.069	0.125	0.129	0.133	0.136	0.133
95	0.214	0.069	0.097	0.099	0.101	0.102	0.098
120	0.169	0.069	0.080	0.082	0.083	0.083	0.077
150	0.136	0.069	0.068	0.069	0.069	0.069	0.062
185	0.110	0.069	0.059	0.059	0.059	0.057	0.050
240	0.085	0.069	0.050	0.049	0.049	0.047	0.039
300	0.075	0.069	0.046	0.046	0.044	0.042	0.034
400	0.061	0.068	0.041	0.040	0.039	0.036	0.028
500	0.052	0.068	0.038	0.036	0.035	0.032	0.024

表 10-24　1kV 交联聚氯乙烯绝缘电力电缆三相交流系统电压降系数

铜芯电缆截面 /mm²	电阻 θ=60℃ /(Ω/km)	感抗 /(Ω/km)	电压损失 /[%/(A·km)]				
			功率因数 cosφ				
			0.8	0.85	0.9	0.95	1
4	5.332	0.097	1.971	2.089	2.207	2.323	2.430
6	3.554	0.092	1.321	1.399	1.476	1.552	1.620
10	2.175	0.085	0.816	0.863	0.909	0.954	0.991
16	1.359	0.082	0.518	0.546	0.574	0.600	0.619
25	0.870	0.082	0.340	0.357	0.373	0.388	0.397
35	0.622	0.080	0.249	0.260	0.271	0.281	0.284
50	0.435	0.080	0.180	0.188	0.194	0.200	0.198
70	0.310	0.078	0.134	0.139	0.143	0.145	0.141
95	0.229	0.077	0.105	0.107	0.109	0.110	0.104
120	0.181	0.077	0.087	0.089	0.090	0.089	0.083
150	0.145	0.077	0.074	0.075	0.075	0.074	0.066
185	0.118	0.077	0.064	0.064	0.064	0.062	0.054
240	0.091	0.077	0.054	0.054	0.053	0.050	0.041
300	0.080	0.077	0.050	0.049	0.048	0.046	0.036
400	0.065	0.077	0.045	0.044	0.042	0.039	0.030
500	0.049	0.076	0.039	0.037	0.035	0.032	0.022

（3）常用高压电缆选择

高压电力电缆分为市电引入电缆、高压一级配电与二级配电的连接电缆、10kV/0.4kV 变压器高压侧电缆、10kV 发电机组输出电缆、10kV 发电机组中性线。其中市电引入电缆、高压一级配电与二级配电的连接电缆按供电容量计算电缆的理论载流量，再通过载流量的修正系数选择合适的电缆截面。

10kV/0.4kV 变压器一次侧电缆参考表见表 10-25，10kV 发电机组输出电缆与接地线参考表见表 10-26。

表 10-25　10kV/0.4kV 变压器一次侧电缆参考表

序号	变压器容量 /kV·A	电缆型号	芯数×截面 /mm²	备注
1	250	ZR-YJY、ZR-YJV	3×35	
2	315	ZR-YJY、ZR-YJV	3×35	
3	400	ZR-YJY、ZR-YJV	3×35	
4	500	ZR-YJY、ZR-YJV	3×50	
5	630	ZR-YJY、ZR-YJV	3×70	
6	800	ZR-YJY、ZR-YJV	3×95	
7	1000	ZR-YJY、ZR-YJV	3×70	
8	1250	ZR-YJY、ZR-YJV	3×95	
9	1600	ZR-YJY、ZR-YJV	3×95	
10	2000	ZR-YJY、ZR-YJV	3×120	
11	2500	ZR-YJY、ZR-YJV	3×120	

表 10-26　10kV 发电机组输出电缆与接地线参考表

序号	发电机组容量 /kW	电缆型号	芯数 × 截面 /mm²		备注
			输出电缆	接地线	
1	1600	ZR-YJY、ZR-YJV	3 × 95	≥ 1 × 95	
2	1800	ZR-YJY、ZR-YJV	3 × 120	≥ 1 × 95	
3	2000	ZR-YJY、ZR-YJV	3 × 120	≥ 1 × 95	
4	2200	ZR-YJY、ZR-YJV	3 × 120	≥ 1 × 95	
5	2400	ZR-YJY、ZR-YJV	3 × 150	≥ 1 × 95	

（4）低压电缆选择

数据中心用低压交流电力电缆的使用场景有很多，包括变压器（较小容量）输出、低压发电机组输出及所有 UPS 系统用输入输出等。其中所有的 UPS 系统的输入输出线均为低压交流电力电缆。常用的交流 UPS 输入输出电流可参见表 8-6，小容量的 UPS 设备的输入输出电缆可选择 3 芯或 3 + 1 芯电力电缆，大容量的 UPS 设备的输入输出电缆建议选择单芯 ZA-RVV 电力电缆。

例如 500kV·A 交流 UPS 设备的主路输入电流为 880A，旁路输入电流和逆变器输出电流均为 760A，根据表 10-13 的 ZA-RVV 电力电缆的载流量，在不考虑其他降容系数的前提下，其输入输出电缆选择如下：

1）主路输入电缆：6 根 ZA-RVV 1 × 240，每相 2 根，共三相。

2）旁路输入电缆：8 根 ZA-RVV 1 × 185，每相 2 根，N 线 2 根，三相四线。

3）输出电缆：8 根 ZA-RVV 1 × 185，每相 2 根，N 线 2 根，三相四线。

在实际工程中，建议额定容量为 500kV·A 的 UPS 设备的输入输出电缆不小于以上选择的电缆。

低压发电机组输出电缆宜选择单芯电力电缆，具体选择可依据表 10-10 ~ 表 10-13 中相关电缆的载流量数据，低压发电机组输出电源馈线选择表见表 10-27。

表 10-27　低压发电机组输出电源馈线选择表

序号	发电机组容量（LTP）			电力电缆型号 截面 × 根数		备注
	有功功率 /kW	视在功率 /kV·A	设计电流 /A	ZA-RVV	ZR-YJV	
1	200	250	325	（1 × 240）× 1	（1 × 150）× 1	相线
2	300	375	487	（1 × 185）× 2	（1 × 300）× 1	相线
3	500	625	812	（1 × 185）× 3	（1 × 185）× 2	相线
4	600	750	975	（1 × 240）× 3	（1 × 300）× 2	相线
5	800	1000	1299	（1 × 300）× 3	（1 × 240）× 2	相线
6	1100	1375	1786	（1 × 300）× 5	（1 × 240）× 4	相线
7	1300	1625	2111	（1 × 300）× 6	（1 × 300）× 4	相线
8	1600	2000	2598	（1 × 300）× 7	（1 × 300）× 5	相线
9	1800	2250	2923	（1 × 300）× 8	（1 × 300）× 6	相线
10	2000	2500	3248	（1 × 300）× 9	（1 × 300）× 7	相线

注：表中电缆截面及根数为推荐值，电缆根数为相线根数，中性线根数原则上为同截面相线根数的一半。

10.3.4　直流电力电缆

数据中心用直流供电系统的标称电压等级分为 –48V、240V、336V 三种，三种直流供电系统输出电源馈线通常采用的是电力电缆，最多采用的是 ZA-RV、ZA-RVV 两种直流用电力电缆，其中 ZA-RV 仅限于使用在 –48V 供电系统中。除直流供电系统外，交流 UPS 系统配套的蓄电池组也需要直流用电力电缆。无论何种系统，在选用直流用电力电缆时，电力电缆的选择计算结果均应具备以下条件：

1）电力电缆的载流量应满足电缆流过的最大电流要求。

2）所有直流电力电缆的电压降应满足直流放电回路对此段线缆压降的要求。

3）满足敷设条件对其机械强度的要求。

1. 全程压降法选择电缆截面

全程压降法是选择直流用电力电缆的最佳计算方法。直流供电系统导线全程压降的计算对于选择蓄电池组放电回路中的各段线缆是必要的过程，在直流供电系统中的蓄电池组放电过程中，放电回路的各段线缆压降应能确保电子信息设备的正常运行。

如果单体 2V 的蓄电池放电终止电压按 1.8V 计算，那么 –48V、240V、336V 蓄电池组的放电终止电压分别为

$$24（只）\times 1.8V = 43.2V \qquad\qquad -48V\ 系统$$
$$120（只）\times 1.8V = 216V \qquad\qquad 240V\ 系统$$
$$168（只）\times 1.8V = 302.4V \qquad\qquad 336V\ 系统$$

每种电子信息设备都有其电压输入变化范围，设其下限值为 $U_{下限}$，全程压降为 ΔU，所以要保证蓄电池组处于终止电压时，电子信息设备能正常工作，就要求蓄电池组的放电终止电压与全程压降的差应不小于电子信息设备的输入下限，即

$$43.2V - \Delta U \geqslant U_{下限} \qquad\qquad -48V\ 系统$$
$$216V - \Delta U \geqslant U_{下限} \qquad\qquad 240V\ 系统$$
$$302.4V - \Delta U \geqslant U_{下限} \qquad\qquad 336V\ 系统$$

从上式可知，直流供电系统的最大全程压降即蓄电池组的放电终止电压 $U_{终}$ 与电子信息设备的电压输入范围下限的差。

$$\Delta U = U_{终} - U_{下限} \qquad\qquad (10-5)$$

式中　ΔU——全程压降（V）；

　　　$U_{终}$——蓄电池组的放电终止电压（V）；

　　　$U_{下限}$——电子信息设备的电压输入范围下限（V）。

若直流供电系统为多种电子信息设备供电，其输入电压下限应以它们电压下限的最高值为计算依据。所以，输入电压下限值越高，全程压降就越小。

直流供电系统放电回路参考全程压降见表 10-28。

表 10-28 直流供电系统放电回路参考全程压降

系统标称电压 /V	2V 蓄电池单体数量 / 只	蓄电池放电终止电压 /V	蓄电池组放电终止电压 /V	全程压降 /V （参考）
-48	24	1.80	43.2	3.2
		1.75	42	
		1.70	40.8	
240	120	1.80	216	12.0
		1.75	210	
		1.70	204	
336	168	1.80	302.4	10.0
		1.75	294	
		1.70	285.6	

当 ICT 设备的输入电压下限值过高时，应采取以下措施合理计算全程压降：

1）合理布置直流供电系统的安装位置，尽量接近 ICT 设备机房，尽量缩短直流配电屏到蓄电池组、直流配电屏到 ICT 设备的线缆布放路由，减小各段供电缆的运行压降。

2）选择设备压降较小的直流配电设备。

3）适当加大直流配电屏到蓄电池组和直流配电屏到 ICT 设备的线缆截面。

4）适当加大蓄电池组配置容量，提升蓄电池组放电终止电压值。

数据中心电子信息设备及 ICT 设备为恒功率负载，输入电压越低，输入电流就越大，当蓄电池组放电到终止电压时，其放电电流最大，这时系统的全程压降也最大，所以，采用全程压降法计算系统压降时，其放电电流应以蓄电池组最大放电电流来计算线缆压降。

目前，国内数据中心 UPS 系统配置的蓄电池组放电时间一般为 15 ~ 60min，即 2V 单体的蓄电池的放电终止电压小于或等于 1.8V，在计算直流电力电缆截面积时，要根据蓄电池放电终止电压和 ICT 设备输入电压范围合理取定全程压降值，避免出现计算结果偏差过大。

在设计中，直流供电系统的全程压降分为蓄电池组连接条压降、蓄电池组至直流配电屏、直流配电屏、直流配电屏至 ICT 设备或通信机房的列头柜、ICT 设备内部五部分，直流放电回路压降见表 10-29。

表 10-29 直流放电回路压降

蓄电池组	电池充放电线	直流配电屏	负荷线缆	ICT 设备或通信机房直流列头柜
电池连接条压降 /V	线缆压降 /V	设备放电回路压降 /V	线缆压降 /V	为 ICT 设备预留压降 /V

根据 YD/T 799—2010《通信用阀控式密封铅酸蓄电池》中规定，蓄电池之间的连接条电压降（1h 率放电情况下）不大于 10mV；根据 YD/T 585—2010《通信用配电设备》中规定，直流配电屏的满载电压降应不大于 500mV。

采用全程压降法计算电缆截面积的步骤如下：

（1）确定系统放电回路全程压降

根据蓄电池放电终止电压和用电设备输入电压下限值确定蓄电池组放电回路全程压降，若无数据，可按表 10-28 中参考压降值。

（2）确定蓄电池组组数，每组连接条个数

直流供电系统蓄电池组组数一般为 1~4 组，根据每只电池标称电压（2V、6V、12V 或 3.2V）得出每组连接条个数，连接条个数等于每组蓄电池只数减去 1，再根据每个连接条压降计算出每组蓄电池连接条总压降。

（3）确定每组蓄电池组最大放电电流

根据系统所带 ICT 设备功率计算，即 ICT 设备有功功率除电池组放电终止电压。若设计人员无法知道系统今后所带最大通信负荷时，应以系统终期最大负荷功率计算蓄电池组最大放电电流。

对于多组并联的蓄电池组，在计算最大放电电流时，不考虑多组中的一组发生故障。

（4）设定蓄电池组端电池到直流配电屏蓄电池组接入端电缆压降

根据通信用直流供电系统的设置，通常直流配电屏至蓄电池组较直流配电屏至 ICT 设备或列头柜距离要近，所以在压降分配时，前者电缆压降一般为后者压降的 1/3 ~ 1/4。

（5）计算蓄电池组端电池到直流配电屏蓄电池组接入端电缆截面积

当正、负电缆根数相同时，每段电缆长度可按单程距离的两倍计算，再根据电缆长度计算出此段线缆的截面与压降；当正、负电缆根数不同时，应按正、负电缆的长度分别计算线缆截面与压降，此段压降为正负线缆压降之和。

若蓄电池组不是单组电池，而是多组并联，计算出来的电缆截面积是全部蓄电池组电缆的总面积。

铜线缆的压降、截面计算公式如下：

$$S = \rho \frac{LI}{\Delta U} \times 10^4 = \frac{LI}{58\Delta U} \qquad (10\text{-}6)$$

式中　S——电缆截面积（mm^2）；

　　　L——正、负电缆总长度（m）；

　　　I——电缆通过的最大电流（A）；

　　　ρ——电缆的电导率，式（10-6）中铜电缆的电导率为 $1.72 \times 10^{-6}\Omega \cdot cm$，若电缆为铝合金电缆时，铝合金的电导率取 $2.27 \times 10^{-6}\Omega \cdot cm$；

　　　ΔU——此段电缆压降（V）。

根据式（10-6），铝合金电缆截面积为 $LI/(44\Delta U)$。

从式（10-6）中得知，在确定此段电缆最大电流和长度后，已知电缆压降可计算出此段电缆最小截面积，再查阅电缆手册选择电缆。

注意：如有必要，则需要对电缆载流量进行校正。

（6）计算直流配电屏输出分路至 ICT 设备或列头柜进线端的电缆长度

根据机房设置及设备平面布置，计算出直流配电屏输出分路至 ICT 设备或列头柜进线端的电缆长度，若 ICT 设备或列头柜有多个时，可取平均长度进行计算。

（7）计算直流配电屏输出分路至 ICT 设备或列头柜进线端的电缆截面积

根据蓄电池组连接条总压降、蓄电池组至直流配电屏电缆压降、直流配电屏设备压降、ICT 设备或列头柜预留压降，以及放电回路全程压降，可以得出直流配电屏输出分路至 ICT 设备或列头柜进线端的电缆压降，再根据式（10-6）计算出该段电缆的截面积。

如果输出为多回路，若每个回路设备功率相同，计算出的电缆截面积均分在各回路，再选择各回路电缆最小截面积；若回路设备功率不同，则需要分别计算各回路的电缆最小截面积，再查阅电缆手册选择电缆。

注意：如有必要，则需要对电缆载流量进行校正。

（8）核对电缆选择结果

直流配电屏至蓄电池组电缆截面积和直流配电屏至 ICT 设备或列头柜电缆截面积及载流量是否合适，若不合适，再对蓄电池组至直流配电屏的电缆压降进行修正，再重复步骤（5）和（7），直至电缆压降及载流量符合设计要求。

2. 载流量法选择电缆截面

对于交流 UPS 系统配套的蓄电池组用直流电缆则采用载流量法进行电缆选择，与交流电缆类似。该电缆截面一般以 UPS 设备或系统最大放电电流选取，即此电缆与 UPS 设备或系统容量有关，容量越大，蓄电池组标称电压越低，蓄电池组充放电电缆截面越大。

UPS 配套蓄电池电缆有两种，一种是正负双线，另一种是正负带 N 线（三线），电池组额定放电电流如下式：

$$I = \frac{P\cos\phi}{\eta U} \tag{10-7}$$

式中　I——额定放电电流（A）；

　　　P——UPS 容量（kV·A）；

　　$\cos\phi$——UPS 输出功率因数；

　　　η——逆变器效率，取 96%；

　　　U——蓄电池组放电电压下限（V）。

【例】某品牌单机 UPS，容量为 400kV·A，电池标称电压为 ±240V，输出功率因数为 0.9，计算电池额定放电电流 I。

解：根据式（10-7）

$$I = \frac{P\cos\phi}{\eta U} = \left(\frac{400 \times 0.9}{0.96 \times 400.8}\right)\text{kA} = 0.936\text{kA} = 936\text{A}$$

计算出额定放电电流后，再根据载流量选择蓄电池组充放电电缆，选择后的电缆无需进行校正。

10.4　母线敷设

10.4.1　高压母线敷设

数据中心用高压共箱封闭母线的安装均在数据中心一级高压配电机房或二级高压配电机房内实施，用于同系统的两列高压开关柜之间的联络。共箱封闭母线槽在敷设时应根据封闭母线的设计走向进行安装，安装应保证所涉及的设备不带电，安装应满足以下条件：

1）相应高压开关设备上方无其他障碍物。

2）共箱封闭母线槽下沿距高压开关设备顶面应不小于 125mm。

3）共箱封闭母线槽与顶棚采用吊架加固。

10.4.2　低压母线敷设

低压密集母线槽的敷设安装分为水平安装和垂直安装。在敷设时，应尽量使用母线生产厂家提供或推荐的组合安装部件和附件。密集母线槽的金属外壳仅为防护外壳，不应作为保护接地干线（PE 线）使用。在 TN-S 系统设计中，若采用四芯型密集母线槽，应另设一根接地干线作为 PE 线。密集母线槽的每段母线保护外壳均应与接地干线有良好的电气连接。

密集母线槽的安装要求见表 10-30。

表 10-30　密集母线槽的安装要求

母线槽布置方式	内容	最小宽度（或距离）/mm
水平安装	母线槽距地高度	≥ 2200
	母线槽侧边距墙	≥ 100
	母线槽上方距楼板或梁下	≥ 100
	两条相邻安装母线槽之间中心距	≥ 400
	两条母线槽之间侧间距	≥ 100
	母线槽支撑点间距	2000 ~ 3000
垂直安装	接头距地面垂直距离	≥ 700
	两条相邻安装母线槽之间中心距	≥ 400
	两条母线槽之间侧间距	≥ 100
	母线槽背面距墙边距离	≥ 100
	母线槽支撑点间距	2000 ~ 3000

注：1000A 以上的母线槽支撑点间距宜为 2000mm。

（1）母线槽水平安装

母线槽水平安装于支（吊）架时，应用水平固定压板固定。两个母线槽直线段的相连处不应在穿墙间。母线槽直线敷设长度超过一定长度（厂家建议）时应设置一个膨胀节，母线槽在穿过楼房伸缩缝时也应设置一个膨胀节。

（2）母线槽垂直安装

母线槽垂直安装时，母线槽连接点不应位于穿楼板处。安装于垂直母线槽的插接箱底高度不应低于 0.9m；相邻两个插接箱左右边间距应大于 40mm；插接箱边距墙边不应小于100mm。母线槽插接馈电孔应设在安全可靠及安装维修方便处。

（3）母线槽的过渡连接

母线槽始端箱与低压开关柜的接线端连接应采用硬铜排过渡连接；母线槽始端箱与变压器、备用发电机组等振动较大的设备连接时，应采用铜编软连接。

10.5 电缆敷设

10.5.1 敷设原则

1）电缆线路中不应有接头。

2）在电缆隧道、电缆沟、沟槽、竖井、夹层等封闭式电缆通道中，不得布置热力管道，严禁有易燃气体或易燃液体的管道穿越。

3）高压电缆和低压电缆在电缆隧道、电缆沟同时敷设时，应分开两侧敷设，二次信号电缆与其他电缆同沟敷设时，应采用屏蔽电缆。

4）交流电缆与直流电缆在机房内不宜同上线井、同架、同槽敷设，当交直流电缆无法避免同架、同槽长距离并行敷设时，应采取屏蔽措施。

5）室外电缆不建议采用架空敷设方式。

6）线缆布放应平直、整齐，绑扎间隔均匀、松紧合适，扎带头应放在隐蔽处。

7）沿沟、槽布放的电源线、信号线时，缆线不宜直接与沟、槽底接触。

8）电缆保护管的型号、规格、位置应满足设计要求，管口两端应密封。

9）非同一电压等级的电力电缆不应穿放在同一管孔内。

10）机房内严禁使用可燃性材料制成的电缆槽。

11）电缆在穿越墙壁或楼板时，必须按要求用防火封堵材料封堵洞口。

12）UPS 主输入电缆和旁路输入电缆宜采用相邻敷设方式。

13）对于要求采用物理隔离的电源系统，其互为主备用的输入输出电力电缆不应同上线井、同架、同槽敷设。

10.5.2 电缆敷设方式

数据中心室外敷设的电缆主要包括外市电电源引入电源线、发电机组输出电缆、高压配电系统供电电缆、低压配电系统供电电缆等，除了上述供电电缆外，还有部分控制电缆。室外电缆敷设有四种方式——电缆隧道、电缆沟、电缆保护（排）管、直埋，其中电缆隧道、电缆沟和电缆保护（排）管是数据中心常用的室外电缆敷设方式，而直埋则不建议在数据中心中应用，除非保证等级低的小型数据中心。

数据中心的外市电电源线路在进入建筑红线内应采用电缆敷设，具体敷设可根据引入电缆回路数确定采用电缆隧道、电缆沟或电缆保护（排）管中的哪种方式。

外市电电缆进入数据中心高压配电室宜采用电缆穿管入户，即需在外墙预埋穿墙套管，管径一般为 $\phi 100 \sim \phi 150$，做法见建筑电气安装工程图集 JD5-113 ~ 115。预埋穿墙套管的室外端应埋至散水以远，室内及室外端埋深应根据工程具体情况而定，钢管在室内端应与内墙壁齐平，预埋穿墙套管的室外端管口和室内端管口应以室外低于室内为原则。室外端底层管底应与电缆隧道或电缆沟或人井地坪保持至少 100mm 的高差；室内端底层管底应与沟槽或人井底保持至少 100mm 的高差。

在预埋穿墙套管时，应考虑预埋一根或两根 40×4 镀锌扁钢，作为地线引入线。镀锌扁钢室外端埋至散水以远或伸入电缆隧道或电缆沟或人井 200mm，室内端伸出 200mm，两端应各打 1 个 $\phi 12$ 孔，以利于今后连接电缆。

数据中心常用电力电缆的敷设方式见表 10-31。

表 10-31 数据中心常用电力电缆的敷设方式

序号	线缆名称	型号	运行电压	敷设方式	备注
交流电力电缆					
1	铜芯交联聚乙烯绝缘聚氯乙烯护套电力电缆	ZR-YJV	35kV、20kV、10kV、380V	电缆沟、电缆隧道、排管、沟槽、桥架	
2	铜芯交联聚乙烯绝缘钢带铠装聚氯乙烯护套电力电缆	ZR-YJV22	35kV、20kV、10kV、380V	电缆沟、电缆隧道、沟槽、桥架	
3	铜芯交联聚乙烯绝缘聚乙烯护套电力电缆	ZR-YJY	35kV、20kV、10kV、380V	电缆沟、电缆隧道、排管、沟槽、桥架	
4	铜芯交联聚乙烯绝缘钢带铠装聚乙烯护套电力电缆	ZR-YJY23	35kV、20kV、10kV、380V	电缆沟、电缆隧道、沟槽、桥架	
5	铜芯阻燃聚氯乙烯绝缘聚氯乙烯护套软电缆	ZA-RVV	380V/220V	电缆沟、电缆隧道、排管、沟槽、桥架	
6	铜芯阻燃聚氯乙烯绝缘钢带铠装聚氯乙烯护套软电缆	ZA-RVV22	380V/220V	电缆沟、电缆隧道、沟槽、桥架	
7	铜芯耐火低烟无卤聚烯烃绝缘低烟无卤聚烯烃护套软电缆	WDZCN-RYY	380V/220V	沟槽、桥架	
直流电力电缆					
1	铜芯阻燃聚氯乙烯绝缘软电缆	ZA-RV	-48V	沟槽、桥架	
2	铜芯阻燃聚氯乙烯绝缘聚氯乙烯护套软电缆	ZA-RVV	-48V、240V、336V	沟槽、桥架	
3	铜芯耐火低烟无卤聚烯烃绝缘低烟无卤聚烯烃护套软电缆	WDZCN-RYY	-48V、240V、336V	沟槽、桥架	

电缆在敷设时，不同电缆应有颜色标识，可参考以下要求：

交流电缆：

1）A 相：红色。

2）B 相：黄色。

3）C 相：绿色。

4）N：蓝色。

直流电缆：

1）-48V 正极：红色。

2）-48V 负极：蓝色。

3）240V、336V 正极：棕色。

4）240V、336V 负极：蓝色。

5）UPS 系统电池正极：红色。

6）UPS 系统电池负极：蓝色。

7）UPS 系统电池 N：黑色。

接地线：

1）工作接地线：黑色。

2）保护地线：黄绿色。

1. 电缆隧道

电缆隧道敷设适用于电缆根数多、线路集中、路径选择难度较大的区域，常见于大型、超大型数据中心项目。比如说数据中心市电电源引入电缆、专用变电站电缆输出电缆、发电机组输出电缆敷设等。电缆隧道分为双孔电缆隧道和单孔电缆隧道，以单孔电缆隧道应用居多。

电缆隧道敷设的优点：

1）维护、检修及更换电缆方便。

2）能可靠地防止外力破坏。

3）敷设时受外界条件影响小。

4）能容纳大规模、多电压等级的电缆。

电缆隧道敷设的缺点：

电缆隧道建设工作量大、工程难度大、投资大、工期长、附属设施多。

电缆隧道能满足高低压电压等级的电缆敷设，不同电压等级的电缆在隧道内应顺序布置，高电压电缆宜布置在隧道下侧，同方向双回电源应布置在隧道的两侧。

若市电引入路由的终期市电电源回路数超过 8 个或低压电源（主用）回路 16 个，建议采用电缆隧道。电缆隧道分为单孔隧道和双孔隧道，单孔隧道又分为单侧支架电缆隧道和双侧支架电缆隧道。

电缆隧道应具有照明系统、排水设施，以及必要的监控装置。

（1）照明系统

电缆隧道内的照明设备应满足正常及事故工况的照明，照明灯具应为防潮防爆型灯。在电缆隧道内人行通道上的平均照度值不应小于 15lx。

（2）排水设施

电缆隧道的纵向排水坡度，不得小于 0.5%；应结合隧道工作井、通风口、出入口、隧道纵坡最低处等设置集水井或排水管口。

（3）监控装置

隧道内应设置监测电缆隧道内积水水位的监控装置。

单侧支架及双侧支架的电缆隧道示意图如图 10-3 和图 10-4 所示，单侧支架的电缆隧道剖面图如图 10-5 所示，双孔电缆隧道剖面图如图 10-6 所示。

图 10-3 ~ 图 10-5 中支架预埋件的间距原则上为 0.8 ~ 1m；接地预埋件的间距为 50m。隧道顶部距地面的高度应不小于 0.7m。

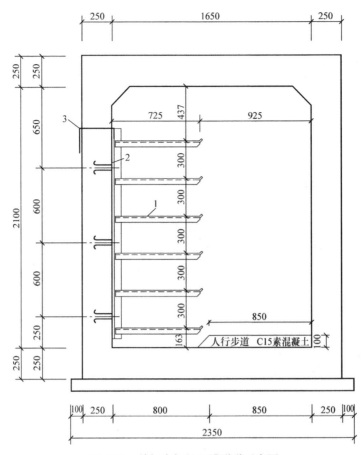

图 10-3　单侧支架的电缆隧道示意图

1—支架　2—支架预埋件　3—接地预埋件

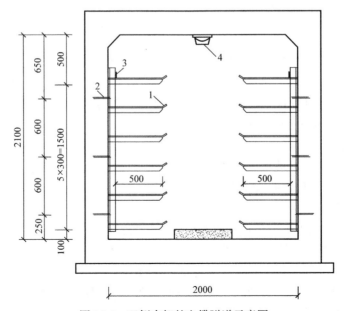

图 10-4　双侧支架的电缆隧道示意图

1—支架　2—支架预埋件　3—接地预埋件　4—灯具

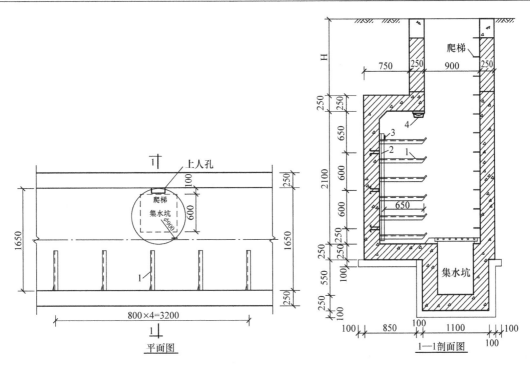

图 10-5　单侧支架的电缆隧道剖面图

1—支架　2—内接地带　3—支架预埋件　4—灯具

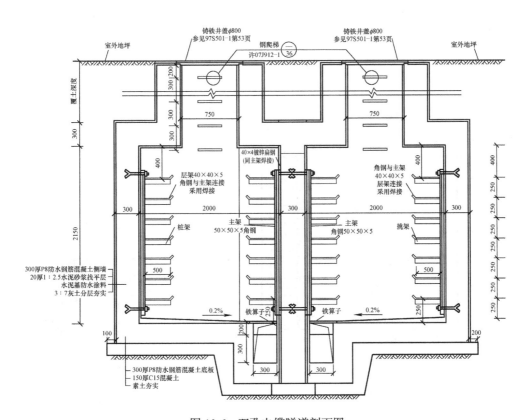

图 10-6　双孔电缆隧道剖面图

外接地带和内接地带均采用 50×5 的镀锌扁钢，数据中心电缆隧道一般采用内接地带。电缆支架宜采用 L63×6 镀锌角钢。

人孔井盖直径不宜小于 800mm，人孔井间距不宜大于 75m。

2. 电缆沟

电缆沟与电缆隧道的功能相同，电缆敷设数量少于电缆隧道，用于规模相对超大型数据中心较小的数据中心。电缆沟的敷设方式可与电缆排管、电缆工作井等敷设方式进行相互配合使用。

电缆沟敷设的优点：检修、更换电缆较方便，灵活多样，转弯方便，可根据地坪高程变化调整电缆敷设高程。其缺点是施工检查及更换电缆时须掀开部分盖板。

电缆沟的尺寸除应按数据中心室外规划电力电缆敷设根数来选择外，还须考虑其他监控用电缆的敷设。电缆沟的纵向排水坡度不得小于 0.5%，沿排水方向适当距离宜设置集水井及其泄水系统，必要时应实施机械排水。

电缆沟分为双侧支架电缆沟和单侧支架电缆沟，单侧、双侧支架的电缆沟示意图如图 10-7 所示。

3. 电缆保护（排）管

电缆排管敷设是比较简单的室外电缆敷设装置，它有别于直埋和电缆沟的敷设，多用于电缆数量较少和电缆沟设置困难的数据中心室外电缆敷设。在新建的数据中心中，不建议采用电缆保护（排）管敷设方式。电缆排管敷设一般适用于小型数据中心的室外电缆敷设。

电缆排管敷设的优点包括：受外力破坏影响少，占地小，能承受较大的荷重，电缆敷设无相互影响，电缆施工简单。缺点是：土建成本高，不能直接转弯，散热条件较差。

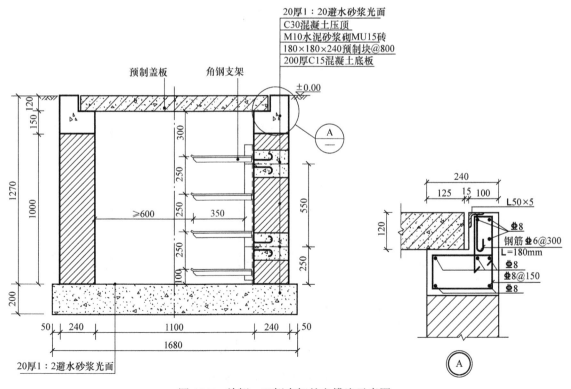

图 10-7　单侧、双侧支架的电缆沟示意图

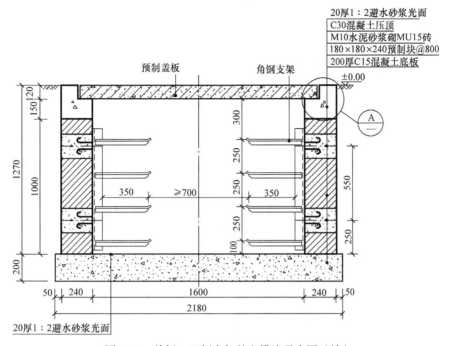

20厚1：2避水砂浆光面

图 10-7　单侧、双侧支架的电缆沟示意图（续）

注：1. 电缆支架上下层支架的净间距不应小于 200mm，底层支架距地应不小于 100mm。

2. 电缆支架长度一般不小于 300mm，支架宜采用不小于 L50×5 的镀锌角钢。

3. 双侧支架电缆沟的中间通道宽应不小于 600mm。

4. 电缆沟在盖板开启时，沟的侧壁应做好支撑防护措施，以防沟壁倒塌。

　　排管的内径按不小于（单根电缆）1.5～（多根电缆）1.7 倍的电缆外径的规定来选择，埋管深度不宜小于 500mm，当埋深达不到要求或在车行道下敷设时，需加扎钢筋网以增加强度。禁止电缆与其他管道垂直平行敷设。电缆与管道、地下设施、道路平行交叉敷设需满足有关规范规程的要求。电缆排管施工完毕后，应对排管两端严密封堵。

　　图 10-8 所示为 3×4 排管布置示意图，其他排列的排管布置可参考此图。

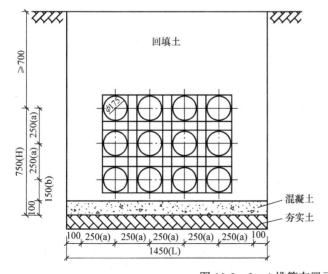

不同管径的尺寸调整　　　（单位：mm）

管间尺寸 管材内径	a	b	L	H
150	220	130	1310	670
175	250	150	1450	750
200	280	180	1600	840

图 10-8　3×4 排管布置示意图

电缆在穿保护（排）管时，管内需要预留空间，电缆保护管直径尺寸换算表见表 10-32，电缆穿保护管直径换算表见表 10-33，管内径与电缆外径换算表见表 10-34。

表 10-32　电缆保护管直径尺寸换算表

直径 /in	$\frac{1}{2}''$	$\frac{3}{4}''$	$1''$	$1\frac{1}{4}''$	$1\frac{1}{2}''$	$2''$	$2\frac{1}{2}''$	$3''$	$4''$	$5''$	$6''$	$7''$	$8''$
外径 /mm	21.25	26.75	33.5	42.25	48	60	75.5	88.5	114	140	159	186	211
内径 /mm	15.75	21.25	27	35.75	41	53	68	80.5	106	131	150	175	200

表 10-33　电缆穿保护管直径换算表

线缆根数及直径	1d	2d	3d	4d	5d	6d	7d 8d	9d	10d	11d	12d	13d
钢管的内直径	1.7d	3d	3.2d	3.6d	4d	4.5d	5.6d	5.8d	6d	6.4d	6.7d	7d

表 10-34　管内径与电缆外径换算表

管内径 /mm	管内穿电缆根数和电缆外径 /mm								
	1 根	2 根	3 根	4 根	5 根	6 根	7、8 根	9 根	10 根
200	133.3	66.7	62.5	55.6	50.0	44.4	35.7	34.5	33.3
175	116.7	58.3	54.7	48.6	43.8	38.9	31.3	30.2	29.2
150	88.2	50.0	46.9	41.7	37.5	33.3	26.8	25.9	25.0
131	77.1	43.7	40.9	36.4	32.8	29.1	23.4	22.6	21.8
106	62.4	35.3	33.1	29.4	26.5	23.6	18.9	18.3	17.7
80.5	47.4	26.8	25.2	22.4	20.1	17.9	14.4	13.9	13.4
68	40.0	22.7	21.3	18.9	17.0	15.1	12.1	11.7	11.3
53	31.2	17.7	16.6	14.7	13.3	11.8	9.5	9.1	8.8
41	24.1	13.7	12.8	11.4	10.3	9.1	7.3	7.1	6.8
35.75	21.0	11.9	11.2	9.9	8.9	7.9	6.4	6.2	6.0

4. 室内沟槽

数据中心电力电缆室内敷设主要有电缆桥架或室内沟槽两种方式，高低压配电设备及发电机组下进下出线基本采用的是室内沟槽敷设。室内沟槽分为明槽带盖板沟槽、明槽无盖板沟槽及暗槽，其中明槽带盖板沟槽主要用于电缆和输油管的敷设；明槽无盖板沟槽主要位于设备下，用于设备下进出线；暗槽主要用于两个沟槽之间的连接。室内沟槽和室外电缆沟或电缆隧道采用穿墙钢管连接。

用于敷设电力电缆的明槽带盖板沟槽一般需要设置电缆支架，带电缆支架的沟槽分为单侧支架沟槽和双侧支架沟槽，单侧支架带盖板沟槽示意图和双侧支架带盖板沟槽示意图分别如图 10-9 和图 10-10 所示。

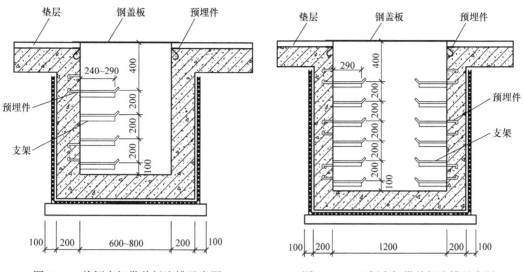

图 10-9　单侧支架带盖板沟槽示意图　　　　　图 10-10　双侧支架带盖板沟槽示意图

设备下的沟槽为无盖板沟槽，除非设备及电缆数量少，一般均在设备后侧或前侧设置带盖板沟槽，并与设备下无盖板沟槽采用暗槽连接，暗槽的长度和高度可根据设备后侧和设备下的沟槽尺寸进行调整，暗槽宽度宜为 400～600mm。高压开关柜下走线沟槽示意图如图 10-11 所示。

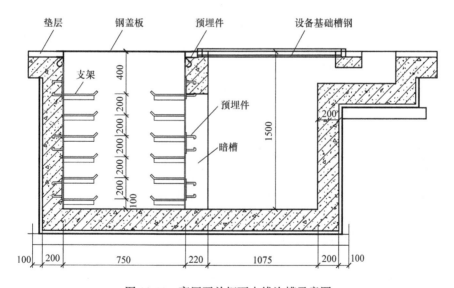

图 10-11　高压开关柜下走线沟槽示意图

高压开关柜下走线沟槽的土建要求应参照相关厂家提供的产品说明书。各类沟槽的做法可参考《变配电所建筑构造》（图集号 07J912-1）。

不同电力机房采用室内沟槽敷设的沟槽尺寸要求见表 10-35。

表 10-35　沟槽尺寸要求　　　　　　　　　　（单位：mm）

序号	系统设备	设备下沟槽宽	设备后（前）沟槽宽	沟槽深	支架宽	备注
1	高压配电系统	*	800～1000	1200～1500	250～300	
2	低压配电系统	400～600	600～1000	400～800	250～300	
3	变压器	400～600	—	400		
4	发电机组	—	400～600	400～600	250～300	
5	机房主沟槽	400～1000		400～800	250～300	
6	油管沟槽	150～300		100～300	—	

注：1. * 参照产品说明书。

　　2. 电缆数量少可不设置支架。

5. 电缆桥架（梯架或托盘）敷设

除少数大容量用电设备采用密集母线槽供电外，数据中心低压配电系统的输出电源线，以及交直流 UPS 系统的输出电源线基本采用电缆桥架敷设，并且高压配电系统、高压发电机组、低压配电系统等高低压供电电缆也宜采用上进上出线方式和电缆桥架敷设方式。

1）电缆桥架以铝合金材质为主要原材料，结构型式以梯架式为主。

2）电缆桥架水平安装时，支撑点间距宜为 1500～3000mm；垂直安装时，支撑点间距不宜大于 2000mm。

3）电缆夹层除外，电缆桥架水平距地高度不宜低于 2500mm。

4）电缆桥架宜按双层设置，若电缆较少或过多时，可采用单层或三层桥架布放，上下层桥架之间高差不应小于 300mm。

5）电缆桥架上部距顶棚或梁下等障碍物不宜小于 300mm。

6）两个安装高度相同的桥架之间间距应不小于 500mm。

7）电缆桥架上的电缆层数不宜多于两层。

8）高压电缆与低压电缆不宜敷设在同一电缆桥架上。

9）电力电缆与通信电缆不宜敷设在同一电缆桥架上，当条件受限需敷设在同一桥架上时，两者之间应采用金属隔板隔开。

10）电缆桥架不应在穿过楼板或墙壁处进行连接。

11）电缆桥架在穿越墙体或楼板时，应采取防火封堵措施。

12）电缆在桥架内敷设应排列整齐，少交叉。首尾两端、转弯两侧及每隔 5~10m 处进行固定；垂直敷设的电缆固定点间距不宜小于 1000mm。

13）桥架转弯处应考虑电缆布放时的弯曲半径，电缆最小弯曲半径见表 10-36。

表 10-36　电缆最小弯曲半径

项目	ZA-RV、ZA-RVV、WDZC-RYY、WDZCN-RYY	ZA-RVV22	单芯电缆		多芯电缆	
			ZC-YJV、ZC-YJY	ZC-YJV22、ZC-YJY23	ZC-YJV、ZC-YJY	ZC-YJV22、ZC-YJY23
电缆最小弯曲半径	8D	15D	20D	15D	15D	12D

注：表中 D 为电缆外径。

14）高压电缆与低压电缆不宜敷设于同一桥架。

15）电力电缆与通信电缆不宜敷设于同一桥架。

16）为最高等级的数据中心或供电系统的同一用电设备供电的双回路电力电缆可不敷设于同一桥架。

电缆桥架上的电缆排列应尽量减少平时系统运行中的桥架上的电缆载流量的折损。对于同一电源设备的主备用电力电缆的布放，在电缆布放时应将主备用电缆采用主备顺序布放。

10.5.3　电缆隧道和电缆沟的土建要求

1）电缆隧道应设人孔井，当两个人孔井之间的距离超过 75m 时，应增加人孔井。人孔井的直径不应小于 0.7m。

2）电缆隧道内净高不应低于 1.9m，局部或与管道交叉处净高不宜低于 1.4m。

3）电缆支架的长度，在电缆沟内不宜大于 0.35m，隧道内敷设时支架的长度不应大于 0.5m。

4）与电缆隧道无关的管线不得通过电缆隧道，电缆隧道与其他地下管线交叉时，应尽可能避免隧道局部下降。

5）电缆隧道和电缆沟的土建要求需向建筑设计单位提出。

6）室外电缆沟的沟口宜高出地面 50mm，以减少地面排水进入沟内。但当盖板高出地面影响地面排水或交通时，可采用具有覆盖层的电缆沟，盖板顶部一般低于地面 300mm。

7）室外电缆沟在进入建筑物（或变电站）处，应设有防火隔墙。

8）电缆沟应采取防水措施。底部应做不小于 0.5% 的纵向排水坡度，并设集水井。积水的排出，有条件时可直接排入下水道。电缆沟较长时应考虑分段排水。电缆隧道每隔 100m 左右设置一个集水井；电缆沟每隔 50m 左右设置一个集水井。

9）电缆与建筑物平行敷设时，电缆应埋设在建筑物的散水坡外。电缆引入建筑物时，所穿保护管长度应超出建筑物散水坡 100mm。

10.6　节能设计

母线和电缆的节能主要考虑各类电力电缆选择和敷设的设计，主要参考以下设计原则：

1）相同长度、相同电流的电能输送电力电缆，其截面的大小与其阻值成反比，即相同条件下，电缆截面选择越大其阻值越小，耗能就越小，单位长度的电缆投资也就越大，故选择电缆除了要减少其自身能耗外，还需要考虑选择的电缆是否经济，所以在选择电缆截面时要考虑电缆的发热能耗与加大电缆截面后的经济（回收年限）比较。如果电缆电压损失超过 5% 时，建议增大电缆截面，一般电缆截面可增大一级。

2）电力电缆在转弯处敷设时的弯曲半径应符合相关电缆弯曲半径的规定，电力电缆敷设时的弯曲半径要尽量大。

3）电缆在电缆沟、电缆隧道内敷设时，对于支架上的敷设电缆，电缆间应预留足够的间距。

4）机房内的电缆敷设通道宜选择梯形电缆走线架，不应选择封闭型或半封闭型电缆槽道。

5）若电缆走线架上的敷设电力电缆含有主备用电缆时，主用电缆和冷备电缆不应分开敷设，应采用一主一备的顺序排列敷设。

6）机房内电缆既可上走线又可下走线时，应优先选择上走线。

第11章　防雷与接地系统

本章主要介绍数据中心供电系统防雷与接地的基础知识、防雷与接地设计的原则和要求。

11.1　供电系统防雷

11.1.1　雷击的主要形式、危害及防护措施

根据雷击的成因与特点不同，雷击主要有直击雷、雷电感应过电压、雷电波侵入、高电位反击等几种形式。

1. 直击雷

直击雷是大气中带电云层（雷云）与大地、建筑物、防雷装置或其他物体之间发生的迅猛放电现象，并由此伴随而产生电效应、热效应或机械力等一系列的破坏作用。

直击雷的电压峰值通常可达几万伏甚至几百万伏，电流峰值可达几十千安乃至几百千安，其之所以破坏性很强，主要是因为雷云所蕴藏的能量在极短的时间（其持续时间通常只有几微秒到几百微秒）就释放出来，从瞬间功率来讲，是十分巨大的。

雷电会直接损害电气设备和电子设备。数十乃至一、二百千安的雷电冲击电流，具有巨大的电磁效应、热效应和机械效应。雷电冲击电流流过被击物体形成幅值很高的冲击电压波，使电气设备绝缘破坏；冲击电流的电动力作用，使被击物体炸裂；冲击电流使导线等金属物体温度突然升高，以致熔断炸裂；冲击熔断破坏。其中以第一种情况的破坏性最大，也是我们主要关注的问题。

目前能采用的方法如下：

1）消雷，即在有限空间内使雷云所带正负电荷中和，有火箭消雷、激光消雷、人工干扰消雷等。

消雷器是一种常用的消雷装置。由设置在被保护物上方、带有很多尖端电极的电离装置，设置在地表层内的地电流收集装置和接通这两种装置的连接线构成。电离装置在雷云强电场中大致保持着大地电位，它和附近空气的电位差会随雷云电场强度激增而促使场强区内针尖附近的空气电离，形成大量空间电荷。一般雷云下层为负电荷，地面感应产生正电荷。电离的负电荷为地电流收集装置所吸收，电离的正电荷为雷云负电荷所吸引和中和，从而发生消雷作用。

2）避雷，指的是使空间雷云放电避开建筑物，通过人工接闪器进行放电，把大量雷电流导入大地。工程中对直击雷的防护通常都是采用避雷针、避雷带、避雷线、避雷网或金属物件作为接闪器，将雷电流接收下来，并通过作引下线的金属导体导引至埋于大地起

散流作用的接地装置再泄放入地。

2. 雷电感应过电压

在雷雨期间，由于静电感应或电磁感应，在输电线、信号传输线和其他金属导体上产生的冲击过电压，称为雷电感应过电压。这种冲击过电压会对电子器件和设备造成一定的破坏作用，甚至会引起火灾或人身伤亡等严重后果。由于这种感应过电压往往都是伴随直击雷放电而产生的，所以人们习惯上又把它称为"感应雷"。

静电感应是带正电荷或负电荷的雷云，当接近地面建筑物或其他物体时，都能使其表面感应而带上异性电荷，这就是静电感应现象。

电磁感应是大气中带异性电荷雷云之间的放电，带电雷云与地面物体之间的放电，在空间都会形成强大的脉冲电磁场并向四周传播。根据电磁感应原理，在输电线、信号线和金属构件上，就会产生感应脉冲电压。当金属导线或金属构件形成回路时，就会在回路中产生相应的冲击电流。这种冲击电压和冲击电流，都会直接使电路器件和设备受到破坏。

雷电感应过电压具有以下几个特点：

1）放电时间比直击雷要长，这是由于二次放电回路的电感量一般较大。

2）电压、电流峰值比直击雷要小，脉冲电压峰值一般为数千伏至上万伏，电流峰值一般为数千安至数十千安。

3）感应雷击一般没有闪光和雷声，常常是悄然发生。

4）感应雷电引起设备损坏的概率较高，约占总雷害事故的 80% 以上，一次雷击破坏面积也较大，受到打击的设备常常是一大片。

目前对雷电感应过电压的防护主要有两种方式：

1）安装电涌保护器（Surge Protection Device，SPD），其保护功能是限幅、分流，把感应过电压幅值限制到安全电平以下，并使感应雷电流泄放入地。

2）电磁屏蔽措施，把要保护的空间用金属网屏蔽起来，阻挡雷击电磁脉冲的进入。这种方法的保护效果较好，能把雷击电磁脉冲限制到最理想的环境，但所需投资也大。

3. 雷电波侵入

当雷电击中户外架空线路、地下电缆或其他金属管道时，雷电波就会沿着这些管线侵入室内，使与之连接的用电设备遭受破坏，或引起人身伤亡，这种形式的雷击称为雷电波侵入。

雷电波侵入与雷电感应具有基本相同的特点，但所形成的电压电流幅值比一般雷电感应要大，带来的破坏也更严重。

防止雷电波侵入的方法，对不同类别建筑物有不同的要求，最主要的措施是：

1）在输电线、信号线进户处安装 SPD。

2）将电缆穿金属管道埋地引入，并将金属管道可靠接地。

4. 高电位反击

在装有防雷装置的场所，都有专用的接地点，各接地点都有一定数值的接地电阻。当通过防雷装置的雷电流泄放入地时，接地点将产生瞬时高电位。雷电流越大，则产生的电位越高。尤其是避雷针，当雷电流通过引下线入地时，产生的瞬时高电位可达数千伏至数万伏。这种高电位对附近的电气线路和电气设备将产生反击，导致电气线路和设备内部的绝缘击穿或电器损坏。

为了防止高电位反击，应尽可能减小接地电阻和雷电流幅度；应使附近的金属物和电气线路与防雷接地体之间保持足够的距离；对新建筑物宜采用以其基础钢筋为接地体的共用接地系统，并将室内电气设备金属外壳、支架、管道、电缆桥架等与共用接地系统进行等电位连接。

11.1.2 防雷保护区的划分

一个欲保护的区域，从电磁兼容的观点来看，由外到内可分为几级保护区，最外层是LPZ0级，是直接雷击区域，危险性最高，越往里，则危险性越低，雷电过电压主要是沿线窜入的，保护区的界面通过外部防雷系统、钢筋混凝土及金属管道等构成的屏蔽层而形成，电气通道以及金属管道等则经过这些界面。

防雷区（Lightning Protection Zones，LPZ）的划分如下：

1）LPZ0A区：本区内的各物体都有可能遭到直接雷击并导走全部雷电流；本区内的雷击电磁场强度没有衰减。

2）LPZ0B区：本区内的各物体不可能遭到大于所选滚球半径对应的雷电流直接雷击；本区内的雷击电磁场强度仍没有衰减。

3）LPZ1区：本区内的各物体不可能遭到直接雷击；由于在界面处的分流，流经各导体的电涌电流比LPZ0B区内的更小；本区内的雷击电磁场强度可能衰减，衰减程度取决于屏蔽措施。

4）LPZ2…n后续防雷区：需要进一步减小流入的电涌电流和雷击电磁场强度时，增设的后续防雷区。

防雷区的划分示意图如图11-1所示。

数据中心的机房，大多数情况下与LPZ0区仅一墙之隔，即只有一层屏蔽，则该机房内空间定为LPZ1区；各电子设备的外壳为一层屏蔽层，可视机壳内的空间为LPZ2区。

从LPZ0级保护区到最内层保护区，必须实行分级保护，对于电源系统，分为Ⅰ、Ⅱ、Ⅲ、Ⅳ级，从而将过电压降低到设备能承受的水平；对于信息系统，则分为粗保护和精细保护，粗保护量级根据所属保护区的级别确定，而精细保护则要根据电子设备的敏感度来进行选择。

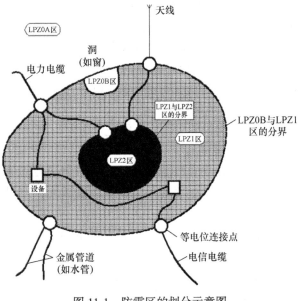

图11-1　防雷区的划分示意图

11.1.3 常用的模拟雷电流测试波形

在电源避雷器（包括高压避雷器和低压SPD）性能测试时，常采用以下三种模拟雷电流波形进行。

（1）10/350μs电流波

直击雷模拟波形，峰值以kA表示，主要用于电压开关型（如气体间隙）电源避雷器的第Ⅰ类测试。

（2）8/20μs 电流波

前级线路上的感应雷模拟波形，峰值以 kA 表示，主要用于电源避雷器的第 I 类、第 II 类测试。

（3）8/20μs、1.2/50μs 的组合波（即：开路时电压波形为 1.2/50μs；短路时电流波形为 8/20μs）

后级线路上的感应雷模拟波形，主要用于电源避雷器的第 III 类测试。

国际和相关行业标准规定在 LPZ0A 区或 LPZ0B 区与 LPZ1 区的交界处，宜选用经 10/350μs 模拟雷电波形最大冲击电流 I 级分类试验的电源避雷器。在后续的防雷区的界面处，宜选用经 8/20μs 模拟雷电波形最大冲击电流 II 级分类试验或组合波 III 级分类试验的电源避雷器。

11.1.4　高压供电系统过电压保护装置安装技术要求

在数据中心中，目前以 10 kV 市电引入为主，个别项目市电引入电压等级为 20kV 或 35kV。数据中心高压供电系统主要由高压配电设备、变压器、备用高压发电机组供电系统及其供电线路组成，其中高压配电设备通常由进线（隔离）柜、计量柜、PT 柜、电容补偿柜、出线柜及联络柜等组成。

在高压供电系统运行中，作用于线路和设备绝缘上的电压，包括正常工频持续运行电压和来自电力系统内部的操作过电压以及来自系统外部的雷电过电压。

数据中心高压供电系统过电压保护应符合下列要求：

1）在任何两个防雷区的交界处应装设避雷器，通常装设在高压进线柜和出线柜中。

2）GB/T 50064—2014《交流电气装置的过电压保护和绝缘配合设计规范》中规定，变压器的高压侧应靠近变压器装设避雷器，其接地线应与变压器金属外壳连接在一起接地。除了在高压侧装设避雷器外，还宜在低压侧装设 SPD，以防止反变换波或低压侧闪电电涌击穿高压或低压绝缘，其接地线应与变压器金属外壳连接在一起接地。数据中心中高压开关柜、变压器、低压开关柜通常安装在同一个房间或相邻的房间内，距离都很近，因此只需在高压出线柜中装设避雷器，在低压进线柜中装设 SPD 即可。

3）作为限制单相重击穿过电压的后备保护，并联电容补偿装置宜装设避雷器。

4）避雷器的保护水平应小于用电设备绝缘耐冲击电压水平。数据中心高压电气设备的雷电冲击耐受电压见表 11-1；数据中心高压电气设备的短时（1min）工频耐受电压见表 11-2。

表 11-1　数据中心高压电气设备的雷电冲击耐受电压　　　　　（单位：kV）

系统标称电压（方均根值）	设备最高电压（方均根值）	额定雷电冲击耐受电压（峰值）					
		变压器	并联电抗器	耦合电容器、电压互感器	高压电力电缆	高压电器类	母线支柱绝缘子
10	12	75	75	75	—	75	75
20	24	125	125	125	125	125	125
35	40.5	185	185	185	185	185	185

表 11-2　数据中心高压电气设备的短时（1min）工频耐受电压　　　（单位：kV）

系统标称电压（方均根值）	设备最高电压（方均根值）	短时（1min）工频耐受电压（方均根值）					
		变压器	并联电抗器	耦合电容器、电压互感器	高压电力电缆	高压电器类	母线支柱绝缘子
10	12	35	35	42	—	42	42
20	24	55	55	65	55	65	68
35	40.5	85	85	95	85	95	100

11.1.5　高压供电系统避雷器的选择

（1）避雷器类型的选择

避雷器按非线性电阻阀片类型，可分为碳化硅阀式避雷器和金属氧化物避雷器；按构造类型，可分为有间隙避雷器和无间隙避雷器；按使用场合和用途，又可分为电站型（保护发、变电站）、配电型（保护配电变压器、开关、电缆头等配电设备）、并联补偿电容器型、线路型等各种类型。

根据数据中心避雷器的使用场景，避雷器通常只选用配电型和并联补偿电容器型两种类型，而无间隙金属氧化物避雷器又是标准规范中推荐的最佳选择。

金属氧化物避雷器的电阻片是以氧化锌为主要材料，掺以微量的氧化铋、氧化钴、氧化锰、氧化锑、氧化铬等添加物，经过成型、烧结、表面处理等工艺制成，具有优异的非线性伏安特性，可以取消串联火花间隙，实现避雷器无间隙、无续流（仅为微安级），且具有通流容量大、性能稳定、抗老化能力强、适应多种特殊需要和环境条件、运行检测方便等一系列优点。

（2）避雷器主要参数的选择

1）避雷器的持续运行电压 U_c。

无间隙金属氧化物避雷器的持续运行电压因其直接作用于避雷器的电阻片上，为避免劣化及热崩溃，保证使用寿命，长期作用于避雷器上的电压不得超过避雷器的持续运行电压；其取值一般相当于避雷器额定电压的 75%~80%，见表 11-3。

表 11-3　接于相 - 地的无间隙金属氧化物避雷器的持续运行电压（方均根值）（单位：kV）

接地方式	不接地、高阻接地或谐振接地系统			低电阻接地系统
	10s 及以内切除故障	10s 以上切除故障		
系统标称电压 U_n	10、20	10、20	35	10~35
持续运行电压 U_c	$\geqslant U_m/\sqrt{3}$	$\geqslant 1.1U_m$	$\geqslant U_m$	$\geqslant 0.8U_m$

注：其中 U_m 为设备最高电压。

2）避雷器的额定电压 U_r。

避雷器的额定电压是施加到避雷器端子间的最大允许工频电压方均根值，由于其一般安装于相对地之间，承受相电压和暂时过电压，因此其额定电压与系统的标称电压及其他设备的额定电压有不同的意义。在相同的系统标称电压下，无间隙金属氧化物避雷器的额定电压选得越高，运行中的漏电流越小，可减轻避雷器的劣化作用；但同时残压也相应升高，降低了保护裕度。因此，应综合考虑在满足保护绝缘的配合系数的条件下，避雷器的额定电压可选得高一些。无间隙金属氧化物避雷器的额定电压 U_r 的建议值见表 11-4。

表 11-4　无间隙金属氧化物避雷器的额定电压 U_r 的建议值（方均根值）　　（单位：kV）

系统标称电压 U_n	10s 及以内切除故障			10s 以上切除故障		
	10	20	35	10	20	35
额定电压 U_r	13	26	42	17	34	54

3）避雷器标称放电电流 I_n。

35kV 及以下系统经计算流经避雷器的冲击电流最大值均远低于 5kA，从技术经济比较考虑，数据中心装设的配电用避雷器、并联补偿电容器用避雷器标称放电电流通常选用 5kA 等级。

4）避雷器的保护水平 U_p 和绝缘配合。

无间隙金属氧化物避雷器的保护水平完全由其残压决定。雷电过电压保护水平取决于陡坡冲击电流下的最大残压和标称放电电流下的残压两项数值的较高者；操作过电压保护水平是取操作冲击电流下的最大残压。

按照惯用法进行绝缘配合时，设备的绝缘水平与避雷器的保护水平之间应有一定的裕度，称之为配合系数 k_c，其数值为被保护电气设备的绝缘水平除以避雷器的保护水平。按 GB/T 311.2—2013《绝缘配合　第 2 部分：使用导则》规定的绝缘配合因数为：

① 雷电过电压的配合因数：当避雷器紧靠被保护设备时可取 $k_c \geqslant 1.25$，其他情况可取 $k_c \geqslant 1.4$。

② 操作过电压的配合因数：可取 $k_c \geqslant 1.15$。

11.1.6　低压供电系统防雷技术要求

数据中心低压供电系统主要由低压配电设备、备用低压发电机组供电系统、直流 UPS 系统、交流 UPS 系统及其配电线路组成。其中低压配电设备通常由进线柜、补偿柜、市电发电机组转换柜、馈电柜及联络柜等组成；备用低压发电机组供电系统主要由低压发电机组、发电机组进线柜、联络柜、出线柜等组成；直流 UPS 系统主要由交流配电屏、整流器机架、直流配电屏、直流电源列头柜等组成；交流 UPS 系统主要由 UPS 输入屏、UPS 主机、UPS 输出屏、UPS 电源列头柜等组成。数据中心低压供电系统雷电过电压保护应符合下列要求：

1）按 GB 50174—2017《数据中心设计规范》要求，数据中心的防雷和接地，应满足人身安全及电子信息系统正常运行的要求，并应符合 GB 50057—2010《建筑物防雷设计规范》和 GB 50343—2012《建筑物电子信息系统防雷技术规范》的有关规定。同时数据中心的防雷和接地也应满足 GB 50689—2011《通信局（站）防雷与接地工程设计规范》的相关规定。

2）数据中心的电源进线应采用地下电缆隧道、电缆沟或地埋的方式。

3）电源保护的 SPD，其通流能力应考虑能承受雷电感应过电压、雷电侵入波和高电位反击。

4）电源保护的 SPD，其末级限制电压（残压）应小于用电设备绝缘耐冲击电压水平。国家标准 GB 50057—2010《建筑物防雷设计规范》给出了 220V/380V 三相交流配电系统中各种设备绝缘耐冲击电压额定值，见表 11-5。目前数据中心可能有 −48V、240V、336V 直流电源，参照国家标准 GB 16935.1—2008《低压系统内设备的绝缘配合第 1 部分：原理、要求和试验》的规定，这三种电源的设备绝缘耐冲击电压额定值见表 11-6。

表 11-5　220V/380V 三相交流配电系统中设备绝缘耐冲击电压额定值 U_w　　（单位：V）

设备位置	电源进线端设备	配电线路和最后分支线路的设备	用电设备	特殊需要保护的设备
耐冲击电压类别	Ⅳ类	Ⅲ类	Ⅱ类	Ⅰ类
耐冲击电压额定值 U_w	6000	4000	2500	1500

注：1. Ⅰ类——含有电子电路的设备，如计算机、有电子程序控制的设备。

2. Ⅱ类——如家用电器和类似负荷。

3. Ⅲ类——如配电盘，断路器，包括线路、母线、分线盒、开关、插座等固定装置的布线系统，以及应用于工业的设备和永久接至固定装置的固定安装的电动机等的一些其他设备。

4. Ⅳ类——如电气计量仪表、一次过电流保护设备、滤波器。

表 11-6　数据中心直流配电系统中设备绝缘耐冲击电压额定值 U_w　　（单位：V）

过电压类别	Ⅳ类	Ⅲ类	Ⅱ类	Ⅰ类
DC-48V 系统	1500	800	500	330
DC240V 系统	6000	4000	2500	1500
DC336V 系统	8000	6000	4000	2500

5）电源保护的 SPD，其响应时间应小于 100ns。

6）运行中 SPD 击坏时应有故障指示标志并能立即脱离电源，不能影响正常供电。

11.1.7　低压供电系统 SPD 的安装要求和方法

（1）SPD 两端的引线应做到最短

当雷击时，被保护设备和系统所受到的电涌电压是 SPD 的最大钳位电压加上其两端引线的感应电压。由于雷击电磁脉冲能使引线上感应出很高的电压，为使最大电涌电压足够低，其两端的引线应做到尽量短。

（2）采用多级保护措施

由于雷电的能量是非常巨大的，因此通常都需要采用分级 SPD 泄放的方法，将雷电能量逐步泄放到大地，使雷电的能量不能窜入防雷区号较高的区域，也能使各 SPD 之间在能量负担、残压的限制上有合理的分工。

多级 SPD 的级位配置和能量配合可按下述考虑：

1）在任何两个防雷区的交界处配置 SPD。如果有 LPZ0A（LPZ0B）、LPZ1、LPZ2 三个防雷区，加上被保护对象内部的 SPD，就有三级。

2）即使是在同一个防雷区，当进线端设置的 SPD 与被保护设备之间的距离较远（大于 30m），或者 SPD 的电压保护水平加上其两端引线的感应电压以及反射波效应不足以保护敏感设备，则应在被保护设备处加装 SPD。当按上述要求安装 SPD 之间设有配电盘时，若第一级 SPD 的电压保护水平加上其两端引线的感应电压保护不了该配电盘内的设备时，应在该配电盘内安装第二级 SPD，形成多级综合保护。

（3）两级 SPD 的间距足够大

当线路上多处安装 SPD 时，为获得最佳的保护效果，通常利用第一级保护承受高电压和大电流，并能快速灭弧，而第二级用来降低残压。为了使上一级 SPD 有足够的时间泄放更多的雷电能量，避免在上一级 SPD 还没有动作时，感应雷电波到达下级 SPD，造成下级 SPD 承受更多的雷电能量并提前动作，不仅不能有效保护设备，甚至导致自身烧毁。因此，两级 SPD 应有足够大的间距进行配合。一般情况下，无准确数据时，电压开关型 SPD 与电压限制型 SPD 之间的线路长度不宜小于 10m，电压限制型 SPD 之间的线路长度不宜小于 5m。当两级 SPD 的间距不能满足要求时，可将连接电缆盘放 5m 以上，或采用在两级 SPD 之间加装专门的解耦器的方法。

（4）SPD 的安装方法

按照国家标准 GB 50174—2017《数据中心设计规范》和 GB 50689—2011《通信局（站）防雷与接地工程设计规范》要求，数据中心低压交流供电系统均应采用 TN-S 接地制式。数据中心低压供电系统 SPD 的安装连接示意图如图 11-2 所示。

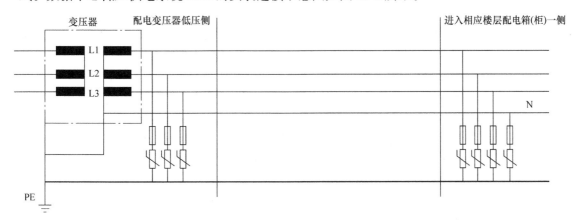

图 11-2　数据中心低压供电系统 SPD 的安装连接示意图

图 11-2 中，变压器低压侧三相线与地之间使用电压限制型 SPD，二级配电箱（柜）侧三相线及 N 线与地之间使用电压限制型 SPD。

11.1.8　低压供电系统 SPD 的选择

SPD 选择的目的是保证其正确工作和动作，起到保护被保护设备的作用。SPD 选择的内容包括 SPD 类型的选择、保护模式的确定及主要参数的选择。

1. SPD 类型的选择

目前应用较多的电源线路 SPD 主要是电压限制型和电压开关型两类。两者比较起来，电压限制型 SPD 的限制电压较低，保护效果好，且价格较低，所以应用普遍。

电压开关型 SPD 的特点是通流能力大，但由于电压开关型 SPD 的伏-秒特性分散性大，不便于与保护对象配合，多数高容量的间隙动作时要通过预留的空气间隙向外排出带电火焰，必须与相邻部件或箱壁之间留出一定的间隔。当 SPD 动作时，其两端电压急剧下降，形成很陡的截断波，这对被保护的含绕组的设备（变压器等）是不利的。所以，电压开关型 SPD 通常用在雷电活动强烈地区 LPZ0 防雷区对直击雷的防护。

一般情况下，数据中心都位于钢筋混凝土的多层建筑物内，电力馈线和通信线缆也都是在地下引入，所以，数据中心低压供电系统只需防护雷电感应过电压、雷电侵入波和高电位反击。GB 50689—2011《通信局（站）防雷与接地工程设计规范》中规定，通信局站低压供电系统必须使用电压限制型 SPD。

2. SPD 保护模式的确定

数据中心低压交流供电系统都采用 TN-S 接地制式，它适用于安全可靠性要求较高、防电磁干扰要求较严的场合。这样，单相时要配置两个防雷模块（L-PE、N-PE），三相时要配置四个模块（L1-PE、L2-PE、L3-PE、N-PE）。

3. SPD 主要参数的选择

低压交流供电系统 SPD 参数的选择，主要包括确定最大通流容量 I_{max}（或标称放电电流 I_n）、过电压保护水平 U_p 和最大持续工作电压 U_c 等。

（1）最大通流容量 I_{max}（或标称放电电流 I_n）的选择

最大通流容量 I_{max}，就是 SPD 不发生实质性破坏，每线（或单模块）能通过规定次数、规定模型模拟雷电波的最大电流峰值。电源 SPD 的防护性能和价格主要取决于最大通流容量 I_{max}，因此合理选择 I_{max} 是防雷工程设计中非常重要的一环。确定 I_{max} 的主要依据是：

1）建筑物的防雷类别。建筑物防雷类别的不同，要求防护的雷电流幅值不同，对 SPD 的通流能力要求也就不同。数据中心属于二类防雷建筑物。

2）雷电活动的频度。雷电活动的频度用年平均雷暴日数来衡量。年平均雷暴日越多的地区，雷电活动越频繁，雷电流强度也越大，对 SPD 的通流能力要求越高。国家标准 GB 50689—2011《通信局（站）防雷与接地工程设计规范》中，根据年平均雷暴日的多少，将雷电活动区分为少雷区、中雷区、多雷区和强雷区。年平均雷暴日在 25 天及以下地区为少雷区，25~40 天以内地区为中雷区，40~90 天以内地区为多雷区，超过 90 天的地区为强雷区。

3）防雷区（LPZ）。即使同一雷电活动区、同一防雷建筑物，由于防雷区的不同，其 SPD 的通流容量要求也不同。

4）电源进线方式。是架空线输入还是埋地电缆输入；埋地电缆有无金属保护层或金属套管；埋地电缆及套管的长度等。数据中心要求电源进线必须采用埋地引入方式。

5）安装地位置及环境条件。安装建筑物是在平原还是在山坡或山顶；建筑物本身的高度、周围建筑物的高度以及土壤电阻率等。

根据上述条件，可以通过理论计算来确定 SPD 的 I_{max}，也可以凭经验来选择。进行理论计算时首先必须做出等效放电电路，然后计算通过各级 SPD 的放电电流。但由于各部分载流导体的电阻、电感等参数难以准确获取，只能设定或近似估计，所以计算结果也是近似的，只能作为选择通流能力的参考依据。另外雷电波侵入室内的途径有多种，不同侵入途径其计算等效电路不同，所得的结果也有很大的差异。因此工程设计时通常都不做理论计算，而是采用设计规范中给出的使用经验值。如国家标准 GB 50689—2011《通信局（站）防雷与接地工程设计规范》中就直接规定了不同雷电活动区和地理条件时，综合通信大楼、交换局、数据局电源供电系统防雷器最大通流容量 I_{max} 的要求，数据中心可参照该要求选择。

（2）过电压保护水平 U_p 的选择

SPD 的过电压保护水平的选择应根据被保护设备的耐冲击电压决定，一般取电压保护水平比设备的耐冲击电压值小 20% 左右。

220/380V 三相交流系统不同类别设备耐冲击过电压额定值见表 11-5。对于接入 220V 交流电源系统的通信、计算、控制等电子设备，其交流耐冲击过电压水平按表 11-5 中 I 类要求确定。

−48V、240V、336V 直流电源系统不同类别设备耐冲击过电压额定值见表 11-6。对于接入 −48V 或 240V 或 336V 直流电源系统的通信、计算、控制等电子设备，其直流耐冲击过电压水平按表 11-6 中 I 类要求确定。

（3）最大持续工作电压 U_c 的选择

SPD 的最大持续工作电压是指在 SPD 上可长期耐受而不使 SPD 加速老化的电压，该电压应大于 SPD 安装点可能出现的最大运行电压。

220V/380V 三相交流 TN-S 接地系统中 SPD 最大持续工作电压 $U_c \geqslant 1.15U_n$，其中 U_n 为相线对中性线的额定电压 220V。

在直流电源系统中 SPD 的最大持续工作电压约为被保护系统额定电压的 1.5 倍（经验值）。

最大持续工作电压 U_c 与产品的使用寿命和过电压保护水平有关。SPD 最大持续工作电压越高，越不容易老化，寿命也越长，但过电压保护水平即残压也相应提高，应综合考虑。一般最大持续工作电压稍低于非线性电阻片伏 - 安特性的转折点。由于最大持续工作电压涉及正常运行时的可靠性和雷电时的保护性能，恰当地选择 SPD 的最大持续工作电压是很重要的。

11.1.9　供电系统防雷设计

根据 GB 50057—2010《建筑物防雷设计规范》，数据中心属于第二类防雷建筑物；依据 GB 50689—2011《通信局（站）防雷与接地工程设计规范》和 GB 50174—2017《数据中心设计规范》，数据中心电源系统防雷设计应满足下列要求。

1）数据中心各类缆线应埋地引入。数据中心范围内，室外严禁采用架空线路。采用金属护套的电缆入局时，应将金属护套接地。无金属外护套的电缆宜穿钢管埋地引入，钢管两端做好接地处理。

2）数据中心的交流电源系统的雷电过电压保护应采用分级保护、逐级限压的方式。各级 SPD 之间应保持不小于 5m 的退耦距离或增设退耦器件。

3）数据中心的低压交流供电系统和直流供电系统应选用电压限制型 SPD。

4）数据中心电源雷电过电压保护应参照以下要求：

① 第一级保护 SPD（I /B 级），安装在变压器低压侧或低压配电室电源入口处。

② 次级保护 SPD（II /C 级），安装在后级配电室、楼层配电箱、机房交流配电柜或开关电源入口处。

③ 交流精细保护 SPD（III /D 级），安装在控制、数据、网络机架的配电箱内或使用拖板式防雷插座。

④ 直流保护 SPD，安装在直流配电柜、列头柜或用电设备端口处。

⑤ 直流集中供电或 UPS 集中供电的数据中心，在集中供电的输出端和远端机房的（第一级）配电设备内应分别安装 SPD。

⑥ 向系统外供电的端口以及从外系统引入的电源端口必须安装 SPD。

5）数据中心电源 SPD 的设置和最大通流容量 I_{max} 的选取应满足表 11-7 的要求。

6）对在数据中心建筑物上的彩灯、航空障碍灯、空调以及其他楼外供电线路，应在机房输出配电箱（柜）内加装最大通流容量为 50kA 的 SPD。

7）当低压配电系统采用多个配电室配电时，如一级配电屏与二级配电屏之间的电缆长度大于 50m，应在二级配电室电源入口处安装最大通流容量不小于 60kA 的电压限制型 SPD。

表 11-7　数据中心供电系统 SPD 的设置和选择

环境因素		气象因素	当地雷暴日（日／年）		
			≤ 25	26~40	≥ 41
第一级	平原	易遭雷击环境	60kA	100kA	
		正常环境	60kA		
	丘陵	易遭雷击环境	60kA	100kA	120kA
		正常环境	60kA		
第二级		—	40kA		
精细保护		—	10kA		
直流保护		—	15kA		

8）室内多级交流配电屏（箱、柜）之间的电缆线长度超过 30m 或长度虽然未超过 30m，但等电位情况不好或用电设备对雷电较为敏感时，应安装最大通流容量不小于 25kA 的电压限制型 SPD。

9）直流配电屏（箱、柜）之间的电缆线长度超过 30m 或长度虽然未超过 30m，但等电位情况不好或用电设备对雷电较为敏感时，应安装最大通流容量不小于 25kA 的电压限制型 SPD。

10）在电源 SPD 的引接线上，应串接保护装置（熔断器或断路器），防止 SPD 故障时引起供电系统中断。保护装置（熔断器或断路器）应具备如下功能：

① 必须能承受预期通过的雷电流，过电压引起的冲击电流。

② 分断 SPD 安装处的预期工频短路电流。

③ 电源出现暂时过电压或 SPD 出现劣化引起流入大于 5A 的危险漏电流时能够瞬时断开。

④ 标称电流不宜大于前级供电线路断路器（或熔断器）的 1/1.6 倍。

11）电源 SPD 的引接线和接地线应采用多股铜线，其截面积应符合表 11-8 的要求。

表 11-8　数据中心电源 SPD 引接线和接地线选择及安装要求表

	铜线截面积 S/mm²		
配电电源线	S ≤ 16	16 < S ≤ 70	S > 70
引接线	S	16	16
接地线	S	16	35
安装要求	1. 模块式 SPD 引接线和接地线长度均应小于 1m 2. 箱式 SPD 引接线和接地线长度均应小于 1.5m 3. SPD 的引接线和接地线必须通过接线端子或铜鼻牢固连接 4. SPD 的引接线和接地线应布放整齐，走线应短直，不得盘绕		

12）当机房采用上走线方式时，机柜内的 SPD 宜布置在机柜的上部；当机房采用下走线方式时，机柜内的 SPD 宜布置在机柜的下部。

13）典型数据中心供电系统雷电过电压保护系统示意图如图 11-3 所示，其中高压供电系统避雷器和低压 SPD 选型及安装要求表分别见表 11-9 和表 11-10。

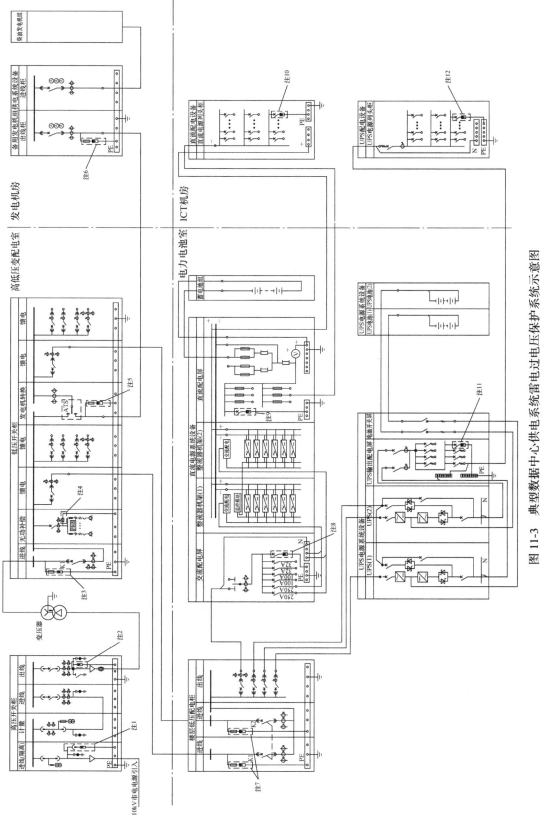

图 11-3　典型数据中心供电系统雷电过电压保护系统示意图

表 11-9　典型数据中心高压供电系统避雷器选型及安装要求表

编号	安装位置	避雷器类型	规格容量（标称放电流 I_n）	安装要求
注 1	高压进线（隔离）柜	金属氧化物避雷器	5kA	由高压开关柜厂家选配
注 2	高压出线柜	金属氧化物避雷器	5kA	由高压开关柜厂家选配

表 11-10　典型数据中心低压 SPD 选型及安装要求表

编号	安装位置	安装设备	SPD 设备类型	规格容量（最大通流容量 I_{max}）	安装要求
注 3	高低压变配电室	大楼低压进线柜	交流电压限制型	60~120kA	规格容量根据表 11-7 选择
注 4	高低压变配电室	大楼低压电容器柜	交流电压限制型	40kA	低压开关柜厂家配置
注 5	高低压变配电室	市电 - 发电机组电源转换柜	交流电压限制型	60~120kA	当高低压变配电设备与备用发电机组不在同一建筑物内时应配置本级 SPD 当高低压变配电设备与备用发电机组在同一建筑物内时可不配置本级 SPD 规格容量根据表 11-7 选择
注 6	发电机房	备用发电机组电源出线柜	交流电压限制型		
注 7	楼层低压配电室	楼层低压进线柜	交流电压限制型	40kA/60kA	楼层低压进线柜与大楼低压开关柜之间的电缆长度不超过 50m 时选择 40kA，超过 50m 时选择 60kA
注 8	楼层电力电池室	交流配电屏	交流电压限制型	20kA/40kA	当有楼层低压配电柜，而且配置了 SPD 时，选择 20kA；当有楼层低压配电柜，但没有配置 SPD，或交流配电屏为第二级配电时，选择 40kA
注 9	楼层电力电池室	直流配电屏	直流电压限制型	15kA/25kA	直流电源列头柜与直流配电屏之间的电缆长度不超过 30m 时选择 15kA，超过 30m 时选择 25kA
注 10	ICT 机房	直流电源列头柜	直流电压限制型	15kA/25kA	直流电源列头柜与直流配电屏之间的电缆长度不超过 30m 时选择 15kA，超过 30m 时选择 25kA
注 11	楼层电力电池室	UPS 输出配电屏	交流电压限制型	10kA/25kA	交流电源列头柜与 UPS 输出配电屏之间的电缆长度不超过 30m 时选择 10kA，超过 30m 时选择 25kA
注 12	ICT 机房	UPS 电源列头柜	交流电压限制型	10kA/25kA	UPS 电源列头柜与 UPS 输出配电屏之间的电缆长度不超过 30m 时选择 10kA，超过 30m 时选择 25kA

11.2　供电系统接地

11.2.1　接地种类

数据中心供电系统和设备接地的目的主要有两个：一是出于人身和设备安全的考虑；二是为了抑制外部的干扰和防止对外干扰。从接地的性质和作用来看，可以分为以下几种。

1. 工作接地

工作接地又可分为交流工作接地、直流工作接地和信号电路接地。

（1）交流工作接地

在交流供电系统中，为了使系统稳定运行，防止系统振荡，降低电气设备的制造成本和线路的建设成本，通常采用变压器中性点接地的方式。

（2）直流工作接地

为防止杂音窜入和保证通信设备正常运行，−48V 直流电源系统一般采用电源正极接地方式。

（3）信号电路接地

为保证信号具有稳定的基准电位而设置的接地。

2. 保护接地

保护接地就是将电气设备和装置在正常情况下不带电的金属部分与接地体之间做良好的金属连接，以保护人身和设备的安全。当设备的绝缘破坏而使其正常情况下不带电的金属部分带电时，可促使电源保护动作而切断电源。

3. 防雷接地

为雷电防护装置（接闪器和过电压保护器等）向大地泄放雷电电流而设的接地。用以消除或减轻雷电危及人身和损坏设备。

4. 防静电接地

对带静电或可能产生静电的物体，通过导体与大地构成电气回路的接地叫作防静电接地。在数据中心机房中，为了减少静电对 ICT 设备的影响，除了采用防静电地板和隔离墙外，一般也多采用接地泄放静电的方法。

5. 屏蔽接地

为了防止电磁干扰，在屏蔽体与地或干扰源的金属壳体之间所做的永久良好的电气连接称为屏蔽接地。

11.2.2　交流供电系统接地制式

数据中心交流供电系统的接地包括 10kV 高压发电系统接地和 380V/220V 低压供电系统接地。

1. 10kV 高压发电系统接地

10kV 高压发电系统中性点接地分不接地、直接接地、电阻（低阻、中阻和高阻）接地和消弧线圈接地等几种方式。它们在一定的适用条件下，具有相应的优点。

（1）中性点不接地方式

该方式存在较高的工频过电压和操作过电压，不利于系统中弱绝缘设备的可靠运行。

虽然该方式允许系统在单相接地故障下运行，但是一旦发生不可恢复性的故障，故障电流会长时间地流过故障设备。即使故障电流的幅值较小，对耐热性能较差的设备也是不利的。

（2）中性点直接接地方式

该方式当单相接地时，故障电流不再是电容电流而是单相短路电流，故障电流的幅值将很大（可达数百安培），使继电保护装置得以动作跳闸，从而将接地故障支路隔离。该方式虽然满足了低过电压的要求，但巨大的故障电流除可能灼伤设备外，还会引起一系列不良效应，如因各种原因引起继电保护装置不能正确动作时，故障电流不能很快被消除，则很可能损害故障设备，严重时甚至造成相间短路。同时，由于该接地方式不论故障可否恢复都会跳闸，无疑增加了跳闸率，不利于提高系统的可靠性。

（3）中性点电阻接地方式

为了减少故障电流，往往在电容电流较大的系统采用电阻接地方式，即用电阻将短路电流限制在一定值内。低阻接地方式的故障电流相对较大，一般可达上百安培；高阻接地方式的故障电流相对较小，一般为数十安培。

1）低阻接地方式。

低阻接地方式继承了直接接地方式无工频过电压和操作过电压较小的优点，却保留了故障电流较大、跳闸率较高的缺点。而且，低阻接地方式下接地故障电流已不是直接短路电流，但依然靠继电保护装置来隔离接地回路，继电保护装置同时承担着短路时的过电流保护和接地时的零序电流保护的任务。

中性点接地电阻柜对降低电网过电压，提高电网的安全性、可靠性，具有良好的效果。当接地电流大于规定值时，有可能产生弧光接地过电压。中性点采用电阻接地方式的目的就是给故障点注入阻性电流，其电阻分量电流可以把故障电流限制得适度，提高继电保护灵敏度，把暂态过电压限制到正常相对中性点电压的 2.6 倍，防止弧光过电压损坏主设备，同时对铁磁谐振过电压有显著的作用。

系统设置中性点接地电阻柜后，当发生非金属性接地时，流过接地点和中性点的电流比金属性接地时显著降低，非故障相电压上升也显著降低，有限流降压的作用。由于中性点电阻能吸附大量的谐振能量，在有电阻器的接地方式中，从根本上抑制了系统谐振过电压。

2）高阻接地方式。

高阻接地方式利用高阻大大减少了故障电流，使低阻接地方式故障电流大的缺点得到一定程度的克服。但当系统电容电流太大时，必须增加并联电感进行接地电流的补偿。采用高阻接地方式，在单相接地故障时可以运行，也可以立即跳闸隔离接地回路。如果同不接地方式一样在单相接地时继续运行，则同样具有较高工频过电压和操作过电压的固有缺点；若同低阻接地方式一样在单相接地时立即跳闸，则由于同样靠继电保护装置来隔离接地回路，使继电保护装置所存在的问题，即难以兼顾在较大的正常负荷电流下不误动而在单相接地时又不拒动的问题更为突出。虽然继电保护装置拒动时零序电流幅值已比低阻接地方式减少很多，但长时间的故障电流仍对设备和人身安全不利。

3）中性点消弧线圈接地方式。

当高压发电系统电容电流较大时，可采用消弧线圈接地方式，即利用消弧线圈的电感电流来补偿电容电流，使单相接地时的故障电流减小为很小的残流，因消弧线圈的投入使一些可恢复性故障得以自动消除，也降低了过电压倍数，可提高系统的可靠性。

通常 10kV 备用高压发电机组供电系统的接地方式与 10kV 外市电引入上级变电站的高压供电系统的接地方式有关。但由于数据中心发电站的 10kV 备用高压发电机组供电系统实际运行时并不与 10kV 市电并网，因此可不用考虑 10kV 外市电的接地方式，而通常采用中性点中阻接地方式。

数据中心 10kV 备用高压发电机组的中性点接地要求如下：

① 高压发电机组供电系统中每台机组要安装 1 个 10kV 高压单相接触器（或高压单相断路器），并与接地电阻相连。

② 当系统接收到起动信号后，各发电机组同时起动，按达到稳定状态的顺序依次闭合相应的进线开关接至并联母排，最先稳定的发电机组会首先投入并联母排，此时应自动同时闭合该发电机组对应的接地接触器，当所有接地接触器中其中一个闭合时，其余接地接触器应保持断开状态。

③ 当接地接触器故障无法合闸或已合闸的接地接触器故障时，此接触器应断开，同时闭合系统中任一台在线发电机组对应的接地接触器，保证系统中有 1 台（并只有 1 台）发电机组的中性点接地。

④ 当一台发电机组故障而需从母排上解列时，发电机组需发出断开对应接地接触器的指令，同时闭合系统中任一台在线发电机组对应的接地接触器，保证系统的接地是通过在线发电机组的接地来实现。

2. 380/220V 低压供电系统接地

按照 IEC（国际电工委员会）的规定，低压系统接地制式一般由两个字母组成，必要时可加后续字母。因为 IEC 以法文作为正式文件，因此所用字母为相应法文文字的首字母。

1）第一个字母：表示电源接地点对地的关系。其中 T：Terre，表示直接接地；I：Isolant，表示不接地，或通过阻抗与大地相连。

2）第二个字母：表示电气设备外露导电部分与地的关系。其中 T：表示独立于电源接地点的直接接地；N：Neutre，表示直接与电源系统接地点或与该点引出的导体相连接。

3）后续字母：表示中性线与保护地线的关系。其中 C：Combinaison，表示中性线 N 与保护地线 PE 合并为 PEN 线；S：Separateur，表示中性线与保护地线分开；C-S：表示在电源侧为 PEN 线，从某点分开为 N 及 PE 线。

所以，根据以上分类方法，按接地制式划分的低压供电系统有五种：TN-S、TN-C-S、TN-C、TT、IT。

（1）TN-S 系统

TN-S 系统是一个三相四线加 PE 线的接地系统，如图 11-4 所示。TN-S 系统的特点是中性线 N 与保护接地线 PE 除在变压器中性点共同接地外，两线不再有任何的电气连接，中性线 N 是带电的，而 PE 线不带电，PE 线连接的设备外壳及金属构件在系统正常运行时始终不会带电，该接地系统完全具备安全性和可靠性的基准电位。

（2）TN-C-S 系统

TN-C-S 系统即供电线路进户前采用三相四线制，进户后采用三相四线加 PE 线制式，中性线 N 与保护接地线 PE 分开，其分界面在 N 线与 PE 线的连接点，如图 11-5 所示。

TN-C-S 系统的特点是，PEN 线在进户时重复接地，后面 N 线和 PE 线不能再有电气连接，该系统中的中性线常会带电，PE 线连接的设备外壳及金属构件在系统正常运行时始终不会带电。

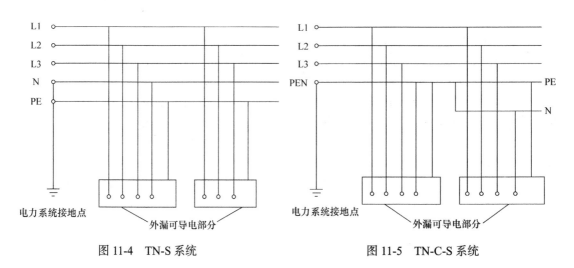

图 11-4　TN-S 系统　　　　　　　　　　图 11-5　TN-C-S 系统

（3）TN-C 系统

TN-C 系统被称为三相四线系统，该系统中性线 N 与保护接地线 PE 合二为一，通称 PEN 线，如图 11-6 所示。这种接地系统对接地故障动作灵敏度高，对切除故障电源快，施工方便，线路简单经济，缺点是当 PEN 线发生断线时，PEN 线会通过单相设备形成回路而带电。

（4）TT 系统

TT 系统的特点是电源端有一点直接接地，中性线 N 与保护接地线 PE 无直接关联的电气连接，即中性点接地与 PE 线接地分开设置，如图 11-7 所示。该系统在正常运行时，不管三相负荷平衡与否，在中性线 N 带电情况下，PE 线始终不会带电。

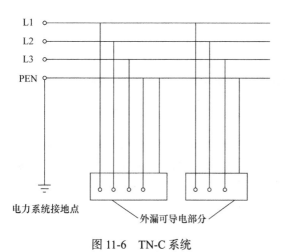

图 11-6　TN-C 系统　　　　　　　　　　图 11-7　TT 系统

（5）IT 系统

IT 系统为三相三线式接地系统。该系统变压器中性线不接地或经阻抗接地，无中性线 N，只有线电压（380V），没有相电压（220V），保护接地线 PE 线各自独立接地，如图 11-8 所示。这种系统当出现第一次故障时，故障电流受到限制，电气设备的金属外壳上不会产生危险性的接触电压，因此可以不切断电源，电气设备仍能继续运行。此时设备报警，通过检查线路来消除故障，可减少或消除电气设备的停电时间。但是如果在第一次故障未消除的情况下又发生第二次故障，故障点遭受线电压，故障电流很大，非常危险，因此必须具有可靠而且易于检测出故障点的报警设备。

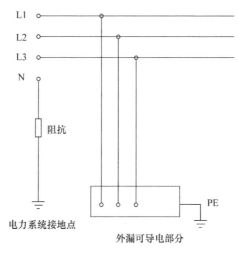

图 11-8　IT 系统

根据 GB 50174—2017《数据中心设计规范》的要求，数据中心低压配电系统的接地型式宜采用 TN 系统。采用交流电源的电子信息设备，其配电系统应采用 TN-S 系统。

11.2.3　接地网的设计

数据中心接地网的设计通常由建筑电气专业完成。具体要求如下：

1）数据中心应采用联合接地的方式。即将数据中心内的工作接地、保护接地、屏蔽接地、防静电接地、信息通信设备逻辑地和建筑物金属构件及各部分防雷装置、防雷器的保护接地连接在一起，并与建筑物防雷接地共同合用建筑物的基础接地体及外设接地系统的接地方式。

2）数据中心的地网应采用在建筑物周围设人工接地环和利用建筑物基础钢筋接地相结合的方式。人工接地环应与建筑物基础钢筋每隔 5~10m 相互做一次连接。

3）数据中心地网由人工垂直接地体、人工水平接地体、接地连接线、接地引入线组成。

4）数据中心局址内的多个建（构）筑物的地网宜相互多点连通，形成封闭的环形结构。距离较远（两地网边缘隔离大于 30m 时）或相互连接有困难时，可作为相互独立的局站分别处理。

5）数据中心地网示意图如图 11-9 所示，其中地网接地装置选型及安装要求表见表 11-11。

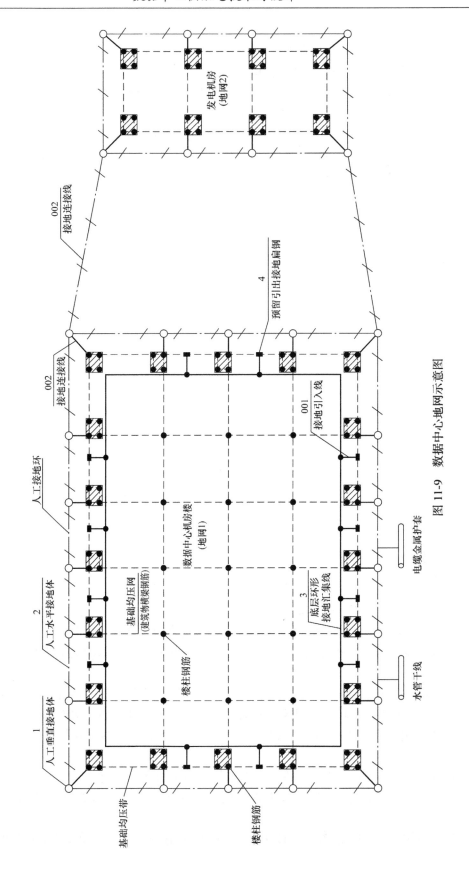

图 11-9 数据中心地网示意图

表 11-11 数据中心地网接地装置选型及安装要求表

编号	接地装置或电缆用途	路由		规格型号	安装、敷设要求
		起	止		
1	人工垂直接地体			长度为 2.5m、直径为 50mm、壁厚为 3.5mm 的热镀锌钢管或长度为 2.5m、50mm×50mm×5mm 的热镀锌角钢	接地体应埋设在冻土层以下,最浅不宜小于 0.7m。人工垂直接地体的间距宜为 5m,当受地方限制时可适当减小。人工接地体应与建筑物基础地网每隔 5~10m 相互做一次连接。防直击雷的人工接地体距建筑物出入口或人行道不应小于 3m,当小于 3m 时应采取必要的措施 接地体之间的所有焊接点均应进行防腐处理
2	人工水平接地体			不小于 40mm×4mm 的热镀锌扁钢或直径不小于 10mm 的热镀锌圆钢	
3	底层环形接地汇集线			截面积不小于 120mm² 的铜排或截面积不小于 160mm² 的热镀锌扁钢	底层环形接地汇集线设置在地下一层光(电)缆进线室或一层变配电机房内,宜沿着墙壁或走线架安装,其高度应便于与垂直主干接地线、接地连接线和设备组件连接。底层环形接地汇集线应与建筑物均压带每隔 5~10m 相互做一次连接(具体工程中,可要求底层环形接地汇集线和不同方位的多处地网预留接地扁钢可靠连接,数量应不少于 4 点)。不同金属连接点应防止电化腐蚀
4	预留引出接地扁钢			不小于 40mm×4mm 的热镀锌扁钢	在地下光(电)缆进线室或一层变配电机房内,预留不小于 40mm×4mm 的热镀锌接地扁钢,高度与底层环形接地汇集线相同,预留长度为 100mm
001	接地引入线	地网	底层环形接地汇集线	不小于 40mm×4mm 的热镀锌扁钢或不小于 95mm² 的多股铜线	接地引入线不宜与采暖管同沟布放,埋设时应避开污水管和水沟,且其出土部位应有防机械损伤的保护措施和防腐保护措施绝缘防腐处理 与接地汇集线连接的接地引入线应从地网两侧就近引入 不同金属连接点应防止电化腐蚀
002	接地连接线	自然接地体	人工接地体	不小于 40mm×4mm 的热镀锌扁钢或直径不小于 10mm 的热镀锌圆钢	埋在土壤中的接地装置,其连接应采用焊接,并在焊接处做防腐处理。扁钢搭接处的焊接长度,应不小于宽边的 2 倍
		地网 1	地网 2		

11.2.4 接地系统的设计

数据中心接地系统的设计要求如下:

1)数据中心机房楼一般需要设置底层环形接地汇集线、垂直主干接地线、各楼层柱网预留接地扁钢、楼层接地排(或楼层水平接地汇集线)和局部接地排。

2)底层环形接地汇集线设置在地下一层或一层机房内,环形接地汇集线通常沿墙壁或走线架安装，其高度应便于与垂直主干接地线、接地连接线和设备组件连接。底层环形接地汇集线应与建筑物均压带每隔 5~10m 相互做一次连接（具体工程中，可要求底层环形接地汇集线和不同方位的多处地网预留接地扁钢可靠连接，数量应不少于 4 点）。

3）垂直主干接地线设置在工艺竖井内，下部通过底层环形接地汇集线接地，并且在各层与建筑物钢筋（或均压带）连通。当垂直主干接地线和底层环形接地汇集线之间采用电力电缆连接时，应选用 2 根 $1 \times 240mm^2$ 多股铜芯电缆多点相连。数据中心机房楼内可设置一根或多根垂直主干接地线，其数量可根据楼层平面的大小、竖井的数量和机房的需求确定，垂直主干接地线的间距不宜大于 30m。垂直主干接地线间应每隔两层或三层进行互连。

4）每一层应设置一个或多个楼层接地排，各楼层接地排应就近连接到附近的垂直主干接地线上，且各楼层接地排应设置在尽量靠近其提供接地的设备中央。

5）ICT 机房的接地系统应综合考虑 ICT 设备的分布、机房面积大小、ICT 设备的抗扰度和接地方式等因素，选择采用网状接地结构（M 型结构）、星形接地结构（S 型结构）或网状 - 星形混合型接地结构（SM 混合型结构）。电气和电子设备的金属外壳、机柜、机架、金属管、槽、屏蔽线缆金属外层、电子设备防静电接地、安全保护接地、功能性接地、SPD 接地端等均应以最短的距离与 S 型结构的接地基准点或 M 型结构的网格连接。

6）M 型结构应符合下列规定：

① 当采用 M 型结构的等电位连接网时，系统的所有金属组件包括可能连通的建筑物混凝土的钢筋、电缆支架、槽架等，不应与共用接地系统的各组件之间绝缘，M 型结构应通过接地线多点连到共用接地系统中，并应形成 M 型等电位连接网络。

② 系统的各子系统及 ICT 设备之间敷设的多条线路和电缆可在 M 型结构中由不同点进入该系统内。当采用 M 型结构时，系统的各金属组件应通过多点就近与公共接地网相连形成 Mm 型。

③ M 型结构可用于延伸较大的开环系统或设备间以及设备与外界的连接线较多的复杂系统。

7）S 型结构应符合下列规定：

① 典型的星形接地的衍生物树枝型分配接地结构，应从公共接地汇流排只引出一根垂直的主干地线到各机房的分接地汇流排，再由分接地汇流排分若干路引至各列设备和机架。

② 当采用 S 型结构时，系统的所有金属组件除连接点外，应与公共连接网保持绝缘，并应与公共连接网仅通过唯一的点连接。机房内的所有线缆应按 S 型结构与等电位连接线平行敷设。

③ S 型结构应用于易受干扰的通信系统中。

8）SM 混合型结构接地结构应符合如下规定：

数据中心机房内同时存在 M 型结构和 S 型接地结构两种形式。一部分 ICT 设备的接地采用网状布置，网状分配接地在设备和所有金属组件相互之间可没有严格的绝缘要求，ICT 设备可从不同的方位就近接地。另一部分对交流和杂音较为敏感的 ICT 设备的接地采用星形布置。

9）数据中心接地系统示意图如图 11-10 所示，其中接地系统的接地装置、接地导体选型及安装要求表见表 11-12。

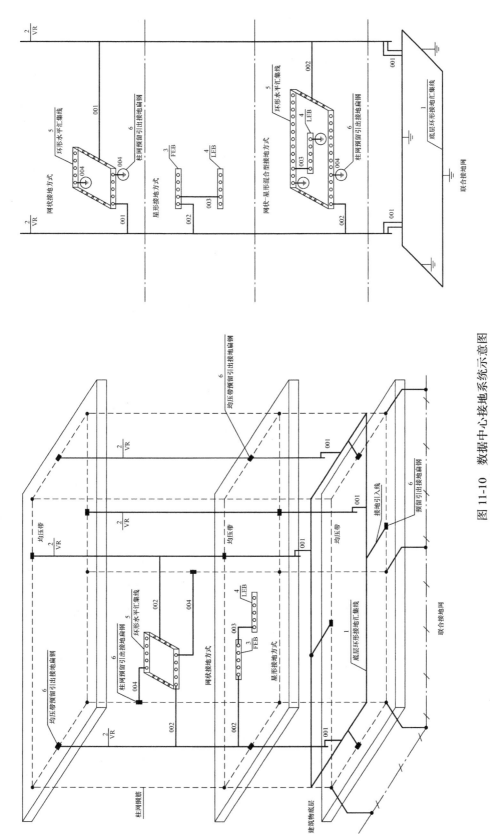

图 11-10 数据中心接地系统示意图

（注：VR-垂直主干接地线；FEB-楼层接地排；LEB-局部接地排）

表 11-12 数据中心接地系统的接地装置、接地导体选型及安装要求表

编号	接地装置或电缆用途	路由		规格型号	安装、敷设要求
		起	止		
1	底层环形接地汇集线			截面积不小于120mm²的铜排或截面积不小于160mm²的热镀锌扁钢	底层环形接地汇集线设置在地下一层光（电）缆进线室或一层变配电机房内，宜沿着墙壁或走线架安装，其高度应便于与垂直主干接地线、接地连接线和设备组件连接。底层环形接地汇集线应与建筑物均压带每隔5~10m相互做一次连接（具体工程中，可要求底层环形接地汇集线和不同方位的多处地网预留接地扁钢可靠连接，数量应不少于4点）。不同金属连接点应防止电化腐蚀
2	垂直主干接地线			截面积不小于300mm²的铜排	垂直主干接地线设置在工艺竖井内，下部通过底层环形接地汇集线接地，并且在各层与建筑物钢筋（或均压带）连通。当垂直主干接地线和底层环形接地汇集线之间采用电力电缆连接时，应选用2根1×240mm²多股铜芯电缆多点相连。数据中心机房楼内可设置一根或多根垂直主干接地线，其数量可根据楼层平面的大小、竖井的数量和机房的需求确定，垂直主干接地线的间距不宜大于30m。垂直主干接地线间应每隔两层或三层进行互连
3	楼层接地排或楼层水平接地汇集线			截面积不小于500mm²的铜排或截面积不小于120mm²的铜排	楼层接地排、局部地线排宜设置在设备密集区，采用不小于500mm²的铜排制作，根据工程情况预留连接孔。局部地线排应与楼层接地排或水平接地汇集线连通，同时就近与室内柱网预留接地扁钢连通；楼层接地排应与垂直主干接地线连接，同时就近与室内柱网预留接地扁钢连通
4	局部地线排			截面积不小于500mm²的铜排	
5	环形水平汇集线			截面积不小于120mm²的铜排	环形水平汇集线应沿走线架或墙壁安装，并与垂直主干接地线连接，同时就近与不同方位的多处柱网预留接地扁钢可靠连接，数量应不少于2点。沿墙水平敷设时，与墙壁应有10~15mm的间隙，跨越建筑物伸缩缝时，局部应弯成弧状
6	柱网预留引出接地扁钢			不小于40mm×4mm的热镀锌扁钢	各楼层机房应在内部柱网上预留不小于40mm×4mm的热镀锌接地扁钢，高度距梁下300mm，预留长度为100mm，连接孔为2个并镀锡
001	底层环形接地汇集线与垂直主干接地线的连接线	底层环形接地汇集线	垂直主干接地线	2根截面积不小于240mm²的多股铜线	2根电缆避免压接在同一个端子上
002	垂直主干接地线与楼层接地排或楼层水平接地汇集线或楼层环形水平接地汇集线的连接线	垂直主干接地线	楼层接地排楼层水平接地汇集线楼层环形水平接地汇集线	交流UPS系统、240V/336V直流电源系统：截面积不小于95mm²的多股铜线 -48V直流供电系统：2根截面95~240mm²的多股铜线	接地线与设备及接地排连接时，必须加装铜接线端子，并应压（焊）接牢固

（续）

编号	接地装置或电缆用途	路由		规格型号	安装、敷设要求
		起	止		
003	楼层接地排与局部地线排的连接线	楼层接地排	局部地线排	交流不间断电源系统、240V/336V 直流电源系统：不小于 95mm² 的多股铜线 −48V 直流供电系统：2根截面积为 95~240mm² 的多股铜线	接地线与设备及接地排连接时，必须加装铜接线端子，并应压（焊）接牢固 由接地排引出的接地线应设明显的标志
004	柱网预留引出接地扁钢与楼层接地排或楼层水平接地汇集线或楼层环形水平接地汇集线或局部地线排的连接线	柱网预留引出接地扁钢	楼层接地排 楼层水平接地汇集线 楼层环形水平接地汇集线 局部地线排	截面积不小于 35mm² 的多股铜线	对于网状接地方式应引自不同方位的多处柱网预留接地扁钢，数量应不少于 2 点，每处采用 1 根电缆连接 接地线与设备及接地排连接时，必须加装铜接线端子，并应压（焊）接牢固 不同金属连接点应防止电化腐蚀

11.2.5　高低压变配电系统接地设计

数据中心高低压变配电系统接地设计的要求如下：

1）数据中心的低压交流供电系统应采用 TN-S 接地制式。

2）高低压变配电设备宜采用网状接地方式。

3）当高低压变配电设备在数据中心机房楼内时，高低压变配电室内的水平接地汇集线应与底层环形接地汇集线或垂直主干接地线，以及不同方位的多处柱网预留引出接地扁钢可靠连接，与不同方位的柱网预留引出接地扁钢连接的数量要求不少于 3 点。

4）当高低压变配电设备不在数据中心机房楼内时，高低压变配电室内的水平接地汇集线应与其所在建筑物的地网从不同方位可靠连接，连接点的数量要求不少于 3 处。

5）当高低压变配电设备与备用发电机组在同一建筑物内且在同一楼层时，高低压变配电室的水平接地汇集线应与发电机房的水平接地汇集线连接。

6）从室外引入室内的电缆屏蔽层、电缆金属保护管应就近与底层环形接地汇集线相连。

7）高低压变配电室内配电柜与控制柜的金属框架、变压器金属外壳必须就近可靠接地。为提高接地的可靠性，成排的配电装置两端与水平接地汇集线各连接一次。

8）固定式电气装置的保护接地导体的截面应符合热稳定要求，当保护接地导体与相线导体使用相同材料，并按表 11-13 选择截面时，可不对其进行热稳定校核。

表 11-13　固定式电气装置保护导体的最小截面

固定式电气装置的相线截面积 S/mm^2	相应保护接地导体的最小截面积 $/mm^2$
$S \leqslant 16$	S
$16 < S \leqslant 35$	16
$35 < S \leqslant 400$	$S/2$
$400 < S \leqslant 800$	200
$S > 800$	$S/4$

9）数据中心高低压变配电系统的接地系统图如图 11-11 所示。

10）变压器低压侧中性点接地线选择要求表见表 11-14。

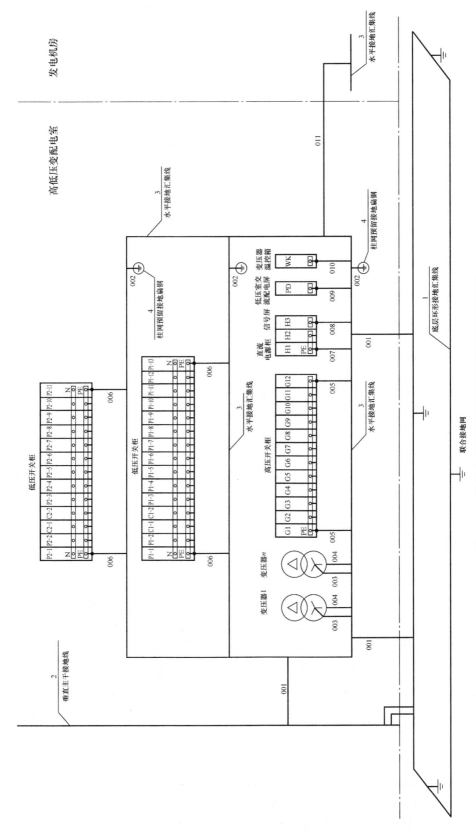

图 11-11　数据中心高低压变配电系统的接地系统图

表 11-14　变压器低压侧中性点接地线选择要求表

变压器容量 /kV·A	变压器低压侧中性点接地线选择			
	阻燃电缆 /mm²	铜母线 /mm²	裸铜绞线 /mm²	镀锌扁钢 /mm²
200	1×50	15×3	1×35	25×4
250	1×70	15×3	1×50	40×4
315	1×70	20×3	1×50	40×4
400	1×95	20×3	1×70	40×4
500	1×120	25×3	1×70	40×5
630	1×150	25×3	1×95	50×5
800	1×150	30×4	1×95	50×5
1000	1×150	30×4	1×95	50×5
1250	1×185	30×4	1×120	63×5
1600	1×240	40×4	1×150	80×5
2000	1×240	40×4	1×185	100×5
2500	1×300	40×5	1×240	80×8

11）变压器的工作接地宜采用低压侧中性点处直接接地方式，如果采用在一级低压配电进线柜内进行中性点接地的方式，需征得当地供电部门的同意。数据中心高低压变配电系统的接地装置、接地导体选型及安装要求表见表 11-15。

表 11-15　数据中心高低压变配电系统的接地装置、接地导体选型及安装要求表

编号	接地装置或电缆用途	路由		规格型号	安装、敷设要求
		起	止		
1	底层环形接地汇集线			截面积不小于120mm²的铜排或截面积不小于160mm²的热镀锌扁钢	底层环形接地汇集线设置在地下一层光（电）缆进线室或一层变配电机房内，宜沿着墙壁或走线架安装，其高度应便于与垂直主干接地线、接地连接线和设备组件连接。底层环形接地汇集线应与建筑物均压带每隔5~10m相互做一次连接（具体工程中，可要求底层环形接地汇集线和不同方位的多处地网预留接地扁钢可靠连接，数量应不少于4点）。不同金属连接点应防止电化腐蚀。
2	垂直主干接地线			截面积不小于300mm²的铜排	垂直主干接地线设置在工艺竖井内，下部通过底层环形接地汇集线接地，并且在各层与建筑物钢筋（或均压带）连通。当垂直主干接地线和底层环形接地汇集线之间采用电力电缆连接时，应选用2根1×240mm²多股铜芯电缆多点相连。数据中心机房楼内可设置一根或多根垂直主干接地线，其数量可根据楼层平面的大小、竖井的数量和机房的需求确定，垂直主干接地线的间距不宜大于30m。垂直主干接地线间应每隔两层或三层进行互连

（续）

编号	接地装置或电缆用途	路由 起	路由 止	规格型号	安装、敷设要求
3	水平接地汇集线			截面积不小于120mm²的铜排	水平接地汇集线应沿变配电室沟槽、墙壁或走线架安装；应与底层环形接地汇集线或垂直主干接地线，以及不同方位的多处柱网预留接地扁钢可靠连接，数量要求不少于3点
4	柱网预留接地扁钢			不小于40mm×4mm的热镀锌扁钢	变配电室内柱网上预留不小于40mm×4mm的热镀锌接地扁钢，预留长度为100mm，连接孔为2个（直径为8mm），并镀锡。水平接地汇集线在沟槽内敷设时，预留在沟槽内，高于槽底200mm，伸出沟槽侧壁100mm；水平接地汇集线在夹层内敷设时，预留在夹层内梁下300mm处；水平接地汇集线在走线架上敷设时，预留在机房内梁下300mm处
001	底层环形接地汇集线或垂直主干接地线与水平接地汇集线的连接线	底层环形接地汇集线或垂直主干接地线	水平接地汇集线	截面积不小于95mm²的多股铜线	每处接1根电缆
002	柱网预留接地扁钢与水平接地汇集线的连接线	柱网预留接地扁钢	水平接地汇集线	截面积不小于35mm²的多股铜线	引自不同方位的多处柱网预留接地扁钢，数量应不少于3点，每处采用1根电缆连接
003	变压器工作接地	变压器中性点	水平接地汇集线	根据变压器容量选择，见表11-14	
004	变压器保护接地	变压器外壳	水平接地汇集线	40mm×4mm的热镀锌扁钢或截面积不小于16mm²的裸铜软绞线	
005	高压开关柜保护接地	高压开关柜PE排	水平接地汇集线	截面积不小于70mm²的多股铜线	为提高接地的可靠性，同一列设备的两端各接地1次
006	低压开关柜保护接地	低压开关柜PE排	水平接地汇集线	截面积不小于16mm²的多股铜线	为提高接地的可靠性，同一列设备的两端各接地1次
007	直流电源柜保护接地	直流电源柜PE排	水平接地汇集线	截面积不小于16mm²的多股铜线	
008	信号屏保护接地	信号屏PE排	水平接地汇集线		
009	低压室交流配电屏保护接地	低压室交流配电屏PE排	水平接地汇集线		
010	变压器温控箱保护接地	变压器温控箱外壳	水平接地汇集线		
011	变配电室水平接地汇集线与发电机房水平接地汇集线的连接线	变配电室水平接地汇集线	发电机房水平接地汇集线	40mm×4mm的热镀锌扁钢或截面积不小于120mm²的铜排	同一建筑（层）内，连接点应不少于2处

11.2.6 备用发电机组供电系统接地设计

数据中心备用发电机组供电系统接地设计的要求如下：

1）当发电机房在数据中心机房楼内时，发电机房内的水平接地汇集线应与底层环形接地汇集线或垂直主干接地线，以及不同方位的多处柱网预留引出接地扁钢可靠连接，与不同方位的柱网预留引出接地扁钢连接的数量要求不少于 2 点。

2）当发电机房不在数据中心机房楼内时，发电机房内的水平接地汇集线应与其所在建筑物的地网从不同方位可靠连接，连接点数量要求不少于 2 处。

3）当发电机房与高低压变配电室在同一建筑物内且在同一楼层时，发电机房的水平接地汇集线应与高低压变配电室的水平接地汇集线连接。

4）发电机房内发电机外壳、配电屏与控制屏的金属框架、电力线路的金属保护管、金属油箱及油管必须可靠接地。

5）当数据中心采用 400V 低压发电机组时，如果市电 / 发电机组转换开关采用 3 极开关，单机运行的低压发电机组中性线不接地；如果市电 / 发电机组转换开关采用 4 极开关，单机运行的低压发电机组输出中性线应直接可靠接地。400V 低压发电机组中性点工作接地线选择要求表见表 11-16。

表 11-16　400V 低压发电机组中性点工作接地线选择要求表

发电机组容量 /kV·A	阻燃电缆 /mm²
250	1×70
375	1×95
625	1×150
750	1×150
1000	1×150
1375	1×240
1625	1×240
2000	1×240
2250	1×300
2500	1×300

6）当数据中心采用 10.5kV 高压发电机组时，通常采用并机运行方式。并机运行的高压发电机组输出中性点宜采用低阻接地的方式，即发电机组输出中性点通过接触器及串接电阻进行接地。并机运行时应只保持其中已并机运行的一台发电机组所接的接触器闭合。

7）数据中心备用 400V 低压发电机组供电系统的接地系统图如图 11-12 所示，其中备用 400V 低压发电机组供电系统的接地装置、接地导体选型及安装要求见表 11-17。

8）数据中心备用 10.5kV 高压发电机组供电系统的接地系统图如图 11-13 所示，其中备用 10.5kV 高压发电机组供电系统的接地装置、接地导体选型及安装要求见表 11-18。

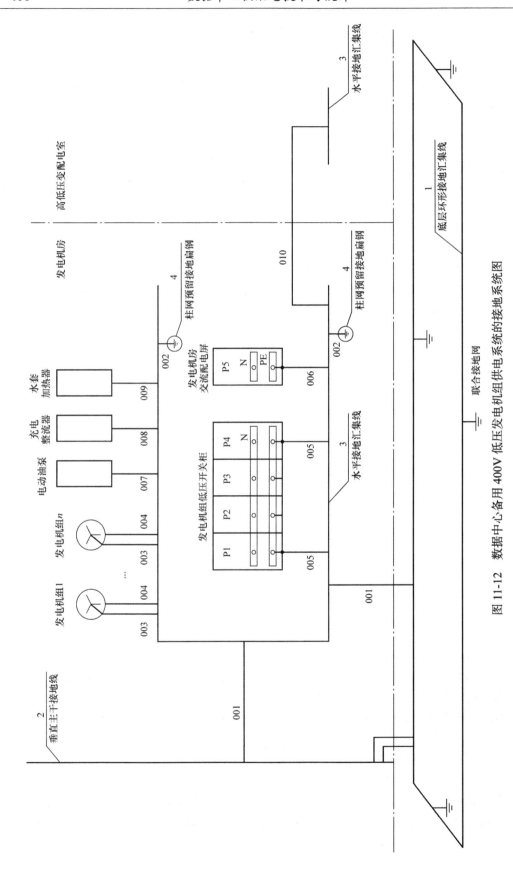

图 11-12 数据中心备用 400V 低压发电机组供电系统的接地系统图

表 11-17 数据中心备用 400V 低压发电机组供电系统的接地装置、接地导体选型及安装要求

编号	接地装置或电缆用途	路由		规格型号	安装、敷设要求
		起	止		
1	底层环形接地汇集线			截面积不小于 120mm² 的铜排或截面积不小于 160mm² 的热镀锌扁钢	底层环形接地汇集线设置在地下一层光(电)缆进线室或一层变配电机房内,宜沿着墙壁或走线架安装,其高度应便于与垂直主干接地线、接地连接线和设备组件连接。底层环形接地汇集线应与建筑物均压带每隔 5~10m 相互做一次连接(具体工程中,可要求底层环形接地汇集线和不同方位的多处地网预留接地扁钢可靠连接,数量应不少于 4 点)。不同金属连接点应防止电化腐蚀
2	垂直主干接地线			截面积不小于 300mm² 的铜排	垂直主干接地线设置在工艺竖井内,下部通过底层环形接地汇集线接地,并且在各层与建筑物钢筋(或均压带)连通。当垂直主干接地线和底层环形接地汇集线之间采用电力电缆连接时,应选用 2 根 1×240mm² 的多股铜芯电缆多点相连。数据中心机房楼内可设置一根或多根垂直主干接地线,其数量可根据楼层平面的大小、竖井的数量和机房的需求确定,垂直主干接地线的间距不宜大于 30m。垂直主干接地线间应每隔两层或三层进行互连
3	水平接地汇集线			截面积不小于 120mm² 的铜排	水平接地汇集线应沿发电机房沟槽、墙壁或走线架安装;应与底层环形接地汇集线或垂直主干接地线,以及不同方位的多处柱网预留接地扁钢可靠连接,数量要求不少于 3 点
4	柱网预留接地扁钢			截面积不小于 40mm×4mm 的热镀锌扁钢	发电机房柱网预留接地扁钢,采用不小于 40mm×4mm 的热镀锌扁钢,预留在沟槽内,高于槽底 200mm,伸出沟槽侧壁 100mm,连接孔为 2 个(直径为 8mm),并镀锡
001	底层环形接地汇集线或垂直主干接地线与水平接地汇集线的连接线	底层环形接地汇集线或垂直主干接地线	水平接地汇集线	截面积不小于 95mm² 的多股铜线	每处接 1 根电缆

（续）

编号	接地装置或电缆用途	路由		规格型号	安装、敷设要求
		起	止		
002	柱网预留接地扁钢与水平接地汇集线的连接线	柱网预留接地扁钢	水平接地汇集线	截面积不小于 35mm² 的多股铜线	引自不同方位的多处柱网预留接地扁钢，数量应不少于 2 点，每处采用 1 根电缆连接
003	发电机组中性点工作接地线	发电机组中性点	发电机房水平接地汇集线	根据发电机组容量选择，见表 11-16	如果市电 / 发电机组转换开关采用 3 极开关，单机运行的低压发电机组中性线不接地；如果市电 / 发电机组转换开关采用 4 极开关，单机运行的低压发电机组输出中性线应直接可靠接地
004	400V 柴油发电机组保护接地	柴油发电机组外壳	水平接地汇集线	截面积不小于 16mm² 的多股铜线	
005	发电机组低压开关柜保护接地	发电机组低压开关柜 PE 排	水平接地汇集线	截面积不小于 16mm² 的多股铜线	为提高接地的可靠性，同一列设备的两端各接地 1 次
006	发电机房交流配电屏保护接地	发电机房交流配电屏 PE 排	水平接地汇集线		
007	电动油泵保护接地	电动油泵外壳	水平接地汇集线	保护地线与相线等截面	
008	充电整流器保护接地	充电整流器外壳	水平接地汇集线	保护地线与相线等截面	供电回路宜采用含接地线的多芯电缆
009	水套加热器保护接地	水套加热器外壳	水平接地汇集线	保护地线与相线等截面	
010	变配电室水平接地汇集线与发电机房水平接地汇集线的连接线	变配电室水平接地汇集线	发电机房水平接地汇集线	40mm×4mm 的热镀锌扁钢或截面积不小于 120mm² 的铜排	同一建筑（层）内，连接点不应少于 2 处

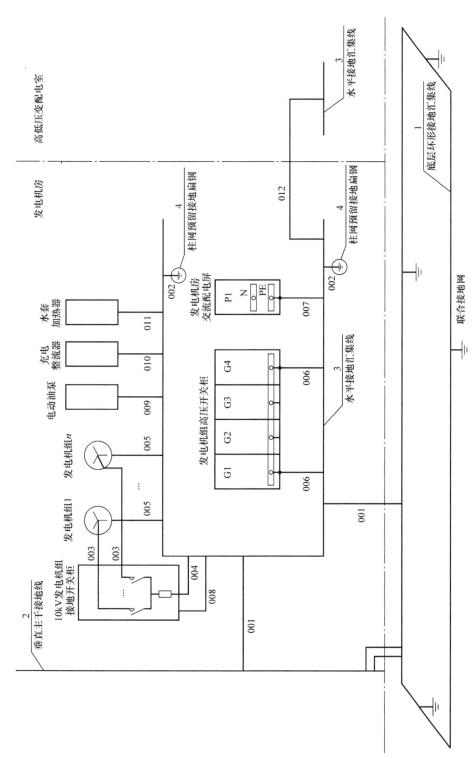

图 11-13　数据中心备用 10.5kV 高压发电机组供电系统的接地系统图

表 11-18　数据中心备用 10.5kV 高压发电机组供电系统的接地装置、接地导体选型及安装要求

编号	接地装置或电缆用途	路由		规格型号	安装、敷设要求
		起	止		
1	底层环形接地汇集线			截面积不小于120mm²的铜排或截面积不小于160mm²的热镀锌扁钢	底层环形接地汇集线设置在地下一层光（电）缆进线室或一层变配电机房内，宜沿着墙壁或走线架安装，其高度应便于与垂直主干接地线、接地连接线和设备组件连接。底层环形接地汇集线应与建筑物均压带每隔5~10m相互做一次连接（具体工程中，可要求底层环形接地汇集线和不同方位的多处地网预留接地扁钢可靠连接，数量应不少于4点）。不同金属连接点应防止电化腐蚀
2	垂直主干接地线			截面积不小于300mm²的铜排	垂直主干接地线设置在工艺竖井内，下部通过底层环形接地汇集线接地，并且在各层与建筑物钢筋（或均压带）连通。当垂直主干接地线和底层环形接地汇集线之间采用电力电缆连接时，应选用2根1×240mm²的多股铜芯电缆多点相连。数据中心机房楼内可设置一根或多根垂直主干接地线，其数量可根据楼层平面的大小、竖井的数量和机房的需求确定，垂直主干接地线的间距不宜大于30m。垂直主干接地线间应每隔两层或三层进行互连
3	水平接地汇集线			截面积不小于120mm²的铜排	水平接地汇集线应沿发电机房沟槽、墙壁或走线架安装；应与底层环形接地汇集线或垂直主干接地线，以及不同方位的多处柱网预留接地扁钢可靠连接，数量要求不少于3点
4	柱网预留接地扁钢			截面积不小于40mm×4mm的热镀锌扁钢	发电机房柱网预留接地扁钢，采用不小于40mm×4mm的热镀锌扁钢，预留在沟槽内，高于槽底200mm，伸出沟槽侧壁100mm，连接孔为2个（直径为8mm），并镀锡
001	底层环形接地汇集线或垂直主干接地线与水平接地汇集线的连接线	底层环形接地汇集线或垂直主干接地线	水平接地汇集线	截面积不小于95mm²的多股铜线	每处接1根电缆

（续）

编号	接地装置或电缆用途	路由		规格型号	安装、敷设要求
		起	止		
002	柱网预留接地扁钢与水平接地汇集线的连接线	柱网预留接地扁钢	水平接地汇集线	截面积不小于 35mm² 的多股铜线	引自不同方位的多处柱网预留接地扁钢，数量应不少于 2 点，每处采用 1 根电缆连接
003	10kV 柴油发电机组接地	柴油发电机组中性点	10kV 发电机组接地开关柜	见表 10-26	
004	10kV 发电机组接地开关柜接地线	10kV 发电机组接地开关柜接地排	水平接地汇集线	与单台机组相线相同	
005	10kV 柴油发电机组保护接地	柴油发电机组外壳	水平接地汇集线	截面积不小于 35mm² 的多股铜线	
006	发电机组高压开关柜保护接地	发电机组高压开关柜 PE 排	水平接地汇集线	截面积不小于 70mm² 的多股铜线	为提高接地的可靠性，同一列设备的两端各接地 1 次
007	10kV 发电机组接地开关柜保护接地	10kV 发电机组接地开关柜外壳	水平接地汇集线	截面积不小于 16mm² 的多股铜线	
008	发电机房交流配电屏（箱）保护接地	发电机房交流配电屏（箱）PE 排	水平接地汇集线	截面积不小于 16mm² 的多股铜线	
009	电动油泵保护接地	电动油泵外壳	水平接地汇集线	保护地线与相线等截面	
010	充电整流器保护接地	充电整流器外壳	水平接地汇集线	保护地线与相线等截面	供电回路宜采用含接地线的多芯电缆
011	水套加热器保护接地	水套加热器外壳	水平接地汇集线	保护地线与相线等截面	
012	变配电室水平接地汇集线与发电机房水平接地汇集线的连接线	变配电室水平接地汇集线	发电机房水平接地汇集线	40mm×4mm 的热镀锌扁钢或截面积不小于 120mm² 的铜排	同一建筑（层）内，连接点不应少于 2 处

11.2.7　直流电源系统接地设计

数据中心直流电源系统接地设计的要求如下：

1）数据中心电力电池室宜采用星形接地方式。

2）电力电池室内设置楼层保护接地排、楼层 -48V 直流工作接地排。楼层接地排均应与垂直主干接地线连接，且同时就近与楼层柱网预留接地扁钢连通。

3）ICT 机房内设置楼层接地排，必要时可设置局部接地排。楼层接地排应与垂直主干接地线连接，且同时就近与楼层柱网预留接地扁钢连通；局部接地排应与楼层接地排连通，且同时就近与楼层柱网预留接地扁钢连通。

4）电力电池室内直流电源设备及其配电屏的金属框架、电力线路的金属保护管必须就近可靠接地。

5）ICT 机房内的电源机柜的金属框架应就近与局部接地排或楼层接地排相连。

6）-48V 直流配电屏的工作接地应单独接至电力电池室楼层 -48V 直流工作接地排。-48V 直流电源系统工作接地线截面选择表见表 11-19。

表 11-19　-48V 直流电源系统工作接地线截面选择表

-48V 直流电源系统容量 /A	-48V 直流电源系统工作接地线最小截面积 /mm²
系统容量 ≤ 300	35
300 < 系统容量 ≤ 600	70
600 < 系统容量 ≤ 1000	120
系统容量 > 1000	240

7）电力电池室内金属走线架及蓄电池组抗震铁架应就近可靠接地。

8）数据中心典型 -48V 直流电源系统的接地系统图如图 11-14 所示，其中典型 -48V 直流电源系统的接地装置、接地导体选型及安装要求见表 11-20。

9）数据中心典型 240V/336V 直流电源系统的接地系统图如图 11-15 所示，其中典型 240V/336V 直流电源系统的接地装置、接地导体选型及安装要求见表 11-21。

11.2.8　交流不间断电源系统接地设计

数据中心交流 UPS 系统接地设计的要求如下：

1）电力电池室内 UPS 设备及其配电屏的金属框架、电力线路的金属保护管必须就近可靠接地。

2）若 UPS 设备及其配电屏成排布放，且厂家已将 PE 排做内部连接，则该排 UPS 设备的两端应与楼层接地排各连接一次。

3）金属走线架及蓄电池组抗震铁架应就近可靠接地。

4）数据中心典型交流 UPS 系统的接地系统图如图 11-16 所示，其中典型交流 UPS 系统的接地装置、接地导体选型及安装要求见表 11-22。

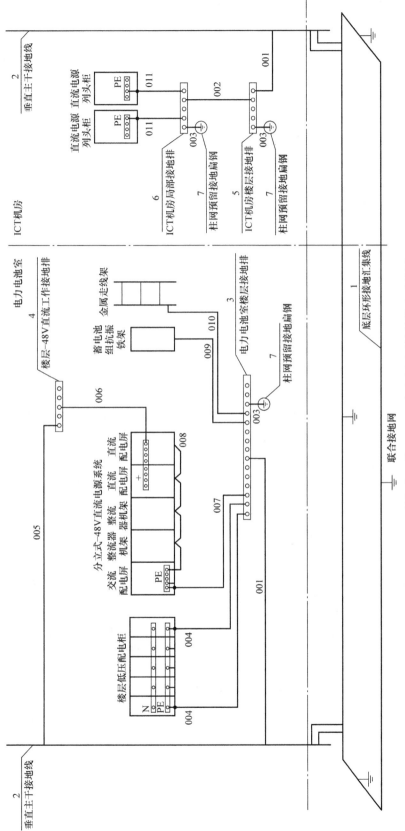

图 11-14 数据中心典型 -48V 直流电源系统的接地系统图

表 11-20　数据中心典型 -48V 直流电源系统的接地装置、接地导体选型及安装要求

编号	接地装置或电缆用途	路由		规格型号	安装、敷设要求
		起	止		
1	底层环形接地汇集线			截面积不小于 120mm² 的铜排或截面积不小于 160mm² 的热镀锌扁钢	底层环形接地汇集线设置在地下一层光（电）缆进线室或一层变配电机房内，宜沿着墙壁或走线架安装，其高度应便于与垂直主干接地线、接地连接线和设备组件连接。底层环形接地汇集线应与建筑物均压带每隔 5~10m 相互做一次连接（具体工程中，可要求底层环形接地汇集线和不同方位的多处地网预留接地扁钢可靠连接，数量应不少于 4 点）。不同金属连接点应防止电化腐蚀
2	垂直主干接地线			截面积不小于 300mm² 的铜排	垂直主干接地线设置在工艺竖井内，下部通过底层环形接地汇集线接地，并且在各层与建筑物钢筋（或均压带）连通。当垂直主干接地线和底层环形接地汇集线之间采用电力电缆连接时，应选用 2 根 1×240mm² 的多股铜芯电缆多点相连。数据中心机房楼内可设置一根或多根垂直主干接地线，其数量可根据楼层平面的大小、竖井的数量和机房的需求确定，垂直主干接地线的间距不宜大于 30m。垂直主干接地线间应每隔两层或三层进行互连
3	电力电池室楼层接地排			截面积不小于 500mm² 的铜排	楼层接地排、局部地线排宜设置在设备密集区，采用不小于 500mm² 的铜排制作，根据工程情况预留连接孔。局部地线排应与楼层接地排或水平接地汇集线连通，同时就近与室内柱网预留接地扁钢连通；楼层接地排应与垂直主干接地线连接，同时就近与室内柱网预留接地扁钢连通
4	楼层直流工作接地排				
5	ICT 机房楼层接地排				
6	ICT 机房局部接地排				
7	柱网预留接地扁钢			不小于 40mm×4mm 的热镀锌扁钢	各楼层机房应在内部各个柱网上均预留不小于 40mm×4mm 的热镀锌接地扁钢，高度距梁下 300mm，预留长度为 100mm，连接孔为 2 个，并镀锡

（续）

编号	接地装置或电缆用途	路由		规格型号	安装、敷设要求
		起	止		
001	垂直主干接地线与楼层接地排的连接线	垂直主干接地线	楼层接地排	截面积不小于 95mm² 的多股铜线	
002	楼层接地排与局部接地排的连接线	楼层接地排	局部接地排	截面积不小于 70mm² 的多股铜线	
003	柱网预留接地扁钢与楼层接地排或局部接地排的连接线	柱网预留接地扁钢	楼层接地排局部接地排	截面积不小于 35mm² 的多股铜线	引自柱网预留接地扁钢
004	楼层低压配电柜保护接地	楼层低压配电柜 PE 排	电力电池室楼层接地排	截面积不小于 16mm² 的多股铜线	为提高接地的可靠性，同一列设备的两端各接地 1 次
005	垂直主干接地线与楼层直流工作接地排的连接线	垂直主干接地线	楼层 -48V 直流工作接地排	截面积不小于 240mm² 的多股铜线	
006	-48V 直流配电屏工作接地	-48V 直流配电屏 "+" 排	楼层 -48V 直流工作接地排	根据 -48V 直流电源系统容量选择，见表 11-19	
007	交流配电屏保护接地	交流配电屏 PE 排	电力电池室楼层接地排	截面积不小于 16mm² 的多股铜线	
008	整流器机架、直流配电屏保护接地	整流器机架、直流配电屏外壳	交流配电屏 PE 排		
009	蓄电池组抗震铁架保护接地	蓄电池组抗震铁架	电力电池室楼层接地排		要求电池架间要跨接接地
010	金属走线架保护接地	金属走线架	电力电池室楼层接地排		要求走线架间要跨接接地
011	直流电源列头柜保护接地	直流电源列头柜外壳	ICT 机房局部接地排		

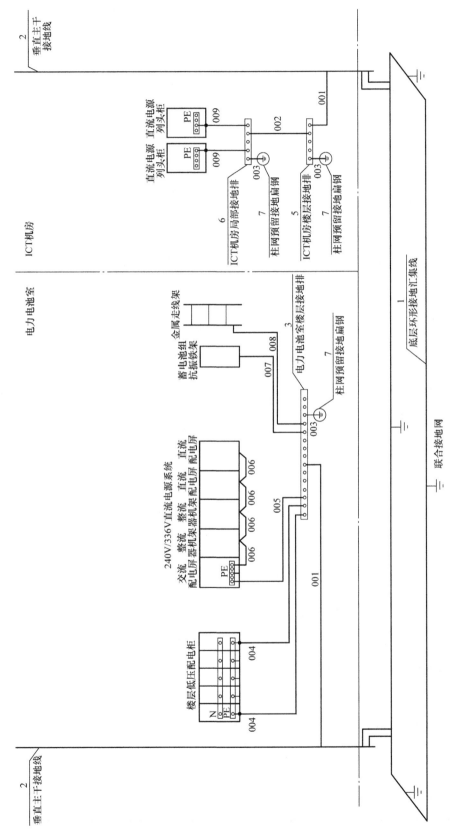

图 11-15 数据中心典型 240V/336V 直流电源系统的接地系统图

表 11-21　数据中心典型 240V/336V 直流电源系统的接地装置、接地导体选型及安装要求

编号	接地装置或电缆用途	路由		规格型号	安装、敷设要求
		起	止		
1	底层环形接地汇集线			截面积不小于 120mm² 的铜排或截面积不小于 160mm² 的热镀锌扁钢	底层环形接地汇集线设置在地下一层光（电）缆进线室或一层变配电机房内，宜沿着墙壁或走线架安装，其高度应便于与垂直主干接地线、接地连接线和设备组件连接。底层环形接地汇集线应与建筑物均压带每隔 5~10m 相互做一次连接（具体工程中，可要求底层环形接地汇集线和不同方位的多处地网预留接地扁钢可靠连接，数量应不少于 4 点）。不同金属连接点应防止电化腐蚀
2	垂直主干接地线			截面积不小于 300mm² 的铜排	垂直主干接地线设置在工艺竖井内，下部通过底层环形接地汇集线接地，并且在各层与建筑物钢筋（或均压带）连通。当垂直主干接地线和底层环形接地汇集线之间采用电力电缆连接时，应选用 2 根 1×240mm² 的多股铜芯电缆多点相连。数据中心机房楼内可设置一根或多根垂直主干接地线，其数量可根据楼层平面的大小、竖井的数量和机房的需求确定，垂直主干接地线的间距不宜大于 30m。垂直主干接地线间应每隔两层或三层进行互连
3	电力电池室楼层接地排			截面积不小于 500mm² 的铜排	楼层接地排、局部地线排宜设置在设备密集区，采用不小于 500mm² 的铜排制作，根据工程情况预留连接孔。局部地线排应与楼层接地排或水平接地汇集线连通，同时就近与室内柱网预留接地扁钢连通；楼层接地排应与垂直主干接地线连接，同时就近与室内柱网预留接地扁钢连通
4	楼层直流工作接地排（图 11-15 的例子中不含此部分）				
5	ICT 机房楼层接地排				
6	ICT 机房局部接地排				

（续）

编号	接地装置或电缆用途	路由		规格型号	安装、敷设要求
		起	止		
7	柱网预留接地扁钢			不小于40mm×4mm 的热镀锌扁钢	各楼层机房应在内部各个柱网上均预留不小于 40mm×4mm 的热镀锌接地扁钢，高度距梁下 300mm，预留长度为 100mm，连接孔为 2 个，并镀锡
001	垂直主干接地线与楼层接地排的连接线	垂直主干接地线	楼层接地排	截面积不小于95mm² 的多股铜线	
002	楼层接地排与局部接地排的连接线	楼层接地排	局部接地排	截面积不小于70mm² 的多股铜线	
003	柱网预留接地扁钢与楼层接地排或局部接地排的连接线	柱网预留接地扁钢	楼层接地排局部接地排	截面积不小于35mm² 的多股铜线	引自柱网预留接地扁钢
004	楼层低压配电柜保护接地	楼层低压配电柜 PE 排	电力电池室楼层接地排	截面积不小于16mm² 的多股铜线	为提高接地的可靠性，同一列设备的两端各接地 1 次
005	交流配电屏保护接地	交流配电屏 PE 排	电力电池室楼层接地排	截面积不小于16mm² 的多股铜线	
006	整流器机架、直流配电屏保护接地	整流器机架、直流配电屏外壳	交流配电屏 PE 排		
007	蓄电池组抗震铁架保护接地	蓄电池组抗震铁架	电力电池室楼层接地排		要求电池架间要跨接接地
008	金属走线架保护接地	金属走线架	电力电池室楼层接地排		要求走线架间要跨接接地
009	直流电源列头柜保护接地	直流电源列头柜外壳	ICT 机房局部接地排		

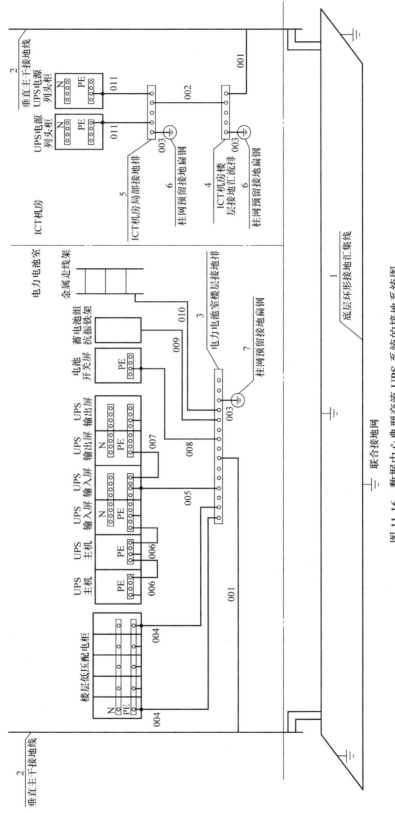

图 11-16　数据中心典型交流 UPS 系统的接地系统图

表 11-22　数据中心典型交流 UPS 系统的接地装置、接地导体选型及安装要求

编号	接地装置或电缆用途	路由		规格型号	安装、敷设要求
		起	止		
1	底层环形接地汇集线			截面积不小于 120mm² 的铜排或截面积不小于 160mm² 的热镀锌扁钢	底层环形接地汇集线设置在地下一层光（电）缆进线室或一层变配电机房内，宜沿着墙壁或走线架安装，其高度应便于与垂直主干接地线、接地连接线和设备组件连接。底层环形接地汇集线应与建筑物均压带每隔 5~10m 相互做一次连接（具体工程中，可要求底层环形接地汇集线和不同方位的多处地网预留接地扁钢可靠连接，数量应不少于 4 点）。不同金属连接点应防止电化腐蚀
2	垂直主干接地线			截面积不小于 300mm² 的铜排	垂直主干接地线设置在工艺竖井内，下部通过底层环形接地汇集线接地，并且在各层与建筑物钢筋（或均压带）连通。当垂直主干接地线和底层环形接地汇集线之间采用电力电缆连接时，应选用 2 根 1×240mm² 的多股铜芯电缆多点相连。数据中心机房楼内可设置一根或多根垂直主干接地线，其数量可根据楼层平面的大小、竖井的数量和机房的需求确定，垂直主干接地线的间距不宜大于 30m。垂直主干接地线间应每隔两层或三层进行互连
3	电力电池室楼层接地排			截面积不小于 500mm² 的铜排	楼层接地排、局部地线排宜设置在设备密集区，采用不小于 500mm² 的铜排制作，根据工程情况预留连接孔。局部地线排应与楼层接地排或水平接地汇集线连通，同时就近与室内柱网预留接地扁钢连通；楼层接地排应与垂直主干接地线连接，同时就近与室内柱网预留接地扁钢连通
4	ICT 机房楼层接地排				
5	ICT 机房局部接地排				
6	柱网预留接地扁钢			截面积不小于 40mm×4mm 的热镀锌扁钢	各楼层机房应在内部各个柱网上均预留不小于 40mm×4mm 的热镀锌接地扁钢，高度距梁下 300mm，预留长度为 100mm，连接孔为 2 个，并镀锡
001	垂直主干接地线与楼层接地排的连接线	垂直主干接地线	电力电池室楼层接地排 ICT 机房楼层接地排	截面积不小于 95mm² 的多股铜线	

（续）

编号	接地装置或电缆用途	路由		规格型号	安装、敷设要求
		起	止		
002	楼层接地排与局部接地排的连接线	楼层接地排	局部接地排	截面积不小于 70mm² 的多股铜线	
003	柱网预留接地扁钢与楼层接地排或局部接地排的连接线	柱网预留接地扁钢	楼层接地排局部接地排	截面积不小于 35mm² 的多股铜线	引自柱网预留接地扁钢
004	楼层低压配电柜保护接地	楼层低压配电柜 PE 排	电力电池室楼层接地排	截面积不小于 16mm² 的多股铜线	为提高接地的可靠性，同一列设备的两端各接地 1 次
005	UPS 输入屏保护接地	UPS 输入屏 PE 排	电力电池室楼层接地排		
006	UPS 主机保护接地	UPS 主机 PE 排	UPS 输入屏 PE 排		
007	UPS 输出屏保护接地	UPS 输出屏 PE 排	UPS 输入屏 PE 排		
008	电池开关屏保护接地	电池开关屏 PE 排	电力电池室楼层接地排		
009	蓄电池组抗震铁架保护接地	蓄电池组抗震铁架	电力电池室楼层接地排		要求电池架间要跨接接地
010	金属走线架保护接地	金属走线架	电力电池室楼层接地排		要求走线架间要跨接接地
011	UPS 电源列头柜保护接地	UPS 电源列头柜 PE 排	ICT 机房局部接地排		

11.2.9　其他接地要求和注意事项

1）接地线中严禁加装开关或熔断器。

2）接地线与设备及接地排连接时，必须加装铜接线端子，并应压（焊）接牢固。

3）高压铠装电缆应埋地引入，且两端铠装层应就近接地。

4）各类缆线金属护层和金属构件的接地点应避免在作为雷电引下线的柱子附近设立或引入。

5）数据中心机房内配电设备的正常不带电部分均应接地，严禁做接零保护。

6）室内的金属走线架及各类金属构件必须接地，各段金属走线架之间必须采用电气连接。

7）机架、管道、支架、金属支撑构件、槽道等设备支持构件与建筑物钢筋或金属构件等应电气连接。

8）电源装置外可导电部分严禁作为保护接地中性导体的一部分。

9）当选用电缆做接地连接线时，应采用阻燃电缆或耐火电缆。

第 12 章　数据中心基础设施监控管理平台

数据中心是通过两个范畴定义的，第一个范畴是信息技术（IT），指的是数据中心所有的信息处理层上的系统（例如服务器、存储设备和网络设备）。第二个范畴涵盖让参与信息处理的设备正常工作的物理设施和控制。这个范畴包括数据中心内为 IT 机房内信息设备提供支持的物理基础设施系统，以及大型数据中心设施本身。例如电力系统、制冷系统和安防系统等。本章重点描述的是基础设施监控管理系统的电力监控子系统。

信息技术和运营技术这两个范畴是相互关联密不可分的，然而在这两个范畴内的各子系统是被各自独立的用户调用、管理和维护的。例如，动力维护和工程部门负责对网络等设备进行运维，而管理职责在 IT 或网络管理部门。在较大一些的数据中心设备和网络设备共享重要的通信资源，随着数据中心的整体发展，这些部门将会有越来越多的业务交叉进行。

12.1　概述

数据中心基础设施监控管理系统是指数据中心相互独立又相互关联的系统组成的一个大系统，这个系统能把分散的设备、功能及信息组合到一个相互关联的、统一的、协调的系统中，以实现数据中心各关联系统的协调统一管理。

数据中心基础设施管理（Data Center Infrastructure Management，DCIM）的理念已越来越多地应用于新一代数据中心中。DCIM 的概念起源于国外，不同的机构对 DCIM 也有不同的定义，但有交集的思想是 DCIM 工具可以架起一座沟通关键基础设施和 IT 设备之间的桥梁，从而帮助运营者管理数据中心。

DCIM 系统是应用计算机软件技术、网络通信技术、数据库技术、工业自动控制技术、传感技术等，通过采集、处理数据中心各种智能型和非智能型的设备或系统的运行状态、参数及信息，对数据中心基础设施进行全面监控，并通过分析处理监控信息驱动管理与决策，从而及时高效地做好运行维护，保证数据中心的可用性和经济性。

12.2　背景

随着数据中心规模的扩大，承载的业务增多，传统的监管手段越来越难以胜任数据中心的风险和运营管理工作，为此运营管理者需要一套更加智慧、更加高效的支撑工具来支撑数据中心的运营管理，数据中心基础设施综合

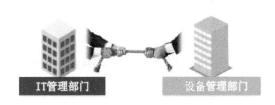

管理概念的推出迅速获得运营管理者的认可，其价值在于帮助用户解决基础设施的安全问题，提升运营效率，展示数据中心的价值。

新一代的数据中心在架构设计上更加弹性化。传统的分散式的监控方式已不能满足对现代数据中心中大量的电源、空调、安防、消防、楼宇等基础设施的运维管理要求。

（1）基础设施的运行安全

基础设施的运行安全包括主动预防和故障后的应急处理。主动预防主要在于例行的维护作业测试和设施的健康度分析，故障后的应急处理需要专用工具以实现根源的快速分析定位，同时还能够提出维护指导建议。

基础设施的巡检维护属于运维部门的例行工作，维护工作的作业计划、作业内容、进展和维护质量均需要电子化的管理和分析，相关人员评估维护质量，提出预防设施故障的建议。

设施监控度的分析基于维护的作业数据、检测数据以及使用年限等多种因素，按照一定的权重进行评估，给出基础设施的健康度状况，判断数据中心的安全状况，因评估计算复杂，工作量大，因此需要有效的工具支撑。

数据中心的变更是一种常态，然而数据中心的故障多由变更所引起，数据中心需要在流程上控制变更故障，首先在分析工具上进行变更仿真，无问题后再具体实施。

故障发生后，故障根源的定位往往需要花费大量的时间，配电、制冷和局部过热等问题较为常见，有效的支撑工具能快速定位问题根源，有助于降低运营风险。

（2）实时监控、高效管理

随着标准化、虚拟化、模块化 IT 机柜的演进，数据中心的 UPS 电源、高压直流电源、蓄电池组、精密空调等基础设施同 IT 设备集成建设。有一个统一平台能够同时管理到 IT 和基础设施，实时监控设备的容量、功耗、空间、承重等信息，从而防患于未然，提高数据中心的可靠性。

1）通过监控平台可以优化数据中心容量以提高服务器利用率。

2）对电力、制冷的实时监控，通过数据提供影响分析，确保数据中心的可用性。

3）能够实现风险模拟，提升运维水平。

4）PUE 实时监测，降低运营成本。

5）提升运营效率，实现智能决策、计量及审核，掌控业务。

6）依托 2D/3D 可视化管理平台，对数据中心所在园区、楼层及机房进行全元素三维展示。

（3）智能运维，降低成本

运维标准化规程、排版计划、设备维护状态、作业任务执行状况等实现了数据中心的电子化管理，使之做到可配置、可查询、可统计。

运维业务向移动客户端迁移，作业任务、作业内容、派单、巡检、流程处理等业务向移动客户端集成，这些均提升了运维效率。

通过智能化的基础设施管理系统，解决专业人员紧缺、运维效率低下等问题，降低运维的人力成本。

根据数据显示 2019 年年底，中国数据中心每年耗电量接近 2000 亿千瓦时，相当于两个三峡电站的发电量，数据中心全生命周期耗电高，通过绿色数据中心建设，可降低能耗指标，降低电费成本支出。

12.3 系统架构及功能

数据中心基础设施监控管理系统首先是一个多系统集成的综合系统，这是由它监控的对象及其特征所决定的。数据中心的监控对象包括：数据中心供配电动力状况及其相关设备、机房环境状况及其相关设备、机房空间物理安全状况及其相关设备。这些在数据中心承担不同功能的设备，类型多、数量多、参数多、连接多；而且它们自身也可以组成一个相对独立的硬件系统。因此，通过一个统一的监控管理平台，集成这些系统，就可以组成一个完整的监控管理系统。

12.3.1 系统的逻辑架构

数据中心基础设施运维管理系统框架由以下四大逻辑构件组成：监控系统、运行管理系统、总控中心系统和基础服务系统，系统逻辑架构图如图 12-1 所示。

图 12-1　系统逻辑架构图

（1）监控系统

监控系统完成对数据中心基础设施的监控，由以下两大子系统组成：

1）信息采集子系统。

信息采集子系统完成对供配电、环境、安防等监控对象的状态、参数、数据、设备属性、配置等信息的采集，并将信息按标准格式传输到信息处理子系统。同时，信息采集子系统还响应上层信息处理子系统的控制指令，控制受控设备或系统。

2）信息处理子系统。

信息处理子系统主要完成信息的汇聚、存储和处理。信息处理子系统接收信息采集子系统的数据，对数据进行加工运算处理，按照告警规则产生新的告警信息，对众多的告警信息进行联压缩、过滤，完成故障定位，实现对数据中心的全方位一体监控。重要实时监控信息送总控中心系统展示；管理相关的信息驱动管理流程；其他重要数据，信息处理子系统进行存储管理，形成历史数据供运行管理系统调用，并按要求形成统计分析报告。

信息处理子系统不仅可以完成监视功能，还可以完成一定的调节与控制功能（实际工作中，对于可能影响数据中心可用性的控制需要谨慎）。可以根据应用需要，对数据中心基础设施设备进行手动和自动调节与控制。

（2）运行管理系统

运行管理系统利用一体化监控系统汇聚的数据再加上用户输入的一些必要的管理信息，实现数据中心运维管理（服务请求管理、事件管理、巡检管理等）、能耗管理、资产管理、容量管理等，完成数据中心运行的"故障预防性管理""故障恢复性管理"及旨在降低运维难度与成本，提高工作效率的日常运维工作的信息化管理，使数据中心在高效运转的同时，尽可能不发生故障或少发生故障，发生故障后能尽快恢复，从而提高数据中心可用性，并降低运行成本。

（3）总控中心系统

总控中心系统是数据中心运维人员对数据中心运行状况进行监控值守的场所。包含以下子系统：

1）服务台子系统。

运维值守与管理人员能通过服务台的各种通信方式收集记录用户使用信息，借助知识库，回复或解决用户常见问题；分发、跟踪复杂和疑难问题；通过监控展示信息，分析、发现异常运行情况，启动、跟踪处理流程，回访服务结果。

呼叫子系统是一种基于计算机电话集成技术，与企业连为一体的直接与客户交流的服务窗口子系统。电话呼入型呼叫子系统的特点是接听顾客来电，为顾客提供一系列的服务客服，处理来自客户的电话垂询，尤其具备同时处理大量来话的能力，还具备主叫号码显示，可将来电自动分配给具备相应技能的人员处理，并能记录和储存所有来话信息。呼叫是即时通信的重要方式，是服务台子系统的重要构件。

2）展示子系统。

展示子系统是提供监控系统、总控中心系统、运行管理系统的统一门户。并提供了各种丰富的展示终端，如总控中心大屏幕系统、移动监控终端系统；丰富的信息展示技术，如 3D 虚拟现实、温度场等仿真组态技术；丰富多样的报警信息输出方式，如声光、短信、电话等。

（4）基础服务系统

基础服务系统为以上述功能构件提供一些公共的基础服务，如统一权限认证、系统日志、系统管理（配置、维护）、在线帮助等。

监控系统需要处理实时数据也需要处理历史数据。通过历史数据形成各种运行报告、报表，可以更好地为预防性运维管理提供决策依据。对于大型或联网管理的数据中心，监控系统的数据库引入数据仓库是必要的。

12.3.2　系统的物理架构

物理架构规定了系统的物理元素、这些物理元素之间的关系，以及它们部署到硬件上的策略。物理架构可以反映出软件系统动态运行时的组织情况。随着分布式系统的流行，"物理层"的概念大家早已耳熟能详。物理层和分布有关，通过将一个整体的软件系统划分为不同的物理层，可以把它部署到分布在不同位置的多台计算机上，从而为远程访问和负载均衡等提供了手段。

数据中心基础设施运维管理系统物理架构包括：集中管理层、属地化子系统管理层、监控系统层、被控设备和采集层。系统的物理架构图如图 12-2 所示。

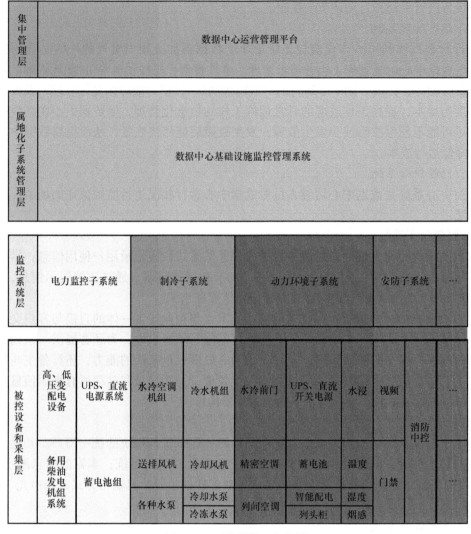

图 12-2　系统的物理架构图

（1）集中管理层

集中管理层（数据中心运营管理平台）：面向多个直属数据中心的集中化管理系统。对各数据中心的资产、资源、人员、流程等进行集中化部署和管理，面向客户提供一致性服务，可一点查看各数据中心的运维监控数据并跟踪运维事件管理，对各数据中心的运营状态、成本、质量等进行全生命周期的管理和分析。

（2）属地化子系统管理层

属地化子系统管理层（数据中心基础设施监控管理系统）：为一线运维人员开展日常运维工作的主要辅助手段。实时展现来自各 IT 和基础设施设备的监控告警数据，协调各专业子系统间的联动管理，关注问题快速定位与及时处理，保障机房的安全可靠运行；通过集中管控让设备运行在最佳状态，改善数据中心能耗效率；电子化手段促进运维团队建设和作业管理，形成标准化的运维管理流程，不断提升运维质量。

可以由一个或者多个属地化子系统通过自定义的接口、协议上传至集中的数据中心运营管理平台，可实现界面调用、实时告警同步和报表上报等。

（3）监控系统层

监控系统层：数据中心监控对象包括数据中心园区楼宇监控（电力监控系统、制冷系统、安防系统、消防系统）以及与机房模块相关的安防、网络、动环、智能照明等内容。不同的监控对象由不同的监控子系统进行监控和管理，监控子系统的作用包括：监控数据告警阈值配置、监控数据采集和展现、数据加工和分析；采集并存储所监控设备全量状态、告警数据，并将对业务产生影响的告警/故障上传至 DCIM。

（4）被控设备和采集层

被控设备和采集层：被控设备包括带有智能接口的被监控设备，以及为对基础物理环境进行监控而加装的"传感器"等；采集层设备主要由采控模块、智能数据采集单元等设备组成，通过采集层设备完成被监控对象的信号采集、信号转换和数据交换协议的适配。

采集单元可实时采集各监控模块信息，包括并不限于告警量、开关量、模拟量、周期性监测信息（如定时电度值）、门禁刷卡信息、蓄电池充放电曲线以及各类设定参数，进行数据分析、统计以及告警判断处理。

12.3.3　系统的功能

1. 运维管理功能

运维管理是对基础设施出现故障前后的运维工作的管理，是提高数据中心基础设施可用性的基本管理功能，主要包括定期维保与定时巡检管理、事件（故障）管理、服务台、知识管理、服务合同与供应商管理、服务等级管理（SLM）、值班管理、关键绩效指标（KPI）等功能模块。通过有序的"事故预防"管理，实现防患于未然，可有效降低基础设施的故障率；通过流程化的事件管理，能使发生的故障在尽可能短的时间内恢复等。

现场管理模块为一线运维人员开展日常运维工作提供主要辅助工具，实时展现来自各 IT 和基础设施设备的监控告警、状态数据，协调各专业系统间的联动管理，关注问题快速定位与及时处理，保障机房的安全可靠运行。

数据中心所有设备/设施上报的全量监控数据保存在各专业子系统中；子系统实现对设备属性的配置、告警阈值配置及预警生成；子系统实时上报所有级别告警数据（包括手工/系统确认、清除消息）、周期性上报状态数据，由 DCIM 完成告警处理并生成设备运维状态及告警分析报告/报表；DCIM 实现对各子系统告警的关联分析、联动控制。

DCIM 从各子系统获取被监控对象的属性、关键性能/状态、所有级别告警数据进行集中展现及管理。

2. 资产管理功能

资产管理是数据中心 IT 管理者的日常的基础性管理工作之一。

目前数据中心资产管理主要依托资源管理实现，对于资产的故障定位、变更等动态信息还不能实现完备的系统化管理。目前功能无法实现对设备状态的实时跟踪，无法达到对设备进行动态可视化管理的要求。因此，需要建立设备及资产管理，实现资产信息变更的自动跟踪监测、资产信息的动态自动化更新以及设备全生命周期的动态程序化管理功能。

总体目标是在建立完备的管理流程和制度体系的基础上，采用电子标签、条形码等技术手段，实现 IT 设备管理从"静态管理"向"动态管理"转变，从"人工管理"向"系统管理"转变，从"分散管理"向"集中管理"转变，实现软、硬件资产的统一、动态管理。通过充分整合现有 IT 软硬件资源，改造现有资源管理系统，开发自动化、流程化、可视化的功能模块，建立集中式的设备及资产统一管理系统。

资产管理是对数据中心的基础设施、IT 设施进行管理，资产管理在实现企业的设备资产充分利用和管理、保证客户资产安全、提高业务可用性方面起到支撑作用。

资产管理中的基础设施数据来源于组态规划，在完成基础设施建设后，需要将基础设施从组态同步到资产。

（1）设备和资产可视化管理

针对楼宇、楼层、房间、机柜、设备等多层次展示角度，实时查看资产信息的相关参数，使数据中心进入更标准的数据化管理模式。用户对数据中心的资产情况可以一目了然，实现所见即所得的透明化管理方式。

1）资产可视化展现。

对数据中心进行建模，机房物理布局可来源于机房已有的 CAD 布局图。并细化到机柜视图。已建模好的数据中心房间，可以 CAD 格式导出布局。

用户可在视图中查看设备的详细参数信息，包括以下字段：资产标签号、资产名称、规格型号、生产厂家、责任人、原值、使用人、来源、使用日期、供应商、存放地点、预留标签。信息通过标签和卡片的方式进行展现，支持参数信息标签与卡片的开启和关闭。通过实时统计资产的具体情况，可以跟踪掌握全部资产的使用情况，实现了资产的统一管理。通过高仿真的 3D 视图，逼真模拟机房现场各个设备的实际位置及布局结构。通过建立三维设备模型和数据资料的关联，实现模型和数据的互操作。可以在 3D 场景中任意查看资产的详细参数信息，查询的结果不再只是一个数据结果，而是辅以形象的视觉结果，让操作更加智能化。加强对机房资源的管理，实现对资产实物使用周期内的全程跟踪。3D 视图可采用多种视角，如鸟瞰、第一人称视角，应用在资产查看、资产盘点、客户参观等应用场景，为用户远程监控 IDC 提供了更直观、更人性化的通道。资产管理 3D 可视图如图 12-3 所示。

2）资产可视化维护。

能够方便地增加设备或功能，方便后期系统的管理与维护。只需要通过简单的拖拽即能实现相应模型的添加；当更新设备信息时，只需要将设备的资产信息录入相应的 Excel 模板中，通过 Excel 表导入到资产管理系统，即可在资产地图管理系统上实现统一的管理和更新。

资产地图管理系统具有良好的开放性，满足机房设备的不断升级和扩容；还可对外提供各种接口与其他平台对接，传递各类设备资产信息，以便能够实现被更高层次的管理系统所集成。

3）模型库管理。

软件系统应提供当前市场上主流 IT 与基础设施厂商的设备目录（如服务器、存储设备、网络设备、UPS、空调等）数据库，并且提供图形界面允许进行编辑设备目录数据库，以适应新上市 IT 设备的新属性。设备目录库需根据市场变化不定期更新，通过软件升级可自动更新产品目录。可添加设备自定义属性比如联系人信息、设备厂商维修信息、业务相关信息。

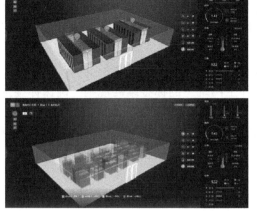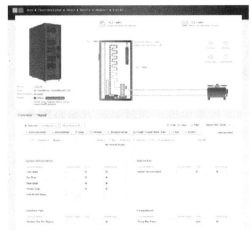

图 12-3　资产管理 3D 可视图

目前 3D 模型库管理范围包括以下几种类型：

① 建筑物模型：按建筑环境建模，对数据中心楼宇的建筑外观、主体结构、楼层数目等物理结构的建模。展现墙、门、窗户，可以根据实际情况定义其不同的材质，如玻璃墙，不同的墙有不同的颜色。

② 机房结构模型：按机房楼层结构建模包含对机房墙面、天花、地板、隔断等物理结构的建模。展现数据中心楼体内部的机房结构布局。

③ 机房设施模型：对机房内的资产设施如配电柜、UPS、电池等建模。展现真实的空调、UPS、配电柜、蓄电池等设备的摆放位置及布局情况。

④ 机柜设备模型：对机房内的机柜建模。展现与实际设备高度相似的机柜和电量仪等设备。

⑤ IT 设备模型：对机柜内 IT 设备与基础设施建模，包括服务器、存储、网络设备、机架式 PDU、配线架等。

（2）属性管理

设备及资产的信息包括参数信息、维护信息、变更信息、业务信息等。其信息数据不仅包括结构化数据，同时要包含多种类型的非结构化数据，如：维保合同文档附件、维保手册文档附件、资产图片信息附件等。提供设备 / 资产属性信息自定义功能，提供设备及资产信息的增、删、改、查等系统基本功能，并支持批量处理，并且提供多种字段自由组合的综合查询、自定义报表等相关统计分析功能。提供关键属性预警功能，如维保提醒、报废提醒等。

1）参数信息：指设备及资产在购买时，实体设备的标签内容或附带说明书参数信息。要求基本内容包括：设备型号、出厂日期、生产单位、生产日期、额定功率、额定电流等。此类信息基本属于静态数据，一次性录入后无需再修改。

2）维护信息：指设备及资产在维护阶段，通过系统分类并记录的各类管理信息。基本内容包括：设备名称、设备编码、设备分类、购买日期、供应商名称、折旧年限、报废日期、负责人、责任部门等。此类数据基本属于静态数据。

3）变更信息：指设备及资产在使用阶段，由于设备在生命周期内的变更和流转，产生了与业务关联性较大的动态数据。基本内容包括：所在位置、领用日期、领用人、报废日期、报废责任人等。

4）业务信息：指设备及资产在作为资源进行监控时，资源运行参数及状态相关动态数据信息。内容包括：初始、可用、预占、占用、不可用五种业务状态，并包含客户信息、订购信息等。

（3）标签管理（标签形式、编码规则、标签 CRUD 及标签分配）

1）标签生成：通过第三方编码软件，设计全网统一的标签编码规则。确保标签生成后可唯一识别一台设备。标签应涵盖条形码、二维码等多种形式。

2）标签扫描：支持手持终端设备通过扫描、无线射频技术等识别标签信息，并且能够将识别信息传输给管理系统，实现信息比对、信息校验、信息预警等相关功能。

3）提供标签增、删、改、查功能。

4）提供标签二次打印功能（可选）。

（4）清单管理（设备及资产查询展示）

1）资产台账查询：提供资产台账综合展现功能，通过自定义查询条件，搜索资产相关的全部信息于同一表格中，全面分析资产状态及使用情况。资产台账信息包括资产的参数信息、属性信息、业务信息，同时提供关键数字合计等功能。具体内容包括但不限于：组织机构、合同 ID、合同号、合同名称、合同状态、项目处室负责人、项目经理、项目主管经理、项目 ID、项目编号、项目名称、设备 ID、固资编号、旧实物编号、电子标签、设备类型、设备类型名称、设备名称、设备型号、序列号、资产状态、资源状态、机房、机柜、U 位、机柜坐标、申请人、申请部门、使用机构、使用人、领用人、放置地点、领用部门、领用时间、入库人、入库时间、借出标志、备注、签收人、设备验收人、到货时间、到货批次、验收单编号、验收单日期、验收部门、验收时间、验收备注、供应商、供应商联系人、生产厂商、生产厂商联系人、维护商、维护商联系人、保修开始时间、保修截止日期、本期维保、记账标志、设备来源、入账日期、使用年限、用途、币种、累计折旧、签报号、维修次数、处置价格、处置损失、累计维修费用、累计保养费用、库存类型、设备状态。

2）报表查询：提供丰富的展现形式，从简单的列表、交叉表、主从表到复杂的分栏、分片、多层分组等；提供丰富的导出文件类型，如 HTML、PDF、Excel、CSV、Word等；提供完美的打印解决方案，支持通过浏览器所见即所得的打印；提供简单易用的报表设计器，允许用户自行创建和修改报表格式及内容。根据业务需要，可以提供下列报表（见表 12-1）。

表 12-1　清单管理报表

序号	分类	名称	序号	分类	名称
1	设备清单	按责任人查询	9		闲置资产
2		按设备类型查询	10		在用资产
3		按机房查询	11		报废资产
4		按数据中心查询	12	保修	在保资产
5	资产	借出资产	13		过保资产
6		到期未归还	14		维修超过 N 次资产
7		借入资产	15	易耗品	易耗品清单
8	资产状态	在维修资产			

（5）过程管理

资产的管理流程，贯穿着从资产交维、入库、领用、盘点、维修、报废整个生命周期。平台提供管理流程涵盖了资产生命周期里面的各环节。资产管理的范围，不仅包括自有资产，还可以管理借入、借出的设备以及电信运营商的代管设备。资产的管理过程包括以下流程：

1）标签制作：标签编码规则由总部统一制定，确保标签编码全网统一，唯一标示一台设备或资产。

2）入库申请：由资产使用单位/采购申请人发起入库申请，填写资产信息，申请入库，确保资产的完整/合规性；同时，将资产信息与资产标签进行匹配，确保实物、台账、标签相统一。

3）入库管理：下架部署、退库、归还、资产转移、资产维修等入库均由入库管理流程进行控制。

4）出库管理：上架部署、领用借用、资产转移、资产维修等出库均由出库管理流程进行控制。

5）上架部署：上架部署与容量管理进行联动，对于机架资产首先对机柜的功率、U位、承重、温度的检测，计算得出合适的上架位置，再通过行政的手段进行审批管控，确保将IT资产合法部署在合适的位置。

6）资产变动：资产变动与变更管理进行联动，它规范了在架资产的变更，从而保证由于在资产的变动而引起的对生产环境的影响降到最小，提高数据中心的服务质量。

7）资产下架：资产下架以变更管理流程控制资产下架的合规性和风险影响，同时控制下架后的管控操作：回库、维修、报废等管理活动，确保资产的流向，防止资产的闲置和流失。

8）在架资产盘点：支持通过在机柜部署的U位资产检测条，系统可自动盘点在架资产，并输出资产统计报表，支持盘点数据与系统数据比对校验功能。

9）库存资产盘点：通过手持条码扫描终端，资产管理员可轻松盘点仓库和非机柜资产，资产盘点结果上传到管理系统，同时提供盘点结果的盘盈盘亏计算功能，实现自动化盘点。

10）资产维修：对于需要修理的设备，可由系统发起维修申请，维修完成后依据情况可回到原处或返回到仓库。

11）资产报废：对于到达使用年限的资产由系统发起报废，对于功能达不到相应要求或损坏的资产，由使用人发起报废，审批通过后对资产进行报废处置。

资产管理中，资产的业务状态是资产生命周期的重要节点，资产的状态基本包括已入库、已出库、已报废、历史资产等状态。

1）已入库：开箱、组装、上架确定U位之后，经过到货工单签到的设备处于已入库状态。触发动作：现场到货验收的工单确认。

2）已出库：设备被使用人领用，状态变为出库状态（要求设备资产在整个生命周期中不存在没有领用人的时段，否则将出现已出库和折旧状态并存的可能），在系统中只有在新设备到货验收到货领用之后，以及入账之前出现这个状态，其他时候这个状态根据是否有领用人信息来标识。

3）已报废：设备到期或者故障导致不能使用，经过报废鉴定，进入已报废状态。触发动作：设备经过报废鉴定审核的工单确认。

4）历史资产：对已报废的资产经过资产处置，实物不复存在，则资产进入历史资产。触发动作：报废处置完成。

系统硬件资源状态包含：可用空闲（待安装）、待上线、在用、停用、已迁出五个状态。硬件配置或维修可以通过在线变更完成，部分软件配置可以通过在线变更完成。

1）可用空闲状态：当设备经过稳定运行 7 天经过现场验收环节后，即处于可用空闲状态。触发动作：现场验收工单完成（签到确认）。

2）待上线：系统硬件经过系统软件安装或变更用途安装之后，硬件设备即进入待上线状态。触发动作：系统安装完成或用途变更工单完成（签到确认）。

3）在用：待上线的设备经过稳定运行测试后上线，则设备处于在用状态。触发动作：上线工单完成。

4）停用：由于各种原因导致系统下线，则设备处于停用状态。例如：离开现场维修必须首先使设备处于停用状态。触发动作：下线工单完成。

5）已迁出：当设备由于被在机房外使用、位置迁移（机房迁移）、报废处置、调拨等业务，将设备迁出机房后设备所处的状态。处于已迁出的设备被迁入机房之前处于停用状态。触发动作：迁出机房工单完成（签到确认）。

3. 容量管理功能

容量管理应提供对数据中心的基础设施的容量进行实时监测、容量计划和容量预占等功能，其范围包括电力、制冷、物理（U 位空间、承重）；它能确保数据中心的容量是经济合理的，且能够及时满足当前和未来的业务需求。同时它可对当前容量信息进行分类统计、查询、数据导出等操作，以便了解当前容量的使用情况和可能的瓶颈，并给予初步的分析建议，让容量扩容决策及时准确。

（1）容量可视化

容量管理作为管理数据中心各容量参数的模块，展示数据中心管理不同梯度的容量使用情况，让管理人员有更直接或直观的信息，通过科学的管理手段提高资源使用率；提供多层次容量信息（可用容量、已用容量等）展示功能，如从区域、机房、机柜等层次的容量信息；提供容量指标配置功能。

（2）宏观展示

1）容量使用情况：在宏观空间视图中同时显示多地数据中心容量信息，以图形化的方式直观显示各数据中心或机房的各维度已用容量、可用容量。

2）定制 KPI 展示：根据用户领导层、管理层、运维层等不同使用用户需求，调取关键容量数据，定制符合不同用户使用习惯的 KPI 展示界面。

（3）房间内展示

1）提供不同维度（电力、制冷、物理、IT 端口）的房间内展示界面。在房间二维视图中通过颜色等可识别方式直观显示各设备的容量健康状态。

2）容量指标查询：在房间二维视图中可查询各设备容量指标细节。对相互关联的容量信息如预留负载、估计负载、实测负载，提供直观的对比图形。

（4）可视化 IT 线缆路由

1）提供端口级别的可视化 IT 线缆路由显示。

2）针对某一线缆路由，在房间二维视图中可用颜色等方式区别显示与该路由相关的所有机架。

3）可集中展示某一路由的所有机柜内部视图，可视化显示端口级别的路由走向。

4）线缆类型可配置，并区别显示。

机柜容量视图如图 12-4 所示。

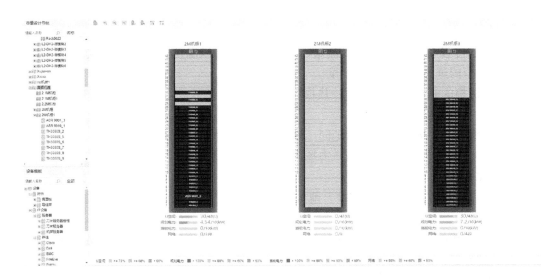

图 12-4　机柜容量视图

（5）容量分析

容量管理应对数据中心基础设施的容量进行分析，展现趋势，并能够有预警管理功能（包括阈值设置、预警生成、预警提醒），详细包含：

1）应对现有的基础设施容量进行阀值设定，系统可根据数据中心、楼宇、楼层、机房、区域、机列、机柜、U 位共八个层级进行不同颗粒度的精细化管理；可设定电力、空间（机柜位、U 位）；机柜：可设定 U 位空间、制冷、功率、承重、温度。超过阈值产生预警信息，并能够发送到相关人员手机。

2）应具备对历史容量的统计和分析，用于实现对容量趋势的预测；系统可以设置不同维度的时间段容量趋势，如有月度、季度和年度的容量。

3）应提供设定开始时间，结束时间（即某个时间段内的容量变化），统计范围，详细指标（空间容量、制冷容量、电力容量、网络端口容量、光口容量，电口容量），展示方式（饼图、柱状图、仪表盘）等功能。

（6）容量组

1）按类似的配电模型或电力可用性使用需求，自动或手动分配容量组，以便对容量进行规划和管理。

2）可规划容量组的预留负载、容量组的计划总负载，组内机柜按预留规划平均分配负载，或手动设定计划负载。上架建议等规划操作时，系统需考虑容量组的计划。

（7）电力

1）配电设备：包括设备容量、预留容量、估计负载、测得负载、测得峰值、馈电线路、冗余等，以图形化显示三相电源各项负载对比。

2）机柜设备：估计负载、测得负载、潜在故障转移负载、由容量组预留负载、组的计划平均负载，冗余、剩余电量等，以图形化对比各项负载容量参数。

3）耗电设备：针对空调、服务器等耗电设备，需体现冗余、额定功率、可设置手动调整功率，如现场有实际功耗监测手段，需体现实测功率。

实时显示规划容量及实测容量，自动分配和跟踪单项和三项设备的功耗，确保电源系统中的所有三相负载平衡。

（8）制冷

1）体现制冷设备的制冷量、气流量、进风温度、回风温度、制冷器负载。通风地板的气流量。机柜的进风温度、排气温度。

2）计算机柜的制冷效果，如估计热损失、冷通道捕获率、通道封闭时的热/冷通道制冷冗余。

3）模拟地板下、天花板的气流走向、气流速度场，呈现二维视图展示。

4）模拟地板下、天花板的气流压力场，呈现二维视图展示。

（9）物理

包括机柜的U位空间、机架承重、地板承重，体现已用与剩余容量。

（10）IT 端口

1）提供IT线缆列表，属性包括端口命名、类型、路由、起始设备、末尾设备等，可配置。提供过滤器，筛选查找线缆。

2）按上文可视化要求，提供端口级别的可视化IT线缆路由显示。

（11）上架建议

在数据中心业务中，设备的上下架活动较为频繁，但在上架过程中需要考虑容量的匹配，容量管理功能应提供设备上架位置的合理建议，适合于批量设备上架，根据其所需空间、能效等相关资源的参数需求，快速分析可部署的方案，并对相关的资源进行预占申请，经由容量管理员审核后完成预占及其后续的设备上线，完成设备上架过程的全过程管理，具体应有：

1）容量搜索：在上架之前需要对目前数据中心/机房的容量进行搜索查看，搜索可以分为项目类和设备类，目的是更加匹配和贴近准备上架的设备该放的位置。

2）容量匹配：可对数据中心的容量分配进行管理，并提供可用机位、机柜位的搜索、预占和上线功能。根据设备部署所需的资源（U位空间、电力负载、发热量、PDU、光网口、电网口、承重等）和相关属性（所属项目、空间能耗比、搜索范围）进行匹配，快速输出多套部署方案，并有精确到U位的上架指导，部署结果自动进行校验。对于已经预占的机位和空间，考虑不同项目的优先级，管理员还可以审核、取消、编辑和再分配，以确保高优先级项目的顺利执行，避免资源的随意占用和资源闲置，系统后台给出最优算法，提示设备应该上架的位置。

3）容量匹配审批及设备上架：设备位置匹配后，需列出最佳上架位置的理论依据，包括多维度的基础设施支持情况，如冗余支持、机架负载、机架PDU负载、气流支持、容量组支持、可用端口、空间支持等；除推荐的U位置外，需展示出所有可上架机柜以及不推荐的机柜，并给出不推荐的原因。容量主管需要根据匹配的位置进行审批，保证各个设备或项目的上架有条理进行，整体流程如图12-5所示。

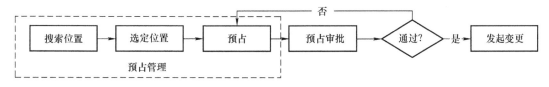

图 12-5　整体流程

（12）模拟影响

数据中心的资源分配合理化给管理带来便利，当在实际运维过程中，机房的容量会出现不断的变化，容量管理能够监控任何所发生的变化，并可以准确地模拟出达到或超出容量限值的风险，系统提供以下能力：

1）通过模拟 UPS，配电设备或制冷设备的故障，主动分析变化所带来的影响，影响分析的结果应能和相关业务进行映射。

2）可导出影响报表，提供过滤器筛选导出信息。

可在机房模型中模拟开关多台空调，优化数据中心制冷配置。

（13）温度云图 CFD

基于机房 3D 建模的基础上，为任意布局提供气流流速以及温度场模拟，模拟数据中心任意制冷工况，以 3D 视图洞察基础设施的制冷影响。

1）CFD 模拟：基于 CFD 模拟，在建立的数据中心模型基础上，提供 3D 气流组织图以及温度热场图。

2）计算场中机柜的最高进出口温度、平均进出口温度、热量。

3）机房 3D 视图应可依据 X、Y、Z 轴三个方向以不同的颜色显示模拟的气流速度以及温度热场分布状况，可调节 X、Y、Z 轴标尺查看各截面视图。

4）CFD 模拟的计算响应速度应小于 1min。

5）当发现热点问题后，可通过模拟手段预测何种方式（添加制冷设备，或 IT 设备搬迁等）来解决局部热点问题。

3D 温度场计算可选择根据温度传感器值或模型值两种方式进行计算。

4. 能效管理功能

通过能耗监控信息计算数据中心能源使用效率（PUE），准确了解机房能耗构成，能耗变化情况，实现数据中心能效指标的可视化监测；建立数据中心能效指标体系和对标库，构建数据中心各管理层面和主要耗能设备的能效指标分析、评价模型，提高对数据中心能效指标的汇总分析能力和能效统计模式的智能化水平；采用数据挖掘技术对数据中心能耗数据进行深入分析，获取数据中心的耗能模式和耗能规律，并以此为依据为数据中心提出合理的节能建议。

（1）指标算法管理

1）指标分类。

数据中心能耗指标是衡量数据中心能效的量化标准，它可以反映数据中心运行过程中的能耗使用情况，作为数据中心设计和运维改进的重要依据，并为不同数据中心间能效对比提供依据。

2）电能利用效率。

PUE 是国内外数据中心普遍接受和采用的一种衡量数据中心基础设施能效的指标，其指标的含义是计算在提供给数据中心的总电能中，有多少电能是真正应用到 IT 设备。

3）局部电能利用效率。

PUE（O）是数据中心 PUE 概念的延伸，用于对数据中心的局部区域或设备的能效进行评估和分析。针对 IDC 数据中心来说，进行 PUE 计算，能够更加精确地了解各区域的能耗利用率水平，为整个数据中心节能改造提供参考。

4）制冷 / 供电负载系数。

制冷 / 供电负载系数分别是：制冷负载系数（Cooling Load Factor，CLF），定义为数据中心中制冷设备耗电与 IT 设备耗电的比值；供电负载系数（Power Load Factor，PLF），定义为数据中心中供配电系统耗电与 IT 设备耗电的比值。此指标可以看作是 PUE 的补充和深化，通过这两个指标可以进一步深入分析制冷系统和供配电系统的能源效率。

5）数据采集和指标计算。

作为衡量数据中心整体能耗水平的数据指标，各项参数应保证准确，测量点的选取、测量周期和测量设备应保证准确、规范。

与指标计算相关的参数应保证其实时性、准确性，相关指标的上传刷新周期可按照要求合理设置。

6）Dynamic Model 训练，寻找 PUE 影响关键参数。

利用规范数据，通过相关性分析特征工程以及业务领域知识，反复分析计算获得的关系因子。

（2）能耗分析展示

能耗管理应能从管理者角度出发，通过数据分析引擎，将复杂设备参数转化为直观化分析计算结果，为数据中心运维管理者提供数据参考。能耗管理应具备能耗分析及展示功能。

1）能耗数据展示。

能耗管理应提供多维度（时间维度：年、季、月、日；空间维度：数据中心、机楼、机房；子系统及设备维度）的数据展示功能，清晰展示数据中心能耗分布，实时展示各设备及子系统能耗使用情况。至少应支持从空间、子系统、设备等角度，展示数据中心能耗使用情况。

2）指标的对比分析。

能耗管理应具备指标对比功能，支持与进行参数对比，便于管理者实时了解数据中心当前能耗指标水平，应至少支持以下三种对比方式：

① 历史数据与实时数据的对比分析。

② 不同数据中心间，相同能耗指标的横向对比。

③ 当前数据指标与行业标准、国际标准的对比。

3）能耗数据分析。

能耗管理应从大数据处理角度出发，对数据中心实时、历史能耗数据进行精细化的分析，并应能根据能耗分析结果，提供智能能耗分析建议。

① 实时分析各子系统和设备能耗情况，提醒用户关注能耗异常设备。

② 能耗管理应具备大数据挖掘能力，支持历史能耗数据的挖掘分析，帮助数据中心用户找出能耗分布不合理的地方。

③ 通过对历史能耗数据中心能耗数据的分析统计，提供能耗使用趋势预测。

④ 提供节能效果分析管理工具，分析比对节能措施效果。

4）能耗预警。

提供能耗指标阈值管理及预警生成功能。

（3）数据中心案例

华为廊坊数据中心展示如图 12-6 所示。

图 12-6　华为廊坊数据中心展示

5. IT 设备连接管理功能

数据中心基础设施智能化管理不仅要收集和汇总数据中心来自 IT 和基础设施的尽可能多的数据，更重要的是重组这些零散、无序的数据，并找到数据与数据之间的连接关系，把数据变成有用的信息。有效的管理和利用这些连接信息，使数据中心管理人员更加清楚地了解设备之间的相互关系。

（1）IT 设备物理连接管理

IT 设备物理连接管理全面地呈现出数据中心 IT 服务器、存储、网络（交换机、配线架、布线）等设备之间的连接关系。它反映了 IT 设备间完整的端到端链路连接情况。IT设备物理连接管理的重要性体现在，管理人员可以更快速、清晰地了解完整的设备端到端链路连接情况。端到端链路连接反映了三个方面的信息，第一，了解该 IT 设备在整个数据中心里的具体物理位置；其次，该 IT 设备应连接到其他什么设备；最后，设备之间的连接媒介是什么（例如跳线、布线、光缆等）。

通过连接管理可以从服务器网络适配器或网卡（NIC）开始，沿着结构化布线直至端点服务器，对电缆线路进行跟踪 / 追溯，以跟踪各跳（HOP）的哪些端口被使用。此功能可在网络利用和管理方面提高效率。此外，通过跟踪以太网和光纤通道交换机的物理网络层，可在网络故障时加快事故调查速度，缩短平均修复时间（MTTR），进而实现成本节约。

完整的端到端连接，呈现了 IT 设备之间物理和逻辑的连接关系。设备之间的连接关系，是构建在数据基础上的。因此，精确的数据采集决定了 IT 设备之间的连接关系所呈现的准确性。IT 设备数据的来源有四种方式，第一，人为手动输入；第二，依靠电子表格批量导入；第三，自动化 IT 和基础设施设备硬件采集；第四，与第三方设备或软件数据系统集成。

自动化的 IT 和基础设施数据采集大大降低了人为手动输入的工作量，提高了数据准确度。ANSI/TIA-606B，ISO/IEC 14763-2-2012 等国际标准定义和推荐使用自动化基础设施管理（Automated Infrastructure Management，AIM）系统。两个国际标准对 AIM 系统提出以下具体要求：

1）利用自动化技术探测到网络跳线线缆的连接或断开，发送警报。

2）实时自动化网络和配线架端口监测。

3）自动化数据采集和自动化文档更新。

4）使用电子工作单，推荐自动化流程化管理。

AIM 系统以自动化硬件实现了 IT 和基础设施设备连接管理的数据采集，一方面减少了手动输入的工作量，降低人为操作误差；另一方面通过自动、快速、实时采集数据，呈现 IT 设备之间物理和逻辑的连接和动态变化关系。大大地提高了连接管理的准确度，提高了管理效率。

（2）设备的访问与控制

1）IT 设备的访问方式。

当前数据中心内部的 IT 环境通常很复杂，服务器、网络、存储等设备数量众多、品牌多样、管理接口各异。而 IT 设备作为数据中心基础设施管理的上层管理对象，如果没有统一的连接方式，缺少集中化的控制能力，那么在设备种类众多，且部署分散在数据中心各个机房的情况下，一旦设备出现故障，由于缺少 BIOS 级别的连接能力或管理通道，维护人员需要花费大量时间进入机房内对设备进行紧急的故障处理或维护，显而易见这将明显延长了故障恢复时间，给数据中心业务的不间断运行带来了很大的隐患。此外未充分利用的 IT 设备也是引起数据中心能耗过度消耗的一个极大因素。

据研究报告统计，全世界数据中心约有15%的服务器没有被充分利用，这些未利用的服务器带来了可以避免的高昂的数据中心管理成本和能源消耗。有报告显示一台物理服务器即使只有25%的处理能力在发挥作用，其能源消耗率仍然会达到其额定运转功率的80%。

换而言之，如果能够发现未被充分利用的服务器，能够进行这些服务器的电源集中控制，甚至能够制定服务器合理的能耗控制策略，这将在很大程度上有效地降低数据中心的基础设施管理成本和能源消耗。

因此，在 DCIM 解决方案中，实现可靠的 IT 设备连接能力，可以为数据中心的 IT 设备提供跨平台、跨系统的统一管理入口，将基础设施管理真正意义上扩展至 IT 层面，保证数据中心的物理安全性及 IT 服务器可用性。另外，在 DCIM 解决方案中实现服务器的集中能耗监测及能耗控制能力，可以带来显著的管理成本降低和能耗成本减少。因此，DCIM 解决方案所提供的 IT 的控制能力将成为未来数据中心基础设施管理中不可或缺的手段。从技术的角度，数据中心的 IT 设备连接管理可分为带外管理和带内管理两种管理模式。

所谓带内管理，是指网络的管理控制信息与用户网络的承载业务信息通过同一个逻辑信道传送；而在带外管理模式中，网络的管理控制信息与用户网络的承载业务信息在不同的逻辑信道传送。其中，带内管理分为网管系统和带内管理工具两类。

① 常见的网管系统有：HPOpenview、CiscoWorks、IBMTivoli 等系统。

② 常见的带内管理工具有：Windows 远程桌面、VNC 软件、Telnet、SSH 等工具。

③ 常见的带内管理能力：服务器操作系统层级控制能力。

这类的网管软件系统与工具都属于带内管理，它们必须通过业务网络来管理设备。如果无法通过业务网络访问被管理对象，那么带内管理就失效了。

带外管理能力不仅能在日常维护中对 IT 基础设施进行集中控制和统一管理，而且网络中一旦出现故障节点（如：关键业务服务器操作系统没有响应、网络链路中断、网络设备出现故障），可以通过带外管理方式对故障设备进行故障排除，而不受业务网络连通性的影响。

① 常见的带外管理硬件有：KVM 交换机、控制台服务器、服务器 BMC 芯片等。

② 常见的带外管理能力：BIOS 层级及以上控制能力，服务器远程开机、关机、重启等，服务器功耗监测与控制显而易见，集中、易用、安全的 IT 设备带外连接及管理能力是一个全面的 DCIM 系统所应该具备的。因为在未来的数据中心管理趋势中，有明显的迹象表明，数据中心 IT 管理团队将只负责管理到 IT 虚拟化这一层次，而 IT 设备本身及基础设施这一层的管理将完全交由数据中心管理团队所实现并提供保障。

2）IT 设备访问及管理的应用原则。

① 基于服务器级别的能耗实时监测，更加精细，更加准确。

如果精细化到每一个电源端口的功耗监测，可以使用的机柜电源分配单元（PDU）进行功耗的读取，也可以通过 IPMI 协议通过服务器基板管理控制器（BMC）来直接做到对于服务器级别功耗实时监测。

② 实现带内管理的整合，带来统一管理入口。

为了实现 IT 设备的统一管理，带内与带外管理相结合的方式无疑是 DCIM 管理系统更好的 IT 设备管理方式。在带外管理的基础之上，DCIM 管理软件实现提供通过 RDP、SSH、VNC 等会话连接服务器、网络及存储设备，进行远程集中控制管理，将实现直接对数据中心所有 IT 设备进行有效管理和配置。这将大大降低管理成本，提升运维水平。

③ 透过能耗监测与分析，有效判定数据中心分布的低负载服务器，群组级别服务器控制带来行之有效的能耗降低。

在一个投入运行的数据中心总会有一些服务器一直在开启状态，很长时间都没有任何业务负载，一直在消耗电力和制冷。据前文所述，一个数据中心的"僵尸服务器"的占比通常高达 15% 左右。利用服务器能耗分析，可以很容易地确定长期低负载服务器的信息，从而将这些服务器更加合理有效地加以利用。并且基于 IPMI 协议所实现的群组级别自动开关机能力，可以将没有业务的部分服务器一次性统一关机节省电能，并在业务来临时再迅速开启投入运营，这样可以在不影响业务性能的情况下，最大限度地降低能耗水平，节省能耗成本。

④ 监测 IT 设备能耗，合理增加机柜密度。

目前，数据中心内针对服务器上架到机柜，一般来说都是利用经验功率或者服务器铭牌功率为标准进行服务器的上架。假设一个 42U 的机柜额定电流为 20A，如果预估 2U 服务器的经验功率为 350W，则最多只能放置 12 个服务器，宝贵的 U 位空间资源被明显地浪费了。

当 DCIM 软件可以监测并记录服务器的实时功耗，在监测一段时间后，发现每台服务器的功耗从来没有超过 300W 甚至更低，那么结合服务器功耗控制，数据中心管理者就可以安全、有依据、可靠地利用 DCIM 软件的实际分析结果来提高机柜的服务器部署密度，合理地进行能源和空间资源的优化，从而延长数据中心的使用寿命。

（3）变更管理功能

数据中心变更管理的目的是规范数据中心各类变更活动的管理，消除或降低变更风险，减少变更对生产运行的影响，保障各系统的安全、稳定运行。基础设施类的变更表现形式为电力系统、暖通系统、布线系统、安防弱电系统、消防系统、机房温湿度等对象的检修和维护操作。此外，数据中心的容灾演练和搬迁也属于变更的范畴。

（4）可用性管理

可用性是衡量数据中心系统性能的主要指标，也是确定数据中心等级的主要依据。在数据中心生产运行过程中，实时可用性是高层管理者和用户的重要关注点，尤其当可用性的降低影响到数据中心等级时。

可用性管理可根据实际情况建立基础设施可用性模型，精确计算可用性变化，实时掌握可用性状况。当发生故障时，能分析影响范围、对可用性影响程度，并定位故障点，为灾备系统迁移或启动数据中心应急预案提供依据。

6. 总控中心功能

（1）服务台功能

总控中心值守人员通过服务台接收来自系统的异常信息，弥补监控系统覆盖不够所造成的异常运行信息遗漏的不足；通过监控信息的"可视化"展示系统获取异常信息，作为事件关联规则外的管理驱动信息。值守人员利用该功能进行部分"一线"服务（常见问题的答复与处理），服务请求登记、分发、服务过程与质量跟踪、回访等，保证运维工作按质量要求完成。

（2）展示功能

1）组态仿真显示。

监控系统采集处理需要的信息后，通过友好的人机仿真交互界面提供给用户进行浏览，以便实时掌握监控到的基础设施状态。监控系统提供界面组态功能，可以由用户自由地用各种图元，如曲线、流水线、柱状图、仪表、机柜等器件组合成仿真效果，并能在数据中心发生变更时进行相应的变更。通过仿真实际机房结构布局，让用户能更清晰、准确地定位故障点。

2）大屏展示系统。

屏幕是监控管理系统人机交互的窗口，数据中心运行值守人员通过电子屏幕获取监控管理系统与监控管理对象的运行信息。对于大型、超大型数据中心，要监控的对象与内容较多，逻辑关系复杂，往往需要在多个屏幕上同时显示具有一定逻辑关系的设备运行信息，或者在一个更大的屏幕上显示表达系统逻辑关系的拓扑图，以便值守人员完整、清晰、准确地把握数据中心运行情况，合理调配运维资源，这时就需要配置具有拼接、分屏功能的多屏显示系统。

3）3D展示。

3D展示功能是展示数据中心运行信息的重要载体。3D展示对于数据中心物理结构相关的信息具有更加直观的展示效果，用于展示制冷设施与管道、温度场、资产、容量等与设施的位置相关的信息，它提高了用户的"可视化"体验效果，是2D展示的有效补充。

4）监控管理报表。

随着监控系统和管理系统结合紧密度越来越高，报表系统也逐渐发展成一个公共的、统一的报表平台，不仅完成监控业务报表，同时也完成管理系统的管理报表。

监控管理系统报表功能对设备运行的历史数据和报警事件进行统计、分析，得到数据中心电力和环境等运行状况，运维管理的系统操作、故障处理统计报告，并以图表的形式进行展现，为数据中心管理决策提供直观可靠的依据。监控管理系统的报表功能具备以下功能：

① 报表样式组态。

报表系统通过报表样式设计器进行报表模板自定义组态，快速构建报表数据和图表样式模板，实现表格、条形图、柱状图、折线图、饼图、雷达图、仪表盘等各种展示方式的组合报表。

② 自定义计算公式。

为完成复杂报表的统计和分析，报表系统提供内置的计算公式，如求和、求平均值、求极大值、求最小值等，对于系统中不包含的计算公式，用户也可以自行编写，扩充计算公式库，完成对复杂数据的加工。

③ 分组统计。

数据中心的设备可以按不同维度来分组，例如物理位置、逻辑关系、系统所属关系。通过自定义分组允许用户按照任意的维度进行分组来统计数据，从多个维度展示数据，如按楼层统计用电量、按机房统计温湿度、按门禁系统统计报警事件；按机柜、区域、机房统计 PUE，按子系统统计功耗等。

④ 导出和打印。

报表系统可以将查询结果导出为 Excel 或 PDF 等格式，作为数据存档和报告依据；报表系统也可以与打印机直接相连进行打印，方便纸质档查看。

⑤ 报表发布。

报表的制作和发布浏览进行分离。报表管理员通过报表组态制作报表模板，然后将该模板发布给授权用户，授权用户通过浏览器登录到报表系统，即可看到报表管理员授权的报表，使用对应的报表完成授权信息的查看。

⑥ 自动报表推送。

报表系统定时自动生成报表，如每天／每周／每月／每年等；通过自定义推送策略，将定时生成的报表发送到指定人员的邮箱。

5）告知告警功能。

监控管理系统在监测到监控对象出现告警、对运维过程节点需要通告时，需要在总控中心系统中以统一的系统组件、尽可能多的方式，通知到值班与运维及其管理人员，以便他们能在尽可能短的时间内对告知、告警信息做出响应。总控中心的告警告知功能，除了传统的通过屏幕获知告警信息外，还通过短信、电话、邮件、声光等形式，对告警信息进行展示。

6）Web 移动终端。

随着互联网技术和智能终端技术的发展，监控管理系统也可以通过移动智能终端进行浏览展示。可以通过平板计算机、智能手机直接查看监控对象的实时数据，管理和处理报警，查看机房 PUE，运行报表，响应运维任务等。

7. 系统服务功能

（1）系统日志功能

监控管理系统包含统一日志记录功能。日志是记录系统中硬件、软件和系统问题的信息，同时还可以监视系统中发生的事件。用户可以通过它来检查错误发生的原因，或者寻找受到攻击时攻击者留下的痕迹。系统日志记录用户对监控管理系统的所有操作，是进行事故追溯、安全审计的必须工具。系统日志可以记录到文件、数据库、窗口，甚至网络中的另一个节点，并可以对日志信息进行检索。

（2）用户和权限管理功能

监控管理系统具备安全的用户和权限管理。系统中的用户可以按权限组进行分级管理，可以通过定义用户对监控管理系统的操作动作，操作对象范围任意划分成多个权限组，从而实现多级权限管理。

监控管理系统用户认证的方式应支持多种，除了传统的密码验证外，根据安全等级的需要，可以使用电子密钥或者两者混合认证方式。

监控管理系统多个子系统之间或者和第三方集成系统之间的权限认证支持单点登录（SSO），即只需要在一个系统中登录，就可在另外的系统中使用同一个登录账号信息。

（3）系统维护功能

监控管理系统提供了方便的维护工具和手段。随着数据中心的扩容，监控管理系统也需要进行对应的变更，在线扩容可以在不停止监控管理系统的前提下，增加监控对象或者管理功能。对于老化设备的更新换代，故障设备的维修，监控系统可以进行采集屏蔽，避免重复报警。

对于重要的数据，监控管理系统提供手动、自动两种备份方式，可以在监控管理系统出现灾难性故障时，也能够迅速恢复。

（4）双机热备功能

根据数据中心可用性等级设计要求，高可用性等级的数据中心的监控管理系统必须配备双机热备功能。该功能可以使监控管理系统在一台主机出现故障时，自动将监控业务切换到备机，从而保障监控业务的持续性。

12.4　系统设计

数据中心基础设施监控管理系统是保障数据中心安全可靠运行的重要工具，系统设计应根据数据中心的等级、业务、管理等多方面的要求，做到尽可能得全面和细致，确保系统发挥应有的作用。

12.4.1　设计原则

数据中心基础设施监控管理系统是数据中心监控管理的核心，在设计上须符合国家标准 GB 50174—2017《数据中心设计规范》相关规定的同时，系统设计须既满足当前的应用需求，又考虑未来业务和技术的发展。

监控管理系统的设计一般遵循以下原则：

1）实用性和先进性。

设计应采用成熟、稳定的产品，满足当前应用需求；适当选用使用价值较高的新技术，使整个监控管理系统在一定时期内保持技术上的先进性，并具有良好的扩展潜力，以适应未来应用的发展和技术升级的需要。

2）安全性和可靠性。

为保证业务应用不间断运行，系统必须具有极高的安全性和可靠性。系统具有一定的防病毒、防入侵能力。在采用硬件备份、冗余、负载均衡等可靠性技术的基础上，采用相关的软件技术提供较强的管理机制和控制手段，以提高整个系统的安全可靠性。

3）灵活性与可扩展性。

系统要能够根据数据中心不断发展的需要，方便地扩展系统容量和处理能力。在具备支持多种监控对象接入能力的同时，还可以根据数据中心扩容的需要进行灵活、快速的调整，实现监控系统的快速部署。

4）开放性和标准化。

数据中心基础设施监控管理系统要具备较好的开放性，相关系统和设备应是业界主流产品，遵循业界相关标准，保证系统能够无障碍地集成下位系统与接入第三方平台，实现系统间数据共享。

5）经济性与投资保护。

应构建高性价比的数据中心基础设施监控管理系统，使资金的产出投入比达到最大值。以较低的成本、较少的人员投入来维护系统运转，达到高效能与高效益的要求。尽可能保护已有系统投资，充分利用现有设备资源。

6）统一规划和分步实施。

对于分期建设的大型数据中心，系统设计建设采用统一规划、分步实施的原则，以保证系统生命周期效益最大化。

12.4.2　系统设计目标

为保证数据中心基础设施可靠运行，系统设计的目标是要对数据中心的基础设施进行全方位的监控管理：实时监视各种设备的工作状况和参数，依据监控信息对基础设施运行进行信息化管理，如运行管理、容量管理、生成报表等，实现数据中心的科学管理，提高管理精确性和管理效率。

12.4.3　监控管理需求分析

1. 系统功能需求分析
应根据不同用户、不同规模数据中心、不同等级数据中心进行匹配的功能设计。
2. 主要监控对象与监控内容
（1）监控对象

应明确系统中需要监控的设备和内容。数据中心内为 IT 机房内信息设备提供支持的物理基础设施系统，以及大型数据中心设施本身。例如供配电系统，空调环境、安防系统和其他各方面等。

数据中心基础设施监控管理系统及其对象见表 12-2。

（2）供配电系统主要设备及接口

数据中心电力监控系统是基础设施智能化管理系统的重要子系统，监控对象包括10kV 中压系统、变压器、低压配电系统、备用柴油发电机系统、UPS、直流电源、蓄电池、配电柜等，以及温度、湿度、门禁、视频等动力环境设备。电力监控系统接口图如图 12-7 所示。

表 12-2　数据中心基础设施监控管理系统及其对象

供配电	空调环境	安全防护	消防	照明系统	空间容量
高压设备	冷水机组	视频监控子系统	消防子系统	照明子系统	机房空间
变压器	冷却泵	门禁子系统			U位空间
低压配电设备	蓄冷罐	防盗子系统			
发电机组	补水系统				
UPS	换热器				
配电柜	精密空调				
自动转换开关	加湿器				
直流电源系统	空气质量				
蓄电池	漏水检测				
列头柜	新风机				

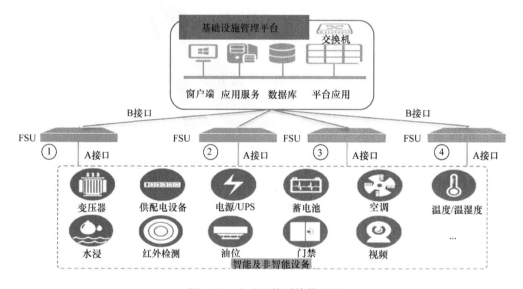

图 12-7　电力监控系统接口图

电力监控系统的系统构架由几个层次的通信网络组成。在上层使用 Modbus TCP 以太网将提供系统的数据通信骨干网。个别电力监控系统设备如果具备以太网接口能力，则将连接到以太网骨干，其他的设备通过相应的网关或接口设备接入骨干以太网。在第二个层次，多功能仪表，以及保护装置和其他设备电力监控系统设备将通过一个串行的 Modbus RS 485 链路连接以后，接到通信网关上，通过通信网关接入以太网。RS 485 这种开放的标准，允许长度超过 10000ft[⊖] 的设备连接，并支持光纤收发器、调制解调器、线路驱动器、无线电和其他通信配件多种物理连接方式。通常推荐采用电缆作为物理介质组建 RS 485 链接链路。非 Modbus 的电力监控系统设备，可以通过协议转换器等专用接口产品，接入电力监控系统。

多功能电力监测仪表是电力监控系统的基础，多功能电力监测仪表包括：为高压 10kV 配电系统进线和出线回路设置的综合继电保护装置，提供过电流、速断、零序等保护功能

⊖　1ft=0.3048m。——编辑注

及电能测量功能；为高压 10kV 配电系统发电机组进线回路设置的综合继电保护装置，提供过电流、速断、零序、差动等保护功能及电能测量功能；为低压 400V 配电系统的进线、馈电、联络回路等设置多功能电表，提供电力参数的测量采集、电能测量、断路器状态采集等功能。多功能电力监测仪表应具备联网功能，支持 Modbus 通信协议，以接入电力监控系统中。

有些数据中心 10kV 供电系统还会有单独的系统，如南瑞继保监控系统。对数据中心 10kV 系统进行遥信、遥测、遥调 / 遥控。10kV 电力监控系统如图 12-8 所示。

图 12-8　10kV 电力监控系统

1）10kV 设备。

数据中心 10kV 供电系统的综合继电保护装置具有 PLC 的逻辑可编程功能，具有保护、测量、控制和状态监视功能。综合继电保护装置图如图 12-9 所示。

图 12-9　综合继电保护装置图

电力监控系统通过综合继电保护装置进行实时数据的采集和处理。实时信息包括：模拟量（交流电压和电流）、开关量以及温度量等信号。它来自每一个电气单元的 CT、PT、断路器和保护设备及直流、所用电系统、通信设备运行状况信号等。

模拟量信息的采集采用交流采样方式，输入回路应具有隔离电路。模拟量数据处理包括模拟数据的滤波、数据合理性检查、工程单位变换、数据变化及越限检测、精度及线性度测试、零漂校正、极性判别等。电力监控系统根据 CT、PT 的采集信号，产生出可供应用的每一个电气单元的电流、电压、有功、无功和功率因数及电度量等。对于具有功率测量功能的交流采样装置，要有电压互感器和电流互感器回路异常的报警。

开关量信号输入接口应采用光电隔离和浪涌吸收回路，应有防接点抖动的措施，但不应影响事件记录的分辨率。开关量包括报警信号和状态信号。断路器为双位置接点信号,报警信号为断路器及二次设备或保护设备等发出的单接点信息,开关量变位应优先传送。对于报警信号,则应及时发出声光报警并有画面显示。

2)变压器。

数据中心多数采用绝缘树脂干式变压器,容量在1250~2500kV·A,干式变压器的安全运行和使用寿命,很大程度上取决于变压器绕组绝缘的安全可靠。绕组温度超过绝缘耐受温度使绝缘破坏,是导致变压器不能正常工作的主要原因之一,因此对变压器的运行温度的监测及其报警控制是十分重要的。变压器温控装置提供通信接口接入电力监控系统。变压器温控箱功能技术表见表12-3。

表 12-3　变压器温控箱功能技术表

序号	功能要求	技术参数
1	测量范围	−40~200℃
2	分辨率	0.1℃
3	测量精度	±1℃
4	控制精度	±1℃
5	风机自动控制	通过预埋在低压绕组最热处的Pt100热敏测温电阻测取温度信号。变压器负荷增大,运行温度上升,当绕组温度达某一数值(此值可调,对F级绝缘变压器一般整定为110℃)时,系统自动起动风机冷却;当绕组温度降低至某一数值(此值也可调,对F级绝缘变压器一般整定在90℃)时,系统自动停止风机
6	超温报警、跳闸	通过预埋在低压绕组中的PTC非线性热敏测温电阻采集绕组或铁心温度信号。当变压器绕组温度继续升高,并达到某一高温度值(此值也可根据工程设计调整,通常整定在F级绝缘所称温度155℃时,系统输出超温报警信号;若温度继续上升达某值(此值也可按工程设计调整,通常整定在170℃),变压器已不能继续运行,须向二次保护回路输送超温跳闸信号,应使变压器迅即跳闸
7	温度显示系统	通过预埋在低压绕组中的Pt100热敏电阻测取温度变化值,直接显示各相绕组温度(三相巡检及最大值显示,并可记录历史最高温度),可将最高温度以4~20mA模拟量输出,若需传输至远方(距离可达1200m)计算机,系统的超温报警、跳闸也可由Pt100热敏传感电阻信号动作,进一步提高温控保护系统的可靠性

3)备用柴油发电机组。

机组控制系统是备用柴油发电机组的中央指挥调度中心,用于控制发电机的起动、停机、重要参数测量、故障报警,或停机保护等功能,使柴油发电机组稳定工作,为数据中心的安全提供保障。

机组控制屏如图12-10所示。机组控制屏采用显示屏及控制面板,具有发动机、发电机参数显示、控制、保护、功率测量等功能。通过触摸式按键可对发动机和发电机进行控制、操作、查询诊断信息,控制屏可显示内部数据链路(J1939)上其他模块的报警信息和进行复位操作。有先进的通信功能及接口(RS 485等),支持Modbus通信协议,接入数据中心基础设施监控管理平台。

图 12-10　机组控制屏

备用柴油发电机组控制屏功能技术表见表12-4。

表 12-4　备用柴油发电机组控制屏功能技术表

序号	功能要求	技术参数
1	防护等级	全密封，前面板 IP65
2	监控 & 控制功能适用温度	−40~70℃
3	显示功能适用温度	−20~70℃
4	存储温度	−40~85℃
5	遥信	工作状态（运行 / 停机） 工作方式（自动 / 手动） 过电压、欠电压、过载、频率（转速）高 起动失败 机组故障 充电整流器故障 冷却液温度低报警 冷却液温度高报警 / 停机 机油油压低报警 / 停机 控制开关不在自动位 高 / 低蓄电池电压紧急停机 燃油压力低警告 / 停机 燃油压力高警告 / 停机 燃油滤清器阻塞警告 / 停机 进气温度高警告 / 停机 燃油温度高警告 / 停机 机油温度高警告 / 停机 燃油温度 燃油压力（psi，kPa，bar）、总燃油消耗 发动机排烟温度（左 & 右） 发动机进气总管温度 燃油消耗率
6	遥控	自动 / 起动 / 停机发动机冷却停机延时紧急停机 发动机盘车 指示灯测试 发电机电压 发动机转速 发电机频率
7	遥测	发电机交流电压 - 三相（线 - 线和线 - 相） 发电机交流电流（每相和平均） 发电机有用功率 kW（总功率和每相） 发电机无功功率 kVar（总功率和每相） 发电机无功（总功率） 发电机输出 % 额定功率（总） 发电机视在功率 kV·A（总和每相） 发电机有用功率 kW（总） 发电机功率因数 PF（平均和每相） 发电机频率 发动机转速 RPM 蓄电池电压 发动机计时表、发动机起动成功次数 发动机机油温度（°F 或℃） 发动机机油压力（psi，kPa，bar）、发动机冷却液温度、发动机预盐车次数 维护保养间隔（发动机运行时间或日期） 实时时钟
8	通信	具有 RS 232 或 RS 485 标准通信接口，通过该接口实现遥测和遥信功能。并开放接口的通信协议
9	可编程	可编程的数字输入和数字输出，实现机组的监、管、控

数据中心中的每个备用柴油发电机系统并机系统均需设置一台并机显示柜（屏），应采用中文显示并机系统和每台发电机组的状态，具体如下：

① 系统单线图，并通过系统单线图显示各设备状态。

② 显示每台发电机组的运行状态。

③ 显示每台发电机组的预告警、告警和故障状态。

④ 显示每台发电机组的运行记录和故障记录。

⑤ 冗余主控技术。

⑥ 系统及发电机参数监视。

⑦ 发电机组控制及保护功能。

⑧ 自动起动 / 停机。

⑨ 自动有功无功负载分配。

⑩ 自动功率因数控制。

⑪ 可编程的负载增加卸载功能。

⑫ 具备智能接口（RS 485 等），并提供监控软件和通信协议，能接入数据中心基础设施监控管理平台，实现对备用柴油发电机供电系统的监测 / 监控。

4）低压配电柜。

目前大型数据中心园区或大型数据中心的供配电结构一般是引市电高压（110kV）或中压（35kV、10kV）到高压配电室然后再分配给干式变压器（转成 380V）并配置成套低压配电系统，成套低压配电系统中的馈电柜再通过密集母线或电缆分配电能到每个楼层的低压配电柜，再分配到 UPS 系统或直流开关电源系统，为 IT 机柜提供所需的电源。低压配电柜如图 12-11 所示。

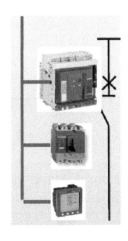

图 12-11　低压配电柜

低压配电系统输入、输出回路包括框架断路器、塑壳断路器、微型断路器，框架断路器、塑壳断路器会配置电子式脱口器或控制单元，满足基本保护需求。通常成套的低压配电设备会配置多功能智能仪表，通过智能仪表的通信接口实现现场采集工作，接入数据中心基础实施监控管理平台，每一个智能设备即为一个监控采集点，通过监控点的数量配置采集单元及交换机。

低压配电系统智能仪表主要功能技术参数表见表 12-5。

表 12-5　低压配电系统智能仪表主要功能技术参数表

序号	功能	技术参数
1	测量	电压、电流、功率因数、频率、有功功率、无功功率和视在功率、有功电度、无功电度、总电度等
2		电压 / 电流总谐波畸变率（THD），最小 / 最大瞬时值，多种预定值报警，电流、功率的需量计算
3	精度	电流 / 电压为 0.5%
4	通信	至少提供开关量输入 2DI 和开关量输出
5		RS 485/Modbus 现场总线式物理通信模式

（3）监控内容

1）变配电系统。

数据中心高低压变配电系统主要包括高压设备、变压器、低压配电设备、列头柜等。为了满足维护需求，需要将设备的运行参数、设备工作状态、告警信号等上传至监控系统平台。数据中心高低变配电系统主要监控内容见表 12-6。

表 12-6　数据中心高低变配电系统主要监控内容

设备大类	设备子类	智能设备及接口	类型	测　点	备注
高压设备	进线柜	综合继电保护装置	遥测	三相电压、三相电流、频率、功率因数、有功功率、无功功率、有功电量、无功电量、谐波含量	
			遥信	开关状态、过电流跳闸告警、速断跳闸告警、失压跳闸告警、接地跳闸告警、防雷器件故障	
	出线柜	综合继电保护装置	遥测	开三相电压、三相电流、频率、功率因数、有功功率、有功电量、无功电量、谐波含量	
			遥信	开关状态、过电流跳闸告警、速断跳闸告警、失压跳闸告警、接地跳闸告警、变压器过温告警、瓦斯告警（油浸变压器）	
	联络柜	综合继电保护装置	遥信	开关状态、过电流跳闸告警、速断跳闸告警	
	计量柜		遥测	有功电度、无功电度	
	直流操作电源柜	监控模块	遥测	输入电压、输入电流、储能电压、控制电压	
			遥信	开关状态、输入电压过高 / 过低、储能电压过高 / 过低、控制电压过高 / 过低、操作柜充电机故障告警	
	自动转换开关	通信单元	遥测	频率、相序、相电压、线电压、电压不平衡率	
			遥信	过电压、欠电压、过频、欠频、断相、电源不平衡	
			遥控	Ⅰ电源合闸、Ⅱ电源合闸、分闸	
变压器	变压器	温控及显示装置	遥测	三相输入电压、三相输入电流、三相输出电压、三相输出电流、温度	
			遥信	过温告警	
			遥调	输出电压（有载调压变压器）	
低压配电设备	自动转换开关	通信单元	遥测	频率、相序、相电压、线电压、电压不平衡率、有功功率、无功功率、功率因数、电流、电能	
			遥信	过电压、欠电压、过频、欠频、断相、电源不平衡	
			遥控	Ⅰ电源合闸、Ⅱ电源合闸、分闸	

（续）

设备大类	设备子类	智能设备及接口	类型	测　　点	备注
低压配电设备	进线柜	智能（多功能）仪表	遥测	三相电压、三相电流、频率、功率因数、有功功率、无功功率、有功电量、无功电量、谐波含量	
			遥信	开关状态、断相、过电压/欠电压告警、防雷器件故障	
			遥控	开关分合闸	
			遥调	告警限值	
	主要配电柜	智能（多功能）仪表	遥测	重要开关的三相电压、三相电流、频率、功率因数、有功功率、无功功率、有功电量、无功电量、谐波含量（可选）	
			遥信	开关状态	
			遥控	开关分合闸（可选）	
			遥调	告警限值（可选）	
	稳压器	智能（多功能）仪表	遥测	三相输入电压、三相输入电流、三相输出电压、三相输出电流	
			遥信	工作状态（正常/故障、工作/旁路）、输入过电压、输入欠电压、输入断相、输入过电流	
	无功功率补偿柜	功率因数控制器	遥信	SVG、补偿电容器工作状态	
	滤波设备	控制器	遥测	输出电压、输出电流、畸变率	
			遥信	过电压/欠电压、输出限流、过温保护	
			遥控	开/关机	
	联络柜		遥测	三相电压、三相电流	
			遥信	开关状态、断相、过电压/欠电压告警	
			遥控	开关分合闸（可选）	
发电机组	柴油发电机组	机组控制屏	遥测	三相电压、三相电流、频率/转速、水温（水冷）、润滑油油压、润滑油油温、起动电池电压、输出功率、油箱（罐）液位	
			遥信	工作状态（运行/停机）、工作方式（自动/手动）、主备用机组、自动转换开关（ATS）状态、过电压、欠电压、过电流、频率/转速高、水温高（水冷）、皮带断裂（风冷）、润滑油油温高、润滑油压低、起动失败、过载、起动电池电压高/低、紧急停车、市电故障、充电器故障、电动百叶、分体风扇状态（分体水箱）、集装箱内温度（箱式机组）、集装箱门禁（箱式机组）	
			遥控	开/关机、紧急停车、选择主备用机组	
	燃气轮机发电机组	机组控制屏	遥测	三相输出电压、三相输出电流、输出频率/转速、排气温度、进气温度、润滑油油压、润滑油油温、起动电池电压、控制电池电压、输出功率	
			遥信	工作状态（运行/停机）、工作方式（自动/手动）、主备用机组、自动转换开关（ATS）状态、过电压、欠电压、过电流、频率/转速高、排气温度高、润滑油油温高、润滑油压低、燃油油位低、起动失败、过载、起动电池电压高/低、控制电池电压高/低、紧急停车、市电故障、充电器故障	
			遥信	开关状态、监测输出电压、电流、频率超限、过载、负载不平衡等	

2）UPS 系统。

数据中心 UPS 系统主要包括 UPS 系统、直流电源系统、蓄电池组、列头柜等。为了满足维护需求，需要将设备的运行参数、设备工作状态、告警信号等上传至监控系统平台。数据中心通信电源系统主要监控内容见表 12-7。

表 12-7　数据中心通信电源系统主要监控内容

设备大类	设备子类	智能设备及接口	类型	测　　点	备注
UPS系统	UPS	控制单元	遥测	三相输入电压、直流输入电压、三相输出电压、三相输出电流、输出功率、输出频率、标示蓄电池电压、标示蓄电池温度	
			遥信	同步/不同步状态、UPS/旁路供电、蓄电池电压低、市电故障、整流器故障、逆变器故障、旁路故障	
			遥调	告警限值	
	UPS配电柜	智能（多功能）仪表	遥测	三相电压、电流、频率、最大千伏安、输出功率（有功、无功、视在）、谐波率、功率因素、输出电压、输出电流	
			遥信	开关状态、监测输出电压、电流、频率超限、过载、负载不平衡等	
直流电源系统	交流配电屏	监控单元	遥测	三相电压、三相电流、频率	
			遥信	三相过电压/欠电压、停电、断相、过电流、频率过高/过低、熔丝故障、开关状态	
	整流屏	监控单元	遥测	输出电压、输出电流、每个整流模块输出电流	
			遥信	每个整流模块工作状态（开/关机、均/浮充测试、限流/不限流）、整流器故障/正常	
			遥控	开/关机、均/浮充、测试	
			遥调	输出电压、告警限值	
	直流配电屏		遥测	直流输出电压、总负荷电流、主要分路电流、蓄电池充、放电电流	
			遥信	直流输出电压过电压/欠电压、蓄电池熔丝状态、主要分路熔丝/开关故障	
蓄电池	铅酸蓄电池	蓄电池在线监测装置	遥测	蓄电池组总电压、每只蓄电池电压、每只蓄电池的内阻或电导（可选）、标示电池温度、每组充/放电电流、每组电池容量	
			遥信	蓄电池组总电压过高/过低、每只蓄电池电压过高/过低、标示电池温度高、充电电流高	
	磷酸铁锂电池	蓄电池监控管理系统（BMS）	遥测	电池组容量、电池组总电压、电池单体电压、电池组内阻、电池组健康状态、环境/标示电池温度、电池组充/放电电流	
			遥信	电池组的充电/放电状态、电池组过充/过电流告警、电池组放电欠电压/过电流告警、电池充电过电压告警、电池放电欠电压告警、电池组极性反接告警、环境和电池高温告警、环境低温告警、电池组容量过低告警、电池温度/电压/电流传感器失效告警、电池失效告警、电池组失效告警	
			遥控	充电/放电、告警声音关、智能间歇充电方式、限流充电方式	
列头柜设备	列头柜	智能（多功能）仪表	遥测	输入相电压、电流、频率、最大千伏安、输出功率（有功、无功、视在）、谐波率、功率因素、输出电压、输出电流	
			遥信	开关状态、监测输出电压、电流、频率超限、过载、负载不平衡等	

3）集中空调系统。

数据中心机房集中空调主要指机房的冷冻系统、空调系统、配电柜等。数据中心集中空调系统监控内容见表 12-8。

表 12-8　数据中心集中空调系统监控内容

设备大类	设备子类	智能设备及接口	类型	测　　点
集中空调设备	冷冻系统	BA	遥测	冷冻水进 / 出温度、冷却水进 / 出温度、冷冻机工作电流、冷冻水泵工作电流、冷却水泵工作电流
			遥信	冷冻机 / 冷冻水泵 / 冷却水泵 / 冷却塔风机工作状态和故障告警、冷却水塔（水池）液位低告警
			遥控	开 / 关冷冻机、开 / 关冷冻水泵、开 / 关冷却水泵、开 / 关冷却塔风机
	空调系统	BA	遥测	送 / 回风温度、送 / 回风湿度
			遥信	风机工作状态、故障告警、过滤器堵塞告警
			遥控	开 / 关风机
	配电柜	智能（多功能）仪表	遥测	三相电压、三相电流
			遥信	电压过高 / 过低告警、工作电流过高告警、防雷器件故障告警（可选）

4）机房环境。

数据中心机房环境主要指机房的温度、相对湿度、压差、空气质量等，为了保证数据机房所有设备具备正常的工作环境，需要对机房环境的参数进行监测。

机房环境的监控内容见表 12-9。

表 12-9　机房环境的监控内容

设备名称	监控内容
新风机	应监测其起 / 停、过滤网压差状态
	宜控制其起、停，同时确保新风机与压差的联动
加湿器	应监测其开、关机，工作状态，以及湿度参数
	宜控制加湿器的开、关机
温湿度	应监测温度、湿度值
漏水	应监测有水源区域的漏水状态
	漏水发生时，应联动强制排水设备排水，如联动进出水管的电磁阀开、关；宜监测漏水的具体位置
静压 / 压差	应监测主机房与主机房外的压差、主机房地板下的静压
	宜确保压差与新风机的联动
空气质量系统	监测对象宜包含氢气、硫化物、一氧化碳、二氧化碳、粉尘
	宜监测蓄电池间空气所含氢气浓度
	宜监测辅助区、行政管理区空气所含一氧化碳、二氧化碳浓度
微环境系统	监测对象包含机柜或冷通道内温湿度、机柜级电源、机柜烟雾、机柜门状态、机柜附近人员活动情况

5）安防系统。

为了保证机房的安全性，需实现对机房无死角视频监控，对主要出入口视频监控及对机房、VIP 机笼、机柜门禁进行监控。

安防系统的监控内容见表 12-10。

表 12-10　安防系统的监控内容

系统名称	监控内容
视频监控	在本系统内实现实时视频调取、历史视频查询
	安防子系统提供 SDK，实现实时视频调取、历史视频查询
门禁监控	提供门禁状态监视和控制功能、非法闯入告警功能。通过南向子系统对接获取门禁子系统数据
	以 2D、3D 视图方式，按门禁的实际位置布置控件，实时监测门禁的状态、刷卡信息（可选）、门禁告警
	提供刷卡信息历史查询功能；提供人员门禁权限查询功能。（可选）门禁控制：对 VIP 机房模块的门禁实现远程控制（可选）
入侵报警系统	在重要出入口位置敷设入侵报警设备
	监控其入侵报警状态

6）消防系统。

为了保证机房的安全性，需实现对机房无死角视频监控，对主要出入口视频通过集成方式监测数据中心独立的消防系统，监测消防系统的各种参数、报警时间以及系统状态，但不应对消防系统进行远程控制。

7）照明系统。

照明系统在保证正常照明控制的基础上，具备灯具保护、节约能源、降低运行费用等特性。照明系统测点功能要求见表 12-11。

表 12-11　照明系统测点功能要求

系统名称	测点功能要求
照明系统监控	对室外照明、屋顶广告照明、大堂、走廊、通信机房、电力电池室、测试机房、集中监控室等房间内照明开关状态、调光等参数进行控制
	实现对各区域内照明灯具的不同时间控制
	实现在正常状态下对各区域内用于正常工作状态的照明灯具的模式切换控制
	在部分应急照明回路上安装电流传感器，通过监测电流的变化，可以检测该回路灯具开启状态以及是否有灯具损坏不亮

12.5　案例

（1）数据中心园区简介

以国内某大型数据中心为例，该园区建筑规模 67 万平方米，包含数据中心、生产调度、仓储物流等功能建筑，项目一期工程建设 3 座数据中心机房、2 座生产调度用房。某数据中心鸟瞰图如图 12-12 所示。

（2）电力监控系统架构

该数据中心园区为大型数据中心，在生产调度用房集中设置园区总监控中心，每个单体数据中心设置本地电力监控子系统，通过园区交换机北向上传至园区总监控中心基础设施监控管理系统。园区数据中心电力监控系统架构图如图 12-13 所示。对于独栋建筑的数据中心机房，则可以将总控中心设置于建筑物内。

图 12-12　某数据中心鸟瞰图

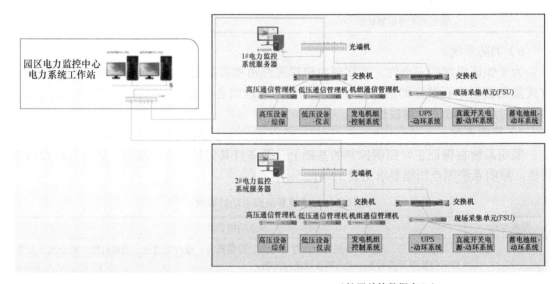

……（扩展单体数据中心）

图 12-13　园区数据中心电力监控系统架构图

（3）电力监控系统功能

电力监控系统提供的数据中心及后台服务中心电力实时状态的监测，为操作人员的可靠和高性能的监视与控制提供解决方案，以减少由于系统运行不当导致的停电，并能有效帮助提高电源效率。在监控系统中，监测的重点是数据中心各个变配电室，以及配电室内的关键进出线回路。

通过整合的人机界面，电力监控系统为某数据中心工程的电力监控中心提供以下功能：

1）实时数据监测和设备状态实时监测。

2）支持单线图动态着色功能。

3）支持页面导航，支持对系统的多级访问。

4）支持报警和事件的色彩区别，便于使用者发现重要报警。

5）支持声光报警。

6）采集数据的二次计算和显示。

7）带时间标记的报警和事件日志。

8）历史趋势的绘制和显示。

9）实时曲线的绘制和显示。

10）电能质量事件的分析显示。

11）IO 状态显示，以及对模拟量设置报警限制。

12）设备日志，以及设置参数分析。

13）系统网络结构图显示。

14）通过单击访问设备的细节参数。

15）支持最大最小值分析。

16）支持进行电压、电流、功率、频率、功率因数等趋势报告。

17）支持显示数据表格。

18）支持包含当前状态的 IO 显示。

19）支持远程控制功能。

20）支持系统安全。

21）支持自定义功能键方便用户使用。

（4）现场采集单元

现场采集单元的主要功能是：连接各种电源系统设备、空调设备等智能或非智能设备，以及各种环境监控设备（如传感器等）等监控对象；对监控对象的性能、告警事件信息进行遥测、遥信；通过各种传输拓扑组网架构及 B 接口，将所采集的信息上行至上层管理平台；接收并执行平台下行的控制命令，实现对受控的监控对象直接遥控、遥调。现场采集单元如图 12-14 所示，现场采集单元主要技术性能表见表 12-12。

图 12-14　现场采集单元

表 12-12　现场采集单元主要技术性能表

技术特性	参　　数
通用 AI/DI 测量通道	标准配置提供 8 路通用 AI/DI 测量通道
通用 DO 输出	提供 4 路继电器触点 DO 输出，输出的继电器触点容量为 DC1A/30V
专用输入	1. 提供 2 路门磁开关、2 路烟感、2 路水浸、10 路 DI
	2. 提供 1 路数字温湿度传感器专用接口
	3. 提供 2 路蓄电池组总压电压（48V）、2 路中间点电压采集端口（48V）
智能设备接口	8 路串行智能设备接口（提供 4 路 RS 232/RS 485、4 路 RS 485 智能设备接口），串口工作模式可配置，可选择作为底端解析串口或透明传输串口使用。默认传输速率：9600bit/s，可选传输速率：2400bit/s、4800bit/s、19200bit/s
USB 接口	1 路，2.0 标准
内存及 FLASH	RAM：工业级 DDR2 128MB
	ROM：NAND FLASH：256MB；NOR FLASH：64MB
指示灯	电源指示灯、运行指示灯、通信指示灯、告警指示灯
SD 卡接口	支持 32GB SD 卡容量（存储卡读写速度支持 Class10 及以上）
网口	4 路以太网通信接口，接口符合 IEEE 802.3 标准和 10/100 BASE-T 标准
输入电源	配置 1：直流 -48V，输入范围 -38~-60V，具有反接保护功能
	配置 2：交流 220V，输入电压范围为 176~264V，具有反接保护功能

（5）主要监控设备配置

该数据中心园区基础设施监控管理系统包括总控中心的电力监控系统操作员工作站、显示器、交换机、平台软件等，以及 1#、2#、3# 数据中心分别在本地一层值班室内设置的服务器、显示器、交换机、系统软件及现场采集单元等。该数据中心电力监控系统主要设备配置清单表见表 12-13。

表 12-13　该数据中心电力监控系统主要设备配置清单表

序号	产品名称	规格型号	品牌 产地	单位	数量
		电力监控中心			
1	电力监控系统操作员工作站	Dell Precesion 系列工作站 CPU：至强处理器；内存：8G，硬盘：500GB；显卡 1GB 用于支持 1080P，驱动器：SATA DVD，网卡：千兆网卡，含键鼠 操作系统：Windows 7 中文标准版	DELL 中国	台	2
2	电力监控系统显示器	DELL P2312H 系列更高	DELL 中国	台	2
3	PMS 系统软件	PSE 服务器端许可（不限点）服务器许可授权 USB 授权 Key 一套，银牌授权一套	Schneider 法国	套	2
4	PMS 中心交换机	8 口工业级交换机	Schneider 法国	台	1
5	PMS 光端机接口	16 光端机接口	国产	套	1
6	PMS 报警打印机	EPSON 1600 KIII	EPSON	台	1
7	操作员工作台	落地安装，建议尺寸 600×720×1200	国产	面	2
		单个机楼监控系统			
1	1# 楼监控服务器	Dell R720 系列服务器 CPU：至强六核 E5-2620[2.0GHz/15M L3/95W]×2 颗，芯片组：英特尔 C600，内存：16G（8G×2），硬盘：1TB 7.2K RPM 6Gbit/s SAS 3.5in 热插拔 ×3 块，阵列卡：PERC H310 RAID 控制器（支持 Raid0、1、5、6、10），显卡 /NVIDIA Quadro K600[1GB（含 1 个 DP & 1 个 DVI-I）（含 1 个 DP-DVI & 1 个 DVI-VGA 适配器）]- 用于支持 1080P，驱动器：SATA DVD，网卡：千兆网卡；含键鼠 操作系统：Windows Server 2012 中文标准版	DELL 中国	台	1
2	1# 楼系统显示器	DELL P2312H 系列更高	DELL 中国	台	1
3	1# 楼 PMS 服务器软件	PSE 服务器端许可（不限点）服务器许可授权 USB 授权 Key 一套，银牌授权一套	Schneider 法国	套	1
4	1# 楼中心交换机	8 口工业级交换机	Schneider 法国	台	1
5	1# 楼光端机接口	16 光端机接口	国产	套	1
6	1# 楼高低配通信管理机	16 串口现场采集单元	国产	面	4
7	1# 楼高低配通信机柜	安装落地机柜，建议尺寸 600×800×1600（40U）	国产	面	1
8	1# 二层电池室 2 通信管理机	16 串口现场采集单元	FD 国产	台	1
9	1# 二层电池室 2 光口交换机	4 电口，1 多模光口	Schneider 法国	台	1

（续）

序号	产品名称	规格型号	品牌 产地	单位	数量
		单个机楼监控系统			
10	1#二层电池室2安装机柜	安装挂墙机柜，建议尺寸 530×450×420（9U）	国产	面	1
11	1#二层电池室5通信管理机	16串口现场采集单元	FD 国产	台	1
12	1#二层电池室5光口交换机	4电口，1多模光口	Schneider 法国	台	1
13	1#二层电池室5安装机柜	安装挂墙机柜，建议尺寸 530×450×420（9U）	国产	面	1
14	1#制冷站配通信管理机	16串口现场采集单元	FD 国产	台	1
15	1#制冷站配光口交换机	4电口，1多模光口	Schneider 法国	台	1
16	1#制冷站配安装机柜	安装挂墙机柜，建议尺寸 530×450×420（9U）	国产	面	1

第13章　电源设备抗震加固

　　我国位于世界两大地震带——环太平洋地震带与欧亚地震带之间，受太平洋板块、印度板块和菲律宾海板块的挤压，地震断裂带十分活跃。我国地震活动频度高、强度大、震源浅、分布广，是一个震灾严重的国家。1900 年以来，我国死于地震的人数约占全球地震死亡人数的 53%；1949 年以来，100 多次破坏性地震袭击了 22 个省（自治区、直辖市），其中涉及东部地区 14 个省份，造成人员死亡的数量约占全国各类灾害死亡人数的 54%，地震成灾面积达 30 多万平方公里，房屋倒塌达 700 万间。

　　统计数字表明，我国的陆地面积约占全球陆地面积的 1/15，即 6% 左右；我国的人口约占全球人口的 1/5，即 20% 左右，然而我国的陆地地震竟约占全球陆地地震的 1/3，即 33% 左右。

　　近年来，随着云计算、大数据、人工智能、物联网等技术的快速发展和大规模应用，数据量呈现出指数级增长态势。数据中心作为数据存储、处理和计算的载体，承载着用户的核心数据和业务，成为这个时代不可或缺的基础设施，其建设及扩容的步伐大大加快。在数据中心建设过程中，信息系统的安全、稳定运行，提高业务连续性是数据中心主要考虑因素，而事故、自然灾害等威胁到数据中心运行安全的突发事态随时可能会发生。如何在最短时间内重建业务、恢复功能是数据中心设计的重要考虑因素。地震灾害不可预测，破坏性强，严重影响数据中心运行安全，因此做好数据中心的抗震工作势在必行。

13.1　相关规定及抗震目标

13.1.1　相关规定

　　数据中心设备设施安装抗震也是数据中心能够在地震灾害下保持功能正常必不可少的一环。安装在楼层上的设备破坏程度一般都比地面上的设备震害严重得多，设备的安装连接部位强度不足会引起数据中心设备本身的破坏。我国抗震设防烈度 6 度及以上地区设备安装工程，必须进行抗震设计。

　　在我国通信运营商、银行机构、网络运营商、保险行业及政府机关等是数据中心的主要建设方和使用方，对于数据中心建设规范和评级标准，目前主要参考的是美国的 TIA-942《数据中心电信基础设施标准》和我国住房和城乡建设部颁布的 GB 50174—2017《数据中心设计规范》，其中对数据中心供电设备的抗震要求都没有具体的描述。目前抗震设计主要以我国住房和城乡建设部颁布的 GB/T 51369—2019《通信设备安装工程抗震设计标准》和原信息产业部颁布的 YD/T 5060—2019《通信设备安装抗震设计图集》为参考依据，在数据中心设备安装工程中细化设备设施安装抗震要求和实施抗震措施。

13.1.2　抗震目标

通信设备安装工程抗震目标是依据 GB 50011—2010《建筑抗震设计规范》提出的抗震目标和要求，并结合通信这一生命线工程的重要性而综合考虑提出。其中设防烈度地震和罕遇地震，一般按地震基本烈度区划或地震动参数区划对当地的规定采用，分别为 50 年超越概率 10% 和 2%~3% 的地震。

当遭受相当于本地区抗震设防烈度的地震影响时，通信设备安装的联结架（见注 1）及相关的连接节点（见注 2），设备集装架（见注 3）以及设备集装架与架内设备的相关连接点，线、缆走线架等吊挂结构的吊杆、吊点，允许出现轻微损伤，但焊接部分不得出现破坏；能保证人身安全；通信设备的功能完好。

当遭受高于本地区抗震设防烈度的罕遇地震影响时，通信设备安装的联结架及相关的连接节点，设备集装架以及设备集装架与架内设备的相关连接点，线、缆走线架等吊挂结构的吊杆、吊点，允许出现局部变形和部分破坏，但不应产生列架倾倒、吊挂结构坠落等危及人身和生产安全的灾害；通信设备性能允许下降，但不得完全中断，且经修复后可完全恢复通信功能。

注 1：联结架指用于设备安装锚固的由上梁、立柱、连固铁、列间撑铁、旁侧撑铁、斜撑等组成的钢架。

注 2：连接节点指用于设备安装锚固联结架与建筑物链接的位置点。

注 3：设备集装架可安装各种有源或无源通信设备，具有交流 / 直流电源分配全部或部分功能的机架 / 柜。

13.2　抗震计算

13.2.1　基本规定

主走线架、过桥走线架等吊挂结构安装时宜自成抗震受力体系，主走线架、过桥走线架宜选用钢制材料。列走线架应与联结架上梁锚固，其端部应与列端的连固铁（见注 1）锚固。

安有抗震底座的通信设备，计算设备重心高度、设备总高度时应计入设备下方抗震底座的高度。当设备高度加抗震底座高度之和大于 2000 mm 时，应按架式设备进行安装抗震设计。

注 1：连固铁是指在机房内部设置的用于加固设备上部和走线架的槽钢，连固铁在连接机房上梁的同时一直延伸至机房两端，最终与承重墙锚固。

13.2.2　地震作用

1）安装在建筑物楼面上的通信设备，其抗震设计的水平地震作用计算应符合下列规定。

① 水平地震作用应按下式计算：

$$F_{\mathrm{H}} = k_1 k_2 \left(1 + 2\frac{h}{H}\right)\alpha G \tag{13-1}$$

式中　F_{H}——水平地震作用标准值（N）；

α——相应于建筑物基本自振周期的水平地震影响系数；

k_1——设备重要度系数；

k_2——设备对楼面的反应系数；

G——设备等效总重力荷载，可取其重力荷载代表值的 75%（N）；

h——设备所在楼面的地上高度（m）；

H——建筑物地上总高度（m）。

② 设备重要度系数 k_1，按表 13-1 的规定确定。

表 13-1　设备重要度系数 k_1

设备种类	省级中心及以上	地区级	县级及以下
蓄电池	1.2	1.2~1.1	1.0
通信用电源设备	1.2	1.1~1.0	1.0
通信设备	1.1	1.0	1.0

③ 设备对楼面的反应系数，根据设备的自振周期 T_e、自振频率 f_e 按图 13-1 曲线确定。自振周期 T_e、自振频率 f_e 在特殊点的反应系数按表 13-2 的规定确定。

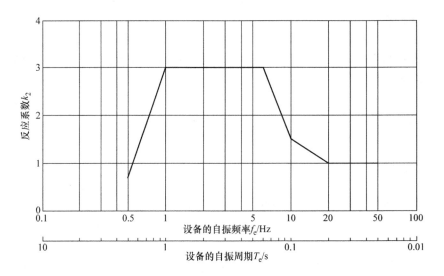

图 13-1　设备对楼面的反应系数

注：图中设备的阻尼比取 0.03。

表 13-2　特殊点对应的反应系数

自振频率 /Hz	0.5	1.0	5.0	10.0	20.0	50.0
自振周期 /s	2	1	0.2	0.1	0.05	0.02
反应系数	0.7	3.0	3.0	1.5	1.0	1.0

④ 建筑结构的地震影响系数应根据烈度、场地类别、设计地震分组和结构自振周期以及阻尼比确定。其水平地震影响系数最大值应按表 13-3 的规定取值，特征周期应根据场地类别和设计地震分组按表 13-4 的规定确定，计算罕遇地震作用时，特征周期应增加 0.05s。

注：周期大于 6.0s 的建筑结构所采用的地震影响系数应专门研究。

表 13-3　水平地震影响系数最大值

地震影响	6 度	7 度	8 度	9 度
多遇地震	0.04	0.08（0.12）	0.16（0.24）	0.32
罕遇地震	0.28	0.50（0.72）	0.90（1.20）	1.40

注：括号中数值分别用于设计基本地震加速度为 0.15g 和 0.30g 的地区。

表 13-4　特征周期值　　　　　（单位：s）

设计地震分组	场地类别				
	I₀	I₁	II	III	IV
第一组	0.20	0.25	0.35	0.45	0.65
第二组	0.25	0.30	0.40	0.55	0.75
第三组	0.30	0.35	0.45	0.65	0.90

⑤ 抗震设防烈度和设计基本地震加速度取值的对应关系，应符合表 13-5 的规定。设计基本地震加速度为 0.15g 和 0.30g 地区内的建筑，一般应分别按抗震设防烈度 7 度和 8 度的要求进行抗震设计。

表 13-5　抗震设防烈度和设计基本地震加速度值的对应关系

抗震设防烈度	6 度	7 度	8 度	9 度
设计基本地震加速度值	0.05g	0.10g（0.15）g	0.20g（0.30）g	0.40g

注：g 为重力加速度。

⑥ 地震影响系数曲线如图 13-2 所示。

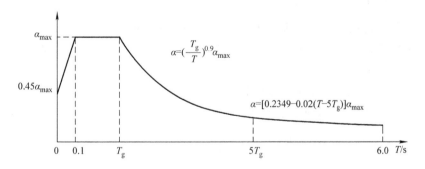

图 13-2　地震影响系数曲线

α—地震影响系数　α_{max}—地震影响系数最大值　T—建筑结构自振周期　T_g—特征周期
注：图中结构的阻尼比取 0.05。

⑦ 当缺乏建筑物的基本自振周期与通信设备自振周期时，通信设备的水平地震作用应按下式计算：

$$F_H = 1.5 k_1 \left(1 + 2\frac{h}{H}\right) \alpha_{max} G \qquad (13-2)$$

式中　α_{max}——地震影响系数最大值。

2）安装在建筑物楼面上的通信设备，当设防烈度为 9 度时，应考虑水平地震作用与竖向地震作用的组合效应，其基本组合应符合 GB 50011—2010《建筑抗震设计规范》相关的规定。竖向地震作用应按下式计算：

$$F_V = 0.5k_1K_2\left(1 + 2\frac{h}{H}\right)\alpha_{max}G \qquad (13\text{-}3)$$

式中　F_V——竖向地震作用标准值（N）；

其余符号的定义及取值同式（13-1）。

13.2.3　架式通信设备

对于用联结架连接在一起的架式设备，在计算地震作用时，可近似地将每排列架视为整体进行计算（见图 13-3）。

按式（13-1）计算地震作用时，其重力荷载代表值应按下式计算：

$$G = \sum_{j=1}^{n} G_j + G_D + G_L + 1.0 \qquad (13\text{-}4)$$

注：式中常数为检修集中荷载，取 1.0kN。

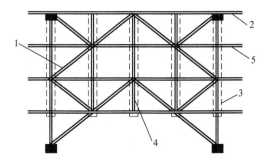

图 13-3　通信设备安装抗震计算简图

1—斜撑　2—连固铁　3—机架　4—上梁　5—列间撑铁

式中　G_j——各机架重力荷载标准值（kN）；

G_D——机架上部线、缆及走线架的重力荷载标准值（kN）；

G_L——联结构件的重力荷载标准值（kN）。

13.2.4　支撑构件及地脚锚栓

地脚锚栓是指设备底部与地面或者基础构件进行锚固的螺栓。

1）设备顶部支撑构件与建筑结构联结时，支撑构件轴向力、支撑构件截面、支撑构件锚栓和设备地脚锚栓的规格尺寸，应符合下列规定。

① 设备顶部支撑构件的轴向力计算简图应符合图 13-4 的要求，其轴向力应按下式计算：

$$N = \frac{\gamma_{Eh}F_H h_G}{mh_e} \qquad (13\text{-}5)$$

式中　N——支撑构件轴向力设计值（N）；

F_H——水平地震作用标准值（N）；

h_G——设备重心高度（mm）；

h_e——设备总高度（mm）；

m——支撑构件的数量；

γ_{Eh}——水平地震作用分项系数，取 1.3。

② 选择支撑构件截面时，应符合下列要求。

a. 可近似地按轴心受压构件验算支撑构件整体稳定性，其长细比限值应符合 GB 50017—2017

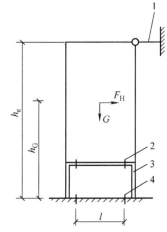

图 13-4　有支撑构件的设备计算简图

1—支撑构件　2—连接螺栓

3—抗震底座　4—地脚锚栓

《钢结构设计标准》关于容许长细比的相关规定。

$$N / \phi A \leqslant f \qquad (13\text{-}6)$$

式中　N——支撑构件轴向力设计值（N）；

A——支撑构件的毛截面面积（mm^2）；

f——钢材的抗拉、抗压和抗弯强度设计值（$\mathrm{N/mm}^2$）；

ϕ——轴心受压构件的稳定系数，根据 GB 50017—2017《钢结构设计标准》的相关
要求取值。

b. 支撑构件截面抗震验算，应采用下式的设计表达式：

$$S \leqslant R / \gamma_{\mathrm{RE}} \qquad (13\text{-}7)$$

式中　S——结构构件内力组合的设计值，包括组合的弯矩、轴向力和剪力设计值等；

R——支撑构件承载力设计值；

γ_{RE}——承载力抗震调整系数，非结构构件取 1.0。

③ 支撑构件锚固基材混凝土的受拉、受剪承载力设计值应符合 GB 50367—2013《混
凝土结构加固设计规范》基材混凝土承载力验算公式的要求，支撑构件锚固基材混凝土强
度等级不应低于 C20。

④ 支撑构件锚栓、设备地脚锚栓应符合 GB 50367—2013《混凝土结构加固设计规范》
相关规定，并符合下列规定。

a. 支撑构件锚栓拉力按下式计算：

$$N_{\mathrm{t}} = N / n \qquad (13\text{-}8)$$

式中　N——支撑构件轴向力设计值（N）；

n——锚栓数量；

N_{t}——锚栓拉力（N）。

b. 设备地脚锚栓的剪力，应按下式计算：

$$N_{\mathrm{v}} = \frac{\gamma_{\mathrm{Eh}} F_{\mathrm{H}}(h_{\mathrm{e}} - h_{\mathrm{G}})}{n h_{\mathrm{e}}} \qquad (13\text{-}9)$$

式中　N_{v}——锚栓剪力（N）。

c. 锚栓受拉、受剪以及同时受拉、受剪时应符
合 GB 50367—2013《混凝土结构加固设计规范》中
关于锚栓钢材承载力验算规定。

$$N_{\mathrm{t}} \leqslant N_{\mathrm{t}}^{\mathrm{a}} / R_{\mathrm{RE}} \qquad (13\text{-}10)$$

$$N_{\mathrm{v}} \leqslant V^{\mathrm{a}} / R_{\mathrm{RE}} \qquad (13\text{-}11)$$

式中　$N_{\mathrm{t}}^{\mathrm{a}}$——锚栓钢材受拉承载力设计值（N）；

V^{a}——锚栓钢材受剪承载力设计值（N）。

2）自立式设备的地脚锚栓规格尺寸，应根据其
所承受的拉力和剪力计算确定（见图 13-5），并应符
合下列规定。

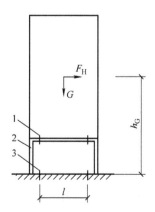

图 13-5　自立式设备地脚锚栓计算简图

1—连接螺栓　2—抗震底座　3—地脚锚栓

① 锚栓拉力应按下式计算：

$$N_t = \frac{\gamma_{Eh}F_H h_G - 0.45Gl}{n_t l} \quad (13\text{-}12)$$

式中 l——锚栓最小间距（mm）；

n_t——设备倾倒时，承受拉力一侧的锚栓总数。

② 锚栓剪力应按下式计算：

$$N_v = \frac{\gamma_{Eh}F_H}{n} \quad (13\text{-}13)$$

③ 根据以上公式计算出的 N_t 和 N_v 值，还应符合第13.2.4条4款③项的要求。

3）通信设备采用下送风方式安装，当抗震底座高度小于或等于900mm（抗震底座高度大于900mm时应专门研究），且顶部无联结构件支撑锚固时，带抗震底座设备对地锚固的锚栓规格尺寸，按本节第2）条的规定确定。设备与抗震底座间连接螺栓规格尺寸，应根据其所承受的拉力和剪力按下列公式确定。

① 设备相对于抗震底座的水平地震作用应按下式计算：

$$F_H = 3k_1 k_2 \alpha G \quad (13\text{-}14)$$

式中符号同式（13-1）。

② 连接螺栓的拉力和剪力应分别按式（13-12）和式（13-13）确定，并满足下列要求。

a. 螺栓拉力验算应满足下式要求：

$$N_t \leq N_t^b / R_{RE} \quad (13\text{-}15)$$

$$N_t^b = \frac{1}{4}\pi d_e^2 f_t^b \quad (13\text{-}16)$$

式中 N_t^b——螺栓受拉承载力设计值（N）；

d_e^2——螺栓在螺纹处的有效直径（mm）；

f_t^b——螺栓的抗拉强度设计值（N/mm²）。

b. 螺栓剪力验算应满足下式的要求：

$$N_v \leq N_v^b / R_{RE} \quad (13\text{-}17)$$

$$N_v \leq N_c^b / R_{RE} \quad (13\text{-}18)$$

$$N_v^b = \frac{1}{4}n_v \pi d^2 f_v^b \quad (13\text{-}19)$$

$$N_c^b = d\sum t f_c^b \quad (13\text{-}20)$$

式中 N_v^b、N_c^b——螺栓的受剪和承压承载力设计值（N）；

d——螺栓杆直径（mm）；

f_v^b、f_c^b——螺栓的抗剪和承压强度设计值（N/mm²）；

$\sum t$——在不同受力方向中一个受力方向承压构件总厚度的较小值（mm）；

n_{v}——螺栓受剪面数目。

c.同时承受剪力和拉力的螺栓，还应符合下式的要求：

$$\sqrt{\left(\frac{N_{\mathrm{v}}}{N_{\mathrm{v}}^{\mathrm{b}}}\right)^2 + \left(\frac{N_{\mathrm{t}}}{N_{\mathrm{t}}^{\mathrm{b}}}\right)^2} \leqslant 1 \qquad （13\text{-}21）$$

13.2.5　防滑铁件

无法用锚栓与地面直接锚固的通信设备，应在设备前后各用 L 型抗震防滑铁件进行锚固。设备底部用 L 型抗震防滑铁件锚固时，防滑铁件板厚和锚栓规格应符合下列规定。安装 L 型防滑铁件设备计算简图如图 13-6 所示。

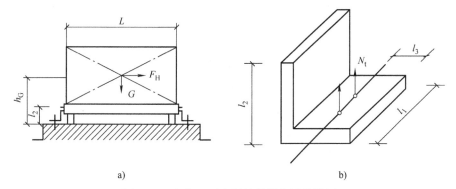

图 13-6　安装 L 型防滑铁件设备计算简图

注：l_2 是力的作用点到底面的高度。在设备底部以下的部位有线形（指轮廓线）的突出部分时，l_2 可从突出部分的底部算起。

① 防滑铁件的板厚应按下式计算：

$$t \geqslant \sqrt{\frac{6\gamma_{\mathrm{Eh}}F_{\mathrm{H}}l_2}{f(l_1 - md_0)n_{\mathrm{s}}}} \qquad （13\text{-}22）$$

式中　　t——防滑铁件的板厚（mm）；

l_1——防滑铁件的长度（mm）；

l_2——防滑铁件受力点到底面的高度（mm）；

d_0——锚栓孔直径（mm）；

n_{s}——设备一侧的防滑铁件的数量；

f——钢材的抗拉、抗压和抗弯强度设计值（N/mm²）；

m——每个防滑铁件上的锚栓数量。

② 锚栓的剪力应按下式计算：

$$N_{\mathrm{v}} = \gamma_{\mathrm{Eh}}F_{\mathrm{H}} / (mn_{\mathrm{s}}) \qquad （13\text{-}23）$$

③ 锚栓的拉力应按下式计算：

$$N_t = \gamma_{Eh} F_H l_2 / (l_3 m n_s) \qquad (13\text{-}24)$$

式中　l_3——锚栓孔中心至防滑铁件外边缘的距离（mm）（见图 13-6b）。

④ 采用防滑铁件锚固的设备，抗倾覆稳定性应按下式验算（见图 13-6a）：

$$0.5Gl / F_H(h_G - l_2) \geqslant 1.6 \qquad (13\text{-}25)$$

式中　G——设备重力荷载代表值（N）；

　　l——设备边长（mm）；

　　l_2——防滑铁件受力点到底面的高度（mm）。

当验算结果不满足公式要求时，应对设备上部采取支撑锚固措施。

13.2.6　吊挂结构

1）对于主走线架、过桥走线架等吊挂结构，计算地震作用时，可截取一档走线架上某个吊点至相邻两吊点距离的中点间的线、缆及走线架重量进行计算（见图 13-7）。计算长度内的线、缆及走线架总重力荷载按下式确定：

$$G = \sum G_D + G_L + 1.0 \qquad (13\text{-}26)$$

注：式中常数为检修集中荷载，取 1.0kN。

式中　G——吊挂结构承受的总重力荷载代表值（kN）；

　　G_D——机架上部线、缆及走线架的重力荷载标准值（kN）；

　　G_L——连接构件的重力荷载标准值（kN）。

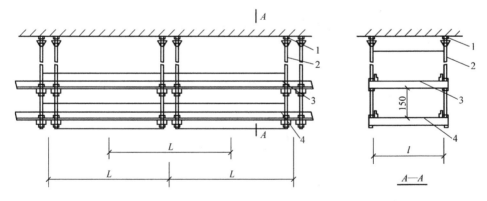

图 13-7　线、缆及走线架重量计算简图

1—吊点　2—吊杆　3—上走线架　4—下走线架

注：L—线、缆及走线架计算长度；l—走线架宽度。

2）吊杆地震作用应按下式确定：

$$F_D = 1.5 k_1 k_2 \left(1 + 2\frac{h}{H}\right) \alpha_{max} \, G \qquad (13\text{-}27)$$

式中　F_D——吊杆地震作用标准值（N）；

　　h——设备所在楼面的地上高度，计算吊挂结构吊杆拉力时还应计入该层层高（m）；

　　其余符号的定义及取值同式（13-1）。

3）吊杆拉力应按下式确定：

$$N = (\gamma_G G + \gamma_{EV} F_D) / m \qquad (13\text{-}28)$$

式中　N——吊杆拉力（N）；

　　　m——计算吊点的吊杆数量；

　　　γ_G——永久荷载分项系数，一般情况可采用 1.2；

　　　γ_{EV}——竖向地震作用分项系数，取值 1.3。

4）吊点锚栓的拉力应按式（13-8）计算，同时锚栓钢材受拉承载力应符合式（13-28）的规定。

5）吊点锚栓锚固基材混凝土承载力尚应符合 GB 50367—2013《混凝土结构加固设计规范》基材混凝土承载力验算公式的要求。

13.3　抗震措施

13.3.1　高压开关柜

数据中心使用的高压（10kV、20kV 和 35kV）配电柜主要包含：进线柜、PT 柜、计量柜、出线柜、转换柜、联络柜、隔离柜、环网柜等设备。

高压开关柜（10kV、20kV 和 35kV）、直流操作电源机柜等设备，同列相邻安装时，设备侧壁间至少有两点用 M8 螺栓紧固，设备底脚应与地面预埋铁件焊接或者每台设备不少于 4 个锚固点用不小于 M10 的螺栓与地面或者底座进行加固。

13.3.2　变压器

数据中心使用的变压器容量一般尺寸和重量较大，变压器底座应与地面预埋铁件进行焊接加固。同时变压器底座应采取防滑铁件定位措施，防滑铁件和锚栓应符合表 13-6 的规定。当变压器安装位置高于一层时，防滑铁件和锚栓应按相关规范重新计算确定。

表 13-6　变压器防滑铁件和锚栓规格、数量

楼　层	一层		
设备重量 /kg	9000	3500	1200
防滑铁件厚度 /mm	16	12	10
设备一侧的防滑铁件数量 n_s	2	2	2
防滑铁件长度 l_1/mm	400	250	200
力作用点到铁件底面高度 l_2/mm	80	80	60
螺孔中心至防滑铁件外侧边缘的距离 l_3/mm	50	50	50
防滑铁件固定锚栓数量 m	4	2	2
锚栓规格	M12	M12	M12

13.3.3　低压开关柜

数据中心使用的低压开关柜主要包含：进线柜、联络柜、补偿柜、转换柜、出线柜等

设备。

低压开关柜等电源设备，同列相邻安装时，设备侧壁间至少有两点用 M8 螺栓紧固，设备底脚应与地面预埋铁件焊接或者每台设备不少于 4 个锚固点用不小于 M10 的螺栓与地面或者底座进行加固。

13.3.4 不间断电源设备

交流配电屏、直流配电屏、高频开关电源机柜、交流 UPS 机柜、发电机组控制屏、转换屏、并机屏等通信电源设备，同列相邻安装时，设备侧壁间至少有两点用螺栓紧固，设备底脚应采用不少于 4 个锚固点用不小于 M10 的螺栓与地面或者底座进行加固。

13.3.5 蓄电池组

数据中心一般建设大量的蓄电池组，包括直流电源蓄电池组和交流 UPS 蓄电池组，在抗震设防时，应采用钢抗震架（柜）安装蓄电池组，钢抗震架（柜）底部应与地面锚固，蓄电池组锚栓规格数量见表 13-7。

表 13-7　蓄电池组锚栓规格数量

蓄电池组容量 /Ah	楼层		
	上层	下层	一层
200	4×M12	4×M10	4×M10
700	4×M12	4×M10	4×M10
800	4×M12	4×M12	4×M10
1400	4×M12	4×M12	4×M10
1600	6×M12	6×M12	4×M12
3000	6×M12	6×M12	4×M12

注：上层指建筑物地上楼层的上半部分，下层指建筑物地上楼层的下半部分；单层房屋按表内一层考虑。

当抗震设防为 9 度，采用抗震架安装蓄电池组时，抗震架操作面应加装抗震压条对蓄电池进行压固。抗震架与蓄电池之间、蓄电池与蓄电池之间应加装缓冲材料。蓄电池和抗震架整体组成的设备应达到基本抗震设防要求。

依据大量的蓄电池抗震试验数据统计和归纳结果，并且根据我国近期的地震发生地区的实际验证，钢抗震架护杆的设计高度在蓄电池重心高度 1/2 ~ 4/5 之间，能够达到较好的抗震效果。如果低于蓄电池重心高度的 1/2，蓄电池本体上部振动较大，蓄电池易倾斜；如果高于蓄电池重心高度 4/5，蓄电池本体同样易发生倾斜，甚至从下部滑落。

13.3.6 发电机组

安装在混凝土基础上的发电机组，机组底盘可以采用"二次灌浆"锚栓锚固，发动机组安装在一层时，锚栓规格数量应不小于表 13-8 的规定。基础混凝土强度等级应不低于 C20，锚栓埋深应满足 GB 50367—2013《混凝土结构加固设计规范》的要求。当发动机组安装位置高于一层时，应按照相关规定重新计算"二次灌浆"地脚锚栓规格和数量。

表 13-8　"二次灌浆"地脚锚栓规格

楼　层	一层
机组重量 ≤ 7000kg	4 × M18
7000kg < 机组重量 ≤ 12000kg	4 × M20
12000kg < 机组重量 ≤ 20000kg	4 × M24

当机组重量小于或等于 9000kg 时，除机组底盘应采用锚栓对地面锚固，锚栓进入混凝土基础部分应不小于 80mm 外，机组底盘外侧应采取防滑铁件定位措施。发动机组安装在一层时，防滑铁件和防滑铁件的固定锚栓应符合表 13-9 的规定。当发动机组安装位置高于一层时，防滑铁件和防滑铁件的固定锚栓应按相关规范重新计算规定确定。

表 13-9　柴油发电机组防滑铁件和锚栓规格、数量

楼　层	一层		
机组重量 /kg	9000	2500	1600
防滑铁件厚度 /mm	16	12	10
设备一侧的防滑铁件数量 n_s	4	4	2
防滑铁件长度 l_1/mm	200	150	120
力作用点到铁件底面高度 l_2/mm	80	80	60
螺孔中心至防滑铁件外侧边缘的距离 l_3/mm	50	50	50
防滑铁件固定锚栓数量 m	2	2	2
锚栓规格	M12	M12	M12

安装在混凝土基础上的发电机组不具备"二次灌浆"锚栓锚固条件时，发动机组底座应不少于 4 个锚固点用不小于 M18 的螺栓与混凝土基础进行加固，或者按照发电机厂家提供的图纸进行加固。

发电机组排气管和消音器应采用吊挂方式锚固，吊杆间距不大于 1.5m，吊杆直径不小于 10mm，每根吊杆用不小于 2 个锚栓与楼板或梁锚固。

储油罐和燃油箱等箱体应与基础或满足抗震要求的墙体锚固。储油罐和燃油箱等箱体与墙体或地面的锚固按相关规定确定。

13.3.7　其他设备

蓄电池组与电源设备之间应采用软电缆连接，并预留满足工程要求的变形余量。

密集型母线水平布放时，要通过绝缘物使母线与母线减震支架或母线减震吊挂装置固定。

密集型母线垂直布放时，要通过绝缘物使母线与母线减震支架固定。

密集型母线垂直布放或者水平布放超过 50m 时，每 50m 应设置一处母线软连接装置。

有的设备不具备用锚栓对地锚固的条件，如无孔洞，或留了孔洞但无起码的操作空间等。尤其对已开通运转业务的设备，在机架内底部对地打洞，易影响设备的正常运行。为此，采用在设备前后用 L 型抗震防滑铁件对地锚固的方法，此方法曾在一些地区采用，既不影响设备维修和业务运行，又起到对设备的锚固作用。

注：本章所说的与地面加固均指和混凝土部分加固，如有垫层，应透过垫层和混凝土部分加固。

13.4　典型抗震设计图样

1）机房走线架安装平面示意图（一）。

2）机房走线架安装平面示意图（二）。

3）机房走线架安装平面示意图（三）。

4）电缆走线架与承重墙加固示意图。

5）电缆走线架穿墙洞加固示意图。

6）直立式设备底部连接加固示意图。

7）设备底部连接加固示意图。

8）抗震底座Ⅰ结构图。

9）抗震底座Ⅱ结构图。

10）阀控式密封铅酸蓄电池组立式安装示意图。

11）阀控式密封铅酸蓄电池组卧式安装示意图。

12）母线软连接头应用示意图。

13）母线过沉降缝连接图。

14）交直流配电设备安装加固示意图。

15）母线吊挂加固示意图。

16）柴油发电机组在基础上固定示意图（一）。

17）柴油发电机组在基础上固定示意图（二）。

18）柴油发电机组在减震器上固定示意图。

19）发电机组排气管垂直吊挂图。

20）燃油箱扁钢固定示意图。

21）电力电缆直埋敷设及电缆沟内固定示意图。

22）机房伸缩缝处汇流条连接示意图。

以上内容见附录 H。

附 录

附录 A 电力机房土建，温、湿度和照明要求

表 A-1 电力机房一般土建要求表

机房名称	机房最低净高/m		楼地面标准荷重/（kN/m²）	地面面层材料	墙面面层材料	顶棚面层材料	天然采光等级宽/m	门		外窗	耐火等级
								宽/m	高/m		
高压配电室	电缆进线	4.0	8	水磨石地面或水泥抹面并压光，保证平整、光滑、不起尘	水泥砂浆抹平，表面涂涂料	水泥砂浆抹平，表面涂涂料		1.5	≥ 2.5	防尘窗	二级
变压器室	干式变压器	≥ 4.0	根据变压器重量确定				Ⅲ	宽度≥最大不可拆卸部件宽度 +0.3m 高度≥最大不可拆卸部件高度 +0.5m		金属百叶窗	二级
低压配电室	4.0		8					1.5	2.5	防尘窗	二级
发电机房	距机组高度顶端的距离，应不小于1.5m（应根据进出风口面积要求确定）		发电机基础按机组重量及尺寸设计，基础外地面荷重为6kN/m²	水磨石地面或水泥抹面并压光，保证平整、光滑、不起尘	水泥砂浆抹平，表面涂涂料	水泥砂浆抹平，表面涂涂料	Ⅲ	宽度≥最大不可拆卸部件宽度 +0.3m 高度≥最大不可拆卸部件高度 +0.5m		一般窗	≥二级
发电机控制室	4.0		8					1.5	2.5	防尘窗	
储油箱间	地上式	3	6	水泥抹面并压光，保证平整、光滑、不起尘	水泥砂浆抹平，表面涂涂料	水泥砂浆抹平，表面涂涂料	—	≥ 0.8	≥ 1.8	—	一级

（续）

机房名称	机房最低净高 /m		楼地面标准荷重 /（kN/m²）	地面面层材料	墙面面层材料	顶棚面层材料	天然采光等级宽 /m	门		外窗	耐火等级
								宽 /m	高 /m		
储油罐间	地下式	4	视储油罐重量而定	水泥抹面并压光，保证平整、光滑、不起尘	砂浆抹平，表面涂防水涂料	砂浆抹平，表面涂防水涂料	—	1.0	≥ 2.1	—	一级
电力室	3.2		10	水磨石地面或环氧耐磨地面	水泥砂浆抹平，表面涂涂料	水泥砂浆抹平，表面涂涂料	Ⅲ	1.5	2.3~2.5	防尘窗	≥ 二级
电池室			16~20（根据蓄电池组布放层数和重量确定）								

表 A-2　电力机房温、湿度要求表

机房名称	温度要求 /℃	湿度要求（%）
高压配电室	5~35	≤ 95
变压器室	5~35	≤ 95
低压配电室	5~35	≤ 95
发电机房	5~35	≤ 95
发电机控制室	5~35	≤ 95
储油间	5~35	≤ 95
电力室	5~35	10~90
电池室	①	—

① 电池室温度应根据所选蓄电池的温度特性确定。

表 A-3　电力机房照明要求表

机房名称	规定照度的被照面	照明方式	推荐照度 /lx
高压配电室	水平面	一般照明	200
变压器室	水平面	一般照明	200
低压配电室	水平面	一般照明	200
发电机房	水平面	一般照明	200
发电机控制室	水平面	一般照明	200
储油（间）库	水平面	一般照明	200
电力室	水平面	一般照明	200
电池室	水平面	一般照明	200

注：储油（间）库应采用防爆灯具。

附录 B　全国主要城市地震基本烈度对照表

表 B-1　全国主要城市地震基本烈度对照表

序号	城市	地震基本烈度	序号	城市	地震基本烈度	序号	城市	地震基本烈度
1	北京	8	34	蚌埠	7	67	武汉	6
2	天津	7	35	芜湖	6	68	郑州	7
3	塘沽	7	36	马鞍山	6	69	洛阳	7
4	石家庄	7	37	铜陵	6	70	安阳	8
5	邯郸	7	38	南昌	6	71	焦作	7
6	张家口	7	39	九江	6	72	三门峡	7
7	廊坊	8	40	唐山	8	73	新乡	8
8	秦皇岛	7	41	太原	8	74	濮阳	7
9	大同	7	42	沈阳	7	75	成都	7
10	临汾	8	43	鞍山	7	76	重庆	6
11	运城	7	44	哈尔滨	6	77	自贡	7
12	呼和浩特	8	45	徐州	7	78	西昌	9
13	包头	8	46	杭州	6	79	渡口	9
14	通辽	7	47	淮南	7	80	昆明	8
15	赤峰	7	48	淮北	6	81	东川	9
16	大连	7	49	福州	7	82	下关	9
17	锦州	6	50	厦门	7	83	贵阳	6
18	营口	7	51	泉州	7	84	拉萨	8
19	丹东	7	52	漳州	7	85	西安	8
20	抚顺	7	53	济南	6	86	咸阳	7
21	长春	7	54	枣庄	7	87	宝鸡	7
22	白城	7	55	青岛	6	88	兰州	8
23	吉林	7	56	烟台	7	89	天水	8
24	松原	8	57	德州	6	90	嘉峪关	7
25	上海	7	58	广州	7	91	西宁	7
26	南京	7	59	湛江	7	92	乌鲁木齐	8
27	无锡	6	60	汕头	8	93	银川	8
28	常州	7	61	海口	8	94	石嘴山	8
29	连云港	7	62	深圳	7			
30	南通	6	63	珠海	7			
31	温州	6	64	北海	6			
32	宁波	6	65	南宁	6			
33	合肥	7	66	长沙	6			

附录 C　声环境功能区分类

按区域的使用功能特点和环境质量要求，声环境功能区分为以下五种类型：

0 类声环境功能区：指康复疗养区等特别需要安静的区域。

1 类声环境功能区：指以居民住宅、医疗卫生、文化教育、科研设计、行政办公为主要功能，需要保持安静的区域。

2 类声环境功能区：指以商业金融、集市贸易为主要功能，或者居住、商业、工业混杂，需要维护住宅安静的区域。

3 类声环境功能区：指以工业生产、仓储物流为主要功能，需要防止工业噪声对周围环境产生严重影响的区域。

4 类声环境功能区：指交通干线两侧一定距离之内，需要防止交通噪声对周围环境产生严重影响的区域，包括 4a 类和 4b 类两种类型。4a 类为高速公路、一级公路、二级公路、城市快速路、城市主干路、城市次干路、城市轨道交通（地面段）、内河航道两侧区域；4b 类为铁路干线两侧区域。

5 环境噪声限值

各类声环境功能区适用表 C-1 规定的环境噪声等效声级限值。

表 C-1　环境噪声等效声级限值表　　　环境噪声限值单位：dB（A）

声环境功能区类别	时段	昼间	夜间
0 类		50	40
1 类		55	45
2 类		60	50
3 类		65	55
4 类	4a	70	55
	4b	70	60

附录 D　电器外壳防护等级

电器外壳防护等级由表征字母"IP"和附加在后的两个特征数字所组成，每个特征数字的具体含义见表 D-1：

表 D-1　电器外壳防护等级表

特征数字	第一位特征数字：表示防止接近危险部件和防止固体异物进入的防护等级	第二位特征数字：表示防止水进入的防护等级
0	无防护	无防护
1	防止手背接近危险部件和直径不小于 50mm 的固体异物进入	防止垂直方向滴水进入
2	防止手指接近危险部件和直径不小于 12.5mm 的固体异物进入	防止当外壳在 15° 范围内倾斜时垂直向滴水进入
3	防止工具接近危险部件和直径不小于 2.5mm 的固体异物进入	防止沿 60° 以内倾角喷洒来的水进入
4	防止金属线接近危险部件和直径不小于 1.0mm 的固体异物进入	防止从任意方向溅来的水进入
5	防止金属线接近危险部件，并能防止灰尘的有害沉积	防止从任意方向喷射来的水进入
6	防止金属线接近危险部件，并能防止灰尘进入	防止从任意方向强烈喷射来的水进入
7	—	防止短时浸水影响
8	—	防止持续潜水影响

注：当只需要一个表征数字表示某一防护等级时，被省略的数字以字母"X"代替。

附录 E　常用设备的使用参考年限

表 E-1　数据中心常用电源设备的使用年限表

序号	设备名称	使用年限
1	高压开关柜	25 年
2	配电变压器	20 年
3	低压开关柜	25~30 年
4	备用柴油发电机组	≥ 20 年 *
5	直流 UPS	10 年
6	交流 UPS	8~10 年
7	阀控式铅酸蓄电池	8~10 年
8	锂离子蓄电池	10 年
9	监控系统采集设备	10 年
10	电力电缆	≥ 20 年

注：1. 表中使用年限为参考年限。

　　2."*"影响各设备及使用寿命主要取决于以下四个方面：1）产品质量；2）运行强度；3）使用环境；4）维护保养。

附录 F　爆炸和火灾危险场所的等级

　　爆炸和火灾危险场所的等级，应根据发生事故的可能性和后果，按危险程度及物质状态的不同划分为三类八级，以便采取相应措施，防止由于电气设备和线路的火花、电弧或危险温度引起爆炸或火灾的事故。三类八级划分如下：

　　1）第一类气体或蒸汽爆炸性混合物的爆炸危险场所分为三级：

　　① Q-1 级场所：正常情况下能形成爆炸性混合物的场所。

　　② Q-2 级场所：正常情况下不能形成，但在不正常情况下能形成爆炸性混合物的场所。

　　③ Q-3 级场所：正常情况下不能形成，但在不正常情况下形成爆炸性混合物可能性较小的场所。如：该场所内爆炸危险物质的量较少，爆炸性危险物质的比重很小且难以积聚，爆炸下限较高并有强烈气味等。

　　2）第二类粉尘或纤维爆炸性混合物的爆炸危险场所分为二级：

　　① G-1 级场所：正常情况下能形成爆炸性混合物的场所。

　　② G-2 级场所：正常情况下不能形成，但在不正常情况下能形成爆炸性混合物的场所。

　　3）第三类火灾危险场所分为三级：

　　① H-1 级场所：在生产过程中产生、使用、加工、贮存或转运闪点高于场所环境温度的可燃液体，在数量和配置上引起火灾危险的场所。

　　② H-2 级场所：在生产过程中悬浮状、堆积状的可燃粉尘或可燃纤维不可能形成爆炸性混合物，而在数量和配置上能引起火灾危险的场所。

　　③ H-3 级场所：固体状可燃物在数量和配置上能引起火灾危险的场所。

附录 G　全国主要城市雷暴日表

表 G-1　全国主要城市雷暴日表

序号	省（自治区/直辖市）	城镇	雷暴日数（d/a）	序号	省（自治区/直辖市）	城镇	雷暴日数（d/a）
1	北京市	北京城区	36.3	38	辽宁省	抚顺	28.3
2	天津市	天津城区	29.3	39		本溪	33.7
3		塘沽	25.3	40		丹东	27.3
4	河北省	石家庄	31.2	41		锦州	28.8
5		唐山	32.7	42		营口	30.0
6		邢台	30.2	43		阜新	27.7
7		保定	30.7	44		朝阳	36.9
8		张家口	45.4	45	吉林省	长春	35.2
9		承德	41.9	46		吉林	40.5
10		秦皇岛	34.7	47		四平	33.7
11		沧州	29.4	48		通化	36.7
12	山西省	太原	34.5	49		图们	23.8
13		大同	42.3	50		白城	29.9
14		阳泉	40.0	51		天池	28.4
15		长治	33.7	52		延吉	22.8
16		临汾	31.1	53	黑龙江省	哈尔滨	27.7
17		离石	38.5	54		齐齐哈尔	27.7
18		晋城	32.0	55		大庆	31.9
19		运城	23.0	56		双鸭山	29.8
20	内蒙古自治区	呼和浩特	36.1	57		宝清	29.8
21		包头	34.7	58		牡丹江	27.5
22		杭锦后旗	23.9	59		佳木斯	32.2
23		东胜	34.8	60		伊春	35.4
24		集宁	47.3	61		鹤岗	27.3
25		二连浩特	23.3	62		鸡西	29.9
26		赤峰	32.4	63		绥芬河	27.1
27		通辽	27.6	64		嫩江	31.3
28		满洲里	28.3	65		加格达奇	28.7
29		海拉尔	30.1	66		漠河	35.2
30		东乌珠穆沁旗	32.4	67		黑河	31.5
31		乌兰浩特	29.8	68		嘉荫	32.9
32		锡林浩特	27.9	69		铁力	36.3
33		加格达奇	28.7	70	上海市	上海城区	28.4
34		乌海	16.6	71	江苏省	南京	32.6
35	辽宁省	沈阳	26.9	72		徐州	29.4
36		大连	19.2	73		连云港	29.6
37		鞍山	26.9	74		常州	35.7

（续）

序号	省（自治区／直辖市）	城镇	雷暴日数（d/a）	序号	省（自治区／直辖市）	城镇	雷暴日数（d/a）
75	江苏省	苏州	28.1	113	江西省	赣州	67.2
76		南通	35.6	114		吉安	71.6
77		淮阴	37.8	115		宜春	67.5
78		扬州	32.9	116		新余	59.4
79		盐城	31.9	117		鹰潭	70.0
80		泰州	32.1	118		广昌	69.4
81	浙江省	杭州	37.6	119	山东省	济南	25.4
82		宁波	40.0	120		青岛	20.8
83		温州	51.0	121		淄博	28.3
84		衢州	57.6	122		烟台	23.2
85		金华	61.9	123		东营	32.2
86		定海	28.7	124		潍坊	28.4
87		丽水	60.5	125		威海	21.2
88	安徽省	合肥	30.1	126		临沂	28.2
89		芜湖	34.6	127		济宁	29.1
90		蚌埠	31.4	128		兖州	29.1
91		安庆	44.3	129		泰安	31.3
92		铜陵	32.2	130		惠民	29.1
93		黄山（屯溪）	57.5	131		德州	29.2
94		宿州	32.8	132		菏泽	30.6
95		阜阳	31.9	133		日照	29.1
96		亳州	28.0	134		枣庄	32.7
97		六安	30.4	135	河南省	郑州	21.4
98	福建省	福州	55.0	136		开封	28.2
99		厦门	47.4	137		洛阳	24.8
100		莆田	43.2	138		焦作	26.4
101		三明	67.5	139		新乡	24.1
102		泰宁	70.8	140		安阳	28.6
103		龙岩	74.1	141		濮阳	28.0
104		宁德	54.0	142		商丘	25.0
105		漳州	60.5	143		三门峡	24.3
106		建阳	65.5	144		信阳	28.8
107		南平	64.5	145		南阳	30.6
108	江西省	南昌	56.4	146		平顶山	28.9
109		景德镇	59.8	147		许昌	25.5
110		九江	45.7	148		驻马店	31.4
111		上饶	65.0	149	湖北省	武汉	34.2
112		玉山	65.7	150		黄石	50.4

（续）

序号	省（自治区/直辖市）	城镇	雷暴日数（d/a）	序号	省（自治区/直辖市）	城镇	雷暴日数（d/a）
151	湖北省	十堰	18.8	189	广西壮族自治区	梧州	93.5
152		老河口	26.0	190		玉林	102.6
153		襄樊	28.1	191		北海	83.1
154		钟祥	42.0	192		东兴	96.5
155		荆州	38.4	193		百色	71.2
156		宜昌	44.6	194		河池	64.0
157		恩施	49.7	195		凭祥	83.4
158	湖南省	长沙	46.6	196	海南省	海口	104.3
159		株洲	52.3	197		儋州	120.0
160		衡阳	55.1	198		琼中	115.5
161		邵阳	57.0	199		三亚	69.9
162		岳阳	45.0	200	重庆市	重庆城区	36.0
163		益阳	47.3	201		万州	47.2
164		沅江	48.8	202		奉节	43.8
165		常德	54.3	203		涪陵	48.5
166		张家界	48.3	204		酉阳	47.9
167		怀化	49.9	205	四川省	成都	34.0
168		芷江	66.4	206		宜宾	39.3
169		永州	65.3	207		自贡	37.6
170		郴州	61.5	208		泸州	39.1
171	广东省	广州	76.1	209		内江	40.6
172		汕头	52.6	210		乐山	42.9
173		湛江	94.6	211		绵阳	34.9
174		茂名	94.4	212		平武	32.0
175		信宜	108.9	213		广元	28.4
176		台山	87.8	214		巴中	37.1
177		高要	105.7	215		达州	37.1
178		连州	71.8	216		南充（南坪）	40.1
179		韶关	77.9	217		仪陇	36.4
180		梅州	79.6	218		遂宁	41.9
181		汕尾	52.9	219		若尔盖	64.2
182		惠阳	87.1	220		马尔康	65.7
183		深圳	73.9	221		甘孜	81.5
184		珠海	64.2	222		巴塘	78.4
185	广西壮族自治区	南宁	84.6	223		康定	52.1
186		柳州	67.3	224		雅安	35.7
187		桂林	78.2	225		西昌	73.2
188		贺州	91.5	226		攀枝花	66.3

（续）

序号	省（自治区／直辖市）	城镇	雷暴日数（d/a）	序号	省（自治区／直辖市）	城镇	雷暴日数（d/a）
227	贵州省	贵阳	49.4	265	陕西省	武功	20.1
228		遵义	53.3	266		宝鸡	19.7
229		桐梓	46.7	267		汉中	31.4
230		铜仁	57.0	268		安康	32.3
231		凯里	59.4	269		商州	31.3
232		独山	53.1	270	甘肃省	兰州	23.6
233		毕节	61.3	271		天水	16.3
234		六盘水	68.0	272		平凉	32.8
235		盘县	80.1	273		临夏	39.9
236		兴义	77.4	274		临洮	35.5
237		安顺	63.1	275		白银	24.6
238		罗甸	72.9	276		靖远	23.9
239	云南省	昆明	63.4	277		武威	13.7
240		东川	52.4	278		金昌（永昌）	19.6
241		昭通	58.4	279		张掖	11.9
242		个旧	50.2	280		酒泉	12.9
243		香格里拉	45.7	281		敦煌	3.5
244		德钦	20.6	282	青海省	西宁	31.7
245		丽江	75.8	283		格尔木	2.3
246		泸水	75.8	284		德令哈	19.8
247		大理	49.8	285		都兰	8.8
248		楚雄	63.5	286		茶卡	27.2
249		保山	49.8	287		刚察	60.4
250		腾冲	79.8	288		祁连	56.0
251		临沧	82.3	289		化隆	50.1
252		思茅	97.4	290		玛多	46.8
253		景洪	120.8	291		玉树	69.4
254	西藏自治区	拉萨	68.9	292	宁夏回族自治区	银川	18.3
255		日喀则	78.8	293		石嘴山	24.0
256		那曲	85.2	294		中宁	15.4
257		昌都	57.1	295		同心	25.0
258		林芝	47.5	296		固原	31.0
259		噶尔（狮泉河）	19.1	297	新疆维吾尔自治区	乌鲁木齐	9.3
260	陕西省	西安	15.6	298		哈密	6.8
261		榆林	29.6	299		吐鲁番	8.7
262		延安	30.5	300		阿勒泰	21.4
263		铜川	25.7	301		塔城	27.7
264		渭南	22.1	302		克拉玛依	31.3

（续）

序号	省（自治区/直辖市）	城镇	雷暴日数（d/a）	序号	省（自治区/直辖市）	城镇	雷暴日数（d/a）
303	新疆维吾尔自治区	石河子	19.4	309	新疆维吾尔自治区	喀什	26.5
304		奎屯	21.0	310		和田	2.8
305		伊宁	27.2	311		且末	4.6
306		库尔勒	21.6	312	台湾省	台北	27.9
307		库车	26.5	313	香港特别行政区	—	34.0
308		阿克苏	32.7	314	澳门特别行政区	—	参见珠海64.2

附录 H　抗震设计图样

（1）机房走线架安装平面示意图（一）

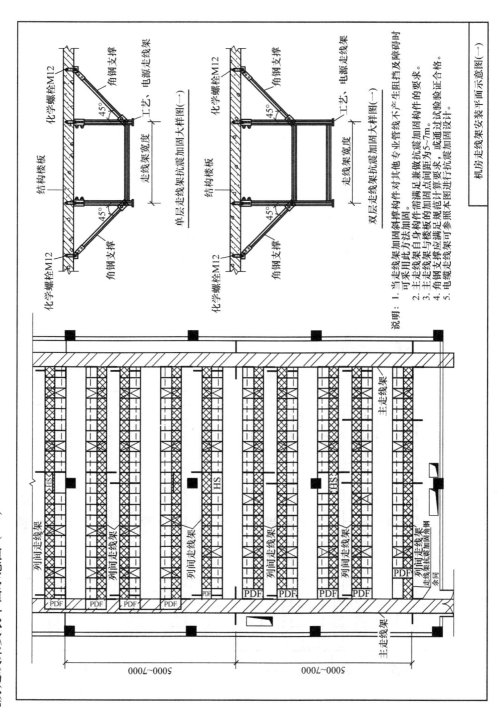

说明：1. 当走线架加固斜撑构件对其他专业管线不产生阻挡及障碍时可采用此方法加固。
2. 主走线架自身构件需做满足抗震加固构件的要求。
3. 主走线架与楼板的加固点间距为5~7m。
4. 角钢支撑应满足设计计算要求，或通过试验验证合格。
5. 电缆走线架可参照本图进行抗震加固设计。

机房走线架安装平面示意图（一）

单层走线架抗震加固大样图（一）

双层走线架抗震加固大样图（一）

化学螺栓M12　角钢支撑　工艺、电源走线架　走线架宽度　结构楼板

化学螺栓M12　角钢支撑　工艺、电源走线架　走线架宽度　结构楼板

列间走线架　PDF　主走线架　列间走线架抗震加固角钢　余同

5000~7000

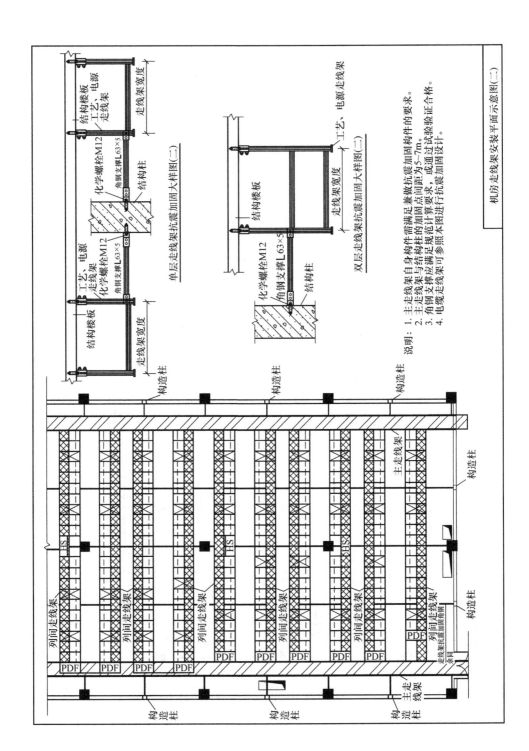

（2）机房走线架安装平面示意图（二）

（3）机房走线架安装平面示意图（三）

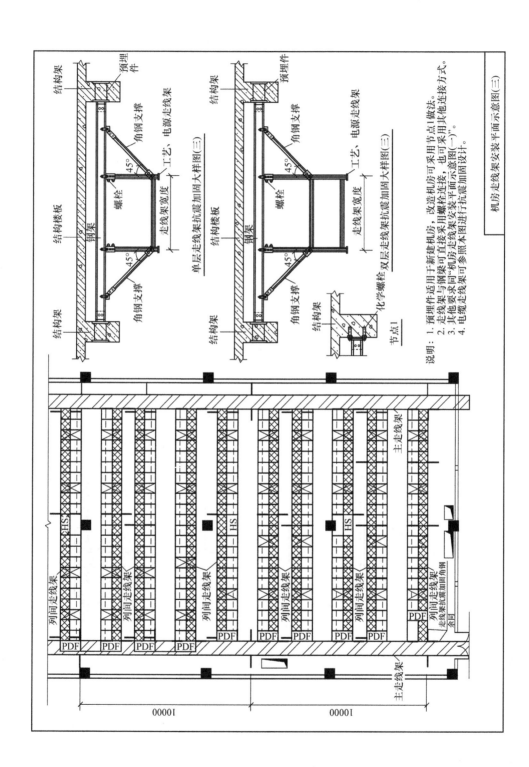

说明：1. 预埋件适用于新建机房，改造机房可采用节点1做法。
2. 走线架与钢梁可直接采用螺栓连接，也可采用其他连接方式。
3. 其他要求同"机房走线架安装平面示意图（一）"。
4. 电缆走线架可参照本图进行抗震加固设计。

机房走线架安装平面示意图（三）

（4）电缆走线架与承重墙加固示意图

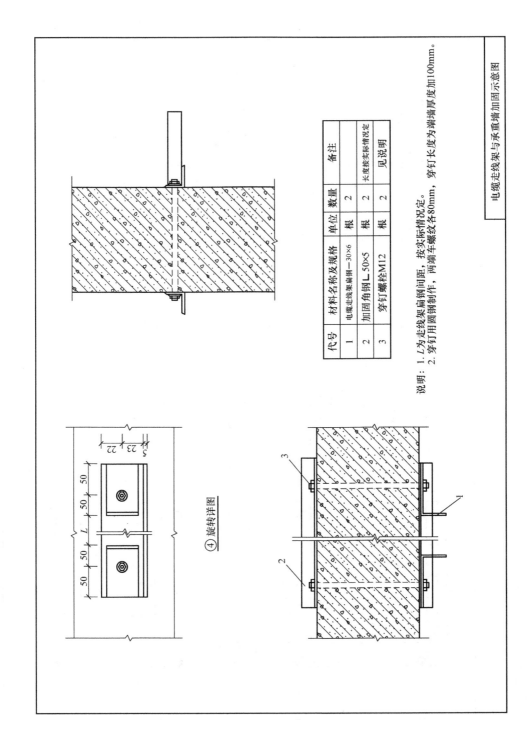

代号	材料名称及规格	单位	数量	备注
1	电缆走线架扁钢—30×6	根	2	
2	加固角钢 ∟50×5	根	2	长度按实际情况定
3	穿钉螺栓M12	根	2	见说明

说明：1. L为走线架扁钢间距，按实际情况定。穿钉长度为端墙厚度加100mm。
2. 穿钉用圆钢制作，两端车螺纹各80mm。

电缆走线架与承重墙加固示意图

④ 旋转详图

（5）电缆走线架穿墙洞加固示意图

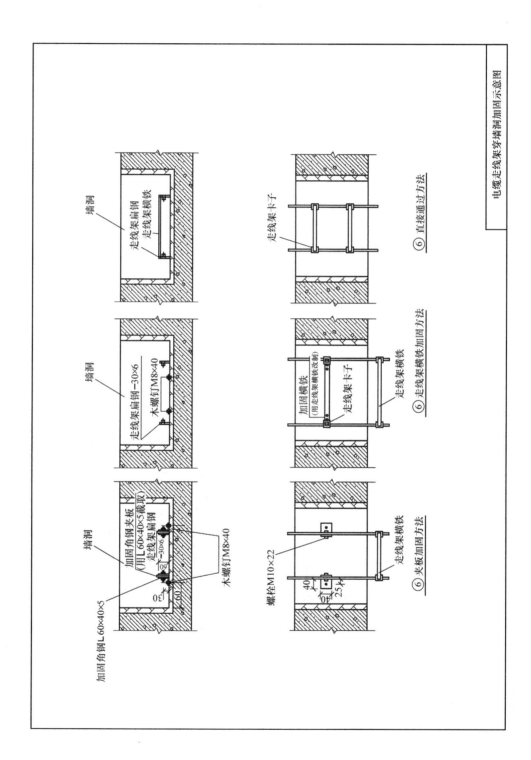

电缆走线架穿墙洞加固示意图

（6）直立式设备底部连接加固示意图

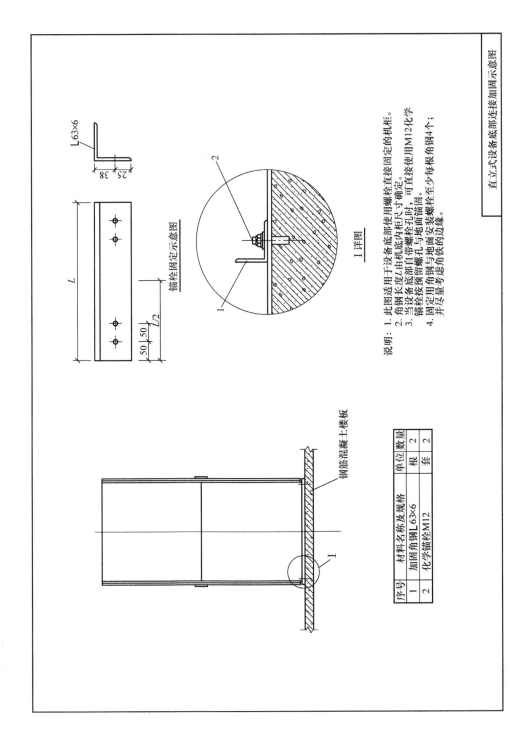

直立式设备底部连接加固示意图

说明：1. 此图适用于设备底部使用螺栓直接固定的机柜。
2. 角钢长度 L 由机底内柜尺寸确定。
3. 当设备底部自带螺栓孔时，可直接使用M12化学锚栓按预留螺孔与地面锚固。
4. 固定用角钢与地面安装螺栓至少每根角钢4个；并尽量考虑角铁角钢的边缘。

序号	材料名称及规格	单位	数量
1	加固角钢L 63×6	根	2
2	化学锚栓M12	套	2

钢筋混凝土楼板

锚栓固定示意图

I详图

（7）设备底部连接加固示意图

设备底部连接加固示意图

设备安装立面图

架空地板

机柜

机柜

机柜

机柜

机柜

A—A安装立面图

架空地板

说明：1. 抗震底座构件之间采用焊接连接，采用等强对接焊。
2. 本图以三模块组合为例布置，可根据实际机柜数量调整设置。

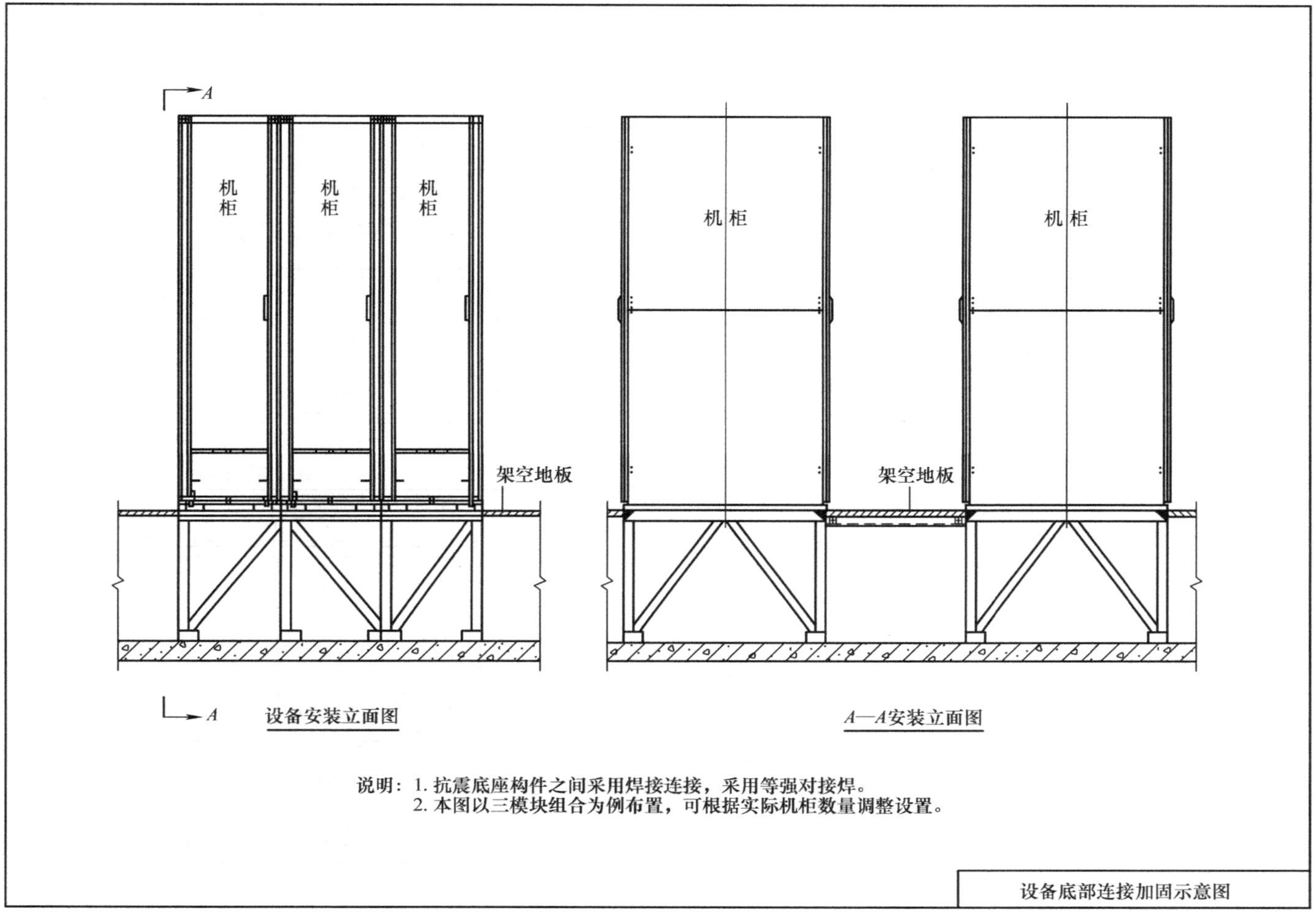

（8）抗震底座Ⅰ结构图

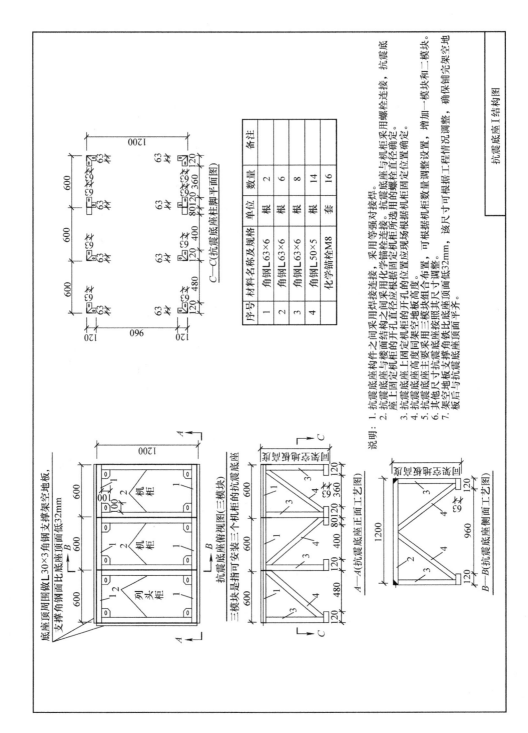

说明：1. 抗震底座构件之间采用焊接连接，采用等强对接焊。
2. 抗震底座与机柜之间结构之间采用化学锚栓连接。抗震底座与机柜采用螺栓连接，抗震底座上固定机柜的开孔应根据机柜所选用的螺栓直径位置确定。
3. 抗震底座上固定机柜的开孔直径应根据现场固定机柜固定位置确定。
4. 抗震底座高度同要采用三模块装配式。
5. 抗震底座主要采用三模块组合布置，可根据机柜数量调整设置，增加一模块和二模块。
6. 其他尺寸抗震底座按照其尺寸调整，该尺寸可根据工程情况调整，确保锚完架空地。
7. 架空地板支撑比抗震底座顶面铁支撑底面顶面32mm，板后与抗震底座顶面平齐。

（9）抗震底座Ⅱ结构图

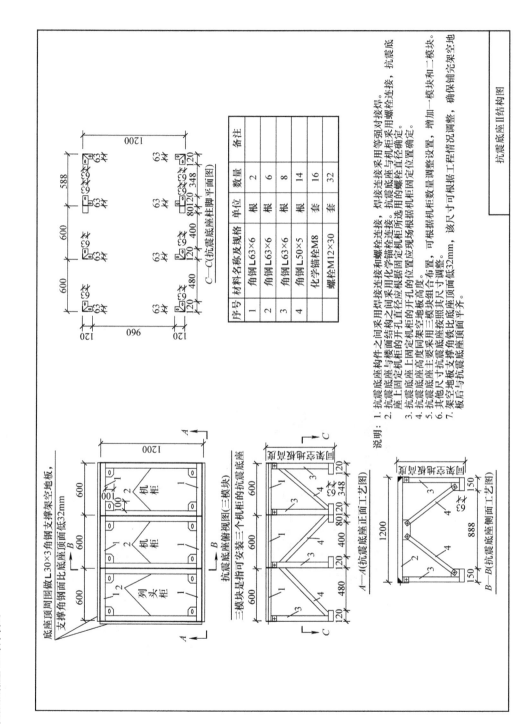

抗震底座Ⅱ结构图

（10）阀控式密封铅酸蓄电池组立式安装示意图

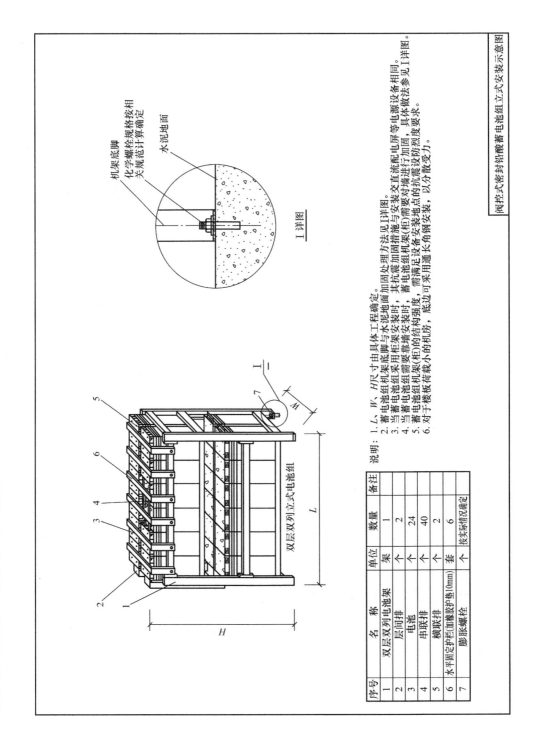

序号	名　　称	单位	数量	备注
1	双层双列电池架	架	1	
2	层间排	个	2	
3	电池	个	24	
4	串联排	个	40	
5	横联排	套	2	
6	水平固定护栏(加橡胶护垫10mm)	个	6	
7	膨胀螺栓			按实际情况确定

说明：1. L、W、H尺寸由具体工程确定。
　　　2. 蓄电池组机架底脚与水泥地面加固处理方法见I详图。
　　　3. 当蓄电池组采用柜架安装时，其抗震加固措施与安装交直流配电屏等电源设备相同。
　　　4. 当蓄电池组需要靠墙安装时，蓄电池组机架(柜)需要对墙进行加固，具体做法参见I详图。
　　　5. 蓄电池组机架(柜)的结构强度，需满足设备安装地点的抗震设防烈度要求。
　　　6. 对于楼板荷载小的机房，底边可采用通长角钢安装，以分散受力。

阀控式密封铅酸蓄电池组立式安装示意图

（11）阀控式密封铅酸蓄电池组卧式安装示意图

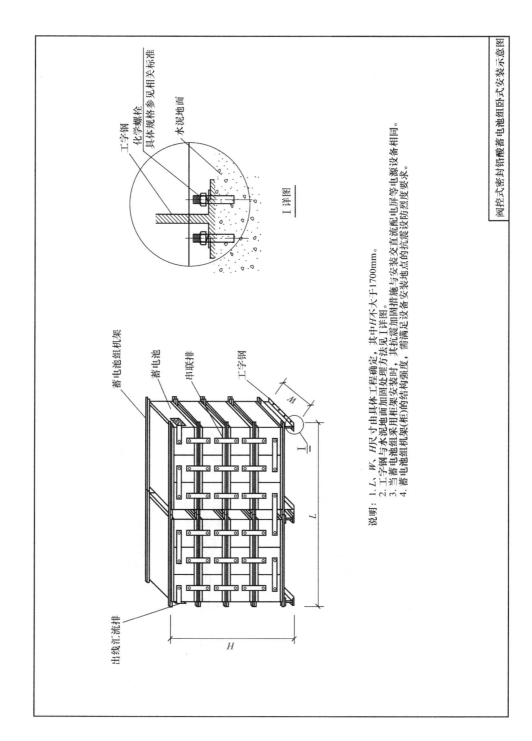

I 详图

说明：1. L、W、H 尺寸由具体工程确定，其中 H 不大于1700mm。
2. 工字钢与水泥地面加固处理方法见 I 详图。
3. 当蓄电池组采用柜架安装时，其抗震加固措施与安装交直流配电屏等电源设备相同。
4. 蓄电池组机架(柜)的结构强度，需满足设备安装地点的抗震设防烈度要求。

阀控式密封铅酸蓄电池组卧式安装示意图

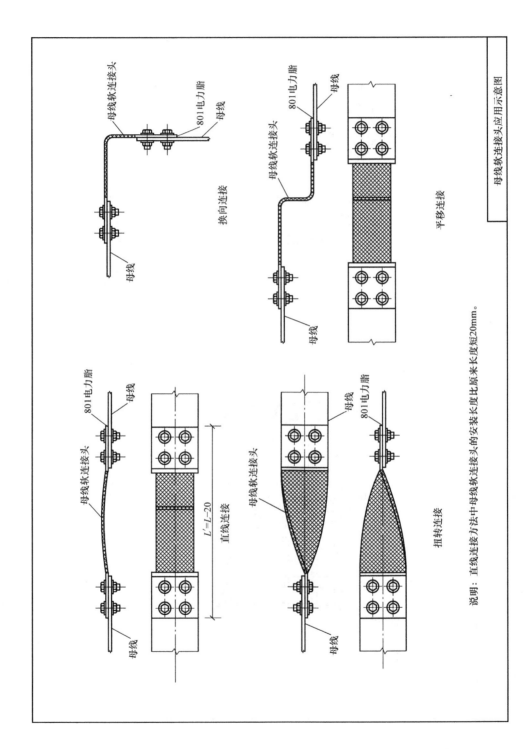

（12）母线软连接头应用示意图

（13）母线过沉降缝连接图

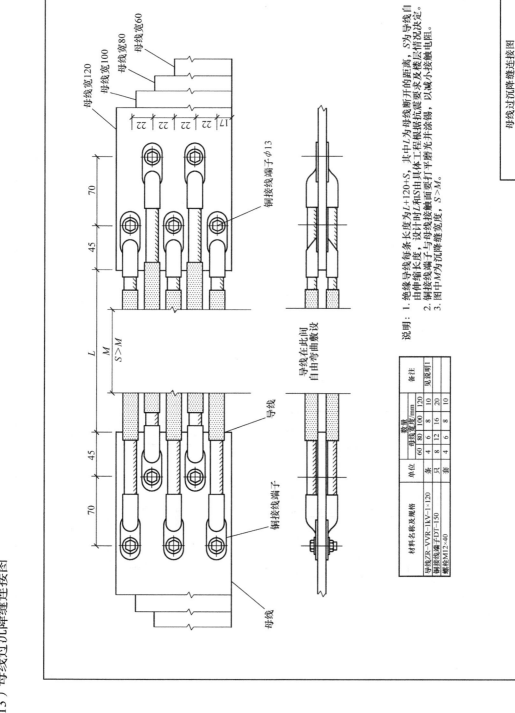

材料名称及规格	单位	数量				备注
		母线宽度/mm				
		60	80	100	120	
导线ZR-VVR-1kV-1×120	条	4	6	8	10	见说明1
铜接线端子-DT-150	只	8	12	16	20	
螺栓M12×40	套	4	6	8	10	

说明：1. 绝缘导线每条长度为L+120+S，其中L为母线断开的距离，S为导线自由伸缩长度，设计时L和S由具体工程根据抗震要求及楼层情况决定。
2. 铜接线端子与母线接触面要打平磨光并涂锡，以减小接触电阻。
3. 图中M为沉降缝宽度，S>M。

母线过沉降缝连接图

（14）交直流配电设备安装加固示意图

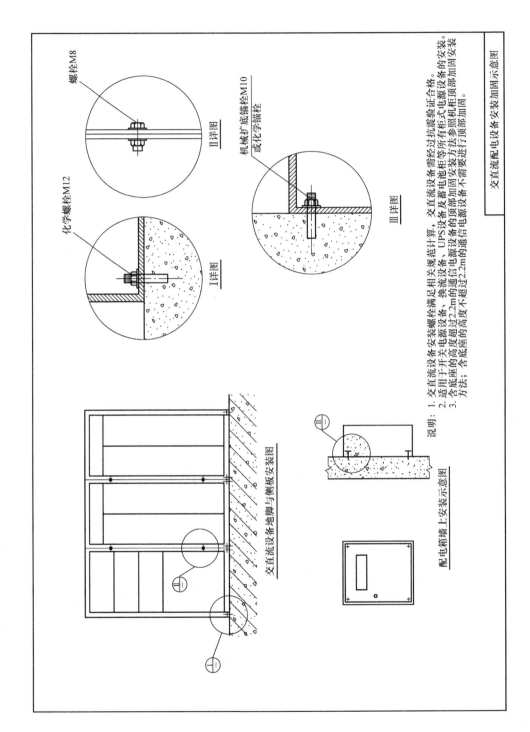

说明：
1. 交直流设备安装螺栓满足相关规范设计计算，交直流设备需经过抗震验证合格。
2. 适用于开关电源设备、换流设备、UPS设备及蓄电池柜等所有柜式电源设备的安装。电源设备的顶部加固安装方法参照电源柜顶部加固安装方法；含底座的通信电源超过2.2m的顶部需要进行顶部加固。
3. 含底座的高度不超过2.2m的通信电源设备不需顶部加固。

交直流配电设备安装加固示意图

配电箱墙上安装示意图

交直流设备地脚与侧板安装图

Ⅲ详图

Ⅰ详图

Ⅱ详图

机械扩底锚栓M10
或化学锚栓

化学螺栓M12

螺栓M8

（15）母线吊挂加固示意图

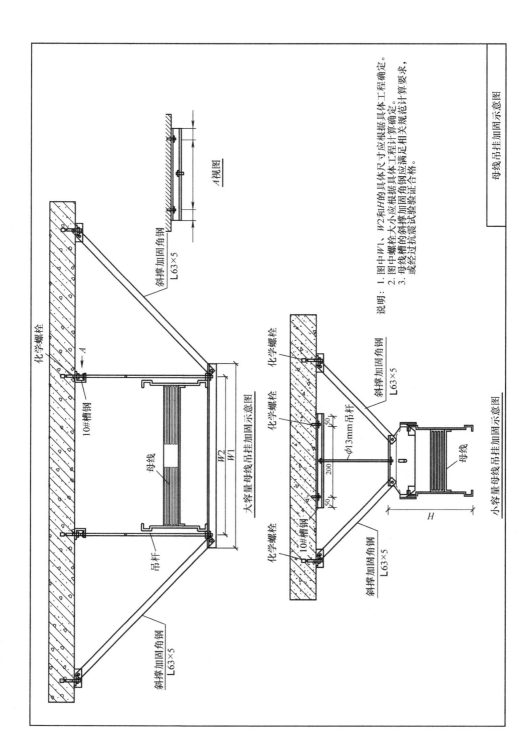

母线吊挂加固示意图

说明：1. 图中W1、W2和H的具体尺寸应根据具体工程确定。
　　　2. 图中螺栓大小应根据固角钢计算确定。
　　　3. 母线槽的斜撑加固角钢应满足相关规范计算要求，或经过抗震试验验证合格。

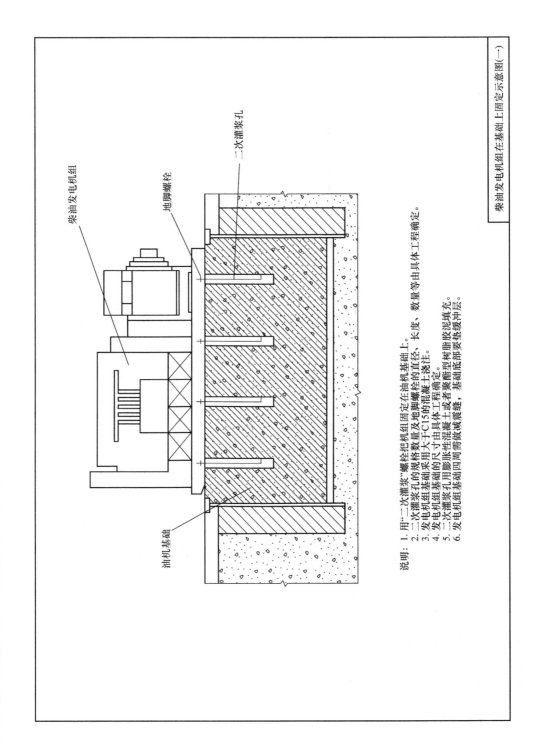

柴油发电机组在基础上固定示意图（一）

说明：
1. 用"二次灌浆"螺栓把机组固定在油机基础上。
2. 二次灌浆孔的规格数量及地脚螺栓的直径、长度、数量等由具体工程确定。
3. 发电机组基础采用大于C15的混凝土浇注。
4. 二次灌浆孔基础的尺寸由具体工程确定。
5. 二次灌浆孔用膨胀性混凝土或者聚酯型树脂胶泥填充。
6. 发电机组基础四周需做减震缝，基础底部要垫缓冲层。

（16）柴油发电机组在基础上固定示意图（一）

（17）柴油发电机组在基础上固定示意图（二）

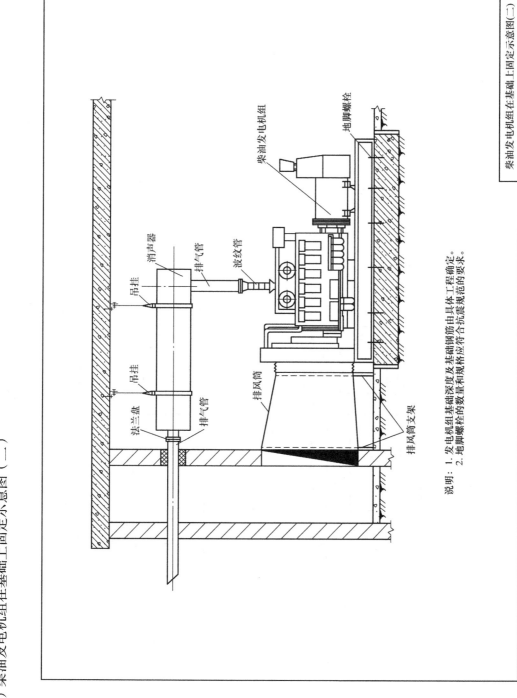

柴油发电机组在基础上固定示意图（二）

柴油发电机组

地脚螺栓

消声器

吊挂

排气管

波纹管

吊挂

法兰盘

排气管

排风筒

排风筒支架

说明：1. 发电机组基础深度及基础钢筋由具体工程确定。
　　　2. 地脚螺栓的数量和规格应符合抗震规范的要求。

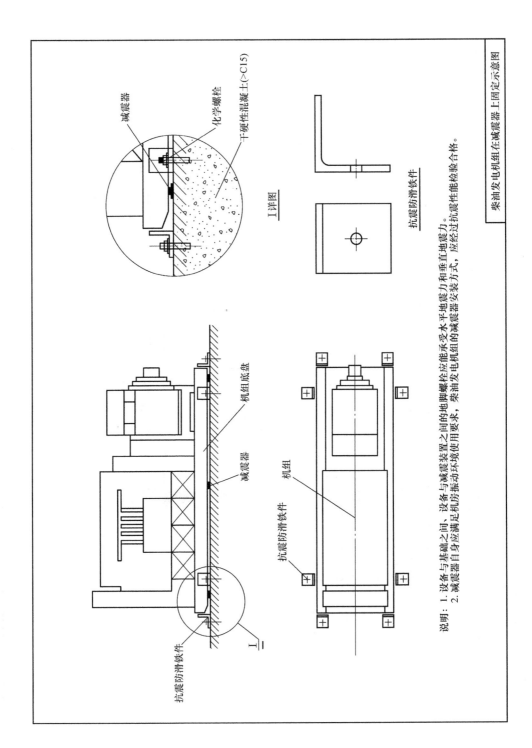

（18）柴油发电机组在减震器上固定示意图

说明：1. 设备与基础之间、设备与减震装置之间的地脚螺栓应能承受水平地震力和垂直地震力。
　　　2. 减震器自身应满足机房振动环境使用要求，柴油发电机组的减震器安装方式，应经过抗震性能检验合格。

（19）发电机组排气管垂直吊挂图

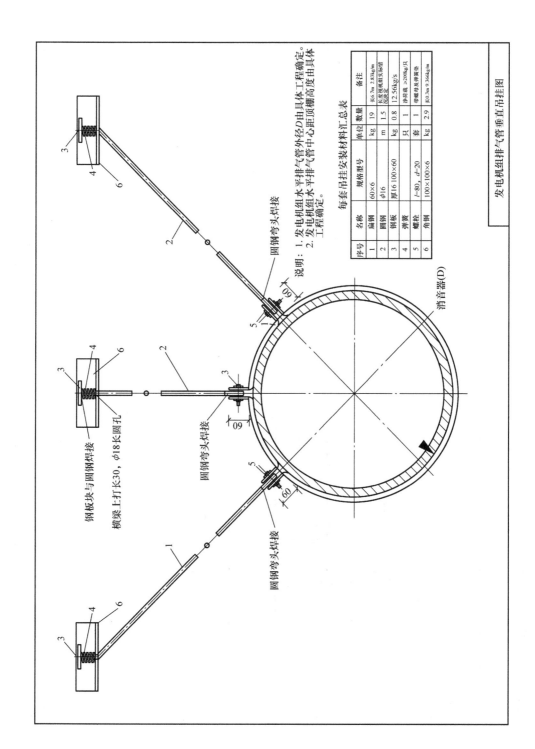

序号	名称	规格型号	单位	数量	备注
1	扁钢	60×6	kg	19	长6.7m 2.83kg/m
2	圆钢	φ16	m	1.5	长度视规组实际确况设定
3	钢板	厚16 100×60	kg	0.8	12.56kg/s
4	弹簧		只	1	净荷载 ≥200kg/只
5	螺栓	l=80，d=20	套	1	带螺母及弹簧垫
6	角钢	100×100×6	kg	2.9	长0.3m 9.366kg/m

每套吊挂安装材料汇总表

说明：1. 发电机组水平排气管外径D由具体工程确定。
　　　2. 发电机组水平排气管中心距顶棚高度由具体
　　　　 工程确定。

钢板块与圆钢焊接

横梁上打长30，φ18长圆孔

圆钢弯头焊接

圆钢弯头焊接

圆钢弯头焊接

消音器(D)

发电机组排气管垂直吊挂图

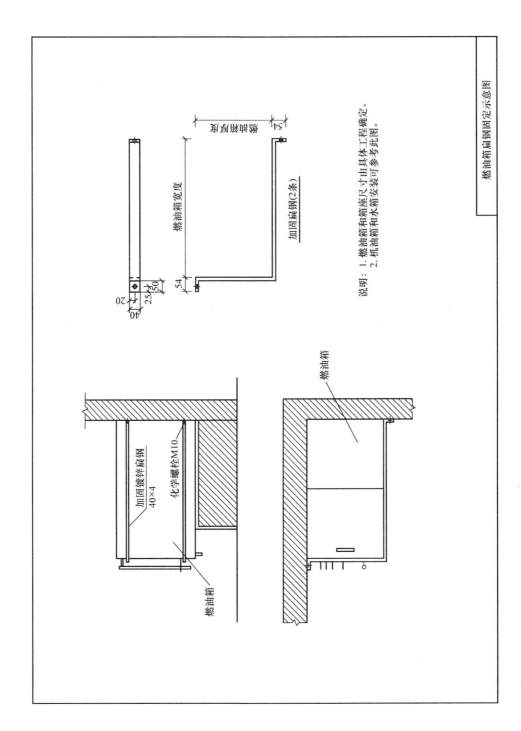

（20）燃油箱扁钢固定示意图

（21）电力电缆直埋敷设及电缆沟内固定示意图

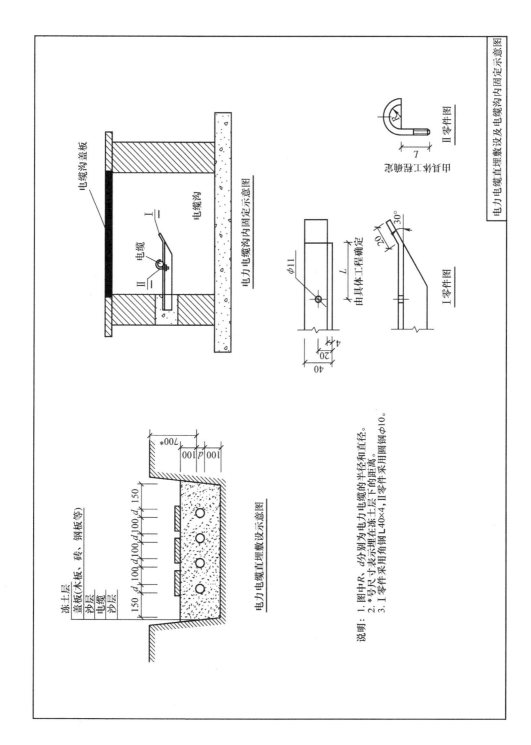

电力电缆直埋敷设示意图

电力电缆沟内固定示意图

电力电缆直埋敷设及电缆沟内固定示意图

I 零件图

II 零件图

甲 由具体工程确定

说明：1. 图中 R、d 分别为电力电缆的半径和直径。
2. *号尺寸表示埋在冻土层下的距离。
3. I 零件采用角钢 L 40×4，II 零件采用圆钢 ϕ10。

（22）机房伸缩缝处汇流条连接示意图

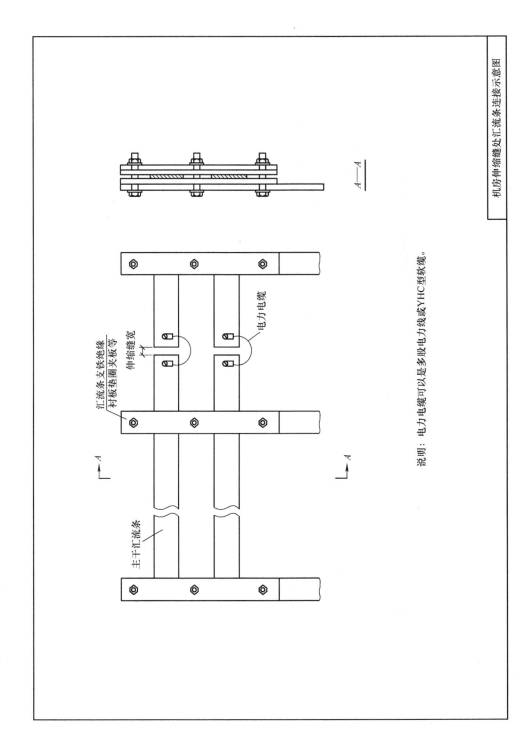

主干汇流条

汇流条支铁绝缘
衬板垫圈夹板等

伸缩缝宽

电力电缆

A—A

机房伸缩缝处汇流条连接示意图

说明：电力电缆可以是多股电力线或YHC型软缆。

后　记

　　编者从事通信电源工程咨询设计工作多年，一直想编写一本内容丰富、通俗易懂的通信电源工程设计参考用书。本书参考了相关国家标准、行业标准及规范，为读者提供了大量的设计图样及数据表，并提供了很多经验公式。希望本书能为读者提供一些力所能及的帮助。

　　由于编者水平有限，书中难免存在不足，敬请各位读者批评指正。